電力改革と
独占禁止法・競争政策

舟田正之 編

Electricity market reform and Competition policy

有斐閣

はしがき

　2011年3月11日の東日本大震災と東京電力福島第一原子力発電所事故以来，日本の原子力発電，そしてより広く電力産業のあり方についての議論が，改めて広範に行われている。

　私たち執筆者は，以前から電力産業の市場構造問題，電力取引のあり方などについて，事業法上の規制と独占禁止法・競争政策の両面から研究を続けてきた。

　電力産業と独占禁止法・競争政策の関係については，まず第一に，市場構造問題がある。最近，特に注目されているのは，いわゆる「発送電分離」であり，これは発電部門と送配電部門を分離するということである。これら2つの部門につき，既存の電力会社（沖縄電力を除くいわゆる九電力）の内部で会計・機能分離などの措置をとるか，それとも，異なる事業体に分割するか等，多様な選択肢があり得る。電力産業を競争的な市場構造に変えていくためには，多様なヴァリエーションがあり，実際にも各国においてそれぞれ異なる様相を呈している。

　競争的な市場構造の形成という問題は，上記の競争政策ないし産業政策的観点からだけでなく，独占禁止法における企業結合規制の適用という場面でも議論になる。たとえば，異なる事業体に分割した場合，それらの事業体は相互に株式等を持ち合ってよいのか，他の電力会社との株式保有関係はどうか，また，総合エネルギー産業という見取り図が提示されているなかで，電力会社と都市ガス会社の企業結合はどのように規制されるべきか等々。本書では，各国における企業結合規制をみることにより，電力産業における競争的な市場構造の形成という課題にアプローチすることを試みる。

　第二に，既存の電力会社と新規参入事業者の間の取引，および，両者とエンド・ユーザーの取引などを，競争秩序に適合するものに変えていくという問題がある。電力取引は今後次第に複雑なものになっていくであろうが，おおざっぱに，前者は卸サービスで，後者が小売サービス，という分け方になる。

前記のように，市場構造をどう形成するかという問題とともに，具体的に形成された市場構造の下で，電力供給の卸・小売サービスに係る取引のルールをどう形成するか，という問題も重要である。これも，電力産業に関する事業法的規制と並んで，独占禁止法における行為規制があり，両規制が相関連しながら機能することになる。

　本書は，電力産業における現下の問題にどう対処すべきかという政策論に直に答えを出そうとするものではない。それらの政策論の前提として，議論の基礎を固める必要があり，その1つが本書の試みるような，法制度の地道な研究であり，もう1つは技術的観点からの検討である。

　特に，比較法的研究から明らかなことは，第一に，発送電分離といっても多様な選択肢があること，第二に，分離してもしなくても，託送および卸・小売サービスに対する料金等の規制をどうするかという課題は残ること，第三に，分離してもしなくても，原子力発電と再生可能エネルギーをどう電力制度に組み込むかという課題に取り組む必要があること，第四に，これらの電力改革を推進し，事業者を規制する行政機関は，各国で多様な様相を呈しているなかで，どのような形態が望ましいのかについて比較検討することが重要であること，などである。

　本書は，法律的観点から，上記の課題のうち，特に第一と第二の点に関する検討に資するために，日本と諸外国の電力産業に関する法制度とその実態を，主として独占禁止法・競争政策の観点から明らかにしようとするものである。

　本書のものになったのは，主として，以下の2つの研究会での共同討議と報告原稿である。
(1) 東京経済法研究会。ジュリスト1327号～1337号「共同研究　市場支配力のコントロール――独占禁止法上の問題と電力市場についての具体的検討(1)～(9)」（2007年）
(2) 日本エネルギー法研究所における電力規制・競争法研究会。同研究所報告書（2006年から現在に至る）

　今回，これらの元稿を大幅修正して組み直し，各国別にそれぞれの特殊性を

はしがき

ふまえて，整理することを試みた。また，これらの元稿を，なるべくアップデートし，現在時点における制度と実態をふまえたものにしたつもりである。しかし，今回新たに書き下ろした部分も少なくない。

そこで，各章の冒頭に，各国ごとに，電力制度と実態に関する一般的全体的状況について簡単に説明を入れてみた。

本書に収録した各論文とも，前記のように，多くの各部分は各種の研究会での議論をふまえたものであるが，最終的な責任はもちろん各執筆者にある。

おりしも，本年11月13日，臨時国会で電気事業法改正が成立した。同改正は，「広域的運営推進機関」の創設を決めただけのものであるが，附則で，今後，第二段階として，小売分野への参入の全面自由化，第三段階として，法的分離による送配電部門の一層の中立化，料金規制の撤廃が明記され，「制度の抜本的な改革を行うものとする」という規定がおかれている（詳細は第1部第2章I4を参照）。

これから第二段階・第三段階と進むのか，さらに紆余曲折があるのかは不明であるが，電力規制改革と電力産業の変化が今後も続くことは確かであろう。

本書は，有斐閣の高橋俊文氏の粘り強いご助力と激励によってようやく世に出ることとなったものであり，同氏に心よりお礼を申しあげる。

平成25年12月9日

舟 田 正 之

編者・執筆者紹介（執筆順，〈 〉内は執筆部分）

舟 田 正 之（ふなだ　まさゆき）　　　立教大学名誉教授
　〈第1部第1章～第4章〉

＊

伊 藤 隆 史（いとう　りゅうし）　　　常葉大学法学部准教授
　〈第1部第5章第1節〉

東 條 吉 純（とうじょう　よしずみ）　立教大学法学部教授
　〈第1部第5章第2節・第3節，第6部〉

若 林 亜 理 砂（わかばやし　ありさ）　駒澤大学法科大学院教授
　〈第2部第1章，第4部第2章〉

土 田 和 博（つちだ　かずひろ）　　　早稲田大学法学学術院教授
　〈第2部第2章第1節〉

高 橋 岩 和（たかはし　いわかず）　　明治大学法学部教授
　〈第2部第2章第2節〉

武 田 邦 宣（たけだ　くにのぶ）　　　大阪大学大学院法学研究科教授
　〈第2部第2章第3節，同第3章，第3部第1章〉

柴 田 潤 子（しばた　じゅんこ）　　　香川大学大学院香川大学・愛媛
　　　　　　　　　　　　　　　　　　大学連合法務研究科教授
　〈第3部第2章，第5部第1章，同第2章第2節・第3節・第4節，同第3章〉

友 岡 史 仁（ともおか　ふみと）　　　日本大学法学部教授
　〈第4部第1章・第3章〉

山 部 俊 文（やまべ　としふみ）　　　一橋大学大学院法学研究科教授
　〈第5部第2章第1節〉

正 田　　彬（しょうだ　あきら）　　　慶應義塾大学名誉教授（†2009）
　〈第5部第2章第4節〉

目　次

第1部　日本の電力改革

第1章　電力改革の基本的考え方 ————————————— 舟田正之　3

Ⅰ　ネットワーク産業としての「公益事業」————————— 3
　1　ネットワーク産業と消費者 ……………………………… 3
　2　競争的公益事業 ………………………………………… 5
　　(1)　独占から競争への過渡期 …… 5
　　(2)　「自然独占」と「規制の失敗」…… 6
　　(3)　インフラの社会的形成 …… 7

Ⅱ　電力産業における競争原理の導入 ————————————— 7
　1　技術革新と発電分野における競争 ………………………… 7
　2　新規事業者と既存事業者の競争に関する論点 …………… 8
　　(1)　クリーム・スキミングとその対抗行動 …… 8
　　(2)　非対称的規制 …… 9
　　(3)　小売料金規制と価格差別 …… 11
　　(4)　二重投資予防論から「不可欠施設」の法理へ …… 12
　　(5)　技術的困難性の問題 …… 13

Ⅲ　競争のための規制 ————————————————————— 13
　1　競争と規制の関係 ………………………………………… 13
　2　電力規制のポイント ……………………………………… 14
　　(1)　競争分野と非競争分野の切り分け …… 14
　　(2)　ネットワーク接続 …… 15
　　(3)　バックアップ電力と買電 …… 17

(4) 小売料金規制 …… 18
　　　(5) ユニバーサル・サービス …… 20
　　　(6) 「範囲の経済」の活用と不当利用 …… 21
　Ⅳ　まとめ ──────────────────────────── 23

第2章　日本における電力改革
──日本の電力市場における規制改革と競争秩序の形成
舟　田　正　之　27

　Ⅰ　これまでの制度改革の経緯 ──────────────── 27
　　1　大規模集中立地型から小規模分散型へ ……………………… 27
　　2　コジェネによる「特定供給」・「特定電気事業」………………… 28
　　3　電気事業法の改正経緯 ……………………………………… 30
　　4　東日本大震災後の制度改革論の推移 ………………………… 33
　Ⅱ　電力産業における各市場の実態 ─────────────── 35
　Ⅲ　規制改革に関する論点 ──────────────────── 37
　　1　競争的な市場構造の構築 ……………………………………… 37
　　　(1) 競争条件の公正さの確保 …… 37
　　　(2) 複数分散型ネットワーク …… 38
　　　(3) 小売自由化 …… 38
　　　(4) 中立的な送配電ネットワーク …… 40
　　　(5) 既存事業者の発電・卸売部門と小売部門の分離 …… 43
　　2　電力産業における競争機能の限界についての議論 …………… 44
　　3　省資源・環境保全，電力の安定供給・品質確保等 ……………… 46
　　4　規制システム構築の視角 ……………………………………… 48
　Ⅳ　送配電網の分離 ─────────────────────── 50
　　1　送配電網分離の意義・形態 …………………………………… 50
　　　(1) 送配電ネットワークの開放性・独立性・中立性 …… 50
　　　(2) 行為規制と構造規制 …… 51
　　　(3) 設備投資に対するインセンティブ …… 52
　　　(4) 諸形態 …… 53

(5)　会計分離 …… 54
　　　(6)　機能分離 …… 55
　　　(7)　法人分離 …… 55
　　　(8)　操業分離（＝運営分離＝ISO 方式）…… 56
　　　(9)　所有分離 …… 57
　　　(10)　分離＋公的規制 …… 57
　　2　アクセス規制（託送・バランシング） …… 59
　　3　ファイアウォール規制と同等性確保措置 …… 63
　　　(1)　禁止行為規制 …… 63
　　　(2)　ファイアウォール規制 …… 65
　　　(3)　同等性確保措置 …… 69
　Ⅴ　小売部門における市場支配力のコントロール ── 70
　　1　競争対抗料金 …… 70
　　2　長期契約による顧客の囲い込み …… 75
　　3　小口ユーザー向けの小売市場 …… 75
　　　(1)　現行法上の規制システム …… 75
　　　(2)　独占禁止法による料金規制 …… 76
　　　(3)　請求書における送配電の明細表示 …… 77
　　　(4)　スマートメーター等 …… 78
　　　(5)　小売全面自由化の下における小売料金規制 …… 78
　Ⅵ　おわりに ── 85

第3章　電力取引ガイドラインについての検討
　　　　　　　　　　　　　　　　　舟田正之　89

　Ⅰ　はじめに ── 89
　Ⅱ　一般的検討 ── 90
　　1　「公正かつ有効な競争の観点から望ましい行為」 …… 90
　　2　共同ガイドライン …… 95
　Ⅲ　個別的検討 ── 97
　　1　「標準メニュー」 …… 97

- (1) 適切な標準メニューの設定・公表 …… 97
- (2) コストとの関係 …… 98
- (3) 各需要特性を持つ需要家群ごとの料金 …… 99
- (4) 二部料金制 …… 99
- (5) ユーザーへの価格情報提供 …… 100

2 新規参入者への対抗 …………………………………………… 100
- (1) 差別対価，不当廉売等 …… 100
- (2) 私的独占 …… 101
- (3) 効率的事業者テスト …… 101
- (4) 事実上の立証責任 …… 102
- (5) 不当廉売と差別対価 …… 103
- (6) 競争対応の抗弁 …… 103

3 部分供給 ……………………………………………………… 104
- (1) これまでの経緯 …… 104
- (2) 部分供給料金の不当設定 …… 108
- (3) ユーザーに対する部分供給の拒否 …… 109
- (4) 新規参入者に対する部分供給の回避・常時バックアップの強要 …… 110
- (5) 負荷追随を伴う部分供給の拒否 …… 111

4 物品購入・役務取引の停止 …………………………………… 112
- (1) その他の「問題となる行為」 …… 112
- (2) 購買力を背景とする新規参入者の排除 …… 113
- (3) 購買力の濫用 …… 113

5 常時バックアップ …………………………………………… 114
- (1) 常時バックアップの拒否 …… 114
- (2) 常時バックアップと部分供給 …… 114
- (3) 常時バックアップ料金 …… 115
- (4) 現行ガイドラインの記述 …… 116
- (5) 新規参入者にとっての常時バックアップの意義 …… 116
- (6) 常時バックアップが独禁法違反になる場合 …… 117
- (7) 一般電気事業者からの批判 …… 118

(8)　現在の議論について …… 119
　6　託送分野 ……………………………………………………… 121
　7　一般電気事業者の電気の調達 ……………………………… 121
　　　(1)　卸供給からの調達料金に対する規制 …… 121
　　　(2)　料金規制の基準 …… 122
　　　(3)　過剰規制の疑問 …… 123
　　　(4)　最近の議論 …… 124
　8　規制料金と独禁法 …………………………………………… 124

Ⅳ　他のエネルギーと競合する分野──「オール電化」について
――――――――――――――――――――――――――― 125
　1　本ガイドラインにおける「オール電化」の記述 ………… 125
　2　「不当な利益による顧客誘引」…………………………… 127
　3　「独占のてこ（梃子）」……………………………………… 131
　　　(1)　公取委「相互参入」における「独占のてこ」…… 131
　　　(2)　「競争の減殺」…… 132
　　　(3)　「独占のてこ」による「競争の減殺」…… 133
　　　(4)　「独占のてこ」の諸形態 …… 135
　　　(5)　内部相互補助 …… 136
　　　(6)　独禁法の各条項該当性 …… 139
　4　オール電化事件 ……………………………………………… 142
　　　(1)　公取委の警告と資源エネルギー庁の行政指導 …… 142
　　　(2)　熱源供給サービス市場 …… 142
　　　(3)　英国セントリカの事例 …… 143
　　　(4)　具体的な不当性 …… 144

第4章　電気事業における託送と『公正な競争』
　　　――――――――――――――――― 舟田正之　147

Ⅰ　はじめに ――――――――――――――――――――― 147
Ⅱ　託送料金制度のあり方 ―――――――――――――――― 149
　1　会計と料金算定の関係 ……………………………………… 149

(1)　会計データと競争の動態的展開 …… 149
　　(2)　「料金水準」と「料金体系」…… 150
　　(3)　過去の会計データと予想原価 …… 150
　2　託送・接続に関する電気事業法と電気通信事業法の比較 ………… 151
　　(1)　託送料金に関する2原則と改正法 …… 151
　　(2)　電気通信に関する接続会計の2方式 …… 153
　　(3)　競争者間の「公正な競争」…… 154
　　(4)　接続に関する会計制度 …… 155
　　(5)　ABC手法 …… 156
　　(6)　既存の会計制度の活用 …… 157
　3　託送料金の算定方法 ……………………………………………… 157
　　(1)　東電案・事務局案 …… 157
　　(2)　実績との乖離の問題 …… 157
　　(3)　電気通信の場合——実績原価主義と事業者間での利益還元
　　　　 （profit sharing）…… 159
　　(4)　利益還元の実効性？ …… 160
　　(5)　米国の通信における利益還元 …… 161
　4　託送料＝「フォワード・ルッキング・コスト」……………………… 162
　　(1)　フォワード・ルッキング・コストの提唱 …… 162
　　(2)　ヒストリカル・コスト（実績原価主義）との関係 …… 162
　　(3)　フォワード・ルッキング・コスト方式の具体的な導入 …… 163
　5　自由化部門における託送制度と競争の実態 ……………………… 163

Ⅲ　おわりに ──────────────────────── 167

　〈後記〉
　1　送配電網のアンバンドル（分離）との関係 ………………………… 168
　2　フォワード・ルッキング・コストと実績原価主義・長期増分費用方
　　 式（LRIC）……………………………………………………… 168
　3　事後調整ないし精算 ……………………………………………… 169

目　次

第5章　企業結合規制

第1節　日本の合併ガイドライン
　　　――その概要・特徴と，各国の合併規制との比較検討
　　　　　　　　　　　　　　　　　　　　　　　伊　藤　隆　史　171

　Ⅰ　序　論 ……………………………………………………………… 171
　Ⅱ　審査手続 …………………………………………………………… 173
　　1　事前相談制度の見直し ………………………………………… 173
　　2　公取委と届出会社とのコミュニケーションの充実 ………… 174
　　3　第三者の関与 …………………………………………………… 176
　Ⅲ　審査基準の改正 …………………………………………………… 176
　　1　企業結合ガイドラインの概要 ………………………………… 176
　　2　地理的市場の画定 ……………………………………………… 179
　Ⅳ　世界市場の画定 …………………………………………………… 184
　Ⅴ　問題解消措置 ……………………………………………………… 186
　Ⅵ　米国における企業結合規制の概要 ……………………………… 187
　Ⅶ　EUにおける企業結合規制の概要 ……………………………… 192
　Ⅷ　結　語 ……………………………………………………………… 196

第2節　新日本製鐵と住友金属の合併計画に対する企業結合審査
　　　――合併事例研究
　　　　　　　　　　　　　　　　　　　　　　　東　條　吉　純　198

　Ⅰ　背景――鉄鋼業界の国際的再編 ………………………………… 198
　Ⅱ　本件審査に先行する企業結合審査にかかる制度改正 ………… 200
　　1　手続ルールの改正 ……………………………………………… 200
　　2　合併ガイドラインの改定 ……………………………………… 200
　Ⅲ　本件企業結合審査結果について ………………………………… 201
　　1　本件審査手続の経緯 …………………………………………… 202
　　2　一定の取引分野（市場画定）………………………………… 202
　　3　競争の実質的制限についての検討（競争評価）…………… 205

- (1) 無方向性電磁鋼板 …… 205
- (2) 高圧ガス導管エンジニアリング業務 …… 209
- (3) 鋼矢板 …… 211
- (4) スパイラル溶接鋼管 …… 212
- (5) 熱延鋼板 …… 213
- (6) H形鋼 …… 213

Ⅳ 商品が差別化された市場における単独効果 ── 214
1. 汎用品と高級品の二極化傾向 …………………………………… 214
2. 企業結合ガイドラインの記述 …………………………………… 214

Ⅴ 問題解消措置について ── 215
1. 問題解消措置の重要性 …………………………………………… 215
2. 問題解消措置の類型・実施方法 ………………………………… 217
   - (1) 企業結合ガイドラインの記述 …… 217
   - (2) 主要国における法実践 …… 218
3. 問題解消措置の変更・終了 ……………………………………… 221

第3節 BHPビリトン／リオ・ティント事件Ⅰ・Ⅱ
――国際的事案にかかる独禁法の適用上の諸問題
東條吉純　224

Ⅰ はじめに ── 224

Ⅱ BHPビリトン／リオ・ティント事件Ⅰ・Ⅱの概要 ── 225
1. 事件Ⅰ以前の鉄鉱石国際取引市場の状況 ……………………… 225
2. 外国競争当局の動き（事件Ⅰ） ………………………………… 226
3. ACCCによる競争評価の概要（事件Ⅰ（鉄鉱石市場部分のみ）） …… 227
   - (1) 鉄鉱石産業の概況（パラ16〜23）…… 227
   - (2) 市場画定（パラ24〜26）…… 228
   - (3) 競争分析（パラ27〜42）…… 228
4. 公取委による企業結合審査の経過（事件Ⅰ）………………… 230
5. 鉄鉱石生産ジョイント・ベンチャー事業計画（事件Ⅱ）…… 231
6. 公取委による競争評価の概要（事件Ⅱ）……………………… 232

目　次

Ⅲ　国際的企業結合事案に対する独禁法適用上の諸問題――BHP ビリトン／リオ・ティント事件Ⅰ・Ⅱから見えるもの ─────── 234
　　1　事件Ⅰ・Ⅱが提起した問題 ………………………………………… 234
　　2　独禁法の域外適用と国際法上の制約 …………………………… 235
　　3　国際的企業結合に対応した法改正および法実践 ……………… 240
　　4　文書送達と執行管轄権 …………………………………………… 243
　　5　法執行過程における情報収集手法と執行管轄権 ……………… 245
　　6　国際寡占市場における需要国競争法の重要性 ………………… 249
Ⅳ　おわりに ───────────────────────── 251

第 2 部　米国の電力改革

第 1 章　米国電力事業規制の概観

──────────────────── 若林亜理砂　255

Ⅰ　米国における電力事業及び規制の伝統的展開 ───────── 255
　　1　電力事業開始から 1960 年まで …………………………………… 255
　　2　1960〜70 年代 ……………………………………………………… 256
　　3　1980〜90 年代 ……………………………………………………… 257
　　4　2000 年以降 ………………………………………………………… 258
Ⅱ　規制機関 ──────────────────────── 259
Ⅲ　各取引段階における規制及び市場の状況 ───────── 262
　　1　卸電力市場 ………………………………………………………… 262
　　2　送電・配電 ………………………………………………………… 263
　　3　小　売 ……………………………………………………………… 265
Ⅳ　電力事業をめぐる近年の問題 ─────────────── 266
　　1　送電設備拡張の必要性及び送電混雑への対応 ………………… 266
　　2　環境問題への対応 ………………………………………………… 268
　　　(1)　排出規制 …… 268

xiii

(2)　再生可能電源の確保 …… 268
　　　(3)　スマートグリッド …… 270

第2章　独占的行為規制
第1節　米国の独占的電気事業者とシャーマン法2条
　　　　　　　　　　　　　　　　　　　　　土田和博　273

　Ⅰ　はじめに ─────────────────────── 273
　Ⅱ　公益事業への反トラスト法の適用可能性 ─────── 276
　　1　Filed Rate Doctrine ……………………………………… 276
　　　(1)　Keogh 連邦最高裁判決 …… 276
　　　(2)　法理の適用範囲 …… 277
　　2　Trinko 連邦最高裁判決 ………………………………… 279
　　3　Credit Suisse 連邦最高裁判決 ………………………… 280
　Ⅲ　電気事業者の単独行為とシャーマン法2条 ──────── 283
　　1　シャーマン法2条違反 …………………………………… 283
　　　A　独占化行為 (monopolization) ……………………… 283
　　　　(1)　関連市場における独占力 (monopoly power) ないし市場力 (market power) …… 283
　　　　(2)　意図的な獲得，維持 …… 284
　　　B　独占化の企図 (Attempt to monopolize) …………… 284
　　2　ボトルネック施設へのアクセス拒絶 …………………… 284
　　　(1)　Otter Tail 連邦最高裁判決 …… 284
　　　(2)　不可欠施設 (essential facility) の主張が行われた事件 …… 286
　　3　梃子の利用 (leveraging) ……………………………… 291
　　　(1)　シャーマン法2条との関係 …… 291
　　　(2)　Yeager's Fuel 判決 …… 291
　Ⅳ　おわりに ────────────────────── 293

第2節　米国電力市場における市場支配力のコントロール
　　　　　　　　　　　　　　　　　　　　　高橋岩和　294

目　次

はじめに ────────────────────────── 294

I　米国電力産業の構造と政府規制──米国における電力産業 ── 295

II　米国電力産業における規制改革──競争的卸電力市場創出における FERC と連邦競争行政庁の協同 ─────────── 297

　1　FERC と連邦競争行政庁の協同 ……………………………… 297
　2　送電網利用における公平な利用の確保──不当な差別的取扱の禁止 ……………………………………………………………… 301
　　(1)　FPA（連邦動力法）のシステム …… 301
　　(2)　オーダー 888 と ISO（独立系統運用者）…… 301
　　(3)　オーダー 2000 と RTO（地域系統運用者）…… 303
　3　卸電力市場の運営──卸電力価格規制 ……………………… 305
　　(1)　卸電力価格の形成と規制 …… 305
　　(2)　卸電力取引の監視 …… 306

III　米国電力産業における規制改革──小売電力市場における規制緩和と競争政策 ─────────────────────── 307

　1　小売電力価格規制──州の公益事業委員会の権限 ………… 307
　2　FTC と消費者保護 ……………………………………………… 309

IV　米国電力産業における FERC の M&A 規制 ──────── 309

おわりに ────────────────────────── 313

第 3 節　プライススクイーズの規制
　　　　　　　　　　　　　　　────── 武　田　邦　宣　315

I　はじめに ─────────────────────── 315

II　事業法規制と反トラスト法規制 ─────────── 317
　1　スクイーズに対する事業法規制 ……………………………… 317
　2　スクイーズに対する反トラスト法規制 ……………………… 319
　3　両規制の相違・調整 …………………………………………… 320

III　Town of Concord 事件判決（1990 年）──────── 322
　1　事実の概要 ……………………………………………………… 322
　2　判　旨 …………………………………………………………… 322

xv

(1) 事業法規制と反トラスト法規制 …… 322
　　　(2) 事業法規制が存在しない市場でのスクイーズ …… 323
　　　(3) 事業法規制が存在する市場でのスクイーズ …… 323
　　3　本判決の影響 …………………………………………… 324
　　　(1) 米国の電力産業におけるスクイーズの発生形態 …… 324
　　　(2) 事業法規制に対する信頼と限界 …… 325
　　　(3) 本判決の影響 …… 326
　Ⅳ　おわりに ──────────────────────── 327

第3章　FERCによる合併規制
　　　　　　　　　　　　　　　　　　　　武田邦宣　329

　Ⅰ　はじめに ──────────────────────── 329
　Ⅱ　FERCによる合併分析 ───────────────── 330
　　1　公共の利益に基づく審査 ……………………………… 330
　　2　関連役務市場の画定 …………………………………… 332
　　3　関連地理的市場の画定 ………………………………… 333
　　4　集中度の算定 …………………………………………… 334
　　5　問題解消措置 …………………………………………… 335
　Ⅲ　FERCによる合併分析の特徴 ────────────── 336
　　1　供給の代替性への注目 ………………………………… 336
　　2　市場集中度への注目 …………………………………… 336
　　3　FTCの意見 ……………………………………………… 338
　Ⅳ　おわりに ──────────────────────── 339

第3部　EUの電力改革

第1章　EUの電力市場改革
　　　　　　　　　　　　　　　　　　　　武田邦宣　343

　Ⅰ　はじめに ──────────────────────── 343

Ⅱ	欧州の電力市場	343
1	市場構造	343
2	エネルギー政策	344
Ⅲ	規制改革	345
1	第一次指令	345
2	第二次指令	347
Ⅳ	第三次指令	348
1	セクター別調査	348
2	アンバンドル	349
3	規制機関	350
Ⅴ	投資インセンティブの確保	351
1	アンバンドルと投資計画の管理	351
2	国境間連系線の投資インセンティブ確保	353
Ⅵ	競争法規制	354
1	コミットメントの利用	354
2	集中規制	355
Ⅶ	地域電力市場の統合	356
Ⅷ	おわりに	357

第2章　EUにおける市場支配力のコントロールと電力市場
　　　　　　　　　　　　　　　　　　　　　柴田潤子　359

Ⅰ　市場支配的地位の濫用規制 ……………………………………… 359
　1　概　観 …………………………………………………………… 359
　2　市場支配 ………………………………………………………… 360
　　(1)　単独の市場支配 …… 361
　　(2)　複数の事業者による市場支配（集合的市場支配）…… 361
Ⅱ　濫用行為 ………………………………………………………… 363
　　濫用概念について ………………………………………………… 363

Ⅲ　正当化事由 ———————————————————— 367
　Ⅳ　濫用行為の類型 ——————————————————— 369
　　搾取的濫用（価格濫用）………………………………………… 369
　　　(1)　概　要 …… 369
　　　(2)　エネルギー分野における搾取濫用の事例 …… 371
　Ⅴ　排除濫用 ———————————————————————— 373
　　1　排他条件付取引（排他的購入拘束）………………………… 373
　　2　不可欠施設理論 ………………………………………………… 376
　Ⅵ　106条（EC条約86条）と電力エネルギー産業 ———————— 378
　　具体的事例 …………………………………………………………… 378
　　　(1)　106条2項の適用免除が認められた事例 …… 378
　　　(2)　106条2項による適用免除が認められていない事例 …… 379

第4部　英国の電力改革

第1章　英国における電力産業とその規制の概観
　　　　　　　　　　　　　　　　　　　　　友岡史仁　383

　Ⅰ　電力産業の実態 ——————————————————— 383
　　1　構造の実態 ……………………………………………………… 383
　　　(1)　電力民営化（1989年）と発送電分離 …… 383
　　　(2)　電源構成 …… 384
　　　(3)　事業者の実態 …… 384
　　2　取引の実態 ……………………………………………………… 386
　　　(1)　発電・供給市場の実態 …… 386
　　　(2)　卸電力取引の実態 …… 386
　Ⅱ　電力規制システム —————————————————— 387
　　1　規制組織 ………………………………………………………… 387
　　2　事業法制（概略）……………………………………………… 387
　　　(1)　参入規制 …… 387

(2) 料金規制 …… 388

第2章　英国の電力市場における市場支配力のコントロール
　　　　　　　　　　　　　　　　　　　　　　　　　若林亜理砂　391

はじめに ──────────────────────────── 391

Ⅰ　英国電力市場の規制法規及び規制機関 ──────────── 392
　1　事業規制法及び規制機関 ………………………………………… 392
　2　ライセンス制度 …………………………………………………… 393
　3　競争法による規制 ………………………………………………… 394
　　(1) 1998年競争法 …… 394
　　(2) 2002年企業法 …… 395
　　(3) 競争法の改革 …… 395
　　(4) EC競争法との関係 …… 396
　4　事業法と競争法の関係 …………………………………………… 396

Ⅱ　英国電力市場の自由化の進展 ─────────────── 397
　1　発電・卸売部門 …………………………………………………… 398
　　(1) 強制プール市場（2000年まで）…… 398
　　(2) 現行システム（2000年以降）…… 398
　2　送電・配電分野 …………………………………………………… 400
　3　小売分野 …………………………………………………………… 401
　4　自由化後の英国電力市場の特徴 ………………………………… 403

Ⅲ　英国電力市場における市場支配力濫用行為に対する規制 ─── 405
　1　2000年以前の規制 ………………………………………………… 405
　2　NETA導入以降の市場支配力の規制 …………………………… 409
　　(1) Market Abuse License Condition 導入の試み …… 409
　　(2) 垂直統合事業者による市場支配力濫用に対する規制 …… 412
　　(3) 送電混雑を利用した市場支配力濫用に対する規制 …… 414
　　(4) 小　括 …… 417

おわりに ──────────────────────────── 419

第3章　英国の電力産業における企業結合規制
友 岡 史 仁　423

- I　はじめに ———————————————————— 423
- II　競争法および電力事業固有の合併規制 ————— 424
  - 1　競争法上の合併規制 ………………………………… 424
  - 2　電力産業固有の合併規制 …………………………… 426
    - (1)　競争法上の規制 …… 426
    - (2)　事業法上の規制 …… 427
- III　二大発電事業者による買収事例と再垂直統合化 ——— 428
  - 1　位置付け ……………………………………………… 428
  - 2　二大発電事業者による買収事例 …………………… 429
    - (1)　事例概要と競争委員会による報告書 …… 429
    - (2)　若干の評価 …… 431
  - 3　現　状 ………………………………………………… 432
- IV　寡占化に係る課題 ————————————————— 433
  - 1　寡占化の実態 ………………………………………… 434
  - 2　発電市場の寡占化と卸電力市場への影響
    ——EDF/British Energy 事例 …………………………… 435
    - (1)　事例概要と欧州委員会の判断 …… 435
    - (2)　審査の特徴と影響 …… 436
    - (3)　二大発電事業者の合併事例との比較検討 …… 438
- V　おわりに ————————————————————— 439

第5部　ドイツの電力改革

第1章　ドイツのエネルギー産業の概観
柴 田 潤 子　443

- I　ドイツのエネルギー消費の概観 ————————— 443

Ⅱ　電力産業 ──────────────────── 443
　　　1　概　要 ……………………………………………… 443
　　　2　電力ネットワークの段階 ……………………………… 444
　　　3　エネルギー経済法の制定と改正経緯 ………………… 446
　　Ⅲ　ガス産業 ──────────────────── 448
　　　1　概　観 ……………………………………………… 448
　　　2　ドイツのガス産業構造 ………………………………… 449
　　　3　ガスネットワークにおける競争 ……………………… 450
　　Ⅳ　料金規制 ──────────────────── 451
　　　1　ネットワークアクセス ………………………………… 451
　　　2　ネットワーク料金規制 ………………………………… 451
　　　3　小売市場 …………………………………………… 452

第2章　独占的行為規制

第1節　ドイツ競争制限禁止法における市場支配力のコントロール
────────────────── 山部俊文　455

　Ⅰ　はじめに ─────────────────────── 455
　Ⅱ　GWBの体系と単独行為規制 ──────────────── 456
　　　1　GWB改正とその体系 ………………………………… 456
　　　2　GWBの単独行為規制 ………………………………… 458
　　　3　事業法との関係 ……………………………………… 463
　　　4　EU法との関係 ……………………………………… 465
　Ⅲ　GWB 19条による市場支配的地位の濫用規制 ─────── 466
　　　1　概　要 ……………………………………………… 466
　　　2　市場の画定 ………………………………………… 466
　　　3　市場支配的地位 ……………………………………… 468
　　　　(1)　市場支配的地位の定義 …… 468
　　　　(2)　市場支配的地位の推定 …… 469
　　　4　濫用行為 …………………………………………… 471

（1）概　要 …… 471
　　　（2）妨害・差別行為 …… 472
　　　（3）搾取的濫用 …… 475
　　　（4）価格・条件分割 …… 476
　　　（5）不可欠施設の利用拒否 …… 478
　　　（6）購買力濫用 …… 480
　　　（7）その他の濫用 …… 481
　Ⅳ　結びにかえて ──────────────── 482

第2節　ドイツ電力エネルギー産業における市場支配的地位の濫用規制
　　　　　　　　　　　　　　　── 柴 田 潤 子　483

　Ⅰ　ドイツ競争制限防止法19条4項4号の概観 ──── 483
　Ⅱ　競争制限防止法19条4項4号の要件 ─────── 485
　　1　名宛人 ……………………………………………………… 485
　　2　共同利用（アクセス）の対象 ………………………………… 485
　　3　共同利用拒否の理由 ……………………………………… 486
　　4　適切な価格形成の問題 …………………………………… 487
　　　（1）「適切な価格」の評価 …… 487
　　　（2）競争制限防止法第六次改正（1999年改正）以前との比較
　　　　　…… 488
　　　（3）正当化事由 …… 490
　　　（4）「TEAG」…… 491
　　　（5）「Stadtwerk（地方公営事業者）Mainz」…… 492
　　　（6）供給先変更に伴う料金 …… 496
　　　（7）検針等に係る料金 …… 498
　　5　競争制限防止法19条4項4号にいう正当化事由 ………… 499
　　　（1）「Gasdurchleitung」（ガス託送ケース）…… 500
　　　（2）「Berliner Stromdurchleitung」（ベルリン電力託送ケース）
　　　　　…… 501
　　　（3）「GETEC Net」…… 502
　　　（4）事業法によるネットワークの共同利用に係る規定の影響
　　　　　…… 504

Ⅲ　法的効果 ──────────────────────── 504
　Ⅳ　ドイツ競争制限防止法19条4項4号の意義 ─────── 505
第3節　エネルギー産業における価格規制とアンバンドリング（分離）
　　　　───────────────── 柴 田 潤 子　508
　Ⅰ　搾取濫用について ───────────────── 508
　　概　要 ……………………………………………………… 508
　Ⅱ　エネルギー経済に係る競争制限防止法の改正（29条の価格規制）
　　　───────────────────────── 510
　　1　競争制限防止法29条に関する改正の内容 …………… 510
　　2　改正の趣旨・目的 ……………………………………… 511
　　3　改正の具体的内容 ……………………………………… 512
　　　(1)　29条に関する比較市場コンセプト（他の事業者との価格比較）
　　　　…… 512
　　　(2)　正当化事由 …… 513
　　　(3)　利益限界コンセプト（コストコントロール）…… 514
　Ⅲ　市場確定と市場支配 ────────────────── 515
　　1　電力分野における市場画定と市場支配 ……………… 515
　　2　ガス分野における市場画定と市場支配 ……………… 516
　Ⅳ　具体的事例 ───────────────────── 518
　　1　ガス事業者に対するケース …………………………… 518
　　2　「Entega Ⅱ」………………………………………… 519
　　　(1)　市場支配者が同種の第二市場において割安な価格を請求した
　　　　ことについて …… 519
　　　(2)　価格差別の正当化事由について …… 519
　　　(3)　同一市場における濫用的な価格差別について（19条1項）
　　　　…… 520
　Ⅴ　BGB（ドイツ民法典）315条による私法上のエネルギー価格
　　規制 ─────────────────────────── 521
　　1　民法315条の適用範囲 ………………………………… 521
　　2　一方的確定権 …………………………………………… 522

3　事実上の確定権 …………………………………………… 523
　　　4　公平な裁量 ………………………………………………… 524
　　　5　民法 315 条と競争制限防止法 29 条 …………………… 525
　Ⅵ　ドイツにおけるアンバンドリング（垂直的統合エネルギー事業者の分離） ─────────────────────── 526
　　　1　ドイツ独占委員会の特別報告書（2007 年 11 月 1 日）………… 526
　　　2　ドイツエネルギー経済法における分離 ………………… 528
　　　　（1）　情報分離 …… 528
　　　　（2）　組織的分離 …… 529
　　　　（3）　法的分離 …… 530
　　　　（4）　会計分離 …… 531
　　　3　分離についての基本的考え方 …………………………… 532

　第 4 節　エネルギー経済法による規制
　　　　　　　　　　　　　　　　　　　　正田　彬・柴田潤子　534

　Ⅰ　電力産業の全面自由化（1998 年）以降の状況 ─────── 534
　　　1　自由化措置後の展開 ……………………………………… 534
　　　2　旧エネルギー経済法による規制 ………………………… 535
　　　　（1）　送電ネットと発電・送配電その他の事業の分離（旧エネルギー経済法 4 条 4 項）…… 536
　　　　（2）　消費者保護と料金認可制度 …… 536
　　　　（3）　競争制限防止法との関係 …… 536
　　　　（4）　ネットの利用にかかる団体協定 …… 537
　Ⅱ　エネルギー経済法の全面改正とそれ以後の展開 ─────── 540
　　　1　EC の電力市場についての指令（EC 電力指令）……… 540
　　　2　エネルギー経済法 2005 年改正 ………………………… 541
　　　3　2005 年改正エネルギー経済法の構成 ………………… 541
　　　4　ネット運用事業の分離の規制 …………………………… 542
　　　5　エネルギー供給ネットの利用にかかる規制 …………… 542
　　　　（1）　ネット接続 …… 542
　　　　（2）　ネット利用（Netzzugang）…… 543

6　規制官庁の新設と濫用規制 …………………………………… 545
　　　　(1)　連邦規制官庁の新設 …… 545
　　　　(2)　連邦規制官庁の規制権限 …… 546
　　　7　最終消費者に対するエネルギー供給義務 …………………… 548
　　　8　競争制限防止法との関係 …………………………………… 549
　　　9　最終需要者に対する電力料金と市場支配的地位の濫用規制をめぐる
　　　　問題点 ………………………………………………………… 550
　　Ⅲ　競争制限防止法改正案について ──────────── 550

第3章　ドイツ電力市場における複占の強化
──電力市場における複占の強化：E. ON/Stadtwerke Eschwege ケースの検討

　　　　　　　　　　　　　　　　　　　　　　　　柴田潤子　553

　　Ⅰ　事実の概要 ────────────────────── 553
　　Ⅱ　判決要旨 ──────────────────────── 554
　　　1　集中要件 …………………………………………………… 554
　　　2　関連市場 …………………………………………………… 554
　　　3　市場支配的地位 …………………………………………… 557
　　　　(1)　寡占当事者の内部関係について …… 557
　　　　(2)　アウトサイダーとの関係・外部競争について …… 560
　　　4　市場支配的地位の強化 …………………………………… 561
　　Ⅲ　ドイツにおける集中規制（寡占的市場支配）について ──── 562
　　　1　ヨーロッパ集中規制との関係 …………………………… 562
　　　2　競争制限防止法による集中規制の概要 ………………… 562
　　　　(1)　集中規制の適用範囲 …… 562
　　　　(2)　禁止される場合 …… 563
　　　　(3)　集中の定義 …… 563
　　　　(4)　集中の事前届出義務 …… 563
　　　　(5)　連邦経済技術大臣による許可 …… 564
　　　　(6)　市場支配的地位 …… 564

(7)　「市場支配的」の推定規定 …… 565
　　(8)　19条2項と36条1項にいう市場支配 …… 565
　3　市場支配的寡占 …………………………………………… 565
　　(1)　寡占の外部関係と内部関係に関わる要件 …… 565
　　(2)　市場シェアと寡占の推定規定の意義役割 …… 566
　　(3)　市場シェアの推移 …… 568
　　(4)　内部競争 …… 568
　　(5)　外部に向けての競争 …… 572
　4　集中の効果 ……………………………………………… 573
　5　まとめ …………………………………………………… 573

　　　　　第6部　国際経済法上の問題

第1章　WTO法による市場支配力の規律
　　　　――――――――――――――――――― 東條吉純　577
　Ⅰ　はじめに ――――――――――――――――――――― 577
　Ⅱ　WTO法の基本的性格と競争政策 ―――――――――― 578
　　1　WTO協定の中核的概念――市場アクセス利益 ………… 578
　　2　反競争的行為に対するWTO法適用の可能性と限界――日米フィルム事件パネル報告 ……………………………………… 581
　　3　競争法適用の限界――公益事業分野の特性とWTO法の意義 …… 583
　　　(1)　国際的な競争法適用 …… 583
　　　(2)　国家行為を対象とする競争法適用 …… 585
　　　(3)　公益事業分野の特性とWTO法の意義 …… 585
　Ⅲ　WTO協定における市場支配力コントロール関連規定 ――― 586
　　1　国家貿易企業，独占的事業者等 ………………………… 587
　　　(1)　GATT 2条4項 …… 587
　　　(2)　GATT 17条 …… 587
　　　(3)　GATS 8条 …… 589

2　GATS 電気通信附属書及び第四議定書（特に，「参照文書」）……… 590
　Ⅳ　電気事業分野の自由化と WTO 法 ───────── 597

第 2 章　グローバル LNG 市場の形成過程における競争法の役割
　　　　──エネルギー安全保障の新たな視点
　　　　　　　　　　　　　　　　　　　　　　　東 條 吉 純　601

　Ⅰ　はじめに ──────────────────── 601
　Ⅱ　LNG 市場のグローバル化 ───────────── 603
　　1　日本のエネルギー政策と LNG ……………………………… 603
　　2　LNG 市場のグローバル化 …………………………………… 606
　　3　LNG 調達とエネルギー安全保障 …………………………… 612
　Ⅲ　グローバル LNG 市場の形成過程における競争法の機能
　　　──欧州の経験 ─────────────── 615
　　1　長期取引契約 …………………………………………………… 617
　　2　テイク・オア・ペイ条項（最低数量引取り保証義務）………… 620
　　3　仕向け地制限（地域制限）条項及び利益分配条項 ………… 621
　　4　石油価格連動の天然ガス価格設定 …………………………… 624
　Ⅳ　おわりに ──────────────────── 627

第 1 部

日本の電力改革

略語（日本）

公取委：公正取引委員会

公取委「相互参入」：公正取引委員会「公益事業分野における相互参入について」（2005 年）

公取委「電力市場における競争の在り方について」：公正取引委員会「電力市場における競争の在り方について」（2012年）

『電気事業法の解説』：資源エネルギー庁電力・ガス事業部＝原子力安全・保安院編『電気事業法の解説　2005 年版』（経済産業調査会，2005 年）

電力システム改革委基本方針：経済産業省・電力システム改革専門委員会「電力システム改革の基本方針――国民に開かれた電力システムを目指して」（2012 年）

電力システム改革委報告書：経済産業省・電力システム改革専門委員会報告書（2013 年）

電力取引ガイドライン：公正取引委員会＝経済産業省「適正な電力取引についての指針」（2009 年。最終改定，2011 年）

ガス取引ガイドライン：公正取引委員会＝経済産業省「適正なガス取引についての指針」（2000 年。最終改定，2011 年）

排除ガイドライン：公正取引委員会「排除型私的独占に係る独占禁止法上の指針」（2009 年）

不当廉売ガイドライン：公正取引委員会「不当廉売に関する独占禁止法上の考え方」（2009 年。最終改定，2011 年）

流通・取引慣行ガイドライン：公正取引委員会「流通・取引慣行に関する独占禁止法上の指針」（1991 年。最終改定，2011 年）

第 1 章

電力改革の基本的考え方

舟 田 正 之

I　ネットワーク産業としての「公益事業」

1　ネットワーク産業と消費者

　本章では，電力産業を具体的対象として，いわゆる公益事業を「ネットワーク産業」として捉え，それに関する規制システムの再構成の方向を探ることを課題とする。

　「ネットワーク産業」とは，最狭義では，「物理的媒体たるネットワークを用いて，財貨またはサービスの流通に従事する産業」を指す[1]。ここには，例えば，鉄道，長距離輸送用のパイプライン，有線ラジオ放送なども含まれることになるが，ここではさらに限定して，「その物理的媒体たるネットワーク」が，「一般消費者に対して，上下水道なり電話回線・電力線なりによって物理的にも，また契約上も直接的に供給され，その生活にとって高度の必需財である」場合，すなわち，具体的には，電力，通信，都市ガス，上下水道，を念頭に置くことにする[2]。

　この意味でのネットワーク産業の特徴としては，以下の 3 点を挙げることができる。

---

[1]　これは，林鉱一郎『ネットワーキングの経済学』(NTT 出版，1989 年) 18 頁以下の採る「ネットワーク」の定義とほぼ同じである。これより以前に，正田彬『全訂独占禁止法 II』(日本評論社，1981 年) 210 頁は，「一定の設備……によってつながれている……という意味での設備拘束性」に特徴づけられる公益独占を独占禁止法の適用除外と解している。

　　ネットワーク産業をより広い意味に用いる例として，木全紀元「ネットワーク産業の展開」南部鶴彦ほか編『ネットワーク産業の展望』(日本評論社，1994 年) 1 頁以下参照。

① 供給されるサービスが，消費者の生活にとって高度の必需財である。
② 物理的にネットワークの末端で消費者の自宅に引き込まれている。
③ その供給事業者には，一定の独占的地位が容認され，または特別の法規制の下におかれる。

これらの特徴から，電力産業をはじめ，都市ガス，電気通信，上下水道などについては，従来「公益事業」(public utilities) として，完全な独占が法的に保障され，または需給調整条項に基づく参入規制の下で，独占または高度寡占が法制度上予定されてきた。

このことは，②の各家庭への引き込み線も含め，物理的ネットワークを敷設・維持・管理するための，いわゆる公益事業特権が与えられることとも実際上は関連している（例：電気事業法 58 条以下，電気通信事業法 128 条以下）。

ただし，この③は，競争原理の導入で参入規制が緩和または撤廃されると，部分的には消滅する要素である。公益事業特権が与えられる事業者は，従来は通常，各事業分野で 1 社独占を前提としてきたが，競争導入後は，例えば電気通信では，「認定電気通信事業者」が 300 社を超えるという状況になっており，古い公益事業特権をめぐる制度と実態が少しずつ変わってきているとも考えられる[3]。

しかし，消費者の自宅に直接引き込まれる回線等は，複数の事業者が設置す

---

2) 運輸サービスのうち，特に鉄道も，多くの場合ネットワークを形成する（その例外が「ひげ線」などと呼ばれ衰退しつつあることは周知のとおりである）。しかし，それらは各家庭に直接結びつくものではなく，このことが自動車等の他の輸送機関との競争を熾烈なものとしたことはいうまでもない。

ケーブルテレビ（CATV）は，（旧）有線テレビジョン放送法の制定（1972 年）当時は，広く一般消費者に対して提供される必需サービスというより，放送の局地的な補完サービスと位置づけられていたので，緩い規制を定めるにとどまっていた。しかし，今日では，世帯普及率は 50％を超え，電気通信サービスも提供する物理的ネットワークであり，放送と電気通信にまたがる「ネットワーク産業」に該当すると考えられる。

熱供給事業も，「ネットワーク産業」であり，欧州で広く普及しているが，日本では種々の問題から熱供給事業法制定（1972 年）当初の期待通りには発達しなかった。この点については，舟田「公共企業に関する法制度論序説 (2)――コージェネレーションに関する法制度」立教法学 39 号 220 頁以下（1994 年）を参照。

3) 総務省総合通信基盤局「『公益事業者の電柱・管路等使用に関するガイドライン』の運用状況（電柱・管路等の貸与実績）について」（平成 24 年 4 月 17 日）参照。http://www.soumu.go.jp/main_content/000156830.pdf

ることは物理的に困難な場合が多いことから，電気通信における加入者回線，電力・都市ガス・上下水道の引き込み線などの物理的ネットワークは，競争が起こったとしても独占のままであるのが通常である。前記の固定電気通信サービスにおいても，物理的ネットワークはNTT東西のほぼ独占状態にあることを前提に，それを他の競争事業者が借りて自由に利用できるようにし，いわば仮想的ネットワークを競争的に構築しているに過ぎない。

　もっとも，これらネットワーク産業において競争導入に伴って供給事業者が数が増えても，利用者，特に消費者や零細事業者にとっては，いったん契約をすれば，相手方の供給事業者は1社であって，最短でも1年間ないし2年間という長期にわたって継続して供給する取引であり，その間は当該取引相手に依存せざるを得ないという状況がある（電気通信事業で「着信独占」と呼ばれる現象はすべてのネットワーク産業に当てはまる）。供給事業者側は競争導入によって大きく変化するとしても，ほとんどの消費者にとっては，契約に定められた期間は契約事業者に縛られ，このことが競争を制限または阻害させたり，消費者の選択の自由を不当に狭めることにならないかなどの諸問題が起きうるということである。

2　競争的公益事業

(1)　独占から競争への過渡期

　上記の古典的意義における公益事業を遂行する主体は，前記③の独占または高度寡占が前提とされてきた。電気通信産業では，1985年まで日本電信電話公社と国際電信電話株式会社の2社が，また電力産業においては，1999年までは，「一般電気事業者」である既存事業者10社が，この公益事業会社としての任務を担ってきたが，競争原理の導入によって，新規事業者が部分的に，あるいは全面的に参入する段階に至って，そこにおける規制システムと競争秩序をどのように形成すべきか，が問われている。

　例えば，今日の電気通信産業の中のインターネット接続サービス（ISP）にみられるように，全面的な競争が実現した場合，そこでは，参入規制は完全に撤廃され，多数の新規事業者が互いに競い合うようになるので，前記③で挙げた法的独占・寡占という要素は消失する。ここでは，ネットワーク産業の特質

を持ちながら，従来の公益事業会社タイプではなく，いわば「競争的公益事業」とでも呼ぶべき実態になっているといえよう。

しかし，前記のように，物理的ネットワークの多くは独占のままであり，また，サービス面においても，今日の多くのネットワーク産業においては，ISPのケースのような競争が全面的に行われているわけではなく，いわば競争的寡占の市場構造にある。

電力産業においても，2013年現在，需要（量）の6割以上が自由化されているが，既存事業者が97％のシェアを持ったままである。したがって，私たちの課題は，伝統的な公益事業と競争が全面化した公益事業の中間地点ないし過渡期に適合するような規制システムと競争秩序を考えるということであると言えよう。

(2)「自然独占」と「規制の失敗」

従来，公益事業会社は，法律上あるいはその運用上，独占または少数寡占を保障され，当該事業を垂直的に統合した事業形態の下で，事業の効率的運営と公共性の達成を同時に実現すべきものとされてきた。

しかし，米国における60年代末からの規制緩和への動きの基礎にあったのは，第一に，技術革新が，従来「自然独占」とされてきたこれらの事業にも，競争の可能性を広げつつあり，第二に，「市場の失敗」を避けるための規制が，「規制の失敗」と呼ばれたように，被規制産業の非効率性を生み，規制行政庁と被規制企業との不当な癒着をもたらしている，という認識であった。

このうち，第一点は，電気通信における各種の伝送技術の発展，コンピュータ技術の導入の例に顕著であるが，電力や下水道などにも技術革新によるインパクトが見られる。

ここで注意すべき点は，現実の技術進歩は，特定の方向性を持ち，特定の社会制度のあり方に依存する，ということである。例えば，電電公社の全国独占という前提をふまえつつ，交換機にどの様な機能をどのように組み込むか，ネットワークをどのように構成するかについての技術が高度に発展した。その結果，わが国では，例えばもともと多数の電気通信事業者からなる米国とはかなり異なる方向と内容の技術研究・開発が進められてきた。同様のことは，電力

産業においても見られ，日本では，都市部（大量消費地）とは離れた遠隔地で，大規模な原子力発電所を集中して設置し，大都市まで高圧で送電するという基本方針の下に，それに対応する各種の技術が開発され発展したのである。

(3) インフラの社会的形成

上記のような競争的公益事業への変化にもかかわらず，これらの公益事業会社（既存事業者だけでなく，後述のコモンキャリアとしての新規事業者を含む）の各種ネットワークは，私たちの社会のインフラストラクチャー（社会の基盤施設）でもあることには変わりがない。この点から考えると，これからは，競争の促進だけでなく，技術の発展を踏まえつつ，今後の社会をどのような方向に積極的に形成していくか，という構想ないしヴィジョン，およびそれに基づく社会設計を構築し，それに対応する技術発展とそれを可能にする産業構造・経営方法を促進する，というヴィジョンと技術・経営の相互関係を作るべきであろう。

この観点からは，前掲の第二点の「規制の失敗」を克服するための基本的方向は，これまでのような個別的な許認可中心の規制システムから，上述のようなヴィジョンと実態の相互関係を社会の各層，殊に消費者の権利・利益をふまえつつ円滑に形成していくことを可能にするような規制システムへと変えることにあると考えられる。

以下では，漠然としたヴィジョンであるが，今後の電気通信と電力の両ネットワーク産業は，柔軟かつ多様な取引を基礎にした複数ネットワークの併存・接続・競争を通じて展開されるべきであり，かつ，それらについての情報開示を前提にした社会の公論を推進力として形成・発展すべきである，ということを述べよう。そのための規制システムの見取り図が本章の課題である。

II 電力産業における競争原理の導入

1 技術革新と発電分野における競争

わが国の電力産業においては，「一般電気事業」の許可を受けた全国10の電力会社が，発電・送電・配電という3つの事業のすべてを垂直統合体制の下で

行い，それぞれの地域ごとに利用者への電力供給をほぼ独占的に行っている。

その他，発電（それに伴う一部の送電）を行う電源開発株式会社やその他の発電事業主体が「卸電気事業者」として，既存事業者に電力を供給している。これとは別に，工場などの大口ユーザー自身による発電は，原則として自家発・自家消費の形態をとっており，それらが第三者に電力を供給する場合には，電気事業法 17 条の「特定供給」の許可によってごく制限的に認められてきたにすぎなかった。第三者供給（＝小売供給）が制度として認められたのは，1999 年の「特定規模電気事業者」制度の新設からである。

しかし，近年の技術革新は，コージェネレーション（電熱併給システム）に代表される分散型発電の効率性を飛躍的に高め，また将来的な可能性も含め，太陽光発電，燃料電池や風力・地熱などによる発電によって，少なくとも発電部門では競争が有効に機能することが明らかになっている。

そこで日本でも既に 1980 年代から，分散型発電の促進とその効率を高めるため，特定供給の制限を緩和し，かつ新規参入する分散型発電事業者（＝新規事業者）と既存事業者との間の電力の売買のルールを作り，同時に，既存事業者が支配管理する送配電ネットワークの開放（すなわち，新規事業者による自由なアクセスと託送サービスの公平な提供）に向かうべきではないか，という主張が出てきたのである（以上の経緯の詳細は，本書第 2 章を参照）。

2 新規事業者と既存事業者の競争に関する論点

(1) クリーム・スキミングとその対抗行動

1999 年電気事業法改正による第一次自由化まで，新規事業者による小売供給が制限されてきたのは，①分散型発電事業者は需要が密な地域のユーザーにだけ供給するから，既存事業者に対するクリーム・スキミング（うまいとこ取り）の効果を持ち，既存事業者のコスト・アップをもたらす，②送配電設備の二重投資の予防，③系統連系のための技術的困難性，という理由からであった。

これらの論点のうち，①のクリーム・スキミング問題は，古くから電気通信分野で議論されてきたことである。一般に，従来独占であった産業に新規参入がおこる場合，参入者は都市部などの高収益が期待できる分野から事業を開始するのは当然であり，その場合，新規事業者は常に既存事業者からクリーム・

スキミングという非難を受けてきた。しかし，高収益分野から参入を始めること自体は，一般に合理的な企業行動であり，それ自体は何ら非難される点はない。

クリーム・スキミングが問題なのは，第一に，新規事業者が，競争下でも既存事業者に対する規制が残っていることをいわば奇貨として，既存事業者よりも有利な条件で参入し競争する場合であり，第二に，競争の進展によって，既存の公益事業会社が内部相互補助等の様々な形でやりくりしていたユニバーサル・サービスの提供義務（あまねく全国に均一料金で標準的なサービスを提供する義務）の維持が困難になる場合である（後者については本章Ⅲ2(5)を参照）。

前者の規制の公平性ないし中立性の問題については，高収益分野で競争が開始されても，既存事業者が料金規制によって，新規事業者よりも高い料金の維持が強制されれば，「公正かつ自由な」競争とはならないことは明らかである。本来は，料金の引下げや品質等の向上をめぐる競争，および，それらの基礎にある，事業者間の経営の効率性や計画の優秀性，企業努力等をめぐる競争であるべきものが，ここでは規制を自己に有利なものとする競争に変質する危険があるのである。

(2) 非対称的規制

他方で，規制システムにおいて既存事業者と新規事業者を形式的に平等に扱うことは，既存事業者がまだ市場支配力を有し，競争において圧倒的に有利であるような状況の下では，競争の芽を摘んでしまう危険性が高い。そこで，諸外国と同様に日本においても，「非対称的規制」という手法が採られてきた。

新規事業者のクリーム・スキミングに対抗しようとして，既存事業者には，非競争分野での利益を競争分野にふりむけて（「内部相互補助」），競争に打ち勝とうとするインセンティブが働く。しかし，この種の内部相互補助による競争対抗行動は，「公正な競争」秩序を破壊するおそれがある反競争的行為であり，独占禁止法上，競争制限的または競争阻害の行為と判断されることもあり得る。

すなわち，一面で，非競争（独占）分野において，適正な範囲を越えてコストを上回る料金を設定することは，独占力の濫用という性格を持つ。このような行為が，「支配」の要件を満たす場合は，独禁法2条5項・3条前段の「私

的独占」に当たる可能性があり，少なくとも，同法2条9項5号の「優越的地位の濫用」に該当する。

　他面で，競争分野でコストを下回る料金によって競争者を排除しようとすることは，典型的な略奪的行為（predatory practice）である。このような行為は，「排除」による私的独占，あるいは，同法2条9項3号または一般指定6項の「不当廉売」に該当する。

　これらの独占禁止法上の規制は，事後規制であるために，かなりのコストと時間がかかるものであり，事業者にとっては予測可能性が低いという欠点がある。したがって，事業法上の規制システムとして，例えば送配電部門と発電部門のように，競争分野と非競争分野がある程度区別される産業実態があるとすれば，既存事業者に対して，両分野を区別した会計を義務づけた上で，上のようなコストと乖離した恣意的な料金戦略を規制し，両分野間の内部相互補助を原則として禁止することが望ましい。

　以上のことから，従来から電気通信等の諸分野で，既存事業者だけを対象とする「非対称的規制」という手法が公正な競争の促進のために有効であるとされてきたのである。非対称的規制には，料金規制等のほか，その基礎となる会計分離も要求されるが，それだけでは，両分野間の内部相互補助を禁止することが実質的に困難であれば，機能分離，法人分離，所有分離などのアンバンドルが求められることになる（第2章Ⅳを参照）。

　なお，非対称的規制は，特定の事業者が市場支配力をもっていることから競争維持・促進のために設けられるものであるが，これとは別に，利用者保護の視点から，より古典的な規制手法として，コモン・キャリアーとコントラクト・キャリアーの区別があり，この再評価にも一定の意義があるように思われる[4]。

---

4) コモン・キャリアーは，その供給区域において何人からの供給申し込みにも応じなければならず，したがって厳格な規制に服する。これに対し，コントラクト・キャリアーは，どのような契約締結義務をも課せられず，「相対取引」で契約をし，当該特定のユーザーに対してのみサービスを提供する。前者は，「一般の需要に応じ」，後者は「特定の需要に応じ」てサービスを供給する。詳細は，舟田「電力の自由化・競争導入に関する法的検討」立教法学54号75頁以下，114頁以下（2000年），およびそこに所掲の文献を参照。

(3) 小売料金規制と価格差別

　上述のクリーム・スキミングに関する議論にあるように，例えば，新規事業者が都市部で，既存の既存事業者よりも低い料金で，いわば虫食い状態の形で参入し，ユーザーを獲得することについては，どう考えるべきであろうか。

　まず，既存事業者が当該都市部における供給原価にほぼ見合う料金をつけているとすれば，新規事業者との間に公正な競争が実現しているのであって，ユーザーから見れば歓迎すべき状況であるといえよう。

　これに対し，既存事業者が需要がより疎な地域での赤字を当該都市部での高収益で補填している，つまり「隠れた」内部相互補助が組み込まれており，競争の進展によって補助の原資が食われる場合は問題であるとの主張が既存事業者から出されている。これは，前記の競争分野と非競争分野の区分とは異なる問題であり，また，ユニバーサル・サービスとして明確化しにくい内部相互補助の問題である。

　この場合の対抗手段として，既存事業者としては，第一に，供給区域内の均一料金主義を緩めて，合理的な範囲で「価格差別」戦略をとることが許されよう。もっとも，この点について，現行法は基本的には個別の需要層ないし供給の態様ごとにそれぞれの原価に対応した料金を設定することになっており，現在でも，既存事業者は供給規程において，かなり細かい区別を置いている。さらに，1999 年の小売自由化以降，既存事業者は自由化部門のユーザーに対しては，約款規制から外れ，自由な取引が可能になっている。したがって，料金体系上は上述のような隠れた内部相互補助は少なくとも顕著な形では存在しないはずである。ともあれ，競争導入後は，既存事業者は前述のような独禁法違反に当たらない限りで価格差別を競争手段として用いることが考えられよう。

　第二に，既存事業者は，自らコージェネレーション事業等の分散型発電事業に進出し，その供給のための事業体（子会社）を設立することが，競争促進にとっても，また分散型発電の技術開発・普及にとっても，有効であろう。この子会社は，既存事業者と異なり，その供給に要するコストだけに基づく料金設定が可能であるから，他の新規事業者と同一の条件で競争できるはずである。現に，幾つかの既存事業者の子会社が既にコージェネレーション事業を開始している。

(4) 二重投資予防論から「不可欠施設」の法理へ

前記②の二重投資予防論は，各ネットワーク産業の全体についての「自然独占」性に疑いの持たれなかった時代の議論であって，今日では，各産業内のどの部分が自然独占かを具体的に検討すべきであるとされている。例えば，通信においては，1985年の自由化当時には長距離通信分野がまず競争に適する部分，すなわち二重投資回避を理由とする独占体制の根拠が崩壊した部分であり，電力については前述のように発電部門が競争可能な部分であることが実証されている。

反トラスト法や日本の独占禁止法において用いられてきた「不可欠施設」の法理がここでも有効であり，まず各ネットワーク産業のうち，どの部分が不可欠施設に当たるかを確定することが重要である[5]。電力産業では，既存事業者の送配電網の部分がこれに当たるから，その機能を競争事業者に公平に開放することが求められる。不可欠施設の法理は，厳密には不当な取引拒絶を違法とするものであるが，これを拡張し，かつ事業法の規制システムにのせて，適切な取引条件の下で，その公平な利用を法的に義務づけるべきである。

なお，既存事業者の送配電網について，このような法的規制の仕組みを備えるとしても，新規事業者が，部分的に特定の送電線を自前で建設することが合理的だと判断した場合には，二重投資予防を理由にこれを認めないとする根拠は原則として存在しないと思われる。電力産業においては，競争原理の導入以来，新規事業者側は自営線設置とそれによる供給を主張し，多くの議論がなさ

---

5) 「不可欠施設」の定義としては，MCI事件控訴審判決（MCI communication Corp. AT&T Corp. 708 F. 2d. 1081（7th Cir. 1983）の判示した次の4要件が著名である。
　① 独占企業による当該施設の支配
　② 競争者が施設を実務上，時間・費用の点で合理的に，当該施設と同様の施設を作ることができないこと
　③ 競争者に対する当該施設の利用の拒絶
　④ 当該施設を利用させることの実現可能性
　このうち，③は，「不可欠施設」に当たるとされた場合に，その利用の拒絶が反トラスト法違反となる，ということであり，「不可欠施設」に当たるか否かは，それ以外の①，②，④によって判断される。
　しかし，「この不可欠施設という呪文（mantra）は当該施設が必要不可欠か否かを認定する方法を説明していない」との批判もある。詳細は，第2章注19）を参照。

れたが，2003年（平成15年）改正でようやく弾力的に認めることとされた（電気事業法16条の3。ただし，前述の公益事業特権の問題は残っている)[6]。

(5) 技術的困難性の問題

前記③の技術的困難性については，基本的には，必要最小限の技術基準をいかに設定し運用するかにかかっており，競争導入それ自体を否定する理由にはならないと考えられる。

もっとも，必要最小限の技術基準の設定等のためには多様な諸問題が起きることが予想され，これは一般的に，多くの産業分野で競争と標準化の調整問題として議論されている事柄である。電力産業においては，新規事業者が多様な電源から多様な品質の電力を供給することになるので，それを系統連系に入れて託送する場合に，同時同量の確保，部分供給の制限等の問題が発生する（詳細は第3章を参照）。

III 競争のための規制

1 競争と規制の関係

上述のところからも明らかなように，競争原理を導入し，「公正且つ自由な競争」（独禁法1条）の実現を期待するには，新規参入を自由化するなど，事業活動に関する規制を緩和し，独禁法を適用するだけでは不十分であり，電力産業に係る競争秩序を設定するための精緻な規制システムを作り上げる必要がある。

一般に，「規制」は，「競争」あるいは事業者の「自由」の対立概念として用いられることが多い。しかし，様々な内容と形態を持つ規制を，市場における競争機能との関係で整理し直すと，次の3つの規制タイプに分けることができる[7]。

① 競争制限のための規制

---

[6] 資源エネルギー庁電力・ガス事業部＝原子力安全・保安院編『電気事業法の解説 2005年版』（経済産業調査会出版部，2005年）13頁，47頁以下，114頁以下を参照。

② 競争にとって中立的な規制（安全・環境などの観点から加えられる，いわゆる「社会的規制」の多くは，この性格を有している）
③ 具体的な産業分野に特有の競争のルールないし場の設定のための規制

　このうち，競争に直接関係するのは，前記①と③の規制タイプの区別である。例えば，電気通信事業法による規制のうち，参入規制や料金規制の多くは，①のタイプに属し，競争を一定の要件の下に制限するためのものである。
　これに対し，電気通信事業法においてかつて採用されていた，第一種電気通信事業と第二種電気通信事業の区別は③に該当し，競争するための前提として立てられた事業者カテゴリーの設定である。すなわち，電気通信特有の公共性[8]の確保のために，第一種電気通信事業者に対して一定の公的制限が必要とされるが，少なくとも第二種電気通信事業者については規制を大幅に緩和し，通信サービスをめぐる競争を促進することが目指されたのである。その後，この第一種電気通信事業と第二種電気通信事業という区別は，競争がさらに進展した等の状況をふまえ，2003年（平成15年）改正で削除された[9]（なお，例えば米国では，「基本サービス」と「高度サービス」という異なる区別が今でも用いられている）。
　この③のタイプの，競争を促進するための，また「公正な競争」の基盤を形成するための規制として，もっとも重要なものは，競争分野と非競争分野の切りわけ，および後者（非競争分野＝「不可欠施設」）に対する規制である。これらの点につき，次に，電力産業に対する規制について具体的に検討しよう。

2　電力規制のポイント

(1)　競争分野と非競争分野の切り分け

　電力産業については，今後，競争原理の導入，あるいは更なる拡大のために，前記③のタイプの規制（競争のルールないし場の設定のための規制）を設定する必

---

7) 舟田正之「わが国の電気通信事業における基本サービスと付加価値サービス」立教法学38号142頁以下（1994年）参照。
8) この具体的内容が問題であるが，この点について，かなり前のものであるが，舟田正之『情報通信と法制度』（有斐閣，1995年）75頁以下参照。
9) 詳細は，多賀谷一照＝岡崎俊一編著『改正電気通信事業法逐条解説』（財団法人電気通信振興会，2005年）1頁以下を参照。

要がある。

その重要なポイントとして，まず，今後の制度設計においては，競争分野（発電・小売分野）と非競争分野（送配電分野）の切り分けが出発点になるべきである。

この両者の切り分け・分離の方法としては，既存事業者の内部的な会計分離あるいは事業部制の採用に止まるか，それとも，系統連系機能だけの分離（「機能分離」），別会社として切り出し（「法人分離」），あるいは資本分離（「構造分離」）まで進むかの選択がある。この問題は，既に多くの議論があるところである（この点は本書第2章で扱う）。

(2) ネットワーク接続
　(i) 物理的ネットワークと仮想（ヴァーチャル）ネットワーク
　既存事業者と新規事業者ネットワーク接続の問題は，電気通信と電力（電力では一般に「託送」と呼ばれる）で共通する点が多い。これらの産業の中で，競争が成立するとされた分野において，新規事業者が既存事業者のネットワークと接続せずに，孤立したネットワークを構築し，ユーザー獲得競争を開始しても，規模の経済が直接かなり強く働くから，既存事業者との間の有効な競争とはなり難いであろう。

なお，ここでネットワークとは，物理的網だけではなく，仮想（ヴァーチャル）網（法的には取引の関係＝「商流」）も含めて考えており，分散型電源事業者も単体としての発電事業者ではなく，取引としてユーザーに電力サービスを提供するネットワーク事業者（電力サービスの小売事業者）であることも可能である。

分散型電源の中には，既存事業者との接続を全くしないシステムも稀に存在するが，ごく小規模な設備にとどまり，一般には接続なしでは効率的な運用は困難である。特に電気通信の場合は，通信ネットワークに特有の「外部性」から，ユーザーにとって，加入した新規参入ネットワークのユーザーとしか通信できないのでは，NTTのネットワークと接続した場合と比べネットワーク全体の効用は著しく落ちる。

これに対し，複数ネットワークが相互に接続しつつ競争するという制度を設

定した場合は，接続協定いかんによって，ネットワーク全体の効用，すなわちユーザーの全体的利益が高まる可能性がある。

少なくとも，既存事業者の係わるネットワークとの関係では（新規事業者間のネットワーク接続は別の問題があるかもしれない），相互接続を義務づけて，事業者およびユーザーの選択肢を広げるような取引条件を可能にする規制システムを作ることが，競争の便益を増すことにつながるであろう。

電気通信事業法は，事業者の接続義務，事業者間の接続協定を前提にしつつ，それが不調の場合は総務大臣が接続命令を出すことができるというシステムを用意している（同法32条以下）。具体的には，NTT東西との接続が最大の問題であり，精緻な規制システムが構築されているが，ネットワーク技術の革新が絶えずあることもあり，常に紛争が起きている。

電気事業法においては，既存事業者が地域分割によって10社あり，既存事業者間の接続（振替供給）と，既存事業者と新規事業者の間の接続（接続供給）とに分けて制度化されており，ここでも多くの問題がある（同法2条2項11号〜13号。詳細は，本書第2章，第3章等を参照）。

(ⅱ) 電力と通信の比較

さきにネットワーク接続の問題は，電力と通信では共通する点が多いと述べたが，同時に両者で異なる点があることにも注目する必要がある。

第一に，通信においては，発信者がある情報を生産し，その特定された情報を伝送サービスの対象としており，この伝送サービスを誰が（ユーザーとの関係で，誰が伝送サービスの供給者として現れるか。また，それとは別に誰が実際の伝送を行うか），どのような品質で（速さ，伝送形式，誤り率など），どういう法形式（契約形態と内容）で担うか，が問題となる。

これに対し，電力には，そのような意味での（内容上の）特定性はなく，電力量と品質のみが特定され得る。すなわち，電力はモノ（有体物）の売買の種類になぞらえて言えば，「不特定物売買」である。もちろん，電気は有体物ではないから，「所有権」として構成できず，したがって取引形態も「売買」ではなく，特殊なサービスの提供にかかわる契約であるとしか言い得ないであろうから，不特定物売買というのは比喩的表現に過ぎない。

第二に，その品質，特に供給停止（停電）がどのような頻度で起こるか，周

波数と電圧がどの程度安定しているかは，第一義的には発電設備によって調整されるが，それが既存事業者の系統システムの中に入り，そこでこれらの品質の程度，不安定性ないし変動が吸収されることによって，発電所に頼る機能を小さくしている。

　上記のうち，第一点は，取引対象の特定性にかかわる。提供されるサービスが，不特定な電力量にすぎないということである。もっとも，この点が直ちに，「電気通信では接続が政策的に促進されたが，電力では託送を同じように促進すべきものとは考えられない」，という一部で主張されている議論につながるものかは疑問である。

　また第二点は，託送料金の設定を考える上で重要な点であるが，それ以外にも，託送取引の申し込みの拒絶，あるいは当該電力についての既存事業者による買電（次の(3)を参照）の料金設定の正当事由を具体的に検討する際にも関係してくるであろう。

　電力サービスのこうした特色をふまえると，電力におけるネットワーク接続は，単に託送サービスだけでなく，系統運用機関（米国でいわゆる ISO や RTO）とそれに従って運用される送電サービス全体のシステムをどう構築するか，という点にかかっていることが分かる。また，上記と関連して，この系統運用機関と電力取引所（プール）を分離して設立するか否かという問題が多様に議論され，展開されている[10]。

(3) バックアップ電力と買電

　既存事業者から新規事業者へのバックアップ電力の供給と，その逆の買電（「余剰電力の買い上げ」とも呼ばれる）という取引についてのルール設定も重要な課題である。

　新規事業者が利用者に対し電力を供給する際に，不足分を既存事業者が新規事業者に供給するバックアップ電力については，かつては 1986 年以来，供給規程において規定されていたが，小売自由化とともに，卸レベルでの既存事業

---

[10] これに関する研究は数多くあるが，私も「電力の自由化・競争導入に関する法的検討」立教法学 54 号 75 頁以下，118 頁以下（2000 年）（本書，第 1 章所収）で立ち入って検討した。本書，第 2 章でもこれに触れている。

者と新規事業者の取引における問題であり自由化部門に属するということから，電気事業法上，原則として自由な取引に委ねられた。ただし，公正取引委員会＝経済産業省「適正な電力取引についての指針」(2009年。最終改定，2011年。以下「電力取引ガイドライン」と略記) において「常時バックアップ」につき若干の規定がおかれている（第3章を参照）[11]。

また，既存事業者が新規事業者から電力を購入する買電も，原則として自由契約に委ねるシステムをとっている。ただし，これについても，「余剰電力購入契約」として，電力取引ガイドラインで若干の規定がおかれている。

なお，この買電については，本章のテーマである競争促進とは全く別の観点，すなわち再生可能エネルギーの導入拡大のために，2009年（平成21年）から太陽光発電の余剰電力買取制度が発足し，さらに2011年（平成23年）に成立した「電気事業者による再生可能エネルギー電気の調達に関する特別措置法」では，太陽光発電に限られず，風力・水力・地熱・バイオマス等を，電気事業者が固定価格で買取る義務を課し，買取に必要な費用は，電気の使用量に応じて全国民が負担することになっている。

(4) 小売料金規制

(i) 市場支配力を前提に小口ユーザーに対する小売料金規制

小売料金規制については，電力も通信も，独占から競争への過渡期においては，既存事業者の市場支配力を前提に考えることが現実的である。特に，消費者向け等の小口ユーザーに関する電力小売市場においては，仮に完全自由化を行ったとしても，実際には，既存事業者が強力な市場支配力を維持し，価格競争が十分機能しないと推測され，何らかの公的規制が必要である。

既存事業者に対する料金規制については，従来からの総括原価主義を継続するか否かはともかく，何らかのコスト主義に基づくとすれば，本質的に将来の需要予測との関係でなされることとなるが，十分に有効な競争が機能している分野では，そのような規制が本来の機能を持ちえないことは多くの論者が説く通りである。

---

11) なお，電気事業法には，「特定電気事業者」との間の「補完供給契約」についての条項があるが (24条の2)，「特定規模電気事業者」に対するバックアップ電力については規定がない。

Ⅲ　競争のための規制

　自由化した以上は料金規制は全く不要であるとの主張も有力である。しかし，電力小売市場において自由で有効な競争が機能するようになるまでの過渡期においては，既存事業者に対して，その市場支配力の不当な行使を事前に規制する必要が残り（料金等の規制），そのために上述の会計規制など，経営全体の社会的評価を可能にするような新たな規制システムが要請されていると考えられる。

　(ⅱ)　会計分離その他

　既存事業者に対して会計分離とその情報開示をできるだけ厳密にかつ広く求めることが前提であるが，会計データが基本的に過去の経営データであるという限界も認識する必要がある。この点で，NTT 民営化の後，データ通信事業や移動体通信事業の分離が行われ，また，持株会社方式に移行後も NTT 東西とドコモに対して，会計規制の強化措置等がとられたことは重要な参考例となろう。

　この点に関し，わが国の電力の場合は，競争導入の段階の相違から，この会計制度について通信よりも遅れている状況にあるが，米国その他の諸外国では，会計分離にとどまらず，発電部門と送配電部門を分割した国もある。さらに，より一般的なディスクロージャーの充実の一環として，多くの個別事業を抱える大企業に対してはセグメント会計とその開示が次第に要請されるようになっていることにも留意すべきであろう[12]。

　(ⅲ)　料金以外の取引条件に関する規制

　既存事業者の小売料金に対する規制と並んで，その他の取引条件についての規制も考慮する必要がある。

　今後，既存事業者と新規事業者の間で顧客争奪競争が多様に行われるであろうが，最も重要な問題は，排他条件付取引をどう規制するかである。

　自由化当初の長距離通信分野に見られるように，サービスに差異がつけにくい場合，ダンピング競争に陥りやすい。そこで各事業者は，顧客の「囲い込み」のための競争に力を注ぐようになり，競争手段として長期割引など，ユーザーにとって取引先変更の費用（スイッチング・コスト）が高くなるように，ユ

---

[12]　独禁法上の差別対価の不当性の判断のためにも，セグメント会計が必要であることについて，舟田正之『不公正な取引方法』（有斐閣，2009 年）394 頁以下参照。

ーザーを拘束する契約方式が採用され，ユーザーが一旦加入したネットワークから別のネットワークへの乗換には高い障壁が設けられる傾向になりがちである。

このような「囲い込み」競争も，もちろん競争の一形態であり，それ自体を不当とするものではないが，場合によっては，顧客を拘束することで，その選択の自由を過度に制限し，かつ競争の圧力を弱める効果も持つことから，反競争的と評価すべきこともあり得る。

(5) ユニバーサル・サービス

競争のルールないし場の設定のための規制には，ユニバーサル・サービスに関する規制も含まれる。

電力や通信において，古典的な公益事業規制が行われていた場合では，既存事業者に独占を保障する代わりに，全国（電力の場合は，各地域）のユーザーに対し，均一料金で同一のサービスを提供することが義務付けられていた。これは，既存事業者に対し内部相互補助を強制していたことを意味する。

これに対し，競争原理を導入すれば，上の均一料金は維持し得なくなる。離島などについては，あまりに高料金になることが予想され，場合によってはサービス提供を止めるという選択肢もあり得る。そこで，競争下に置かれた事業者に対し，全国（または各地域）のすべてのユーザーに対し，適正な料金でサービスを提供させる，というユニバーサル・サービスの制度化が要請されることになる。

このように事業者に対しユニバーサル・サービスを法律上義務づけるためには，外部補助（公的補助または事業者からの拠出金を原資とする）に拠らざるを得ない。これについて措置をしないで，競争だけを進める政策は，既存事業者だけを不当に不利に扱うことになるからである。

ユニバーサル・サービスの趣旨からすれば，国または地方自治体からの公的補助によることがスジであるようにも思われるが，国や自治体の財政状況から現実性に乏しいようにも思われ，また，公的補助に甘えて効率化の努力をしなくなるというモラルハザードの危険性も否定できない。

そこで，現実的な政策として，託送料に上乗せして新規事業者に課すか，ま

たは，全事業者からの拠出金に基づく基金方式によることとなろう。電気通信分野において，多くの議論の末に創設されたユニバーサル・サービス基金制度が円滑に機能している現状では，電力においても基金制度を創設することが適当であるようにも思われる。しかし，経済産業省・電力システム改革専門委員会報告書（2013年）では，「エリアの送配電事業者を担い手とする」とされているので，前者（託送料を原資とする）の立場を採ったのであろう[13]。

　ユニバーサル・サービスの考え方とは，社会の公共的形成という観点から，不採算サービスであっても特定の事業者（実際には既存事業者がこれを担うことになろう）に社会的にみて適正な料金でサービスを継続することを義務づける必要があるということである。そのための基金制度の前提は，既存事業者による当該サービス提供を継続するためのコストを正確に算定し，そこから適正な拠出金を算出し，最終的に利用者の負担とすることである。

(6)　「範囲の経済」の活用と不当利用
　(i)　他分野の資源の活用
　電力や通信などの分野への新規参入は，他分野を本業とする企業から何らかの資源を活用して実現されることが少なくない。すなわち，多角経営による参入を容易にする要因として，他分野における稀少な資源（地下の導管，電柱，用地など）を有利な条件で利用できるという事情がある[14]。

　このような多角経営（本体参入だけでなく，子会社・関連会社による参入も含む）の推進は，「範囲の経済」を活用しようとするものであり，当該資源の有効活用として積極的に評価すべきであろう。電力への新規事業者の多くが，電気通信など他の公益事業に携わる事業者の子会社・関連会社，あるいは，大規模自家発電を行ってきた事業者であるのも，この類であるといえる。

　電力の分野において，このような「範囲の経済」の活用は，既存事業者も既

---

13)　ただし，同報告書は，引用部分に続けて，括弧書きで「より効率的に供給することができる小売事業者がいる場合には，これを排除するものではない」と述べる。これは入札方式を念頭においたのであろうか，また，小売事業者が選ばれた場合の原資はどうするかなど不明であり，この段階では精緻な制度設計までは行われていないようである。
14)　黒川和美「情報通信関連社会資本の整備と国土利用」舟田正之＝黒川和美編『通信新時代の法と経済』（1991年，有斐閣）198頁以下参照。

に有効に行ってきたものであり，特に，電力に固有の分野における発電から送配電，小売までの垂直統合によるメリットは大きいものであったと説かれている。

　(ⅱ)　不当利用

「範囲の経済」については，以上のような積極面だけではなく，消極面にも留意する必要がある。すなわち，一方で，今後の「公正な競争」の促進のためには，既存事業者による垂直統合をテコとする新規事業者への圧迫を予防し，部分的参入を容易にする必要がある。

しかし他方で，新規事業者についても，他分野（例えば，電気通信や都市ガス）における独占的経営による超過利益を，電力への新規参入のために振り向けていないか，という点をみる必要があろう[15]。そのような参入は，当該他分野における競争が十分機能していないことの現れである可能性がある。

既存事業者・新規事業者の双方に関し，仮に導管，電柱など公益事業特権を背景として敷設・維持してきた資源を武器として，他者の参入を不当に阻止し，あるいは競争上の優位性を得るようなことがあれば，独禁法上も問題である。

　(ⅲ)　企業結合の進展

電力における競争が今後進展するに従い，既存事業者に（法的または事実上）課されていた各種の事業活動に関する制約が次第に緩められ，より自由な企業活動が可能になる。これは既存事業者自身で行うこともあろうが，他の事業者との企業結合によって行われることも予想される。

例えば，10電力としての地域割りの制約なく，他の地域への電力供給を行うことはまさに電力自由化の一環として期待されていたことであるが，ほとんど実現していない。場合によっては，既存事業者が他の既存事業者あるいは新規事業者を買収すること等によって活動地域を拡大することもあり得るであろう。

また，既存事業者が電力以外の産業分野に新規参入することも従来から自由であるが，電力改革が進めば，「電力，ガス，石油など，各エネルギーサービスの融合化・ボーダレス化が進む」[16]，「新しい技術，強靱なエネルギー企業が

---

[15]　舟田正之「電気通信事業と『経営の多角化』」情報通信学会誌5巻1号18頁以下（1987年）参照。

国内のみならず海外に展開していくことが期待される」[17]，とも説かれている。この方向に向かえば，既存事業者と都市ガス事業者，石油事業者等との企業結合が多様に展開されることも予想される。

日本の電力産業は，戦後の再編成の後，各地域ごとに10電力会社が固定され，その枠内でしか自由な企業活動が行えなかった。今後，電力産業が次第に競争的な市場となるに従い，既存事業者への規制も緩和されていくべきであろう。

独占禁止法上の企業結合規制に違反するような企業結合はもちろん許容されるものではないが，そうではない限り，上記のような変化が電力自由化，競争の進展とともに行われることが望ましいと考えられる。

IV　まとめ

本章は，冒頭に提示した，分散型電源から構成される，複数ネットワークの共存・接続・競争というヴィジョンの下で，検討の大部分はそこに至る前の段階の規制システムのあり方をごく大雑把に指摘したにとどまってしまった。

論じ得なかった点も多いが，本章で指摘したポイントを箇条書きでまとめておこう。

(1) 電力産業を「ネットワーク産業」として捉えなおし，①供給されるサービスが，消費者の生活にとって高度の必需財であり，②物理的にネットワークの末端で消費者の自宅に引き込まれている，という特徴を出発点とすべきである。

ここから，電力サービスのユーザーのうち，特に消費者に関しては上記の特徴をふまえた制度構築をすべきである。もっとも，本章ではこの点についてはほとんど検討することができなかった[18]。

(2) 競争原理の導入によって，新規事業者が参入した段階における政策

---

16) 経済産業省・電力システム改革専門委員会「電力システム改革の見本方針」（2012年）6頁。
17) 電力システム改革委基本方針8頁。なお，同様の趣旨を説くものとして，例えば，長山浩章『発送電分離の政治経済学』（東洋経済新報社，2012年）を参照。
18) この点については，舟田正之「東京電力の料金値下げ注意事件について」公正取引744号47頁以下（2012年）で若干の検討をした。

的・法的課題は，第一に，競争分野と非競争分野の切り分けであり，第二に，伝統的な公益事業の段階と，十分に競争が進んだ「競争的公益事業」段階の中間地点ないし過渡期に適合するような規制システムと競争秩序を考えることである。

(3) 電力産業は，社会のインフラストラクチャーであるから，今後の社会をどのような方向に積極的に形成していくかというヴィジョンとそれに基づく社会設計を構築し，それに対応する技術発展とそれを可能にする産業構造・経営方法を促進する，というような，将来ヴィジョンと技術・経営の相互関係を作ることが必要である。

具体的には，既存事業者の垂直統合体制から，分散型発電との共存による複数ネットワーク体制に移行するという基本ヴィジョンに立脚するべきである。

(4) 新規事業者による小売供給が制限されてきた理由は，クリーム・スキミング，二重投資の予防，系統連系のための技術的困難性等であるが，いずれも新規参入を禁止する理由としては成立せず，小売自由化とともに，それらの諸問題に対応する精緻な規制システムを工夫しなければならない。

(5) 競争導入とともに，独禁法による規制がより重要になるが，同時に，事業法による「非対称的規制」が必須である。

「規制」は，「競争」あるいは事業者の「自由」の対立概念ではない。産業分野に特有の競争のルールないし場の設定のための規制が要請される。

電力産業に関して具体的に上記のタイプの規制として必要なのは，競争分野と非競争分野の切りわけ，送配電ネットワークの開放（適正な既存事業者と新規事業者とのネットワーク接続＝託送），前者から後者へのバックアップ電力の供給と，その逆の買電についての取引ルール設定，既存事業者の会計・財務に対するルール再設定と構造規制の選択，料金等に関する規制システムの確立などである。

本章で概要を示した各論点につき，さらに詳細な検討が今後活発になされることが望まれるが，基本は本章の冒頭に提示した将来のネットワーク産業のヴィジョン，すなわち，柔軟かつ多様な取引を基礎にした複数ネットワークの併存・接続・競争である。

このヴィジョンに基づいて考えると，これらのネットワーク産業に関する法制度は，基本的には，独禁法によって基本的な枠組みが与えられている競争秩

IV　まとめ

序の一部として形成される，という捉え方が妥当である。当然，自然独占産業だから独禁法の適用除外という考え方は否定される（2000年（平成12年）に自然独占適用除外規定は廃止された）。

　この独禁法による基本的な枠組みと並んで，電力産業の産業特性に応じた事業法（電気通信事業法や電気事業法など）を，わが国のインフラストラクチャー形成に資する，かつ公正な競争の基盤となるような規制システムに作り変えることが要請される。

　現時点（2013年）では，電力改革については，発送電分離と小売自由化，原子力発電の3つが最大の論点になっている。改革が進むとともに，上記の規制システムの諸点が次第に実定法化され，法的ルールに基づく自由な取引と競争が実現されることが望まれる。特に，本章で最後に触れた「範囲の経済」の活用は，既存事業者の企業結合規制と関連して重要な問題になるであろう。

　ただし，ここでは規制機関のあり方については検討していない。本書第2部以降で検討する諸外国において見られるように，電力産業の規制に特化した独立行政委員会が設立され機能してはじめて，複数ネットワークの併存・接続する競争市場のための法的インフラが整備されることになると考えられる。

　　＊　本章は，私の下記の論考を基に，現在時点の状況に合うように書き直したものである。舟田正之「公益事業の規制緩和──電力を中心として」ジュリスト1044号103頁以下（1994年）。
　　これは，20年近く前の論考であり，当時はここで述べたことはかなり先端をいく，論争的な性格のものであったが，その後の進展でここで扱った点の多くは制度化されたこともあり，特に本章Ⅱ2で述べたことはやや古色蒼然とした感じもあるが，ここで提示した基本的なヴィジョンや論点は今でも意味があると考える。
　　また，本章では，上記論考以外に，下記の論考の一部も挿入したが，これらの引用は割愛した。
　　　舟田正之「日本におけるエネルギー供給事業に関する独占と競争」日本エネルギー法研究所報告書『日本におけるエネルギー供給市場の独占と競争』（1990年）
　　　舟田正之「公共企業に関する法制度論序説(2), (3)──コージェネレーションに関する法制度」立教法学37号106頁以下，39号196頁以下（1992年，1994年）

第1部　日本の電力改革　　第1章　電力改革の基本的考え方

　舟田正之「電気事業と独占禁止法」日本エネルギー法研究所報告書『公益事業における新規制』（1997年）
　舟田正之「電力の自由化・競争導入に関する法的検討」立教法学54号75頁以下（2000年）

第2章

日本における電力改革
―― 日本の電力市場における規制改革と競争秩序の形成

舟 田 正 之

I これまでの制度改革の経緯

1 大規模集中立地型から小規模分散型へ

(1) 電気事業は，物的設備とその機能という観点からみれば，発電事業・送電事業・配電事業の3種類に大きく分けられる。

これを電力サービスの取引という面から整理し直すと，卸電力サービス取引，託送サービス取引，小売電力サービス取引の3種類ということになる。この区別は，既存事業者（電気事業法上の「一般電気事業者」）による垂直統合体制の下では，ほとんど意味がないのであるが，後にみるように，自由化・競争導入が進むとともに，重要な観点となる。

電気事業のうち，技術的進歩と競争的環境は，特に発電事業について顕著である。1970年代頃から，ガスタービン，ガスエンジン，ディーゼルエンジン等に関する技術的進歩は著しく，その効率性は飛躍的に高まった。また，これらを用いて，発電した後の廃熱を回収し，冷暖房・給湯などの熱供給に用いるコジェネレーション（cogeneration.「熱電併給」とも呼ばれる。以下，「コジェネ」と略記）は，電力と熱の需要のバランスによっては，極めて高い総合的エネルギー効率を達成することができる。

わが国では，これまで，発電事業は，「大規模集中立地型」に向かってきたが，上記のようなコジェネ技術の発達を背景に，今後は，コジェネなどによる「小規模分散型」の発電が次第に増加し，技術進歩いかんでは小規模分散型が

支配的になるであろうと説かれるに至っている。

　2011年の福島第一原発の事故を受けて政府部内に設置された「エネルギー・環境会議」は,「革新的エネルギー・環境戦略」(平成24年9月)において,「電力システム改革」を断行する,「具体的には,市場の独占を解き競争を促すことや,発送電を分離することなどにより,分散ネットワーク型システムを確立し,グリーンエネルギーを拡大しつつ低廉で安定的な電力供給を実現する」,と述べた。これは,従来の「大規模集中で地域独占を旨とした電力システム」を「分散ネットワーク型システム」に変えるという趣旨である。

　(2)　コジェネは,1つの建物または隣接建物群だけを対象とするオンサイト型と,一定の区域に供給するエリア型とがある。後者は欧州などで普及している地域冷暖房も含まれ,日本でも「熱供給事業法」(昭和47年法88号)の下で,埋め立て地やニュータウン建設,都市の再開発などに伴って,各地に小規模な地域冷暖房事業が始まり,普及が期待された。しかし,個別の建物ごとの熱供給システム(エアコンなど)も可能なこと,設備拘束性が強く硬直的な経営になりがちであること等々から,急速な普及までには至っていないようである[1]。

　他方で,オンサイト型については,もともと建築基準法と消防法によって,一定基準以上の建築物に対しては,防災用の自家発電設備の設置が義務づけられており,これに従って,多くのビルには自家発電設備が設置されていることから,これらの機能を高め,非常用と常用を兼用で運転できれば,より効率的なはずである[2]。

2　コジェネによる「特定供給」・「特定電気事業」

　(1)　上記のコジェネの発展をふまえ,臨時行政改革推進審議会(行革審)の「公的規制の緩和等に関する答申」(1988年)は,「複合エネルギー時代に向けて,分散型電源を含めた発電システムの在り方について,安定型・効率的な電

---

[1]　地域冷暖房の現状等については,日本熱供給事業協会のサイトを参照。http://www.jdhc.or.jp/
[2]　詳しくは,舟田正之「公共企業に関する法制度論序説(2)——コージェネレーションに関する法制度」立教法学37号111頁,117頁注3(1992年)。ただし,その後の変化は私には不明である。

力供給の確保，需要家間の公平等に配慮しつつ，供給に係る規制等の制度面を含め検討を進める」，と明記した。

それに続く行革審の第三次答申「国際化対応・国民生活重視の行政改革に関する第三次答申」(1992年) は，さらに一歩踏み込んで，一般電気事業者による分散型電源に係る余剰電力の円滑かつ着実な購入が実現されるよう注視していくとともに，その効果等を踏まえつつ，特定供給規制の在り方について検討する。また，技術革新の進展を踏まえ，分散型電源の設置に係る人的・物的規制の緩和について検討する，と述べた。

(2) コジェネの仕組みをとるか否かを問わず，ガスタービン等による発電が，自家発・自家消費であって，第三者への電力供給を行わない場合は，設備面での規制はかかるとしても，経済的事業としての位置づけはない。これに対し，第三者への電力供給を，「業として」行う場合は，当時は「特定供給」の制度（現行の電気事業法17条）にのせる他はなかった。上記の答申において，「供給に係る規制等の制度面」，「特定供給規制の在り方」等の文言は，特定供給が極めて例外的にしか認められなかったことから，これを拡大するか否かという問題があったことを示している。

しかし，特定供給の拡大は，一般電気事業者の業務区域において虫食い的に新規参入を認めることになって，一般電気事業者の利益を損ない，ひいてはユーザーの利益に反することになるおそれがあるという懸念から，遅々として進まなかった。1995年の電気事業法改正において，特定供給の拡大を念頭に，「特定電気事業」制度が創設されたが，法的整備だけに終わっている。

(3) わが国における「特定電気事業」や「特定供給」はどの国にもないもののようであり（もっとも，これに類似する仕組みはあるかもしれない），これらは日本独自の構想であるといわれている。

しかし，特定電気事業と特定供給は，熱供給との併用という特有の機能によって，競争上の優位性を獲得するケースがあり得るのであり，その意味では既存の一般電気事業者と競争的に存立する可能性があるとも考えられる。もっとも，熱供給は，その範囲が狭く限られているため，現在の技術水準では，狭い

地域で限られた条件でのみ競争的に存在し得るもののようである。

3 電気事業法の改正経緯

(1) 上述のようなコジェネを中心とした小規模分散型発電への動きは，1980年代頃から，先進諸国において電力産業に関する自由化・競争導入の議論が高まってきたことの中でのことであった。世界各国で一般的な公益事業の規制緩和・撤廃の動きに連動して，電力産業における自由化・競争導入等の規制改革が進行しつつあったのである[3]。

また，日本特有の事情として，電力料金の国際比較の議論が繰り返しなされ，競争導入によって既存事業者の経営効率化をさらに図るべきであるとの主張が行われた。電力料金は，1974年から80年まで，物価指数を大きく上回る勢いで上昇し，80年代半ばからは，円高と原油安の下で暫定的引き下げが行われたが，それでも内外価格差が顕著であったことから，政府・通産省（当時）や一般電気事業者等の反対ないし消極的姿勢にもかかわらず，自由化・競争導入の機運が高まっていった。

1997年春頃から，電力料金の国際比較の議論が再燃し，当時の通産大臣から，一般電気事業者の経営効率化をさらに図るために，その垂直統合体制の見直し，すなわち発電・送電・配電の各部門の企業分割（＝垂直分離）の検討が提唱された[4]。これを受けて，検討に入った電気事業審議会は，大口需要家への小売託送を認めるべきだとする「部分自由化」を提言し，家庭ユーザーを含む「全面自由化」や「プール制」の導入は将来，欧米諸国の成果を踏まえてその是非を検証することとした。これらの経緯を経て，1999年，部分自由化等を規定した電気事業法改正が成立した[5]。

(2) 自由化・競争導入の方向をとった電気事業法の改正の経緯を，重要なもののみ簡単にまとめてみる（以下，電気事業法を「法」と略記。条文は現行法上のもの）。

① 1995年（平成7年）改正

一般電気事業者が卸電力購入を競争入札で行った場合は，卸供給料金は総括原価方式ではなく落札価格とする制度が導入された（「卸供給事業」，法2条1項

11号。以下,卸供給事業者＝Independent Power Producer を IPP と略記)。

これと同時に,前記の「特定供給」を拡大した「特定電気事業」制度も創設されたが(法2条1項5号),これを利用した事業は現在まで数件しかない。

② 1999年(平成11年)改正

特別高圧需要について,小売供給の部分自由化が制度化された(「特定規模電

---

3) 本章執筆にあたって電力政策・制度に関し主に参照したものを挙げておく(単行本のみ。論文は割愛)。
植草益編『電力 講座・公的規制と産業1』(NTT出版, 1994年)
橘川武郎『電力改革』(講談社新書, 2012年)
土田和博＝須網隆夫編著『政府規制と経済法』(日本評論社, 2006年)
友岡史仁『公益事業と競争法』(晃洋書房, 2009年)
友岡史仁『ネットワーク産業の規制とその法理』(三和書籍, 2012年)
長山浩章『発送電分離の政治経済学』(東洋経済新報社, 2012年)
南部鶴彦『電力自由化の制度設計——系統技術と市場メカニズム』(東京大学出版会, 2003年)
南部鶴彦＝西村陽『エナジー・エコノミクス』(日本評論社, 2002年)
西村陽『電力自由化 完全ガイド』(エネルギーフォーラム, 2004年)
西村陽『電力改革の構図と戦略』(電力新報社, 2000年)
野村宗則＝伊勢公人＝河村幹夫＝円浄加奈子『欧州の電力取引と自由化』(日本電気協会新聞部, 2003年)
野村宗訓編著『電力 自由化と競争』(同文舘, 2000年)
野村宗訓『電力市場のマーケットパワー』(日本電気協会新聞部, 2002年)
八田達夫＝田中誠編著『電力自由化の経済学』(東洋経済新報社, 2004年)
八田達夫＝田中誠編著『電力改革の経済分析』(東洋経済新報社, 2007年)
藤原淳一郎『エネルギー法研究』(日本評論社, 2010年)
藤原淳一郎＝矢島正之監修(政策科学研究所)『市場自由化と公益事業——市場自由化を水平的に比較する』(白桃書房, 2007年)
矢島正之『電力改革』(東洋経済新報社, 1998年)
矢島正之編『世界の電力ビッグバン』(東洋経済新報社, 1999年)
矢島正之『電力改革再考』(東洋経済新報社, 2004年)
矢島正之「電力の自由化」21世紀フォーラム『市場自由化 評価と選択のために103号』(政策科学研究所, 2006年) 42頁以下
矢島正之『電力政策再考』(産経新聞出版, 2012年)
山本哲三『規制改革の経済学』(文眞堂, 2003年)
4) この間の事情については,多くの報道記事がある。例えば,河原雄三「『発送電分離』圧力で揺さぶり 対立から料金下げの実を取る」日経ビジネス1997年5月26日号12頁以下,「通産相が投げかける電力業界への難問」AERA1997年6月30日号23頁以下等を参照。
5) 電力新報社編『電力構造改革 供給システム編』,同『電力構造改革 料金制度編』(電力新報社, 1999年)を参照。

気事業」,法2条1項7号。以下,特定規模電気事業者=Power Producer and Supplier を「新規参入者」と略記)。

これに合わせて,通産省と公取委は,共同で「適正な電力取引についての指針」を策定した(以下,「電力取引ガイドライン」と略記)。

③ 2003年(平成15年)改正

高圧需要についても段階的に自由化が行われた(2004年,2005年の2段階。電力量で63%が自由化)。また,特殊法人であった電源開発株式会社の完全民営化が決定された。

自由化に伴って,公正な競争の確保・促進のため,託送規制の強化改正,および,既存事業者の送電ネットワーク間で電力をやり取りする際の手数料(=振替供給料金)の廃止(法2条1項13号ないし15号,法24条の3から24条の7),ネットワーク部門の公平性・透明性確保のため,運用の監視を行う中立機関制度の創設(「送配電等業務支援機関」,法93条から99条の4)[6],小売自由化部門(=特定規模需要部門)と規制部門(=一般需要部門,その他の部門)の会計を区分する「部門別収支」(34条の2)等が制度化された。

これと同時に,指標価格の形成,販売調達手段の充実等を目的として卸電力取引所が創設されることになり,「日本卸電力取引所」(以下,JEPXと略記)[7]が2005年から事業を開始した。これは強制プールではなく任意プールであり,また,電気事業法上の根拠ないし位置づけはない。

(3) 2010年の民主党への政権交代後,政府は,再生可能エネルギーの導入拡大を見据えた電気事業制度見直しに着手し,翌年,「電気事業者による再生可能エネルギー電気の調達に関する特別措置法」が成立した。

これは,「余剰電力の買取制度」と呼ばれ,2009年(平成21年)に開始された太陽光発電の余剰電力買取制度に代わるものである。新制度では,太陽光発電に限らず,風力・水力・地熱・バイオマス等による電力を,電気事業者が固

---

6) この点については,渡辺勉「電力系統利用協議会の機能と役割」公益事業研究57巻1号1頁以下(2005年)参照。

7) http://www.jepx.org/ これについての研究としては,例えば,山口順之「卸電力取引所における市場流動性に関する基礎検討」公益事業研究57巻1号19頁以下(2005年)がある。

定価格で買取る義務を課し，買取に必要な費用は，電気の使用量に応じて全国民が負担する（2012年7月1日から実施）[8]。（再生可能エネルギーについての制度化は，電力取引に関する競争秩序の形成にとって重要な要素ではあるが，経済的取引と競争にとっての外在的要素として，これについての検討は割愛する）。

4 東日本大震災後の制度改革論の推移

(1) 自由化・競争導入という課題は，2011年の東日本大震災以後，原子力発電問題と並んで，新たに政治問題・政策問題として取り上げられることとなった。

政府等における諸機関・委員会等における議論の中で，ここでは，総合エネルギー調査会基本問題委員会「新しい『エネルギー基本計画』策定に向けた論点整理」（2011年12月）を挙げておく[9]。この中で，「リスク分散と効率性を確保する分散型の次世代システム」が提唱されている。

「分散型の次世代エネルギーシステムの実現――供給構造の変革」という表題の下で，「大規模集中電源に大きく依存した現行の電力システムの限界が明らかになったことを踏まえ，今後は，需要家への多様な選択肢の提供と，多様な供給力（再生可能エネルギー，コジェネ，自家発電等）の最大活用によって，リスク分散と効率性を確保する分散型の次世代システムを実現していく必要がある」。

ただし，それ以上に踏み込んだ制度論については，まだ明確にはされていない。そこにおける意見の対立の中心がどこにあったかということについては，次の文章に表れている。

「電気事業体制の在り方については，今般の電力需給の不安定化等により限界が明らかになってきた垂直統合体制や地域独占体制の抜本的な見直しが必要であるとの意見が多く出た一方で，発送電分離や自由化については，電力供給の不安定化や電力取引のマネーゲーム化等を招くことのないよう慎重に検証す

---

8) 資源エネルギー庁の以下のサイトを参照。http://www.enecho.meti.go.jp/saiene/kaitori/whole.html
9) http://www.enecho.meti.go.jp/info/committee/kihonmondai/ikenbosyu/rontenseiri.pdf
http://www.meti.go.jp/press/2011/12/20111220012/20111220012-2.pdf

る必要があるとの意見も出た」。

　(2)　その後，政府における制度改革の議論は，総合資源エネルギー調査会総合部会・電力システム改革専門委員会において行われ，2012年7月に，「電力システム改革の基本方針――国民に開かれた電力システムを目指して」(以下，「電力システム改革専門委基本方針」と略記)，さらに2013年2月，「電力システム改革専門委員会報告書」が公表された（以下，「電力システム改革委報告書」と略記」)。それらにおいて，小売料金の全面自由化，卸電力市場の活性化，送配電の広域化・中立化，安定供給のための供給力確保策，規制組織の独立性，その他の制度改革が提言された[10]。

　ただし，これらの改革を進めるためには，次の3つの段階で検証を行いながら実行するとされている。第一段階は「広域系統運用機関の設立」であり，第二段階は，小売分野への参入の全面自由化，第三段階は，法的分離による送配電部門の一層の中立化，料金規制の撤廃，とされている。

　2012年12月に自民党が政権に復帰し，電力改革に消極的な動きが勢いを増したこともあり，上記の3つの段階にはその間の事情が滲み出ているとの見方もあるが，ここでは政府として公にした文書をそのまま受け取って検討する。

　2013年4月，前記の電力システム改革委報告書を承けて，電気事業法の改正案が閣議決定され，国会に上程された。同法案の目玉は，「広域的運営推進機関」の創設であり（同法案28条の4以下)，さらに附則(11条)で，前記の第二，第三段階の「制度の抜本的な改革を行うものとする」という規定をおいている。この広域的運営推進機関は，電源の広域的な活用に必要な送配電網の整備を進めるとともに，全国大で平常時・緊急時の需給調整機能を強化するために設けられるものである（本章Ⅳで扱う送配電網の分離の前段階とも位置づけられるが，ここでは検討を割愛する)。

　　〈補注〉　同法案は，2013年11月国会で可決・成立した。校正の時点でこの報道に接したので，本書では「法案」と記載されている。

---

10)　http://www.meti.go.jp/committee/sougouenergy/sougou/denryoku_system_kaikaku/pdf/report_001_00.pdf
　　http://www.enecho.meti.go.jp/denkihp/kaikaku/20130515-1-1.pdf

Ⅱ　電力産業における各市場の実態

(1)　次に，電力産業における取引・競争の実態を簡単に見ておこう。

電力産業は卸・小売という取引段階に着目すれば，発電事業者とそこから電気を購入する小売事業者の取引からなる卸電力市場，および，小売事業者とエンド・ユーザーの取引からなる小売電力市場に分けられる。

潜在的競争も含めるという観点からは，自家発・自己消費を行う者も，余剰電力を売り，不足電力を買う可能性があるから，卸電力市場・小売電力市場のプレーヤーに入れるべきであろう。

電力小売市場の商品範囲については，一般電気事業者の小売形態を前提に，5種類の需要形態（特別高圧産業用，特別高圧業務用，高圧産業用，高圧業務用，低圧需要）ごとに市場を画定することができよう。しかし，これらは一般電気事業者側からみた区別であって，これらすべてを包括する単一の電力供給サービスを市場として画定することも可能である。

(2)　ここでは便宜上，電力ガイドラインの挙げる4分野，すなわち，①小売分野，②託送分野，③卸売分野，④他のエネルギーと競合する分野，という区別を手掛かりにしよう（同電力ガイドライン第1部2「指針の構成」）。以下の数字は，2010年度のもの（参考までに，括弧内は2005年度の数字)[11]。

①　自由化された小売分野における新規参入者の販売電力量シェアは，着実に増加しているが未だ低い水準であり，2006年で特定規模需要全体の3.47％（2.11％），2011年で3.6％となっている。

②　規制の残る小売分野では，各一般電気事業者のほぼ完全独占である。

---

11)　主として以下の資料を参照した。経済産業省・総合資源エネルギー調査会総合部会・電力システム改革専門委員会（第3回，平成24年4月）事務局資料　http://www.meti.go.jp/committee/sougouenergy/sougou/denryoku_system_kaikaku/003_haifu.html
経済産業省「電気料金制度・運用の見直しに係る有識者会議報告書」（平成24年3月）　http://www.meti.go.jp/committee/kenkyukai/energy/denkiryoukin/report_001.html
経済産業省・総合資源エネルギー調査会・電気事業分科会・制度環境小委員会「第4次電気事業制度改革の効果検証について」（平成23年2月）　http://www.meti.go.jp/committee/sougouenergy/denkijigyou/seido_kankyou/004_03_00.pdf

③　卸売分野については正確な実態は不明であるが，電源（＝発電容量）についてみれば，以下の数字が挙げられている。

　　一般電気事業者，73.17%（73.5%）
　　卸電気事業者（電源開発㈱及び日本原子力発電㈱），7.05%（11.9%）
　　自家発は毎年着実に増加し，19.07%（14.2%）[12]
　　新規参入者の保有電源，0.71%（0.3%）

一般電気事業者は，年間 8220 億 kWh を自社で発電し，IPP・卸電気事業者から長期契約で年間 1588 億 kWh を調達し，自家発から余剰電力を年間 201 億 kWh 調達している（その他，一般電気事業者間の融通が 515 億 kWh ある）。

新規参入者の電源調達については，自家消費分も含めて自社で 89 億 kWh 発電し，自家発から余剰電力を 181 億 kWh 調達し，一般電気事業者から常時バックアップとして 26 億 kWh を調達し，小売を 200 億 kWh 実施している。新規参入者につき，販売量シェアで見ると，業務分野の特別高圧需要での供給者切り替えが 20% 以上である一方，その他の分野での切り替えはそれほど進んでいない。

卸電力取引所（JEPX）分野のうち，スポット取引は平成 17 年度の取引量の累計が約 5500 百万 kWh，先渡市場は 162.1 百万 kWh であり，小売販売電力量に対する取引所取引の比率はわずか 0.6% にすぎない。

(3)　以上のように，既存事業者の発電量は圧倒的であり，小売・卸売の両市場において，現状では公正かつ有効な競争が実現しているとは言い難い。一部自由化といっても，実態はごく少数の大口ユーザーをめぐる競争が激化している他は，既存事業者の市場支配力は自由化された小売分野から，卸電力取引分野までのすべての市場において維持されている。このことを踏まえるならば，競争を前提とした現行の電気事業法の規制システム[13] に疑問が生じるところである。

---

12)　自家発設備の状況については，総合資源エネルギー調査会総合部会・電力システム改革専門委員会（第3回，平成 24 年 4 月 3 日）・事務局資料 11 頁に平成 23 年 7 月時点の内訳が掲載されている。そこでは，自家発設備容量 5,373 万 kW とある。http://www.meti.go.jp/committee/sougouenergy/sougou/denryoku_system_kaikaku/003_haifu.html

ただし，大口電力については自家発・新規参入者が一定の牽制力を有していることにも留意する必要がある。

III 規制改革に関する論点

1 競争的な市場構造の構築

(1) 競争条件の公正さの確保

これからの電力産業に関する制度設計を考える際の基本的観点としては，競争の契機をより広く持ち込んで，電力産業全体の効率化を促進する，という点が挙げられよう。競争を活性化することによって，既存事業者が独占ないし既得権に安住することを防ぎ，既存事業者と新規参入者の双方が，生き生きした企業の活力・革新性を発揮することが要請されていると考えられる。

しかし，現在の電力産業において前記のような既存の既存事業者中心の市場構造という実態がある以上，単純に小売部門への新規参入を全面的に自由にするとしても，新規参入者が既存事業者と対等に競争して，参入に成功することは極めて困難である。そこで，既存の一般電気事業者と，新規参入の競争事業者との間の競争条件の公正さの確保をはかる制度を整備することが必要になる。

上記のような，小売自由化の推進と競争条件の公正さの確保の2点は，電気通信産業において，1985年の自由化・競争原理の導入のための電気通信制度改革以来，少しずつ実現されてきた制度整備の方向でもある。当時の制度改革に際して提案された電電公社の構造分離（長距離通信部門と地域通信部門の分離）および地域分割の構想は採用されず，同公社は一体としてNTTとして民営化されたが，新規参入者とNTTの間の競争条件をめぐる議論が続き，その中で再度提示されたNTTの分割の提案は1996年にNTTの持株会社化と，その傘下に置かれた地域通信会社の東西2分割，およびそれらとNTTコミュニケーションズ等の分離，として一応の決着をみたが，その後も接続や非対称規制

13）「部分自由化の制度設計は，事前規制・裁量行政型から事後規制・ルール遵守型への転換を基本に行われている」資源エネルギー庁電力・ガス事業部＝原子力安全・保安院編『電気事業法の解説』（経済産業調査会，2005年）213頁，156頁（以下，『電気事業法の解説』と略記）。

等に関する諸制度の整備が行われている。

(2) 複数分散型ネットワーク

電力産業は，今日の経済社会の基礎的インフラストラクチャーであるから，政策・制度を構想する際には，公的規制を緩和・撤廃するという単純な自由化によって，一般的な競争的市場を目指すことだけでは不十分である。

本書第1章で簡単に示したように，日本における電力ネットワークをどう社会的に形成していくかというヴィジョンについては，現在の既存事業者の垂直統合体制から，既存事業者と新規参入者との共存による複数ネットワーク体制に移行するという姿を想定することができる。前出の「総合エネルギー調査会基本問題委員会の論点整理」でも，「リスク分散と効率性を確保する分散型の次世代システム」が提唱されていた（2011年12月）。

そこでは，発電について，原子力発電への依存度を引き下げ，各種の分散型電源を組み込んだ分散型エネルギーシステムへの転換を図り，また同時に，分散型系統運用を導入，拡充することが必要であろう[14]。将来的には，分散型発電事業者による小規模ネットワーク＋既存事業者のネットワーク，および，それと結びついた，多様な形態における託送の展開，という姿が想定されるであろう。

しかし，中期的タイムレンジでは，既存事業者の送配電ネットワークを前提に，それを既存事業者と分散型発電事業者，および多様な小売事業者が公平に利用することを確保する中で，次第に，ネットワーク自体の変化を促すことになろう。

(3) 小売自由化

(i) 前記（I 3(2)）の①（1995年）の卸電力入札制度は，既存事業者が調達計画を決めた電力量についての競争であって，また買手も既存事業者に限られているので，ごく僅かの部分に関する競争導入に過ぎない。

それでも，各既存事業者が調達すべき電力量は，全発電市場において重要な

---

14) 分散型系統運用については，橘川・前掲注3)『電力改革』216頁以下を参照。

地位を占めるから，それが擬似的にせよ競争的になることは望ましいことである。卸電力入札制度において，既存事業者が自社で発電所を建設した場合と比較するという基本的視点で入札を行えば，その限りで効率的な調達とみなすことができるであろう[15]。

経産省は，平成 24 年 9 月，「新しい火力電源入札の運用に係る指針」を公表した[16]。これによれば，「一般電気事業者が 1000 kW 以上の火力電源を自社で新設・増設・リプレースしようとする場合は，原則全て本指針に基づく入札を実施」とされている。

(ⅱ) 上の既存事業者における電源調達の入札制度は限定的な効果にとどまり，ユーザーに直接，電気を供給する競争，すなわち小売市場における競争が可能になって，はじめて十分に競争原理が機能する前提条件が揃うことになる。

前記②の制度改正（1999 年）によって部分的な小売自由化が初めて実現した。この意味は，届出（電気事業法 16 条の 2）をした「特定規模電気事業者」（＝新規参入者）は，ユーザーと取引してよいということであって，通常の文言では，参入の自由と取引の自由を認められたということである。同時に，新規参入者の行う卸取引も禁止されていないから，卸取引の自由化という意味もある。

2012 年の電力システム改革委報告書は，「小売全面自由化」を提言した。そこでは，全ての国民に「電力選択」の自由を保証する，と述べられている。しかし，仮に法的に電力の小売サービスが自由化されても，その小売市場において自由な競争が実質的に確保されない限り，「電力選択」の自由は形式的なものにとどまる。

すなわち，小売全面自由化が制度化されても，既存事業者の小売市場におけるシェアは圧倒的であり，他方で新規事業者の供給能力は極めて限られていること等の事情から，新規事業者からの供給が実際には困難ないし不可能なユーザーが多数存在し，これら小口ユーザーにとっては，既存事業者からの供給が継続することになる。

東電値上げ注意事件[17]で明らかになっているように，現行の「自由化対象

---

15) 滝川敏明「電力の送電分離——アメリカの現状と日本の選択」国際商事法務 vol. 40, No. 2（2012 年）167 頁以下, 173 頁参照。

16) http://www.meti.go.jp/press/2012/09/20120918003/20120918003.html

需要家」(=「契約電力が原則として50キロワット以上の需要家」)であっても,「当該需要家のうち東京電力との契約電力が500キロワット未満の需要家」と限定されているような小口ユーザーは,実際には既存事業者とだけ取引しており,既存事業者の提示する取引条件に従わざるを得ないのである。

　このように,既存事業者からの供給に頼らざるを得ない多くのユーザーが多数残される場合,既存事業者の市場支配力の不当な行使を防止するために,何らかの制度上の手当が必要と考えられる。この問題については,後に検討することとしよう(Ⅴ3を参照)。

(4)　中立的な送配電ネットワーク

　(ⅰ)　各既存事業者の送配電部門,すなわち送配電ネットワークは,自由な競争に馴染まない性格のものであり,本来的に非競争的であるとされている[18]。それは,性質上,独占にならざるを得ず,競争理論で古くから説かれている,「不可欠施設」(=エッセンシャル・ファシリティ=ボトルネック独占)に当たる[19]。

　この法理によれば,既存事業者が新規参入者に対し託送を不当に拒絶することは,競争の可能性をつぶすことであり,「私的独占」または「不当な取引拒絶」に該当し独占禁止法違反となる。また,既存事業者が小売事業や発電事業に要する費用を送配電費用に入れ託送料金の水準を不当に釣り上げることは,

---

17)　公取委「東京電力株式会社に対する独占禁止法違反被疑事件の処理について」(2012年6月22日)　http://www.jftc.go.jp/pressrelease/12/june/12062201.pdf
　　本件については,遠藤光=山下剛=八子洋一「東京電力株式会社に対する独占禁止法違反被疑事件の処理について」公正取引743号80頁以下(2012年),舟田正之「東京電力の料金値下げ注意事件について」公正取引744号47頁以下(2012年)を参照。
18)　ただし,既存事業者の送配電網とは別に,電源開発株式会社の送電線や,新規参入者に新たに認められた自営線が若干あり,今後も送配電網についての局地的・部分的な設置ないし競争を否定すべきではない(本書第1章Ⅱ2(4)でも触れた)。長山・前掲注3)『発送電分離の政治経済学』45頁参照。
　　電源開発株式会社は,送電・変電設備,既存事業者間の連系送電線やその他連系設備も多数保有しており,特に北海道・本州間,本州・九州間を連系する送電網を有する。これも,既存事業者の送配電網と一緒に,中立的な送配電ネットワークに吸収すべきかという問題もある。
　　また,送配電と一括して述べているが,送電ネットワークと配電ネットワークはかなり性格が異なり,どこで電力を受け渡しするか等も,切り分けないし分離の具体的形態次第では,電気通信事業の場合と同様に,将来問題になることもあり得よう。

19) 浅賀幸平「アメリカ電気事業と反トラスト問題——オッターテイル電力事件を例に」公益事業研究 26 巻 1 号 45 頁以下（1974 年），丸山真弘「送電網へのエッセンシャル・ファシリティの法理の適用」電力中央研究所報告（1997 年），白石忠志『技術と競争の法的構造』（有斐閣，1994 年）85 頁以下，泉水文雄「私的独占・企業結合の規制」経済法学会年報 18 号 18 頁（1997 年），古城誠「電力事業とアメリカ独禁法」日本エネルギー法研究所報告書『公益事業における新規制』（1997 年）213 頁以下等を参照。

EC 条約による同様の法理については，滝川敏明『日米 EU の独禁法と競争政策』（青林書院，第 4 版，2010 年）247 頁以下，正田彬『EC 独占禁止法』（三省堂，1996 年）210 頁以下，柴田潤子「不可欠施設へのアクセス拒否と市場支配的地位の濫用行為」香川法学 22 巻 2 号 91 頁（2002 年），23 巻 1・2 号 1 頁（2003 年），24 巻 2 号 119 頁（2004 年），越知保見『米欧独占禁止法』（商事法務，2005 年）490 頁以下等を参照。

エッセンシャル・ファシリティの法理について，若干のコメントを付しておく。

第一に，米国の判例でのエッセンシャル・ファシリティの法理は，送配電ネットワーク全体ではなく，特定の送電線による託送（ただし，卸託送）が争点になった例である。そうすると，ある送電線が不可欠で，別の送電線はそうでないなど，どう決めるかが問題になろう。もっとも，公益事業政策法（Public Utility Regulatory Policy Act of 1978）に基づく託送命令には，「地点間ではなく，ネットワーク送電サービスの提供を求め」，それが認められた事例もあるとのことである。参照，丸山真弘「米国におけるオープン・アクセスの法規制」電力中央研究所報告（1999 年）5 頁。

なお，日本の電気通信の接続料金は，「不可欠施設」を NTT 東西の地域通信（県内通信）全体とし，それを対象とする接続会計を作り，そこから料金が算定される仕組みがとられている。

第二に，アナハイムのケースは，ある超高圧送電線の利用を求めたアナハイム市の請求を棄却した事案である。See, City of Anaheim v. Southern California Edison Co., 955 F. 2nd 1373 (9th Cir. 1992)

ここでは，当該送電線がエッセンシャル・ファシリティに当たるか否かで議論しているが，託送の問題は，託送請求を認めると，委託者だけが託送によって「いいとこどり」ができ，他のユーザーの不利になる，という点にある。しかし，この議論自体は，オッターテイル判決で否定されているので，アナハイム判決はこれと別の理由，すなわち，エッセンシャル・ファシリティに当たらない，という論拠で結論を出したと理解される余地がある。

第三に，ただしその後，クリーム・スキミング防止を認めるかに読める判例がある（詳細は，古城・前掲報告書 219 頁参照）。その前提として，コスト算定法方が問題であり，例えばユニバーサル・サービスのためのコストなどは入らないであろう。

第四に，FERC の規則が出て（FERC, Order No. 888［2］．1996 年），託送が義務づけられたあとは，エッセンシャル・ファシリティの法理は使われない。したがって，この法理は過渡期の議論とも言えるが，歴史的に見て託送を可能にしたという意義がある。

日米を通じて，託送に係る特別法による規制が出された後は，拒絶できるか否かではなく，もっぱら託送料金などの条件次第，ということになる。わが国においても，明白に不法な目的による託送拒絶（競争制限の目的だけの場合）は独禁法違反となるであろうが，コストを上回る託送料金を請求する場合なども独禁法違反のおそれがあると解される。

競争事業者を不当に排除する行為として私的独占に当たる可能性がある。

　したがって，独占禁止法上の問題は，託送を拒否することが許される事由は何か，また，託送料金はどのように算定され規制されるべきか，ということである。同時に，不当な託送拒絶や託送料金の要求は電気事業法にも違反する可能性のある行為であり，ここには独占禁止法と事業法による二重規制の問題があることになる。

　独占禁止法による規制は，個別具体的な事例に関して行われるから，適正かつ円滑な託送取引を促進するためには，託送をどのような料金その他の条件によって行うかなどにつき，個別の交渉ではなく，法律上のルールに基づいて一律に決める必要がある。前記（Ⅰ3(2)）の②，③の法改正は，小売の部分自由化に伴って，この託送ルールを定めたものである。

　(ⅱ)　しかし，上記のような「行為規制」と送配電等業務支援機関や卸電力取引所の設置だけでは，公正な競争を実現するには不十分であり，既存事業者の垂直統合体制の見直し，すなわち発電・送配電・小売の各部門の企業分割（＝「アンバンドリング」と呼ばれる）という「構造規制」が必須であるという主張も，欧米の動向をもふまえ提示されてきた。

　すべての発電（卸売）事業者と小売事業者にとって，中立的な送配電ネットワークは，託送サービスを平等に提供することにより，各プレーヤー間の公正な競争を担保することになる。

　以上述べたことを前提として，それでは，具体的にどういうアンバンドリングの形態を採るべきか，また，具体的な託送ルール（料金，付加サービス等）をどう設定するか等の問題に取り組むこととなる。

　(ⅲ)　なお，さきに各既存事業者の送配電部門は「不可欠施設」に当たると述べたが，子細に見れば，例外的な場合には複数の施設を設置することもあり得る。

　現行の電気事業法においては，新規事業者（「特定規模電気事業者」）が，自前の物理的ネットワーク（「電線路」）を構築して事業を行うことに対しては，届出が必要であり，それにより「一般電気事業者の供給区域内の電気の使用者の利益が著しく阻害されるおそれがあると認めるときは，」中止ないし変更の命令が下される（電気事業法16条の3第5項）。送配電部門については自然独占性

が残っているとしても，部分的な（物理的）送配電網構築の自由を認めることはあり得るということである（前注18参照）。

(5) 既存事業者の発電・卸売部門と小売部門の分離

小売自由化を全面的に行っても，既存事業者の電源が圧倒的に大きい現状のままでは，発電市場（これは卸取引市場と言い換えることができる）の独占性は依然として残ったままであり，そこにおいて自由な競争が自然に進展するとは考えにくい。

そこで，この「発電市場（卸取引市場）の売手集中度をいかに低下させるか（例えば既存電気事業者の発電部門の水平的分割が対策となりうる）」等の議論がなされることになる[20]。

さらに，公取委「電力市場における競争の在り方について」（2012年）は，既存事業者の発電・卸売部門と小売部門の分離を提唱している。すなわち，「電力市場における競争力のある電源の偏在は，一般電気事業者が，地域独占体制下で設備競争の余地もなく，総括原価方式に基づく料金規制により，建設に要した費用を確実に回収できる環境下で発電所を建設・取得する中で生じたものである。これらのことを踏まえれば，新電力への電力供給を行うインセンティブを確保することができるように，発電・卸売部門と小売部門を分離して，別個の取引主体とすることが考えられる。」（同文書24頁）。

たしかに，「電力市場における競争力のある電源の偏在」がある以上は，小売の全面自由化をしたとしても，小売市場で圧倒的なシェアをもつ既存事業者の発電部門は，新規事業者に卸すことよりは，自己の小売部門への供給を優先するであろう。これに対し，既存事業者の発電・卸売部門と小売部門を分離して，全く別の事業者とすれば，既存事業者の発電部門は，より高く買ってくれる新規事業者に供給するインセンティブが生じるであろう。

---

20) 土田和博「規制改革と競争政策——電力自由化の比較法学的検討」日本国際経済法学会編『国際経済法講座Ⅰ』（2012年）392頁以下。

2　電力産業における競争機能の限界についての議論

(1)　どの産業にも，それぞれ競争機能が十分有効に機能し難い固有の問題点があることが少なくないが，電力産業については次のような指摘がなされている。

第一に，電気が貯蔵できないこと，需要の弾力性が小さいこと等から，「価格の決定の段階で発電設備や送電設備の十分な余裕が確保されていなければ，極端な売り手優位による価格の高騰や供給自体の不安定化が起こるケースがある」。[21]

実際に，かつての英国や米国カリフォルニア州の強制プールについて電力卸取引所における市場支配力の行使が実際に行われたという調査結果が出されており，これを抑制ないし規制する手段が様々に議論されている。発電・送電に関するかなりの供給余剰がないと取引所における市場支配力の行使が起こり易くなると説かれている。

ピーク対応が可能な発電所は，場合によっては売り惜しみ等（供給抑制）によって価格操作が可能なこともある。売り惜しみ等による価格操作は，英米等で市場支配力の不当な行使として規制が試みられているが，自由化後も既存事業者は，価格操作が可能という意味で「市場支配力」を持つとされ，それに対する規制のあり方について多くの議論がある[22]。

第二に，欧米の経験からも，電力市場の大きな部分に競争が導入され，アンバンドリングが進んで送配電だけを担う事業者が生まれると，発電・送電に関する適切な設備投資が行われにくくなるのではないか，との懸念が以前から根強くある。

第三に，数十年という極めて長期の投資を前提とする原子力発電をベース電源として今後とも利用することを前提とすれば，これは市場による電源選択のメカニズムとは根本的に合わない部分があることを認識しなければならない[23]。原子力発電については，計画から設置・運転までがあまりに長期にすぎ，また

---

21)　西村・前掲注3)『電力自由化　完全ガイド』28頁以下。
22)　南部・前掲注3)『電力自由化の制度設計——系統技術と市場メカニズム』52頁以下，259頁等，八田＝田中・前掲注3)『電力自由化の経済学』41頁以下等を参照。

様々なリスクも計算しにくい。このような長期，かつリスクが不透明な大規模投資を株式市場が積極的に評価することは考えられない[24]。

また，電力について競争的な卸市場が整備されたと仮定した場合，原発は常に稼働させて初めて価格優位になり得るのであるからベース電源とされる他はなく，通常の卸電力市場における価格形成の仕組みからは，まず原発からの電力が売りに出される。もっとも，英国のように，大部分の電力が卸市場で取引されるのであれば，前記のように，原発からの電力が極めて低価で売りに出されても，最終的に成立した料金ですべての売り出された電力が取引されるから，問題ないはずである。

これに対し，卸取引の多くが相対取引で行われるのであれば，原発については卸電力市場における価格シグナルが当てにできず，中長期的な投資が不可能になるおそれがあるという議論もなされている。

(2) しかし，これらの問題については，以下のような批判的な意見もある[25]。ごく簡単に列挙してみれば，以下のとおり。

第一の点については，発電の主体の数を多くすることによって，市場支配力を駆逐することができる。既存事業者の発電設備容量のシェアを30％以下に抑えるような規制が必要となる。既存事業者が市場支配力を行使できるのは，主としてスポット市場だから，相対取引や先渡取引など，スポット取引のリスクを軽減する多様な契約市場が機能すれば市場支配力を弱めることができる。

また，需要家（エンド・ユーザー）をスポット価格に直面させること（すなわ

---

23) 西村・前掲注3)『電力自由化　完全ガイド』29頁参照。
24) 橘川・前掲注3)『電力改革』112頁以下は，経営学の観点から，国家介入が不可避な原子力発電は，電力自由化となじまないとし，既存事業者からの切り離しの主張を行っている（同書210頁等をも参照）
25) 八田＝田中・前掲注3)『電力自由化の経済学』，長山・前掲注3)『発送電分離の政治経済学』等を参照。なお，鳥居昭夫「日本の電気事業の費用構造と事業改革」Nextcom 13号（2013年）4頁以下は，これまでの日本の電気事業についての実証分析は，フロンティア技術の停滞が認められるものの，米国と比べて遜色のない効率性を達成しているとし，しかし，それは垂直統合・地域独占という産業組織の下でのことであって，市場のデザインが変われば，各企業はそれに応じて投資活動を変化させるのであって，費用の絶対水準が現在よりも高くなるか低くなるかは誰にも分からないとする。

ち，全面的な小売自由化)，また，独立行政委員会を新設して，その監視体制を整備し，市場支配力の不当な行使に対し厳しい規制をかける準備をするという"規制の脅威"だけでも，市場支配力の行使を抑制する効果がある。

設備投資については日本の現状はピーク時対応になっているから過剰設備なのであり，価格メカニズムを機能させることでピーク時の需要を抑制し，設備の効率的配置を目指すべきである。この点については，スマート・グリッド，デジタル・グリッドなど新しい技術に期待してよいのかもしれない。

第二の点のうち，送電・配電の各部門は，発電部門から切り離し，全国1社または2社に再編することを検討すべきである。既存事業者によるこれまでの発電・送配電設備については，全国10社が独自の地域ごとに分かれているという条件の下でのみ，適切な設備投資が行われてきたといえるのであって，地域を越えた電力流通を目指し，また再生可能エネルギーの増加を踏まえるならば，送配電網の抜本的な再編が要請される。

第三の点については，原発について別枠で優遇するのではなく，公共の利益から奨励に値する諸特性に関し経済的手法による奨励措置を講じた上で，既存事業者の自主的判断に委ねるべきである。逆に，すべての原発を国有化し，市場原理から切り離し，徐々に脱原発への行程を進めるべきである等々。

3　省資源・環境保全，電力の安定供給・品質確保等

(1)　電力産業に関する規制改革に当たって，競争の促進ないし経済的効率性以外の要素，特に省資源あるいは環境の要素を組み込むことは，きわめて難しい課題である。

しばしば指摘されているように，省資源・環境の保全のためには，エネルギー消費を抑制することが重要であり，ユーザーをその方向に誘導するような政策・制度が必要不可欠である。このことと競争原理，すなわち料金をシグナルとして生産・消費の量を決定することとを両立させなければならない。

この点から，電力市場では競争原理が有効に機能せず，競争導入政策にはもともと無理なところがある，という意見が出されることがある。

(2)　しかし，このように相矛盾する目的を同時に達成しようとすることは，

他の政策分野でもよく見られることである。例えば，医療サービスや医薬品について，消費を抑制することが社会的に要請され，かつ，競争原理も機能することが求められている。また，消費の抑制という観点は電力以外の多くの産業分野でも「サステナブル・ソサイアティ」の標語の下で共通に要請され，政策的・制度的にも志向されていることである（例えば，「資源の有効な利用の促進に関する法律」（平成3年法律第48号）参照）。

(3) 省資源以外の，電力に特有の競争ないし効率性以外の政策目的または「公共の利益」との調和という観点からは，電力の安定供給，品質確保，負荷率の向上などの諸要素が挙げられる。

これに加え原発の維持を前提とするとすれば，極端な複数分散型ネットワークを想定することはできず，既存の各既存事業者による発電・送電設備の一体的な整備・運用を堅持しなければならない，というのが，これまでの（東日本大震災前の）電力産業に関する政策・制度の基本的立場であった。

1997年のCOP3で採択された「京都議定書」では，日本はCO_2などの温室効果ガスの排出量を大きく削減することを約束し，原油価格の急上昇もあって，日本のエネルギー政策全般にわたって，「原子力のルネッサンス」と呼ばれるような状況になった。

2002年に成立したエネルギー政策基本法（平成14年法律第71号）は，施策の基本方針として，①「エネルギーの安定供給の確保」，②「環境への適合」を図り，さらに，③エネルギー市場の自由化等の「エネルギーの需給に関する経済構造改革」については，前二者（①②）の「政策目的を十分考慮しつつ，事業者の自主性及び創造性が十分に発揮され，エネルギー需要者の利益が十分確保されることを旨として，規制緩和等の施策が進められなければならない」としていた。同法に定められた基本方針に沿って，総合資源エネルギー調査会電気事業分科会報告「今後の望ましい電気事業制度の骨格について」(2003年。以下，「基本答申」という）が，また前記の2003年電気事業法改正を経て，同分科会報告「今後の望ましい電気事業制度の詳細設計について」(2004年）が公表された。

2010年の閣議決定「エネルギー基本計画」は，CO_2をほとんど排出しない

ゼロ・エミッション電源（＝原子力発電，再生可能エネルギーを使った発電）の比率を約70％まで引き上げるとしていた。

　以上のことについては，東日本大震災によって，いわば白紙に戻り，CO_2削減等についてゼロからの再検討が必要になったといえよう。しかし，原子力発電の全廃ないし段階的縮小，再生可能エネルギーの大幅増を目指すことについては，ほぼ合意のあるところであり，今後はこれを前提に，「環境への適合」，特にCO_2削減の方策を考えることとなろう。

4　規制システム構築の視角

(1)　以下では，本書で述べられる諸外国との比較研究をも念頭において，以下の2点について検討を行う。第一は，送配電網のあり方，第二は，小売全面自由化の下における取引に関するルールのあり方である。後者については，既存事業者と新規事業者の競争が激しく行われる分野と，既存事業者の事実上の独占が残る，主として家庭用ユーザーの取引分野とに分けて考えなければならない。

　ここでの視点は主として，競争の促進，および市場支配力のコントロールの具体的形態・内容に絞られる。

(2)　電力産業に対する規制および消費者との取引秩序をどう構築するか，という問題については，政策目的または「公共の利益」の具体的内容として，電力の安定供給，品質確保，負荷率の向上などの電力特有の諸要素，および，省資源ないし環境保全，消費者の利益の確保などの諸目的が挙げられる。

　これらは，単純に市場機能に委ねるというわけにはいかないことは明白であり，一定の政策的立場にたった公的規制が必要になる。しかも，個別に規制を考えるのではなく，長期的な視点からの電力政策，より広くエネルギー政策という観点からのものでなければならない。だからこそ，「規制システム」なのであろう。

　そのうち，ここで取り上げる視点として，かなり以前から説かれているように，公的規制と競争法・競争政策とは，相矛盾する側面もあるが，それをふまえたうえで，両者を同時に組み込んだ，いわば競争的規制システムが必要であ

る。両者をどのように組み合わせるか，あるいはどのように分担するかについては，諸目的についての価値評価・価値判断をふまえて個別具体的に考えるしかない。

(3) その際に，以下のことをふまえておくべきである。

すなわち，仮に上記の諸目的を直接的に実現するという思考態度から考えると，そもそも競争は必要か，という原理論にぶち当たる。上記の思考態度を推し進めると，電力産業については，その事業主体は国営とし，すべて公的観点から運営すべきだというになるのかもしれない。

しかし，そのようないわば「公企業」推進論は，現在時点で，既に過去のものとなっているはずであり，現行の電気事業法も，また改革の方向としても，電力産業の主体は民間企業に委ねるとすることに異論はないであろう。

それは，規制を加えつつも，民間企業の自由で自律的な経営に委ねることが，結局は（間接的に）上記の諸目的を達成するのに最適だという立場を選択したということであり，それは競争を信頼していることを意味している。民間企業が，競争という観点から全く免れて，上記の諸目的を達成する，というシステムはあり得ない。企業の自由で自律的な経営は，競争の制約の中でこそ発揮されるべきだという原理論に立ち戻るべきであろう。

他方で，競争はそれ自体が目的なのではなく，それがもたらす電力産業全体の効率性および動態的革新性，さらに究極的には消費者の利益の増進が目的のはずである，ということも忘れてはならない。

(4) 電力についての規制システムに関する具体的な問題として，規制機関のあり方（電力規制のための独立行政委員会の必要性），それと関連して，消費者の取引条件（特に料金）決定過程における関与のあり方，司法審査のあり方，また，事業規制法（ここで具体的には電気事業法）と独占禁止法の関係，などもある。

しかし，以下では，事業法的規制による規制システムに関し，喫緊の課題である送配電網の分離のあり方（本章IV），および，小売部門における料金競争のあり方（本章V）を検討対象とすることとし，個別に前記の諸目的や諸問題を

考慮することもある，ということに止めざるを得ない。

Ⅳ　送配電網の分離

1　送配電網分離の意義・形態

(1)　送配電ネットワークの開放性・独立性・中立性

　（ⅰ）　さきに，各既存事業者の送配電部門を，中立的な送配電ネットワークに変えるという方向を明示した。その目的は，既存事業者を含め，すべての発電，卸小売に対する送配電ネットワークの開放性・独立性・中立性を確保することであり，より具体的には，託送サービスの取引条件（料金その他）の適正さを確保し，公正な競争の基盤を作るためである。

　現在の日本の電力産業のように，既存事業者において送配電部門が他の部門と垂直統合されている場合には，既存事業者にとって，小売分野又は発電・卸売分野において競合する事業者を不利に扱うインセンティブが不可避的に生じるから[26]，これを予防するために，既存事業者の送配電部門と発電・卸売部門・小売部門を，行為規制によって，または構造的に，分離する必要があると考えられる。

　（ⅱ）　電気事業制度改革の歴史をふり返れば，1990年の英国の電気産業の再編・民営化において，送電部門，配電部門，発電・卸売部門，小売部門が分離された（「垂直分離」と言われる）。これと同時に，人為的な取引市場（＝「プール」）を開設し，そこにすべての発電事業者からの電力を集めて，その時々の（あるいは将来の）電力料金を競争的に決め，そこで決定された卸料金をもとに，小売事業者がユーザーに供給する形態が採られた（本書第4部第1章参照）。

　上記の英国のプールは，すべての取引を集中させるものであるが（「強制プール」），米国カリフォルニア州の「ダイレクト・モデル＝小売託送モデル」は，非強制プール方式であって，ユーザーと発電会社の直接の相対取引を可能にするものであり，そこではユーザーまたは発電会社が送配電会社に対し「小売託

---

[26]　公取委「電力市場における競争の在り方について」（2012年）第3を参照。

送」を委託することによって電力を供給することになる[27]。

これらの電力卸取引市場（プール）は，料金決定が主要な機能であるから，送配電業務および系統運用という物理的機能を担う主体と分離することもあるが（独立の取引所方式），両者の兼営形態が採用されることも多い。ただし，リアルタイム市場を創設するとすれば，需給バランスの調整を行うから，その限りで送配電ネットワーク運用機関が行うのが便宜であるのかもしれない[28]。

近年，EU 委員会の第 3 次指令は，実効的なアンバンドリングを推し進める方向を示し（本書第 3 部第 1 章参照），前記の英国のプール方式を復活し，その推進を目指しているようにもみえる。今日，韓国などは，強制プール市場方式を採用している[29]。

他方で，日本の電力システム改革委報告書は，現在の卸取引の大部分を占めている相対取引にはふれないままに卸電力市場の機能を活性化する諸措置を提示し，かつ，送配電網の中立性を強化するために「広域系統運用機関（仮称）」を設立する方向を示し，2013 年，国会に上程された電気事業法改正案は，「広域的運営推進機関」の創設を規定している（前述，Ⅰ4(2)参照）。

(2) 行為規制と構造規制

中立的な送配電ネットワークの構築という目的のために，採り得る選択肢としては，行為規制にとどめるか，構造規制を行うか，の 2 つがある。

行為規制・構造規制という用語は，伝統的に独占禁止法・独占禁止政策に関し，用いられてきたものである。産業組織論では，伝統的に SCP パラダイムという考え方があり，そこでは，市場構造（market structure）・市場行動（mar-

---

[27] 矢島・前掲注 3)『電力改革再考』5 頁以下は，「プール・モデル」と「相対取引モデル」に整理している。これらについては，私もかつて詳細な検討を加えたことがある。舟田正之「電力の自由化・競争導入に関する法的検討」立教法学 54 号 75 頁以下（2000 年）参照。

[28] 例えば，総合資源エネルギー調査会総合部会・電力システム改革専門委員会（第 6 回）事務局提出資料では，送配電部門の役割として，「市場を通じた電力取引」が挙げられている。http://www.meti.go.jp/committee/sougouenergy/sougou/denryoku_system_kaikaku/pdf/007_03_00.pdf

長山・前掲注 3)『発送電分離の政治経済学』400 頁以下，その他各所は，電力卸市場と ISO（系統運用機関）の統合の意義を述べる。

[29] 長山・前掲注 3)『発送電分離の政治経済学』78 頁以下参照。

ket conduct)・市場成果（market performance）の3つから競争の有無・程度を判断するということが基礎にある[30]。

この考え方を，公益事業規制に持ち込んでみると，市場構造それ自体を競争的なものに変えるのが構造規制，市場行動を規制するのが行為規制であるといえる。電力産業について具体的にいえば，既存事業者の送配電部門を切り離す（アンバンドル）のが構造規制であり，それをせずに，既存事業者の送配電部門に関する行為を規制するのが行為規制である。

(3) 設備投資に対するインセンティブ

送配電部門のアンバンドリングは，送配電ネットワークの適正な維持管理にとってマイナスではないかという議論がある。すなわち，アンバンドリングは，送配電ネットワークに関する「設備投資に対するインセンティブを減退させる」，という議論である[31]。

送配電ネットワークは，電力産業全体にとって，さらには日本の社会にとってインフラとして位置づけられるから，このことは重大である。また，競争的機能として，送配電ネットワークの機能である託送サービスに関する需給の調節（特に，託送料金が高くなると，新規参入者の託送サービスが減り，ひいては小売における競争が沈滞することが指摘されている）や，送配電線投資へのシグナル機能をいかに確保するか，という観点からもみるべきであろう。

しかし，現在の既存事業者の垂直統合の下での送配電部門についても，「設備投資に対するインセンティブ」は不十分であり，これまでの発送配電一貫経営の下での既存事業者には，送配電部門に対する設備投資を積極的に推進するインセンティブがなかったという面も指摘されている。むしろ各既存事業者ごとの垂直統合体制であるから，送配電部門に対する設備投資が地域ごとの観点から行われるだけなので，地域を越えた電力取引という点で問題があるともいえる。

ここでは，中立的な送配電ネットワークを前提として，「連係設備を抜本的

---

[30] 差し当たり，金井貴嗣＝川濵昇＝泉水文雄編『独占禁止法』（弘文堂，第3版，2010年）18頁を参照。

[31] 例えば，橘川・前掲注3)『電力改革』111頁参照。

に拡充し，競争の技術的制約を取り除く」こと[32]，また，各既存事業者の送配電部門がこれまで達成してきた，「停電を回避する系統運用能力の高さ」[33] を，新体制の下でどのように維持・発展させていくかという課題があるということを確認するにとどめよう。

なお，送配電ネットワークの設備投資に対するインセンティブを高めるという観点から，米国の例を引いて，「送電施設利用の権利をオークションすることにより，送電システムの経営効率化及び新規投資のインセンティブを高める必要がある」との指摘がある[34]。

(4) 諸 形 態

既存の一般電気事業者からその送配電部門を分離して，中立的な送配電ネットワークを作ることに関しては，多様な選択肢がある。

ごく簡単に，規制の緩い選択肢から厳格な選択肢までを順に並べれば，以下のようになる[35]。

　　会計分離（Accounting separation）
　　機能分離（Functional separation）
　　法人分離（Corporate separation）
　　操業（経営）分離（Operational separation）
　　所有分離（Ownership separation）

これらを前記の行為規制・構造規制という分け方で整理すれば，会計分離・

---

32) 橘川・前掲注3)『電力改革』122頁参照。
33) 橘川・前掲注3)『電力改革』120頁参照。
34) 滝川・前掲注15) 国際商事法務 vol. 40, No. 2, 177頁参照。さらに詳細には，矢島・前掲注3)『電力改革再考』10頁以下，128頁その他各所に，容量市場や送電権についての分析がある。最近の研究として，次のものを参照。服部徹「米国における発送電分離が電気事業に与えた影響」電力中央研究所調査報告 Y11036（2012年）。http://criepi.denken.or.jp/jp/kenkikaku/cgi-bin/report_results.cgi
35) http://www.caa.go.jp/seikatsu/2002/0625butsuan/shiryo15-1.pdf
　　また，やや古い資料であるが，物価安定政策会議特別部会基本問題検討会報告書「公共料金の構造改革：現状と課題」（平成14年）にも同様の説明がある。http://www.caa.go.jp/seikatsu/2002/0625butsuan/kihonken01.html#a10
　　これらの基になったものと推測されるのは，次の OECD 報告書である。OECD 編（山本哲三監訳）『構造分離——公益事業の制度改革』（日本評論社，2002年）7頁以下，47頁以下。

機能分離が行為規制であり，法人分離・操業（経営）分離・所有分離が構造規制であるということになる。ただし，これは形式的な分離に着目した区分であって，法人分離は厳密には構造規制とはいえないという見方もあり得る。

これらの選択肢は，電気通信分野に関し，米国において1970年代後半から旧 AT & T の分割論議の中で，また，日本の電気通信産業においても旧電電公社の民営化以降，NTT の経営形態に関し，多様に議論されてきたことであるが，ここでは最近の電力産業に関する議論で取り上げられていることを中心に述べる。

(5) 会計分離

現行の仕組みは，既存事業者の垂直統合体制を維持したまま，送配電部門とその他の部門の会計分離を要請している。会計分離と並んで，後述のアクセス規制などを既存事業者に課すことによって，その送配電部門の開放性・中立性・無差別性を確保しようということである。

会計分離について，現行法では，「託送供給の業務その他の変電，送電及び配電に係る等の業務に関する会計整理」が規定されている（法24条の5）。

これとは別に，現行の部分自由化の下では，競争部門である「特定規模需要に応ずる電気の供給に係る業務」，非競争部門である「一般の需要に応ずる電気の供給に係る業務」，それ以外の業務，という3つの業務の間の会計分離が定められている（法34条）。これは，「自由化部門から規制部門への悪影響を防止するため」[36]，すなわち，両部門間の内部相互補助，特に規制部門から自由化部門への補助がないようにするために設けられている。

既存事業者は，一般の企業会計の特則としての財務会計（34条）を整備するほか，これら2つの，いわゆる部門別収支を明確にする会計分離が求められており，後者（24条の5，34条の2）は管理会計としての性格を有するとされている。

送配電ネットワークの行う託送サービスは，独占的サービスであり，かつ，既存事業者と新規参入者が同等の条件で競争するための基礎となるものである

---

36) 『電気事業法の解説』283頁。

から，その料金が適正な算定方法によって行われ，かつそれが毎年の会計にどう反映されるかが公開されることが必要である。法24条の5第2項は，託送会計を公表すべきことを定めており，さらに，電力取引ガイドライン（第2部Ⅱ2⑴情報公開）では，「託送収支に係る過去5年程度の計算書等については，随時閲覧可能とすることが，公正かつ有効な競争の観点から望ましい」とされている。

ただし，これら会計の実質的な中身，および，実効性，すなわち，上記の開放性・中立性・無差別性の確保という目的のために，会計分離が実際上有効に機能しているか，が重要であることはいうまでもない。この点は，ABC手法など会計の最新の手法を用いて，なるべく精緻なものにすべきであるとされているが，その有効性には限界があることも一般の理解となっている（会計の問題については，本書第4章を参照）。

⑹　機能分離

機能分離とは，事業部制，カンパニー制など，同一社内の異なる部門に分離することを指す。これは必ずしも会計分離を伴うものではないので，会計分離のない機能分離が，もっとも緩い規制システムだともいえる。

しかし，多くの場合，事業部制等の目的は，各機能ごとの費用と収益を分けて明示することによって，それぞれの効率化を図ろうとするものであるから，機能分離とは，会計分離を伴い，さらに，社内的にではあるが，各事業部に一定の経営上の独立性を与えることを指すと考えられる。

既存事業者の送配電部門の機能分離は，それ自体は既存事業者の内部的な仕組みにとどまるから，それを公的に行う場合には，事業法等によって，会計分離のみならず，送配電部門の開放性・中立性・無差別性を確保するための行為規制が必要となる。その具体例が，現在のNTT東西に課されている諸規制であり，後に触れる（Ⅳ3参照）。

⑺　法人分離

法人分離は，既存事業者の送配電部門とその他の部門とで法人格を別にすることであり，前記の機能分離から進んで，多くの場合，100％子会社の形式を

第1部 日本の電力改革　第2章 日本における電力改革

とる。

　しかし，子会社は，経営上親会社の指揮命令に服し，子会社の企業会計も公開会社ではないので，外部からは不透明なままである。

　競争促進策として，100％子会社の形式が採用された例として，1999年のNTT再編成によって，旧NTTは，持株会社の下でNTT東西，NTTコミュニケーションズの3社に分割された。

　ただし，この場合には，第一に，NTT東西は，電気通信事業法及びNTT法の規定により，財務諸表（貸借対照表，損益計算書等）について総務省への報告，公表が求められており，上記の外部から不透明という批判に応える形態となっている。

　第二に，このNTT再編成においては，前記（Ⅲ1(4)）のような，「不可欠施設」か否かで分離が行われたわけではない。NTT東西それぞれの内部に，「不可欠施設」たる地域通信網とそれ以外が含まれており，それらの間には会計分離等がなされているので，この「法人分離」の項ではなく，「会計分離」，「機能分離」の項で対比すべきであるともいえる。

(8)　操業分離（＝運営分離＝ISO方式）

　操業分離（Operational Separation）は，既存事業者の系統計画・系統運用の機能を切り出し，独立の非営利機関に操業を委託する形態である。送配電ネットワークの運営をすべて，この機関が行うので，競争制限的行為を行うインセンティブが排除される。米国のISO（Independent System Operator：独立系統運用者）がこれに当たる。

　多くの場合，送配電ネットワークの所有権は既存事業者にあり（米国のISOの場合，既存事業者の単独または共同出資），仮に委託者（既存事業者）の影響力が受託者の行う実際の操業・運営等に及ぶようなことがあれば，独立性には疑問符がつく。

　電力システム改革委報告書は，この方式を「機能分離」と呼び，各既存事業者の送配電部門を切り出して，電力9社の営業区域（エリア）ごとに独立系統運用機関（ISO）を設置して，広域系統運用機関の地方支部とし，これらに各エリアの系統運用・指令，送配電設備の開発・保守等を担わせる等の構想のよ

うである。

　広域系統運用機関・各地方支部（ISO）は，日々の系統運用業務を行うだけでなく，長期的にみた系統計画業務も担うことになるが，その計画を実施に移すのは，所有権を保持する既存事業者であるので，諸外国ではこの点でコンフリクトが生じるという懸念があるともいわれる[37]。

　これに対し，電力システム改革委報告書では，「機能分離の場合，一般電気事業者から切り離されて運用・指令機能を担う ISO と，それ以外の送配電業務を担う既存の一般電気事業者の間には資本関係が無いため，資本による結びつきを背景に，グループ会社を有利に扱おうとする誘因は存在しない」，と述べられている。

　以下の叙述では，本項の操業分離という呼び名を維持し，これが電力システム改革委報告書における「機能分離」に当たること，また，ISO がどのような資本構成（出資関係）になるかは立法政策の問題であって，多様な形態があり得る，という2点に留意しよう。

(9)　所有分離

　所有分離は，送配電ネットワークの所有権を，既存事業者とは全く別の者に譲渡する等によって分離することである。なお，ここで所有権（ownership）という用語を用いたが，民法上の所有権だけでなく，送配電ネットワークの事業を支配・管理・運用するための法的権原すべてを含む，広い概念である。

　所有分離を行い，かつ，送配電ネットワークを担う事業者と既存事業者の資本的つながり（株式の保有等）を禁止すれば，送配電ネットワークの開放性・中立性・無差別性は制度的に確保されたといえよう。

(10)　分離＋公的規制

　(i)　上記の分離に関する諸形態は，先進諸国でも競争導入の制度化にとって出発点であるとされたし，日本の規制改革においても主要論点の1つとなっている。しかし，この点については広範かつ具体的に詳細な検討を行う必要が

---

[37]　この点は，丸山真弘氏のご教示による。

あり，ここではこれ以上立ち入って検討を行うことはできない。

　以下では，上記の選択肢を，既存事業者との関係に焦点をあてて簡単に検討してみよう。

　(ⅱ)　第一に，会計分離から法人分離までの措置は，既存事業者と送配電網部門との資本的つながりがあり，両者の実質的な一体性が維持されることになるので，既存事業者と新規参入者との競争に関し，どのように公正な競争の基盤を作るかという課題が残ることになる。すなわち，これらの場合には，会計分離等の措置の他に，それと並んで，一定の公的規制が必要になるのである。これについては，次の2以降で検討しよう。

　(ⅲ)　第二に，上に対し，操業分離と所有分離は，送配電網の運営または支配に関し，既存事業者との関係が切れることから，既存事業者との「実質的分離」といえよう。このようにいったん分離された送配電網事業体に対する規制の前例として，旧AT＆T分割後の地域電話会社や，英国の強制プール事業体の事例が想起される。

　それらの事例からも明らかなように，操業分離・所有分離のなされた送配電網事業体に関して，次のような制限が課されることになる。

　まず，操業分離では，委託者（所有者たる既存事業者）が受託者（送配電網事業体）に影響力を行使することを予防する措置が必要になるし，所有分離の場合も，将来にわたって既存事業者と送配電ネットワーク事業体の資本的つながりを禁止する等の措置が要請される。

　また，操業分離・所有分離がなされたあとの当該送配電網事業体は，既存事業者の影響力の排除という点では規制は不要になるが，送配電サービスについて事実上の独占体になるために，独占力の濫用を予防するための公的規制が必要になると考えられる。具体的には，不当な取引拒否の禁止，差別的取扱の規制，超過利得の防止などであり，その他に，送配電網事業体の本来の業務である系統計画業務や系統運用業務などについて，個別に公的規制を加えることは差し控えるべきであろうが，それらについての一般的なルールを定めるなどの規制なども考えられる。

　送配電網事業体に対する不当な取引拒否の禁止，差別的取扱の規制，超過利得の防止などの規制は，独占禁止法と一部重なるが，日本の独占禁止法には独

占力の濫用を防止するための規制が不十分であり，また，独占禁止法は事後規制であるために，事前に法的ルールを設定しておいたほうが，当該事業者の予測可能性，経営の安定性という観点からも望ましいと思われる。

　さらに，この送配電網事業体が，他の事業も許容されるとすると，独占的事業体である以上，やはり兼業部門との間の会計分離等の規制が必要になる。なお，この送配電網事業体は，分離の趣旨からいって，発電や卸小売などの電力事業を兼業することは許されないとすべきであろう。出資規制は，兼業規制と完全には重ならないこともあり得るが，一定の支配権を可能にするような出資は，兼業規制と同様の規制に服するとするのが通常であろう。

2　アクセス規制（託送・バランシング）

　(1)　前述のように，会計分離から法人分離，操業分離までの措置をとる場合には，既存事業者の影響力を排除し，送配電ネットワークの開放性・独立性・中立性を確保するために，卸事業者・小売事業者が送配電ネットワークを利用する際の取引条件・技術的条件等について，どのようなルールないし公的規制をかけるか，ということを考えなければならない。

　これら託送等の送配電ネットワーク利用に関する規制を，「アクセス規制」と呼ぶことが一般的である。具体的には，既存事業者の垂直統合体制のままであれば，新規参入者との競争関係の中で自己の発電と営業部門に有利な扱いをするというインセンティブがあるため，これを抑制する必要がある。

　他方で，操業分離と所有分離の下においても，送配電ネットワークの開放性（誰でも利用できること）と中立性（無差別性）は必須である。

　このように，アクセス規制は，どの分離方式をとっても（程度の差はあろうが）必要であり，実効性をもって運用され，かつ，運用の実態が利用者に分かるように公開されなければならない。

　(2)　ここでは，現行の会計分離の下でのアクセス規制等を検討し，若干の指摘を行う。

　現行の電気事業法でも，送配電ネットワークを利用するすべての者に対し，平等にかつ合理的な条件で託送サービスを提供することを既存事業者に義務づ

ける規定が置かれている（法24条の3）。

　これまで「託送」と呼んできた機能は，既存事業者が，新規参入者から受電した電気をエンド・ユーザーに引き渡すサービスを指している。「託送供給」は，電気事業法上は振替供給と接続供給を合わせた概念であり，ここで述べていることは後者（接続供給）を指すが，慣用にしたがって，ここでは「託送」と呼んでおく（法2条1項13号ないし15号参照）。

　2003年電気事業法改正によって，託送に関し，「公共の利益の増進に支障がないこと」という要件が追加され（24条の3第3項6号），これは，いわゆるパンケーキ問題解消のための振替供給料金に関する制度改正を念頭に置いた規定とされる。同改正ではこれに加え，前記の禁止行為，すなわち，既存事業者のネットワーク部門の不当な差別的取扱いの禁止及び情報遮断（24条の6），さらに，後述の内部相互補助禁止等の担保のための，送配電部門の会計を区分する「託送収支」（24条の5）の規定が追加されている。

　(3)　電気事業法によれば，一般電気事業者は，経済産業省令で定めるところにより，託送供給約款を作成し届け出なければならず，届出された託送料金が一定の要件を逸脱する場合，経済産業大臣は変更命令を行うことができ，さらに，一般電気事業者には，託送供給約款を公表することが義務付けられている（法24条の3）。

　法24条の5は，一般電気事業者の託送を行う送配電部門に係る会計整理をすべきことを規定し，これにより託送のみならず，一般電気事業者の自社利用分も含めた送配電部門全体の収支計算書等を作成することとなっている。これは，送配電部門に係る業務により生じた利益が，他の部門で使われていないことを監視するためであり，内部相互補助の防止を目的とする規定であると説明されている。

　これらの規制によって，送配電部門に係る業務によって生じた利益が，小売部門等で使われていないかが十分にチェックされることになったかについては，新規参入者からは，例えば，本来，託送料金の費用に含まれるべきでない費用が含まれているのではないかなど，一般電気事業者がルールに基づいて適正な託送料金設定を行っているかどうかについて疑念が払拭しきれないとの意見が

ある。

　公取委は,「電力市場における競争状況と今後の課題について」(平成18年)において,「こうした分野においては,むしろ規制当局が事前又は事後に厳格な審査を行うことによって,適正な料金水準を設定することが望ましい」として,現行の変更命令制度に代えて料金認可制を示唆する見解を公表している。

　以上の点については,累次の電気事業法の改正にもかかわらず,同法には,そもそも,「会計整理」という間接的な用語で,内部相互補助の防止のための規定が置かれていることが象徴しているように,託送サービスの料金等に関する規制の基準を直接,定めることに消極的な姿勢がとられている。託送サービスの料金について定める法24条の3には,何らかの意味でコストに基づく料金という原則が明示されていない。その代わりに,「電気の供給を受ける者の利益を阻害するおそれ」,「託送供給約款により電気の供給を受ける者が託送供給を受けることを著しく困難にするおそれ」など,きわめて概括的な文言が用いられおり,実際にこれに当たるか否かをぎりぎり法的に判断することを予想して作られたとは思われず,既存事業者との交渉や行政指導で対処してきた行政スタイルが反映されているといえよう。

　このような定め方になったことについては,既存事業者には自由化部門と規制部門の両方があり,後者で料金規制をしているから,前者(自由化部門)については,内部相互補助の有無をみれば足りるということなのかもしれないが,電気通信事業における「接続料金」についての議論を想起すれば分かるように,託送サービスの料金算定の仕方等については,本来多様な議論があり得るところであり,このような間接的な規制で足りるとは考えられないところである。

　もっとも,「一般電気事業託送供給約款料金算定規則」(平成11年通商産業省令第106号)3条は,「一年間を単位とした将来の合理的な期間(以下「原価算定期間」という。)を定め,当該期間において電気事業を運営するに当たって必要であると見込まれる原価に利潤を加えて得た額(以下「原価等」という。)を算定しなければならない」,と規定する。この根拠規定は,電気事業法平成11年改正法附則5条1項とされており,そこには,「一般電気事業者は,平成十二年一月四日までに,通商産業省令で定めるところにより,新電気法第二十四条の四第一項に規定する接続供給約款を定め,通商産業省令で定めるところ

により，通商産業大臣に届け出なければならない」，とあるだけで，いわば白紙委任に近い形態である。前記の料金算定規則3条の内容は，法律で明確に規定すべき性格のものであると考えられる（この料金算定規則における算定の内容等については，本書第4章で検討する）。

(4) 会計値から託送料金を算定する場合の問題として，将来の予測に基づいて算定された託送料金の下での託送に係る総収入・総原価と，当該託送サービスが実施された後に明らかになる「実績値」としての総収入・総原価（この差額が託送による利潤である）の間には当然のことながら乖離が生じる。この点については，「2年程度にわたり，毎年の送配電部門の収支に超過利潤または欠損が発生している場合，または，送配電部門の想定総原価と送配電部門の費用実績に乖離が生じている場合で，翌年度に接続供給料金の再計算を行わない合理的理由が存在しない場合」，料金変更命令を発動すると説明されている。

厳密には，送配電部門の収支が常に均衡するとは考えられないが，託送料金の「再計算」が実際にどのように行われているか，私には不明である。厳密には，実績との乖離があれば，不当な託送料金の収受があったのであるから，精算をして戻す，または取り損ねた分を請求する等の措置が必要とも思われる（この点も本書第4章で触れる）。

(5) 最後に，送配電部門の役割とされる，いわゆるインバランスについて，簡単にみておく。

電気事業法における託送とは，上記の託送の一般的意味に加え，「一般電気事業者が，当該需要の変動に応じて（すなわち，いわゆる「しわ」をとりつつ）供給する」ことをも意味している。具体的には，「同時同量の原則」がとられ，これを逸脱した場合は，新規参入者にインバランス料金（特に，変動範囲外料金はペナルティ的料金の性格を有する）を求めることとされた。

2003年の電気事業法改正の際には，この「しわとり」のためのインバランス料金について，二部料金制の事故時のバックアップ料金を廃止し，単純従量制の変動範囲外料金を採用するなどの措置がとられた。その後，総合資源エネルギー調査会電気事業分科会報告「今後の望ましい電気事業制度の詳細設計に

ついて」(2008年)において,「『しわ』的な発電量の変動に対してまでペナルティ的な水準の求償単価が設定されることは,発電事業者にとって参入障壁となるおそれがある」ことをふまえ,変動範囲内インバランス料金と変動範囲外インバランス料金の算定につき改定がなされた。

それでも,新規参入者からは,様々な批判がなされており,これらの料金算定基準についての明確性や透明性が不十分である等の点については,既存事業者による託送サービスの枠内でインバランス料金を設定する以上,改善が必要な問題であるように思われる。

他方で,アンバンドルによって発電部門と送配電部門が切り離された場合には,諸外国に見られるように,系統運用者が,取引当日の需給調整を担い,そのための電力をインバランス市場(=リアルタイム市場)から調達する仕組みによって対応することもあり得る。これが今,政府内で実際に検討されている方向のようであり,これにより市場価格によるインバランス料金の算定が可能になる。

3 ファイアウォール規制と同等性確保措置

(1) 禁止行為規制

(i) 前述のように,アンバンドルの措置を採る場合には,それらの分離だけでなく,送配電ネットワークを,既存事業者と新規参入者が公平に利用するための補助的な仕組みが必要になる。

そのために,電気事業法2003年改正において,次のような禁止行為規制が定められた(法24条の6)。

第24条の6 一般電気事業者は,次に掲げる行為をしてはならない。
　一 託送供給の業務に関して知り得た他の電気を供給する事業を営む者(次号において「電気供給事業者」という。)及び電気の使用者に関する情報を当該業務の用に供する目的以外の目的のために利用し,又は提供すること。
　二 その託送供給の業務について,特定の電気供給事業者に対し,不当に優先的な取扱いをし,若しくは利益を与え,又は不当に不利な取扱いをし,若しくは不利益を与えること。

2　経済産業大臣は，前項の規定に違反する行為があると認めるときは，一般電気事業者に対し，当該行為の停止又は変更を命ずることができる。

　(ii)　本条1項1号は，情報の目的外利用の禁止を，また同項2号は，差別的取扱の禁止を定めている。これらは，不当な行為を禁止するという形式になっているので，電気通信事業法（30条3項）における同様の規定と同様に，「禁止行為」と呼ばれる。

　このうち，1号の情報の目的外利用の禁止については，このように一般的な禁止規定を置くだけでは，「託送供給の業務」に携わる部門の内部行為であり，外部からは分からないままであることから，その実効性には疑問がある。そこで，電力取引ガイドラインにおいて，既存事業者が，独占部門（送配電部門）と競争部門（特に小売部門）の間の情報遮断措置，いわゆる「ファイアウォール」を設けることとされた（次項で述べる）。

　また，2号については，文言だけからは通常の差別的取扱いの禁止のようにも読めるが，託送については既に，託送供給約款に関し，「特定の者に対して不当な差別的取扱いをするものでないこと」という規定が置かれている（法24条の3第3項5号）。これと並んで，禁止行為で特に規定されたのは，既存事業者が，新規参入者に対する託送に関し，自己よりも不利な取扱をする，例えば，自己よりも高い託送料金を課すなどの行為を禁止するためである。

　本2号にある，「特定の電気供給事業者」には，「託送を行う一般電気事業者自身も含まれる」と説明されており，既存事業者が，自分自身に対し，新規参入者よりも有利な取扱をすることが禁止されている，と解されている[38]。これも，電気通信事業法上の禁止規定（30条3項2号）の解釈と同様である。

　ここでは，この意味での差別禁止を，通常の差別的取扱いの禁止と区別するために，「同等性確保措置」と呼んでおく。既存事業者が，自己と他の事業者を同等に扱うことが要請されているからである。

---

38)　『電気事業法の解説』249頁。このことは，電気事業法に先だって同様の規定が設けられた電気通信事業法においても同様であり，禁止行為として「情報の目的外利用」と並んで，同等性確保が挙げられている（30条3項2号）。ここでも，電気事業法と同じく，一般的な「不当な差別的取扱い」の禁止規定は既に置かれていた（6条，29条1項2号・10号，33条4項4号）から，同等性確保の要請は，自己と他者を同等に扱うことという意味と解されてきた。

Ⅳ　送配電網の分離

以下，ファイアウォール規制と同等性確保措置について簡単な検討をしておく。

(2)　ファイアウォール規制

　(i)　新規事業者は，自己とユーザーの間の取引が成立すると，既存事業者の託送部門に託送を委任することになる。その際に，新規事業者が，既存事業者の内部で当該情報が託送部門から小売部門に漏洩することを心配するのは当然である。既存事業者の小売部門にとって，この種の情報は，まさに競争者（新規事業者）の取引情報であり，これを入手した場合には，それへの対応，すなわち当該ユーザーを再度取引するよう勧誘することが可能になるからである[39]。

この問題につき，1999年の本法改正では，各社の自主的対応が求められていたが，新規参入者からの強い主張によって，2003年の法改正で上記の禁止規定（24条の6）が新設された。

これに伴い，電力取引ガイドラインが改定され，その第二部Ⅱ2(2)-1-1において，明文化された[40]。

そこでは，託送分野につき，「望ましい行為」として，次のような措置をとることが挙げられている。

・託送供給の業務に関連した情報受付・情報連絡窓口の明確化を追加
・託送供給の業務を行う従業員は発電部門又は営業部門の業務を行わないことを追加
・託送供給の業務に関して知り得た情報の厳格な管理及びマニュアルの作成・公表を追加
・系統運用や系統情報の開示・周知等について社内ルールを作成・公表し，当該ルールを遵守して託送供給を行うこと

これに対応し，既存事業者は，以下のような必要な措置を講じているようで

---

39)　『電気事業法の解説』246頁を参照。
40)　これらの詳細は，次を参照。総合資源エネルギー調査会電気事業分科会・適正取引ワーキンググループの平成15年10月，平成17年3月会合資料を参照。 http://www.enecho.meti.go.jp/denkihp/bunkakai/tekitori/index.html

ある。
　　　・離脱需要家に関するデータの「顧客マスター」からの分離・独立
　　　・上記データなど情報遮断の対象となる「データベース」等に対する所属
　　　　部門に応じたアクセス権限の明確化
　(ⅱ)　これに続いて，同ガイドラインでは，「公正かつ有効な競争の観点から問題となる行為」の記述があり，特にその最後に，以下の箇所があることが注目される。

　「託送業務を行う一般電気事業者の送電部門は，託送サービスを受けようとする新規参入者から，需要家や需要規模等需要面及び発電所や発電規模等供給面についての情報の提供を受けることとなる。このため，送電部門は，新規参入者との託送交渉の過程において，当該新規参入者やその顧客に関する情報を知り得る立場にある。

　このような状況において，一般電気事業者が，新規参入者との託送に関する業務を通じて得た当該新規参入者やその顧客に関する情報を，一般電気事業者の営業部門や他の事業部門が事業活動に利用することにより，新規参入者の競争上の地位を不利にすることは，その事業活動を困難にさせるおそれがあることから，独占禁止法上違法となるおそれがある（取引妨害等）。」

　この「取引妨害」とは，独占禁止法上の「不公正な取引方法」の1類型としての「取引の不当妨害」を指している（一般指定14項）。上記引用にあるような情報を入手し，それによって，新規参入者とユーザーの取引が成立した後に，当該ユーザーに再度既存事業者と取引するよう勧誘することが，「取引の不当妨害」に当たるとするものである。このような行為は，競争手段として不公正な手段による顧客奪取に当たると解される。

　(ⅲ)　法的要請である禁止行為としての「情報の目的外利用の禁止」を，このような仕組みの構築によって実効性を図ることは妥当な方向であると考えられる。しかし，これらの措置は，既存事業者にとって相当の負担になるものであり，また，ことが情報に係る事柄であるので，かなり精密な仕組みを構築することが求められるものである。このような場合には，法律によって少なくもその概要を明示すべきであったとも思われる。

　法律によって設置が求められる，この種の情報遮断措置を，金融・証券分野

における同種の規制における用語に倣って，「ファイアウォール規制」（業務隔壁規制）と呼ぶのが一般である[41]。同一会社の内部で隔壁を作ることを，「チャイニーズウォール規制」と呼び，業態別子会社等との間の隔壁をファイアウォール規制と呼んで区別する用法もあるようであるが，ここでは両者を区別しないこととする。法人格は別にしても，実質的子会社であれば，ヒト・モノ・カネ，そして情報を親会社との間で流用することについて，強いインセンティブが働き，しかも会社法などの一般的規制では，これらが反競争的に用いられることを有効に防止することはできないからである。

　(iv)　上のことを，電気通信分野の事例について簡単にみておく[42]。

　ファイアウォール規制と同等性確保措置を内容とする禁止行為の規定は，電気事業法改正の2年前に，電気通信事業法改正（2001年）で既に導入されている（電気通信事業法30条3項）。その目的は電気事業法の場合と同様に，既存事業者の「不可欠設備」の接続業務を前提に，既存事業者と新規参入者の間の，

---

41) これはもともと，米国のSEC（連邦証券取引委員会）の創案であり，グラス・スティーガル法（1933年銀行法）において規定されたものである（なお，同法は金融に関する規制緩和の動きの中で，1999年，「金融制度改革法」（グラム・ビーチ・ブライリー法）によって廃止）。そこでは，信用貸出をおこなう金融機関が同時にみずから信用投資をおこなうという，銀行と顧客の利害対立を内包していた（利益相反関係）。

　日本においても，長く「銀証分離」の原則が採用されていたが，1993年に業態別子会社方式による銀証の相互参入が解禁された際に，証券取引法においてファイアウォール規制が導入された。その後，1997年から「金融持株会社方式による他業種参入」が認められるようになり，さらに証券取引法は金融商品取引法として改正されたが，ファイアウォール規制は維持されている（同法36条2項，銀行法13条の3の2その他）。

　また，この金融商品取引の分野におけるファイアウォール規制には，「アームス・レングス取引」が含まれているという理解のようであるが，本文ではこれら両者を一応分けて述べている。

　以上については，山下友信＝神田秀樹編『金融商品取引法概説』（有斐閣，2010年），金融庁「主要行等向けの総合的な監督指針」（平成24年7月）等を参照。

　本文では，電気通信分野におけるファイアウォール規制に触れているが，これは米国で地域通信会社に対し各種のファイアウォール規制が課されてきた等の経験が蓄積されてきたことをふまえたものである。

42) 本文で述べたこと以外に，電気通信分野では，2002年に，東京電力が通信に進出する際，ファイアウォール等の規制が課されたことがある。そこでは，電力会社が保有しているユーザーの情報を，電気通信事業の分野に利用することを防止する措置を講じることとされた（総務省情報通信審議会答申「東京電力株式会社に対する第一種電気通信事業の許可について」（2002年1月31日）を受けて，総務大臣は，ファイアウォール等の公正競争確保のための条件を付した上で許可することとした）。

公正な競争の基盤を作ることであった。

　政権交代後の 2009 年から開始された，いわゆる「光の道」の議論は，総務省・グローバル時代における ICT 政策に関するタスクフォース「過去の競争政策のレビュー部会」・「電気通信市場の環境変化への対応検討部会」の合同部会による「『光の道』構想実現に向けて取りまとめ」(2010 年 (平成 22 年) 12 月) において一応の決着をみた。

　この「取りまとめ」の「ボトルネック設備利用の同等性確保の在り方」(第 3 章第 1 節(4)) と題された箇所で，同等性確保の手段として，NTT 東西に対する接続規制 (接続約款の認可，接続会計の整備)，および，禁止行為としての同等性確保措置が挙げられている。

　そこでは，「2009 年 11 月に，NTT 西日本において接続情報の目的外利用の事案が判明した。この点について，本合同部会におけるヒアリングにおいて，NTT 東西のボトルネック設備保有部門と同利用部門の間における構造的措置が必要という意見も出されている」，との記述もなされている。しかし，この「構造的措置」については，今後の見直しに委ねられ，当面はファイアウォールの厳格化等を試みることとされた。

　上記の「取りまとめ」を受けて，総務省は，NTT 東西に対し，新たな機能分離を実施させること，すなわち，人事・情報・会計等のファイアウォールの厳格化により，NTT 東西のボトルネック設備保有部門と他部門とを隔離することとされた。

　具体的には，電気通信事業法の改正 (2011 年) によって，NTT 東西は，「接続の業務に関して知り得た情報を適正に管理し，かつ，当該接続の業務の実施状況を適切に監視するための体制の整備その他必要な措置を講じなければならない」，との規定が新設され，この「必要な措置」に関する詳細な規定も整備された (同法 31 条 5 項以下，同法施行規則 22 条の 7 以下等)。

　(v)　以上述べてきたことから明らかなように，ファイアウォール規制は，情報の目的外利用を禁止することを事前に防止する厳格なシステムが必要であり，しかも，それは既存事業者の内部で構築されるので，それが有効に機能していることを外部から常時モニターできるように整備しておくことが必要である。

Ⅳ　送配電網の分離

　金融証券分野におけるファイアウォール規制は，近年，兼業規制の緩和が進んでいる中で，主としてユーザー保護のために設けられており，実効性の点では，金融庁の職員が長期間社内で検査する仕組みがとられているなどから，有効に機能していると言われてきた。しかし，2012年春頃から，3大証券が揃って情報漏洩・不当利用をしてきたことが報道されており，ファイアウォール規制の実効性確保の難しさを明らかにしているといえよう。

　ファイアウォール規制は，もともと社内システムとしての性格を持たざるを得ず，しかも被規制者には情報を流用するインセンティブがあるので，これを完全に実施することは極めて困難であることは否定できない。しかし，仮にファイアウォール規制が尻抜けの規制であれば，次の段階として，より厳しい構造的措置をとるべきこととなるので，その実効性と監視精度の向上に，規制行政庁と既存事業者自身が真摯に取り組むことが要請される。

(3)　同等性確保措置

　(ⅰ)　上に述べたファイアウォール規制は，情報の漏洩・不当利用を防止するための既存事業者の社内における一定の仕組み構築を要請するものである。これは，前記のように，禁止行為として設けられた，もう1つの（狭義の）同等性確保措置とセットで議論されてきた。

　同等性確保措置とは，前記のように，既存事業者が，自分自身に対し，新規参入者よりも有利な取扱をすることを禁止することである。

　これは，金融規制において用いられてきた「アームス・レングス取引」at arm's length transactionの義務づけ，「アームス・レングス・ルール」Arm's Length Ruleと同義である。これは，字句通りでは誰に対しても同じ手の長さの距離をおくということで，自己（またはその子会社・関連会社）と取引の相手方の関係において，取引条件等につき差別することを禁止するものである。

　電気通信事業分野では，前記引用のように，「ボトルネック設備利用の同等性確保の在り方」として議論されているのは，接続約款の規制，内部相互補助防止のための接続会計，そして，禁止行為規制（ファイアウォール規制とこの（狭義の）同等性確保措置）である。

　(ⅱ)　電力取引ガイドライン（第二部Ⅱ2(2)-1-2）は，この点から問題となる

行為として，送配電部門の個別ルールの差別的な適用，送配電部門が所有する情報の差別的な開示・周知，需要家への停電対応等についての差別的な対応，託送供給料金メニュー・サービスの提供における差別的な対応等を挙げている。

しかし，これだけではなく，託送料金の設定それ自体についても，本規制が及ぶと解される。この点について，同ガイドラインは，「託送供給料金等についての公平性の確保」の箇所で，問題となる行為として「託送供給料金が一般電気事業者自身の負担するコストとの間で公平性を欠く場合で，需要者ごとの基準託送供給料金について，当該一般電気事業者自身が同様の利用形態でネットワークを利用した場合のコストに比べて不当な格差が存在すると認められる場合」を挙げている（第二部Ⅱ2(1)イ①）。

このような記述になったのは，託送供給約款料金算定規則が，託送料金の算定基準について，原価に基づく等の定めを置いているにもかかわらず，新規事業者側から，託送料金が既存事業者と新規事業者の間で真に平等に負担することになっているかという疑問が表明されているからであろう。

Ⅴ　小売部門における市場支配力のコントロール

1　競争対抗料金

(1)　既存事業者の電力小売市場における市場支配力は，多様な形態ないし手段において行使され得る。

本節（Ⅴ1）では，現行法において既に自由化対象となっているユーザーに対する小売料金等の取引条件につき，既存事業者と新規事業者が同一の顧客（現在時点では高圧以上のユーザー）をめぐって競争を展開している局面における市場支配力規制の問題を取り上げる。

第一に，新規参入者は，ユーザーに対し既存事業者よりも低い料金を提示しないと取引を開始できない。既存事業者がこれに対抗して，新規参入者から取引を誘引されたユーザーに対してだけ，他のユーザーよりも低い料金（以下，これを「競争対抗料金」[43]と呼ぶ）を提示することは，違法な市場支配力の行使と見るべきか。解釈論としては，独占禁止法上，「排除」による私的独占，あ

るいは不公正な取引方法に当たるかという問題である。

この点につき，電力取引ガイドラインは以下のように述べる（下線は舟田）。

「一般電気事業者が，それぞれ個別に，自由化された小売分野において標準的な小売料金メニュー（以下「標準メニュー」という。）を広く一般に公表した上で，これに従って，同じ需要特性を持つ需要家群ごとに，その利用形態に応じた料金を適用することは，公正かつ有効な競争を確保する上で有効である」。

「一般電気事業者が，新規参入者と交渉を行っている需要家に対してのみ，公表された標準メニューに比べ，著しく低い料金を提示することにより，新規参入者の事業活動を困難にさせる行為は，独占禁止法上違法となるおそれがある（差別対価，不当廉売等）。

ただし，標準メニューを離れた料金であっても，より細かく個別の需要家の利用形態を把握した上で，当該顧客への供給に要する費用を下回らない料金を設定することは，原則として，独占禁止法上問題とならない。

（注）事業者が顧客獲得活動において競争者に対して料金を引き下げることは，正に競争の現れであり，通常の事業活動において広く見られるものであって，その行為自体が問題となるものではない。

しかしながら，一般電気事業者がその供給区域において 100％ 近い市場シェアを有する現状においては，こうした一般電気事業者が，効率的な費用構造を有する新規参入者への対抗手段として，当該新規参入者が交渉を行い又は交渉を行うことが見込まれる相当数の顧客に対し，当該顧客への供給に要する費用を著しく下回る料金を提示することによって当該顧客との契約を維持しようとする行為は，新規参入者の事業活動を困難にするおそれがあることから，独占禁止法上違法となるおそれがある。」（第 2 部 I 2(1)①イ）

(2) 既存事業者が新規参入者と需要家をめぐって競争している場面では，既存事業者は市場支配力を有しているのであるから，「標準メニューに比べ，著

---

43) 反トラスト法においても，「競争対応」meet the competition の抗弁が成立するかが議論されているようであり，実際に国内航空旅客運送の事例で，既存の事業者はこの理由を持ち出して独占禁止法上も違法ではないと主張していた。「競争対応」については，舟田正之『不公正な取引方法』（有斐閣，2009 年）441 頁以下を参照。

しく低い料金を提示することにより，新規参入者の事業活動を困難にさせる行為」は，括弧書きにある，差別対価，不当廉売などの不公正な取引方法ではなく，むしろ，私的独占に当たるとも考えられる。

しかし，競争対抗料金の先例である国内航空旅客運送の事例[44]では，対抗料金はすべての顧客に対するものであるのに対し，ここでは新規参入者と交渉を行っている個別の需要家に対してのみ低料金を提示するのであるから，影響は部分的であり，「競争の実質的制限」よりは「競争の減殺」の方が妥当とも思われる。

これに対し，既存事業者が一般的方針としてこのような対抗料金によって，新規事業者から取引を誘引されたすべての需要家を引き留めようとしているのであれば，影響は部分的とはいえず，市場支配力の維持に当たるとすべきであろう。上記引用の注にある「交渉を行うことが見込まれる相当数の顧客」は，このことを指すと理解される。

(3) 上記引用における，「標準メニューに比べ，著しく低い料金を提示することにより」，としている点について，不当廉売（独禁法2条9項3号，一般指定6項）は直接には無関係なはずである。不当廉売は，当該需要家に対する個別コストを下回るか，あるいは不当に低いかを要件としているのであって，標準メニューを基準とすることは，独占禁止法とは無縁の論理である。ただし，標準メニューが自由化部門における需要家の平均的コストに基づくものであれば，個別コストを認定する際の1つの資料とはいえようが，自由化部門には多種多様な需要家がいるはずで，その平均コストがどれだけ意味があるか疑問なしとしない。

これに対し，差別対価（一般指定3項）については，標準メニューを適用される一般の需要家との差異が，個別原価が違うなどの合理的理由によるもので

---

[44] スカイマーク・エアドゥに対するJAL・ANAの対抗値下げ事案について，公取委「国内航空旅客運送事業分野における競争政策上の課題について（公益事業分野における規制緩和と競争政策・中間報告）」（平成12年2月15日），スカイネット（SNA）・スカイマークに対するJAL・ANAによる対抗値下げ事案についての公取委警告（平成14年9月30日）等がある。
　その他，公取委「乗合バス事業者に対する独占禁止法違反被疑事件の処理について」（平成15年5月14日，平成17年2月3日）も同様のケースである。

V 小売部門における市場支配力のコントロール

はなく（この場合は，その後に続く「ただし……」の部分で扱われている），「競争者と交渉を行っている」ということによるのであれば，その適用は十分にあり得るところである。当該需要家に供給するための個別コストを割っていず，したがって不当廉売に該当しない場合でも，不当な差別料金，または私的独占に当たることもあり得るからである[45]。

　上記引用にあるように，(a)一般電気事業者が，(b)新規参入者と交渉を行っている需要家に対してのみ，(c)公表された標準メニューに比べ，著しく低い料金を提示することにより，(d)新規参入者の事業活動を困難にさせる行為は，不当な差別対価に該当すると解される。ただし，これら(a)から(d)の諸要素のうち，(d)は公正競争阻害性に係る事柄であるが，(a)から(c)までの要素を満たす行為があれば，論理必然的にもたらされることであるから，(d)をとりたてて立証すべき必要はなく，逆に行為者の側で差別対価の個別具体的な理由ないし合理性を反証すべきであると解される（事実上の立証責任の転換）。

　また，(c)において，「著しく低い」という部分は，「著しく」という文言の意味が量的な意味であれば疑問であり，新規参入者よりも明白に，あるいは有意に低いという質的な意味であれば妥当である。この点は，前記の国内航空旅客運送における対抗料金の事例につき，既存事業者は新規参入者の提示する料金より低いどころか，それと同額に設定するだけでも，そのブランド力ないし信頼性，あるいはマイレージなどを総合すると，「競争減殺」ないし競争者排除の効果が十分あるという意見もあったところである。

---

45) 電力ガイドラインを引用した部分において，本文に続いて，「注」として記述されている部分（注の第2段落，「しかしながら，一般電気事業者が……」以下）は，不当廉売に当たるか否かについては妥当するとしても，差別対価の要件としては余分な要件を付していると考えられる。
　差別対価に関する公取委の立場（有線ブロードネットワークス事件＝勧告審決平成16・10・13）と電力ガイドラインとの違いに触れたものとして，根岸哲（発言）「最近の独占禁止法違反事件をめぐって」公正取引656号2頁以下，10頁（2005年）参照。
　例えば差別対価のリーディング・ケースとされる第二次北国新聞社事件（東京高決昭和32・3・18）における富山県版の料金について，コスト割れか，あるいは不当廉売に当たるかに関する認定はない。ただし，本件は緊急停止命令の決定事案であり，また差別対価を一律禁止していた特殊指定についての事案である。しかし，その理由付け及び公取委の申立の趣旨も一般的な差別対価の反競争性によるようである。例えば，稗貫俊文・独占禁止法審決判例百選（第6版）130頁以下参照。

第1部　日本の電力改革　第2章　日本における電力改革

以上の留保点を除けば，上記の電力ガイドラインの記述は，不当な差別対価についての妥当な解釈であると考えられる。いうまでもなく，このことは，既存事業者（シェア100％に近い独占的な既存事業者）による上記のような形態による競争対抗料金を原則として違法と解することになる。

(4) これに対しては，既存事業者の立場からは，この解釈では新規参入者と競争することもできない，という反論がありそうである。

しかし，第一に，電力ガイドラインの前記引用の「ただし，……」以下にあるように，個々の需要家が特別の事情で低い個別コストで供給できる場合であれば，標準メニューに比べ著しく低い料金を提示することも認められる余地がある。

第二に，これに当て嵌まらない需要家に対して，標準メニューに比べ，著しく低い料金を提示するということは，供給コストに関係なく新規参入者を排除する，ということに他ならない。既存事業者は，個別に顧客を引き留めようとするのではなく，すべての顧客に対する標準メニューにおいて新規参入者と料金競争を行うべきであり，実際に多くの既存事業者はこの方針を採用し，徐々に料金が低下していると推測される。もっとも，それに対抗するために新規参入者は値下げを余儀なくされ，経営は苦しいとも言われているところである（この点は，最近の原油高騰，最近の原発操業停止等で事情は異なってきている）。

なお，有効な競争が行われ，「市場価格」が成立している市場の場合に，その市場価格に合わせることは，当該事業者にとって原価割れであっても，不当廉売には該当しない。しかし，国内航空の事例のように，市場に既存の会社が2社，新規が1社の場合では，これらの事業者にとって所与の「市場価格」が成立しているわけではなく，新規参入者が安い料金をつけたことに対抗することが，直ちに受動的な「競争対応」であるから公正競争阻害性がない，とはいえないと解される。同様に，既存の既存事業者についても，各地域で極めて高いシェアを有しているのであるから，競争者の料金と同水準の料金に変えたのは，市場価格に合わせた価格設定に過ぎない，という理由付けは成り立たない。

2　長期契約による顧客の囲い込み

上記の料金以外の手段による既存事業者の市場支配力の行使の例として，北海道電力私的独占警告事件（平成 14 年 6 月 28 日）では長期契約による顧客の拘束が行われた[46]。同社は，基本料金を割り引く長期契約を自由化対象需要家との間で締結し，途中解約した場合には，長期契約割引額の返還に加え，基本料金の 20% 相当額等を支払うことを義務づけ，これらの支払について，事業撤退等による契約解消の場合等は対象外とし，同社から新規参入者に契約先を切り替えた相手方に対してのみ支払を求めることとしていた。

ここでは，①長期契約，②高額の違約金，③新規参入者に切り換えた顧客に対する差別的取扱い，のうちのどの点が重視されているか不明であるが，これらのいずれか 1 つが行われた場合でも，具体的な事情によっては違法な排除行為とされる可能性があると考えられる[47]。

3　小口ユーザー向けの小売市場

(1)　現行法上の規制システム

現行の電気事業法の規制システムは，いわば「一部自由化」にとどまっており，自由化部門と規制部門（主として一般家庭向けの小売分野，及び託送業務に係る送配電部門）の区別を残している。

このような 2 本立てシステムの下では，一般家庭ユーザー保護の観点から，既存事業者が規制部門からの利益を自由化部門に振り向けることを禁止すること，すなわち，一方で自由化部門のユーザー層だけが競争の恩恵を受けて，低料金を享受し，他方で規制部門の一般家庭ユーザーが不当な高料金を課せられるようなことがないことを保証し担保することが重要である。同法改正についての議論では，この点についての懸念ないし批判が出されていたこともあって，

---

46)　発表当時の URL は既に失われているが，公取委年次報告平成 14 年度に簡単な記載がある。http://www.jftc.go.jp/info/nenpou/h14/14top00001.html

47)　三重運賃事件は，これと類似の実態にあったと思われる。松下満雄・独占禁止法判例審決百選（第 2 版）196 頁以下（1977 年），舟田正之「海運業における特定の不公正な取引方法——三重運賃事件」昭和 47 年度重要判例解説（ジュリスト 535 号）190 頁以下（1973 年）を参照。

内部相互補助禁止が各部門間の会計分離の制度として採用されている（本章Ⅳ1(5)を参照）。

　規制部門のうち，不可欠施設と認められる送配電部門に関しては，公正な競争のために会計分離だけで足りるか，さらに組織分離や資本分離まで進むべきかが，わが国に限られず諸外国でも常に問われてきた（本章Ⅳ参照）。

　これに対し，もう1つの規制部門である一般家庭向けの小売分野については，現行の電気事業法は，従来通りの個別的規制と会計分離で対応するという立場を取っている。

　すなわち，第一に，これについては伝統的な公益事業規制がほぼ残されている（参入規制・約款規制等）。ここでも託送についてと同様に，「事後規制・ルール遵守型への転換」を基本とするとされている点は，後述のように疑問である。

　第二に，前述のように，両部門間の内部相互補助を防止するための会計分離が制度化されている。しかし，諸外国でも問題にされているように，発電と送配電が垂直統合された既存事業者について，これら部門間の内部相互補助を禁止しても，その実効性がどれだけあるか疑問であり，それに対する規制には重大な限界があると思われる。

(2) 独占禁止法による料金規制

　電力小売市場において一般家庭ユーザーの利益が適正に確保されているかは，上記のように，第一次的には，上記のような規制行政庁による事業法上の規制の問題であるが，独占禁止法上の規制もあり得るところである。事業法上の仕組みとは別に，公取委がこの点につき別個の観点から独自にあるいは規制行政庁と連携しつつ，調査し規制する意味は大きい。

　また，規制部門に関しても独占禁止法の適用があることから，同法違反を理由として私人が既存事業者を訴えることも可能になる[48]。

　上記のような，既存事業者が自由化部門における競争上優位に立つために，規制部門における利益を振り向け，一般家庭ユーザーが不当な高料金を課せら

---

[48] 事業法上の規制システムでは，消費者による司法審査の要求が難しいことについては，例えば，舟田正之「電気供給規程の拘束力と内容上の瑕疵の有無」札幌簡裁昭和53・1・19，同54・11・27，ジュリスト777号105頁以下（1982年）を参照。

れていないか，という点については，現行の独占禁止法における私的独占には，欧州で行われている「搾取的濫用」規制が含まれていないので，不当な差別対価又は優越的地位の濫用によって対応せざるを得ない。

　しかし，一般家庭ユーザーに対する不当な高料金の徴収につき，「支配」による私的独占行為が認められる場合，ここからもたらされる不当利得を徴収するという平成17年課徴金制度改正の趣旨は，まさにこのような事態に生かされるべきであろう。ドイツ・EU型の搾取的濫用規制を立法することが提案される所以である[49]。

(3) 請求書における送配電の明細表示

　公取委事務総局「電力の制度改革に関する見解」（平成14年11月18日）は，「②規制分野を含め既存の電力会社の小売料金等に託送料金を反映させるとともに，請求書等への内訳の表示」を提案していた。米国カリフォルニア州では，ユーザーへの請求書に，送電分，配電分と小売分を分けて書くべきものとされている[50]。米国では，同州のように電力の小売事業者と，送配電事業者がアンバンドリング（組織分離）されていることが多いので，請求書の記載も分けて書かれている。その他の諸国でも，発電・送電・配電・小売供給という個々のサービスに関する料金を項目ごとに分けて示すことが多いようであり，これによって，内部相互補助を牽制し，受益者負担原則を実現し，ユーザーのコスト意識を高めることができよう[51]。

　日本のように垂直統合体制が残る場合であっても，電力の消費者にとっては，自分が支払う電力料金の内訳が，発送配電や小売などに分かれていた方が電力サービスの実態を少しでも知ることができるのであるから，一部は「みなし計

---

49) 正田彬「独占禁止法における市場支配力のコントロール」ジュリスト1327号116頁以下（2007年），同「市場支配的事業者の規制制度の必要性」公正取引675号28頁以下（2007年）参照。現行の独占禁止法における私的独占に対する規制の下では，ユーザーに対する不当な高価格の押し付けが，市場支配力の濫用であっても，「競争の実質的制限」につながらない場合には規制できない。

50) 髙橋岩和「米国電力市場における市場支配力のコントロール」ジュリスト1329号71頁以下，81頁（2007年）参照。

51) 長山・前掲注3)『発送電分離の政治経済学』26頁，41頁，431頁など各所参照。

第1部　日本の電力改革　第2章　日本における電力改革

算」になるとしても，請求書における各サービス部門の明細表示を実現すべきであると考えられる。

(4)　スマートメーター等

　規制部門における既存事業者の市場支配力のコントロールのための抜本的対処方法は，全面自由化によって一般家庭ユーザーも電力供給者を選択できるようにすることであることは言うまでもない。

　そのためには，一般家庭ユーザー宅にリアルタイムメーターを設置するか，その代替手段としてのプロファイリングを開発する必要があると説かれている。後者に対しては，メーター開発のインセンティブを殺ぐという批判もある[52]。

　最近では，電力システム改革専門委員会事務局提出資料において，「需要側でのピークカット，ピークシフト等の取組が柔軟に行われるようにするための仕組みが重要。そのため，スマートメーターやインターフェースの整備を進め」る，との提案がなされている[53]。

　これらの提案にあるような，一般家庭ユーザーの選択を実効的なものにするための各種の手段を講じることが重要であることは言うまでもない。それらのコストをかけて，一般家庭ユーザー向けの小売市場において，公正かつ有効な競争が十分機能するようになるかは，今後の動向を注視しつつ判断することになろう。

(5)　小売全面自由化の下における小売料金規制

　(i)　上記の(1)〜(3)は，現行法における小売料金規制を前提にしていたが，制度改革によって小売全面自由化が行われた後，小口ユーザーや一般家庭向けの小売市場をどう規制するか，あるいは全くの非規制にするか，という問題に触れよう。なお，小売自由化の下で実際には既存事業者の供給に頼らざるを得

---

52)　藤原淳一郎＝矢島正之・前掲注3)『市場自由化　評価と選択のために103号』54頁（矢島執筆）参照。なお，最近の電力小売市場についての研究として，八田＝田中編著・前掲注3)『電力改革の経済分析』133頁以下（熊谷礼子執筆）がある。

53)　第5回電力システム改革専門委員会事務局提出資料——小売全面自由化の具体策（平成24年5月18日）。

Ⅴ　小売部門における市場支配力のコントロール

ないのは，一般家庭ユーザーだけでなく，前記（本章Ⅲ1(3)）のように，自由化部門ユーザーの中でも小規模ユーザーも同様であり，ここでは両者を含めて「小口ユーザー」と呼ぶことにする。

　2012年の経産省「電気料金制度・運用の見直しに係る有識者会議」では，小売全面自由化の下で，すべてのユーザーに対し，完全に非規制にすべきという論と，最小限の規制を残すべきという両論があったようである。その報告書（電気料金有識者会議報告書）では，現行の総括原価方式・レートベース方式をより精査・精緻化し，透明性の向上を図るなどの改良案，規制強化の方向が提示されている。

　その後の東電の値上げ申請に関し，値上げ反対の声が広く出て，経産省・消費者庁の検討においては，現行の総括原価方式の下で厳しい原価の査定が行われた。しかし，これでは緩すぎるという批判も根強くあったことからも，実際には，小売全面自由化の下で全くの非規制にするということでは，ユーザーの支持は得られないであろうと思われる。

　これは，実態に見合った認識であり，小売全面自由化の下においても，小売に関する競争が不十分にしか機能しない以上は，一般家庭ユーザーの利益を直接保護する仕組みが要請されると考えられる。

　この点につき，電力システム改革委基本方針（Ⅱ1(2)）は，以下のように述べている。

　　　「一般電気事業者が，自由な競争環境下で需要家のあらゆるニーズに応え，様々な料金メニューやサービスを提供することができるよう，競争の進展に応じて，一般電気事業者の供給義務や料金規制を撤廃する」。（Ⅱ1も同旨）

料金規制の他，安定的供給やサービス品質等の確保についても，規制によって直接的に確保する必要があるが，それらの実効性については，電力産業全体の規制システムがうまく機能するか否かに係っている。

　(ⅱ)　料金等の取引条件につき，公取委「電力市場における競争の在り方について」（第3の5(2)）は，次にように述べる。

　　　「小口供給の分野では，市場支配力の濫用があった場合における料金の上昇等の影響は現在の自由化分野よりも更に大きいことから，これを防止するため，最終的に供給に応じるべき者についてのルールを設定し，当該電気事業

者に対して，最低限の取引条件を定めた約款（デフォルト・サービス約款）の策定と公表を義務付けし，それよりも需要家にとって不利な条件での契約を禁止することが考えられる」。

デフォルト・サービスという用語は，米国の各州で多様な使われ方をしているようであるが，公取委の上記文書における意味は明確であり，「最終的に供給に応じるべき者」をまず確定し，その事業者が「最低限の取引条件を定めた約款」を策定し，それを実施する義務を課す，ということである。

これに類似する概念として，電力システム改革委基本方針（Ⅱ1(3)①）は，「最終保障サービス」につき，以下のように述べる。

「契約交渉がまとまらず，誰からも電気の供給を受けられない事態に至った場合や供給事業者が破綻・撤退した場合等に備え，最終的には必ず供給する事業者を定め，需要家保護に万全を期す」。

この最終保障サービスについては，まず「契約交渉」があることが前提にあり，小口ユーザーが最初から交渉する余地がなく，既存事業者しか供給する事業者がいない，という事態を想定していないようにも読める。これは小売全面自由化によって，ユーザーは選択の自由を実際に獲得するという建前によっているからであろうが，少なくとも現在時点における現実として，新規事業者の供給能力，採算レベルなどを考慮すれば，家庭ユーザーなど小口ユーザーにとって既存事業者しか電力サービスを供給する者がいないという状況が広く存在すると推測され，これを踏まえれば，この最終保障サービスは，実際には公取委文書におけるデフォルト・サービスと同じであると理解してよいであろう。

　(ⅲ)　現行の電気事業法と電力取引ガイドラインは，自由化された分野につき，「標準メニュー」＋「最終保障約款」（法19条の2）を用意している。

標準メニューについては，その「内容が，従来の供給約款・選択約款や自由化後の規制部門における供給約款・選択約款の料金体系と整合的であることは，コストとの関係で料金の適切性が推定される一つの判断材料となる」という曖昧な文言で示されており，規制部門における供給約款のように，原価主義が法的に要請されているとまではいえず，また，「同じ需要特性を持つ需要家群ごとに，その利用形態に応じた料金」とあるので，すべてのユーザーに対し，標準メニューによる供給が義務づけられているわけでもない（標準メニューについ

V　小売部門における市場支配力のコントロール

ては，本書第 3 章を参照）。

　最終保障約款は，既存事業者または新規事業者との契約が整うまでの間，臨時的・緊急避難的に既存事業者から供給を受けようとする者を想定しているようであり，したがって，その料金も実務上は標準メニューの 2 割増とされている。

　この約款規制は，合意に至らない場合，当該ユーザーに供給する者が結局は一般電気事業者しかいない，ということを根拠にしているが，他方で，自由化の建前から，両者の合意によって取引が成立するはずだという，実態とかけ離れた前提にたっていると考えられる。すなわち，自由化部門では，ユーザーは「交渉力のある需要家」なのだから，総括原価方式による原価主義の規制を受けないとされている[54]。

　ここで問題としているのは，自由化部門でも交渉力のない，小口ユーザーに対する事業者側の市場支配力の濫用をどう防ぐか，ということであり，これに対し，標準メニューと最終保障約款は十分応えるものにはなっていないということである。

　なお，同じ問題につき，電気通信事業法においては，通信サービスが多様化していることもあって，指定電気通信役務（20 条），特定電気通信役務（21 条），基礎的電気通信役務（7 条），というやや複雑な仕組みが採られている。その詳細は割愛するが，国民生活にとって必須のサービスについては，ユーザー保護のために約款規制をかけ，かつ，全国で一律の料金とするシステムを構築するということになっている。

　(iv)　現行の電気事業法は，非自由化部門については，伝統的な原価主義に基づく約款規制を採っている。その具体的な仕組みと実際の運用について，最近（2012 年）の料金引き上げをめぐって多様な批判がなされていることは前述のとおりである。

　しかし，ここでは，前記の自由化部門における小口ユーザーと同様に，競争が有効に機能しないのであるから，少なくともごくラフな意味での原価主義

---

54)　『電気事業法の解説』173 頁。ただし，法 19 条の 2 第 2 項 4 号「著しく不適切」という要件につき，標準メニューに比べ不当に高くないかが「ひとつの目安になる」とされている（『電気事業法の解説』174 頁）。

（cost-oriented pricing）に基づく規制を継続することが必要であると考えられる。

　この広い意味での原価主義は，具体的には，現行規制のように，総括原価方式とレートベース方式も，また，それ以外に，例えば前記の電気通信事業法における特定電気通信役務について採用されているプライスキャップ方式なども含む。

　原価主義は，従来は，事業者が不当な超過利潤を享受するのを防止し，ユーザーの利益を保護するために，採用されてきた。しかし，その考え方と並んで，今後の電力小売市場のように，競争原理を導入した市場においては，競争が有効に機能している部分と未だ機能していない部分を明確に分けることが困難になっていることからも，後者について原価主義に基づく料金規制を加えて，競争部分との連続性ないし整合性を図る，という観点も重要になっていると思われる。なぜなら，競争が有効に機能している部分については，サービス供給事業者はそれぞれの原価に基づく料金に近づいているはずであるから。

　(v)　上記の原価主義は，既存事業者の非自由化（競争）部門における電力サービス全体に関する料金水準について妥当すべきであるとともに，個別の電力サービスに関する料金体系についても妥当すべきものである。もっとも，後者の料金体系については，従来から，原価以外に，事業経営的な観点や政策的な観点からの料金設定も許容する幅広い内容であるとされてきたし，実際上は，今後とも継続されるべきであろう。ただし，それぞれの個別料金について，明確な説明責任が要請されると考えられる。

　この点については，特に司法審査の活用を図るべきことを指摘しておきたい。従来の電気事業法と経産省の電力行政についてのスタイルは，司法審査を受けることを想定したものではなく，経産省と事業者の間の交渉に委ねられる面が多かったことは否定できないであろう。

　このことは，最近の東電など既存事業者の電気料金値上げについても，消費者庁の関与が加わったという差異があることは重要であるが，それも結局は政府内の行政庁間のやりとりである。

　前述のように，個別の電力サービスに関する料金体系は，原価主義だけではなく，多様な政策的考慮が許容されるのであるが，それについては一定の行政裁量が認められるとしても，その裁量が不当かどうかを裁判の場で審査する道

を開いておかなければならない。これは現行法でも一応可能であるが、実際上は、担当行政庁の決定が下りた後に、ユーザーがそれを裁判で争うことには多くの困難な法的問題がある。

　ここでは詳論を避けるが、第一に、繰り返し述べたように、電気事業法上の規定が司法審査を広く認めるような内容になっていないこと、第二に、ユーザーが行政訴訟と民事訴訟のどちらを選ぶかについて、より門戸を広げるようなシステムにしないと、どちらも困難になってしまう、という問題がある[55]。第三に、小口ユーザーが単独で電気料金につき訴訟で争うことについては、様々な困難な事情があることから、消費者契約法等で導入されている消費者団体訴訟のような新しい制度を導入できないかを検討することも重要である。

　(vi)　また、行政庁による料金規制の方法としては、伝統的な約款規制の有効性を再認識することが重要である。

　前記の東電値上げ事件においては、自由化部門の小口ユーザーに対する東電の値上げ通告が「一方的」であり、優越的地位の濫用に当たる可能性があるとされた。これは、自由化部門では、事業者とユーザーの自由な交渉がなされるはずだという制度設計を前提にしている。しかし、それが小口ユーザーについては明らかに実態と合っていないことはさきに述べたところであり、むしろ約款規制で対処したほうが実態に即した規制が可能になると考えられる。

　それを、「デフォルト・サービス約款」と呼ぶか、それとも「最終保障サービス」と呼ぶかはともかく、規制の手法としては、行政庁が約款認可の形式で、厳格に審査した上で通用するようにすべきである。

　ただし、小売全面自由化がなされたのであるから、事業者とユーザーの自由な交渉の余地を残す必要があり、この点は現行の約款規制と異なることになる。

　(vii)　上で個別の電力サービスに関しては政策的な観点からの料金規制も許容されると述べたが、その1つとして、既存事業者が1974年から採用している「三段階料金制度」がある[56]。

　これは、電気の使用量に応じて、料金単価に格差を設けた制度のことであり、

---

55)　舟田正之「電気供給規程の拘束力と内容上の瑕疵の有無――札幌簡裁昭和53・1・19判時902号100頁、同54・11・27判時956号19頁」ジュリスト777号105頁以下（1982年）。同種の事件として、東京地判昭和51・10・25判時831号11頁等がある。

第1段階は，ナショナル・ミニマム（国が保障すべき最低生活水準）の考え方を導入した比較的低い料金，第2段階は標準的な家庭の1か月の使用量をふまえた平均的な料金，第3段階はやや割高な料金となっている。目的は，「省エネルギー推進など」とあるが，「ナショナル・ミニマム」（福祉目的）が明示されているところである。この三段階料金制度は，2012年の電気料金値上げにおいても継続されている[57]。

　上記の「ナショナル・ミニマム（国が保障すべき最低生活水準）の考え方」は，1970年代に有力だった考え方で，憲法25条の精神を背景に，私企業が提供する公益事業の料金についても，これに即して料金構成すべきだということだったのであろう。

　ナショナル・ミニマムは，「福祉国家」という国家像を背景にして生まれた考え方であるが，今日では，国家や国民を前提にしないセーフティネットという考え方のほうが有力になっている。これによれば，人々の生活の安全や安心を提供するための仕組みは，国家だけでなく，企業や自治体，あるいはNPOなど私的団体によっても維持されるべきだとされる。この考え方によれば，いわゆるライフライン（電気，ガス，電話，水道など）を社会的に維持し，すべての人々にその最低限のサービス提供を保証することが求められるのであり，上記の電力に関する三段階料金制度は今日，より強く要請されることになろう。

　(viii)　最近の制度改革の議論，例えば電力システム改革委報告書では，小売全面自由化の下で，「離島の電気料金の平準化措置（ユニバーサルサービス）」が提案されている。

　小売全面自由化によって，ユーザーの選択の自由と同時に，供給者側の自由も与えられることになるので，不採算地域において電力を供給する事業者がいなくなるという事態，あるいは，不採算地域に供給するためのコストが割高なので，そこだけ電気料金が極端に高くなる，という事態が予想されるので，そのような事態に陥ることを避けるための措置が必要である。

　これはすぐ連想されるように，自由化によって各事業者の営業地域内での一

---

56) 東電の場合につき，以下を参照。http://www.tepco.co.jp/e-rates/individual/basic/charge/charge01-j.html
57) http://www.tepco.co.jp/cc/press/2012/1206853_1834.html

律料金は要求されなくなるので，単に離島だけの問題ではなく，より一般的に，地域的な差別対価を許容するのか，それとも，例えば，既存事業者が家庭用ユーザーに対して供給する場合だけは，各営業地域内での一律料金を課すことを要求するのか，という問題につながる。

さきに，「最終保障サービス」について述べたように，既存事業者はそれぞれの営業地域のユーザーに対し，「誰からも電気の供給を受けられない事態」（電力システム改革委基本方針）になれば同一の取引条件での提供を義務づけられるとすべきである。それを前提にすれば，この最終保障サービスの取引条件では，あまりにコストとの乖離が著しい場合のみを問題にすれば足りるということになり，これと切り離して「離島の電気料金の平準化措置」を検討すればよいとされたのであろう。

なお，電気通信分野でも，競争原理の導入以降，同様の問題が議論され，今日では「ユニバーサル基金」による料金平準化措置がとられている。電力サービスと異なる電気通信サービスの特徴として，例えば離島のユーザーは，当該離島内だけでなく，それ以外の地域のユーザーとの通信という要素があることもあり，すべての電気通信キャリアがそのユーザーから均一のユニバーサルサービス料金を徴収することにも一応の理由があるといえよう。

VI　おわりに

(1)　電力の小売市場については，法的に全面自由化するだけでなく，小口ユーザーに関する小売競争を有効に機能させるためにはどのような条件が必要かなどにつき，前述した諸点の他，今後とも多様な議論が行われるべきであろう。

(2)　他方で，電力の卸市場における競争促進のためには，本章IVで取り上げた発送電分離の議論のほか，卸取引市場の整備のあり方，そこにおける市場支配力の行使をどう防止するかなどの議論がなされている。

しかし，諸外国で論じられているように，カリフォルニア電力危機の背景にあると指摘されているような，卸取引市場における市場支配力の懸念，それに対する規制のあり方などは，卸取引の競争が激化し，取引所の取引額がずっと

大きくなってからの議論であるように思われる。

　日本においては，既存事業者が発電事業者や大口ユーザーとの間で，相対で長期継続的契約をすることが多く，このことが競争の圧力を弱めるということのほうが問題であるように思われる。

　(3)　本章では，実態として競争が機能していない小口ユーザーに関する小売部門や，独占が残る業務（託送）についてまでも，現行の電気事業法が「事後規制・ルール遵守型への転換」を基本としていること[58]について繰り返し疑問を提示した。

　ここでは，競争が十分機能していないのであるから，小口ユーザー，特に消費者の利益の確保を基本とする制度・政策をとるべきである。そのために具体的にどのような政策と制度があり得るかについては，より立ち入った検討が要請されているように思われる。

　(4)　このような小口ユーザーの利益保護のために，料金規制は既存事業者に対してのみ課されることになる（先行する電気通信分野において，「非対称規制」と呼ばれる規制手法である）。

　これに対し，この規制を行うことによって，価格メカニズムが歪められ，また，新規事業者が育たなくなるという議論もあるようであるが，これはいわば逆立ちした論理に基づくものである。競争や価格メカニズムは，それ自体が目的ではなく，消費者の利益に資する限りにおいて促進されるべきものである非対称規制を適正に行うことによって，競争を促進し，特に小口ユーザーないし消費者の利益に資することが可能である。

　より深刻な批判として，電力特有の性質から，自由化によって市場価格が乱高下する可能性が高く，特にピーク時においては電力料金がかなり高くなるので，消費者の利益に反する結果になるという懸念も表明されている。たしかに，北欧などでは，卸料金がそのまま小売料金に反映されるというシステムを採用している場合もあるそうであるが，一般には卸市場の動向が直ちに小売市場に

---

[58]　『電気事業法の解説』213頁等を参照。

Ⅵ　おわりに

影響するわけではない。既存事業者は，他の発電事業者と長期継続的契約を結んでいるし，季節変動を組み込んだ小売料金を採用するとしても，その具体的な料金体系には多様な工夫があるはずである。

　ただし，第一に，「固定費の回収漏れ」，「長期の投資回収を保証する仕組み」が必要であるという主張があり，そのために，電力システム改革委報告書が指摘するような，「供給力・供給予備力の確保」という重い課題がある。

　第二に，前記の電力卸市場におけるピーク時の価格上昇については，市場支配力の不当な行使があり得るという指摘も，かなり以前から指摘され研究もされている。

　第三に，ピーク時の需要抑制のシステムを構築すべきことも多くの論者が指摘するとおりである[59]。

(5)　本章では，競争以外の省資源・環境保全などの要素をどのように競争秩序に組み込むかという点（前記，Ⅲ 3）には触れることができなかった。

　本章で取り上げた諸点も問題点の指摘だけに終わっているものも多いが，さらに，残された問題として，事業法による制度的枠組みとして，電力卸市場，インバランス料金・託送料金の算定方法，内部相互補助の禁止の実効性の向上の方策，などがある。

　また，市場支配力のコントロールについての法理論的または制度的な枠組みについては，発送電分離，不可欠施設に触れた以外には，価格圧搾（プライス・スクィーズ），市場閉鎖，「独占の梃子」，「抱き合わせ販売」と「結合サービス（＝結合取引）」なども積み残しとなった。

---

[59]　以上について，大橋弘「電力需給，価格機能で調整」日本経済新聞 2012 年 12 月 4 日付朝刊を参照。

第3章
電力取引ガイドラインについての検討

舟 田 正 之

I　はじめに

　1999年（平成11年），公正取引委員会（以下，「公取委」と略記）と経済産業省の共同による「適正な電力取引についての指針」（以下，「電力取引ガイドライン」と略記）が策定された。これは同年に，小売供給の部分自由化のために電気事業法が改正されたことに伴うものである。
　本章では，電力取引と独占禁止法の関係について，この電力取引ガイドラインを主材料として若干の検討を行うものである。
　電力取引ガイドライン（以下適宜，「本ガイドライン」と略記する）は，2002年（平成14年）に続き，2005年（平成17年）に3回目の改定が行われた。後者は，2003年（平成15年）の電気事業法改正において，託送供給（振替供給と接続供給。法2条1項15号）に伴う情報の目的外利用の禁止及び差別的取扱いの禁止（法24条の6）等について新たに規定されたこと，同時に，自由化範囲の拡大，中立機関制度の創設，卸電力取引市場の創設，同時同量制度の変更等が行われたことによるものである。同時に，電力市場における取引に関連して事業者から懸念の示された事例等を踏まえ，電力市場における適正な取引の在り方について一層具体的かつ明確に示すことが目的とされた（本ガイドライン第1部1(6)参照）。
　2006年（平成18年）には，日本卸電力取引所（JEPX）における取引が開始されたことに伴い，ガイドラインに，「卸電力取引所における適正な電力取引の在り方」という章が新設された。
　さらに，2009年（平成21年）の改定では，総合資源エネルギー調査会電気

事業分科会において取りまとめられた第4次電気事業制度改革の検討結果（平成20年3月「基本答申」, 同年7月「詳細制度答申」）をふまえ, 託送余剰インバランスの買取料金, 時間前市場の創設後の全国融通の取引価格等について自主的に公表することが望ましいこと, 卸電力取引所の積極的な活用等などが追加された。現行の本ガイドラインは, 2011年9月改定のものであるが, 基本的な変更はなされていない。

本章のもとになった原稿は, 2006年改定後に書いたものであるので, 本書に収録するために, 現行ガイドラインと逐一突き合わせて, アップデートを図った。ただし, 2006年改定の際にあった記述がその後削除されたもの（例えば, Ⅲ5の常時バックアップの項）を残した部分もある。

また, 2006年改定から現在までは, 電気事業法上, 自由化部門と規制部門に分かれて規制システムが構築されている。本章はそれを前提に検討しているが, 仮に今後, 全面自由化が制度化されたとしても, 実質的に既存の一般電気事業者の独占的供給が継続されるユーザーが, 家庭ユーザーや零細・小規模事業者などを中心に残ることは明らかである。したがって, 独禁法との関係では, 本章の検討が原則として通用するであろう。また, 電気事業法も, こうした実質的な独占的供給の関係に対応する規制を残すことも十分考えられ, その場合には, 本章で検討した「標準メニュー」,「部分供給」,「常時バックアップ」,「託送」などの諸問題が参考になるであろう。

本ガイドラインには, 電力取引の実態をふまえないと分かりにくい箇所が多くあり, 誤解や不適当な箇所などがあるのではないかと懸念される。本章は, 電力取引と独占禁止法の関係を検討するための1つの材料として, 本ガイドラインを用いたと理解してほしい。

Ⅱ 一般的検討

1 「公正かつ有効な競争の観点から望ましい行為」

(1) 本ガイドライン第一部1(4)には, 以下の記述がある。

「電気事業法を所管する通商産業省（現経済産業省）と独占禁止法を所管する

公正取引委員会がそれぞれの所管範囲について責任を持ちつつ，相互に連携することにより，電気事業法及び独占禁止法と整合性のとれた適正な電力取引についての指針を以下の点を基本原則として作成することとした。」（下線は舟田。以下同じ）

　また，第一部 2(1)では「各論として，電力市場を競争的に機能させていく上で望ましいと考えられる行為を示した上で，電気事業法上又は独占禁止法上問題とされるおそれが強い行為を示すとともに，一定の場合には電気事業法上又は独占禁止法上問題とならない旨を例示する」，とある。
　先に引用した部分の「整合性」は，具体的には，本ガイドラインの各所に，「公正かつ有効な競争の観点から望ましい行為及び問題となる行為」を列挙するという手法につながっていると理解できる。

　(2)　ここにおける「整合性」とは，どういう意味であろうか。通常は，電気事業法及び独占禁止法の各規定に違反するか否か，という観点から，それらに違反しない行為が「整合性のとれた」行為であるということになる。
　しかし，本ガイドラインでは，上記引用にあるように，「電力市場を競争的に機能させていく上で望ましいと考えられる行為」というカテゴリーが立てられていることがユニークである（ただし，この点で本ガイドラインと全く同様の形式をとっているものとして，公正取引委員会・経済産業省「適正なガス取引についての指針」（2000年。以下「ガス取引ガイドライン」と略記）がある）。
　ここでは明らかに，法違反行為か否かということ以外の意味を含んでいる。違法とされない行為でも，それがすべて「望ましいと考えられる行為」なのではなく，したがって，場合によっては，違法ではないが，「整合性のとれた」行為ではないということがある，ということのようである。
　この「望ましい行為」は，本ガイドラインでは，各問題ごとにあげられており，例えば，一般電気事業者は，自由化された小売分野において「標準メニュー」を作ること（第二部Ｉ2(1)ア），「インバランス対応のバックアップ料金について，合理的なコストに基づいて設定されること」（第二部Ｉ2(2)ア①），託送料金につき，「合理的なコストに基づき，可能な限り利用形態を反映した料金を設定した上で，利用形態に応じて一般電気事業者と新規参入者が同一のコス

トを負担する」(第二部Ⅱ2(1)ア)，等々である。
　ここから，本ガイドラインは違法か否かを判断するためだけの指針ではなく，規制行政庁から事業者へのメッセージという性格，あるいは行政指導の根拠としての性格も持っていることが分かる。

　(3)「問題となる行為」とは，直ちに違法とは判断できないが，具体的事実によっては違法とされることがあり得る，という意味と理解される。このようなまとめ方は事業者からは曖昧なメッセージと見えるものであってもやむを得ないことである。電気事業法・独占禁止法の各規定の要件には，「不当に」(例えば，電気事業法24条の6第1項)等の不確定概念が置かれており，特定の類型の行為がこれに当たるか否かを前もって確定的に述べることはできないからである公取委と総務省との共同ガイドライン(「電気通信ガイドライン」)でも，同様に，「問題となる行為」，「問題となり得る行為」という表現が用いられている。
　しかし，念のため指摘しておけば，行政庁が公表する，これらのガイドラインにおける「問題となる行為」，あるいは「問題とならない行為」という区別は，法的にはあまりあてにならないものである。第一に，これは「問題となる行為」という表現から分かるように，規制行政庁が違法として，あるいは問題であるとして法的に，または行政指導でとりあげるかもしれない，という程度のものである。
　第二に，ガイドライン(指針)は，政省令などの法律上の根拠がある，公式の文書(官報に掲載)ではなく，規制行政庁がいわば勝手に作成し公表している文書である。規制行政庁以外の機関(内閣，他の行政庁，法制局など)の審査または判断を経ていないものであり，この点では許認可に関する審査基準よりも信頼性は低い。ガイドラインは，いわば規制行政庁が被規制者や利害関係者等に対して，こういうことを念頭に運用を致します，というメッセージに過ぎないともいえよう。
　最近の判決の中には，ガイドラインにおける記述を当該規定の解釈基準として参考にするものが見られるが[1]，もちろんガイドラインをそのまま鵜呑みにするものはない。むしろ，学説において，ガイドラインにおける解釈をそのまま

法規範として受け取っているかのような扱いが見られることがあり疑問である。

　(4)　この「望ましい行為」というカテゴリーは，本ガイドライン策定以前には公取委の多くのガイドラインにはおそらく見られなかったものである。他の行政庁の例では，前記の電気通信ガイドラインは「Ⅲ　競争を一層促進する観点から事業者が採ることが望ましい行為」という章を設けている。しかし，そこにあるのは，すべて手続的なことであり，情報遮断・加入者回線の開放の実施状況や，電柱等の貸与申込手続の公表することなどに限られている。

　これに対し，本ガイドラインは，例えば，「インバランス対応のバックアップ料金について，合理的なコストに基づいて設定されること」などが，料金の設定の仕方について「望ましい行為」とされている。

　このように，料金の設定という事業者にとって最も重要な行為についてまで，電気事業法・独占禁止法に照らして，法律上の要請ではなく，「公正かつ有効な競争の観点から望ましいと考えられる行為」として挙げられていることについては，やや疑問が残るところである。バックアップ料金をどのように設定するかについて，電気事業法・独占禁止法上の諸規定によれば違法となる場合があり，それについては，上記の「望ましい行為」の項に続いて，「公正かつ有効な競争の観点から問題となる行為」として記述がなされている。料金設定は，事業者の経済的自由が認められるから，これらの個別の法律によって違法とされる場合を除いては自由であり，それにもかかわらず，規制行政庁が「望ましい行為」を特定して挙げるということは行き過ぎではないか，という疑問が残

---

1)　例えば，ダイコク事件＝東京高判平成16・9・29 LEX/DB文献番号28092569参照。ここでは，公取委「不当廉売に関する独占禁止法上の考え方」(2009年。以下では『考え方』と略記されている) は，「一般指定を解釈する際の重要な手掛かりとなるべきものである」とする。ここまでは妥当であるが，それに続けて以下のように述べていることは疑問である。すなわち，「少なくとも小売業者としては，『考え方』に示された基準に従って行動しておれば，違反行為として問題化することはないと信じて事業活動をするものというべきである」。

　これは，公取委によって違反行為とされないであろうという意味では正しいが，本件のように私人間で独禁法違反かどうかが争われる場合に，ガイドラインに沿って行動したというだけで「問題化することはない」と信じることは誤りであろう。ガイドラインは，行政庁の運用の指針であって，私人間で独禁法違反になるかどうかを念頭に置いていないし，そもそも行政庁が，ある法律の解釈はこうあるべきだと意見表明しても，それは裁判官を拘束するものではない。

るところである。

　もとより，これは法的な根拠のないメッセージであり，それにどう対応するかは事業者の自主的な判断に委ねられる。しかし，「公正かつ有効な競争の観点から問題となる行為」は，根拠規定が不確定概念を用いている等のことから，具体的に明確化できず，第一次的には経済産業省・公取委の裁量判断に委ねられる部分がある。その事情の下で，「望ましい行為」は単なる希望であり，それに従うかどうかは事業者の自主的な判断に委ねられると言っても，実際上は遵守を強制されているに等しいと考えられる。極論すれば，これは法の枠を超えた行政指導ではないかとも考えられる。

　そもそも，ガイドラインは，規制の名宛人に対し，当該行政庁としての運用指針を公表することによって，当該規制の透明性を図り，その実効性を高めようという目的の下に発せられるものである。例えば，公取委の出したガイドラインの中でもっとも重要なものの1つである，「流通・取引慣行に関する独占禁止法上の指針」(1991年。以下，「流通・取引慣行ガイドライン」と略記) を出すに当たり，公取委は以下のような文書をだしている[2]。すなわち，このガイドラインを公表することによって，「どのような行為が独占禁止法違反被疑行為に当たるかが識別しやすくなり，事業者の違反行為の未然防止に役立つ」，「法運用の透明性の確保」等が挙げられている。

　上記の「望ましい行為」というカテゴリーは，この透明性をむしろ阻害しているように思われる。

(5)　もっとも，行政に対する透明性の要請は，本ガイドラインだけで充たされるわけではなく，個別的な行為・取引等についての実態，あるいは実際の行政運用についての情報提供によって対応されることが効果的である。

　この点で，経済産業省は，例えば，適正取引WG事務局「新規参入者等から寄せられた懸念事項等[3]」(平成17年1月27日) などの情報提供を行い始めている。他方で，公取委は従来から毎年1回，事業者等から寄せられた相談について公表している[4]。

---

[2]　山田昭雄ほか編著『流通・取引慣行に関する独占禁止法ガイドライン』(商事法務，1991年) 8頁以下参照。

裁判所における判決や行政処分等が少ないので，これらの事例集を公表することによって，ガイドライン行政の弊害を少なくしていくことが必要であろう。

2　共同ガイドライン

(1)　一般に，ある事業や個別の行為について，特別の法律が規制を加えている場合であっても，明示的に独禁法の適用を除外する規定がない限り，当該行為は独禁法の各規定に照らして違法とされることがあり得る。

電気事業における各種の取引は，電気事業法の適用を受けることがあるが，電気事業法には独禁法適用除外規定はなく，したがって，電気事業法の規制対象となる行為が独禁法の各規定に違反しないかを見る必要がある。電気事業法と独禁法は趣旨・目的が違うから，仮にある行為が両法の諸規定に形式上，すなわち，当該規定の定める要件に該当すれば，両法が重ねて適用されることもあり得ると解される[5]。

(2)　しかし，本ガイドライン全編を通じて，ある行為が電気事業法の規定に違反する可能性があるとされる場合，その同じ行為が同時に独禁法違反にもなる，という書き方はなされていない。

例えば，「不当な最終保障約款」(第二部Ｉ2(1)①イvi) について，「公表され

---

3)　これは，本ガイドラインの2005年（平成17年）改定がなされるに際して行われたパブコメに関する資料であって，極めて興味深い意見が出されている。http://www.enecho.meti.go.jp/denkihp/bunkakai/tekitori/7th/siryo3.pdf

4)　最新のものについては，以下を参照。公取委「独占禁止法に関する相談事例集（平成23年度）」の公表について（平成24年7月）http://www.jftc.go.jp/pressrelease/12.july/120704honbun.pdf

5)　根岸哲＝舟田正之『独占禁止法概説』（有斐閣，第4版，2010年）393頁以下，金井貴嗣＝川濱昇＝泉水文雄編『独占禁止法』（弘文堂，第3版，2010年）430頁以下等を参照。

　　公取の審決でこの趣旨をそのままの形で明言したものはないが，これを当然の前提に被規制産業における各種の行為を独禁法違反としている。もっとも詳しく検討を加えているものとして，大阪バス協会事件＝審判審決平成7年7月10日審決集42巻3頁がある。

　　また，このことは私も繰り返し述べている。例えば，舟田正之「事業規制とカルテル」公正取引499号10頁以下（1992年），『情報通信と法制度』（有斐閣，1995年）93頁以下，同『不公正な取引方法』（有斐閣，2009年）433頁以下など。

　　これに対し，独禁法が一般法であり，個別の事業法は特別法であるから，後者が適用されるときは，前者（独禁法）は適用されない，という考え方もあるが，私はこれは妥当ではないと考えている。

た標準メニューと比べて，不当に高いものである場合」，電気事業法上の変更命令が発動されるとあり，根拠規定として電気事業法19条の2が挙げられている。しかし，この場合に，同時に，独禁法上の「優越的地位の濫用」（2条9項5号）に当たることもある，という記述はなされていない。しかし，本来であれば，優越的地位の濫用も挙げるべきであろう。

もっとも，「オール電化」に関する箇所では，上記のような書き分けスタイルを維持しつつ，②一般電気事業者の負担による屋内配線工事，④一般電気事業者による不動産の買取り，などは，電気事業法（前者については同法21条，30条，後者については，34条，23条）の問題になるとしつつ，同じ行為が独禁法上の不公正な取引方法（不当な利益による顧客誘引，拘束条件付取引，差別的取扱い等）に当たるおそれがある，としている。したがって，同一の行為が電気事業法と独禁法の両方に違反することがあり得るということは分かる書き方になっている箇所もあるということである。

しかし，これは例外的であって，本ガイドラインの多くには，先に挙げた「不当な最終保障約款」のように，ある行為は電気事業法と独禁法のいずれか一方だけが適用されるように読めるスタイルが採用されており，疑問である。これでは，公取委と経済産業省の「棲み分け」に見えてしまうのであり，これが独禁法の妥当な解釈と異なることは前述（2(1)）の通りである。

(3) そもそも「共同ガイドライン」という形式には，複数の行政庁が1つの公的文書を作成するのであるから，このような「棲み分け」式書き方になる危険性が含まれているといえよう。

しかし，公取委と経済産業省の「調整」という曖昧な作業によって法の解釈・運用がゆめられてはならないのであり，さらに，公取委は「独立して職権行使」（独禁法28条）すべきである，という独禁法の建前を崩してはならないと思われる。

他方で，規制を受ける事業者にとっては，同一の行為を2つの行政庁から違法として2つの処分を受けるのはかなわないという事情があることもたしかである。

この点については，第一に，独禁法は公取委だけが適用するのではなく，私

人が訴えた場合は，裁判所が判断するのであるから，ある行為が電気事業法違反とされ，同時に，私人から独禁法違反として損害賠償等の請求をされることは，法的には何の問題もない。

　第二に，ある具体的な行為に対し，規制行政庁が実際にどのような措置をとるか，あるいはとらないかについては，適正な範囲である程度の裁量の幅が認められている。その際に，他の行政庁がある処分を課したという事実を考慮に入れて，規制を発動しないということもあり得よう。独禁法の場合で言えば，これは公取委の判断に委ねられている（なお，独禁法45条4項参照）。

　この点についての行政庁の裁量が妥当であったか否かは，一般的に，司法審査の対象となる（行政事件訴訟法30条）。しかし，一方の行政庁の所管する事業法があるから，あるいは，その行政庁がある処分を下したから，という理由だけで，他方の行政庁の不作為が違法とならない，と一般的には言えないと解される。それぞれの行政庁が具体的な総合的考慮を行うべきであり，その当否についても具体的に判断されるべきである[6]。

III　個別的検討

1　「標準メニュー」

(1)　適切な標準メニューの設定・公表

本ガイドラインの第二部I2の冒頭に以下の箇所がある。

　「自由化対象需要家に対する小売供給・小売料金の設定
　ア　公正かつ有効な競争の観点から望ましい行為（適切な標準メニューの設定・公表）
　　一般電気事業者が，それぞれ個別に，自由化された小売分野において標準的な小売料金メニュー（以下「標準メニュー」という。）を広く一般に公表し

---

[6]　例えば，公取委が他の省庁の行動に委ねて，何ら措置を行わず，その間に被害が拡大した事例として，舟田正之「豊田商法と公取委の不作為責任──豊田商法国家賠償大阪訴訟」ジュリスト1169号（1999年）111頁以下参照。ここでは，警察や経産省が措置をとるのが先であろうとして，何らの行動をしなかった公取委の不作為は違法となり得るとの主張が出された。同旨，正田彬「豊田商法と公取委の権限不行使の責任」重判解平成14年度（2003年）228頁以下参照。

た上で，これに従って，同じ需要特性を持つ需要家群ごとに，その利用形態に応じた料金を適用することは，公正かつ有効な競争を確保する上で有効である。

また，この標準メニューの内容が，従来の供給約款・選択約款や自由化後の規制部門における供給約款・選択約款の料金体系と整合的であることは，コストとの関係で料金の適切性が推定される一つの判断材料となる。」（第二部Ⅰ2(1)）。

(2) コストとの関係

ここで，「整合的」とは何を指すか自明ではなく，「指針」という性格にとって適当かどうか疑問である。

仮に「整合的」とは，従来の供給約款における料金と同一ないしそれに近いということなら，以下のように理論的には妥当ではないと考えられる。

第一に，「従来の供給約款・選択約款や自由化後の規制部門における供給約款・選択約款の料金体系」については，原価に基づくものであるという制度的な担保が一応あるといえる（供給約款については，電気事業法19条2項1号，21条，23条等。ただし，選択約款については同条6，7，8項，23条等があるにとどまる）。

それらと標準メニューにおける取引条件が「整合的」なことは，「コストとの関係で料金の適切性が推定される一つの判断材料となる」というのは，競争が実際には機能しない場合は，成立しうる1つの論理ではあるといえる。

しかし，自由化部門はまさに競争が期待され，それにしたがって制度設計がなされている分野である。そこの料金等の取引条件が，従来の，すなわち自由化される以前の取引条件，または規制部門のそれと「整合的」ということは，少なくとも理論的にはあり得ない。実際には自由化部門の競争があまり進まないことを想定した文章であろうが，実際に競争が進展した地域，顧客等については，規制部門の取引条件と異なることになろうし，それが自然である。

もっとも，第二部Ⅰ2(1)イⅲ(i)（注）では，以下のように，規制部門の取引条件と異なることもあり得ることが述べられている。

「（注）　自由化対象需要家と一般電気事業者の契約形態等自由化分野の現状を踏まえると，一般電気事業者が公表しているメニューが，標準的なものであるとは必ずしも認められない場合がある。」

(3) 各需要特性を持つ需要家群ごとの料金

　第二に，その実際上の適用にかかることであるが，本ガイドラインは，上記引用のように，「これに従って，同じ需要特性を持つ需要家群ごとに，その利用形態に応じた料金を適用する」ことを想定している。

　しかし，ここにおける「同じ需要特性」とは実際にどう判断されるのであろうか。例えば，それに続く部分で具体例として挙げられている新規参入者への対抗について，「新規参入者と交渉を行っている需要家」は，「標準メニューを離れた料金であっても，……原則として，独占禁止法上問題とならない」とあるので，これは「同じ需要特性」ではないとするもののようである。そもそも需要特性は漠然とした概念であり，ある意味ではすべてのユーザーはそれぞれ異なる需要特性をもっているともいえる。

　そうすると，本ガイドラインは，標準メニューを離れた料金でも，実際の具体的な料金設定では自由を認めるとするもののように推測され，そうであれば上の第一で述べたことは単なる理論的な問題にとどまり，実際上の問題にはならない，ということになる。

　ところで，標準メニューと異なる取引条件が採用されている場合に関し，現実はどのようであろうか，実態調査はあるのであろうか，私にはこれらについての知見はなく，それに関する公開された資料等もないようである。

(4) 二部料金制

　標準メニューが規制部門における供給約款・選択約款の料金体系と整合的であるとは，伝統的な二部料金制を指すという理解も可能である。

　二部料金制は，多くの公益事業について採用されてきた料金体系であり，そこにおける料金は次の2つから成り立つ。

　① 主に固定費をもとに算定される「基本料金」
　② 主に可変費をもとに算定される「電力量料金（従量料金）」

　このような二部料金制を採用した上で，その中身は，「同じ需要特性を持つ需要家群ごとに，その利用形態に応じた料金を適用する」ということであれば，それ自体は妥当な考え方でるといえよう。

(5) ユーザーへの価格情報提供

標準メニューの設定と公表は，それ自体としては，ユーザーへの情報提供という点で有益である。

同様の例は，独禁法における再販禁止の強化から生じた，一般消費物資商品の小売における「定価」の廃止，「希望小売価格」・「標準小売価格」等の動向に見ることができよう。消費者は，希望小売価格など何らかの価格指標がないと，価格について判断することが極めて困難になるのである。

しかし同時に，希望小売価格等は，実際の市場価格よりも高いことも多く，小売事業者の方でメーカー希望小売価格よりもこれだけ安いと表示して売るという販売方法もよく見られる。逆に，希望小売価格がそのまま実際の小売価格として通っている場合は，何らかの価格維持行為が裏にあるのではないかと疑うべき場合も少なくないと考えられる。そして，競争が激しくなるにつれ，希望小売価格等と実売価格の乖離が著しくなることから，希望小売価格の指標としての信頼性も失われ，希望小売価格の撤廃につながることもある。

現在，電力の自由化部門における標準メニューと実際の料金との関係については，前記のように，私はほとんど情報を持ち合わせていない。上記のような希望小売価格等の例と比べて，電力に関する実勢料金の情報がどれだけ多様に（異なる情報源から）提供されているかが重要であると思われる。競争が活発に行われることの前提は，ユーザーに対し選択するための情報が豊富に流通しているかにかかっているからである。

2　新規参入者への対抗

(1) 差別対価，不当廉売等

本ガイドラインには，上述の部分に続いて以下の記述がある。

「一般電気事業者が，新規参入者と交渉を行っている需要家に対してのみ，公表された標準メニューに比べ，著しく低い料金を提示することにより，新規参入者の事業活動を困難にさせる行為は，独占禁止法上違法となるおそれがある（差別対価，不当廉売等）。

ただし，標準メニューを離れた料金であっても，より細かく個別の需要家の利用形態を把握した上で，当該顧客への供給に要する費用を下回らない料

金を設定することは，原則として，独占禁止法上問題とならない。
（注）事業者が顧客獲得活動において競争者に対抗して料金を引き下げることは，正に競争の現れであり，通常の事業活動において広く見られるものであって，その行為自体が問題となるものではない。

しかしながら，一般電気事業者がその供給区域において100％近い市場シェアを有する現状においては，こうした一般電気事業者が，効率的な費用構造を有する新規参入者への対抗手段として，当該新規参入者が交渉を行い又は交渉を行うことが見込まれる相当数の顧客に対し，当該顧客への供給に要する費用を著しく下回る料金を提示することによって当該顧客との契約を維持しようとする行為は，新規参入者の事業活動を困難にするおそれがあることから，独占禁止法上違法となるおそれがある。」（第二部Ⅰ2(1)イi）

(2) 私的独占

ここに書かれていることは，独禁法の妥当な解釈に基づくものであるといえるであろうか。

まず，一般電気事業者が新規参入者と需要家をめぐって競争している場面では，一般電気事業者は市場支配力を有しているのであるから，括弧書きにある，差別対価，不当廉売などの不公正な取引方法ではなく，むしろ，市場支配力の維持・強化に当たるから，私的独占に当たるとすべきであろう。本ガイドラインには，この他，多くの箇所で独禁法違反について不公正な取引方法の各類型だけが挙げられているが，多くの場合，私的独占もあり得るということである。

(3) 効率的事業者テスト

上記引用の（注）にある，「効率的な費用構造を有する新規参入者」については，経済理論上または競争政策上は，近年よく説かれていることであるが，少なくとも法の適用上，立証すべき要件事実ではない。この文章は，「独占禁止法上違法となるおそれがある」で終わるので，「効率的な費用構造を有する新規参入者」が違法となるための要件と受け取られるおそれがあるが，それは明らかに間違いであり，本ガイドラインの意図とも異なるであろう。

ここでは欧米の一部の学説で説かれている，いわゆる「効率的事業者テスト

（または基準）」を採用するということが前提であるように読める。公取委の「不当廉売に関する独占禁止法上の考え方」(平成21年12月，改正：平成23年6月）は，「不当廉売規制の目的の一つは，廉売行為者自らと同等又はそれ以上に効率的な事業者の事業活動を困難にさせるおそれがあるような廉売を規制することにある」とし，その説明を詳しく述べている。

これについて，私はかつて，不当廉売の要件であるコスト割れかどうかをみる際に，そのコストが行為者自身のコスト（「自己コスト」）か，それとも，仮想的な効率的事業者のコストか，という点につき検討したことがある。ここで結論だけ述べれば，理論的には効率的事業者テスト（基準）は妥当であるが，実際の立証という面で問題もある。そこで，原則は行為者の自己コストを原価とし，それを下回ることを原価割れと解し，例外的に，当該行為者が非効率な事業を行っている場合は自己コストを下回っても直ちに原価割れとしない，また逆に，当該行為者がより効率的な事業を行っているからコストも低いと主張する場合には，当該行為者と競争事業者のコストの比較などを参考に，効率的な事業を行った場合のコストを考慮する，と解すべきである[7]。

(4) 事実上の立証責任

前記引用の中で，「ただし，……」以下の文中，「当該顧客への供給に要する費用を下回らない料金」であることについて，それを立証する責任を事実上，一般電気事業者が負うことになるというように読める（なお，この「費用」とは何を指すかは後述する）。

不当廉売や差別対価等の不公正な取引方法に当たるか否かは，一般原則に従って，違法を主張する者が立証責任を負うと解される。しかし，これに関する情報はほとんどすべて一般電気事業者が持っているのであるから，まず一般電気事業者から立証させる，正確には関連情報を提出させるのは当然と思われるので，事実上の立証責任の転換をすべきであり，この意味で本ガイドラインの記述，すなわち一般電気事業者への立証責任の事実上の転換という考え方に賛成したい。

---

[7] 舟田・前掲注5）『不公正な取引方法』第15章を参照。

なお,「より細かく個別の需要家の利用形態を把握した上で」ということは,各需要家へ電力供給する際の個別原価を調べるという意味であろうが,それは「個別の需要家の利用形態」だけでなく,むしろ主として供給側のコストが問題なはずである。なぜ,需要家利用形態を特に挙げたのかというと,標準メニューからの乖離を見ているので,こうなったのであろう。

(5) 不当廉売と差別対価

上記引用における,「標準メニューに比べ,著しく低い料金を提示することにより」,という箇所について。

「著しく……」が不当廉売についての要件であるかのように読めるが,これは独禁法2条9項3号の規定する不当廉売についてはそのとおりであるが,一般指定6項は,単に「低い対価」とされていることを無視しており,その限りで妥当ではない。

また,本ガイドラインでは,不当廉売についてだけ問題にしているようであり,差別料金については挙げられているが,それ固有の違反があり得るとは考えられていないようである。しかし,当該需要家に供給するための個別原価を割っていず,したがって不当廉売に該当しない場合でも,不当な差別料金[8],または私的独占に当たることもあり得る[9] (例えば,第二次北国新聞社事件における富山県版の料金について,コスト割れか,あるいは不当廉売に当たるかに関する認定はない)。

(6) 競争対応の抗弁

以上は,差別対価,不当廉売についての一般的解釈であるが,ここでは「新規参入者と交渉を行っている需要家に対してのみ」という限定があり,これが近年もっとも問題になっている論点である[10]。

---

8) 例えば,根岸＝舟田・前掲注5)『独占禁止法概説』209頁以下,金井＝川濱＝泉水(編)＝前掲注5)『独占禁止法』234頁以下等を参照。
9) 根岸哲(発言)「最近の独占禁止法違反事件をめぐって」公正取引656号2頁以下,10頁 (2005年) 参照。
10) 以下について詳しくは,舟田・前掲注5)『不公正な取引方法』第15章を参照。

この点は，「競争対抗価格」問題として，近年重要性を増している事柄である。例えば，ANA，JAL による同様の価格設定行為に対して，「競争対応」meet the competition の抗弁が成立するかが議論されたことがある。

　既存の航空会社が，新規参入者の便に近い時刻に出発する便のみ，新規参入者と同額あるいはそれにほぼ近い，（同社の他の便の料金よりも低い）額で，運輸サービスを提供した際に，この理屈付けが主張された。なお，「市場価格」が成立している市場の場合，その市場価格に合わせることは，当該事業者にとって原価割れであっても，不当廉売には該当しない。

　しかし，市場に既存事業者が2社，新規事業者が1社の場合では，これらの事業者にとって所与の「市場価格」が成立しているわけではなく，新規参入者が安い料金をつけたことに対抗することが，直ちに受動的な「競争対応」であるから公正競争阻害性がないと言えるかは疑問である。

　米国の国内航空旅客産業においてはスポーク＆ハブ方式が採られており，日本より競争が広く展開される土俵がある。これに対し，日本では各路線が単独で存在し，鉄道などの代替的輸送手段との競争の要素を除けば，各路線が1つの「市場」＝「一定の取引分野」ととらえられる。

　このような場合には，通常の意味での「市場価格」は存在せず，他の事業者が設定した価格に対抗するからということだけで独禁法違反を免れる，と解することはできない。すなわち，「市場価格」に合わせただけという抗弁，競争対応という抗弁だけでは足りず，各事業者，殊に既存の航空会社は自己の料金が原価を割っていないことの立証を要求されると解すべきである。

　なお，不当廉売における「原価」の意味については諸説があり，通説・公取委ガイドラインは「総販売原価」，経済学では平均可変費用などが主張されているが，この電力取引ガイドラインからはいずれを採るべきかは明らかではない。

3　部分供給

(1) これまでの経緯

　a　部分供給とは，「複数の電気事業者の電源から1需要場所に対して，各々の発電した電気が物理的に区分されることなく，1引き込みを通じて一体

として供給される形態」をいう（第二部 I 2(1)イⅲ）。

　この場合，ユーザーは，新規事業者と一般電気事業者の両方と契約し，電力の供給をそれぞれから受けることになる。

　これについては，平成11年の電気事業法改正を受けて設置された資源エネルギー庁での電気事業審議会・合同小委員会の頃から議論されてきたが[11]，一般電気事業者からは，法的には可能としても，「責任ある供給主体」が曖昧になる等の消極論が出された。

　それは，1需要場所の需要に対して複数の供給者が関わることとなるため，権利義務が輻輳し，需要電力量を時間帯別に複数の供給者毎に仕分けをどのように行い，電気が来ない等の事故時に，どちらの供給者の責任になるか，責任分界点が不明になる。また，料金不払い等のときに，どちらの供給者が請求等をするか，さらに同時同量確保の理念と合致しないなど問題が多い，ということだったようである。

　部分供給といっても，電気の潮流は一般電気事業者だけと契約する場合と変わるわけではない。すなわち，ユーザーへは，従来の一般電気事業者からの引き込み線から，1本で，一般電気事業者が全部供給し，新規事業者が自己の供給分をプールに流し込む。ユーザーへの供給の一部を観念的に新規参入事業者から供給したとみなすだけであるから，その限りでの技術的な困難はない。

　上記の「責任ある供給主体」などの消極論とほとんど同様のことは，電気通信において，1985年頃からNTTの回線を使って，ユーザーにサービスを提供する新規参入事業者（NCC）との間で問題が多発した。当時の長距離通信においては，「ぶつ切り料金」から「エンドエンド料金」へと変更された頃であり，後者ではNCC単独でエンドエンドでユーザーにサービス提供する形態であったから，これは後述の常時バックアップに近い例とも言えよう[12]。

　もっとも，通信の場合は，ユーザーはまず契約の相手方であるNCCにクレ

---

[11]　私はそのときに委員を務め，それについて，「電気事業における託送と『公正な競争』」（本書，第1部第4章所収）を書いた。当時，既に部分供給を巡って議論があり，そこでは，「この補完供給については大口需要家は電力会社に依存せざるを得ない。新規参入者も，この点は同様であり，『部分供給』が問題とされているのも同根の問題である」，と述べた。

[12]　舟田・前掲注5）『情報通信と法制度』139頁以下，同「携帯電話事業者間の接続──『ぶつ切り料金』と『エンドエンド料金』」立教法学75号185頁以下（2008年）参照。

第1部 日本の電力改革　第3章 電力取引ガイドラインについての検討

ームを付け，どちらに事故の原因があるかを問わず，実際にはNCCが顧客対応することが通常であったため，NCCから規制行政庁に対し，NTTの対応の遅さなどにつき対応を求めたことが多かったともいわれる。

　いずれにせよ，一般電気事業者による上記の懸念は，1つ1つ事業者間，または事業者とユーザーとの間で明確な取り決めをし，かつ個別に技術的な対応を行えばクリア可能な問題であると推測され，現在では，同時同量確保の問題を別とすれば，この点についての議論はなくなっているのであろう。

　b　部分供給に対する批判として，送電線開放を通じた小売自由化の制度設計において供給信頼度の維持の観点から，供給者は自己の需要の変動に追随した同時同量の電力供給を行うこととされたのであって，電力量を事後的に仕分けさえすればよいとする小売分野における部分供給は，リアルタイムの同時同量確保と方向性を異にする制度である，という議論がなされた。

　ここで極端な仮定を出せば，新規参入者が，エンド・ユーザーに対し「ベース部分」の需要を定量ないしそれに近い形態で供給し，一般電気事業者がミドル・ピーク相当の変動部分の供給を行う，というパターンで部分供給を行う，ということもあり得る。この場合も，観念的には両者の供給分を併せれば同時同量の要請は充たす。こうして需要家の負荷を分割して，複数の供給者の供給力を合成して，結果として同時同量が達成されていれば，リアルタイムの需給不均衡は起きず，送電ネットワークの他の利用者への影響は回避される。もちろん，こうしたパターンの場合は，一般電気事業者は割高の料金を協議で提案することになるであろう。

　しかしながら，このような，新規参入者による供給不足・過剰分の「しわ」とりをネットワークを有する一般電気事業者に行わせる「部分供給」を認めると，当該新規参入者が同時同量を達成する責務を免れることになる，という批判がある。

　2001年（平成13年）に審査打ち切りとなった中部電力事件[13]は，新規参入者による流れ込み式の水力発電からの供給を「部分供給」として認めさせようという意味で，まさに上の仮設例における「しわ」よりも更に不規則，大幅な供給量のぶれが予測される形態であったようである。公取の発表文では，「中部電力株式会社が特定規模電気事業者であるA社の電力小売事業への部分供

給による参入を妨害している疑いで審査を行ってきたが，独占禁止法上の問題は認められなかったことから，本件審査を打ち切ることとした」，とあるのみで，これ以上の事実関係は不明である。おそらく当該新規参入者が同時同量を達成する責務を免れるという点と，それを料金面にどう反映させるかという点で協議が難航し，実現に至らなかったことにはそれなりの理由があると認められたものと推測される。

　なお，2005年（平成17年）に公表された公取委「公益事業分野における相互参入について」（以下，「相互参入」と略記）（第2の1）には以下の記述がある。「常時バックアップと同様の機能を有するものとして部分供給……（中略）……があるが，現在はほとんど行われていない」[14]。

　c　なお，上の中部電力事件のようなケースは，2005年（平成17年）から実施された新制度の下では，部分供給を行う事業者は，一般電気事業者からの託送（改正電気事業法では「接続供給」と呼ばれることとなった。同法2条1項15号）を受ける際に，変動範囲を超えた場合の単純従量料金を支払うことになる。

　すなわち，それまでの託送要件は，30分3％同時同量制度，容量確保要件，インバランス料金制度を骨子とするものであり，新規参入者にとってはかなり厳しいものであった。そこで，改正電気事業法（24条の3）の具体的な運用のあり方につき，総合資源エネルギー調査会電気事業分科会による，いわゆる「基本答申」（Ⅳ）では，3から10％まで変動範囲を選択制とし，変動範囲内のインバランス料金体系，変動範囲を超えた場合の単純従量料金を提示し，その後の詳細設計では，料金変更命令の発動基準という形で示され，これに即して制度改定が行われた[15]。

　d　2011年からの電力改革の議論の中で，前記のように現状ではほとんど

---

13)　公取委「中部電力株式会社による独占禁止法違反被疑事件の処理及び『電力の部分供給等に係る独占禁止法上の考え方』の公表について」（平成13年11月16日）　http://www.jftc.go.jp/pressrelease/01.november/01111601.pdf
　　なお，これについては，坂本修『『電力の部分供給等に係る独占禁止法上の考え方』の公表について」公正取引615号（2002年）38頁以下をも参照。なお，以上の引用箇所は，公取委「電力の部分供給等に係る独占禁止法上の考え方」（これは，電力取引ガイドラインの2002年改定の際に，同ガイドラインに取り込まれ，廃止された）と全く同文である。
14)　ただし，現在時点では，利用事例が増えているようである。例えば，「都施設に『部分供給』方式　東京都，新電力後押し」朝日新聞2013年3月24日付朝刊等を参照。

行われていない「部分供給」が再び取り上げられ，その活用のためのルール化が検討された。例えば，経済産業省・電力システム改革専門委員会「電力システム改革の基本方針」（以下，電力システム改革委基本方針と略記）(14頁)では，次のように述べられている。

> 「新電力が顧客開拓をしやすくなる環境を実現するため，『部分供給』（新電力が不足している供給量を他の発電会社の供給量で賄い，それぞれの供給者が同時に一需要家に供給する契約形態）に係る供給者間の役割分担や標準処理期間等について，ガイドライン化する」。

ここでは，新電力が顧客を獲得し易いようにという配慮が強く働いており，前記の変動範囲を超えた場合のインバランス料金制度を変えることが前提のようである。

〈補注〉 上記の経緯を受けて，資源エネルギー庁「部分供給に関する指針」（2012年12月）が公表されている。
　　　　http://techon.nikkeibp.co.jp/article/WORD/20121120/252084/
　この部分供給ガイドラインでは，部分供給の3パターンが明示され，部分供給用契約電力や基本料金・電力量料金の算定方法，供給電力量の仕分方法などの具体的な実施方法が提示されている。
　そこでは，「部分供給を実施するに当たっては，本指針のほか，『適正な電力取引についての指針』による」とされているとおり，部分供給ガイドラインが新たに出たことが，以下の独占禁止法上の検討に影響を及ぼすものではない。

(2) 部分供給料金の不当設定

> 「需要家等からの部分供給の要請に対して，従来のメニューに比べ，正当な理由なく，高い料金を設定し，又は料金体系を不利に設定することは，需要家が一般電気事業者から全量供給を受けざるを得ず，新規参入者の事業活動を困難にさせるおそれがあることから，例えば，以下の場合には，独占禁止法上違法となるおそれがある（差別的取扱い，排他条件付取引等）」。

---

15) 以上については，以下の2報告を参照。総合資源エネルギー調査会電気事業分科会報告「今後の望ましい電気事業制度の骨格について」（平成15年）http://www.enecho.meti.go.jp/denkihp/bunkakai/14th/tousin.pdf
　同「今後の望ましい電気事業制度の詳細設計について」（平成16年）http://www.enecho.meti.go.jp/denkihp/bunkakai/syousaihoukoku2.pdf

「一般電気事業者からの電力供給に加えて，新規参入者からの部分供給を受ける需要家に対して，自家発電設備により需要を補う場合に比べて，<u>需要形態が同様</u>であるにもかかわらず高い料金に変更すること又は変更することを示唆すること。」(第二部Ⅰ2(1)イⅲ③(i))

後者の引用部分における「需要形態が同様であるにもかかわらず」2つの場合を比べれば，需要形態が異なるのに，「同様」とはどういう場合か，やや分かりにくいが，おそらく，一般電気事業者から見れば，当該ユーザーに対し，その需要の一部しか供給しないから「需要形態が同様」という表現になったのであろう。

この内容自体は当然であり，これらの行為は，不当な差別対価または差別的取扱いに当たる可能性がある。この場合に，新規参入者にとって禁止的な取引条件であれば，一般電気事業者がユーザーに対して不当な排他条件付取引を強いることになると解される。

(3) ユーザーに対する部分供給の拒否

a 「需要家等からの部分供給の要請を放置したり，交渉開始や交渉期間を殊更引き伸ばすこと，部分供給を拒絶することや，その条件を不当に厳しくすることにより事実上部分供給を拒絶することは，需要家が一般電気事業者から全量供給を受けざるを得ないこととなり，新規参入者の事業活動を困難にさせるおそれがあることから，独占禁止法上違法となるおそれがある（<u>排他条件付取引</u>等）。」(第二部Ⅰ2(1)イⅲ(ii))

部分供給を要請したユーザーに対して，「需要家が一般電気事業者から全量供給を受け」ることを条件とする取引は全量購入契約あるいは全量購入条件付取引と呼ばれ，競争減殺効果に着目すれば，不当な排他条件付取引に当たるか否かが問題になる[16]。

これは，排他条件付取引を狙って行う行為であるには違いないが，直接的な行為形態としては，取引拒絶または不当な差別的取扱い，あるいは私的独占に

---

16) 金井＝川濱＝泉水・前掲注5)『独占禁止法』316頁以下参照。この例として，大分県酪農協同組合事件＝勧告審決昭和56・7・7審決集28巻56頁は，一般指定11項（項数は現行に直した）該当としている。

109

当たるとすることが妥当のように思われる。

  b　他方で，この行為は，ユーザーの取引先選択の自由を奪うのであるから，「競争基盤の侵害」でもあり，取引拒絶，不当な差別的取扱いの他に，「その他の取引強制」(一般指定10項後段)，あるいは「優越的地位の濫用」(一般指定10項後段)にも当たると解される。

　この議論の実益は，排他条件付取引あるいは私的独占に当たるとするためには，当該行為の競争減殺効果または競争制限効果を立証しなければならないが，「その他の取引強制」または「優越的地位の濫用」とするためには，当事者間の取引関係だけに着目すれば足りるという点にある。ただし，本件では一般電気事業者の市場支配力が極めて明白であるので，競争減殺効果または競争制限効果の立証は容易であるから，ほとんど違いはない。もちろん，私的独占に当たるとすれば，罰則の適用があるし，課徴金の問題になり得るので，大きな違いとなる（前述，Ⅲ2(2)参照）。

　本ガイドラインには，このように排他条件付取引を挙げる箇所が他に多くあるが，いずれも上述のような理解の下で読むべきであると考えられる。

(4)　新規参入者に対する部分供給の回避・常時バックアップの強要

　「需要家等からの部分供給の要請を受けた一般電気事業者が，当該需要家に部分供給する新規参入者に対して，自己から常時バックアップ供給を受けることを強要することは，独占禁止法上違法となるおそれがある（<u>抱き合わせ販売</u>等，優越的地位の濫用等）。」(第二部Ⅰ2(1)イⅲ(ⅱ))

　これは，ユーザーが部分供給をしたいと一般電気事業者および新規参入者に申し入れたという状況において，一般電気事業者が新規参入者に対して，その部分供給要請を拒否し，代わりに常時バックアップ供給で対応することを強要した場合である。

　常時バックアップについては，本ガイドラインの「新規参入者への卸売」(第二部Ⅰ2(2))で記述があり，本章でも後に再度取り上げるが，ここでは部分供給との関係について触れている。

　過去には，このように，一般電気事業者が新規参入者に対して，部分供給よりも常時バックアップ供給で対応してほしいと申し入れたことがあるようであ

る。その理由は，前述の部分供給に関する懸念ないし疑問に対し，常時バックアップであれば，新規参入者がユーザーに一括してサービス提供するので責任が明確である，ということと推測される。

　他方で，ユーザーにとって，常時バックアップではなく部分供給を選好する動機，経営上の意図は何であろうか。具体的な事情，特に，常時バックアップと部分供給の料金差は筆者には不明であるので，ここでは以下の一般論のみを述べておくこととする。

　一般的には，ユーザーにとって電力のように必須の，しかもその品質が重要である商品・役務については，複数の供給者と契約をしておきたいという戦略がごく普通に見られることである。情報機器についての「マルチ・ベンダー」，経済・経営情報の入手先，原材料を買い入れる事業者の多様化などの物理的分散だけでなく，電話など物理的にはNTTの加入者回線を使わざるを得ない場合でも，契約の相手方はNTT以外の事業者にするなど，取引の相手方の分散を図ることにも，経営上意味があるとされる。

　その具体的な事情はともかく，ユーザーが部分供給を選好した場合に，これを阻止し，常時バックアップ供給に誘導することは，ユーザーの取引先選択の幅を狭めることであり，この点から，上記引用部分にあるように，常時バックアップ供給の強要は，抱き合わせ販売等，優越的地位の濫用等に当たるおそれがあるとすることは妥当である。ここで抱き合わせ販売等とは，前項で述べた「その他の取引強制」（一般指定10項後段）を指すのであろう。

　これは前述のように妥当な解釈であるが，ユーザーに対する部分供給の拒否を排他条件付取引に当たるおそれがあるとしたことと平仄を合わせ，競争減殺効果に着目するなら，「取引の不当妨害」（一般指定15項）または私的独占が挙げられてもよかったとも思われる。しかし，部分供給から常時バックアップに切り換えたことによって，どのような競争減殺効果ないし競争制限的効果が生じるか不明であり，この点から本ガイドラインは，「競争基盤の侵害」の系列に入る「その他の取引強制」と優越的地位の濫用を挙げるに止めたのであろう。

(5)　負荷追随を伴う部分供給の拒否

　「一般電気事業者が部分供給の申出に対してあらかじめ供給する量を定める供

給形態を希望することは，直ちに独占禁止法上問題となるものではない。
　　しかしながら，電力の供給に当たっては，電力需要の変化に合わせて発電出力を調整する（負荷追随する）ことが必要であり，新規参入者から供給を受ける需要家に対して，一般電気事業者が，負荷追随を伴う部分供給を不当に拒否することは，需要家が一般電気事業者から全量供給を受けざるを得ず，新規参入者の事業活動を困難にさせるおそれがあることから，例えば，以下の場合には，独占禁止法上違法となるおそれがある（排他条件付取引等）。
○負荷追随できない新規参入者から供給を受ける需要家に対して，一般電気事業者が事前に定めた供給量のみ部分供給を行うとすること。
○負荷追随できない新規参入者から供給を受ける需要家に対して，一般電気事業者が供給割合に応じた負荷追随しか行わないこと。」（第二部Ⅰ2(1)イⅲ(ⅲ)）
　上の引用文の冒頭にある，「あらかじめ供給する量を定める」という箇所は，やや意味が分かりにくいが，ユーザーの需要の変動をすべて新規参入者に対応させ，一般電気事業者はベース需要だけ，つまり定量だけを供給することを希望するということなら，新規参入者には極めて酷な形態である。一般電気事業者が単なる「希望」を出すならともかく，これをユーザーに要求するなら，かなり虫のいい話であり，よほどの低料金でないと合理性はないし，独禁法上も問題なしとしない。実際に，このような事例は稀にしかあり得ないし，本ガイドラインもこれに続く文章で「負荷追随できない新規参入者」について述べて，それを肯定している。
　すなわち，このような「希望」は，不当な取引拒絶または私的独占に当たる可能性が高いというべきであろう。また，部分供給をするユーザーだからという理由なら，明らかな差別的取扱いでその不当性は明らかであると思われる。

4　物品購入・役務取引の停止

(1)　その他の「問題となる行為」

　本ガイドラインは，自由化部門における一般電気事業者とユーザーの関係について，上記の諸点のほか，以下を列挙して説明を加えている。

　　ⅳ　戻り需要時の不当な高値の設定，
　　ⅴ　自家発補給契約の解除・不当な変更
　　ⅵ　不当な最終保障約款

vii　需給調整契約の解除・不当な変更
　viii　不当な違約金・精算金の徴収
　ix　物品購入・役務取引の停止
　x　需要家情報の利用
　xi　複数の行為を組み合わせた参入阻止行為

　それぞれ重要な事柄であるが，ここでは，ix　物品購入・役務取引の停止について，若干の検討をしておく。

(2)　購買力を背景とする新規参入者の排除
　「一般電気事業者が，物品・役務について継続的な取引関係にある需要家（例えば，発電設備，送電設備等電気事業に不可欠なインフラ設備の販売事業者）に対して，新規参入者から電力の供給を受け，又は新規参入者に対して余剰電力を供給するならば，当該物品の購入や役務の取引を打ち切る若しくは打切りを示唆すること，又は購入数量等を削減する若しくはそのような削減を示唆することは，当該需要家が新規参入者との取引を断念せざるを得なくさせるものであることから，独占禁止法上違法となるおそれがある（排他条件付取引等）。」(第二部Ⅰ2⑴イix)

　これとほぼ同文が，前掲の公取委「相互参入」(第3．3⑷)にも記述されている。

(3)　購買力の濫用
　ここで，排他条件付取引等とあるが，これは疑問である。この行為のポイントは，「物品・役務について継続的な取引関係にある需要家」に対する行為であるということであり，この行為の効果が競争減殺効果を持つか否かということ以前の問題であると考えられる。
　一般電気事業者は，これらの者に対して強い購買力（バイイング・パワー）を持っているので，設備等に関する取引と電力供給に関する取引とを結びつけて交渉することが可能である。典型的な「相互取引」＝「互恵取引」であり，一般指定10項，12項または独禁法2条9項5号に該当すると説かれている。このような状況にある需要家は，「新規参入者との取引を断念せざるを得なく」

なるのであるから，その選択の自由を侵害され，「競争基盤の侵害」に当たる行為である（ただし，この最後に述べた理解については，独禁法の解釈論において議論がわかれている）。

5 常時バックアップ

(1) 常時バックアップの拒否

新規事業者（新規参入者）は，前述（II参照）のように，その電源の大きな部分を一般電気事業者による常時バックアップに依存している。これは一般電気事業者が新規事業者に対して行う卸売である。

そもそも，制度上，新規事業者は自前の電源から小売供給をするべきだということにはなっておらず（法2条1項7号における「特定規模電気事業」の定義を参照），どのように電源を調達するかも自由であり，そこに新規事業者の企業努力，経営の工夫がなされる余地があるともいえる。一般に競争導入の際には，新規参入者に設備要件などを課さずに，多様な事業形態を許容することが重要であり，これは電気通信分野における，かつての「第二種電気通信事業」というカテゴリーにその例を見ることができる。

新規事業者による自前の電源確保がまだ十分なされていず，一般電気事業者が発電事業において極めて大きなシェアを有し，供給余力（ピーク時を除いて）があるという現状を前提とすれば，一般電気事業者が新規事業者に卸売を拒絶することは独占禁止法上，「不当な取引拒絶」に当たる可能性が高いと解される（電力取引ガイドライン第2部I，(2)イ④も同旨）。

電力取引ガイドライン改定の際のパブコメの中には，常時バックアップ供給は一般電気事業者の義務ではないはずという批判があるが，上述のことから疑問である。

(2) 常時バックアップと部分供給

常時バックアップ料金につき，2006年改定前の電力取引ガイドラインには，「常時バックアップについては，実態的には小売における部分供給と同一のものであると考えられることから，小売における標準メニューと整合的な料金が設定されることが，公正かつ有効な競争の観点から望ましい。」としていた

（第2部Ⅰ2(2)ア②）。

なお，九州電力事件について審査を打ち切る際の公取委の報道発表（平成14年3月26日）[17]にも，ほとんど同様の記述がある。

上記電力取引ガイドラインにある「実態的には小売における部分供給と同一」という部分にあげられている「部分供給」とは，前記のように（Ⅲ3），ある需要家が一般電気事業者と新規事業者の両方から一部ずつ電力の供給を受けることである。これに対し，常時バックアップは，新規事業者が需要家に対し，その需要の全量を供給する契約である。

この場合，新規事業者は，自前の電源では不足する分について一般電気事業者から卸供給を受け，需要家に供給する形態であるから，「実態的には」部分供給と同一と言えるのかもしれないが，契約内容は全く異なる。

(3) 常時バックアップ料金

前記(2)に引用した旧電力取引ガイドラインにおける「整合的な料金」の意味が同一ということであれば疑問である。常時バックアップは，一般電気事業者が新規参入者に対して行う卸売であり，一般に，卸サービスについては小売サービスのための固有のコスト（営業費，広告宣伝費など）が不要であるから，卸料金は小売料金よりも安いはずである。仮に卸としての常時バックアップ料金が小売料金より高いということがあれば，その原価算定には疑問があり，また新規事業者の競争力を不当に削ぐものであるように思われる。

ところで，前記の「整合的な料金」の意味は，基本料金と従量料金の二部料金とすることを意味するのかもしれず，実際に常時バックアップ料金はこの二部料金になっているようである。

常時バックアップ料金がコスト以下であってならないのは当然である。不当に安い料金を強制することは，新規事業者の自前電源設置のインセンティブを失わせることにもつながる。これも電気通信分野において議論されている点であるが，設備ベースの競争とサービス・ベースの競争がともに行われるように調整しなければならない。

---

17) 公取委「九州電力株式会社による独占禁止法違反被疑事件の処理について」（平成14年3月26日） http://www.jftc.go.jp/pressrelease/02.march/02032601.pdf

(4) 現行ガイドラインの記述

しかし,現行の本ガイドラインには,上に引用した部分は削除されており,他方で,以下の部分は維持されている(第二部Ⅲ2(2))。

> 「例えば,以下の場合には,独占禁止法上違法となるおそれがある(取引拒絶,差別的取扱い等)。
> ○ 新規参入者に対して,常時バックアップの供給を拒否し,又は正当な理由なくその供給量を制限すること。
> ○ 同様の需要形態を有する需要家に対する小売料金に比べて高い料金(注)を設定すること。
> (注)常時バックアップ料金の不当性の判断においては,常時バックアップにおいては発生しない需要家の供給に係る託送費用や営業費用を減じないなど,費用の増減を適正に考慮しているかどうかを含めて評価することとなる。
> ○ 複数の需要家へ供給している新規参入者に対する常時バックアップ供給について,新規参入者が当該常時バックアップ契約を一本化するか別建てにするかを選択できないようにすること。
> ○ 複数の需要家へ供給する新規参入者に対する常時バックアップ供給について,新規参入者が常時バックアップ契約の別建てを求めているにもかかわらず,電力会社が一本化しか認めず,期限付きの需要の終了に伴い契約電力を減少させた場合に新規参入者に対し精算金を課すこと。」

これらはいずれも妥当な内容であると考えられる。特に,上に述べたこととの関連では,2つめの○で,「同様の需要形態を有する需要家に対する小売料金に比べて高い料金(注)を設定すること」とあることは,その注をあわせ読むときは妥当な内容である。これは,電気通信事業において,「キャリアーズ・レート」の導入の際に多くの議論がなされたところである。

(5) 新規参入者にとっての常時バックアップの意義

本ガイドラインにおいて,常時バックアップについて,以下のように記述されている実態認識も,もとより妥当であると思われる。

> 「電力の卸売市場が未整備であり,既存の一般電気事業者が新規参入者及び需要家に供給し得る発電設備のほとんどすべてを確保し,かつ既存の一般電

気事業者の供給区域を越えて競争が行われていない状況においては，新規参入者が常時バックアップの供給元を一般電気事業者以外に見いだすことが困難であることから，ほとんどの新規参入者は，常時バックアップを既存の一般電気事業者に依存せざるを得ない状況にある。」(第二部Ⅰ2(2)イ④。現行ガイドラインでは，第二部Ⅲ2(2))

電力の卸売市場は，2005年（平成17年）4月から発足しているが，取引量はごく僅かであり，またそこに売りに出される電力はほとんどが一般電気事業者からのものであるから，新規参入者が，取引所から買うか，それとも常時バックアップに頼るかという選択はほとんど意味がない実態にあるといえよう。

そうであるとすれば，「新規参入者が常時バックアップの供給元を一般電気事業者以外に見いだすことが困難である」という現状は，一般電気事業者が新規参入者に対し，公平かつ適切な常時バックアップ供給をしない限り，一般電気事業者と新規参入者の間の競争は成り立たないことを示している。

(6) 常時バックアップが独禁法違反になる場合

そこで，本ガイドラインは上記引用部分に続いて，以下の記述をしている。

　「このような状況において，一般電気事業者に供給余力が十分にあり，他の一般電気事業者との間では卸売を行っている一方で，新規参入者に対しては常時バックアップの供給を拒否し，正当な理由なく供給量を制限し又は不当な料金を設定する行為は，新規参入者の事業活動を困難にさせるおそれがあることから，例えば，以下の場合には，独占禁止法上違法となるおそれがある（取引拒絶，差別的取扱い等）」。

この最後の「違法となるおそれがある」という部分は，「違法となる」と言い切ってよいと思われる。その前に，「一般電気事業者に供給余力が十分にあり，他の一般電気事業者との間では卸売を行っている」という条件が付いているので，このような条件の下で，「新規参入者に対して常時バックアップの供給を拒否し，正当な理由なく供給量を制限し又は不当な料金を設定する行為」は直ちに違法としてよいと考えられるからである。なお，このような事実の下では，不公正な取引方法よりも私的独占を適用すべきことは，先に述べた。

上と同様に，公取委「電力市場における競争状況と今後の課題について」は，

「常時バックアップがJEPX（日本電力卸取引所。舟田注）における取引で代替できるような状況にはなく，JEPXが設立されたことを理由として常時バックアップ取引を拒絶するような行為等は，独占禁止法上違法（取引拒絶，差別的取扱い等）となるおそれがあるとの考え方は引き続き維持する必要がある」と述べる。

以上を実際の独占禁止法の適用の場面に当てはめて考えてみれば，以下のようになろう。

　i　常時バックアップの料金が，小売における標準メニューにおける，それに相当する料金と比べて不当に高いか否か

　ii　一般電気事業者に供給余力が十分にあり，他の一般電気事業者との間では卸売を行っているか否か

　iii　託送費用や営業費用など，当該常時バックアップに係る費用の増減を適正に考慮しているかどうか

以上のような事実を示す資料等の多くは，常時バックアップを行う一般電気事業者が有していることもあり，ここでも事実上の立証責任の転換をすべきである（前述，2(3)・(4)参照）。

(7)　一般電気事業者からの批判

一般電気事業者が常時バックアップを拒絶する意向を持っている理由は，新規事業者の参入・業務拡大を阻止するという反競争的な意図からではなく，常時バックアップの料金についての不満があるからであると推測される。すなわち，一部の一般電気事業者は特に夏場の電気が不足し，大量の電気を他事業者，卸取引所から調達しており，その購入価格は，常時バックアップの料金と比べて相当高くなるということにある。そのような一般電気事業者からは，新規事業者はその調達電力の40％にものぼる常時バックアップを受けながら，取引所に発電した電力を売りに出している，という批判がなされる。

こうした背景もあってか，本ガイドラインの2006年改定時に行われたパブコメでは，新規事業者の意見として，常時バックアップを行うことの前提として，一般電気事業者から新規事業者に対し，①常時バックアップと同量の余剰電力を確保すること，②卸取引市場等への販売を制限すること，③管外での小

売に使用しないこと，などの条件が課され，かかる条件からはずれる場合は常時バックアップに応じないことがある，という批判が出されている．

(8) 現在の議論について

その後の経緯は，私には不明であるが，今時の改革論議の中で，「常時バックアップ料金の見直し」が検討課題として浮上してきた．電力システム改革委基本方針（15頁）では，次のように述べられている．

> 「常時バックアップ」（一般電気事業者が新電力に対し不足している発電量を売電する供給形態）の料金体系を，一般電気事業者のベース電源コストに基づいた価格設定に変更するよう一般電気事業者に求める」．

以上の料金問題は，取引両当事者が納得するような解決を導くことが極めて難しいものであり，ここでも電気通信事業における「接続料金」問題が今でも多様な紛争を抱えていることを想起させる．この点は措くとして，差し当たり以下の諸点を指摘しておく．

第一に，上記の一般電気事業者の批判は，新規事業者が電力料金の差を利用した，一種の「鞘取り」行為をしているのであって，これは制度を利用した，企業努力によらない利益をもたらしている，というものである．「鞘取り」それ自体は，どの産業でもみられることであるが，問題はそれが常時バックアップ料金が制度的に規制されていることを利用してなされている，ということであろう．常時バックアップ料金については，電気事業法上の規制はないが，それが新規事業者の経営の死命を制することになることから，事実上の行政指導がなされてきたようであり，一般電気事業者の批判はこれを指しているようである．

したがって，今後の改革において，常時バックアップ料金と小売料金の双方が事実上も自由になり，かつ，卸取引所の機能が十分働き，新規事業者がそこから電力の調達をすることができるようになれば，上の問題は解消されるであろう．

第二に，しかし，上の2つの条件とも，実際には実現するまでには相当の期間が必要であるようにも思われる．常時バックアップは，一般電気事業者しか果たせないという現状は，そう簡単に変わらないであろうし，電力の卸取引所

についても，相対取引を禁止し，「強制プール」方式に変えれば別であるが，大部分を相対取引によっているという現状が継続するのであれば，卸取引所に多くを期待することは当面は無理であろう。

　第三に，そうすると，やはり常時バックアップ料金の規制を正面から検討すべきであり，前記の電力システム改革専門委員会の議論がこの方向にあることは納得できる。それでは，どのような料金規制が望ましいかについては，まだ十分議論がなされていないように思われる。

　電力システム改革委基本方針が述べている「一般電気事業者のベース電源コストに基づいた価格設定に変更するよう一般電気事業者に求める」ということの趣旨は，新規事業者が自己のベース電源として常時バックアップを用いたいという希望に沿うものであり，これは新規事業者の固有の電源が絶対的に不足しているという状況をふまえたものであるが，これだけでは両当事者間の適正な取引のための料金体系とは言い難いように思われる。

　第四に，常時バックアップ料金と小売料金の関係は，需給が逼迫する夏場だけの問題であるなら，それに特化した制度作りを考える必要がある。他方で，年間を通して，常時バックアップ料金の水準，料金変動のシステム（料金体系）なども問題なのであれば，まさに電気通信事業で問題になっているように，全般的な規制システムを構築する必要がある。前記のように，これらの料金問題との関連で，独禁法上の取引拒絶の不当性を考えるべきであると考えられる。

　上述のことに関し，その後公表された経済産業省・電力システム改革専門委員会報告書（以下，「電力システム改革委報告書」と略記）（2013年2月）は，上の点にさらに踏み込んで，以下のように述べている。

　　「卸電力市場が機能するまでの当面の間，ベース電源代替としての活用に資するよう，常時バックアップの基本料金を引き上げ，従量料金を引き下げるよう一般電気事業者に対し見直しを求めることとする。具体的には，基本料金によるコスト回収率を従来より高めつつ，ベース電源代替として常時バックアップを高負荷率で利用する場合に従来料金を下回るよう，従量料金の引き下げを行う。

　　当面の措置として，新電力が新たに需要拡大をする場合に，その量に応じて一定割合（3割程度）の常時バックアップが確保されるような配慮を一般電

気事業者が行うよう求めることが適当である。」

　下線部分は，私が引いたものであるが，このように数字で明示されたことは，極めて注目される。今後，この算定根拠，その実施の際の法的形式が明確になされることが要請されると考えられる。

6　託送分野

　託送料金の算定根拠について，以下の記述がある。

> 「新規参入者が託送供給を受けることを著しく困難にするおそれがあることから，例えば以下の場合には，電気事業法上の変更命令が発動される（電気事業法第24条の3）」（第二部Ⅱ2(1)イ）

　これ以下に列挙されている事項のうち，「託送供給料金の算定において一般電気事業者が届け出る事業者の実情に応じた基準が，一般電気事業託送供給約款料金算定規則に照らし不適切なものである場合」に，電気事業法上の変更命令が発動されるのは当然である。

　しかし，例えば，「託送供給料金が一般電気事業者自身の負担するコストとの間で公平性を欠く場合で，需要種ごとの基準託送供給料金について，当該一般電気事業者自身が同様の利用形態でネットワークを利用した場合のコストに比べて不当な格差が存在すると認められる場合」は，電気事業法第24条の3第3項5号の「不当な差別的取扱い」の禁止に該当し，電気事業法上の変更命令が発動されるとともに，独占禁止法上も，不当な差別対価または私的独占に当たると解される。

　ある行為が電気事業法の規定に違反する可能性があるとされる場合，その同じ行為が同時に独禁法違反にもなる，ということはしばしばあり得ることであるが，この託送分野について，上述のように，電気事業法の問題だけが取り上げられており，独占禁止法に関する記述がないのは不適当であると考えられる（前述，本章Ⅱ2参照）。

7　一般電気事業者の電気の調達

(1)　卸供給からの調達料金に対する規制

　本ガイドラインの第二部Ⅲでは，「一般電気事業者の電気の調達分野におけ

る適正な電力取引の在り方」が扱われている。

その中の「卸供給における不当な料金設定」では，以下の記述がある。

「既存火力電源からの電気の調達については，電気事業法上，卸供給として，行政に届け出た料金で調達することとされており，この料金が適正な原価に適正な利潤を加えたものとして適切に設定されていない場合には，電気事業法上の変更命令が発動される（電気事業法第22条）。」（第二部Ⅲ2①）

これは，電気事業法上の規定に根拠があるが，これについてはその構成の仕方，要件の内容等につき，やや疑問がある。

(2) 料金規制の基準

同法22条は，以下のように規定している。

（卸供給の供給条件）
第22条　一般電気事業者，<u>卸電気事業者又は卸供給事業者</u>は，経済産業大臣に届け出た料金その他の供給条件（次条第三項の規定による変更があつたときは，その変更後のもの）によるのでなければ，卸供給を行つてはならない。

（以下，2項・3項略）

4　経済産業大臣は，第一項の規定による届出に係る料金その他の供給条件が第十九条第二項各号のいずれかに適合していないと認めるときは，その届出をした者に対し，その届出を受理した日から二十日以内に限り，その料金その他の供給条件を変更すべきことを命ずることができる。

一般電気事業者は，電気を他者から調達する場合は，入札を実施することもできるが，この規定から明らかなように，入札によらない場合は，原則，電気事業法上の卸供給として規制料金により調達することになっている。ほとんどが入札で調達しているならば，この議論の実益はないが，入札以外の調達の場合の料金規制が，ユーザー料金に関する伝統的な要件（下記の19条2項の各号，特にその1号）をそのまま使っているのは妥当であろうか。

（一般電気事業者の供給約款等）
第19条　一般電気事業者は，一般の需要（特定規模需要を除く。）に応ずる電気の供給に係る料金その他の供給条件について，経済産業省令で定める

ところにより，供給約款を定め，経済産業大臣の認可を受けなければならない。これを変更しようとするときも，同様とする。
　2　経済産業大臣は，前項の認可の申請が次の各号のいずれにも適合していると認めるときは，同項の認可をしなければならない。
　一　料金が能率的な経営の下における適正な原価に適正な利潤を加えたものであること。

(3)　過剰規制の疑問

　電気事業法22条の規制の名宛人は，「一般電気事業者，卸電気事業者又は卸供給事業者」の3者である。

　第一に，卸供給につき，卸電気事業者又は卸供給事業者に対してまで規制する必要があるか，すなわち過剰規制ではないだろうか。

　おそらく，この規制の目的は，卸電気事業者又は卸供給事業者が不当な高価格を一般電気事業者に押し付け，それによって一般電気事業者は原価が高くなり，一般の需要（特定規模需要を除く。）に応ずる電気の供給の料金も高くなることを防止するためであろう。

　しかし，卸電気事業者と卸供給事業者は，その発電する電気のほとんどを各一般電気事業者に売らざるを得ないから，競争が十分に機能しない現状では，取引上の地位は明らかに各一般電気事業者が優越していると考えられる。同法22条は，卸供給を行う者を規制する形になっているが，仮に規制するとすれば，これとは逆に，買う側の一般電気事業者の買いたたき（不当低価購入。これは独禁法，優越的地位の濫用に当たる）を規制すべきではないか。

　第二に，同法19条2項1号は，自然独占にある事業者の不当に高い料金を規制するための要件であって，しかも，一般電気事業者が非自由化部門の小規模ユーザーに対する料金を規制するために用いられている。

　この要件が，同法22条4項によって，卸供給をする事業者と，買い手である一般電気事業者との間の取引を規制する基準ともされているが，これには十分な根拠があるであろうか。大雑把な意味で，適正なコストに基づくべきであるという程度ならいいとして，その詳細な算定方法は，従来は「費用積み上げ方式」と「公正報酬率の保証」であるとされてきた。しかし，それへの原理的な批判から，自由化以後は託送料金について，「フォワード・ルッキング・コ

スト」が採用されている。これらが，卸供給をする事業者と一般電気事業者との間の電力取引にも，そのまま通用するとは思われず，立法論として疑問がある。

(4) 最近の議論

2012年の電力システム改革専門委員会における事務局提出資料の中で，小売全面自由化をふまえ，また，供給の多様性，卸電力市場の活性化の観点から，卸供給規制は撤廃すべきではないか，という記述が現れ，その後，電力システム改革委基本方針および電力システム改革委報告書でも卸規制の撤廃が明記された[18]。

8 規制料金と独禁法

小売の規制分野における「適正な電力取引の観点から問題となる行為」として，以下の記述がある（第二部Ⅰ2(2)）。

> 「規制料金が，自由料金との整合性を著しく欠いており不公平であるといった紛争が規制対象需要家と一般電気事業者の間で生じた場合には，経済産業省は紛争処理のプロセスにおいてこれを処理することとなる。その中で実際に，規制料金の設定が不適当であり，規制部門の需要家の利益が阻害されるおそれがあると認められる場合には，電気事業法上の供給約款認可申請命令又は選択約款変更命令が発動される（電気事業法第19条第8項又は第23条）。」
（第二部Ⅳ2イ）

ここも，電気事業法上の規制だけを挙げるのではなく，独禁法上，不当な差別対価，優越的地位の濫用等の適用も問題となるはずである（前述，本章Ⅱ2と同旨）が，経済産業省内の処理プロセスでは扱えない事柄である。

---

18) 総合資源エネルギー調査会総合部会・電力システム改革専門委員会（第7回）・配付資料 http://www.meti.go.jp/committee/sougouenergy/sougou/denryoku_system_kaikaku/007_haifu.html

Ⅳ 他のエネルギーと競合する分野──「オール電化」について

1 本ガイドラインにおける「オール電化」の記述

(1) 電力取引ガイドラインは,「他のエネルギーと競合する分野」として,コージェネレーションシステム等の自家発電設備の設置等をめぐる論点と,「オール電化」をめぐる論点を記述している。

これは電力サービスに限った場合のことであり,一般電気事業者の市場支配力のコントロールという視点からは,より広く,一般電気事業者が都市ガス卸・小売市場,電気通信等へ進出する場合も視野に入れなければならないであろう。

それらについては措くとして,以下ではオール電化に関する記述について,若干の検討を加える。

オール電化に関しては,規制分野に当たるマンション等の開発業者に対し,関西電力がオール電化の契約をする場合には各種の有利な取扱いを行ったということに対し,2005 年,公取委が独禁法違反のおそれがあるという警告を出し,同時に,資源エネルギー庁が電気事業法に違反するとして行政指導を行った[19]。本ガイドラインはこの事件を下敷きに述べている(これについては,後に(Ⅵ4) 述べる)。

なお,ここでは現行の部分的自由化を前提にするから,一般電気事業者(以下では,公取委の文書で「電力会社」と記載されているので,それに従うことがある)は,規制分野と自由化分野の両分野にわたってサービスを提供していることを念頭におく。

(2) 本ガイドラインは,オール電化につき,まず「公正かつ有効な競争の観点から望ましい行為」として,以下のように述べる(第二部Ⅳ2(2))。

「規制分野における不特定多数の需要家を対象とする電力取引に当たってあらかじめ定型化された取引条件を定めた電気供給約款及び選択約款(以下,

---

19) 公取委・関西電力株式会社に対する警告平成 17 年 4 月 21 日。本件については,川濱昇ほか「最近の独占禁止法違反事件をめぐって」公正取引 668 号 15 頁以下(2006 年)を参照。

「供給約款等」という。）については，需要家の属性いかんにかかわらず，一律に適用されるべきものであるが，多岐にわたる取引条件のすべてをあらかじめ定型化することが困難であるという供給約款等の性質上，需要家との個別協議によって決まる部分がある。このため，供給約款等の運用に係る公平性及び透明性を確保する観点から，一般電気事業者が供給約款等に記載されている事項を個別に運用する場合において，その運用が恣意的に行われているとの疑念を招きやすいものについて合理的かつ客観的な運用基準を定めて公表することが望ましい」。

(3) 次に，「公正かつ有効な競争の観点から問題となる行為」として，まず，「一般電気事業者の恣意的な運用」が挙げられている。

「一般電気事業者が供給約款等に記載されている事項を個別に運用する場合において，あらかじめ定められた合理的かつ客観的な運用基準に従って適切に運用されている場合には，電気事業法上問題とならない。

しかしながら，一般電気事業者が技術上その他の正当な理由なく単にオール電化等（オール電化に至らずとも給湯需要又は厨房需要などを他のエネルギーに代えて電化する場合を含む。以下同じ。）の選択を条件として，運用基準に反し，例えば以下のような判断を恣意的に行う場合には，電気事業法上認可を受けた又は届出をした料金その他の供給条件以外によることを禁止している供給約款の遵守義務違反となる，又は業務改善命令が発動される（電気事業法第21条又は第30条）。」

本ガイドラインは，上記の①一般電気事業者の恣意的な運用に続けて，電気事業法違反に関し，②一般電気事業者の負担による屋内配線工事（電気事業法第21条，第34条又は第23条等），③一般電気事業者による電化機器の過剰な普及宣伝活動（電気事業法第34条又は第23条等），④一般電気事業者による不動産の買取り（電気事業法第34条又は第23条等），を挙げている。

これと並んで，独禁法違反について，⑤オール電化とすることを条件とした不当な利益の提供等につき，不当な利益による顧客誘引，拘束条件付取引，差別的取扱い等に当たるおそれがあるとした上で，以下のように述べる。

「一般電気事業者が，正当な理由なく，オール電化の条件として，需要家に対して，需要家等の設備であるガスメーターやガス配管設備の撤去を求める

ことは，ガス事業者の事業活動を困難にするおそれがあることから，独占禁止法上違法となるおそれがある（排他条件付取引，取引妨害等）。」

(4) 同様の行為につき，ガス取引ガイドラインも，「他の事業分野における独占的な地位の利用」として，以下の記述を行っている。

　「⑧他の事業分野における独占的な地位の利用

　他の事業分野において独占的な地位を有する事業者が，当該他の事業分野の取引における独占力を利用して，不当に，需要家に対して利益又は不利益の提供を示唆すること又は実行することにより，ガス市場における取引を自己に有利なものとすることは，他のガス事業者の事業活動を困難にさせるおそれがあることから，独占禁止法上違法となるおそれがある（不当な利益による顧客誘引，取引強制等）」（第二部Ⅰ1(2)(イ)⑧）。

これとは別に，ガス取引ガイドラインでは，「⑤設備等の無償提供」という項目で，以下の記述がある。

　「大口供給部門の事業運営は，基本的に一般ガス事業者の経営自主性に委ねられており，一般ガス事業者が，本来需要家が負担すべき設備等を無償で提供する場合であっても，当該設備にかかる費用が大口供給部門において適切に回収されている限りにおいては，ガス事業法上問題とはならない。

　しかしながら，一般ガス事業者が，新規参入を阻止するために通常需要家が負担している設備等を無償で提供するなど，正常な商慣習に照らして不当な利益をもって自己と取引するように誘引する行為は，独占禁止法上違法となるおそれがある（不当な利益による顧客誘引）」。

以下では，電力についてのみ検討するが，上記のガス取引ガイドラインの記述からも，ガス取引の分野でもオール電化に類似する行為が問題になり得ることがうかがえる。

2　「不当な利益による顧客誘引」

(1) まず，電力取引ガイドラインとガス取引ガイドラインの両方で，「不当な利益による顧客誘引」（一般指定9項。以下，（「不当顧客誘引」と略記））が挙げられていることが注目される。

「不当な利益による顧客誘引」は，公正競争阻害性についての3種類の意味の中では，「競争手段の不公正さ」によるものと理解されている。「本9項における公正競争阻害性は，基本的に一般指定8項の『ぎまん的顧客誘引』と同様であり，顧客が景品等につられて，本体たる商品についての適正かつ冷静な判断を妨げられ，その選択の自由が実質的に侵害されるおそれがあることである[20]」。

ここで「景品」と述べたのは，従来，本9項に該当すると考えられてきた具体的な行為類型が，景品付き販売（プラスそれに類似したオープン懸賞）だけであったことによる。ただし，2001年の4件の公取委審決によって，証券会社によるいわゆる「損失補填」行為が証券取引における公正性を阻害するものであるとして本項違反とされたが，それ以前には，誰もそのようなことを想定していないことが裁判所によっても認められている[21]。

(2) 本項を理論的に最も広く捉える学説としては，正田彬『全訂 独占禁止法Ⅰ』が代表的なものである。同説において，不当顧客誘引の根拠規定である「顧客の不当誘引・取引強制」（独禁法2条9項3号）は，「競争の場……における公正な競争を阻害するおそれのある行為という面から，不公正な取引方法を総括する」という位置づけがなされている[22]。これに拠れば，不当顧客誘引が景品等による顧客誘引に限られる理由はなく，不当廉売，差別対価等も同質の行為であると捉えられている。

また，本説では不当顧客誘引における不当性，不当廉売等と異なり，「取引の客体をめぐる営業活動に固有な行為による競争であるか否かを中心として問

---

[20]　根岸＝舟田・前掲注5)『独占禁止法概説』255頁。

[21]　野村証券事件＝勧告審決平成3・12・2審決集38巻142頁（他の3証券会社に対しても，同日同様の審決が下されている）。これを受けて，株主代表訴訟が起こされたが，「独占禁止法に違反するとの認識を有するに至らなかったことにはやむを得ない事情があった」として取締役の責任が否定された（最判平成12・7・7民集54巻6号1767頁）。

　　既にこれに先立つ，日興証券損失補填株主代表訴訟事件＝東京高判平成11・2・23判タ1058号251頁は，根岸哲意見書をそのまま採用して，「事前に不当な利益による顧客誘引の構成要件事実を認識することは極めて困難なことである」としていた（この点についての検討として，長谷川新・判批・ジュリスト1212号114頁以下（2001年）参照）。

[22]　正田彬『全訂 独占禁止法Ⅰ』（日本評論社，1980年）359頁以下。

題とされる」，と説かれる。ここで，「営業活動に固有な行為」という判断基準は，ドイツにおいて古くから議論されている，「主たる給付」と「付随的給付」の区別[23]を参考にしたのではないかと推測される。

　不当顧客誘引が，不当廉売，差別対価等と同様に，競争者に対する濫用行為であるとする理解は，妥当なものと考えられる。しかし，「営業活動に固有な行為」に関する議論は，妥当な方向を示しているが，それを具体的な判断基準とするのは実際上は機能しにくいように思われる。

　公正な競争とは，個々の商品・役務についての正確な情報をもとに選択するという過程が必須であり，他の「利益」（上記の「付随的給付」）に目を奪われて，当該商品・役務（上記「主たる給付」）について適正かつ冷静に考えずに選んでしまう，という選択に顧客を誘導するという売り込みの仕方は，それ自体，競争手段として不公正であるとともに，顧客の選択の自由を実質的に侵害する行為でもある，と考えるべきであろう。

　具体的には例えば，顧客である企業が，取引先の証券会社が損失補塡をしてくれるなら（「付随的給付」），自分の会社の株式・社債等の扱いについて「幹事会社」として仕事を回そう（「主たる給付」），という判断をしてもらうという形態での証券会社による顧客誘引は，証券会社間の競争のあり方にとって不公正であると判断されることにも十分な理由があると考えられる[24]。

　(3)　上と同じように，マンション等の開発業者・所有者がオール電化にするか否かという判断において，それによるメリット・デメリットという「主たる給付」についての比較を正確かつ冷静に行うことよりも，供給用変圧器室の設置の免除，屋内配線に係る工事費等の負担免除，当該集合住宅等の売れ残り物件の買取り保証などの「利益」（「付随的給付」）に目を奪われるとすれば，景品に引きずられて商品を選んでしまう消費者の場合と同様に，公正な競争の前提

---

[23]　舟田正之「日本型企業システムの再検討と『私法秩序』」ジュリスト1000号299頁以下，300頁以下およびその注7)（1992年）（舟田・前掲注5)『不公正な取引方法』第12章所収）で簡単に触れたが，日本でもドイツ民法ないし約款規制に関する研究で多くの文献が触れている。

[24]　以上の詳細については，舟田・前掲注5)『不公正な取引方法』各所，特に，65頁以下，275頁以下を参照。

条件が十分生かされたとは言い難いであろう。

　しかし，これに対しては，以下の2つの反論があり得る。

　第一に，一般電気事業者は，顧客に対し，オール電化に関するすべての比較情報を適正に提示しつつ，上記の各種「利益」提供を申し出たのであり，顧客がそれらすべてについて判断するのであるから，後者の「利益」提供を重く見過ぎたか否かは，顧客の自己責任ではないか。

　第二に，「営業活動に固有な行為」か否か，あるいは「主たる給付」と「付随的給付」の区別を，上記のように明確に行うことはできるのか。

　本小論でこの点を十分検討することはできないが，結論的には，以下のようにいえよう。上の2点とも，議論が分かれる可能性のある点であるが，実際には，それぞれの具体的な商品・役務とその状況についての実態認識と規範的判断が介在していると考えられる。

　消費者に対する景品については，消費者の商品選択についての次のような具体的な実態認識が基礎となるべきである。景品付き販売は，特に個々の商品について十分な知識を持たない消費者にとって，その情報格差を利用する販売方法であること，景品競争は昂進性，伝播性を有しており，結局は大企業が有利になる競争方法であること，等の考慮から，一定の制限に服すべきであるとされてきた。したがって，前記の顧客の自己責任論は，上のような消費者の選択の実態認識をふまえれば，妥当ではないと考えられる。

　景品以外の「利益」提供の事例である証券会社の損失補塡については，そもそも顧客である大企業が，証券会社に対する取引上の地位を不当に利用して，証券投資の大原則である投資についての自己責任を逃れようという行為であり，また，いわゆる「営業特金」という慣行（前注21の諸文献を参照）もこうした不当行為をもたらすおそれがあるとして，従来から大蔵省から消極的な判断がなされており，しかし，それが不徹底，かつ曖昧であったという状況もある。

　これら2点については，多くの議論が積み重ねられてきたことであるが，少なくとも，上記の2点に関しては，前記のような具体的な実態認識・規範的判断が広く支持されてきている。

　それらをふまえて，一般電気事業者による，オール電化に関する諸行為についても，顧客誘引における利益提供が具体的に「不当」か否かが判断されるべ

Ⅳ 他のエネルギーと競合する分野——「オール電化」について

きである（後述，Ⅳ4）。

3 「独占のてこ（梃子）」

(1) 公取委「相互参入」における「独占のてこ」

公取委「相互参入」の，「第3．2 これまでの相互参入に対する考え方」に，以下の記述がある（下線は舟田が付したもの）。

　「この中で，相互参入という観点から問題となる事項については，『適正なガス取引についての指針』において，『他の事業分野において独占的な地位を有する事業者が，当該他の事業分野の取引における独占力を利用して，不当に，需要家に対して利益又は不利益の提供を示唆すること又は実行することにより，ガス市場における取引を自己に有利なものとすることは，他のガス事業者の事業活動を困難にさせるおそれがあることから，独占禁止法上違法となるおそれがある（不当な利益による顧客誘引，取引強制等）。』と記述されている」。

また，「第3．3 検討すべき事項」には，以下の記述がある。

　「公益事業分野における相互参入において独占禁止法上検討すべき事項として，『参入に当たり他の事業分野における独占力を活用すること』が考えられ，これはアメリカやEUなどで『独占のてこ』と呼ばれる問題と共通するものである。『独占のてこ』とは，一つの市場で市場支配力を有する事業者が，その市場支配力をてことし得る一定の関連市場において，その市場支配力を利用して勢力を拡大することとされている。このような観点から，公益事業分野の相互参入の独占禁止法上の問題行為を整理すると，以下の事項が考えられる。
　①独占分野の独占力を活用した不当な利益による顧客誘引及び取引強制等
　②独占分野からの内部補助による不当廉売
　③独占分野の営業基盤を活用した他の事業分野での営業活動等
　④独占分野の購買力を活用した他の事業分野における営業活動等
　⑤独占分野で取得した情報の他の事業分野での利用」
　　（中略）
　⑴　独占分野の独占力を活用した不当な利益による顧客誘引及び取引強制等

我が国における公益事業分野の相互参入を念頭においた場合，電力会社がガス事業分野に参入する場合においては，例えば，①自己のガスの購入者に限って電気の料金を割り引くなど，通常は提供されない利益を提供するケースあるいは，②ガスを購入しなければ電気の取引で不利益を与えるとして自己のガスの購入を余儀なくさせるケースが主要なものとして考えられる。

①については，<u>電力会社が，電力市場を地域的にほぼ独占している状況を踏まえると</u>，ガスの販売に当たって電気料金の割引が不当な利益に当たる場合には，不公正な取引方法のうちの不当な利益による顧客誘引に該当する可能性が高い。

また，②については，電力市場の独占力を利用して需要家に強制力を働かせる行為と考えられることから，不公正な取引方法のうちの取引強制に該当する可能性が高い。

また，電力会社が電気通信事業分野に参入した場合も，上記①，②と同様のケースが生じる可能性が高いと想定され，そのような場合も同様に，不当な利益による顧客誘引又は取引強制として問題となると考えられる。なお，ガス会社又は電気通信事業者が電気事業分野に参入した場合も，仮に上記①，②と同様のケースが生じる場合には，同様に考えられる。」

(2) 「競争の減殺」

上の(1)冒頭に引用した箇所を見る限り，公取委「相互参入」は，以下のような要素を重視しているようである。

(a) 「他の事業分野において独占的な地位を有する事業者」

(b) 「独占力を利用して」

(c) 「他のガス事業者の事業活動を困難にさせるおそれがあること」

この公取委「相互参入」においては，電力取引ガイドライン・ガス取引ガイドラインと同様に，不当顧客誘引が挙げられ，それが「独占のてこ」と関連付けられている点が特徴的である。

不当顧客誘引については，前述のように，従来は，景品であれば，消費者による当該商品・役務の適正な判断を歪める競争手段であるという固有の悪性があるし，証券会社による損失補填であれば，株取引における自己責任原則を無効にする等の固有の悪性が認められる。したがって，公正競争阻害性の3分類

IV 他のエネルギーと競合する分野——「オール電化」について

では，不当な利益による顧客誘引は，公正競争阻害性のうちの「競争手段の不公正さ」にかかわると理解されてきた。

この「競争手段の不公正さ」は，手段それ自体に悪性があるのであるから，行為者が独占的事業者かどうか，それが市場における競争に与える影響の大きさなどを問わないのであり，例えば不当表示はごく小規模な事業者が行っても不公正であるとされる。

さらに前記のように，不当顧客誘引は「競争基盤の侵害」にも当たると考えられる。後に内部相互補助について述べるように，オール電化に関する各種の費用を，規制部門から自由化部門への内部補助で充てることは，電気事業法における，規制部門における適正な料金算定の原則に反し，同部門におけるユーザーの利益を不当に侵害すると判断されるからである。換言すれば，この場合には「不当な利益による」ということが，電気事業法上の規制を根拠として判断することができると考えられる。

これに対し，上にみた公取委「相互参入」は「独占のてこ」をふまえて議論しており，上記の(c)「他のガス事業者の事業活動を困難にさせるおそれがあること」を問題にしていることから，ここでは公正競争阻害性の3分類における自由競争減殺を問題にしているようである。

したがって，そこで，「独占のてこ」の1つとして，「①独占分野の独占力を活用した不当な利益による顧客誘引及び取引強制等」を挙げたことは，不当な利益による顧客誘引についての従来のとらえ方と異なり，むしろ，競争減殺型に属する排他条件付取引や私的独占につながる考え方であるといえよう。

(3)「独占のてこ」による「競争の減殺」

(i)「独占のてこ」（レバレッジ）という考え方は，1つの市場（以下，「第一市場」）で市場支配力を有する事業者が，その市場支配力を「てこ」として，隣接市場等（以下，「第二市場」）において，その市場支配力を利用して勢力を拡大することを問題にする考え方である。

公取委「相互参入」は，「独占のてこ」とは，「参入に当たり他の事業分野における独占力を活用すること」であると説明があり，米国の判例が紹介されている。

「独占のてこ」は欧米の独禁法において用いられている枠組みであるが，この概念自体がラフ過ぎるなどの批判もあり，どのような要件で認めるかなど多くの議論があるようである。

この考え方の最大の問題点は，複数の市場で競争しようとする事業者，または多角経営を目指す事業者の経営努力を強く制約するものであり，「範囲の経済」，「ネットワークの経済」等の利点を否定することにつながる，ということにある。また，競争する事業者はそれぞれの強み，アドバンテージをうまく生かすことは当然許容されるのであって，ある事業者が他の市場における強みを別の市場で生かそうとすること自体は，競争を促進するものと評価することができる。

(ⅱ) したがって，具体的に何をどのような形態で「てこ」としており，それを反競争的と評価する必要があるなど，法解釈として違法とすべき行為に関する要件をより明確にする作業がなされるべきであろう。

反トラスト法やEU競争法では，「てこ」を利用した行為が，第二市場において，どのような市場効果をもたらすかという市場要件について，第二市場において競争上優位に立つことだけで足りるのか，それともそこでも市場支配力形成の蓋然性を立証する必要があるか等の問題があるようである[25]。

これに対し，日本で独占の「てこ」を問題にする場合は，私的独占について

---

[25] 「独占のてこ」理論については，近年の反トラスト法では，第二市場において，少なくとも独占力が獲得される危険な蓋然性（dangerous probability）のあることの立証を要求する見解が，学説及び判例上有力となっている。川原勝美「不可欠施設の法理の独占禁止法の意義について——米国法・EC法及びドイツ法を手がかりとして」一橋法学4巻2号675頁，678頁（2005年）参照。

これに対し，EU競争法では，濫用行為があれば足りるとされているという相違があるようである。池田千鶴「競争法における合併規制の目的と根拠〔2〕——EC競争法における混合合併規制の展開を中心として」神戸法学雑誌54巻3号290頁（2005年）（池田千鶴『競争法における合併規制の目的と根拠』（商事法務，2008年）所収）参照。

その他，日本における研究として，川濱昇「独禁法上の抱合わせ規制について(1)(2)」法学論叢123巻1号1頁以下，2号2頁以下（1988年），和久井理子「単独事業者による直接の取引・ライセンス拒絶規制の検討（一）」民商法雑誌121巻6号813頁以下，838頁以下（2000年），泉水文雄「欧州競争法における『支配的地位』について」法学雑誌48巻4号272頁以下，281頁（2002年），越知保見『日米欧独占禁止法』（商事法務，2005年）515頁以下，569頁以下，岸井大太郎「EU競争法における『支配的地位（dominant position）』」岸井＝鳥居昭夫編著『公益事業の規制改革と競争政策』（法政大学出版会，2005年）156頁以下等がある。

Ⅳ　他のエネルギーと競合する分野——「オール電化」について

は前記の反トラスト法等と同様の問題があり得るが，当該行為によって第二市場で市場支配力の形成・維持・強化が認められない場合でも，「競争の減殺」のおそれが認められれば不公正な取引方法に該当する点が異なる。すなわち，日本の独禁法の解釈としては，第一市場における「独占的な地位」があれば足り（ただし，これ自体は立証すべき事実ではない），それを「てこ」として進出する先の市場において「独占的な地位」を獲得または維持することがなくとも，「競争の減殺」の意味での公正競争阻害性の要件を満たせば違法となる，と解される。

　(ⅲ)　なお，前記3(2)の(c)「他のガス事業者の事業活動を困難にさせるおそれがあること」という箇所は，「競争の減殺」のおそれを示したものであると解される。「他の事業者の事業活動を困難にさせるおそれがあること」という用語は，例えば，不当な差別対価（独禁法2条9項2号），不当廉売の定義（同法2条9項3号，一般指定6項）でも用いられている。また，公取委「排除型私的独占に係る独占禁止法上の指針」（2009年。以下，「排除ガイドライン」と略記）では，「（他の）事業者の事業活動を困難にさせる」という用語が用いられ，そこでは「おそれ」はないことが特徴的である。

(4)　「独占のてこ」の諸形態

　公取委「相互参入」は，前記3(2)の(b)「独占力を利用して」に続けて，「不当に，需要家に対して利益又は不利益の提供を示唆すること又は実行することにより」とあり，これが違反行為の本体である。

　ここで，「利益又は不利益の提供」とは，行為者の独占的市場における何らかのアドバンテージ（これには後述する諸形態がある）を，具体的に「てこ」として用いることを指している。以下，その諸形態を簡単にみてみる。

　公取委「相互参入」が，日本における「独占のてこ」の事例として挙げるマイクロソフト社事件＝勧告審決平成10年12月14日は「抱き合わせ販売」に当たるとされた例である。ここでは，独占分野である表計算ソフトウェア（エクセル）を「てこ」として，一定の関連市場であるワードプロセッサ用ソフトウェア市場において，同社のソフトウェア（ワード）を抱き合わせ販売した，という事件であった。その他の抱き合わせ販売の諸事件も，上述の広い意味で

の「独占のてこ」に当たるともいえよう。

その他，「独占のてこ」の事例としては，古くは，埼玉銀行・丸佐生糸事件（同意審決昭和25・7・13），雪印乳業・農林中金事件（審判審決昭和31・7・28），などがあり，その後もいくつかの事例がある[26]。川上・川下のいずれかの独占的地位を利用して他方の市場における競争制限を図った諸事例も，これに当たるといえよう（差し当たり，排除ガイドライン第2の4および5を参照）。

これらの事例の多くは，「不利益の提供」を示唆し，あるいは実行することに当たるが，排除ガイドラインの挙げる「排他的リベートの供与」など「利益の提供」による行為の事例も若干存在する（同ガイドラインの挙げるインテル事件＝勧告審決平成17・4・13のほか，前掲注26）のNTT東西・ADSL工事差別的取扱い事件では，自社と取引すれば，工事を早く済ませるという利益が提示された）。

(5) 内部相互補助

（i）「独占のてこ」に当たる行為として，公取委「相互参入」が挙げるのは，以下の5類型である。

① 独占分野の独占力を活用した不当な利益による顧客誘引及び取引強制等
② 独占分野からの内部補助による不当廉売
③ 独占分野の営業基盤を活用した他の事業分野での営業活動等
④ 独占分野の購買力を活用した他の事業分野における営業活動等
⑤ 独占分野で取得した情報の他の事業分野での利用

ここでは，前記のオール電化事件を念頭に，上記の②の「内部補助」（あるいは「内部相互補助」）について検討する。

（ii）一般に，本業での利益を新規事業に回すことは当然に許容される経営戦略である。これに対し，ここでは，電力会社が電力市場で独占であることから，そこにおける利益を，新規参入する市場であるオール電化の販促に回すと

---

[26] 例えば，NTT東西・ADSL工事差別的取扱い事件＝警告平成13・12・25（一般指定9項または14項該当。本件については，飯塚浩光「東日本電信電話株式会社及び西日本電信電話株式会社に対する警告について」公正取引617号96頁以下（2002年）参照），NTT東・DSL事業参入妨害事件＝警告平成12・12・20（私的独占違反。本件については，関尾順市・岡田博己「東日本電信電話株式会社に対する警告について」公正取引605号35頁以下（2001年）参照）等。

Ⅳ 他のエネルギーと競合する分野——「オール電化」について

いう形態での「内部補助」が許されない，ということが前提にある。

　しかし，電力会社であっても，新規事業進出に当たって，例えば鉛電池などを利用した，瞬時停電対策蓄電池の販売，設置・運用受託事業の場合などは，一定程度（金額と期間）は赤字覚悟であっても許されるのであろう（この例では，各電力会社の損益計算書の附帯事業にその費用と収益が記載されている）。

　すなわち，電力会社について，すべての「内部補助」が許されないわけではないと解される。例えば，独占分野（＝規制部門）と競争部門（＝自由化部門）に分計された上で，規制部門における電力料金が適正であることを前提に，そこからの収益の一部が新規事業への投資または販促に回されて，そこにおいて公正な競争の中で取引が行われる，というのであれば，これを不当とは言い難いであろう。

　総括原価主義の下では，適正報酬率が固定されて料金が算定されるが，そこにおける報酬の取扱いについては，経営の自主的判断に委ねる余地があるということである。

　どのような形態における「内部補助」が，「不当な利益」による顧客誘引等に当たるものなのかは，結局，進出先の市場における「公正な競争」秩序を不当に侵害するか否かにかかっていると考えられる。

　なお，電力サービスの規制部門において，規制されている適正報酬率よりも高い収益をあげ，それを非規制（＝自由化）部門に回すのであれば，電気事業法上も違法の疑いがあることはいうまでもない。

　また逆に，電力サービスの自由化部門における収益を同じ自由化部門の営業に回すなら，これもある程度，範囲では経営判断の問題であり，直ちに違法な「内部補助」とは言えないであろう。

　(ⅲ)　以上をふまえ，「内部補助」の具体的な態様につき，電力取引ガイドラインにおける電気事業法上の「内部補助」規制との関係に関する記述をみていこう。

　本ガイドラインは，以下のような具体例を挙げている。
　②　一般電気事業者の負担による屋内配線工事
　……自由化部門においてオール電化等の条件の有無にかかわらず，一般電気事業者が需要家の資産である屋内配線に係る工事費を負担した上で，当該費用

を電気事業費用に計上するとともに規制部門の料金原価に算入する場合には，会計整理又は料金原価の取扱いが不適当となって規制部門の需要家の利益が阻害されるおそれがあることから，電気事業法上の会計整理違反となる，又は供給約款認可申請命令が発動される（電気事業法第34条又は第23条等）。

③　一般電気事業者による電化機器の過剰な普及宣伝活動

……一般電気事業者が社会通念上の許容範囲を著しく逸脱して当該活動を行うことによって，電気事業の遂行上不適切な費用を電気事業費用に計上するとともに規制部門の料金原価に算入する場合には，会計整理又は料金原価の取扱いが不適当となって規制部門の需要家の利益が阻害されるおそれがあることから，電気事業法上の会計整理違反となる，又は供給約款認可申請命令が発動される（電気事業法第34条又は第23条等）。

④　一般電気事業者による不動産の買取り

……社宅用等として使用しないオール電化マンションを購入し，それを電気事業固定資産として計上するとともに規制部門の料金原価に算入する場合には，会計整理又は料金原価の取扱いが不適当となって規制部門の需要家の利益が阻害されるおそれがあることから，電気事業法上の会計整理違反となる，又は供給約款認可申請命令が発動される（電気事業法第34条又は第23条等）。

(iv)　これら3つの場合は，いずれもオール電化にかかる特別の費用を規制部門の料金原価に算入することを問題にしている。

このうち，「②　一般電気事業者の負担による屋内配線工事」の場合は，自由化部門におけるオール電化費用を規制部門の料金原価に算入するのであるから，規制部門から自由化部門に内部補助するケースである。

他の2つの場合も，同様のケースということもあり得るとすれば，これらは，電気事業法上の会計整理の要請に反し，また規制部門の料金算定原則に違反する（ただし前者については，挙げられている法34条ではなく，直接には法34条の2第1項違反ではないか？　後者については，法19条2項1号に違反するから法23条によって供給約款認可申請を命ずべきことになる，という構成であろう）。

しかし，上のケース，すなわち規制部門から自由化部門への内部補助と異なり，自由化部門の中での費用計上であれば，競争秩序の観点からは，直ちに不当な内部補助とは言えないであろう。

Ⅳ　他のエネルギーと競合する分野――「オール電化」について

　もっとも，電気事業法上，違法な内部補助であるなら，独禁法違反ではなく，端的に電気事業法違反で対処した方が直截であり，実際の行政運用として，公取委ではなく経済産業省がまず電気事業法違反として制裁（法23条1項の命令など）を加え，その場合には，公取委は規制を差し控えるということも許容されよう。

　(ⅴ)　ところで，規制部門から自由化部門への内部補助として規制することは，公正・自由な競争という観点からではなく，規制部門における適正な料金算定の原則に反し，同部門におけるユーザーの利益を不当に侵害するということを根拠とする。

　したがって，将来，規制部門が撤廃されて全面自由化になれば，このような電気事業法上の会計整理，規制部門の料金算定原則を前提にし，内部補助に着目した規制は不可能になるとも考えられる。

　しかし，全面自由化の下でも，実態としては，競争が機能している取引分野と，依然として独占的供給が継続する取引分野の2者が併存するであろうから，電気事業法上の会計整理をどのように規定しようとも，実質的な内部補助が独禁法ないし競争秩序の観点から不当ないし違法と判断されることはあり得るところである。

(6)　独禁法の各条項該当性

　以上は，「独占のてこ」の行使の諸形態のなかで，特に内部補助について検討したものであるが，この形態に当たる行為が行われたとしても，それが直ちに独禁法違反となる訳ではない。解釈論として，この形態をとるために採用された具体的な行為が，独禁法の各条項に示されている各行為要件に当たるか否かを検討する必要がある。以下，各条項につきごく簡単なコメントを加えておく。

　第一に，「不当な利益による顧客誘引」については，「不当な利益」に当たるか否かが本項に特有の問題である。

　これについては，既に検討した（Ⅳ2）。ここでは，次の1点だけ補足しておく。

　景品や損失補填，あるいはオール電化事件における内部補助は，それ自体と

して関係する諸法に照らして違法であることは要件ではない。例えば，景表法上の規制における違法な景品でなくとも「不当な利益」に当たることはあり得る。ただし，これは理論上のことであり，実際上は原則として一致することが多いであろう。

損失補塡も，（旧）証券取引法上，違法だったか否かが議論されたが，仮に同法上は違法でなくとも，独禁法上は「不当な利益」に当たることはあり得る。さらに，オール電化事件における内部補助が，電気事業法上，違法ではないとしても，独禁法上の判断が行われることになる。

第二に，本ガイドラインは，オール電化にかかる一般電気事業者の諸行為を，拘束条件付取引，差別的取扱い等に当たる可能性があるとする。それらの条項に示されている行為要件に該当するか，さらに「公正競争阻害性」をどう捉えるかという2つの問題がある。

なお，ここでは抱き合わせ販売，その他の取引強制に当たるか否かは挙げられていないが，これはオール電化に関する諸行為には，一般指定10項にある行為要件，すなわち「強制」の契機がないからであろう。

拘束条件付取引については，オール電化に関する諸行為が，「相手方の事業活動を（不当に）拘束する条件を付けて」（一般指定13項）という行為要件に当たるか場合として，以下のケースが挙げられよう。

「一般電気事業者が，集合住宅等の開発業者に対して，当該集合住宅等をオール電化とすることを条件として，正当な理由なく，当該集合住宅等の売れ残り物件の買取り保証をすること。」

この場合，一般電気事業者と開発業者の間の「買取り保証」契約について，「オール電化とすること」を条件とする，という構成であろうが，実態としては，この逆，すなわち，オール電化契約が契約の本体であり，「買取り保証」が付随的条件であるので，拘束条件付取引に該当するかにはやや疑問が残る。

差別的取扱い（一般指定4項）には，このような行為要件に当たるかという問題はないであろう。オール電化契約を結ぶ顧客と結ばない顧客の間で差別的取扱いをするからである。ただし，形式的に差別であっても，実質的な根拠のある差別であれば，これに当たらないから，この点は具体的にみる必要がある。

第三に，「一般電気事業者が，正当な理由なく，オール電化の条件として，

Ⅳ　他のエネルギーと競合する分野――「オール電化」について

需要家に対して，需要家等の設備であるガスメーターやガス配管設備の撤去を求めること」について，排他条件付取引，取引妨害等と記述されている。

　排他条件付取引は，少なくとも日本の独禁法における従来の適用例では，このような２つの市場にまたがる行為形態はないように思われる。しかし，ユーザーに対し，ガス利用を止めて電力だけで厨房用エネルギー需要をあがなうようにし向けるという意味で，排他条件付取引を狙っているとはいえる。しかし，その場合でも，通常の類型ではないから，例えば，公取委の流通・取引慣行ガイドラインにおける運用基準（シェアが10％以上又はその順位が上位３位以内であることが一応の目安となる。)[27]を，そのままで当てはめ適用することはできないであろう。

　取引妨害（一般指定15項）も，オール電化の諸行為が厨房用エネルギー市場における競争者（都市ガス事業者）の取引を妨害しようとする点で，適用可能である。

　以上の諸条項における行為要件に該当するとして，次の問題は，これらにおける「公正競争阻害性」または「競争の実質的制限」に当たるかという点であるが，これについては簡単には前記３(3)で検討した。

　前掲の諸行為に共通しているのは，当該行為によって，競争事業者は，「てこ」利用行為に対抗できるような，同質の競争手段がほとんど見あたらないということである。これらの行為は，電力会社だからこそ可能な行為であり，ガス会社としては，設備設置費用に関する対抗値下げくらいしかないとも推測される。

　一般電気事業者によるオール電化にかかる諸行為についての評価，「公正競争阻害性」または「競争の実質的制限」という市場要件に該当するかということも，この競争事業者が対抗する有効な手段があるか等の具体的分析にかかっているという面があるように思われる。

---

[27] 同ガイドラインにおける関係箇所は，第１部第四２「取引先事業者に対する自己の競争者との取引の制限」，第２部第二２「流通業者の競争品の取扱いに関する制限」である。

4 オール電化事件

(1) 公取委の警告と資源エネルギー庁の行政指導

ここでは,「独占のてこ」の例としてオール電化警告事件（2005年）を取り上げる。本件では,関西電力がオール電化等を採用する住宅開発業者等に対しては,受電室や無電柱化という有利な取扱いをしたことが,（旧）一般指定4項〔取引条件等の差別取扱い。現行法では独禁法2条9項2号または一般指定4項〕の規定に違反するおそれがあるとされた。同時に,資源エネルギー庁によって,電気事業法上も違法の疑いがあるとして行政指導がなされた（同法19条2項1号・4号,21条1項等を参照）。

(2) 熱源供給サービス市場

ここでは不公正な取引方法が問題とされているので,厳密に市場を画定する必要はないと解されるが,どのような市場において競争が減殺されたかということは明らかにしなければならず,本警告では,給湯,厨房などに関する住宅におけるすべての熱源の供給サービス市場のようである[28]。すなわち,関西電力が第一市場（電力サービス市場）における市場支配力をてこに,第二市場（熱源供給サービス市場）において競争上の有利性を行使したという点が不当とされたと理解される。

オール電化の普及は,2003年度時点で,東京電力管内で新築住宅の約5％,関西電力約26％,四国電力で約35％という状況であったので[29],第二市場で市場支配力を獲得したとまでは言えず,不公正な取引方法に問疑したのであろう[30]。

---

[28] 本警告には,「(注1)『オール電化』とは,給湯,厨房などに関する住宅におけるすべての熱源を電気でまかなうことをいう」とか,「住宅の熱源としてガスを併用する住宅開発業者等を不当に不利に取り扱っている疑い」などの記述がある。

[29] オール電化住宅の普及戸数は,2011年度末の累計で約485万戸との記事がある（電気新聞2012年6月20日付）。

[30] 公取委は,関西電力が早期改善の意思を示している点や影響の及ぶ分野が一定規模のマンションなどに限られる点を考慮し,排除勧告を見送り,警告にとどめたという報道がある（共同通信,同年4月21日）。

Ⅳ 他のエネルギーと競合する分野——「オール電化」について

オール電化事件では，2つの市場がともに，電力という1つのサービスに係わっている点が特徴的であり，これを第二市場につき需要側から別の切り口として熱源供給サービス市場として画定したものである。

(3) 英国セントリカの事例

海外の事例として，英国においてガス・電力の両事業を兼営する既存事業者（ブリティッシュ・ガスの子会社であるセントリカ）が，両方のサービスをともに契約すれば安くするという結合サービス（mixed bundling）によって，売り上げを伸ばした事例がある[31]。セントリカは，ガスで有力な事業者の子会社であることをてことして，電力小売事業において有利な地位を得ようとしたのである。

英国の規制行政庁であるOFGEM（ガス・電気市場局（当時））[32]は，このようなガスと電力のセット割引は，利用者に対し両者の価格情報を正確に提供させれば，利用者の利用のシフトを促すことができ，不当な内部相互補助を防ぐことができる，として規制しないこととした。例えばガス料金を高く，電力料金を安くし，たとえ電力がコスト割れでも，両方のサービスを合わせてコスト割れでなければ，1つの合理的な戦略だとしたようである。利用者は，セット割引によってもガスの高料金によって結合サービスが全体として不利であることを知れば，他のガス会社にシフトするだろうというのが，上の考え方であろう。

これは英国のように，2つのサービスがともに非規制で，かつ両市場とも自由な競争に晒されている場合に妥当することであり，独禁法上の不当廉売規制においても，同様の結論になるであろう。

これに対し，例えばガス市場において行為者が既に市場支配力を得ていて，利用者にとって上記のような結合サービスが全体として有利か否かが分かりにくい等の事情にあれば，ガス会社（完全子会社を含め）がその立場を利用して電

---

[31] 野村宗訓『電力市場のマーケットパワー』（日本電気協会新聞部，2002年）85頁以下，野村宗訓＝伊勢公人＝河村幹夫＝円浄加奈子『欧州の電力取引と自由化』（日本電気協会新聞部，2003年）35頁以下，井出秀樹「エネルギー間競争と公正競争の確保」EIT47号29頁以下，40頁（2005年）参照。

[32] OFGEMは，電力とガスの両方についての事業法上の規制行政庁である。若林亜理砂「英国の電力市場における市場支配力のコントロール」ジュリスト1334号209頁以下（2007年）（本書，第4部第2章所収）参照。

力市場においても有利な立場を得ることになり，不当なてこの利用とされる可能性があると考えられる[33]。

(4) 具体的な不当性
　日本のオール電化の事例では，上の英国の例とは異なり，そもそも前記の第一市場・第二市場とも家庭向けの規制市場であって，競争が十分機能していず，特に第一市場である電力市場において関西電力は圧倒的な市場支配力を有していること，また開発業者が取引の相手方なので，実際のエンド・ユーザーであるマンション住民にとって有利な取扱いが金額としていくらに相当するかが明確ではない点が異なる。
　住民にとっては，供給用変圧器室の設置の免除，無電柱化，屋内配線に係る工事費等の負担免除などの利益を理論的には算定できるとしても，開発業者がマンションを売り込む際の住民の判断を予想するという局面では，その種の算定を実際に行った上でマンションの価格を判断し選択することは通常あまり行われそうもないことであり，英国のセット割引に関し期待されたような，買い手側による比較選択というフィルターが事実上機能しない可能性が高い。
　このような事実関係の下では，上記の差別的取扱い行為の公正競争阻害性について，第二市場（熱源市場）における競争減殺のおそれがあり，また，不当な顧客誘引（一般指定8項）にも当たる可能性があると考えられる[34]。
　さらに，これらの行為によって関電が第二市場においても市場支配力を獲得する蓋然性がある場合には，独占禁止法における「排除」による私的独占に当たると解される。

---

33) 池田・前掲注24)「競争法における合併規制の目的と根拠〔1〕――EC競争法における混合合併規制の展開を中心として」神戸法学雑誌第54巻第2号370頁以下，374頁以下には，価格誘引に基づく商業的抱き合わせ（mixed bundling）により市場閉鎖がもたらされる場合に触れられている。

Ⅳ 他のエネルギーと競合する分野——「オール電化」について

---

34) オール電化の競争に対する影響ないし顧客誘引の諸手段については，差し当たり，電力ガイドラインの平成 18 年改定の際のガス会社からの意見等を参照。
　そこでも出ているように，オール電化の割引メニューは，既存事業者の中には，オール電化のセールスにおいて，訪問販売業者等と組んで太陽光発電システムをセットに販売するものがある。オール電化の条件として，エンド・ユーザーに対し「ガス設備の撤去」を要請することは，顧客を完全に囲い込むものであり，ユーザーに選択の幅を持たせることと反する。
　他方で，ガス業界では，地域独占事業者である都市ガス会社が，ガス導管を引いた開発業者にリベートを出すことも行われているとの指摘がある。
　不当な顧客誘引については，公取委「相互参入」が触れており，また，本件と類似の事件につき，江口公典「LP ガスからの切替顧客に対する一般ガス事業者の『協力費』支払の公正競争阻害性——北海道瓦斯協力費支払損害賠償請求事件——札幌地判平成 16・7・29」ジュリスト 1306 号（2006 年）176 頁以下参照。
　本判決は，不当な顧客誘引に当たらないと判示しているが，疑問である。顧客誘引の不当性については，判決が述べるような顧客の的確な選択を困難にするか，「当該事業者の営業活動に固有の事項に関して利益を提供」するのか否か，という判断基準だけでは不十分である。これは消費者に対する景品提供を念頭に置いた議論であり，証券取引における損失補塡事件（野村証券事件＝勧告審決平成 3・12・2 等の 4 審決）などには当てはまらない。後者では，提供される，あるいは提供を暗示された利益（あるいは不利益を与えないという約束）それ自体が，社会的に不当と評価されるか否かという点がポイントであると考えられる。
　上記の損失補塡に係る 4 事件では，損失補塡という利益が「証券投資における自己責任原則」から見て不当であるという価値判断が入って，本項が適用されたと解される。本件でも，提供された「協力費」が仮に例えばガス事業法において違法ないし不当とされるのであれば，独占禁止法上も不当な顧客誘引に当たると解する余地があるように思われる。

第4章
電気事業における託送と『公正な競争』

舟 田 正 之

I はじめに

(1) 1999年（平成11年），電気事業法（以下，適宜「法」と略記）の一部改正が成立した。その要点は，以下の2点である。

第一に，既存の電力会社以外の新規参入者が大口ユーザーに対し，電気の小売をなすことを可能としたことにある。そのために，一定規模以上のユーザーと契約して電気を供給（＝小売）する「特定規模電気事業」というカテゴリーを新たに設け（法2条1項8号），この事業をなす者が電力会社の送電ネットワークを適正な条件で利用できるように，小売託送の制度が創設された（法24条の3）。

「特定規模電気事業者」は，電力小売市場における新規参入者となるわけであり，これを以下では「新規事業者」と，また既存の電力会社（＝「一般電気事業者」）を「既存事業者」と呼ぶ。これ以外に，「特定電気事業者」（法2条1項6号。前回の1995年（平成7年）改正で新設）や「特定供給」（法17条1項1号）をなす者も，エンド・ユーザーに対し電気を供給する事業を行う者であるが，これらは，本改正で創設された小売託送を利用できないこととされた[1]。

第二に，この自由化の対象とならない小口ユーザーに関する料金規制につい

---

[1] 特定供給に関しては，舟田正之「公共企業に関する法制度論序説(2)，(3)——コージェネレーションに関する法制度」立教法学37号106頁以下，39号196頁以下（1992年，94年）参照。なお，本章では紙幅の制限から私の以前の論稿を挙げるにとどめる。その他については，それらに引用している諸文献を参照されたい。参照，舟田正之「電気事業と独占禁止法」日本エネルギー法研究所『公益事業における新規制』（1997年）93頁以下，同「電力産業における競争の促進のための法制度の検討」日本エネルギー法研究所『公益事業における新規制』（1999年）105頁以下。

第1部　日本の電力改革　　第4章　電気事業における託送と『公正な競争』

ては，現行の供給約款認可制から，料金引き下げなどユーザーの利益になるような場合には届出による変更で足りることとなった（法19条3項ないし5項）。

(2)　この法改正は，発電部門への競争原理の導入を図った1995年の法改正に次ぐものであり，その直接の契機は，1997年（平成9年）の春頃から電力料金の内外格差が問題とされたことにある。当時の通産大臣により9電力会社（＝既存事業者）のさらなる経営効率化を図るため，垂直分離（＝垂直的な構造分離），すなわち発電・送電・配電の各部門の分割をも検討するとの談話が出され，これらを受けて電気事業審議会における議論が開始され，1999年1月21日付けで同審議会・基本政策部会報告および同・料金制度部会中間報告が公表された[2]。これらの経緯を経て同年，法改正が成立した。

しかし，この改正法は極めて大まかな制度枠組みだけを示しており，その詳細な制度設計および運用のあり方については，法施行の前に政省令等の形式で明示しておくべき事柄が多く残されている。そこで，同審議会の基本政策部会・料金制度部会の下に合同小委員会，さらにその下に「適正取引ワーキンググループ」と「料金ワーキンググループ」が設置され，前記課題について同年3月から検討が始まった[3]。

(3)　このうち私が委員として参加した合同小委員会は，主として託送制度のあり方，殊に託送料金の設定方法を議論した。本章に収録した論考は，この合同小委員会に私が提出したペーパーに若干の修正を加えたものである。このペーパーの特徴は，第一に，私が以前より電気通信における「接続」問題にかかわってきたこと[4]，また私の専攻が独禁法を主対象とする経済法学であることから，電気事業法と電気通信事業法・独禁法との比較，ないしそれらとの実定法のレベルにおける，又は法論理的なレベルにおける整合性を念頭に置いたも

---

2)　電気事業審議会における議論・報告等については，経済産業省（当時，通産省）のホームページ，あるいは電力新報社編『電力構造改革 供給システム編』・『電力構造改革料金制度編』（同社，1999年）を参照。
3)　2013年現在で，以下のサイトがまだ残っている。
「電気事業審議会基本政策部会・料金制度部会合同小委員会（第2回）議事要旨」（日時：平成11年4月2日）　http://www.meti.go.jp/kohosys/committee/oldsummary/0000474/

のであることである。

　第二に，本ペーパーは，この合同小委員会における議論の進行の中で書いたものであるので，それを反映した書きぶりになっている。例えば，冒頭には「1．会計と料金算定の関係」とあるが，これは合同小委員会において，既存事業者から，過去の会計データをもとに，託送部分を括りだして託送料金を仮に算定した場合についての報告がなされたことをうけたものである（Ⅱ3(1)で，東電案として述べている）。

　このペーパーおよび本論文を書くにあたっては，多くの方から直接あるいはEメール等でご教示を頂いた。ここに厚くお礼を申し上げる。

　　＊　上記のように，本章は，1999年時点の論考を下にしたものであるが，本書に収録するに際して，条文は現行法のものに直し，また，内容的にも現在時点にあわせた修正を施した部分がある。

Ⅱ　託送料金制度のあり方

1　会計と料金算定の関係

(1)　会計データと競争の動態的展開

　会計制度と託送料金の算定方法は，もちろん相互に関連すべきではあるが，言うまでもなく論理的には別である。会計は，各会計年度に託送等の取引が終わったあとで，それを一定のルールないし会計基準によって整理して表し，また，後述のように託送料金算定方法によっては会計データをもとに託送料金を設定，変更するためのものであり，社会的説得力，透明性という点でも重要であるが，その静態的特質をふまえて競争の動態的展開をおさえるようなことがないように留意すべきである。

　当然のことながら，競争が有効に機能していれば，事業者が会計データから

---

4)　電気通信事業における接続問題については，対象とする事実関係がやや古くなったが，舟田正之『情報通信と法制度』（有斐閣，1995年）を参照。電気通信事業と電気事業における接続・託送を比較検討したものとして，舟田正之「公益事業の規制緩和——電力を中心として」ジュリスト1044号103頁以下（1994年）（本書，第1章収録）を参照。

料金を算定し，それをそのまま取引条件として設定することはあり得ず，料金は競争の中で他律的に決定されるものである。逆に，会計データから算定され設定された料金が実効性を持って市場で通用するとすれば，その市場では競争が十分働いていないことを意味する。

託送サービスの基盤である送電ネットワークに関しては，競争がほとんどあり得ないから，競争以外の要素（その有力なオプションの1つが会計データである）を基礎として料金を算定する他はないが，冒頭に述べた会計と料金の関係をふまえ，以下の諸点に留意する必要がある。

(2) 「料金水準」と「料金体系」

第一に，一般電気事業者の託送サービスの料金は，一般電気事業者に対し適正な報酬とコスト回収を保証し，同時に超過利潤を防止するために，託送サービスの総費用によって枠づけられることには異論はない。この費用の意味ないし算定方法が本章の課題なのである。

しかし，その枠の中での料金構成にはかなりの幅で政策的な配慮および一般電気事業者の自由を認めてよいと考えられる。公益事業料金論の用語で言えば，全体の「料金水準」には上限・下限が設定されるとしても，その中における「料金体系」にはかなりの工夫の余地があるということである。

これは，料金体系について単に既存事業者の自由に委ねることだけを意味するものではなく，「政策的な配慮」と述べたように，競争促進あるいは潮流改善等の公共的利益のための料金体系も十分考慮すべきことを意味する。例えば，八田委員による潮流を組み込んだ託送料金の提案も，この観点から積極的に取り入れるべきであろう。

(3) 過去の会計データと予想原価

第二に，仮に託送料金が諸種の会計データから算定され，託送サービスの総費用によって枠づけられるとしても，その意味はかなり限定的に解される。従来，各種の公益事業料金に関し採用されてきた公正報酬率規制は，あくまでも将来の総原価と総収入の予想に基づくものであって，過去のデータに基づく会計とは別個のものであり，また，これは実現された託送にかかわる会計データ

とも異なるのは当然である。また，確定された会計データは過去の会計年度のものであり，それが当該年度（あるいは次年度）の託送料金を直ちに決定するべきものではない（これらの点については，後に詳述する）。

　以上のことから，第一回目の会議での南部発言にあったように，あまりに会計の議論にとらわれて，効率化へのインセンティブの創出，競争の導入という政策的観点が二次的になっては本末転倒である。会計データとそれを用いた託送料金算定方式は，託送料金の正当化の根拠として限定的にのみ認められるのであり，これを絶対化することは危険である。

2　託送・接続に関する電気事業法と電気通信事業法の比較

(1)　託送料金に関する2原則と改正法

　電気事業審議会基本政策部会報告（平成11年1月21日）によれば，託送料金は，第1に，託送コストの公正回収原則，第2に，事業者間公平の原則に基づき設定する，と記述されている（同報告第2章1節3(2)参照）。

　このうち，第1の原則は自明であるが，第2原則については，「託送料金は，ネットワークの所有者・運用者である電力会社，供給区域外の電力会社，新規参入者にとって『同一』であることが必要である」と説明されている。これは，ネットワークを共通に使用するこれら事業者間の「公正な競争」秩序を形成するためであると理解される。

　しかし，改正電気事業法には，これら2原則に直接該当する規定は存在しない。以下では，これら2原則を，関連する改正電気事業法の諸規定とつき合わせて検討してみる。

　託送の条件等を規定する改正電気事業法24条の4（現行法は24条の3。以下，現行法の条文で示す）を見てみると，同条3項は，「託送供給約款」に対して通産大臣が変更命令を発出する要件を列挙している。その1号として，「供給約款又は選択約款により電気の供給を受ける者の利益を阻害するおそれがないこと」とあり，これは今回の改正によって自由化された部門（具体的には「特別高圧需要家」）と非自由化部門（＝規制部門）の不当な内部相互補助を禁止し，規制部門のユーザーの利益を確保しようという趣旨の規定である。

　さらに，同条3項2号は「特定規模電気事業を営む者が接続供給を受けるこ

とを著しく困難にするおそれがないこと」と規定されていたが，これはその後改正され，「第一項の規定による届出に係る託送供給約款により電気の供給を受ける者が託送供給を受けることを著しく困難にするおそれがないこと」と変わっている。また同項5号は「特定の者に対して不当な差別的取扱いをするものでないこと」とあり，これらは前記の第2原則にわずかに関係するもののように読める。

特に前者（3項2号）は，技術的な事柄ではなく，経済的な意味での「困難」を指しているとすれば，効率的な経営という観点から見て不当に高すぎる接続供給（現行法では「託送供給」）によって特定規模電気事業を遂行することが困難になることが念頭に置かれているのであろう。そうだとすれば，文言上はやや苦しいが，既存事業者と特定規模電気事業者の間の取引および競争関係における実質的な公平を図る規定と見ることも可能である。

本要件と同様の文言が用いられた前例があるかは私には不明であるが，独禁法上，不当廉売を規定する不公正な取引方法の（旧）一般指定6号（現行の独禁法では，同法2条9項3号）に「他の事業者の事業活動を困難にさせるおそれがあること」という要件がある。しかし，託送関係は取引のある事業者間の問題であり，取引条件の規制要件として，当該取引をすることによって「他の事業者の事業活動を困難にするおそれ」を問題にする趣旨は分かり難い。詳論は避けるが，上記のような「公正な競争」の観点から解釈しない限り，本要件を合理的に理解することは困難であるように思われる。文言通りに「特定規模電気事業を営む者が接続供給を受けることを著しく困難にするおそれ」を考えるとすると，この「困難」については各事業者によって様々であり，例えば非効率的な事業者が接続供給を受けても事業が成り立たないことがあり得るのは当然であるから，上記のように，既存事業者と特定規模電気事業者の間の取引の公正さ，すなわち接続供給をなす側のコスト状況とのバランスで考えざるを得ないであろう。

上に簡単に見たように，改正電気事業法は託送料金に関する原則を不十分にしか規定していないと言わざるを得ない。ただし，上記のように解釈によって補足することは可能ではあるが，多様な解釈の余地があり，判決例が蓄積しない限り不確実なままである。この規定ぶりに問題がある理由は，法改正までの

時間が短かったこともあろうが，基本的には，改正法の立場が自由化部門に関しては法的規制を最小限にとどめようとしたことにあると考えられる。

(2) 電気通信に関する接続会計の2方式

上記の改正電気事業法と対照的に，電気通信事業法は，「指定電気通信設備」を設置する事業者（具体的には地域通信事業を行う東日本・西日本のNTT両社。以下，NTT東西と略記）との間に行われる接続についての特別の会計制度を要求し（同法38条の2第9項。現行法は33条9項），また，上記の第1原則に相当する規定として，「接続料が……原価に照らして公正妥当なものであること」と定め（同条3項2号。現行法は33条4項2号），さらに，第2原則に相当する規定（同条3項3号。現行法は33条4項3号）を明示している。

電気通信事業において接続会計制度が導入された理由は，「指定電気通信設備」（NTT東西の地域通信のための電気通信設備）の管理部門と利用部門の会計を分離し，指定設備の利用条件を，NTT東西の指定設備利用部門とNCC（新規参入事業者）との間で同一にすることにある（「接続の基本的ルールの在り方について」電気通信審議会答申（平成8年）4章3節2参照）。

電気通信事業の接続会計のあり方に関する議論の初期の段階においては，接続役務とユーザー役務（非接続役務）との会計分離（米国方式）と，卸部門（指定設備管理部門）と小売部門（指定設備利用部門）との会計分離（英国方式）とが議論され，最終段階においては後者（英国方式）が採用された。その理由は，公正競争の促進において，不可欠設備である指定設備の提供条件がNTT東西の指定設備利用部門とNCC（新規事業者）との間で同一になることを確認するためには，米国方式では無理であり，英国方式がその役割を果たし得るからと説明されている。

また，電話役務損益明細表（(旧)電気通信事業会計規則別表第2様式第23）が改正され，接続役務を括り出すことにより，サービス間の内部相互補助のチェックのための情報提供が可能になっている[5]。

英国方式は，独占分野の不可欠設備を競争分野へ提供する際の条件の同一性を確保し，公正競争を促進しようとする目的にかなうのに対し，米国方式は「不可欠設備」[6]を有する事業者におけるサービス間（主として，独占分野から競

争分野への，例えば基本電話サービスから高度サービスへの）の内部相互補助を監視し，ユーザー料金の適正性を担保する目的にかなっていると考えられる。

(3) 競争者間の「公正な競争」

電気事業においても，電気事業への公正な競争原理の導入，ひいては電力ユーザーの利便向上のためには，送配電線を管理する部門が，既存事業者の発電・小売部門と新規事業者とを同一の取引条件で扱うことが必要である。

しかし，平成11年改正電気事業法は，電気通信事業法における「接続会計」に相当する特別の会計分離を行わず，また既存事業者と新規事業者の間の公平を直接担保する制度を作らずに，現行の電気事業会計制度をそのまま利用して託送制度を作ることも，あり得る選択肢であろう。

（報告は，「託送会計の独立」を否定し，理由として「電力会社が自主的に過不足の扱いについて対外的に十分に説明し，問題がある場合には行政が適切にチェックしているのであれば，会計分離が目指している収支の透明性については確保されている」と述べる）。

電気事業の場合と異なり，電気通信事業においては，地域通信分野における不可欠設備の存在がありながら，ユーザーに向けた競争がほぼ全面的に行われており，ユーザー料金は原則自由化され（料金届出制への移行），また，ユーザーとの取引関係と事業者間の接続等の取引関係は切り離されて制度化されている。そこでの事業者間の接続料は，いわば「卸料金」（キャリアーズ・レート）であり，これとユーザー（小売）料金の算定方式が異なるべきことは，今日ではほとんど自明の理である。

これに対し，電気事業においては，発電部門における競争が一部導入されて

---

5) 電話役務損益明細表は，（旧）電気通信事業会計規則別表第2様式第23において，音声・データ・専用の役務区分毎の会計報告を示していた。本稿執筆後，「第1種指定電気通信設備接続会計規則」（平成9年＝1997年），「接続料規則」（平成12年＝2000年）が新設され，2002年（平成4年）に電気通信事業会計規則が改正される等の変化がある。

6) 「不可欠設備 essencial facility」は，米国の反トラスト法の判例法理であり，わが国の独禁法においても，「私的独占」または「不当な取引拒絶」に関し，この法理とほぼ同様の解釈論が成立すると考えられる。なお，電気通信事業法38条の2（現行法は同法33条）以下の「指定電気通信設備」に関する接続規制は，この法理を背景に立法化されたものである。

いるが，電気通信の場合のような競争の全面化の状況にはなく，したがって自由化部門と非自由化（規制）部門との公平性ないしバランスが要請され，改正法において両部門間の内部相互補助防止が最優先される規定ぶりになっていることにも，それなりの理由があると思われる。

しかし，この前提に立つとしても，前記の第二原則，すなわち既存事業者と新規事業者が託送部門の利用について同一条件を享受し得るような，何らかの制度的工夫，あるいは，それを検証できるような仕組みが要請されるのではないか。

〈補注〉 以上は，電気事業法1999年（平成11年）改正時点での記述であり，その後，同法2003年（平成15年）改正によって，託送に関する会計（24条の5），小売自由化部門（＝特定規模需要部門）と規制部門（＝一般需要部門，その他の部門）の会計を区分する「部門別収支」（34条の2）等が制度化された。

(4) 接続に関する会計制度

そのための制度として，これまでの議論では，現在の電気事業会計から託送コストを括りだす配賦ルールを設定し，そこではABC会計制度の考え方を用いることが提案されている。

そもそも会計制度は，その情報提供の相手方の区別ないし情報公開の目的という観点からは，以下の3種に分かれる。

その第一は，利用者（ユーザー）のための会計制度であり，各種の公益事業において特別に要求されているものである。この種の会計情報を利用者一般に公開することにより，利用者料金等の適法性・妥当性を検証し，公益事業者としての「説明責任」を果たすための会計情報公開として捉えられる。

第二は，直接的には競争事業者（これには潜在的競争者も含まれる）のため，またそれらと既存事業者の間の競争を通じて最終的には利用者のためになる会計制度であり，電気通信において採用されている接続会計がこれに当たる。これは，既存の事業者の接続に係るコストと収益を開示させ，公正・適正な接続・託送料金を実現し，競争者の事業計画に資することを通じて，公正な競争を促進することにつながる。

第三は，株主・投資家のための会計制度であり，これには証券取引法上のデ

ィスクロージャーと商法上の諸制度がある。しかし，商法に基づく貸借対照表，損益計算書，前２者の附属明細表，および証券取引法に基づく有価証券報告書において表される区分経理では，共通経費の配分が十分明確には行われていないこと等から，今後より一層いわゆるセグメント会計を精緻なものにする方向に改善されるべき点が多いと主張されていることは周知の通りである。

　現行の電気事業会計規則は，第一の目的のものであるが，第三に代替されることになっている。これは，第三の会計よりも，同規則に基づく会計の方がより精密なものであるから，ということであろう。

　これを第二の目的にも利用しようということが提案されている訳であるが，基本的な目的が異なるこれら３種類の会計を１つのもので済ませることでよいか検討の余地があるのではないかとも思われるが，私の専門外のことでもあり，ここではこれ以上立ち入らないこととする。（なお，電気通信事業において，第一の会計とは別に，第二の会計制度を特に創設する必要性があるとされたことについては，前記審議会答申第３節１を参照）

(5) ABC 手法

　電気通信事業にける接続会計では，上記の会計分離に加え，共通費（間接費）の配賦を精緻にするため ABC 手法の採用，接続料原価の範囲の精査（例．営業費や純粋基礎研究費の除外），および機能毎にアンバンドルした費用の把握が同時に行われている。

　このうち ABC 手法の採用は，被規制企業と規制行政庁の双方にとって大変な作業であるが，それにもかかわらずその有効性には限界があることも一般の理解となっている。ABC 手法は，接続会計のみならず，事業部収支ないし部門別収支にも応用可能な手法であるが，接続条件の同一性の担保という点で事業部収支は不十分であることから，共通費配賦方法の１つに過ぎない ABC 手法を仮に事業部収支に適用したところでその効果は疑問視されよう。

　そこで電気通信における接続料金については，長期増分費用方式（＝フォワード・ルッキング・コスト）の検討が進められている（2000年度から実施）。英国において，世界に先駆けて長期増分費用方式が採用されたのは，ABC 手法を用いた会計分離ですら限界があるとの認識に起因している。即ち，ABC 手法

II 託送料金制度のあり方

は所詮歴史的原価の配賦方法を精緻にするだけであるから効率化を加味することはできないこと，またABC手法によっても共通費の配賦の恣意性を完全には払拭できないことがその限界とされている。

(6) 既存の会計制度の活用

上述の議論に対しては，以下のような議論もある。すなわち，「現在でも電気事業は電気通信に比べて相当詳しい会計整理を行っているので，これと毎年の仮想託送収入，つまり託送料金収入＋自社送電電力の託送料金計算値のバランスを見れば，著しくギャップがあるかどうかは今の制度でも一目瞭然である。現在の電気事業会計をベースとしてABC方式を導入し，非自由化部分との会計バランスの問題を含めて，これを生かしていくことが現実的な方法である」，と。

以下では，上記引用文で「毎年の仮想託送収入」とある点に特に注意しつつ，具体的な料金算定方法につき項を変えて検討しよう。

3 託送料金の算定方法

(1) 東電案・事務局案

合同小委員会の2回目の会議で提案された案（以下，東電案と呼ぶ）では，平成9年度実績の会計データをもとに，託送部分を括りだして託送料金を算定した場合が示された。ただし，これは「試算値」であり，実際の託送料金設定にあたっては，一般供給料金と同様に，将来の一定期間（原価計算期間）における効率的な事業運営に必要な原価を予測し，託送料金を設定するということのようである。この限りでは，第3回会議で提示された事務局案である「公正報酬率保証方式」と同内容となる。

(2) 実績との乖離の問題

この東電案によると，将来の予測に基づいて算定された託送料金の下での託送に係る総収入・総原価と，当該託送サービスが実施された後に明らかになる「実績値」としての総収入・総原価（この差額が託送による利潤である）の間には当然のことながら乖離が生じる[7]。

事務局案によれば，この乖離の処理については「電力会社の自主的な説明に

第1部　日本の電力改革　　第4章　電気事業における託送と『公正な競争』

委ねてはどうか」とあるが，これでは，前記の第一原則と第二原則が制度的に確保されたと言えるか疑問である。（追記：報告でも「超過利潤」の扱いは，「ルールを設定する方式」をとらず，「電力会社自身の自主的な対応に委ねる方式」が妥当とされた。）

　これとは別の事柄であるが，非自由化部門におけるユーザー料金については，電気事業審議会料金制度部会報告（平成11年1月）で，余剰利益が出た場合は「事業者は，その配分等につき，経営効率化計画等において十分に説明を行い，経営責任を明確化する必要がある」とされている。この意味は，実体法的には事業者の自由な処理に委ねてよく，ただし，手続法的観点から，説明責任を尽くすべきである，と理解することができる。前記の事務局案は，これと平仄を合わせたものであろう。

　規制システムを実体法と手続法に分けて見れば，このいわば「自主的対応方式」では，実体法の問題として，乖離は制度的には問題にせず，手続上の要請だけを明確にするというに等しく（しかも非法的な要請にとどまる），前記の第一原則と第二原則の制度化として妥当であるかどうかには疑問が残る。もっとも，両原則とも，前記引用文のような手続的な処理に委ねるという趣旨も含んだ上での「原則」なのだ，という理解も可能ではある。

　仮に上の理解が成立するとしても，最低限「経営責任を明確化する」ための具体的な手続は，この時点で明確化し，例えば省令に明示する等のことはすべきではなかろうか（あるいは少なくともガイドライン，審議会答申等。電気通信事業の場合は，後述のように省令とNTT接続約款で定めている）。具体的には，毎会計年度ごとに，託送にかかる実績値を公表させ，そこで明らかにされた乖離等に関する分析を事業者と規制行政庁の双方が開示し，それに基づく事業者による具体的な処理の仕方を規制行政庁が認めたことを公表する（規制行政庁が認めない場合は，改正法24条の3第3項1号または2号に基づき変更命令を出すことができると解することができるであろう）等の手順を検討してはいかがであろうか。

7）　公正報酬率規制一般に関して，この点の備えがない点が問題であることについては，舟田正之「NTTの割引料金制度の申請について」ホームページ http://www.pluto.dti.ne.jp/~funada の「経済法の時事問題」の欄を参照。

(3) 電気通信の場合——実績原価主義と事業者間での利益還元（profit sharing）

　上述の点につき再度，電気通信の場合を見てみれば，接続料の算定は，当該年度の前の年度の実績原価によるというのが現在の制度である（「実績原価主義」）。例えば，平成10年度の接続料は9年度の会計により算定される（9年度実績は10年7月末に会計結果が判明するので，これに基づく接続料金を10年4月に遡って適用）。また，9年度については，本来9年度実績に基づく接続料金を適用すべきであったところ，8年度実績に基づく接続料金が適用されていたことから，両者の差分を「精算」する（前記電気通信審議会答申第4節4，および「接続の基本的ルール案に関する意見及びそれに対する考え方」・4(4)を参照）。

　この「精算」を米国の例に倣って「利益還元」と呼ぶことができるかどうかは見方が分かれるが，仮にそう呼ぶとすると，電気通信事業における利益還元は，変更後と変更前の接続料金の差分の半分はNTT指定設備管理部門の効率化努力分と見做して同部門に配分し，残りの半分はNTT指定設備利用部門とNCCとがトラヒックに応じ按分して受け取るものである（指定電気通信設備の接続料に関する原価算定規則第14条およびNTT接続約款71条。これら規則・約款はいずれも当時のもの）。

　利益還元と呼ぶ見方からすると，差分の半分が効率化努力として妥当な分け前かどうか議論はあるにせよ，指定設備を設置する事業者（NTT）に対する効率化のインセンティブとして機能し得るということになる。

　電気通信の場合でも会計を基礎とする以上，前述の東電案・事務局案とは異なる意味ではあるが，必然的にタイムラグが生じるので，何らかの方式で再計算をして精算をしなければならない。そこで上述の精算方式が採られたのであり，かなりの煩瑣な作業を要するが，透明かつ明確な手続によって，かつ一定の実体法上のルールに基づいて，前述の電気事業における第一・第二原則と同様に，コスト回収と公正な競争の前提を保証するために，会計値と実績値を整合させようとするものである点では，前述の東電案・事務局案よりは優れているといえよう。

　しかし他方で，NTTの接続料が実績原価主義を採っている際の最大の弱点は，法文上は「能率的な経営の下における適正な原価」と定められているにも

かかわらず（従って，すべての総括原価主義・公正報酬率規制に共通することであるが），原理的に非効率性の排除が出来ていないという点にあり，まさにこの点を補うために長期増分費用方式の導入が考えられているところである。

ただし，実際の運用のレベルで，例えば平成10年度の接続料の算定に際して，特に需要増加が著しいISDNの提供に必要なISM交換機能についてのみは例外的に将来原価により算定することとし，その際には一般物件費の伸び率を年度毎に30％減と見込むなど，若干の将来への効率化要素を折り込んだ算定がなされたなどの工夫がなされている。

〈補足〉以上の電気通信に関する記述は，本論文を執筆した1999年当時の制度についてのものであり，そこでは実績原価主義が採用されていた。現在では，実績原価主義に基づく接続料については（対象は，PSTNのアクセス網），実務上の煩雑さに鑑み，前々年度実績に基づき算定した上で，適用年度実績との乖離分については次期接続料の原価に参入するという「調整額制度」になっている。

これとは別に，当時検討されていた長期増分費用（LRIC）方式の下では（対象は，PSTNの中継網），通信量が相当程度変動した場合，事後精算することになっていた（2003〜2005年度で実施された第2次モデル。負担額は通信量の変動量の比率により配分）。

その後の3次モデル以降（2005年度接続料以降）は，需要予測の方法を精緻化し，毎年度直近の実績をもとに少し先の期間までの需要を予測し，1年分の需要を算定するという手法を生み出したことから，予想の不確定性が減じることとなったため，事後精算制度を止めている。なお，実際の通信量の変動については，この間，固定通信網における通信量の増加が減り，その後，反転して減少するという実態があった。

(4) 利益還元の実効性？

本合同小委員会においても，事務局から公正報酬率規制をかけた後で「再計算」するという案が示唆されたことがある。しかし，電気通信の場合と比較し，電力において利益還元が問題にあるような状況になるであろうか。

前記のような公正報酬率規制だけでは，既存事業者自身が託送部門で適正利潤とされる額以上の利潤が出るように運用する可能性は低いのではないかとも思われる。これは既存事業者の会計ないし経営に対する懐疑によるのではなく，

Ⅱ　託送料金制度のあり方

　もともと諸公益事業に関し採用されてきた公正報酬率規制が実際には「数字あわせ」という性格を持つことがしばしば指摘されてきたこと，これを修正すべき ABC 手法にも前述のような限界があること，さらに次に述べる米国の例にもあるように，公益事業会社の内部相互補助を排除するのは実際にはかなり困難であるという認識に基づくものである。また，電気通信では，技術革新が著しいこと，またトラフィック（通信量）も急増していることから，接続に関し毎年利益が出ているが，電力事業ではそのような事情にはない，ということが説かれている。

　さらに接続・託送に関し，利益ではなく，逆に損失が出たときに，託送を依頼する新規事業者から例えばその半分を事後に徴収することが，実際上可能であろうか。電気通信においても，これまで損失がでて接続事業者（NCC）から過去の分を徴収した例はなく，またそのような事態は実際にはあまり考えられていない。これは，前述のように電気通信においては技術革新が著しい等の状況から超過利潤が出ることが通常であるからであるが，さらに現行の実績原価主義には，長期増分費用方式との対比で前記のようにそもそも批判すべき点があること，したがって制度も過渡的なものと了解されているということも関係しているように思われる。

(5)　米国の通信における利益還元

　米国 FCC は従来，州際アクセスチャージにおいてプライスキャップ規制に利益還元制を組合わせていたが，現在は，利益還元は行われていない。（プライスキャップ第 4 次報告・命令 1997 年 5 月 7 日）。その理由は，次の通り。

(a)　利益還元制は既存の地域電話会社の努力に対する恩賞を減じ，プライスキャップ規制が有する効率化インセンティブを阻害するものであること。

(b)　既存事業者は，非規制分野のサービスのコストを利益還元制の規制を受けている分野に移して利益還元を免れようとすること。

(c)　プライスキャップ規制の X 値を達成可能でかつ厳しいものにすることにより，消費者にアクセスチャージ値下げの恩恵を与えることができること。また，X 値の方が，既存事業者の実際の生産性の指標として信頼がおけること。

(d)　利益還元制に依存しないようにすることこそ，フォワード・ルッキン

グ・コストが意思決定において中心となる競争市場への移行に欠かせないこと。

4 託送料＝「フォワード・ルッキング・コスト」

(1) フォワード・ルッキング・コストの提唱

合同小委員会の報告によれば、既存事業者が新規事業者に対し提供する託送サービスの料金は、「将来の適正な費用（フォワード・ルッキング・コスト）として推定されるものでなければならない」とされる。フォワード・ルッキング・コストとは、「過去の意思決定から生じた費用を含まない、将来の運用上の費用、現行設備の維持および代替費用」[8]であり、欧米の電気通信事業に関しては、具体的にボトムアップモデルおよびトップダウンモデルという2種類の算定方式が提案されている[9]。

合同小委では、当初、主として実施可能性という点から、ヒストリカル・コスト方式でいくというのが大勢であったが、第4回会合あたりからフォワード・ルッキング・コストへと急展開した。その間の事情は、合同小委第4回会合の議事録にも明らかであるが、特に電気通信分野において、日米ともフォワード・ルッキング・コストに変えるべきであるという方向にあるということを無視できないという認識が大きかったのであろう。

(2) ヒストリカル・コスト（実績原価主義）との関係

しかし、問題はこの電力託送に関し具体的に提案されたフォワード・ルッキング・コスト方式の中身であり、それは、従来通りの費用「積み上げ方式」と「公正報酬率の保証」であり、また料金設定後の実績との乖離については「電力会社の自主的対応」方式である（報告の第一部、論点1および2）。したがって、合同小委第3回までのヒストリカル・コスト（＝実績原価）に基づく託送料金の算定方法に関する議論が、フォワード・ルッキング・コスト方式の決定の後

---

8) 浅井澄子『電気通信事業の経済分析』（日本評論社、増補改訂版、1999年）174頁。
9) 邦語文献として、浅井・前注8)『電気通信事業の経済分析』166頁以下の他、山本哲三「最適アクセス・チャージの理論」経済セミナー1997年1月号・2月号、同「相互接続料金をめぐる最近の動向——英国における理論総合化の試み」公益事業研究50巻4号63頁以下（1999年）等を参照。

もそのまま継続されていることに注意すべきであろう。すなわち，フォワード・ルッキング・コストといっても，その中身は従来のヒストリカル・コスト方式と全く変わっていないのである。

このような奇妙な結果となったのは，次のような事情があったと推測される。すなわち，フォワード・ルッキング・コストを厳密に考えると，前述のような各種の仮想モデルを比較検討しなければならず，また具体的な算定作業に関し多くの実際上の難問が発生するので，その対策を考えなければならない。しかし法改正後その施行期日に間に合わせるには時間的余裕がないので，これらの問題をすべて無視して，現在可能な算定方式という観点から暫定的にヒストリカル・コスト方式と同様に算定することとした，とみることができよう。そのために，フォワード・ルッキング・コストの定義を，「将来の適正な原価」という極めて抽象的な概念に置き換え，従来からの「公正報酬率規制」の原則に立った料金算定を厳格に適用することで理論的な整合性をとろうとしたわけである。

(3) フォワード・ルッキング・コスト方式の具体的な導入

言うまでもなく，フォワード・ルッキング・コスト方式は，理論的にはヒストリカル・コスト方式とは全く異なる見方であり，理論的には，前者はまさに後者への批判の中から生まれたものである。一般の企業会計においては，わが国でも取得原価（簿価）を基準とする会計原則から時価会計原則への移行が議論され，一部実施されつつあることは周知の通りであるが，フォワード・ルッキング・コスト方式は時価会計をいわば飛び越えて，特にボトムアップモデルによれば現在の実際の資産・技術等と関係なく，将来もっとも効率的な経営をなしたとすればという想定に立った原価算定方式である。

以上をふまえれば，今後，3年後の見直しに向けて，フォワード・ルッキング・コスト方式の具体的な導入のあり方を検討すべきであろう。

5 自由化部門における託送制度と競争の実態

(1) 合同小委員会の報告における託送制度を電気通信事業の接続制度と比較すれば，第一に，電気通信事業については，NTTにつき持株会社方式の下で

競争的事業体と独占的事業体が分離され（不完全ではあるが，形式としては「構造分離」structure separation に当たる），さらに「接続会計」が新設された（「会計分離」accounting separation）。これに対し，電気事業においては，各既存事業者の託送に関わる部門（主として送電部門）の分離（「構造分離」）はもとより，託送に関わる会計分離（「託送会計の独立」）もせず，電気事業全体のコストから託送コストを括り出すにとどまる。

　第二に，両事業とも接続・託送料金について「公正報酬率規制」が採用されたが，予測値と実績値との乖離に関しては，電気通信事業においては実績原価プラス精算方式が採用され，電気事業においては「電力会社の自主的対応」方式とされた。

　さらに，電気通信事業においては，公正報酬率規制では非効率性の排除が不完全であることから，長期増分費用方式への変更を数年かけた経済モデルの検討を経て来年の法改正で実現する予定であるが（この点については，II3(3)の補足を参照），電気事業においては，公正報酬率規制がすなわちフォワード・ルッキング・コスト方式の採用である，とされたことは前述の通りである。

　第三に，両事業とも，共通費（製造間接費）の配賦を精緻にするため ABC 手法が採用された。しかし，機能毎にアンバンドルした費用の把握の点では，電気通信事業におけるような精細なアンバンドル化の作業とその制度化は，電気事業においては行われないようである[10]。

　以上を要するに，自由化部門における託送に関しては法的規制を最小限にとどめ，既存事業者，新規事業者および大口ユーザーの自由な取引関係に委ねるという基本的立場が貫かれており，これを「自由重視論」と呼ぶことができよう。これは，託送のみならず，自由化部門における電力取引についても同様である。

　(2)　これに比べると，電気通信分野における NTT 地域通信事業に対する規制システムは，上述の3点に典型的に現れているように，公正な競争のためのより厳格な制度作りと運用がなされている。なお，合同小委の報告案に対する米国政府のコメントも，託送にかかわる部門とそれ以外の部門のより厳格な分離を求める等々の点で，報告の立場と鋭く対立していることも注目される。

Ⅱ 託送料金制度のあり方

　もっとも，合同小委の報告には，行政庁による料金変更命令の余地は残っていることが適正性の最後の担保であるとの記述がある。しかし，法律上の要件は，既に見たように極めて漠然とした文言が用いられ，内容的にも託送料金を規制する余地は極めて限られている。しかも，各種報告が上記のような自由重視論に拠っている以上，実際に変更命令を発動することは難しいし，また，本命令制度とは別に，従来通りの行政指導を行うことは改正法の基本的趣旨に合致しないから，その具体的な発出に消極的になる可能性が高いと考えられる。

　(3)　電気事業に関する上述の自由重視論は，自由化の対象となった大口ユー

---

10)　「アンバンドル」という用語は，従来から多様な意味に用いられているが，もともとは米国のいわゆる「96年通信法」251条(c)(3)（表題　unbundled access）において，「既存地域電話会社」の義務の1つとして用いられたものである。(「合理的で非差別的な料金及び条件によって，あらゆる技術的に実行可能な地点で，アンバンドルベースで，ネットワーク構成要素への非差別的なアクセスを，要請するいかなる電気通信事業者に対しても提供する義務」)。

　ここで「ネットワーク構成要素」(network element) とは，「電気通信サービスの提供に用いる施設又は設備 (facility or equipment)」であり，それらによって「提供される特徴，機能及び能力 (features, functions, and capabilities)」をも含む」とされていることからも明らかなように，かなり細分化された機能等をも含む（96年通信法3条(a)(45)）。

　このような意味でのアンバンドルは，FCCの第二次コンピュータ裁定（1980年）が支配的事業者に対し，競争的サービスを提供する際に，構造分離しない代わりに「オープン・ネットワーク・アーキテクチャー」(ONA) を要求し，さらに，第三次コンピュータ裁定（1986年）がこのONAを，通信網機能ごとにアンバンドルして競争事業者にも自社内と同等の条件で提供するというアイデアを提示したことの連続線上にある。

　わが国の接続ルールにおいても，「アンバンドルとは，他事業者が特定事業者の網構成設備や機能のうち，必要なもののみを細分化して使用できるようにすることである。これは他事業者が多様な接続を実現するために必要なものであることから，基本的には他事業者の要望に基づいて行われるべきである」（前掲・電気通信審議会答申4章6節参照）という観点から，制度整備がなされている。

　さらに，前記「96年通信法」を承けて制定されたFCC命令 (First Report and Order in the Matter of Implementation of the Local Competition Provisions in the Telecommunications Act of 1996, 47 C.F.R. §51. 505ff.) は，「総要素長期増分費用」total element long-run incremental cost (= TELRIC) を採用したことは周知の通りである。ここで，FCCは，地域電話会社等の反対コメントを斥けて，「総要素」を，サービス単位の料金設定ではなく，ネットワークをアンバンドル化して，それぞれの要素 (elements) ごとに料金設定することを決定した。これによって新規事業者の選択の幅を広げることが意図されている (network element のアンバンドルについては，See, id. at Section V，また浅井・前掲注8）『電気通信事業の経済分析』175頁をも参照)。

ザーの多くが自家発を既に実施しているか，または容易に自家発に切り替えることができ，新規参入が想定されている事業者はまさにこれらの大口ユーザー（これらは同時に，「卸供給事業者」でもあることがある）でもあるから，既存事業者と対等に競争することができるという実態認識に基づくもののようである。

たしかに，かなりの大口ユーザーは自家発に切り換えるオプションを持っており，その限りで既存事業者と対等に取引し，競争できよう。しかし，自家発ないし卸供給事業と大口ユーザーへの電力小売は性格の全く異なる事業活動であり，また，地域独占が依然として残る送電ネットワークおよびそれを用いた既存事業者の託送サービスに依存する電力小売事業が既存事業者と全く対等に競争できるものか，すなわち，自由化部門における電力小売市場が「公正かつ自由な競争」を直ちに実現し得るかどうかには，若干の疑問が残る。あるいは，合同小委で意見を述べた新日鐵等の大企業は既存事業者に対抗して十分対等に取引し，あるいは競争し得るかもしれないが，その他の新規事業者はどうであろうか。自由化部門におけるすべてのユーザーが，既存事業者と新規事業者の間の選択を実際に自由に享受できるであろうか。

(4) これらの疑問についても，既存事業者と新規事業者の間の対等性が肯定されるという見方もある。仮にそうだとしても，以下の諸点を指摘すべきであろう。

第一に，自家発自己消費の大口ユーザーの場合も，使用する電気をすべて自家発でまかなうことは少なく，補給電力の供給を受けることが多い。これも自由な契約に委ねられるが，この補完供給については大口ユーザーは既存事業者に依存せざるを得ない。新規事業者も，この点は同様であり，「部分供給」が問題とされているのも同根の問題である。

第二に，改正法では，新規事業者（特定規模電気事業者）が自前で大口ユーザーまでの送配電網（の一部）を設置することは認められていないが，その理由は二重投資によるコスト高という一般論以外にはないであろう。新規事業者の意見にもあるように，この制限を緩和・撤廃することも今後検討の余地があると考えられる[11]（この点は，後の法改正で制限が一部緩和された）。

第三に，近い将来，新規事業者による電力小売事業が大口ユーザー向けに限

られず，すべてのユーザーに対しても開放されるとすれば，小口ユーザーは自家発のオプションを持たないから，上述の事情とは全く異なる取引・競争状況になる。今回の改正が3年後に見直すこととされ，いわば暫定的，過渡的な性格を持っているとすれば，重要なことは，本制度の下で託送および電力取引の実際がどうなるかを精確かつ客観的に監視し評価することであろう。その際の重要な観点については，本章で既にいくつかのポイントを提示したつもりである。

III　おわりに

　本章では，託送に関する新規事業者と既存事業者との間の取引上の諸問題のうち，託送料金の算定に関する制度問題について検討を加えた。しかし，料金以外にも，託送の技術的条件，「給電指令」のあり方，既存事業者のネットワーク部門の中立性の確保等々，「公正な競争」の確保のための託送に関する制度ないしシステムを検討する必要がある。

　さらに，私が本合同小委員会に提出したペーパーには，自由化部門における大口ユーザーと既存事業者との間の取引に関しても触れている。特に，自由化部門における大口ユーザーと既存事業者との間の取引を基本的に自由としたこと，および，最終保障約款の仕組みとその実際の運用については，主として独禁法・競争政策の観点から多くの問題があると思われる[12]。また，自由化部門における料金の実態と規制部門における規制料金との関係についても，検討すべき法的問題が残っている。

---

11)　「NTTの電力参入　電気事業法足かせ」日本経済新聞1999年8月19日付朝刊によれば，送電線については既存事業者の独占を認めたままになっており，これは参入規制を緩和した電気通信事業と対照的であり，「関係者によると『電力会社は自由化の条件として送電線の独占維持を執拗に求めた』」とある。

12)　最終保障約款も含め，自由化部門における電力取引のあり方については，本合同小委の下におかれた「適正取引ワーキンググループ」における議論が参考になる（ただし現在，その議事録はホームページから削除されているようである）。その成果は，通産省と公取委の共同による電力取引ガイドラインとして公表されている。同ガイドラインについては，本書第3章を参照。

〈後記〉 本書への収録に際し,今日(2013年春)の時点からみて以下の諸点を付記しておく。

1 送配電網のアンバンドル(分離)との関係

上記においては,現行の既存事業者の垂直統合体制を前提に,託送料金の算定方法を検討している。ここでの議論は,2011年の東日本大震災以後,議論が再燃している送配電網のアンバンドルの諸方式のうちの,会計分離と機能分離にも通用するであろう。

これに対し,法人分離ないし所有分離の場合には,発電・小売事業体と送配電事業体の間には,"内部"相互補助はあり得ない(ただし,これら法人間での「隠れた補助」などはあり得る)。分離された送配電事業体が託送業務だけを行うとすれば,共通費(間接費)の配賦を精緻にするためのABC手法は,原則として不要となろう(例外としてヘッドクオーター経費などは残る)。しかし,送配電事業体は独占企業であるから,その託送サービスの料金算定についても,ここで検討したことが原則として当てはまる。

2 フォワード・ルッキング・コストと実績原価主義・長期増分費用方式(LRIC)

本章で説いたことは,会計データからの託送料金算定には限界があり,それを補完する手段は,将来原価をより精緻にみること,また,会計年度が終わった後の実績値を料金に反映させる方法を工夫する,という2つがある,ということである。

本文で述べたように,託送・接続に関する電気事業法と電気通信事業法の比較をすると,現行の電気事業法上の託送料金に関する規制には,不十分な点が多く,先例としての電気通信事業法と比較しつつ,より精密な規制システムを構築することが必要である。

特に,「フォワード・ルッキング・コスト」の中身には疑問が多い。これは,実績原価主義に将来予測を加味したものであるとされる。しかし実は,従来から用いられてきた実績原価主義は,確かにヒストリカル・コスト(費用発生額)方式と呼ばれているように,過去の会計データに基づいて原価を算定するものであるが,料金改定の際には,当然,将来の予測を組み込んだ算定が行われる

Ⅲ　おわりに

のである。そうだとすれば，議論されている「フォワード・ルッキング・コスト」は，この将来予測を組み込んだ実績原価主義と何ら変わりがないということになる。

　問題の1つは，将来の原価をどう予測するか，特に，技術革新や経営の効率化の成果をまえもってどう考慮するか，ということである。長期増分費用方式（LRIC）では，当該事業者が仮に最も効率的な経営をなしたとすれば成立するであろう原価を用いようとする。理論的には，既存事業者が現実に運用している旧来の設備を無視し，最新の設備を使って最も効率的に構築した場合の，コストを，実際の加入数見合いで除すことにより，接続料を算定するボトムアップ方式であるが，これは仮想の設備をどう算定するかなど，実現性に乏しい等の欠陥が指摘され，電気通信においても実際の会計データを用いるトップダウン方式のLRICが用いられている。そこでもまず理論モデルを構築する作業から始めるのであるが，実際には，上記の将来予測を組み込んだ実績原価主義に近づく性格を有しているといえよう。

　さらに，電気通信において，IP化がかなり進むと，LRICを特に維持する必要はなくなっているとの主張も既存事業者から強く出されており，固定網については加入数・トラフィック量とも減少傾向が続いているので，LRICによる算定料金が年々高くなりつつあり，LRICの実際上の意義も減少しつつあると言えるのかもしれない（この点については，友岡史仁『ネットワーク産業の規制とその法理』（三和書籍，2012年）156頁以下をも参照）。

　少なくとも，「料金水準」については，超過利潤を防ぐという意味での「広義の原価主義」で満足せざるを得ず，むしろ個別の「料金体系」について，正当化の論拠を具体的に示す方途を検討すべきである。

3　事後調整ないし精算

　もう1つの問題は，上の料金設定の際の議論とは別に，会計年度が終わった後の実績値をどのように料金に反映させるかということである。もちろん，料金設定の際の算定根拠をふまえることとなるが，それが会計実績値と乖離した場合に，それを放置するわけにはいかないであろう。

　LRICを採用するとしても，ボトムアップ型であれば，論理的には，実績と

の乖離が生じるのは当然であり,その乖離が生じても,それを埋めるべきであるとは直ちにはならない。

しかし,ボトムアップ型 LRIC ではなく,トップダウン型 LRIC を採るとすると,前記のように,それは将来予測を組み込んだ実績原価主義に実際上限りなく近づくことになる。その場合には,予想原価と実績原価に乖離が生じた場合,予想原価に基づいた料金の正当性は失われ,何らかの調整が必要とされるはずである。また,上記のように将来に向けた料金設定がある程度の正当化根拠で満足しなければならないとすれば,なおさら,会計年度が終わった後での評価(例えば,毎年の見直し)と調整・精算が重要になると思われる。

もっとも,電気通信においては,1999 年から遡及精算(認可後に年度当初に遡及して精算)と上記の「タイムラグ精算」という 2 度の精算手続きを実施していたが,実務上の煩雑さと,タイムラグ精算について予見性が高まったことなどを理由として,2007 年に,「前々年度実績に基づき算定した上で,適用年度実績との乖離分については次期接続料の原価に算入する」という「調整額制度」が採用され,現在に至っている。

なお,既存事業者は,託送収支を「送配電部門」法 24 条の 5 に基づいて,整理・公表している。
東京電力の場合は,以下のサイトを参照。
http://www.tepco.co.jp/corporateinfo/provide/engineering/wsc/shushi-j.html
　ここでは,平成 22 年度託送供給等収支について,以下のように述べられている。

「当社はこのたび,電気事業法第 24 条の 5 及び電気事業託送供給等収支計算規則(経済産業省令)に基づき,平成 22 年度の託送供給等収支を算定した結果,送配電部門当期純利益は 1,294 億円となりました。

また,この送配電部門当期純利益から電気事業託送供給等収支計算規則(経済産業省令)に基づき超過利潤を算定した結果,397 億円(対営業収益比 2.1%)の超過利潤となりました。

これは,主に,夏季の高気温による冷房需要の増加などの影響によるものです。
　超過利潤については,中長期的な視点にもとづく流通設備の経年化対策などに活用しております。」

第5章

企業結合規制

第1節　日本の合併ガイドライン
　――その概要・特徴と，各国の合併規制との比較検討

伊　藤　隆　史

I　序　論

　企業結合規制に関連して，公取委は，平成23年6月14日に「私的独占の禁止及び公正取引の確保に関する法律第9条から16条までの規定による認可の申請，報告及び届出等に関する規則」（以下「届出規則」という。）の一部改正，「企業結合計画に関する事前相談に対する対応方針」の廃止，及び「企業結合審査に関する独占禁止法の運用指針」の一部改正についての公表を行った。
　ここに至る経緯としては，平成22年6月18日に閣議決定された所謂「新成長戦略」[1]を受け，同年9月10日に閣議決定された「新成長戦略実現に向けた三段構えの経済対策」[2]，さらに平成23年1月25日に閣議決定された「新成長戦略実現2011」[3]に基づいて，公取委が企業・弁護士・有識者からのヒヤリ

---

1)　具体的には，「グローバル市場にも配慮した企業結合規制（審査手続及び審査基準）の検証と必要に応じた見直し」において「平成23年度中に結論・所要の措置」を行うこととされた。
2)　現在の企業結合規制（審査手続及び審査基準）に関して，企業における国際競争力の向上のために，グローバル市場の動向を踏まえつつ行った平成22年8月の検証結果を踏まえ，早期の見直しを行い結論を得た上で所要の措置を講ずるとされた。

ングを行うことなどを通じて，企業結合規制についての検証が行われたことが挙げられる。ここでの検証結果と経済団体，経済産業省との意見交換を踏まえることにより，独占禁止法に基づく企業結合審査の手続の迅速性，透明性を一層高めることと共に，企業結合審査に対する事業者の予見可能性を高め，国際的整合性を図る観点から，審査手続及び審査基準の双方からの見直しが行われるに至っている。

さらに，平成22年10月19日に社団法人日本経済団体連合会から提言が，同年11月15日には，社団法人関西経済連合会から意見書が提出されている。これら意見書等は，①事前相談が，手続上不透明であり，予見可能性が低いなどという問題点を有しており，最終的な独占禁止法の判断は，正式届出後にすべきこと，②公取委との十分なコミュニケーションの確保，迅速な回答，審査長期化の防止をはかること，③グローバル競争を踏まえた審査を行うことへの要望などが示された。

これらを踏まえる形で公取委は，平成23年3月4日に審査手続及び審査基準の見直し案を公表し，パブリックコメント手続に付すことで，寄せられた意見をまとめ，原案を一部修正した。

これらの経緯を経て，冒頭に述べたように公取委は，平成23年6月14日に「企業結合審査の手続に関する対応方針」[4]の策定，「企業結合審査に関する独占禁止法の運用指針」[5]の一部改正などを行った。なおこれに伴い，「企業結合計画に関する事前相談の対応方針」[6]は廃止された。

以上のような経緯を経て，見直しが行われることになったが，主な内容としては，審査手続と審査基準とに大別することができる。

本章本節においては，これら主な見直し点の内容を特にガイドラインとの関係で検討，考察する。なお，この際においてガイドラインの内容を網羅的に検討することとはせず，特に市場画定の問題との関係で，世界市場と認めた事例

---

3) 企業結合審査の迅速性，透明性を高める観点からの見直しを2010年度中に行うことが確認された。
4) 平成23年6月14日　公取委。
5) 平成16年5月31日　公取委。
6) 平成14年12月11日　公取委。

の検討とガイドラインとの関係，ガイドラインにおいて公取委が示した一定のルール形成に照射した検討を行うこととする。

　検討の手順としては，まずガイドラインの改正に伴う審査手続・審査基準の変更点を詳細に整理する。そのうえで，地理的市場の画定について国境を超えた市場の画定に関連する事例を概観する。

　その後米国・EU における企業結合規制の概要を整理検討し，わが国のガイドラインの位置付け，評価を行うこととする。なお，ここにおける米国・EU の規制については，主に水平的企業結合規制を照射する。

II　審査手続

1　事前相談制度の見直し

　平成 23 年 7 月 1 日に事前相談制度が廃止され，これに先立つ形で，「企業結合審査の手続に関する対応方針」（以下「対応方針」という。）が公表され，届出規則の一部改正がなされた。

　事前相談の廃止については，今後正式審査と一本化されるのか否か，およびより根本的な問題としてその妥当性[7]が問われることになる。事前相談への批判的な見解としては，実質的な事前相談への移行等に時間がかかることなどがあるとされていた[8]。

　今回の一部改正では，欧米競争当局において，事前相談による最終判断がなされていないことや，平成 21 年の独占禁止法改正において，株式取得につい

---

[7]　事前相談制度の廃止は，経済界の要請によるものとされる。この点を含め見直しの経緯については，小林渉「企業結合規制の見直しについて」公正取引 729 号（2011 年）2 頁及び池田千鶴「企業結合規制（審査手続及び審査基準）の見直し」公正取引 729 号（2011 年）11 頁参照。なお，実務界の真の要請に基づくものか否かについては，必ずしも明らかではない。即ち，経済産業省『「主要国における企業結合規制に関する実態及び経済分析等に関する調査研究」報告書』（2011）によれば，事前相談廃止について，独禁法学者及び，経済学者に対するインタビュー結果が掲載されているが，賛否は激しく分かれている。

[8]　具体的には審査期間が長期に渡ることから，スケジュール作成に対する予見可能性が低減することや資料請求に時間を要することから，第一次審査への移行に時間がかかる可能性なども批判として挙げられていた。

て，事後報告義務から，合併等の他の企業結合と同様に事前届出義務に改められたため，事前に公取委の判断を得るという事前相談制度の意義が低下したこと，日本経済団体連合会，関西経済連合会から事前相談制度の位置づけを見直し，企業結合審査とそれによる最終的な独占禁止法上の判断は，法定の届出後に実施することが適当であるとの意見が提出されたこと等に鑑みた上で，事前相談制度を廃止し，企業結合審査に係る独占禁止法上の判断は，届出後の手続において示されることになった[9]。

　従前においては，公取委は，具体的な企業結合計画につき，正式な届出前の段階で，結合を計画する当事会社から，当該結合計画が独占禁止法の規定に照らして問題があるか否かについての事前相談を受け，「事前相談対応方針」[10]に則って企業結合ガイドラインに即して企業結合審査を行ったうえで独占禁法上の判断を回答するという事前相談制度を実施してきた。

　今後，公取委は，届出を要する企業結合計画に対する独占禁止法上の判断を届出後の手続において提示することになる。ただし，届出予定会社が希望する場合は，企業結合計画に関する相談（届出前相談）を行うことはできる[11]。この届出前相談は，任意であり，当事会社がこの制度を利用しなかったとしても，不利益に扱われることはない[12]。

　従来の事前相談制度が廃止されることにより，実質的な法的審査は，届出後に開始されることになる。従って，問題解消措置の協議までも含めると長期に渡る可能性もありうるため，実行予定日から遡って1年を超えない範囲内であれば届出書を受け付ける方策が採られる運用に変更される。

2　公取委と届出会社とのコミュニケーションの充実

　公取委は，届出会社に対し，報告等を求める場合には，報告等要請書を交付することになっているが，報告等を求めることの趣旨がここに記載されること

---

9)　前掲注7）小林「企業結合規制の見直しについて」3頁。
10)　前掲注6）公取委「企業結合計画に関する事前相談の対応方針」（以下，「対応方針」という）。
11)　この際，公取委は，相談に対する説明を行うために必要な情報を聴取する等したうえで，説明を行うこともある。（「対応方針」2）参照。
12)　「対応方針」注1。

になっており[13]，任意に資料提出を認める場合においても，届出会社により説明を求められた場合には，当該資料等を求める趣旨について説明することになっている[14]。

また，届出会社は，届出規則7条の2に基づいて第一次審査，第二次審査を行う期間中，いつでも公取委に対し，意見書又は審査に必要と考えられる資料の提出ができる[15]。さらに問題解消措置の申出についても意見書の提出により行うことが可能となっている[16]。

企業結合審査終了時においては，当該企業結合計画に独禁止法上の，問題点を見出さない場合，届出会社に対し，排除措置命令を行わない旨の通知書を交付することとなっており，第一次審査における場合は，結論のみ，第二次審査における場合には独占禁止法上問題がないとする理由を書面により記載することになっている。

基本的には，届出受理の日から30日を経過するまでの期間は，独占禁止法10条8項により，株式取得等の計画を実行することはできないことになっているが，公取委は，必要があると認める場合には，このいわゆる禁止期間を短縮することができる。この短縮を認めることにつき，今回の改正によって，その範囲が拡大されるに至っている。即ち，届出会社が禁止期間の短縮を求めた場合であって，一定の取引分野における競争を実質的に制限することとはならないことが明らかな場合に，禁止期間の短縮が認められることになった[17]。

また，企業結合審査の透明性を一層はかる必要性から，第二次審査の結果独占禁止法上の問題がないとして排除措置命令が行われない通知がなされた場合には，当該審結果について公表することとされ[18]，第一次審査で終了した場合においても届出会社が問題解消措置を採ることを前提に公取委が独占禁止法上問題ないとした事案については，公表することとなった[19]。

---

13) 「対応方針」6 (1)。
14) 「企業結合規制（審査手続及び審査基準）の見直し案に対する意見の概要とこれに対する考え方」（以下，「考え方」という）16頁。
15) 「対応方針」4。
16) 「考え方」11頁。
17) 「企業結合審査に関する独占禁止法の運用指針」（付）。
18) 「対応方針」6 (3) イ。

3 第三者の関与

公取委が報告等の要請を行う旨を公表した計画に意見がある第三者は、その公表後30日以内に公取委に対し、意見書を提出することができる。さらに当該企業結合計画について知り得た者は、いつでも意見を提出することができる[20]。

一般的にこのような意見徴収は、他で得ることの困難な情報等も入手できることから、公取委も重視してきた[21]。

手続上の問題としては、提出時期によっては、審査結果十分に反映されない可能性も指摘し得ることになる。このような観点からすれば、申出の時期や内容も踏まえた取扱いが重要になるように思われる。

III 審査基準の改正

審査基準の主な改正として、ここでは、企業結合ガイドラインの一部改正を取り扱うこととする。まず、改正の内容を俯瞰したうえで、市場の画定の問題及び問題解消措置について検討する。

1 企業結合ガイドラインの概要

企業結合規制は、独占禁止法第4章における規制として存在し、株式保有や合併などの企業組織上の方法によるいわゆる固い結合を規制するものであり、企業結合の手段・態様及び規制基準に応じて個別的な規制を置いている[22]。

この個別的な規制については、公取委の「企業結合審査に関する独占禁止法

---

19) 「対応方針」5 (2)。
20) 但し、企業結合計画の届出受理自体は公表されているわけではない。
21) ヒアリング等が実施されてきたか否かは必ずしも公表されているわけではないが、第三者意見と思われる記述がみられることはある。なお、欧米の審査基準においても、第三者意見は重視されている。See, European Commission, Guidelines on the Assessment of Horizontal Mergers Under the Council Regulation on the Control of Concentrations Between Undertakings, 2004 O. J. C (31) 5.
22) 根岸哲編『注釈独占禁止法』(有斐閣、2009年) 246頁 (山部俊文執筆部分) 参照。

の運用指針」(以下「ガイドライン」という。)によって一定程度の具体化がはかられてきた。今般の一部改正は, 従来のガイドラインを基本的には踏襲しつつも, 企業結合審査の予見可能性を高めるために行われたものであると解される。

今般の改正による新ガイドラインは,「第1 企業結合審査の対象」「第2 一定の取引分野」「第3 競争を実質的に制限することとなる場合」「第4 水平型企業結合による競争の実質的制限」「第5 垂直型企業結合及び混合型企業結合による競争の実質的制限」「第6 競争の実質的制限を解消する措置」を構成としている。このうち, 第1～第3の1「『競争を実質的に制限することとなる』の解釈」までは, 実質的な変更はない。そのうえで, 第3の2として,「企業結合の形態と競争の実質的制限」が付加されている。これにより, 企業結合規制の形態を水平的・垂直的・混合型に分類し, 第4, 第5でそれぞれ検討されている。

さらにこれまでのガイドラインでは, 具体的に説明されていなかった, 問題解消措置が第6において説明されることになった。

企業結合規制の趣旨が, 複数の企業は合併や株式取得を通じて, 結合関係を形成・維持・強化させることによって, 市場構造を非競争的に変化させることを問題にする点にあると考えられるところ, どのような場合にこれに該当するといえるかは必ずしも明らかではなく, この点を一部改正により, ガイドラインが, 行為類型ごとにさらに明らかにしているといえる。

主な改正点としては具体的には概ね以下のように整理できる。第一に, 株式保有について, 企業結合審査の対象となる場合が明らかにされたことが指摘される。株式保有は, ①株式所有会社の属する企業結合集団に属する会社等の合計で, 株式発行会社の総株主の議決権の50パーセント超を保有する場合, ②同様の企業結合集団ベースで株式発行会社の総株主の議決権の20パーセント超を保有し, かつその順位が単独で第1位となる場合は, 企業結合審査の対象となるとされている。

今般の改正において, これらの場合以外には, 通常は, 企業結合審査の対象にならない場合が多いこと, 株式所有会社単体で株式発行会社の総株主の議決権に占める株式所有会社の保有する株式に係る議決権割合が, 10パーセント以下またはその順位が4位以下の場合には, 企業結合審査の対象にならないこ

とが明らかにされた。

　このことにより，議決権保有比率が10パーセントを超える場合で，かつその順位が第3位以内の場合には，議決権保有比率の程度，株主相互間の関係等が考慮されたうえで，審査の対象となりうる場合があることについては特に変更があるとはいえないが，議決権保有比率が10パーセントを超える場合に原則として審査対象となりえるという誤解を生ずる可能性が払拭されたと解することもできる[23]。

　第二に，一定の取引分野の考え方において，地理的市場につき，世界（または東アジア市場）が画定され得ることが明示された。一定の取引分野については地理的範囲が，需要者からみた各地域で供給される商品の代替性の観点から判断され，商品の範囲と同様に画定されることが確認されている。供給される商品の代替性は，需要者及び供給者の行動や当該商品の輸送に係る問題の有無等から判断できることが多いとされる。

　また，需要者及び供給者の行動や当該商品の輸送に係る問題の有無等について評価を行う際の考慮事項として，供給者の事業地域，需要者の買い回る範囲や供給者の販売網等の事業地域及び供給能力等，商品の特性，輸送手段・費用等が挙げられている[24]。

　ここにもみられるように，企業結合ガイドラインは，一定の取引分野の地理的範囲についても，所謂SSNIPテストの考え方を採用している。さらに，この考え方を国境を超えて画定される場合においても踏襲することになっている。

　特に，代替性の観点から，内外の需要者が内外の供給者を差別することなく取引しているような場合には，日本において価格が引き上げられたとしても，海外の供給者にも当該商品の購入を代替しうるために日本における価格引上げが妨げられることがあり得るので，このような場合には，国境を超えた地理的範囲が適用されることが示されている[25]。

　そのうえで，主要な供給者が，世界（又は東アジア）の販売地域で同等の価格で販売している場合などにおいて需要者が同様に世界（又は東アジア）各地

---

23)　前掲注7) 小林「企業結合規制の見直しについて」6頁。
24)　「ガイドライン」第2.3 (1) ア～ウ。
25)　「ガイドライン」第2.3 (2)。

の供給者から主要な調達先を選定しているような場合に，世界市場（又は東アジア）市場が画定されうることが示されている。

　第三に，問題解消措置が従来に増して明確化されたことである。当該企業結合が，一定の取引分野における競争を実質的に制限することとなる場合には，原則として結合は認められないことになるが，当事会社が一定の適切な措置を講じることにより問題を解消できる場合があり，これが一般的には，問題解消措置と呼ばれている。

　これについて，ガイドラインは，問題解消措置は，原則として当該合併等が，実行される前に講じられるものであるとされるものの，やむを得ず実行後に講じることになる場合には，その期限が適切かつ明確に定められていることが必要であるとしている。

　以上において整理した3点の主な改正点のうち上記の，第二，及び第三につき個別に検討する。

2　地理的市場の画定

　従来一般的には，一定の取引分野の画定にあたり，外国所在の需要者の存在を想定した，いわゆる世界市場の認定は困難であると解されてきたが，日本の需要者と世界各国の供者から構成される市場を画定することはあり得ることになる[26]。この可能性を示した事例を以下で検討する。

　(i)　「ソニー株式会社と日本電気株式会社による光ディスクドライブ事業に係る合弁会社の設立」[27]　　本件は，ソニー株式会社（以下「ソニー」という。）と日本電気株式会社（以下「NEC」という。）が共同新設分割による光ディスクドライブ事業に関する合弁会社を設立することを計画したことにつき，一

---

[26] この点に関連して，世界各国の需要者と世界各国の供給者からなる世界市場を画定しうるかについては検討を要する。日本の独占禁止法の保護法益を「日本の需要者」に限定する場合には，このような市場の画定はなされるべきではないことになる。しかしながら，国際カルテル事件において，実質的には日本の供給者をも独占禁止法の保護法益ととらえこの保護のために同法を適用したように解されるととらえる見解もある。舟田正之「化合繊国際カルテル事件」公正取引285号37〜40頁（1972）参照。なお本文における後述の事例(ii)，(vii)では，需要者，供給者が世界規模で数社存在し，取引が実質的に世界で展開されている実態をとらえて世界市場を認定しており，需要者が我が国であるか否かの点に必ずしも着目していないようにも解しうる。

定の取引分野の画定について，当事会社が光ディスクドライブメーカーである一方で，光ディスクドライブ用部品メーカーでもあることから，前者について水平型，後者との関係では光ディスクドライブメーカーと部品メーカーとの企業結合の側面を有することから垂直型であるとしてそれぞれの側面から検討がなされた。

商品範囲については，光ディスクドライブとして，当事会社が，CD-ROM，CD-R/RW，DVD-ROM，COMBO 及び DVD±RW の量産・販売を行っていること，これら5種のドライブは，使用できる光ディスクの種類・機能に差異があることから，5種それぞれに一定の取引分野を画定している。

地理的範囲については，大手パソコンメーカーが，全世界における需要を本社で一括して調達し，光ディスクメーカーが設定する製品価格が世界的に統一されており，世界各地の複数のドライブメーカーから見積もりをとるなどしていることから，世界全体で一つの市場が形成されている実態にあるものであるとされた。その上で，光ディスクドライブメーカーと大手パソコンメーカーとの間での世界レベルでの取引に与える影響の分析を踏まえて，国内の取引に与える影響を判断する手法が採られている。

また垂直型企業統合の観点からは，光ディスクドライブメーカーが，光ピックアップとフロントエンド LSI を調達して光ディスクドライブの製造・販売を行っていることからこれを上流市場とし，光ディスクの製造・販売市場を下流市場と位置づけている。

その上で，一定の取引分野については，全国で画定することとしているが，川下市場における光ディスクメーカー等，川上市場における光ピックアップメーカー及びフロントエンド LSI メーカーの実質的な製造販売拠点がアジアにあり，取引先選定の過程で輸送コストが問題になることはないことから，これら部品の販売・調達が世界的に行われており，実態として世界全体で一つの市場が形成されると判断されている。

この事例では，一般論として国内市場を分析の出発点としつつも例外的に世界市場を認めることもありうることが示されているように思われる。

---

27) 公取委平成 17 年度における主要な企業結合事例　事例 8　http://www.jftc.go.jp/ma/jirei2/H17jirei8.html

(ⅱ) 「株式会社 SUMCO によるコマツ電子金属株式会社株式取得」[28]
　本件では，半導体用シリコンウェーハの製造販売事業を営む株式会社 SUMCO がコマツ電子金属株式会社の株式を取得することを計画したことに対し，公取委は，地理的範囲の認定にあたり，ウェーハがいずれの国籍によるかを問わず，世界各地のメーカーから調達を行っており，本体価格については，いずれの地域向けであっても，同一価格で販売されていることから，ウェーハについては，日本市場を含む世界全体で一つの市場が形成されると考え方が示されている。

　公取委は，この立場を基点として，本件企業結合について，ウェーハメーカーと半導体メーカーと世界レベルでの取引に与える影響を分析している。このことから，本件では，世界市場を基点にしつつ，わが国における影響が分析されたことになる。

(ⅲ) 「Seagate Technology による Maxtor Corporation 子会社化について」[29]　本件では，Seagate Technology が自社の新設子会社を通じて，Maxtor Corporation の株式を取得し，その上で，当該新設会社とマックストアを合併させることにより子会社化することを計画した。

　本件における当事会社は，共にハードディスク（以下「HDD」という。）メーカーであるが，全世界における主要メーカーは当事会社の他に5社が存在する状況にあり，全世界のユーザーは，当事会社を含む主要メーカーから，HDD を調達していた。

　HDD は，いずれの国籍のメーカーであっても性能・品質等に差がないことなどからユーザーは，国籍を問わず，自らが必要とする条件等を充足する場合には，HDD メーカーを世界各地から選定した上で取引を行ってきたという状況にあった。この点に加え，いずれの地域向けのものであっても，同一の価格で販売していた。

　これらのことから本事例においては，地理的市場につき実態として，日本市場を含む世界全体で地理的市場が画定されることになった。

---

28)　公取委平成 18 年度における主要な結合事例　事例 5　http://www.jftc.go.jp/ma/jirei2/H18jirei5.html

29)　公取委平成 18 年度における主要な結合事例　事例 9　http://www.jftc.go.jp/ma/jirei2/H18jirei9.html

そのうえで，世界市場における競争を分析した結果，「日本の需要が海外の供給者からのHDDの購入に代替し得るために，日本における価格引上げは行えない状況」[30]にあると認定している。

　(iv)　「新日本石油（株）と新日鉱ホールディングス（株）の経営統合」[31]
　本件では，標記2社が，持株会社を設立することにより経営統合を行うものが対象となった。当会社間で競合する29品目のうち，競争に及ぼす影響が大きいと考えられるものとして，ガソリン，ニードルコークス，パラキシレン，ナフサが挙げられている。

　このうち，パラキシレンにつき，アジア地域が地理的市場として画定されるに至っている。これは，アジア地域において統一の指標価格が存在しており，これに基づいて価格が決定されること，日本を含むアジア地域でのこのユーザーは，輸入障壁が低いことから比較的に容易に輸入できること等が根拠とされる。

　ニードルコークスについては，このメーカーが海外に2社存在するものの，供給能力の点で日本のユーザーに供給していないこと，日本のユーザーにとっても，品質の問題で，輸入品が国内品の代替品とはならないことなどの理由で，地理的市場については，日本全体で画定されている。

　(v)　「NECエレクトロニクス（株）及び（株）ルネサステクノロジの合併」[32]　本件では，10の商品市場を画定したうえで，地理的市場については，これらのうち，5商品（SRAM，MCU，ドライバ，トランジスタ，サイリスタ）の主要半導体メーカーは，製造拠点，販売・技術サポート拠点を概ね世界規模で設置していること，販売地域における価格差が設けられていないこと，輸送コストが非常に安く，各メーカーにおいて輸送コストに差がない上，関税障壁も存在しないことなどから世界全体が地理的範囲として画定されている。

　上記5商品以外の5商品（MPU，ASIC/ASSP，ASIC/ASSP及びMCU，ASIC/

---

30)　前掲第3-2（2）キ。
31)　公取委平成21年度における主要な結合事例　事例2　http://www.jftc.go.jp/dk/kiketsu/jirei/h21mokuji/h21jirei2.html
32)　公取委平成21年度における主要な結合事例　事例6　http://www.jftc.go.jp/ma/jirei2/H21jirei6.html

ASSP, MPU及びMCU及びダイオード)については，取引の状況が上記5商品と同様であるものの，日本全国，世界全体のいずれの地理市場を画定しても，HHIの行為前の水準，行為による増分いずれにおいてもセーフハーバー基準に該当すると解され，地理的市場を画定するまでもなく，競争を実質的に制限することとはならないと判断されている。

　(vi)「ビィーエイチピィー・ビリトン・ピィーエルシー及びビィーエイチピィー・ビリトン・リミテッド並びにリオ・ティント・ピィーエルシー及びリオ・ティント・リミテッドによる鉄鉱石の生産ジョイントベンチャーの設立」[33]　本件は，鉄鋼石などの採掘及び販売を営むビーエイチピー・ビリトン・ピーエルシー及びビーエイチピー・ビリトン・リミテッド並びにリオ・ティント・ピーエルシー及びリオ・ティント・リミテッドが，西オーストラリアでの鉄鉱石の生産ジョイントベンチャー（以下「本件JV」という。）の設立を計画したものであった。

　本件JVは，当事会社が公取委に事前相談を行い，公取委により，第一次審査が行われたが，さらに詳細な審査が必要であると判断されたため，第二次審査に移行した。公取委は，第二次審査において，詳細な検討を行なったが，当事会社に対し，世界海上貿易によって供給される鉄鉱石の塊鉱及び粉鉱の生産・販売事業につき，本件JVの設立により競争が実質的に制限されることとなると考える旨の問題点の指摘を行った。その後当事会社がJV設立計画を撤回するに至ったため，本件審査は中止された。

　本件における地理的市場については，対象となる商品が鉄鋼石であり，わが国国内においては生産されておらず，全てが海上貿易によって供給されているという実態がある。このことと併せて，供給者・需要共地域を限定することなく，取引が行なわれていることなどから，世界海貿易市場が画定されている。

　(vii)「ハードディスクドライブ製造販売業者の統合計画」[34]　本件では，2件の統合計画が対象とされている。即ち，「ウエスタン・デジタル・アイルランド・リミテッドによるヴィヴィティ・テクノロジーズ・リミテッドの株式取得」及び「シーゲイト・テクノロジー・インターナショナルによるサムス

---

[33] 公取委平成22年度における主要な結合事例　事例1　http://www.jftc.go.jp/pressrelease/11.june/110621zirei.pdf　なお本件の詳細については，本章第3節参照。

ン・エレクトロニクス・カンパニー・リミテッドのHDD事業の譲受け」である。

前者は，HDDを製造する子会社を統括する事業を営むウエスタン・デジタル・アイルランド・リミテッド（以下「WDI」という。）がHDDを製造・販売する子会社を統括するヴィヴィティ・テクノロジーズ・リミテッドの全ての株式を取得することを計画した事例である。

WDIが，本件株式取得が競争を実質的に制限することとはならないと考える旨の意見書等を自発的に公取委に提出し，その後株式取得に関する計画の届出をおこなったため，公取委が審査を開始したという経緯があった。

後者は，シーゲイトテクノロジー・インターナショナル（以下「STI」という。）が，サムスン・エレクトロニクス・カンパニー・リミテッドのHDD事業を譲り受けることを計画した事例である。この件につき，STIにより，公取委に計画が届出られたため，審査が開始されることになったという経緯があった。

両事例はいずれも，一次審査の結果，より詳細な審査が必要であるとされ，二次審査が開始されるに至っている。前者につき，特定商品（家電向け3.5インチHDD）市場について，本件株式取得が競争を実質的に制限する恐れがあるものであるとされ，WDIが問題解消措置を提案し，これが勘案されることにより，結果的には本件株式取得は，認められることになった。後者については，前者と同様の特定商品市場における問題が指摘され，同様に本件事業譲り受けも認められることになった。

本件における地理的範囲については，HDDの製造販売業者が，世界全体で実質的に同等の価格でHDDを販売しており，需要者が国内外のHDDメーカーを差別することなく取引を行っていることなどから，「世界全体」において画定されている。

Ⅳ 世界市場の画定

企業活動は近年の傾向として，国際的に展開されてきており，グローバル化

---

34) 公取委平成23年度における主要な結合事例 事例6 http://www.jftc.go.jp/ma/jirei2/H23nendo.pdf

してきている。このことから，国際競争力の強化が必要であり，そのための手段としての企業結合は有効であるとの議論も散見されるが，これが，所謂世界市場の画定の問題として議論されてきた。

　企業結合規制にかかる世界市場の画定については，平成19年のガイドライン一部改正によるまでは，公取委は，基本的に地理的範囲の枠組みを，日本国内を脱して拡大することには消極的立場を採ってきた。需要や供給の代替性が国外に及ぶ場合には，外国事業者からの輸入量，国内向けに転換可能な国内事業者の輸出量等を考慮する形で対応してきていた[35]。

　仮に，世界市場の画定を積極的に解する場合においても，日本企業が海外市場における競争力を強化するなどの観点から，国内市場における市場支配力の形成・維持・強化については，考慮されるべきではないと捉えるべきではない。市場の画定は本質的にあくまでもわが国の需要者に対する影響を測定するためになされるべきことになる。

　ガイドラインは，国境を超えた地理的市場の画定について，明言することになったのであるが，わが国市場を主体として捉えており，国内外の需要者が，国内外の供給者を差別なく取引しているような場合には，海外の供給者から供給を受ける可能性が生じ得ることから，国内での価格引き上げが妨げられ得ることに鑑みて，このような場合へのいわゆる世界市場が画定され得ることが明記される[36]に至ったものと解される。

　先に概観した事例においてもこの考え方はみられるところである。企業結合規制における「一定の取引分野」は，解釈論上の観点からすればわが国市場が前提とされるのであって，世界市場を想定するには，日本の需要者と世界各国の供給者から構成される市場という位置づけでなされるべきことになる。この点につき，いわゆる「需要者国内型世界市場」と，いわゆる「需要者外国所在型世界市場」とは区別してとらえるべきであり後者の市場画定は妥当ではないとする見解[37]があるが，ガイドライン及び先の事例はこの考え方を踏襲するものであるともいえる。

---

35) 金井貴嗣ほか『独占禁止法』（弘文堂，第3版，2010年）第6章3節197～198頁（武田邦宣執筆部分）参照。
36) 「企業結合ガイドライン」第2の3 (2)。

V　問題解消措置

　ガイドラインでは，問題解消措置につき，「競争の実質的制限を解消する措置」として示されている[38]。ここでは，企業結合が一定の取引分野における競争を実質的に制限することとなる場合でも，一定の適切な措置を講じることによって，問題を解消できる場合があるとし，これを問題解消措置と位置付けている。

　問題解消措置はこの定義に照らすならば，原則として当該結合が実行される前に講じられることが必要であると考えられるが，ガイドラインでは，このことを確認しつつも，結合実行後に措置を講ずることとなる場合についても言及している。

　この場合には，措置を講ずる期限が適切かつ，明確に定められることが必要であるとされ，事業部門の譲渡を内容とする措置を講ずる場合には，事前に譲受先等が決定されていることが望ましくそうでない場合は，譲受先等について，公取委の事前の承認を得ることが必要となる場合があるとされている。

　ガイドラインでは，問題解消措置をこのようにとらえたうえで，「事業譲渡等」及び「その他」に類型化し，具体的に考えられる措置が説明されている。「その他」については，さらに「輸入・参入を促進する措置等」及び「当事会社グループの行動に関する措置」に分けられている。

　「事業譲渡等」については，新規の独立した競争者の創出・既存の競争者が有効な牽制力を有することとなる点で，最も有効な措置であるとされている。そのうえで，当事会社グループの事業部門の全部又は一部譲渡，結合関係の解消，第三者との業務提携の解消などが挙げられている。

　「輸入・参入を促進する措置等」については，譲受先が容易に出現する状況にないなどの理由で，先の事業譲渡等を講ずることができないと認められる場合の措置として示されている。具体的には，輸入に必要な貯蔵設備や物流サービス部門等を当事会社グループが有している場合にそれらを輸入業者等が利用できるようにし，輸入を促進することなどが示されている。

---

37)　林秀弥『企業結合規制――独占禁止法による競争評価の理論』（商事法務，2011年）57頁。
38)　「企業結合ガイドライン」第6。

「当事会社グループの行動に関する措置」については，具体的には，商品の生産を共同出資会社で行い，販売は出資会社がそれぞれ行う場合における結合につき，両社間及び出資会社・共同出資会社間での当該商品を販売に関する情報交換の遮断などが挙げられている。

VI 米国における企業結合規制の概要

水平型ガイドライン[39]においては，クレイトン法7条，シャーマン法1条及び2条，FTC法5条を関連規定とする水平合併の規制について，特にクレイトン法7条の「競争を実質的に制限することとなる（substantially to lessen competition）」結合に対する規制の指針を示すものとして位置づけることができる。

水平型企業結合ガイドラインは，1968年の司法省の採択を基点とし，1982年，1992年[40] 1997年[41]の改定を経て，2010年の改定によって現在のガイドラインとなっている。

現行ガイドラインは，企業結合分析を，単一の手法を用いるのみならず，証拠の取扱いにつき，様々な手法を採り得ることが示されていることに特徴があり，これに関連して，反競争効果の証拠についての節[42]を付加している。この節では，競争当局の経験則上の観点から，合併によって生じる効果の予測についての証拠を，網羅的ではないが，カテゴライズしたうえでの記載がなされている。

ガイドラインによれば証拠の類型として，①合併によって観察される現実の影響（Actual Effects Observed in Consummated Mergers），②経験に基づく直接の比較（Direct Comparisons Based on Experience），③関連市場におけるマーケットシェア及び集中度（Market Shares and Concentration in a Relevant Market），

---

39) U.S. Department of Justice and the Federal Trade Commission "Horizontal Merger Guidelines" (2010 Aug.).
40) なお，この改定において，司法省と連邦取引委員会の共同ガイドラインとなった。
41) この改定は，効率性に関する項目の追加を特徴とする。
42) 「ガイドライン」2.1. Types of Evidence.

④実質的な直接競争（Substantial Head-to-Head Competition），⑤合併当事者の破壊的な役割（Disruptive Role of a Merging Party）が挙げられている。

①は，合併により反競争効果が既に生じているか否かではなく，将来的な効果をも評価するということが示されている。②は，所謂，自然実験（natural experiment）についての検討が示されている。ここでは，競争当局が，近年の合併，参入等について調査しており，これらが有益な情報となることが示されている。③では，競争当局は，関連市場における当事会社の市場シェア，集中の程度，集中の変化を重視することが示されている。④では，競争当局は，当事会社が，合併がなければ実質的な競争者であったかその可能性があったか否かを考慮すること示されている。⑤では競争当局が，顧客の便益に対しての破壊的な役割を果たしうる可能性のある企業を排除することによって当該合併が競争を減殺するおそれがあるか否かが考慮されることが示されている。

このようにガイドラインでは，競争当局が従来直面してきた事例の蓄積を通じて，証拠の取扱い及び立証方法が明確化されているといえる。さらにガイドラインでは，市場の画定について，それ自体を目的とせず，合併分析の基点となりうること，合併が行われる場での競争上の効果が検討される範囲を示すものとして有効なツールとなることを確認しつつも，市場画定自体の重要性・必要性については，縮小的に解されることになっている[43]。

ガイドラインにおける市場画定の役割につき，競争上の問題をとらえる際の商業分野や，地理的範囲を特定するために有用であり，この画定により，競争当局は参加者，マーケットシェア，市場集中が認識されることが確認されている。

しかしながら，競争当局の分析は，必ずしも，この市場画定から始められる必要はないことになる。即ち，市場の画定の重要性が縮小したと位置づけることができる[44]。ガイドラインは，競争当局が競争効果を評価するにあたって利用される分析ツールの中には，市場の画定に依拠しなくとも利用可能であることを示していることになる。

現行2010年ガイドラインは，1992年ガイドラインに比して，市場支配力分

---

43)「ガイドライン」 Section 4.

析の手法等について大きな変更がなされている。1992年ガイドラインでは，①画定された市場における集中の増加の評価，②反競争効果の発生，③参入分析，④効率性，⑤破綻の可能性のいわゆる5段階分析が示されていた[45]が，この分析枠組が放棄変更されることになった。この背景には，経済分析の手法が発展してきたこと，それに伴って証拠の収集の容易さが増してきたことが挙げられる[46]。この5段階分析を経ない分析手法は，数量的データを用いることで，従来標準的に考えられてきた市場画定を経る企業結合規制の分析手法の問題点を解消しうるものととらえられている。

　この分析手法は，①転換率分析，②UPPによる分析，③合併シミュレーション，④オークション理論などの単独効果分析と協調効果分析に分けられる。

　①は，商品価格上昇時に，別の商品への転換割合を示す数値として用いられる転換率による分析である。②は，合併により価格が引き上げられるか否かを示す指標UPP（Upward Pricing Pressure）であり，価格上昇圧力を生じる合併を定量的に選び出す指標を用いた分析である。③は，価格に焦点をあてた上で，当該企業結合が産業にもたらす効果を予見することを目的として，商品の需要関数，各商品の費用関数または限界費用関数等の情報を用いて各種の情報や仮定を企業行動と結び付けた分析である。すなわち，この分析手法では，結合後の産業をモデル化しこのモデルに基づいて，結合後の価格が決定され，ここで得られた（予測の）価格と結合前の価格を比較することによって，起こりうる結合の効果が推定されることになる。④は，入札市場が，売り手買い手の間において，特定の交渉によって取引先や取引価格が決定されるため，入札対象商品・役務市場における企業結合審査において，特定の考慮がなされるべきであるとされることに鑑みた分析である。

　協調効果分析は，単独効果分析に比べると，焦点を絞った分析がなされにくい状況にある。これに伴って明確なモデル構築や分析が進展していないともと

44）「ガイドライン」では，分析手法が1つではないことが示されている。個別事案ごとの事実を基にして，様々な経済分析のツールを使用することによって，実質的な競争効果の分析がなされることが明らかにされている。
45）FTC&DOJ "1992 Horizontal Merger Guidelines, §0.2
46）瀬領真吾「企業結合規制における市場支配力の新展開」日本経済法学会年報第33号通巻55号（2012）20頁。

らえられる。このことからも，協調効果分析に関連して，ガイドラインでは大きな変更がなされていない。

以上のように，企業結合規制は，従前のように市場の画定をかならずしも分析の出発点にするものとは解されない状況になってきている。

とはいえ，分析手法として市場の画定が必要になる事案もある。従って，ガイドラインでは，市場画定につき以下の2つの役割が示されている[47]。即ち第一に，市場画定は，競争上の懸念が生じうる商業分野や地理的範囲を特定することへの有用性が挙げられる。第二に，市場画定により，競争当局は，市場参加者，マーケットシェア，市場集中などを認識することができるようになることが挙げられている。

具体的な地理的市場の画定については，基本的には輸送コスト（transportation cost）に依拠してなされるとされる。その他の考慮要因としては，言語（language），規制，貿易の障壁の有無，慣習（custom）と親交関係（familiarity），評判，サービスの利用可能性が挙げられ，これらが遠距離，国際取引を阻害するか否かの点での判断要因であるとされる。外国企業の競争上の重要性は，様々な交換比率（exchange rate），特に近時における交換比率の変動の観点から判断されることになる[48]。

顧客の位置（customer location）に基づく価格差別が存在しない場合には，競争当局は，通常，供給者の位置（locations of suppliers）によって，地理的市場が画定されることになる[49]。

---

[47] ガイドラインにおける市場画定の手法は，従来概ね以下のように行われてきたと解される。企業結合当事会社が製造する製品市場を暫定市場としてとらえ，ここにおける利益最大化を図る仮定における唯一の独占者を想定し，この仮定される独占者が現行の価格を基準として，「小幅ではあるが意味のある一時的ではない価格の引き上げ（SSNIP: Small but Significant and Non-transitory Increase in Price）を行うものとして，買い手の需要面での反応をみることになる。この価格引き上げによって，多数の買い手が，多数において他の代替品を購入することが考えられる場合には，当該価格引き上げは利益にならないことになり，さらに当該製品の次善の代替品を含めてそれらの製品に対して，再度 SSNIP を行って利潤となるかを検証し，この SSNIP を行っても利潤となり得るまで，このプロセスを継続する。基本的にはこの方法によって市場の画定がなされるとされてきており，この方法を用いるという考え方自体は，基本的には踏襲しているということはできる。そのうえで，2010年ガイドラインでは，この SSNIP テストについて，最新の分析手法が説明され，競争当局が実務上如何に利用しているかが示されている。この点詳細につき，「ガイドライン」4.1.3 参照。

その他の場合には，提示された価格（delivered pricing）がよく利用される場合のように，顧客の位置に基づく価格差別がみられる場合には，その顧客に基づいて地理的市場が画定されることになる。仮定的独占者が，顧客の場所に基づく差別的扱いをなし得る場合に競争当局は，このターゲットとされる顧客に基づく地理的市場が画定されることになる[50]。

　仮想的独占者テストは，仮定的利益最大化企業（hypothetical profit-maximizing firm）が，関連市場における現在又は未来関連商品の販売者が少なくとも当該地域における顧客に対するSSNIPを課しうることがもとめられる。この価格引き上げが，関連製品からの代替製品によって打ち負かされない場合に，その地域は，関連地理的市場として画定されることになる[51]。

　地理的市場が顧客の場に基づいて画定される場合，これらの顧客に対する販売は，当該販売を行う供給者の場に関係なくカウントされることになる[52]。

　以上において，米国水平型ガイドラインを概観してきた。地理的市場の画定について，所謂世界市場の画定について，明示的に提示されているわけではないが，世界市場の画定についての可能性は排除されるものではないように思われる[53]。

　問題解消措置に関連するガイドラインについては，司法省による「企業結合の問題解消措置に関するポリシーガイド」（Policy Guide to Merger Remedies）[54]

---

48)　「ガイドライン」Section 4.2.
49)　この市場画定方法では，販売が行われている場が重視される。顧客が，商品・役務を供給者の存在する場において取得する場合にこの画定方法が用いられることになる。これによって画定される市場においての競争者は，関連製品・販売拠点・役務施設等をここに有していることになる。これらの事業者からの購入者たる顧客は，地理的市場の枠外に存在することもあり得る。この画定においてもいわゆるSSNIPテストが用いられることになるが，この際に想定される地理的市場において課される関連製品価格の上昇については，以下のような証拠が考慮されることになる。即ち，価格その他の条件の変更に対して，異なる地理的市場間で顧客購買が，過去においてどのように変化したか・製品を転換することの困難性とそのコスト（又は顧客が，販売者の場所まで移動することの困難性とそのコスト・供給者がサービスやサポートを供するために，顧客の場所との近接性が要されるか否か・価格の実質的な変化，またはその他の競争上の変動に対して反応する地理的範囲における顧客の移動に関する経営判断に供給者が依拠するか否かの証拠・候補とされる地理的市場における供給者から，候補とされる地理的市場の外の供給者への転換の遅延及びそのコスト・アウトプットマーケットにおいて顧客に対して直面する下流市場での競争への影響，である。
50)　ガイドライン4.2.2.

がある。ここでは，問題解消措置の類型化がなされることで，措置設計の指針を示すことが試みられている。

特に確実性の確保の観点等から，原則的には行動措置ではなく構造措置が採られるべきことが示されており，これに基づいて効率性を可能な限りで保護しつつ，反競争効果に対して，法及び経済原則に照らして当該措置が採られるべきものとされている。

VII EUにおける企業結合規制の概要

企業結合の規制は，理事会規則[55]（2004年5月施行）によってなされている。企業結合は，「共同体規模（Community dimension）」を有する場合に規制対象となる。この共同体規模の要件は，①当事者全ての全世界での売上高合計が50億ユーロを超える，②当事者の少なくとも2社の共同体内での売上高が各々2億5000万ユーロを超える，③当事者のいずれも共同体内売上高のうち3分の2超を同一加盟国内で得ていないこと，の全てを充足する場合である。

基本的には，規制対象となる企業結合は，共同体市場と両立するか否かが判断の評価とされる。これが否定される場合には，欧州委員会により，当該企業結合の解消，取得した全ての株式，財産の処分その他必要される措置が命じら

---

51) これに関連する例として，以下が挙げられている。顧客が，地域販売及びサポートを必要としている。供給業者は，販売・サービス運営を多くの地理的範囲で展開しており，顧客の地域に応じて差別的取扱いをしている。この場合の地理的市場は，顧客の場所によって画定されることになる。「ガイドライン」4.2.2 Example 13 参照。

52) *See, supra* note 47.

53) なお，ガイドラインでは，地理的市場の画定については，米国内の顧客との関連でなされるとされつつも，例えば，会社Xが関連製品を米国の外で製造し，ほとんどの販売が米国外でなされたとする場合，多くの場合において，Xのマーケットシェアは，トータルセールスではなく，米国の顧客に対する販売が基準とされる旨が示されている。しかし，関連製品が均質的であり，Xが，SSNIPに対するサンクコストを被ることなく即座に米国の顧客に販売を展開できる場合には，競争当局は，Xの米国の顧客に直ちに供給できる能力に基づいて，Xのマーケットシェアをとらえることになるとしている。

54) U.S. Department of Justice, Antitrust Division "Policy Guide to Merger Remedies" (Oct. 2004).

55) Council Regulation No 139/2004 of January 2004 on the control of concentrations between undertakings (the EC Merger Regulation) OJL24, 29.1.2004.

れることになる[56]。

　集中度に関連して，企業結合ガイドラインによれば，これが共同体市場又はその実質的な部分における効果的な競争を阻害するものでなければ，特にこれが支配的地位を形成・強化することの結果であったとしても，共同体市場の理念に合致するものと解されることになる[57]。

　しかしながら，ここにいう支配的地位については必ずしも明らかではないものととらえられてきた。この点に関連して欧州委員会は，企業結合規則が寡占的市場支配的地位を規制できることを明らかにしたことがあった[58]が，本件では，条件付き承認事例であったことから，支配的地位の規制についての可能性につき必ずしも正面から争われたわけではなかったものと解される[59]。

　市場支配的地位の規制についての具体的規制がないことから，判例理論の形成によって一定のルール形成がなされてきた[60]が，企業結合規制の見直しがはかられることになった。この結果として現行企業結合規則では，従来の所謂，支配的地位（dominance）基準から，有効な競争の著しい阻害（SIEC: significant impediment of effective competition）基準へと移行[61]させてきた。

　2003 年，欧州委員会は，企業結合規則の改定版を採択したことに併せて，「水平型企業結合の評価に関するガイドライン」[62]を公表した。さらに，非水平型企業結合についても世界最初の包括的ガイドライン[63]が公表されるに至っている。これに続けて，企業結合の問題解消措置（remedy）に関する告示[64]，資産譲渡の確約に関するベスト・プラクティス・ガイドラインが公表されてきている[65]。このガイドラインは，企業結合審査における，問題解消措置を採ることについての確約を欧州委員会に申し出ることができ，これに対して委員会

---

56) 企業結合規則 8 条。
57) 企業結合規則 2 条 3。
58) Case No. IV/M. 190 Nestle/Perrier, O. J. L365/1 (5 Dec. 1992).
59) 林・前掲注 37) 295 頁。
60) この間の判例理論については，林・前掲注 37) 295～296 頁参照。
61) なお，この点に関連して，EU の合併評価基準の改訂は，米国反トラスト法におけるいわゆる実質的競争制限（SLC: Substantial Lessening Competition）基準が念頭に置かれつつ，これを支配的地位の基準に付加したものと解することもできる。平川幸彦「企業活動のグローバル化・市場の寡占化に伴う企業結合規制の再検討」電気通信普及財団研究助成報告書第 20 号 (2005 年) 69 頁参照。

が措置の妥当性を審査することが示され，この措置の申し出及びその交渉についての効率性の向上などが目的とされている。

また企業結合審査の手続について，欧州委員会は，2004年1月に「EU企業結合規制手続の実施に関するベスト・プラクティス・ガイドライン」[66]を公表した。このガイドラインでは，企業結合審査手続の理解を高めることによって，審査手続の効率性の向上等が目的とされている。

このようなEUでの展開に並行して，2002年10月30日には，欧州委員会と米国司法省・連邦取引委員会は，両競争当局間における協力に関するベストプラクティスを公表するに至っている。このベストプラクティスは，今日のグローバル・エコノミーという状況において，国際取引が，EU及び米国での審査対象になる可能性があり，双方間の可能な限り抵触を回避する必要性があることなどから，両執行当局の企業結合審査の協働を図り，企業結合審査の全体的な透明性を増加させること等が主な目的とされている。

このような目的のもとに，両執行当局間での協働の時機，証拠の収集及びその評価，相互のコミュニケーション，問題解消措置・和解について示されている。

特に，証拠の収集及び評価について，競争当局は，互いに審査の全過程について，協働すること，具体的には，公的に入手可能な情報の共有，様々な審査段階での分析を尊重しあうことなどが示されている。

また競争当局相互のコミュニケーションについては，具体的には，米国執行当局が措置をとらずに調査を終了前・米国執行当局が，セカンドリクエストを行う前・EUにおいて，遅くともフェーズⅠ開始3週間前・EUがフェーズⅡを開始する前またはフェーズⅡに進まずに合併を承認する前・EUが異議告知

---

62) Guidelines on the assessment of horizontal mergers under the Council Regulation on the control of concentration between undertakings, OJC31, 5. 2. 2004.

63) Guidelines on the assessment of non-horizontal mergers under the Council Regulation on the control of concentration between undertakings, OJC265, 18. 10. 2008.

64) Commission Notice on remedies acceptable under the Council Regulation (EU) No139/2004 and under Commission Regulation (EU) No 802/2004, OJC267, 22. 10. 2008.

65) Best Practice Guidelines: The Commission's Model Texts for Divestiture Commitments and the Trustee Mandate under the EU Merger Regulation.

66) DG COMPETITION, Best Practices on the conduct of EU merger control proceedings.

書（Statement of Objections）を発することなくフェーズⅡを終了する前または異議告知書が発せられることが予想される約2週間前・合併当事者による問題解消措置の交渉が行われるときなどとされている。これにより両執行当局間での調査についての連携が、理念に留まらず実効性の高いものとなるように明確化されているといえる。

　この点に関連して、このガイドラインに先立ち、「EUと米国の競争法に関する協力協定[67]」も締結されており、これらによって、EUと米国の企業結合規則は、平準化の方向に進展しているととらえることもできる[68]。

　以上のように、EUの企業結合規制は、特に水平的企業結合規制につき、米国における規制とほぼ同様であると解される。市場の画定についても、代替性による手法という点では差異を有するものではない。

　地理的市場の画定については、行政上の規制や輸送費用の差異によって競争条件が変化するような場合には、関連市場は区分されることに繋がるが、行政上の規制は、EUでは加盟国の政府規制の問題との関連を有することになる。この点についても、米国におけるのと大きな差異を有するものではないといえる。

　問題解消措置については、2001年12月に「問題解消措置に関する告示」[69]が公表されている。この告示では、主として市場支配地位の強化により歪曲化された有効な競争を回復することを問題解消措置の目的であるとしており、資産の処分（Divestiture）を中心に類型化したうえで、具体例が示されている。

---

[67] Agreement between the European Communities and the Government of the United States of America on the Application of Positive Commity Principles in the Enforcement of their Competition Laws, OJ L173/28.
　なおこの協定は、1991年に制定されたが、1998年に改定されている。

[68] 競争法の執行に係るハーモナイゼーションの潮流の中で、企業結合規制の相違が、実務上も縮小されつつあると位置づけることができる。しかしながら、垂直的企業規制・混合的結合規制については、特に経済効率性の考慮について、ハーモナイゼーションの観点からは問題が残されることにはなったといえる。EUの水平的企業結合ガイドラインは、水平的企業結合の競争制限効果につき、非協調効果と協調効果とに分類した上で、考慮事項が挙げられているが、米国の企業結合ガイドラインでは、水平的企業結合の非協調効果について、マーケットシェアとの関連が記載されているものの、EUのガイドラインではこの点の記述がなされていないなどの差異は指摘されるものの両者の企業結合分析の手法に係る大きな差異は存しないといえる。

また，2007年4月には，「問題解消措置に関する告示案」[70] が公表されるに至っており，資産の処分による措置が，反競争効果を除去するために，最も効果的であるとしたうえで，他の構造的措置も，その効果において，資産の処分と同等である場合には，有効であるとの立場が示されている。

このようにEUでは，問題解消措置を内容とする告示が制定されており，これは法的拘束力を有するものではないものの，措置内容が明確に示されているといえる。またこれに加え，先例の蓄積[71] があることからも，問題解消措置の制度設計，実効性確保が進展しているとみることもできる。

Ⅷ 結　語

以上において，わが国における合併ガイドラインの一部改正の経緯，及び改正の内容を概観してきた。そのうえで特に，地理的市場につき，所謂世界市場での画定及び，問題解消措置についてのガイドライン上でのとらえ方を検討してきた。

ガイドラインでは，地理的市場につき，世界（または東アジア市場）が画定されうることが明示された。従来，公取委の実務上は，輸入圧力，商品・役務の同一性の観点から，実質的には国境を越えた市場を画定してきた事例も存在していた。しかしながら，伝統的には，地理的市場の画定にあたっては，日本国内を脱することにつき懐疑的に解されてきた経緯があり，このことから，国境を超えた市場の画定は，解釈論として，需要者を国内に限定してとらえ，需要及び供給の代替性が国境を越える場合には，国外からの輸入量，国内向け転換可能な輸出量等を考慮するという手法が採られてきた。

---

69) Commission Notice on remedies acceptable under Council Regulation（EEC）No 4064/89 and under Commission Regulation 4064/89 and under Commission Regulation 447/98, O. J. C68/3.

70) Commission Notice on remedies acceptable under Council Regulation（EEC）No 139/2004 and under Commission Regulation（EC）No 802/2004.

71) 先例も含めた問題解消措置の詳細な比較法検討を行うものとして，田平恵「日・米・欧の企業結合審査における問題解消措置設計」同志社法学60巻1号（2008）147頁〜270頁，同「企業結合における問題解消措置の実効性確保手段――欧米の議論を中心に」同志社法学60巻5号（2008）321頁〜364頁参照。

今般のガイドラインの一部改正で，国境を越えた地理的市場の画定について明言されたことにより，企業結合規制において所謂世界市場が画定される可能性が基準として定立されたといえ，この点は評価されるべきであろう。

　米国及びEUにおいても，実務上は世界市場が画定されることはあり得るが，いずれも国内またはEU域内の需要者を中心にとらえる扱いとなっていることからしても，これらにおける競争法による企業結合規制と大きく変わるところはないが，この点も含め，企業結合審査における地理的市場の基準が明確にされたと位置づけることができる。

　問題解消措置についても，改正前のガイドラインに比して，採りうる措置内容がより明確に示されたといえる。特に，結合実行前の措置を前提としつつも，実行後の措置について，具体例が示され，さらに期限も明示されている点は評価に値するといえよう。問題解消措置について，特にEUでは告示によって，具体化がはかられているが，わが国におけるガイドラインもこれに近づいたものと位置づけることもできる。

第2節　新日本製鐵と住友金属の合併計画に対する企業結合審査——合併事例研究

東條吉純

I　背景——鉄鋼業界の国際的再編

　新日鉄・住友金属統合の背景には，1990年代後半以降の鉄鋼業の世界的再編の大きな潮流がある。このような世界規模の再編を促した要因としては，貿易・投資の世界的な自由化，中国・ブラジル等の新興経済諸国の台頭，上流市場（鉄鉱石等の資源開発），下流市場（自動車産業）の世界的寡占化の進行などが挙げられるだろう。

　戦後の鉄鋼産業の展開は，1970年代までの先進国間のプラスサム・ゲーム（第1期），1970年代半ばから1990年代後半までの停滞期及びプレーヤーの交代（第2期），1990年代後半以降の新興国主導の成長期及び世界的再編（第3期）に区分される。これを世界の鉄鋼需要の推移から見ると，1970年代から30年の長きにわたる需要横ばい期を脱して，2002年を境に毎年5〜7％の成長を遂げてきた（2008〜2009年の世界金融恐慌の需要落ち込みをのぞく）。すなわち，かつて需要不振が長期化し，成熟産業と言われた鉄鋼業は，2000年代に入って新たな成長局面を迎えている。

　同時に，1990年代以降の世界の鉄鋼産業及び市場は，従来見られなかったいくつかの特徴をもつ。第一に，ミタルスチールによるアルセロール買収（2006年），タタスチール（印）によるコーラス（英）買収（2007年）に代表されるグローバルな業界再編の進行であり，かつての「鉄は国家なり」モデルとは

一線を画している。第二に，中国の鉄鋼需要の急増を背景とした中国鉄鋼産業による大増産である。同国は，2005年以降輸入国から輸出国に転じ，現在は，世界の粗鋼生産量において実に40～45％を占めるに至るも[1]，稼働率7割以下という過剰供給能力に悩まされており[2]，中国鉄鋼産業の動向が，世界鉄鋼市場を大きく左右する不安定要因となっている。第三に，これらの動きとも関連して，鉄鋼製品分野における汎用鋼と高級鋼の二極分化の拡大がある。汎用鋼については供給過剰による相場下落が顕著となる一方で，軽量性，強度，耐蝕性，耐圧性，成形性といった需要サイドのニーズに応じて，鉄鋼製品分野の技術革新は著しく，日本鉄鋼各社は，鉄鋼需要の停滞期も含め，技術革新による製品差別化及び高級鋼に活路を見出してきたと言える[3]。

八幡・富士製鐵の合併が，上記区分の第1期かつ臨界立地と海上輸送を活用した日本鉄鋼業の躍進期（国際的な比較優位の確立期）に実施されたことと比較すると，今回の新日鉄・住金合併は，日本の鉄鋼業をとりまく厳しい競争環境の中，生き残りをかけた苦肉の策という感も強い。とくに，アルセロールを買収したミタルの次のターゲットは高い技術力を誇る日本企業であるというのが業界の共通認識であり，新日鉄＝アルセロール・ミタル間の技術提携による「休戦協定」が期限切れとなる2011年は，新日鉄と住金にとって次の一手に向けた大きな節目の年でもあり，合併への決断を後押しする大きなきっかけとなった[4]。

---

1) 2011年の世界粗鋼生産量15.1億トンに対して中国生産量6.83億トン（2位は日本の1.08億トン），2010年の世界粗鋼生産量14.2億トンに対して中国生産量6.28億トン。(社)日本鉄鋼連盟HPより＜http://www.jisf.or.jp/data/iisi/documents/worldsteel2011.pdf＞。
2) 「鉄鋼 中国に『眠れる獅子』」（日経産業新聞2010年5月27日22頁），「中国鉄鋼業 減産相次ぐ」（日本経済新聞2011年9月1日朝刊9頁）等。
3) 杉本孝「鉄鋼業における技術革新」，佐藤創編『アジアにおける鉄鋼業の発展と変容』（アジア経済研究所，2007年）23頁；永井知美「鉄鋼産業の現状と課題」『経営センサー』2007年10月号29頁（東レ経営研究所）。永井［2007］(33頁) によれば，2001～2005年の主要鉄鋼会社による自国での登録特許件数は，日本大手4社が12,028件，ポスコが3,342件，以下，アルセロール系180件，宝鋼167件と続く。また，研究開発費売上高比率で見ても，日本企業に匹敵するのはポスコ（韓）のみである。
4) 納富義宝「再編進む国際鉄鋼業——二人の鉄鋼王を通じて」，ICCS Journal of Modern Chinese Studies, Vol. 4 (1), p. 56, 62-63 (2011)。

II　本件審査に先行する企業結合審査にかかる制度改正

1　手続ルールの改正

① 「新成長戦略」（2010年6月18日閣議決定），「新成長戦略実現に向けた3段構えの経済対策」（同年9月10日閣議決定），「新成長戦略実現 2011」（2011年1月25日閣議決定）
② 2011年6月14日　合併届出規則[5]の一部改正
　　　　　　　　　　手続対応方針[6]の策定
　　　　　　　　　　事前相談対応方針[7]の廃止
　　　　　　　　　　企業結合ガイドラインの一部改正

〔手続ルールの改定〕
(a) 事前相談制度の廃止（ただし，届出前の任意の相談制度は存続）
(b) 報告等要請書の交付及び報告等を求める趣旨についての記載（届出規則8条）
(c) 当事会社の求めに応じ審査における論点等の説明（手続対応方針4）
(c) 企業結合審査の結果の当事会社への通知（届出規則9条）（合併承認の通知）
(d) 企業結合審査の結果公表（手続対応方針6 (3) イ）

2　合併ガイドラインの改定

① 国境を越えた地理的範囲の画定と例示
② 需要が継続的に縮小している場合の考え方についての追記
③ 将来の輸入圧力，隣接市場からの競争圧力の明示

---

[5]　公取委「私的独占の禁止及び公正取引の確保に関する法律第9条から第16条までの規定による認可の申請，報告及び届出等に関する規則」。
[6]　公取委「企業結合審査の手続に関する対応方針」（2011年6月14日）。
[7]　公取委「企業結合計画に関する事前相談に対する対応方針」（2011年6月14日）。

Ⅲ　本件企業結合審査結果について

　本件審査について，公正取引委員会（以下，「公取委」という）は，第二次審査の期限である 2012 年 2 月 9 日を待たずに，約 1 ヵ月間で合併承認の結論を出した[8]。審査においては，当事会社が競合する商品・役務について約 30 の取引分野を画定し審査が行われたとされるが，そのうち，審査結果が公表されたのは，①無方向性電磁鋼板，②高圧ガス導管エンジニアリング業務，③鋼矢板，④スパイラル溶接鋼管，⑤熱延鋼板，⑥ H 形鋼の 6 分野のみである。公表文によれば，①及び②は当事会社から問題解消措置の申し出があり，それを前提に承認された分野，③及び④は重点的に審査された分野，⑤及び⑥は代表的な鉄鋼製品分野である，とそれぞれ説明される。

　しかしながら，鉄鋼製品には用いる技術によって製品差別化の余地が大きい製品分野も多く，例えば，厚中板（新日鉄 34%，住金 13%）や亜鉛めっき鋼板（新日鉄 33%，住金 10%）等は，いずれも水平型企業結合のセーフハーバー基準に該当しない。これら各分野についての審査結果が公表されないことには疑問がある。

　また，当事会社が申し出を行い，公取委が受け入れた問題解消措置は，いずれも水平的企業結合にかかる市場支配力懸念に対する原則的な問題解消措置ではない。問題解消措置の設計及びその確実な実施については，近年，ますます関心が高まっているところ，日本においては，正式審査事例が乏しい等の理由により，これまでほとんど議論が行われてこなかった[9]。他方，欧米では合併審査事例の蓄積も豊富であり，問題解消措置に関するガイドラインや報告書も公表されている[10]。また，ICN においても，合併 WG によって問題解消措置に関する報告書が作成される等[11]，競争法分野における世界的な関心対象の一つとなっている。はたして，本件審査において公取委が受け入れた問題解消措

---

[8]　公取委「新日本製鐵株式会社と住友金属工業株式会社の合併計画に関する審査結果について」（平成 23 年 12 月 14 日）。

[9]　田平恵「日・米・欧の企業結合審査における問題解消措置設計」『同志社法学』60 巻 1 号（2008 年）147 頁；同「企業結合における問題解消措置の実効性確保手段——欧米の議論を中心に」『同志社法学』60 巻 5 号（2008 年）321 頁。

置は，市場支配力懸念を十分に除去できる限りにおいて，合併による効率性向上等の積極的効果に対する影響を最小限にとどめることを考慮するという問題解消措置の本旨に照らして，必要かつ十分な措置であったのか，欧米の議論を参照しつつ評価を行う。

1 本件審査手続の経緯

2011年2月　新日鉄と住金が合併計画を発表
　　　　　5月31日　合併に関する計画の届出受理（第1次審査開始）
　　　　　6月30日　報告等の要請（第2次審査開始）
　　　　　10月27日　経産省，産活法に基づく意見書の提出[12]（←7月1日，産活法認定申請）
　　　　　11月9日　第2次審査に必要な報告をすべて受理（期限90日間，ガイドライン）
　　　　　11月15日　両社，経営統合計画を発表
　　　　　12月14日　公取委，一定の問題解消措置を前提に合併を承認

2 一定の取引分野（市場画定）

商品の範囲について，当事会社が競合する商品・役務について約30の取引分野を画定した。これは，もっぱら水平型企業結合による市場支配力懸念についての審査が行われたことを意味する。

鉄鋼会社間の合併審査においては，細分化された個別製品毎に商品市場が画

---

10) 欧州では委員会告示（2008年最終改定）がある。Commission notice on remedies acceptable under Council Regulation (EC) No 139/2004 and under Commission Regulation (EC) No 802/2004 (2008/C 267/01). また米国においては司法省ポリシーガイド（2011年最終改定）がある。USDOJ, Antitrust Division Policy Guide to Merger Remedies (June 2011).

11) ICN Merger Working Group (Analytical Framework Subgroup), Merger Remedies Review Project: Report for the fourth ICN annual conference (June 2005).

12) 産業活力の再生及び産業活動の革新に関する特別措置法（産活法）第13条。従来より，公取委に対する主務大臣の意見申述の規定はあったが，2011年改正により，公取委の企業結合審査にかかる主務大臣と公取委の協議につき，「我が国産業の国際競争力の強化を図ることの必要性が増大している状況に鑑み，所要の手続の迅速かつ的確な実施を図るため，相互に緊密に連絡するものとする」との規定が新たに設けられた（第13条2項）。

第 2 節　新日本製鐵と住友金属の合併計画に対する企業結合審査　Ⅲ

定されることが多い。鉄鋼製品はその形状や用途に応じて 20～30 に分類され，JIS が定める製品規格数は約 220 種類にものぼるが[13]，企業結合ガイドラインの定式に従い，需要者からみた商品の代替性（より具体的には，用途，価格・数量の動き等，需要者の認識・行動など）という観点からの範囲画定を基本としつつ，供給の代替性（製造設備・工場や製造工程の異同など）も考慮して商品範囲を画定すると，少なくとも 20～30 の取引分野が画定されるのが通常である[14]。この点，公表文において審査結果が具体的に記述された上記①～⑥の各製品の市場画定については，一定の説得力がある。なお，③の「鋼矢板」に対する「他の土留め工法」，④の「スパイラル溶接鋼管」に対する「既製コンクリート杭」，⑤の「熱延鋼板」に対する「海外メーカー品」については，それぞれ，競争関係ないし代替性を認めながら，関連市場としては含めなかった。無意味に狭い市場画定はもちろん避けるべきであるが，収集されるデータの制約等から，より広い関連市場を画定できるだけの材料がない場合であり，かつ，隣接市場ないし海外からの競争圧力という定性的評価によって競争への悪影響がないことを十分に示すことができる場合には，そのような処理も許されると考えられる[15]。

　むしろ，問題と考えられるのは，合併後市場シェアが大きくなると見込まれる他の鉄鋼製品について，公表文において審査結果の具体的な記述がないこと

---

13)　杉本・前掲注 3) 44 頁。
14)　例えば，日本鋼管㈱と川崎製鉄㈱との事業統合にかかる企業結合審査においても，「当事会社が共に製造販売している鋼材の品種ごとの製造販売分野に一定の取引分野が成立する」とされ，重点的に検討を行った取引分野として，無方向性電磁鋼板，容器用鋼板，配管用鋼管，高抗張力鋼にかかる審査結果が紹介されている。公取委『平成 13 年年次報告』225～227 頁。
　　　また欧州委員会による鉄鋼会社間の合併審査においても，需要の代替性及び供給の代替性双方の低さを理由として，一貫して，細分化された個別製品が各々独立の商品市場として画定されている。武田邦宣「鉄鋼会社間の企業結合と EU 競争法」『公正取引』729 号（2011 年）38 頁，42 頁。
15)　川濵昇「新日本製鐵株式会社と住友金属工業株式会社の合併計画に関する審査結果について──公取委・平成 23 年 12 月 14 日」NBL 第 980 号 73 頁，78 頁（2012 年）。川濵は，鋼矢板と他の土留め工法との代替性について，鋼矢板の仮設利用については代替性がないこと，仮設利用についてはリース市場を関連市場に含めるべきかという問題があることを指摘し，本件処理のように定性的な評価だけで市場が狭きに失するというには，相当程度に顕著な代替が想定される必要があると指摘する。

それ自体にある。上記の定式に従って細分化された鉄鋼製品を個別の商品範囲と考えるとするならば、例えば、「厚中板」は新日鉄がシェア34%で2位（住友金属は13%で3位、1位はJFEスチールの35%）や、「亜鉛めっき鋼板」は新日鉄が33%で1位（住友金属は10%、2位はJFEスチールの25%）[16]などの鉄鋼製品は、独立の取引分野として成立する可能性が高く、需要の代替性等を考慮すれば、より細分化された市場として成立する可能性もある。ただし、参照した数値は生産量シェアであり、国内販売シェアではない。日本企業の鋼材輸出比率は、年々上昇しており、2010年度における新日鉄の輸出比率は約40%、住友金属の輸出比率は約41%と非常に高いため[17]、上記統計は目安としての意味しかもたないことに十分注意が必要である。例えば、「継目無し鋼管（シームレス鋼管）」については、生産シェアベースでは住友金属が61%で1位（新日鉄は4%、2位はJFEスチールの22%）と圧倒的なシェアを誇るが、シームレス鋼管の用途は主として油井管やラインパイプなどのエネルギー開発分野であり、売上高のほとんどは海外需要であると思われる。

　なお、ECにおける合併審査先例によれば、熱延鋼板の中で、「厚中板（quarto plate）」は製造設備・工場の違い、用途の違いから薄板とは区別された独立の商品市場として審査されている[18]。また亜鉛めっき鋼板に関しては、表面処理鋼板のうち、まず用途の違いからブリキ（食缶用）と亜鉛めっき鋼板（自動車、建設分野）とが区別される。他方、製造工程が異なる溶融亜鉛めっき鋼板と電気亜鉛めっき鋼板とは、一つの商品市場を構成するとされる[19]。

　日本鉄鋼連盟HP内の「統計・販価情報」欄で示された2009年度の生産シェア（上記）に基づき、厚中板と亜鉛めっき鋼板のHHIを試算すると、厚中板については、合併後のHHIは約3600、HHIの増分は約880となり、セーフハーバー基準に該当しない。また亜鉛めっき鋼板についても、合併後のHHIは約2740、HHIの増分は約660となり、やはりセーフハーバー基準に該当しない。

---

16) 各社の生産シェアは2009年度のものであり、日刊鉄鋼新聞HP内の「統計・販価情報」によった。http://www.japanmetaldaily.com/statistics/sharemainpr/details/
17) 両社の鋼材輸出比率は、両社が公表した決算短信資料によった。
18) Case No COMP/M. 4137-Mittal/Arcelor (02/06/2006), paras. 21, 85-86.
19) Case No COMP/M. 4137-Mittal/Arcelor (02/06/2006), paras. 30-33; Usinor/Arbed/Aceralia, paras. 54-62.

競争評価（市場支配力懸念の審査）という観点から見ても，合併後シェアはいずれも1位であり，2位のJFEスチールとの差も大きい。また，これら鉄鋼製品は技術革新による高品質化や製品差別化の余地が大きい高級鋼が含まれており，本件審査の公表文で結果が紹介された無方向性電磁鋼板と同様，外国メーカーからの強い競争圧力に晒されないとの分析もあり得る。例えば，ECの合併審査先例（Usinor/Arbed/Aceralia）では，亜鉛めっき鋼板につき，合併後シェアが40-45%・第1位となり，2位のTKS（15-20%），3位のCorus（10-15%）とのシェア格差が大きいこと，生産稼働率が86%ないし90%と高く事業者の供給余力が小さいこと，輸入実績は3-9%にとどまり，日・韓からの輸入圧力は輸送コスト等から極めて限定的であること等を考慮し，市場支配力懸念を認めた[20]。

繰り返しになるが，以上の分析は，あくまでも生産シェアに基づく試算であり，各社の輸出比率が約4割に上ることを考慮すると，あくまでも目安となる試算に過ぎないが，少なくとも，正式審査の公表文において，これら鉄鋼製品の審査結果の記述がないことには疑問を感じる。

なお，地理的範囲については，いずれの取引分野についても「日本全国」としつつ，海外からの輸入圧力については，別途評価するものであり，特に問題はない。

3　競争の実質的制限についての検討（競争評価）

以下，審査結果が公表された6分野について，その概要を紹介したうえで，問題解消措置がとられた2分野を中心に評価を行う。なお，各分野の競争状況に関する個別の評価項目については，公表文の記述に基づき，各状況の有無を【◎】～【×】によって示した。

(1) 無方向性電磁鋼板

無方向性電磁鋼板については，合併後の市場シェアが約55%（第1位）にな

---

[20] Usinor/Arbed/Aceralia, paras.140-160. 当事会社が申し出た問題解消措置（Finarvedi, Galmed, Lusosider, Segal, Beautor, Dudelange, Strasbourgの各事業・プラントの売却）を受け入れて合併が承認された。

り，第2位は40％であるところ，競争状況として，おおむね以下のような事実が認められたため，公取委は，単独行動による競争の実質的制限（以下，「単独効果」），及び，協調的行動による競争の実質的制限（以下，「協調効果」）の双方の懸念を認めたが，当事会社の申し出た問題解消措置により，反競争効果が除去されるとの結論を下した。

〔競争状況〕
(a) 輸入圧力 【×】
・国内ユーザーは国内拠点だけでなく海外拠点も含めて，大部分を国内メーカーから調達しており，海外メーカーからの調達量は相対的に少ない。
・価格が5～10％程度上昇した場合でも，価格変動・品質・納期の面での不安があるため，海外メーカー品には切り替えない。特に，高グレード品については輸入圧力が働いていない。低グレード品についても輸入圧力は強くない。
(b) 競争者の供給余力 【×】
・国内の各事業者には，十分な供給余力がない。
(c) 需要者からの競争圧力 【×】
・同一規格でもメーカーによる微妙な違いがあり，国内メーカー間の切り替えの場合であっても，多大な時間とコストがかかり，調達先の変更は容易でない。需要者からの競争圧力は働かない。

〔問題解消措置〕
① 合併後5年間，住友商事に対し，国内ユーザー向けに住友金属が現在販売する全グレードの製品につき，直近5年間の販売数量の最大値を上限として，合併会社の平均生産費用に相当する価格で供給する。
② 住友商事に対し，住友金属の国内ユーザー向けの商権（顧客名簿，取引関係など）を譲渡する。さらに，納入仕様の決定やクレーム対応の技術サポート等の協力も行う。

【コメント】
　鉄鋼産業の寡占的協調構造ないしカルテル体質は世に広く知られるところであり，過去において同業界のカルテル摘発事例も多く，事実上，競争単位が3社から2社に減少するのは，単独効果はもとより協調効果に対する懸念も大きく，競

争政策上，重要な問題を引き起こすおそれがある。

　問題解消措置設計のあり方全般については後述するが，非常に教科書的な市場支配力懸念が認められる水平型企業結合において，事業分割等の構造措置がとられないのは極めて異例であると言わざるを得ない。また上記の問題解消措置の有効性についても大きな疑問がある。

　この点，公取委は以下の説明を試みる。第一に，東日本大震災や急激な円高で取引環境が大きく変化する中で，海外メーカー品の採用に向けた動きが始まっており，5年程度で輸入圧力は相当程度高まると考えられ，競争制限状態が永続するとは合理的に予想されないので，恒久的な措置が不可欠であるとは言えないこと。第二に，住友商事は合併会社のコストベースで対象商品の供給を受けることから，住友金属よりも有力な事業者が創出されるという側面があること。

　しかしながら，上記の説明は説得的とは言えない。本件問題解消措置は，要するに，住友商事に期限付きで商権を「預ける」というだけのことではないだろうか。住友商事はメーカーではないから，生産や技術サポート等はすべて新会社に依存することになる。こうして5年後には，住友商事はコストベースによる有利な条件で商品供給を受けることができなくなり，結局，同社が維持してきた取引関係を丸ごと合併会社が引き取ることになるというだけのことではないか。無論，5年の間に，住友商事が外国メーカーからの調達チャンネルを確保することができる可能性もなしとしないが，国内ユーザーは調達先変更が困難だというのだから，5年間は，住友商事によって販売される新会社の製品納入を継続する可能性が高い[21]。住友商事としては，せいぜい，5年間取引関係を維持する対価として，販売利潤を獲得するだけのことである。しかも供給数量には従来の住友金属の販売数量という上限が設定されており，到底，牽制力のある競争者が創出されたとは言えない[22]。少なくとも，「5年間」と最初から期限を切るのではなく，5年後に競争状況を改めて評価し，さらに延長するか終了を認めるか，公取委が判断する権利を留保するという問題解消措置の設計が必要であったと思われる。

　問題解消措置として事業譲渡等の構造的措置が要求されなかった理由の一つと考えられる外国メーカーの参入可能性についても，不確かな予測が示されたにすぎない[23]。この点，12年前に審査された川崎製鉄・NKK統合事例（2001年）

---

[21]　平林英勝「新日鉄・住金合併事件審査結果の検討──八幡製鉄・富士製鉄合併事件との比較において」中央ロー・ジャーナル第9巻1号（2012年）53頁，57頁。平林は，「住友商事はかねて住友グループの一員であり，住金の9.54％の株式を所有する筆頭株主でもある。……住友商事が当事会社に本格的な競争を挑むとは到底考えられない。」と正しく指摘する。

において，やはり無方向電磁鋼板が重点的審査の対象となった。合併後シェア35％で第2位であったが，輸入圧力については以下のような記述がある。

「近年，製造拠点を海外へシフトするとともに，無方向性電磁鋼板を現地メーカーから調達するケースも増加している。このような状況の下，アジア製品の品質の向上等もあり，今後，輸入比率が上昇する蓋然性は高い。また，アジア製品の輸入を検討しているとするユーザーも存在する」[24]。

事前相談制度にかかる公表事例であり，競争評価の実証性を確保するため，具体的にどのような評価方法の工夫がなされたのかは不明であるが，少なくとも，当時の公取委のいう「蓋然性の高い」とされた予測は，現在もほとんど実現していない。

後述する通り，水平型企業結合の市場支配力懸念に対する問題解消措置は，事業譲渡等の構造的措置がもっとも有効であるというのが世界的な共通了解であり，企業結合ガイドラインにおいても「（市場支配力懸念の）問題を解消するために最も有効な措置は，新規の独立した競争者を創出し，あるいは，既存の競争者が有効な牽制力を有することとなるよう強化する措置である」と記述される。

また公表文では言及されていないが，問題解消措置として事業譲渡が選択されなかったもう一つの理由について，当事会社の代理人による解説論文では以下のような記述がある。

「事業譲渡の実現可能性について，……鉄鋼業，とりわけ高炉業は，上工程から下工程までの製造工程が有機的に結びついており，その一部だけを切り出して譲渡することは現実的でない。このようにある特定の商品の製造プロセスが他の商品のそれとも密接に結びついている場合に，なお問題解消措置として事業譲渡等にこだわるとすると，結果として，統合自体の意義を失わせてしまうおそれが

---

22) 本件担当官の解説では，本件措置の趣旨は「住友商事を合併前の住友金属に相当するような競争者とすることである」とされ，「コストベースの引取権の設定」が問題解消措置として講じられた先例が8事例あると紹介されるが，これら先例についても，講じられた問題解消措置が十分な市場支配力懸念の除去効果をもっていたかどうか個別に検証する必要があろう。深町政徳「新日本製鐵と住友金属工業の合併計画に関する審査結果の概要」『商事法務』1955号（2012年）22頁，29頁（（注11）中の記述）。また，川濵他『企業結合ガイドラインの解説と分析』（商事法務2008年）250〜251頁も参照。ただし，同書では，「コストベースの引取権の設定」は，構造的措置のカテゴリに分類されており，適切でない。

23) 川濵・前掲注15）77頁も「5年間の長期予想の妥当性については公表された事実からは判然としない」と述べる。

24) 『平成13年度年次報告書』・前掲注13）226頁。

ある。」[25]

　たしかに，日本の高炉メーカーは，粗鋼生産から最終鋼材に至るまで一貫して生産するビジネスモデルを採用してきた。しかしながら，それが唯一のビジネスモデルでないことは，世界的再編を進めるミッタル等の経営モデルや，個別工程ごとに中小事業者が競って発展してきた中国鉄鋼産業の成長が証明しており，工場単位で人材も含めた事業の切り出しは十分に可能である。

(2)　高圧ガス導管エンジニアリング業務

　高圧ガス導管エンジニアリング業務（以下，「高圧ガス導管エンジ」という）については，合併後の市場シェアが約60％（第1位）になり，第2位は35％であるところ，競争状況として，以下のような事実が認められたため，公取委は，単独効果及び協調効果の懸念ありとしたが，当事会社の申し出た問題解消措置により，反競争効果が除去されるとの結論を下した。

〔競争状況〕
(a)　競争者の供給余力　【×】
　・各現場に現場監督（従業員）を配置することが必要であるところ，各事業者は余剰人員を擁しておらず，現場監督を育成するためには相当の時間が必要であること。
(b)　参入圧力　【×】
　・必須投入要素として，UO鋼管の調達，自動溶接（自動溶接機の調達・活用）が認められ，高い参入障壁が存在する。
(c)　需要者からの競争圧力　【△〜○】
　・ガス導管工事ごとに発注先を変更することは容易であり，入札によって受注者を決定している。
　・ただし，入札に参加できる事業者は高炉系エンジニアリング会社のみであり，合併後は，発注先の選択肢が3社から2社に減少する【筆者注記】。
〔問題解消措置〕
①　新規参入者に対して，UO鋼管の供給要請があった場合には，自己の子

---

25)　川合弘造＝中山龍太郎「改正企業結合届出手続下における巨大統合案件の実務——新日本製鐵および住友金属工業の合併を中心に」『商事法務』1957号（2012年）26頁，31〜32頁。

会社に供給する場合と価格，数量，納期，規格，寸法，特殊仕様，受渡し及び決済について実質的に同等かつ合理的な条件により，UO 鋼管を提供する。

② 新規参入者に対して，価格（実費相当額），受渡し及び決済について合理的な条件により自動溶接機を譲渡又は貸与する。また，要請に応じて，価格（実費相当額），工数，指導内容，指導場所及び決済について合理的な条件により，必要な技術指導を行う。

【コメント】

　高圧ガス導管エンジにおいても，問題解消措置として構造的措置でなく行動的措置の申し出が受け入れられた。同措置は，対象役務の提供に必須の投入要素の供給確保を保証するものであり，市場支配力懸念の除去に一定の効果があると考えられるが，いくつか問題もある。まず，もう一つのボトルネックとなっている現場監督という投入要素はその育成に時間がかかるため，仮に新規参入があっても，3～5 年で牽制力ある競争者になることは期待できない。また一般的に，行動的措置は実施コストが大きく，本件の問題解消措置も，その確実な実施という観点から問題がある。自動溶接機の提供にかかる「実費相当額」の中身も不明であり，研究開発費の償却費用の一部が含まれるならば，極めて高額となるおそれもある。また，本件合併により，競争単位は 3 社から 2 社に減少することになるのに対して，新規参入する能力及び意欲をもつ事業者が現実的にどの程度存在しているかについての認定も曖昧であり，問題解消措置にかかるボトルネック投入要素を合併当事会社に依存する形で競争するのは容易でなく，参入圧力の評価の妥当性には大きな疑問がある[26]。

　公取委は，事業譲渡等の構造的措置をとり得ない理由を以下のように説明する。高圧ガス導管エンジの市場規模は年度により大きく変動するため，中圧ガス導管エンジ事業とともに営まないと事業継続が困難であるところ，全国規模で中圧ガス導管エンジ事業を営む事業者は高炉系エンジ会社だけであること，したがって事業譲渡にあたっては高圧ガス導管エンジ事業を特定の地域ごとに分割する必要があるが，現実的でないこと。そもそも鋼管ガス導管エンジ事業から高圧ガス導管エンジ事業のみを切り出して事業譲渡するのは現実的でないこと。

　また，企業結合ガイドラインにも「事業譲渡等を問題解消措置として講じるこ

---

[26] 根岸哲「公取委による新日本製鐵と住友金属工業の合併計画審査結果」ジュリスト 1438 号（2012 年）4 頁，5 頁。平林・前掲注 21）57 頁。

とができないと認められる場合」には，参入促進措置（行動的措置）によって市場支配力懸念を「解消することができると判断される場合がある」と記述される。ここで問題となるのは，いかなる状況をもって，事業譲渡等ができないと判断すべきかという点にある。

　後述のように，市場支配力懸念が生ずる市場における事業のみの譲渡が適切でない場合，他の市場にかかる事業もパッケージにして同時に譲渡するという選択肢があり，欧米ではそのような先例もある。新規に競争者を創出するためには，分割された事業が，独立の競争単位として健全な事業活動を営むことができるのに必要かつ十分な人的・物的資源をパッケージで切り出すのが当然であるところ，公取委の説明には説得性がない。また，行動的措置を通じて市場支配力懸念が十分に除去されるのであれば，行動的措置が適切な問題解消措置であるというだけのことであり，そもそも，当事会社に過剰な負担を強いる構造的措置を選択するのは不適切である。他方，構造的措置を本当に講じることができず，行動的措置では市場支配力懸念を除去するのに不十分であれば，計画される企業結合それ自体が認められないだけのことである。要するに，問題解消措置の設計において，構造的措置と行動的措置との選択を，合併当事会社への負担の大きさとの関係で衡量する比例原則に基づいて決定することは許されない。

　本件審査では，中圧ガス導管レンジ事業も含めた全国規模展開の鋼管ガス導管レンジ事業の売却を問題解消措置とすべきであったと考えられる。

　また，鉄鋼業界のカルテル体質を勘案すると，競争単位が3社から2社に減少するのは，競争政策上重大な問題である。実際上も，ガス導管エンジニアリング業務に関しては，中圧ガス導管エンジ分野について，2007年に総額約3.3億円の課徴金納付命令が下されているが[27]，中圧ガス導管エンジと高圧ガス導管エンジは，各社とも同一部署が担当しているものと推測される。したがって，本件の問題解消措置を前提としても，単独効果はもとより，協調効果の観点からも大きな懸念が残る。

(3) 鋼矢板

　鋼矢板については，合併後シェア約65％・第1位となり，第2位は30％であるところ，以下の競争状況を認め，市場支配力懸念は生じないと判断された。

---

[27] JFEエンジニアリング㈱ほか3社に対する件（平成19年12月3日課徴金納付命令，平成19年（納）第191〜194号）。

第1部　日本の電力改革　　第5章　企業結合規制

〔競争状況〕
(a)　競争者の供給余力　【◎】
・各事業者の稼働率は落ち込んでおり，十分な供給余力を有している。
(b)　参入圧力　【○】
(c)　隣接市場からの競争圧力　【○】
・土留め工法にかかる代替的工法として，コンクリート壁工法等が存在し，鋼矢板の価格が5～10％上昇すると代替工法に切り替わる。
・土留め工法全体における鋼矢板工法の占める割合は2割程度。
(d)　需要者からの競争圧力　【○】
(e)　輸入圧力　【×】

【コメント】
　結論については賛成するものの，鋼矢板のような汎用品において，本当に輸入圧力がないのか疑問はある。公取委のヒアリング結果によれば，海外メーカー品は品質面の問題が指摘されるが，単なるブランドイメージに過ぎないとの印象も受ける。
　代替的工法の扱いについては，企業結合ガイドラインでは「競合品」として，隣接市場からの競争圧力の中で考慮されるが，EUの審査先例では，より広い関連市場として「土留め用建材」市場が画定されることを強く示唆した例もある[28]。そのような市場画定が許されるのであれば，本件の市場シェアも$0.2 \times 0.65 = 0.130$と13％に引き下がる。上述の通り，これは関連市場の画定に関わる問題であるが，いずれにせよ，結論には賛成する[29]。

(4)　スパイラル溶接鋼管
　スパイラル溶接鋼管については，合併後シェア55％・第1位となり，第2位は30％であるところ，以下の競争状況を認め，市場支配力懸念なしと判断された。

〔競争状況〕
(a)　供給余力　【○】
(b)　隣接市場からの競争圧力　【○】

---

28)　Case No COMP/M. 4137-Mittal/Arcelor (02/06/2006), paras. 56-57.
29)　川濵・前掲注15)。

・基礎杭として，既製コンクリート杭等が存在し，スパイラル溶接鋼管の価格が5〜10％上昇すると代替品に切り替わる。

(c) 需要者からの競争圧力 【○】

【コメント】
　代替品の扱いについては，鋼矢板と同様，関連市場の画定に関わる問題であるが，いずれにせよ，結論には賛成する。また，スパイラル鋼管も汎用品であり，輸送コスト次第では潜在的な輸入圧力の存在も推測される。

(5) 熱延鋼板
熱延鋼板については，合併後シェア40％（第1位）となり，第2位は20％であるところ，以下の競争状況を認め，市場支配力懸念なしと判断された。
　〔競争状況〕
(a) 供給余力 【○】
(b) 輸入圧力 【◎】
・輸入品のシェア15％が認められ，中国・韓国からの輸入品は，国内品より安価で品質も問題ない。また流通上の問題もない。
(c) 需要者からの競争圧力 【◎】

(6) H形鋼
H形鋼については，合併後シェア45％（第1位）となり，第2位は20％が2社存在するところ，以下の競争状況を認め，市場支配力懸念なしと判断された。
(a) 供給余力 【◎】
(b) 輸入圧力 【○】
・輸入品はシェア0〜5％にとどまるも，中・韓メーカーがJIS規格を取得するのは困難でなく，価格メリットが生じれば，輸入品に切り替えられる。
(c) 隣接市場からの競争圧力 【○】
・厚板を溶接して同じ形状にした代替品や，ロールコラム（薄板を成形したもの）等も一定の代替性をもつ。
(d) 需要者からの競争圧力 【○】

Ⅳ　商品が差別化された市場における単独効果

1　汎用品と高級品の二極化傾向

　上述の通り，鉄鋼製品は，汎用品と高級品の二極化が進行している。日本国市場は，輸送コストが問題とならない近隣アジア諸国に有力な鉄鋼メーカーが多数存在しており，汎用品については，今後も同質財を巡る産出量競争及び恒常的な供給過剰状態が見込まれる。したがって，外国メーカーによるダンピング輸出に対する不当廉売関税等の輸入救済法発動や，合併規制を含む独禁法上の規制（不当廉売規制，国際カルテル等）はあり得ても，国内メーカー同士の合併による市場支配力懸念はほとんど考慮する必要はないと思われる。

　問題となるのは，日本企業が比較優位をもつ差別化された高級財市場である。諸外国の先例を含め，鉄鋼産品に関する従来の市場画定は，本件の企業結合審査と同様のものであり，競争評価の中で，差別化された商品にかかる競争を考慮している。そうした判断枠組み自体は，競争状況の特質が意識された上で評価されるならば，とくに問題はない。特定用途向けの高級鋼材の製造技術には特許が付着している場合も少なくないし，本件の無方向性電磁鋼板の場合のように，需要者が定めた品質基準・規格に適合することが，細分化された市場における事業活動の前提条件となることが今後ますます増えると予想される。

　このように鉄鋼製品市場の構造及び性質が大きく変容する中で，これに応じて競争当局による競争評価の手法も変わらなければならない。全世界的に見ても，技術革新による高付加価値な高級鋼の提供に比較優位をもつ日本の鉄鋼産業の特徴に鑑みると，国内市場においては，とりわけ，差別化された商品にかかる適切な競争評価が求められると言える。

2　企業結合ガイドラインの記述

　企業結合ガイドラインでは，垂直型企業結合による競争の実質的制限（ガイドライン第4）の単独効果において，商品が差別化されている場合の考え方が次のように示されている。すなわち，差別化財においては，同じ商品市場に含まれる商品であっても，あるブランドまたは品質の商品の価格が引き上げられた

場合，他のブランドまたは品質の商品群が一様に購入対象となるわけでなく，需要者が選好する次順位のブランドまたは品質の商品が選択される。したがって，差別化された商品市場では，個別ブランド商品間の直接の代替関係が重要な意味をもち，高い代替性をもつブランド商品群を提供する会社間の合併により競争制限効果が生じることがあるため，合併後市場シェアが相対的に高くない場合でも市場支配力懸念は大きい[30]。

　この記述は，欧米の議論を参照したものであり[31]，内容自体に誤りはないが，問題はその評価方法である。実証的な証拠の入手が難しい中で，多くの場合，定性的な評価に依存することはやむを得ないと思われるが，企業結合ガイドラインには，具体的にどのような評価手法がとられるのか，手がかりとなる記述は一切ない。今後，正式な合併審査事例の増加が予想される中で，法的実践に耐え得る説得的な評価手法の開発がより一層求められよう。

V　問題解消措置について

1　問題解消措置の重要性

　企業結合審査の実践において，問題解消措置は極めて重要な位置を占める。そもそも，ほとんどの企業結合は合法的な行為であり，合併後の効率性向上効果を企図して実施されるが，例外的に市場支配力懸念（＝「競争を実質的に制限することとなる」という問題）が認められる場合があり，競争当局は当該企業結合を認めないとの判断を下すことになる。公取委の判断に反して合併が行われた場合には，法17条の2に基づく排除措置命令（及び同命令を巡る争訟）または法18条に基づく合併の無効の訴えが提起されることになる。

　合併当事会社にとっては，通常，時間とコストのかかる争訟手続を通じて当該企業結合の可否を争うよりも，より迅速かつ安価な問題処理が選好されると

---

30)　企業結合ガイドライン第4の1（1）イ，2（1）オ。
31)　USDOJ & FTC, Horizontal Merger Guidelines, 6.1 (Pricing of Differentiated Products); EC Guidelines on the Assessment of Horizontal Mergers under the Council Regulation on the Control of Concentrations between Undertakings (2004/C 31/03), paras. 28-29.

ころ，問題解消措置は，計画される企業結合によって生じる競争法上の問題を治癒し，競争当局の承認を得るための有力な選択肢である。問題解消措置は，新規競争者の創出や既存競争者の強化等，競争維持の観点から，合併会社の効率性の一部を犠牲にすることが多いため，合併当事会社には，常に，最小限の問題解消措置を申し出る誘因（インセンティブ）が働く。

これを競争当局の側から見ると，申し出がなされた問題解消措置を通じて市場競争が実効的に維持・確保されることが最重要の課題であり，これを妨げない限りにおいて，当事会社の合併による効率性を損なわない配慮を行うこともあるが，当該問題解消措置によって市場支配力懸念が除去され競争法上の問題が解決されると評価・判断しない限りは，当該企業結合を阻止することになる。

このように，問題解消措置の設計においては，利害が真っ向から対立する当事会社と競争当局とのきめ細かい協議及び調整プロセスを経て，限られた期間内に，合併承認に必要かつ十分な形で，最適解としての問題解消措置を考案することが必要となる。多様な企業結合形態及び関連する市場状況に応じて，問題解消措置の類型・規模も，非常に多様なものとなるが，最重要な要点として次の2点を挙げることができる。第一に，発生が懸念される反競争効果の性質・態様に的確にフォーカスし，なるべく直接的に問題点を除去できるような問題解消措置を設計すること，第二に，確実に実行可能な問題解消措置を設計し，かつ，実行確保の方法も同時に約束の内容に含めることである。

日本においても事前相談制度の下で，事実上，問題解消措置が設計される例は少なくないが，正式審査事例が極めて乏しいことから，欧米と比較すると，問題解消措置を巡る上記の二つの問題，すなわち，(a)適切な問題解消措置の設計，および，(b)実効的かつ確実な実施，についての議論及び検証の蓄積が非常に手薄という現状がある[32]。平成13年度から事前相談事例の公表が始まっているが，その記述は質・量ともに法的評価・検証に耐えるものとは言いがたい。今般の手続法改正（事前相談制度の廃止）及び日本を代表する大企業間の本件合併申請は，横並び的な慣行として，事実上，産業界を縛ってきた事前相談制度利用の呪縛から，合併当事会社を解き放つ効果をもつものであり，今後は，正

---

32) 田平・前掲注9)。

式審査件数の増加が予想され，これに伴う問題解消措置についての先例蓄積と議論の進展が期待されるところである。

2 問題解消措置の類型・実施方法

(1) 企業結合ガイドラインの記述

日本においても，問題解消措置の重要性は認識されており，企業結合ガイドラインにも，「問題解消措置」についての記述がある（ガイドライン第6）。これによれば，問題解消措置は「事業譲渡等構造的な措置が原則であり，……企業結合によって失われる競争を回復することができるもの」であるとされ，但し書きとして「技術革新等により市場構造の変動が激しい市場においては行動措置が妥当な場合も」あると述べられる。

〔類型〕

問題解消措置の類型に関しては，おおむね以下のような記述がある。まず，事業譲渡等の構造的措置については，問題解消のために最も有効な措置であり，①新規の独立した競争者を創出する措置，②既存の競争者が有効な牽制力をもつよう強化する措置，であると述べる。より具体的には，事業部門の全部又は一部の譲渡，既存の企業結合関係の解消，業務提携の解消等が例示される。

他方，需要が減少傾向にあり，事業の引受先が容易に見つからない場合や，商品が成熟し，研究開発・商品改良が重要な競争手段でない等の特段の場合には，競争者に対して生産費用相当額での引取権の設定（長期供給契約の締結）や，輸入・参入を促進する措置（貯蔵設備や物流サービスの利用を競争者に認める等）もあり得るとされる。また，特許等の適正条件による実施許諾が問題解消措置となることもある。

また，市場閉鎖効果などの垂直型合併による弊害の場合には，生産・販売部門間のファイアウォール設定や不可欠設備の利用等について非差別義務を定めることが問題解消措置となる場合もある。

〔実施方法〕

これに対して，問題解消措置の実施方法に関する記述はほとんど皆無に等しく，問題解消措置は企業結合の実行前に講じられるべきこと（したがって事業譲渡等の譲受先は実行前に決定していることが望ましい），やむを得ず実行後に講じら

れる場合には，期限が適切かつ明確に定められていることが必要であること等が記述されるにとどまる。

(2) 主要国における法実践

ここでは，主に水平型企業結合にかかる問題解消措置を念頭に置きつつ，冒頭で紹介した米国ポリシーガイド（2011年最終改定），欧州の委員会告示（2008年最終改定），ICN報告書（2005年）を中心に，日本以外での議論状況について紹介しつつ考察する。

問題解消措置は，特定された市場支配力懸念を除去するために講じられるものであるから，その設計にあたっては，まず競争上の問題を特定することが重要である。問題解消措置にかかる競争当局・合併当事会社間の協議が，競争評価のプロセスを歪曲するものであってはならない。また，200ヵ国・地域を超える競争当局の国際フォーラムであるICNでは，問題解消措置は産業育成の政策的手段ではなく，あくまでも競争上の問題に対処するものであって，より広範な政策目的を実現する手段には適さないことが確認される[33]。

問題解消措置は，競争上の問題を除去に向けた実効性が，措置実施に伴う様々なコストや失われる合併の便益（合併当事会社が期待する生産上の効率性）との関連において評価されることになるが，実際の評価のあり方は，各国ごとに異なる。とくに，合併による効率性をどの程度積極的に考慮するかによって，結論に違いが生じることになる[34]。

効率性の考慮に関して，米・EUや日本においては，消費者厚生基準（消費者余剰の変化に基づく違法性評価を行う基準）が採用されており，合併当事会社は，効率性に関して，合併による効率性向上（競争能力の改善）のみならず，価格低下や品質向上の実現等を通じて需要者の厚生が増大すること（競争的行動インセンティブの改善）についても同時に，競争当局を実証的な資料に基づいて説得しなければならず，このハードルは極めて高い[35]。本件の企業結合審査におい

---

33) ICN Report, *op.cit.*, para. 1. 6.
34) ICN Report, *op.cit.*., para. 2. 2.
35) 川濱昇＝武田邦宣「企業結合規制における効率性の位置づけ」，RIETI Discussion Paper Series 11-J-022（2011年3月）。

ては，効率性にかかる審査結果は公表されていない。当事会社の試算する効率性向上効果は，コスト削減を中心に合併後3年間を目途として約1,500億円であるが[36]，この合併によって，需要者の厚生が増大する蓋然性については，説得的な資料を提出できなかったものと推測される。

なお，競争上の問題を除去するのに有効ではあるが，当事会社に過大な負担を課す問題解消措置について，問題の重大性に応じた比例原則を適用して，有効な措置を講じることを断念し，より緩やかな措置で済ませて合併承認することは，原則として許されないと考えるべきだろう[37]。例えば，競争上の問題が認められる市場の規模が比較的小さなものである場合などがこれにあたる。本件の高圧ガス導管エンジ分野は，まさにこのケースに該当すると思われるが，画定された商品市場において，市場支配力懸念が認定される以上，それを除去するのに必要な問題解消措置を講ずるのが本則である。これに関連して，競争上の問題を解消し，牽制力ある競争単位を創出するために必要であれば，市場支配力懸念が生じる商品とは異なる別商品にかかる事業もパッケージにして事業譲渡することが問題解消措置として選択される場合がある[38]。同様に，国内市場の問題を解消するために，海外事業も含めた事業譲渡が必要とされる場合もある。さもないと，当該事業の譲受企業は，独立して継続的に事業活動を行うための規模の経済性ないし範囲の経済性を達成できないからである。

本件事案のような水平型企業結合にかかる市場支配力懸念に対しては，事業譲渡等の構造的措置が問題解消措置として選択されるのが原則である。ECの委員会告示によれば，例外的に行動的措置等その他の問題解消措置が提案される場合も，事業譲渡の場合を比較の基準（ベンチマーク）として，これと同等の効果が認められる場合にのみ，当該その他の措置が認められるとする[39]。

構造的措置と行動的措置とを規制コストという観点から比較しても，行動的

---

36) 内訳は，海外事業展開の再編・効率化（約300億円），技術開発の効率化（約400億円），生産・販売の効率化（約400億円），原料調達・輸送の効率向上（約400億円）である。日本経済新聞2011年9月23日朝刊9頁。
37) ICN Report, op. cit., para. 2.4.
38) US Policy Guide, op. cit., pp.10-11 & cases on footnote 22; Commission Notice, op. cit., para. 23 & cases on footnote 3.
39) Commission Notice, op. cit., paras. 17 & 61.

措置は継続的な実施を監視するコストが高く，かつ，長期にわたる約束の遵守にかかる不確実性それ自体がコストとなるのに対して，構造的措置は，一回的であり，かつ，確実で，規制コストも安価で済む[40]。したがって，水平型企業結合にかかる市場支配力懸念に対しては，市場競争の確保に向けた措置としての有効性という観点からも，規制コストという観点からも，事業譲渡等の構造的措置の方が優れた問題解消措置となる。

事業譲渡の対象となる資産や事業の範囲については，譲渡パッケージが譲受企業（買手）にとって魅力的であり，かつ，譲受企業が有効な競争単位となることができるよう，慎重に設計されなければならない。したがって，譲渡パッケージには，有形資産のみならず，事業活動に必須の投入要素へのアクセス（特許等のライセンス，原材料の調達など）や人的資源，既存の顧客との取引関係も含まれることが通常は想定される[41]。これに関連して，有効な競争者となりうる適切な買手が選択されることも重要であり，通常，競争当局は買手についての承認権限を留保できる。また，時宜に適った事業譲渡が迅速に遂行・完了されることも重要であり，重要人材や顧客の喪失など，譲渡パッケージの魅力を減ずるリスクを最小限にとどめるため，問題解消措置の実施期限の設定や実施業務の受託者（Trustee）の任命はもとより，クラウン・ジュエル条項（実施期限までに譲渡を完了できない場合は，譲渡パッケージに資産・事業を追加して，より魅力的なパッケージにする条項）[42]等，迅速な実施を促す様々な工夫が必要となる。なお，問題回復措置の中に行動的措置が含まれる場合には，当事会社による定期的な報告及び競争当局によるレビューはもとより，措置の全期間にわたる実施を監視するための受託者を任命したり，措置の実施を巡る紛争に備えて仲裁条項が盛り込まれる場合もある[43]。

事業譲渡の実施に関連しては，ほかにも様々な工夫が行われる。まず，譲渡パッケージに含まれる事業資産については，「分離され，区別され，販売可能

---

40) Commission Notice, *op. cit.*, para. 13.
41) Commission Notice, *op. cit.*, paras. 26-27. 委員会告示では，合併当事会社が，譲渡対象としない資産・人材を明示的に除外することも認められる。ただし，委員会がそうした除外を許すのは，分割される事業の独立性に影響を与えない場合に限られる（para. 29）。
42) Commission Notice, *op. cit.*, para. 45; US Policy Guide, *op. cit.*, Ⅳ. A. 2. b.
43) ICN Report, *op. cit.*, paras. 4. 2-4. 8.

な（separate, distinct, and saleable）」状態に維持することを約束する分離状態維持（Hold Separate）条項や，譲渡完了までの期間中，事業運営を担う業務執行受託者（Operating Trustee）が任命されることもある[44]。

また譲渡契約の内容・条件についても様々な審査が行われる場合がある。譲渡価格が安すぎる場合には清算価値との比較を行い，譲受企業による事業継続が疑わしい場合は，当該契約を認めない。合併当事会社による買い戻し禁止はいわば当然の義務であるが[45]，譲受企業に対しても一定の転売禁止義務が課される場合がある。また，合併当事会社（売手）が，融資等，譲渡資産の取得に必要な資金貸付を行うことも許されない[46]。

3　問題解消措置の変更・終了

最後に，いったん確定した問題解消措置の見直し及び変更・終了について述べる。日本の企業結合ガイドラインでは，問題解消措置の変更・終了について次のように記載される。

「当事会社グループの申出に基づき，企業結合後の競争条件の変化を踏まえ，当該措置を継続する必要性を評価した結果，当該措置の内容を変更又は終了しても競争を実質的に制限することとなるおそれがない状況になったと判断される場合には，問題解消措置の内容を変更又は問題解消措置を終了することを認めることがある。」

これは，排除措置命令について，審決による取消・変更の制度があることと同様の趣旨と解される。問題解消措置を前提として公取委が措置をとらない（＝当該企業結合を承認する）場合は，取消の対象となる行政処分がないため，市場状況の変化に応じて，もはや不要とされる問題解消措置を変更・終了する仕組みは必要と考えられる。

より一般的には，当初受け入れられた問題解消措置の内容・条件について，事後的に生じた変化等何らかの合理的理由にもとづき，その内容・条件を変更することはできるか否かという問題として論じられる。

---

44)　US Policy Guide, *op. cit.*, Ⅳ. B. 1. & 2.
45)　Commission Notice, *op. cit.*, para. 43. 買い戻し禁止期間の目安は「10 年間」である。
46)　US Policy Guide, *op. cit.*, Ⅳ. C.

例えば，事業譲渡等の構造的措置の完遂に期限が設定されている場合には，合理的な理由があれば当該期限の延長が認められることがあり得る。ただし，上述の通り，時間の経過それ自体が問題解消措置にとってのリスクとなり得るため，期限延長の判断は慎重に行われることが必要である。また極めて例外的には，約束内容の免除や変更が認められる場合もあり得る。ただし，事業譲渡等の場合には，比較的短期間のうちに譲渡の完遂が義務付けられるため，その間に市場状況が変化することは滅多にない。他方，例えば，合併当事会社による資産・事業の買い戻し禁止条項の場合は，時間の経過とともに市場状況が変化し，もはや禁止義務の継続は不要と判断される場合がある。また，行動的措置に関しては，市場状況の変化とともに約束を変更・終了すべき場合があり得る。

　それでは，合併当事会社に追加的な義務を設定するような変更は可能だろうか。ECの委員会告示によれば，合併審査の決定時点において，約束の実施に関わる全ての偶発事を予見できない場合には，委員会が約束内容の限定的な変更を求める権利を留保できる条項を挿入することが適切な場合があるとされる[47]。かかる内容の変更は，当初の約束内容・条件では，当該約束によって企図された結果（＝実効的な市場支配力懸念の除去）を達成できない場合に必要となる。変更にかかる手続としては，当事会社が約束変更の申出を義務づけられる場合や，委員会自身が契約条項を変更する場合がある。かかる変更は，あくまでも「約束の実効的な実施が妨げられるリスク」が認められる場合に限られ，無制約に問題解消措置の変更が認められるわけではない。

　これに対して，ICN報告書では，より一般的に，合併当事会社と同様に，競争当局もまた，合併後の市場状況の変化や当初の問題解消措置の設計上の問題点を反映して，問題解消措置の変更を求める手段をもつことが望ましいとの記述がある[48]。

---

47) Commission Notice, *op. cit.*, para. 75.
48) ICN Report, *op. cit.*, para. 4.9. ただし，紹介されるハンガリーの事例は，合併審査時に特定されていた株式の取得予定会社（買手）と合併当事会社との売買交渉が不調に終わったため，ハンガリー競争当局が，問題解消措置の不実施という決定を行わざるを得なかった事案であり，その後，株式は別の独立の買手に売却された。

この点，当初設計された問題解消措置の内容に関して，事後的に問題点が明らかになった場合であっても，問題解消措置の変更という手法により，追加的な義務を合併当事会社に課すことは原則として許されないと考えるべきである。したがって，問題解消措置の中に内容修正条項を盛り込むことを合併承認の条件とすることもできないと解すべきであり，上記ECの委員会告示の記述も，事後の幅広い内容変更を許容する主旨のものではない。

第3節　BHPビリトン／リオ・ティント事件Ⅰ・Ⅱ
――国際的事案にかかる独禁法適用上の諸問題

東條吉純

Ⅰ　はじめに

　本節は，BHPビリトン社（以下，「ビリトン」という）によるリオ・ティント社（以下，「リオ」という）の買収提案（BHPビリトン／リオ・ティント事件Ⅰ），および，ビリトンとリオによる鉄鉱石生産にかかるジョイント・ベンチャー事業計画（BHPビリトン／リオ・ティント事件Ⅱ）に対する公取委の法執行を素材として，国際的企業結合事案に対する独禁法の域外適用を巡る諸問題について考察するものである。

　国家法の域外適用ないし国家管轄権の域外行使を巡る問題は，古くから国際社会の関心を集めてきたテーマである。競争法分野においては，1945年のアルコア事件判決以来数十年間にわたって，米国反トラスト法の域外適用およびこれに対する国際社会の反発という流れの中で議論の蓄積がなされてきた。もっとも，見方を変えると，このような米国の活発な法実践は，同国が経済活動の多国籍化，グローバル化にいち早く対応した結果であるとも言え，1980年代以降，自国市場に悪影響を及ぼす自国領域外の反競争行為に対しては，立法管轄権上は自国競争法を域外適用できるとする考え方（効果理論）が先進国を中心に国際社会に広く受け入れられた。また1990年代に入ると，新自由主義的改革の世界的な潮流及び経済のグローバル化が進展する中で，開発途上諸国も競って自国競争法の整備を行った。また2000年代以降は，二国間競争協力

協定や地域貿易協定上の競争関連規定（多くの場合，実質的に競争協力協定と類似の規律内容のもの），さらには ICN 等の国際フォーラムにおける経験共有およびソフトロー形成を通じて各国競争当局の相互協力・調整が深化し，政策目的としての「競争」の価値を共有する専門家集団がグローバルに形成されつつある。

　この一連の潮流は，国家主権の相互不干渉という原理的な軛との緊張関係を常に孕みつつも，経済のグローバル化にしたがい，その適用範囲を自国領域内から領域外へと拡張していくダイナミズムを必然的に内包する競争法の特質を示している。加えて，米国が市場競争の価値を保護法益とする強力な反トラスト法を他国に先駆けて法制化し，かつ，活発に法実践を積み重ねてきたという事実もまた，重要な背景事情として指摘しなければならないだろう。

　独禁法の域外適用を巡る日本の法実践については，法制定以来長きにわたり消極的な姿勢が続いたが，国際社会の動きに呼応して，1990 年代後半以降，独禁法の域外適用を巡る議論がにわかに活発化し，国際事案を意識した法改正が進められた。BHP ビリトン／リオ・ティント事件 I は，リーマンショックによる世界金融恐慌等の環境悪化のため，ビリトンによる買収提案撤回という形で終結したが，同事案に対する公取委の対応の過程で，実際の法執行において生ずる具体的な問題点が明らかになった。本節では，以上の認識を踏まえて，独禁法の域外適用にかかる諸論点を整理する。

II　BHP ビリトン／リオ・ティント事件 I・II の概要

1　事件 I 以前の鉄鉱石国際取引市場の状況

　世界の鉄鉱石生産量は中国等の新興経済国の需要急増を背景に，2002 年頃から大幅な増産を記録し，2007 年の生産量は 16.3 億トンとなった。鉄鉱石生産は，上位 4 カ国（ブラジル，中国，豪州，インド）で世界全体の約 7 割を占めている。2007 年の世界の鉄鉱石輸出量は 855 百万トンで，豪州及びブラジルの上位 2 ヵ国で総輸出量の 63％ を占めるという寡占的構造をもつ。2006 年における鉄鉱石生産者上位 3 社は，ヴァーレ（ブラジル）が 271 百万トン，リオ（英・豪）が 133 百万トン，ビリトン（英・豪）が 99 百万トンであり，三大生産

者が鉄鉱石の海上貿易量の実に78.2%を占めた[1]。

鉄鉱石の需要国としての日本の鉄鉱石輸入量は，2002年まで世界第一位（120～130百万トン）であり，価格交渉力も大きかったが，2003年以降，中国が日本を抜いて第1位の鉄鉱石輸入国となり，2007年の輸入量は383百万トン（輸入シェアでは44.7%）にまで達した。これにともない，鉄鉱石の価格交渉に関する日本の影響力が低下し，中国の影響力が増大した[2]。

従来，鉄鉱石の取引価格は，年に一度，供給側（上位3社）と需要側（日欧の鉄鋼メーカー各社）の相対交渉によって決定されるのが慣例であり，価格交渉は輸送コストの関係で，リオとビリトンの2社と日本各社企業の太平洋圏グループと，ヴァーレと欧州各社の大西洋圏グループで行われるのが従来の慣行だったが，近年の資源価格急騰をうけ，こうした慣行も崩れ始めている。具体的取引価格は，2004年までは鉱石1トン・鉄分1%当たり40セントを下回っていたが，近年は，中国等の需要急増を背景に売り手市場傾向が強まり，2005年には前年比71.5%増と大幅な上昇となる等，本件事案の直近まで価格上昇が続いていた。

2 外国競争当局の動き（事件Ⅰ）

ビリトンによるリオ買収提案（TOBを通じてリオの発行済株式のすべてを取得する提案）を受けて，各国競争当局は事前審査に着手したが，本件事案は，2009年11月25日，ビリトンが買収提案を撤回して決着した[3]。ビリトンが買収を断念した背景には，リーマンショックによる外部環境の悪化が最大の要因とし

---

1) ヴァーレ（CVRD）は，鉄鉱石以外に，銅，アルミニウム等の資源開発，鉄道，海運，発電など幅広く事業を展開する。2006年の鉄鉱石の海上輸送量シェアは39.6%。リオ・ティントは英・豪に本社を置き，鉄鉱石の他に，銅，亜鉛，石炭，ダイヤモンド等にも大きなシェアをもつ。2006年の鉄鉱石の海外輸送量シェアは24.4%。BHPビリトンは，2001年，豪BHP社と英ビリトン社の合併により設立され，鉄鉱石の他に，石炭，石油，天然ガス等のエネルギー分野や，アルミニウム，ニッケル等の非鉄金属分野で活動。2006年の鉄鉱石の海上輸送量シェアは14.2%。
2) 2008年の世界鉄鉱石貿易量は850百万トン超，輸入量では中国が440百万トンと実に5割を占める（日本は140百万トン）（日本経済新聞2010年1月13日付朝刊23頁コラム）。現在は，主要供給者3社と中日韓，欧州の鉄鋼メーカーの相対取引で決定されている。また2010年より，3ヵ月毎に価格を改定し市場連動型で決める新方式に変更された。
3) 日本経済新聞・2008年11月26日付朝刊。

てあったが，同時に，日本と同様，鉄鉱石の主要な需要国・地域である EU において，7月から詳細調査を進めてきた欧州委員会が，11月4日，本件買収提案に対する異議告知書を交付し，両社の事業統合に反対する姿勢を表明していたことも少なからず影響したと考えられる[4]。

これに対して，合併当事会社所在地の競争当局であるオーストラリア競争・消費者委員会（ACCC）は，6月6日，事前審査に着手，8月22日に論点告知書を交付し，鉄鉱石取引市場における競争上の影響を重点的に審査する旨を告知した。その後，10月1日に，競争評価の結果を公表し[5]，両社の合併を承認した[6]。

3　ACCC による競争評価の概要（事件Ⅰ（鉄鉱石市場部分のみ））

(1)　鉄鉱石産業の概況（パラ 16〜23）

鉄鉱石は，塊鉱，粉鉱，ペレットに分類される。鉄鉱石は国際的に取引される商品であり，需要者はもっぱら鉄鋼メーカーであるところ，2007年の世界全体の鉄鉱石生産量は約16億トンで，その半分以上が海上輸送により輸出される。国際海上貿易による塊鉱および粉鉱の主要な供給者は，ビリトン，リオ及びヴァーレであり（ペレットの主要な供給者は，リオ，ヴァーレ及び LKAB），大半の取引は安定供給と投資リスク低減の要請から長期供給契約に基づき取引される。近年，スポット取引も徐々に増加しているものの，その割合はまだ小さい。長期供給契約にかかる取引価格は世界指標価格によるところ，同指標価格は，世界の主要な供給者＝需要者間の年次交渉を通じて決定され，一般に世界市場の需給状況が反映される形で合意が形成される。

オーストラリア国内の取引価格の大部分は国際価格にリンクしているため，世界価格はオーストラリア国内鉄鋼メーカー（需要者）にも直接の影響を及ぼ

---

4) 詳細調査においては，鉄鉱石，石炭，ウラニウム，アルミニウム，ミネラル砂の各市場に特に着目するとされ（Press Release, IP08/1108），2009年1月15日までに最終決定を出す予定と伝えられたが，ビリトンの買収提案撤回を受けて，11月26日，調査終結を発表した（Press Release, IP08/1798）。

5) Public Competition Assessment on 'BHP Billiton Ltd – proposed acquisition of Rio Tinto Ltd and Rio Tinto plc', 1 October 2008.

6) News Release of the ACCC, # NR 279/08.

す。近年のインド及び中国の急速な産業化の進展は，予期せぬ鉄鉱石需要の急増をもたらし，指標価格及びスポット取引価格の顕著な上昇を招くとともに，新たな鉄鉱石鉱床の探査活動の活発化や，限界費用が相対的に高い小規模鉄鉱石供給者の新規参入も起こっている。

(2) 市場画定（パラ24～26）

鉄鋼生産における塊鉱と粉鉱の必要量や比率は固定的であり代替性は低いこと，国内鉄鋼メーカーに隣接し，又は，鉄鋼メーカーに所有され，十分な輸送施設へのアクセス手段をもたない鉄鉱石鉱山は，海上貿易供給者に対する有効な競争的抑制とならないこと，塊鉱・粉鉱供給においては，主に他地域に所在する供給者からの競争圧力に直面するが，競争的抑制の程度は，海上輸送費の変動に左右されること。海上輸送費が高止まりする現状に鑑みると，鉄鋼メーカーが他地域の供給者と取引するのは採算的に困難であり，中長期的にも輸送費が高水準のまま推移する限り，より狭い地理的市場を画定するのが適切である。

以上の分析を踏まえて，以下の4つの市場を検討対象とする。(a)塊鉱の国際海上貿易市場，(b)粉鉱の国際海上貿易市場，(c)塊鉱のオーストラリア国内市場，及び，(d)粉鉱のオーストラリア国内市場（パラ26）。

(3) 競争分析（パラ27～42）
〔国際海上貿易市場〕

本件買収提案は，世界的な鉄鉱石（塊・粉）供給者3社中の2社を統合するものであり，かつ，合併当事会社2社の事業は，保有する鉱床の品質，規模，コスト構造及び主要な顧客との地理的距離といった様々な点で高い類似性をもつ（パラ27）。また，国際指標価格の年次改定交渉の参加企業数を3から2に減少することとなるが，それ自体は競争に重大な影響を及ぼさない。なぜなら，鉄鉱石価格は世界海上貿易による鉄鉱石の需給バランスを反映して決定され続けるからである（パラ28）。

存続会社は，ヴァーレという重要な競争単位からの競争に直面しているところ，ヴァーレは十分な港湾・輸送施設を保有し，様々な事業拡張計画もある。

また，鉄鋼メーカーは中小規模の代替的な海上貿易供給者から購入することもあり得る。ただし，小規模な代替供給者による顕著な生産能力の拡張が必要となる（パラ29）。

鉄鉱石の海上貿易における参入障壁・事業拡張障壁は顕著であり，たとえば，投資回収期間が長期にわたること，鉱山探査・開発，及び，発電・鉄道・港湾施設の整備にかかる膨大な投資コストが挙げられる。西オーストラリアのピルバラ地区における参入・拡張障壁の大きさは，存続会社が港湾施設の拡張への参加を撤回しても，さほど影響を受けない（パラ30）。

上記の参入障壁にもかかわらず，近年の鉄鉱石需要の急拡大を反映して新規参入・拡張の例が見られる。これらは，鉄鋼メーカーが長期供給契約に合意することによる鉄鉱石の新規生産能力にかかる投資回収の保証，鉄鋼メーカー自身による鉄鉱石生産事業投資や垂直統合の進展に支えられている（パラ31）。このように鉄鉱石生産者と鉄鋼メーカーとの間の相互依存関係及び鉄鋼メーカー自身による上流事業への新規参入に基づいた，鉄鋼メーカーの潜在的な購買力及び対抗力が存在し，需要者が競争的抑制として機能し得る（パラ32）。

これら競争的抑制の存在によって，存続会社が，短期（2年間以内）において，生産を制限し，または，中長期（3〜10年間以内）において，生産能力拡張を制限して，世界の鉄鉱石需給バランスに影響を及ぼすインセンティブを失うか否かという点について検討する。存続会社の事業規模や産業全体にわたる鉄鉱石生産の費用構造に鑑みると，短期または中長期の競争制限手段によって超過利潤が期待できる限定的な状況もあり得るが，その機会を捉えるにあたっては大きな不確実性に直面する（パラ34）。特に，代替的な供給者による多数の短期及び中長期の事業拡張計画が進行中であり，存続会社は競争制限行動をとることによって，長期にわたる巨額の損失を強いられるおそれがある（パラ35）。

以上の理由から，存続会社は，単独行動により，短期または中長期の競争制限行動をとる明らかなインセンティブがあるようには思えない（パラ37）。

また，ヴァーレとの協調的行動による競争制限のおそれについては，合併の結果としてそのリスクが増大するとは言えない。存続会社とヴァーレでは，事業構造や事業拡張計画の違いなどが顕著であり，協調的行動を安定的に継続することは困難である。

〔オーストラリア国内市場〕

国際海上貿易にかかる上記検討を踏まえると，本件合併がオーストラリア国内取引価格に与える影響は小さい。また他の国内供給者の存在が競争的抑制として十分に機能する。

4 公取委による企業結合審査の経過（事件Ⅰ）

公取委は，本件買収事案について，海上貿易によって供給される鉄鉱石及びコークス用原料炭の取引分野における競争を実質的に制限することとなる疑いがあるとして，2009年7月に企業結合審査手続を開始した。8月頃，在豪日本領事館を通じて，任意による買収計画書等の資料の提出を要請したが，ビリトンに拒否されたため，9月中旬に，買収計画についての報告命令書を，領事に嘱託する領事送達の方法により発出した[7]。同時に郵送による書類送付も行われたが[8]，ビリトン側は受け取りを拒否した。

そこで，9月24日，公示送達の方法による文書送付を行ったところ（11月6日発効），11月14日，ビリトン側が公取委に対して報告命令に基づく関係資料を提出した。その後，ビリトンの買収断念を受けて，12月2日，合併審査手続の打ち切りを発表し[9]，同公表文において，今後も，日本国市場の競争に影響を及ぼす外国会社間の企業結合に積極的に対応していくことを表明した。

本件事案は，外国会社同士の合併・買収に対する企業結合審査の可否に対する法文上の疑義が解消された1998年の独禁法改正を受けて，初めての本格審査案件となる筈だったが，リーマンショックに端を発した世界金融恐慌の影響によって，世界の鉄鉱石需要が減退する等，鉄鉱石取引市場の環境が一変したことを受けて，結局，11月25日，ビリトンがリオ買収断念を発表してあっけない幕引きとなった。それでもなお，本件事案は日本国内に実質的な拠点や資産をもたない外国会社同士の合併に対する企業結合審査であり，かつ，公取委による資料提出要請に対してビリトンが当初非協力的な対応をとったため，後

---

7) 独禁法47条1項，70条の17により準用される民訴法108条。
8) 公取委事務総長定例会見記録（平成20年9月24日）。
9) 公取委「ビーエイチビー・ビリトン・リミテッドらに対する独占禁止法違反非議事件の処理について」（平成20年12月3日）。

述するように，独禁法の具体的適用ないし法執行の場面における興味深い素材を提供することとなった。

5　鉄鉱石生産ジョイント・ベンチャー事業計画（事件Ⅱ）

ビリトンの買収提案が撤回されてから約半年後の 2010 年 6 月 5 日，ビリトンとリオは，西オーストラリアのピルバラ地区における鉄鉱石の生産ジョイント・ベンチャー（以下，「本件 JV」という）の設立計画を発表した。本件 JV は，両当事会社の出資により設立された管理会社に管理運営を委託する仕組みとなっていた。また，生産能力の拡張について，投資額が 2 億 5000 万米ドルを超える場合，一方の当事会社が当該生産能力の拡張を希望し，他方の当事会社が希望しないときは，一方の当事会社が単独で生産能力の拡張を行うことが可能とされた（単独拡張の仕組み）。また，本件 JV による鉄鉱石配分の仕組みは，銘柄ごとに，管理会社による各期の最大生産能力の見積もり通知を受け，各当事会社が引き受けを希望する最大生産能力に対する割合を管理会社に通知して，鉄鉱石の配分を受ける。また当事会社は，その配分比率にかかわらず，生産に要する費用を 50% ずつ負担するというものだった。

なお当初計画では，生産量の 10〜50% の共同販売が予定されていたが，需要者である各国の鉄鋼産業による反対を受け，10 月 15 日，JV 事業の共同販売機能を放棄した。本件 JV 事業計画については，日本，欧州，中国，韓国，オーストラリア及びドイツの各競争当局による審査手続が開始された。なお欧州委員会では，本件 JV 事業が，共同販売機能を伴わず，全機能的 JV 事業と認められなかったため，EU 機能条約 101 条に基づく審査が開始された[10]。

公取委の審査手続においては，前回とは異なり，両当事会社から本件 JV 設立についての事前相談を受けて，6 月 16 日に第一次審査を開始し，7 月 16 日，第二次審査に移行した。第二次審査手続による検討を進める中で，9 月 27 日，両当事会社に対し，世界海上貿易によって供給される鉄鉱石の塊鉱及び粉鉱の生産・販売事業について，本件 JV の設立により競争が実質的に制限されるこ

---

[10] European Commission Press Release, IP/10/45. ポーター・エリオット他「グローバル経済における EC 競争法戦略——BHP ビリトン／リオ・ティント合弁事業計画事件を例に」国際商事法務 Vol. 39, No. 3（2011 年）321 頁も参照。

ととなると考える旨の問題点指摘を行った。また，他の競争当局からも，本件JV事業は届出がなされた形のままでは承認できないとの意向が示されたため，10月18日，両当事会社は，本件JV事業を断念することを公表し，これを受けて，公取委も事前相談に関する審査を中止した[11]。

なお今回のACCC審査手続においては，両当事会社は，ACCCの審査に協力する一方で，海外の競争当局との討議が妥結するまで審査結果の公表を延期するよう要望し，そのまま本件JV事業計画を断念することになったため，審査結果は未公表に終わった[12]。

6 公取委による競争評価の概要（事件Ⅱ）

公取委の問題点指摘にかかる考え方については，「平成22年度における主要な企業結合事例」事例1で公表されている。以下，その概要を紹介する。

市場画定について，塊鉱，粉鉱およびペレットの3種類の鉄鉱石の間には，需要の代替性及び供給の代替性がないため，それぞれ別個の商品範囲として画定されるが，ペレットについては両当事会社のシェアが低いため，塊鉱および粉鉱が検討対象とされた。また，日本の需要者が取引する鉄鉱石は，全て海上貿易により供給されるところ，鉄鉱石は世界中の需要者に対してほぼ同一の価格水準で供給されており，海上貿易による鉄鉱石の取引価格は世界中で連動しており，地域的に差別された価格はないため，「世界海上貿易市場」が地理的範囲として画定された。

本件JV設立が競争に与える影響について，両当事会社の，①生産能力拡張競争に与える影響，②各期（6ヵ月間）の供給量に与える影響，③販売競争に与える影響について，それぞれ検討を行い，以下の通り，両当事会社間で競争的行動をとるインセンティブが減退し，協調関係が生じるものと評価した。

①について，両当事会社は，低コスト・大規模供給者であり，大規模な生産能力拡張による価格下落による悪影響は大きく，大幅な価格下落を伴わない規

---

11) 公取委「ビーエイチピー・ビリトン・ピーエルシー及びビーエイチピー・ビリトン・リミテッド並びにリオ・ティント・ピーエルシー及びリオ・ティント・リミテッドによる鉄鉱石の生産ジョイントベンチャーの設立に関する事前相談の審査の中止について」（平成22年10月18日）。
12) ACCC Press Release # NR 190/10, 15 September 2010.

模に生産能力拡張をとどめるインセンティブをもつ。本件 JV 設立により，両当事会社は，鉄鉱石の銘柄，供給量，コスト等の供給面の特徴が共通化された企業となるため，需要予測も最適生産能力についての見解も一致しやすくなる。このため，単独拡張の仕組みはあっても，実際に単独拡張が行われる蓋然性は低い。また，生産能力拡張競争を促す要因は，他の低コスト・大規模供給者の生産能力拡張にかかる不確実性であるところ，本件 JV 設立によりその不確実性がなくなるため，生産能力拡張面で協調的に行動することとなると判断した。

②について，両当事会社は供給面の特徴が共通化された企業となり，最適供給量について見解が一致しやすくなり，互いの行動について不確実性がなくなる結果，強調して供給量の調整を行うことが容易になると判断した。両当事会社は，自社への配分比率にかかわらず生産に要する費用の 50％ を負担する仕組みの下で，引き受け希望量を最大にするインセンティブが働き，最大生産能力まで生産が行われると主張したが，本件 JV の管理会社には，最大生産能力を設定して両会社に通知するインセンティブがなく，かつ，管理会社は両当事会社の意向に沿った行動をすると述べた。

③について，需要者の求めに応じて供給量を増加させるといった柔軟な競争行動がとれなくなること，両当事会社が同一銘柄を取り扱うことにより，品質競争が行われなくなること，生産費用が共通化されることにより，両当事会社にとっての最適価格水準が一致しやすくなること等を指摘し，本件 JV 設立により，販売面において各当事会社が競争的な行動をとるインセンティブが著しく減退すると判断した。

競争状況に関しては，塊鉱について，2008 年におけるリオの市場シェアは約 30〜35％ で第 1 位，ビリトンのそれは約 25〜30％ で第 2 位であり，合算すると約 55〜60％ で第 1 位となる。また，粉鉱について，リオの市場シェアは約 20〜25％ で第 2 位，ビリトンのそれは約 15〜20％ で第 3 位であり，合算すると約 40〜45％ で第 1 位となる。両当事会社の販売する塊鉱・粉鉱は品質面において代替性が高く，保有する鉱山は，世界海上貿易市場における需要の大半（約 8 割）を占める東アジアに近いため，海上輸送費の面で他の競争事業者より有利な立場にあり，両当事会社は相互に最も重要な競争相手である。

他の競争者について，塊鉱市場では，合算市場シェア 55〜60％ の両当事会

社に続く供給者の市場シェアは10～15％でその格差は大きく、かつ、両当事会社以外に低コストで大量の塊鉱を算出する鉱山を所有する供給者がいないため、有効な牽制力となる供給者は存在しない。粉鉱市場では、市場シェア約25～30％の供給者が存在するものの、海上輸送費の面で不利な状況にあり、かつ、十分な供給余力を有していない。また、小規模事業者による様々な新規参入・新規拡張計画についても、高品質・低コストの鉱床は両当事会社等の既存の低コスト・大規模供給者が所有しており、新規参入者は低品質・高コストの鉱山開発を強いられることや、鉄道・港湾等のインフラ投資が膨大であること等の理由により、競争上の不利は大きい。

また、需要者からの競争圧力についても、鉄鉱石は製鉄に不可欠の原料であり、かつ、東アジアにおける鉄鉱石需要の急増に伴う需給のひっ迫及び供給者側の寡占化により、価格決定方式や価格交渉において供給者が主導権を握っており、需要者からの競争圧力が働いている状況にない。

以上の分析を踏まえて、公取委は、本件JV設立により、塊鉱および粉鉱の世界海上貿易市場について、競争が実質的に制限されることとなるおそれがあると判断した。

Ⅲ 国際的企業結合事案に対する独禁法適用上の諸問題
　　——BHPビリトン／リオ・ティント事件Ⅰ・Ⅱから見えるもの

1 事件Ⅰ・Ⅱが提起した問題

本件事案は、以下述べるように、独禁法の域外適用に伴うさまざまな問題点をあらためて認識させるものであった。とくに自国領域外に所在する外国会社に向けた公取委の調査活動や不利益処分の実効性の確保という要請、および、執行管轄権に対する国際法上の制約の問題は、事件Ⅰにおいてビリトンが当初、公取委の報告命令を無視して株式公開買付を進めようとしたことから顕在化した。また、公取委の従来の法執行において、一切明らかにされてこなかった、独禁法にかかる立法管轄権の設定範囲と国際法上の制約との整合性の問題など、今後、様々な国際的事案に対して、独禁法を実効的に域外適用していく上で整理・検討しておくべき点は少なくない。日本の独禁法の域外適用にかかる従来

の法実践は乏しく，域外適用が試みられるようになったのは最近のことである。現在は，学説上も，独禁法の規定文言上，国内事業者に対してのみ適用を行う旨の明記がないことから，域外適用は許されるとの解釈が支配的であるが，個別具体的な場面に応じた域外適用における適用基準に関する議論はまだ端緒についたばかりであると言える。

2　独禁法の域外適用と国際法上の制約

　国家法の域外適用問題は，伝統的に，国際法上の国家管轄権の問題として論じられてきた。国家管轄権の分類論には，いくつかバリエーションがあるものの，本節の検討対象との関係では，規律（立法）管轄権および執行管轄権が重要である。規律管轄権とは，「国内法令を制定して，一定の事象と活動をその適用の対象とし，合法性の有無を認定する権限」であり，執行管轄権とは，「行政機関が逮捕，捜査，強制調査，押収，抑留など物理的な強制措置により国内法を執行する権限」であると説明される[13]。ただし，これら分類は，主権国家の権能を機能的に分類したものであり，例えば，行政府や司法府の行為であっても，法ないし命令規範を記述または制定する限りにおいて規律管轄権の問題となり，司法府の命ずる差押え命令が物理的強制力を伴う場合には，当然のことながら執行管轄権の問題となる[14]。

　これを独禁法の域外適用問題にあてはめると，規律管轄権は，外国会社による国際的企業結合行為に対して，独禁法を域外適用するための必要な国内法制定・解釈に関する問題であり，執行管轄権は，国際的企業結合に対して，実効的に独禁法を自国領域外に適用するための諸措置，すなわち，外国会社に対する調査・証拠収集や排除措置命令等の行政処分に外国会社を服せしめるための様々な手続や罰則適用等，国家が発した命令内容を物理的に強制するための諸措置に関する問題である。

---

[13]　山本草二『国際法』231頁（有斐閣，新版，1994年）。
[14]　米国法律家協会の1987年対外関係法第3リステイトメントによれば，規律管轄権とは「立法・行政・司法のいずれを問わず，法を制定すること」，執行管轄権とは「裁判所を通して，司法・非司法のいずれかを問わず，法または規則の遵守を勧誘もしくは強制し，または不遵守を罰すること」と説明される。

国家管轄権の存否や行使範囲を規律するのは国際法であり，主権者としての国家は，国際法上の規範形成を通じて設定された管轄権を，国家法を通じて執行することになるところ，規律管轄権については，「管轄権行使の根拠は『合理的（reasonable）』でなければならない」という一般命題により管轄権行使の規律法理が形成され，対象事項と管轄権行使国との間に「十分に密接な関連性」が成立していることが正当性を主張するための基準であるとされる。ただし，個別具体的に何が「合理的」かについては争いがある。

　規律管轄権については，伝統的に主権国家の大きな裁量権が認められると考えられてきたところ[15]，規律管轄権行使の正当な権原として国際法上承認されてきたのは，属地主義（領域主義），属人主義（国籍主義），保護主義，普遍主義である。競争法分野における効果理論については，属地主義と保護主義による正当化の可能性が論じられてきたが，実質的には，いずれの管轄権原によっても説明は困難である。というのは，効果理論とほぼ同じ射程をもつ客観的属地主義（国外で開始され国内で完結する事象に対する管轄権行使）は，本来の属地主義の要件を逸脱する拡張法理であるし，保護主義とは，重要な国家法益を侵害する重罪（内乱，通貨偽造等）であることを根拠として，行為者の国籍や所在地を問わず国家管轄権を認める原則であり，競争法の保護法益とは同列に論じられないからである。

　また，国際事案に関して，競争法が域外適用される範囲についての法解釈論の精緻化はまだ不十分であり，個別具体的に，いかなる効果がどのような態様において自国市場に影響を与える場合に，規律管轄権行使が正当化されるのかという点については，今なお，明らかとは言えない。

　米・EUの法実践を通じて形成されてきた，規律管轄権の基礎としての効果理論における「効果」の意味として参照すべき具体的基準は，「直接的，実質的，かつ合理的に予見可能な効果」基準である[16]。

　米国においては，1945年のアルコア事件判決以来，効果理論に基づく反トラスト法域外適用の法実践を積極的に積み重ねる中で[17]，国際社会の強い反発に配慮する形で，判例法理において，1976年のティンバレン事件判決[18]，

---

15) ローチュス号事件PCIJ判決（1927年9月7日，PCIJ Ser. A, No. 10）。

1979年のマニントン・ミルズ事件判決[19]により，「管轄権行使に関する合理の原則」を生み出すとともに，立法においても1982年外国取引反トラスト改善法（FTAIA）の制定を促した。

管轄権行使に関する合理の原則は，国際礼譲に基礎を置き，効果理論に基づく自国管轄権の存在を認めた上で，他国利益に配慮する形で利益衡量を行い，場合によっては管轄権行使を差し控えるというものであった。しかし，1993年のハートフォード火災保険事件において，連邦最高裁判所は，「意図」と「実質的効果」の2要件に基づく効果理論が，アルコア事件判決以来の反トラスト法の域外適用基準として確立した判例法理であることを認め，かつ，対象行為が外国法令上は適法であっても，行為者は両国の法律に従うことが可能であり，真の抵触はないから，国際礼譲を理由に管轄権行使を差し控えるべきとは言えないと判示した[20]。この「真の抵触」法理によって，管轄権に関する合理の原則の適用範囲は狭められたと評価される。

また，FTAIAでは，外国との通商について，原則として反トラスト法は適用されないとした上で，「輸入取引例外」と「直接効果例外」という二つの例外を定め，これら例外に該当する場合には，反トラスト法が適用されると規定した。この直接効果例外において「直接的，実質的，かつ合理的に予見可能な効果」という文言が規定され，制定法により，域外適用に関する規律管轄権の範囲の明確化をはかるとともに，その適用範囲が無制約に拡張される懸念を立法的に解決した[21]。

これに対して，EUの法実践においては，EU競争法の実体要件上の適用範囲の問題とは独立に，より直接的に国際法上の管轄権法理及び管轄権行使の正当性の有無についての配慮がなされてきた。効果理論と実質上変わりない適用

---

16) 米・EUにける法実践の展開を網羅的に紹介する文献として，星正彦「独占禁止法の域外適用――欧米における競争法の域外適用理論の進展と日本におけるその受容と新展開に関する一考察」（一橋大学博士論文甲第639号（2011年））。

17) アルコア事件判決では，①米国への輸入に影響を及ぼす意図（＝意図要件），および，実際に輸入に影響を及ぼした事実（＝効果要件）という2要件による効果理論に基づき，域外適用を認めた。この判例法理の流れは，FTAIAの「輸入」例外に反映されている。

18) Timberlane Lumber Co. v. Bank of America, 549 F. 2d 597 (9th Cir. 1976).

19) Mannington Mills, Inc. v. Congoleum Corp., 595 F. 2d 1287 (3rd Cir. 1979).

20) Hartford Fire Insurance Co. v. California et al. 509 U. S. 764 (1993).

範囲を認める「実施 (implementation) 法理」を採用した 1988 年のウッドパルプ事件欧州司法裁判所判決[22]においても，伝統的な管轄権の正当権原である属地主義との整合性が検討され，共同体内への販売行為をもって，行為の「実施」に該当するとし，国際法上認められた属地主義 (客観的属地主義) により正当化されるとの判示がなされた。また，プラチナ等の生産・販売にかかる外国会社間の国際的企業結合に対して EU 競争法を域外適用したゲンソー／ローンロ事件判決[23]において，第一審裁判所は，共同体規則の適用は，計画される企業結合が，共同体内に即時かつ実質的な影響を与えることが予見できる場合に，国際公法に照らして正当化されると判示し，効果理論による管轄権行使を承認した。

なお，国際礼譲については，ウッドパルプ事件において，米ウェブ・ポメリン法に基づく合法的な輸出カルテルに対する配慮を求める抗弁に対して，かかる礼譲的考慮は外国政府による強制がある場合にのみ配慮されると述べられた。また，ゲンソー事件判決では，南アフリカ政府が当該合併を承認していたものの，それは共同体が禁止する行為を行うことを義務付けるものではないため，法の抵触はなく，国際法上の不干渉原則にも抵触しない，と述べられた。また，対象となる合併提案が南アフリカの重大な経済的・商業的利益に影響を及ぼすことが合併当事会社によっても南アフリカ政府自身によっても示されていない点も注記された。もっとも，欧州委員会は，その法執行にかかる裁量権行使の問題として (事件選択のレベルで)，法適用を差し控える等の利益衡量を行ってきたとの分析があり[24]，この点において，私訴による判例を通じて域外適用法理が発展してきた米国反トラスト法とは好対照をなしている。

この問題を，日本の独禁法を念頭に整理するならば，第一には，実体要件論として，独禁法の適用範囲はどうあるべきかという問題であり，第二には，国際法上の制約を踏まえ，独禁法にかかる規律管轄権行使の範囲をどのように設

---

21) FTAIA 制定後も，アルコア判決以来の「意図」と「効果」に基づく効果理論は判例法理として存続している。
22) A. Ahlstrom Osakeyhtio v. E. C. Commission, Cases 89/85 etc., [1998] ECR 5193, [1988] 4 C. M. L. R. 90.
23) Case T-102/96 Gencor Ltd. V. Commission, [1999] ECR II-753.
24) Cedric Ringaert, Jurisdiction in International Law (OUP 2008), pp. 175-177.

定することができるかという問題とに分けられるが，国際社会によって承認された効果理論にかかる「効果」の具体的な意味・内容がいまだ明らかでない以上，国際法上の制約を踏まえて，あるべき規律管轄権の設定範囲を厳密に論じることは難しい[25]。管轄権行使に対する国際レベルの制約要因は，国際法，国際礼譲，その他（政治的配慮等を含む）となろうが，国際法による規律もその内容が抽象的ないし曖昧であるという現状に鑑みると，各主権国家がその裁量権の下で，国際法上の管轄権法理に配慮しつつ，自国の国家実践がこれに反しないとの説明責任を果たせることが重要である。この点，現時点においては，日本の法実践においても，日本市場への「直接的，実質的かつ合理的な効果」基準，および，法の抵触に至る外国利益と日本の利益との利益衡量及び調整（国際礼譲配慮）が，参照すべき二つの具体的基準であると考えられる[26]。

他方，執行管轄権については，他国の同意なしにその国で執行管轄権行使はできないという厳格な国際法上のルールが確立している。したがって，物理的強制力を伴う逮捕等の身体の拘束や差押などについて，相手国の同意が必要であることに争いはない。しかしながら，通常，「執行」行為に分類される，あらゆる国家行為が，厳格な禁止ルールの対象となるかどうかについては議論の余地がある。本件事案において問題となった外国への文書送達も，従来より議論されてきた執行行為の例であるが，企業活動がますますグローバル化する中で，国際的企業結合に対して，実効的な独禁法適用を可能にするためには，不可欠の手続であると考えられるところ，独禁法適用にかかる執行行為が厳格に自国領域内にとどまるよう国際法が命ずる限り，各国は重要な自国法益の実現を著しく妨げられることになる。これはグローバル化する反競争行為という問題に対処するため，効果理論に基づく競争法の域外適用に対して承認を与えて

---

25) 多田敏明「国際カルテルと日本独禁法の執行」土田和博編著『独占禁止法の国際的執行――グローバル化時代の域外適用のあり方』（日本評論社，2012年）83頁。多田は，独禁法が効果主義を採用する場合，（少なくとも国際カルテルに関しては）立法管轄権の議論が実益をもつ事案はほとんど生じないとする。

26) 小寺彰「独禁法の域外適用・域外執行をめぐる最近の動向」ジュリスト1254号（2003年）64頁。同論文中で小寺が紹介する外務省委託研究報告書『競争法の域外適用に関する調査研究』においても，「行為地国のもつ正当な利益との真の衝突の有無」とともに，「密接関連性の存否」という観点から管轄権行使の可否を判断するとのとりまとめがなされた。

きた国際社会の実践との関係でも問題となり得る。したがって，法執行過程における法律上または事実上の様々な国家行為については，個別の行為ごとに，その必要性に照らして，何をどこまで相互に承認し合うべきかを常に検証することが求められる[27]。

3 国際的企業結合に対応した法改正および法実践

競争法にかかる立法管轄権行使において，属地主義の軛を克服し，効果理論に基づく域外適用が国際社会に広く受け入れられる動きに呼応して，遅まきながら，日本においても1990年代以降，独禁法の域外適用を巡る議論がにわかに活発化し，国際事案を意識した法改正が急ピッチで進められてきた。

とくに企業結合規制については，従来，規定文言上の制約から外国会社間の企業結合を規制することができなかったため，本件事案のような場合，日本国市場への影響がどれほど大きくとも企業結合規制対象とはされないという問題があった。1998年改正では，企業結合規制を定める独禁法第4章規定の適用対象を「国内の会社」から「会社」に改め，外国会社も含まれることを明らかにし，日本国領域外における外国会社間の企業結合に対する独禁法の域外適用の根拠規定を明文化した。1998年改正以降，今日に至るまで，本件事案も含め，外国会社同士の企業結合に対する域外適用の経験及び国家実践を着実に積み重ねている[28]。

また，2002年改正以前の旧独禁法では，文書の送達について，民訴法上の在外者に対する文書送達に関する108条（外国における送達）等の規定を準用していなかったため，外国に所在する会社に対して，報告命令や排除措置命令等の文書を発出する際に，受領拒否等によって送達ができない場合に，公示送達

---

[27] 小寺彰「国家管轄権の域外適用の概念分類」『国家管轄権――国際法と国内法（山本草二古稀記念論文集）』（勁草書房，1998年）343頁，363～364頁。小寺は，「……管轄権を分類することは……管轄権行使の適否に予断を与えるおそれがある……」と述べ，本来機能的な観点から国家主権概念を管轄権概念という法概念で整理することの意義を評価する一方で，こうした分類学的な考察手法が，かえって現代的な諸問題の解決の妨げになるリスクについても指摘する。

[28] 数え方にもよるが，これまで8件の審査事例が公表されている。根岸哲「国際的企業結合と域外適用」日本国際経済法学会編『国際経済法講座Ⅰ：通商・投資・競争』（法律文化社，2012年）355頁，362～363頁；稲熊克紀「外国会社同士の企業結合等への公正取引委員会の対応」土田編著・前掲注24）117頁，127～136頁。

によることができるかどうか疑義があった。そこで，2002年改正により，日本に営業所等をもたない外国会社に対しても文書送達が可能であることを明確化すべく，民訴法108条を準用する規定を追加するとともに（法70条の17），公示送達規定を新たに導入した（法70条の18）。

外国会社に対する文書送達は，実務上，当該外国会社が文書の受領権を付与した代理人弁護士を指名することによって達成される例も多いが，本件事案のように外国会社が非協力的な対応をとる場合には，公示送達の方法により文書送達が可能となった。事件Ⅰでは，ビリトンに対して，公示送達による報告命令書の送達がはじめて行われた。

また，事件Ⅰでは株式公開買付による株式取得が企業結合審査の対象とされたが，事件当時，株式取得は事前届出の対象とされておらず，かつ，「国内売上高」算定基準による事後報告の対象でもなかったため，公取委は，当初，当事会社による資料提供なしに法10条1項に基づく審査を開始せざるを得なかった。

株式取得による支配権獲得は，企業結合の典型的な手法の一つであり，国際的に見ると，米・EUをはじめ，支配権移動を伴う株式取得について，合併その他の企業結合手法と区別することなく，同じ規制に服せしめるのが一般的である。また，外国企業の認識としても，事前届出の対象とならない以上，報告義務はないと考えるのが自然であり，日本の独禁法のグローバル化対応の立ち遅れの例とされてきた。

またビリトン及びリオは，日本国内に実質的な権限を有する営業所や子会社をもたず，日本の鉄鋼メーカーに直接鉄鉱石を販売していたところ，2009年以前の旧法では「国内売上高」の算定基準は，当該外国会社及び直接の子会社の国内営業所の売上高が基準とされており（旧法10条4項），日本国の鉄鉱石市場における市場シェア約6割を占める外国会社間の企業結合が企業結合規制にかかる届出基準を満たさないという不都合が生じていた[29]。

2009年改正では，株式取得についても事前届出・審査制の対象に含められるとともに，企業結合の届出基準についても，外国会社の日本市場におけるプ

---

29) 藤井宣明＝猪熊克紀『逐条解説　平成21年改正独占禁止法』（商事法務，2009年）107頁。

レゼンスをより適切に反映する基準に改められた。すなわち，改正法では，外国会社も国内の会社と同様に，株式発行会社の国内売上高及びその子会社（孫会社も含まれる）の国内売上高を合計した金額が届出基準として用いられることとなった[30]。

　事件Ⅱにおいて，公取委は，一定の取引分野にかかる地理的範囲として「世界海上貿易市場」を画定するという考え方を公表している。地理的範囲が国境を越えて画定されうるかという問題については，企業結合ガイドラインにおいて，「ある商品について，内外の需要者が内外の供給者を差別することなく取引を行っている場合……には，国境を越えて地理的市場が画定されることとなる。例えば，内外の主要な供給者が世界中（または東アジア）の販売地域において実質的に同等の価格で販売しており，需要者が世界（または東アジア）各地の供給者から主要な調達先を選定しているような場合には，世界（または東アジア）市場が画定され得る」との記述がある。この点は，対象行為が外国会社間の国際的企業結合であろうと，国内の会社間の企業結合であろうと変わりはなく，基本的には需要の代替性という観点から，必要に応じて供給の代替性という観点も考慮した上で，地理的範囲が画定されることになる。ただし，地理的範囲が国境を越えて画定される場合であっても，独禁法の保護法益が日本国内における競争秩序の維持・促進であるという点を忘れてはならない。したがって，日本国市場及びそこに所在する事業者とまったく無関係なところで地理的範囲が画定されることはない。

　また，事件Ⅱの鉄鉱石生産JV事業計画は，法人形態ではなく，両当事会社の出資により設立された管理会社に鉄鉱石の生産事業についての管理運営を委託する仕組みとなっており，一種の組合に類似した契約形態がとられていた。独禁法上の企業結合規制では，EU競争法の合併規則における「支配権の取得・移転」のような包括的な企業結合概念は存在せず，規制対象となる企業結合行為は，株式保有，役員兼任，合併，分割，共同株式移転，事業譲受等に限定され，個別の企業結合形態ごとに別個の規定が置かれている。したがって，

---

[30]　その他，旧法における株式取得会社の届出基準として「総資産額」が用いられていたが，外国会社の場合，日本市場において全くプレゼンスをもたない場合であっても届出対象となる可能性があったが，これも「国内売上高」基準に改められた。

対象行為が，それら企業結合形態のいずれにも該当しない場合には，規制対象とすることはできないという問題があるところ，本件 JV 事業は，独禁法上の企業結合規制の対象に含まれず，事前届出の対象にもならないのではないかという疑問があった。事件 II では，両当事会社より「企業結合事案」として事前相談の申し出が行われ，公取委も法 10 条に基づき，審査を行ったが，本来は，不当な取引制限事案として調査すべきであったという可能性がある[31]。この問題を解消するために，従来より，包括的な企業結合概念の導入を提唱する論者もある[32]。企業結合規制にかかる今後の重要な課題の一つであると言える[33]。

以上述べたように，日本の企業結合規制にかかる法整備は，国際的企業結合に対応する形で進められてきた。これら法整備は，企業結合規制の域外適用に向けて立法管轄権の範囲を設定する国家実践であるが，上記の二つの参照基準に照らしても，特に問題はないと考えられる。特に，届出基準にかかる 2009 年改正は，当事会社の事業活動が日本市場に及ぼす影響をより適切に反映する改正であると評価できる。

4　文書送達と執行管轄権

事件 I の審査過程において問われたのは，公示送達による報告命令の送達が執行管轄権の行使として国際法上の問題を喚起するおそれはないかという点である。また，仮にビリトンが報告命令を無視し続けた場合には，報告命令違反に対する罰則適用が可能であったかという点，さらに，そのまま事態が推移し，公表データや需要者（鉄鋼業界）からの情報等に基づき，独禁法違反の判断が下され，排除措置命令が出された場合，その実効性は確保されるかという点も同時に問われることになった。

一般に，国家による物理的強制力の行使は，国際法上の執行管轄権の行使にあたり，相手国の同意を必要とするのが原則である。典型的には，逮捕・拘留

---

31)　欧州委員会によって，EU 機能条約第 101 条に基づく審査が行われたことを想起されたい。エリオット・前掲注 10)。

32)　正田彬「合併・株式取得等による企業集中の規制について」公正取引 537 号（1995 年）13 頁；栗田誠「独占禁止法による企業集中の規制制度」商事法務 1409 号（1995 年）23 頁。

33)　根岸・前掲注 28) 368〜369 頁。

等の身柄拘束や資産の差押えなどがこれに該当するが，文書の送達も，従来から執行管轄権の問題の一部として議論されてきた。事件Ⅰでは，初めて，外国会社に対して公示送達による報告命令の送達が行われたが，本件事案の報告命令の場合に限らず，調査手続における様々な情報収集方法，および，排除措置命令等の不利益行政処分の文書送達なども，すべて関連する問題である。

報告命令や排除措置命令に対する違反は，独禁法上は刑事罰の対象とされているが，日本国の領域外に所在する外国会社に対して実際に刑事罰を発動できるかについては，大きな疑問がある。理由として，日本の刑事罰は，まず実行行為者である自然人が処罰され，両罰規定によって法人処罰が行われる制度であるところ，実行行為者である自然人の特定が困難である点や，起訴状送達の困難性等が指摘される。また，独禁法には国外犯処罰の明文規定がないため，独禁法上の刑罰規定を国外犯に適用することができるか否か明確でないとの指摘もある[34]。法執行の実効性を担保するサンクションが有効に機能しない状況に対しては，公取委が制裁を目的として経済的不利益を課す行政制裁金ないし履行強制金制度の導入提案や，国際カルテル等の場合には，EU型の裁量的課徴金制度の導入による履行確保を提案する議論は少なくない。その上で，最終的に資産差押え等による強制履行が可能かと言えば，自国領域外における差押えは，典型的な物理的強制力の行使であり，執行管轄権の厳格な禁止ルールが適用されることになる。本件事案のように，日本国内に実質的な拠点も資産ももたない外国会社間の企業結合の場合には，究極的には，日本国市場を事業者として確保しておかなければならない現実的な必要性の程度，および，当事会社が企業としてのコンプライアンスにかかる評判リスクへの配慮に依存するということにならざるを得ないだろう[35]。ただし，重要な天然資源である鉄鉱石の供給確保という観点から言えば，国際寡占化の進行する天然資源市場における供給者の反競争的行為については，純粋な競争政策の見地に立った実効的な法執行の確保という観点にとどまらず，資源・エネルギー政策を含むより広い

---

34) 川合弘造「独禁法の海外企業・外国人への執行と課題」西村あさひ法律事務所編『グローバリゼーションの中の日本法』461頁；多田・前掲注25) 100〜101頁；越知保見「独占禁止法の国際的執行の諸問題」土田編著・前掲注15) 57頁，63〜66頁。

35) 多田・前掲注25) 107〜108頁。

政策的観点が必要となる点にも十分に留意が必要である[36]。

5　法執行過程における情報収集手法と執行管轄権

　企業結合審査においては，カルテル調査の場合とは異なり，合併当事会社が任意に情報提供することが少なくないが，本件事案のように，日本国内に実質的な拠点や資産をもたない外国会社に対する調査プロセスにおいて，競争当局による情報提供要請が無視される場合もある。独禁法執行にかかる調査過程においては，競争当局によって様々な情報収集の手法が活用されるが，これらはすべて「執行」問題の一部として考察対象となりうる。というのは，法的には「任意の」情報提供要請であっても，これに応じないと不利な判断を下されたり，裁量的な制裁金が加重される等のリスクが伴うため，名宛人たる外国事業者に対して事実上の強制力をもっている場合が少なくないからである。

　ここでは，ICNの合併審査ハンドブック[37]において，合併審査を目的とした典型的な情報収集・調査手法の例示を手がかりに，合併審査において，通常，どのような調査活動が実施されているか確認してみる。これら調査活動が自国領域外において実施される場合，いくつかの証拠収集・調査手法は，法的強制力をもつ場合であれ，事実上の強制力をもつ場合であれ，自国領域外で実施される場合，執行管轄権行使との関係で問題となり得る。

　①　合併当事会社の内部文書の強制的な提出命令
　②　競争者，顧客等の第三者に対する強制的な情報提供要請
　③　立ち入り調査
　④　合併当事会社による任意の資料・情報提出
　⑤　電話による聞き取り調査（インタビュー）
　⑥　宣誓供述，デポジション等
　⑦　その他口頭の情報提供
　⑧　ウェブ上や官報等で公表され，広く収集される情報（パブリック・コメント等）

---

36)　Kim Talus, Vertical Natural Gas Transportation Capacity, Upstream Commodity Contracts and EU Competition Law (Kluwer 2011), pp. 9-32.

37)　ICN, ICN Investigative Techniques Handbook for Merger Review (2005).

⑨　外部の専門家意見・研究成果
⑩　公開データ
⑪　計量経済学分析

　これら調査活動のうち，⑧～⑪については，執行管轄権との関係で問題が生じる可能性はほとんどない。①～③は法的強制力をもつ調査手法であるところ，③の立ち入り調査の外国における実施は，物理的強制力をともなう執行管轄権行使の典型例であり許されないものと考えられる。①および②は，法的強制力をともなう国家行為であり，事件Ⅰにおいて，公示送達の方法により送達された報告命令もこれに該当する。ただし，これら法的強制力のある命令の発出それ自体は，主権国家による公権力行使であることは疑いもないが，今なお物理的強制力を伴う「力」の行使にまでは至っていないという理解はありうる。この点，米国対外関係法第3リステイトメントのように，法的強制力をもつ個別の命令規範の定立行為それ自体は，「規律管轄権」に分類されるとの見解もある[38]。

　他方，④～⑦のような情報収集・調査活動についても，たとえ形式上は任意調査の形がとられていても，これに従わないと，（罰則を伴う）強制調査に移行することが容易に予想されること，合併審査において不利に扱われるおそれがあること，非協力的態度が強調され合併審査の全プロセスにおいて印象が悪くなる等のリスクを抱え，事実上，情報提供を強制されるという性質をもつ場合がある[39]。逆に，法的強制力のある情報収集・調査活動の場合であっても，上記のように，その実効性の要となる不遵守時の罰則等のサンクションが機動的に機能しない場合には，実質的な意味における強制力の強さに疑義が生じる。このように，行為形式上の法的強制力の有無のみから，規律管轄権と執行管轄権の別を論じるべきではない。

　古典的な国際法上の管轄権論において念頭に置かれる「執行管轄権」の対象

---

[38] 小寺・前掲注27) 346～347頁。
[39] 経済産業省報告書『競争法の国際的な執行に関する研究会——中間報告』(2008年) 24頁。また同報告書では，ファックスや電子メールによる質問状送付，任意情報収集を目的とした郵便による質問書簡の送付といった情報収集方法が紹介されている。

行為は，物理的強制力の行使であり，自国領域外における差し押さえ，押収，逮捕・身柄拘束等が典型例として例示されてきた。たしかに 1970 年代に米国による反トラスト法の域外適用が国際社会の反発を招き，米国裁判所の発出する文書提出命令による主権的権利の侵害リスクを重く見た各国が対抗立法を定立する等の事態に発展したが，その契機の 1 つとなった具体的事案であるウラニウム国際カルテル事件は，米国反トラスト政策と他国の政策との深刻な衝突が生じた事例であることにも留意すべきである。

そもそも，国家管轄権概念とは，国家主権概念を，法の制定から適用，さらに執行へと至る諸段階を念頭に，機能的に分類し考察するために案出されたツールである。規律管轄権と執行管轄権は連続的な性質をもち，実際には法の規制力は執行に向かって段階的に強まっていくため[40]，対象となる国家行為を形式的に分類した上で，一方には主権国家の広い裁量権を認め，他方には厳格な禁止原則が適用される，という思考様式そのものに問題があるとも考えられる。

たとえば各国の法規制水準において齟齬が観察される場合には，厳格な命令規範を定立した国家がそれを域外適用すると宣言しただけで（＝規律管轄権の行使），より緩やかな法政策を採用する国家の利益や当該国で活動する人・企業の行動に影響を与えることになる。特に，当該命令規範が実際に行政機関や司法機関により適用され，たとえそれが規範定立国の領域内における執行行為であったとしても（【例】国内資産の差し押さえ），執行管轄権行使段階にまで至ると，当該行為は，単なる脅しでないという裏付けを得て，より強い行動制約要因として機能することになる。こうして，より厳格な命令規範が自国領域外における活動に係る行為規範として機能し，他国政策の変更を事実上強制することとなる[41]。

他方，競争法領域における法執行活動に伴う様々な国家行為を評価する際には，競争秩序の維持という政策上の価値が国際社会に広く受け入れられている

---

[40] ローエンフェルドも，立法管轄権の域外適用問題は「その一線を越えれば法の侵犯になる」という性質の権限問題でなく，違法と合法の間の無段階に連なるスペクトルとして判断されるべき問題であり，それは価値判断を含む理性の機能として確定される「適当性（appropriateness）」の問題として提示されるべきであると述べる。これは一般に国際私法寄りのアプローチである点にその限界が見いだされるものの，一定程度，正鵠を射ている。Lowenfeld, Public Law in International Arena, 163 Recueil des Cours (1979-II), pp. 325-329．

ことを背景として，現在，国際的な企業結合や供給者間カルテルについては，効果理論に基づく競争法の域外適用を相互に承認し合う関係が成立しているという事実を踏まえて考察することが必要である。この点，以下の理由により，公示送達の方法による報告命令の送達を含め，物理的強制力の行使にまで至らない，さまざまな情報収集・調査活動に対しては，厳格な執行管轄権の禁止原則が一律に適用されるとは言えないと考えられる。というのは，第一に，企業結合規制のように，競争法領域の中でも，実体法上の違法性判断基準や審査手続基準の国際的平準化が進展する対象行為にあっては，各国法政策間の離齬が相対的に小さいこと[42]，第二に，企業結合審査にかかる様々な情報収集活動が各国の国家実践としてルーチン化しており，かつ，相互に承認し合う範囲が事実上形成されつつあること，第三に，事件Ⅰの公取委による報告命令に即して言えば，当事会社の所在国であるオーストラリアや英国が，両社の企業結合を政策として強く後押しするといった状況が観察されないこと等がその理由である。

　国家が規範定立等の行為形式によって命令を発し，名宛人が当該命令に従わない場合には，当該命令を強制的に実現するという一連のプロセスが管轄権行使の全過程であり，この段階が進めば進むほど徐々に国際法上の問題が強まるものと考えるべきであり，競争法領域の法執行過程に見られるような中間領域の国家実践については，規律管轄権・執行管轄権の形式的な二分類とそれに対応したルールの当てはめに終始することなく，より実質的に，対象行為にかかる利害関係国の公政策との抵触の度合い等の諸要因を個別に評価するという姿勢が必要だろう[43]。

---

41)　競争法分野以外にも，輸出管理法，環境法等さまざまな分野において法実践が観察される。

42)　ICN, Implementation of the ICN Recommended Practices for Merger Notification and Review Practices (2005).

43)　Anne-Marie Slaughter, "Liberal International Relations Theory and International Economic Law." Am. Univ. J. of Int'l L. & Pol'y, vol. 10, p. 717 (1995). スローターは，硬直的な管轄権理論を脱し，各国法実践が全体として何らかの利益衡量を取り込むようになった状況を「力から利益への重点のシフト (shift from a focus on power to a focus on interests)」と評する。

6　国際寡占市場における需要国競争法の重要性

　最後に，事件Ⅰにおける ACCC の競争評価と，事件Ⅱにおける公取委の競争評価とを比較する。事件Ⅰと事件Ⅱとでは，企業結合の形態および審査時期の違いがあるものの，より強固な企業結合である事件Ⅰにおいて ACCC は合併を承認したのに対して，より緩やかな JV 事業計画（事件Ⅱ）において公取委は競争の実質的制限の問題指摘を行った。

　無論，ACCC はオーストラリア市場への影響を，公取委は日本国市場への影響をそれぞれ判断したが，ACCC はオーストラリア国内取引の多くが連動するという意味において，公取委はより直接的に日本国所在の需要者を含む国境を越えた地理的範囲を画定し，ともに国際海上貿易による塊鉱・粉鉱の取引市場を評価対象とした。

　すでに紹介した通り，ACCC と公取委とでは，鉄鉱石（塊鉱・粉鉱）にかかる国際海上貿易市場の競争状況に対する認識に顕著な違いがあるところ，ACCC の競争評価にはいくつかの点で大きな疑問があり，審査時点の差による外部環境の違いでは説明できない分析・評価の違いが見てとれる。

　ヴァーレからの競争圧力について，ACCC は，海上輸送費の制約が大きく，遠隔地に所在する鉄鉱石生産者と取引するのは採算的に困難であるとの認識を示す一方で，ヴァーレからの競争圧力を重視する。また，参入障壁が顕著であることを認める一方で，鉄鋼メーカーによる上流部門への参画を含め，新規参入・拡張計画が多数進行中であるという事実も競争圧力として指摘する。これに対して，公取委は，塊鉱について，合算市場シェア 55～60% の両当事会社に続く供給者（ヴァーレ）の市場シェアは 10～15% でシェア格差が大きいこと，および，低コストで大量の塊鉱を産出す鉱床を所有する供給者は存在せず，牽制力ある競争者とはなりえないと評価した。また，粉鉱について海上輸送費の制約および供給余力が十分でないため競争圧力は小さいと評価した。また小規模事業者による新規参入・拡張計画について，両当事会社と較べ，低品質・高コストの鉱山開発を強いられ，かつ，運搬・港湾施設への投資が膨大であるため，競争上の不利が大きいと評価した。

　また，需要者である鉄鋼メーカーの購買力による競争的抑制の有効性に対す

る評価にも違いが見られる。ACCC が購買力及び対抗力の存在を認めるのに対して，公取委は，製鉄に不可欠の原料である鉄鉱石の需給がひっ迫する状況の下で，価格決定交渉において供給者が主導権を握っており，需要者からの競争圧力が働く状況にないと評価した。

ACCC による競争評価を全体として見ると，鉄鉱石の取引価格（世界指標価格）は国際海上貿易による鉄鉱石取引の需給バランスを反映して形成されるとの基本的認識をベースとして，国際寡占市場における競争単位が 3 から 2 に減少すること自体は問題がないとする。しかしながら，鉄鉱石価格は，供給者・需要者間の相対の交渉を通じて決定されるのであり，国際寡占供給者は，自ら需給バランス自体に大きな影響を及ぼす能力をもち，常に，短期の生産制限，および，中長期の生産能力拡張制限を通じて，需給バランスの緩和を防ぎ，鉄鉱石価格を維持し，または，引き上げるインセンティブが存在する。

ACCC の結論は，競争者や新規参入による競争圧力や需要者の対抗力といった競争的抑制によって存続会社は大きな不確実性に直面するため，競争制限的行動をとるインセンティブは小さいというものであるが，上記の通り，各要因についての分析は，公取委のそれと比較すると，あまりに簡潔かつ不十分であると評価せざるを得ない。また，塊鉱・粉鉱を別個の商品市場としてそれぞれ画定したにもかかわらず，続く分析では両商品を区別することなく簡潔に評価するにとどまっており，塊鉱・粉鉱のそれぞれにつき，両当事会社の市場シェアを算定し，より詳細な評価を行った公取委との違いは顕著である。

単純な経済学モデルによれば，国際貿易が介在する市場においては，経済厚生最大化を目的とする個別国家間の競争法規制の強度は一致しないと説明される。すなわち，経済厚生を消費者余剰と生産者余剰の総和と考える場合，これを最大化するために，供給者所在国は緩やかな競争法執行を，需要者所在国は厳しい競争法執行を，それぞれ望むことになるところ[44]，国際寡占市場における企業結合規制はまさにそのようなケースに該当する。また，供給者所在国の競争法執行が，産業政策その他の政策的考慮によって影響を受ける場合もあり得る。本件事案において，ACCC は，真正面からかかる考慮に行った上で判

---

44) Andrew T. Guzman, "Is International Antitrust Possible?" 73 N. Y. Univ. L. Rev. 1501, 1510-1531 (1998).

断を下したという事実は見いだせないものの，国際寡占市場における供給者間の企業結合や市場支配力行使によって，国内市場に重大な反競争効果が及ぶような場合には，需要国競争法の適切な域外適用が，今後ますます重要になることが改めて認識される。

Ⅳ　おわりに

　競争法分野における域外適用問題は，米国反トラスト法の先駆的な国家実践を巡る議論を軸として展開し，1980年代以降，国際社会がこれを広く受け入れ，一定の行為類型については，各国が相互に効果理論に基づく域外適用を承認し合うというダイナミズムの中で進展してきた。また現在は，多数の国・地域で競争法が導入されており，競争当局間の協力協定やICN等の国際フォーラムにおける情報交換・経験共有，技術支援等を通じて，ソフトローとしての競争法の収斂が緩やかに進んでいる。一方，国際公益としての「競争」の価値が認められ，効果理論に基づく立法管轄権の域外的行使が広く国際社会に承認された後も，個別産業分野に目を向けると，各国の様々な国家政策に強く影響を受ける形で，適用除外立法をはじめとする立法レベルでの相違はもとより，個別具体的な法執行（エンフォースメント）レベルまで含めると，各国間の競争法規制には，今なお，かなりの相違が見出される。とくに，鉱物資源分野においては，有限な天然資源が特定地域にのみ賦存するという特質から，国際寡占市場が形成されやすく，かつ，資源国の競争政策にも強く影響を与える傾向が顕著である。現在のところ，立法管轄権の域外適用にかかる参照基準は，「直接的，実質的かつ合理的な効果」基準，および，国際礼譲による利益衡量基準の二つであるが，それ以前の問題として，OPECのように，統治権と関わる国家政策として石油の生産・価格調整が実施される場合には，需要国競争法の域外適用は，強い地政学的な制約にさらされると同時に，外国主権免除等の管轄権免除法理の制約を受けることになる。このように，規律管轄権にかかる競争法の域外適用問題は，一般的な意味における国家主権の相互不干渉という国際法原則との関係では克服された後も，関係国間の政策衝突と利益調整という問題が，未解決の大きな課題として残されていることになる。本節が検討対象と

したBHPビリトン／リオ・ティント事件Ⅰ・Ⅱは，鉄鉱石という鉱物資源にかかる国際寡占市場が問題の対象であり，主要な需要国である日本の独禁法を域外適用する必要性が改めて認識されたが，規律管轄権のレベルで問題が生ずる事例ではなかった。他方，事業者所在国との利害関係がより先鋭化する限界的事例においては，いかなる基準を立てて利益衡量の問題をクリアすべきかが今後問われることとなろう。

これに対して，域外適用が承認された領域においては，むしろ執行管轄権に関わる問題が重要となる。この点，国際的企業結合に対する日本の独禁法の域外適用の実効性確保という観点からは，さらなる国内法整備も含め，まだ改善すべき点が少なくない。また，理論的にも，執行管轄権にかかる国際法上の制約との関係で，許容される法執行行為の限界について，必要な証拠資料を収集する調査，排除措置等の不利益処分，不服従の際の罰則適用の各場面に応じて問題状況を整理した上で，個別の国家実践を着実に積み重ねていくことが必要である。

また，独禁法の域外適用の実効性確保のためには，外国競争当局との協力・連携及び情報交換が極めて重要な役割を果たしている。国際的企業結合にかかる従来の審査事例においても，多くの事案で外国競争当局との情報交換等の協力を行っており，事件Ⅱにおいても，公取委は，両当事会社の了解を得て，ACCC，欧州委員会，ドイツ連邦カルテル庁及び韓国公取委との間で情報交換を行いつつ企業結合審査を進めた。複数国の市場に影響を及ぼす国際的企業結合の件数も今後ますます増加することが予想される中，外国競争当局との様々なパイプを活用した協力・連携が，より一層重要となる。

第 2 部

米国の電力改革

略語（米国）

EPAct：Energy Policy Act
EPAct2005：Energy Policy Act of 2005
FERC：Federal Energy Regulatory Commission
PURPA：Public Utility Regulatory Policies Act
RTO：Regional Transmission Organization

第1章
米国電力事業規制の概観

若林亜理砂

I 米国における電力事業及び規制の伝統的展開

1 電力事業開始から1960年まで

　米国では，1882年9月4日のエジソンによるニューヨークにおける電力供給から近代電力事業が始まったが，その後小規模事業者及び町営（municipal）事業によりそれぞれ小規模に行われていた電気事業が，20世紀に入り経済及び技術の発展により大規模発電が可能となったことに伴い，統合を繰り返して1920年代後半には16の民間事業者が全米の75%の電力をまかなうようになった。かつて欧州などでは国営により電力事業が運営されることも多かったが，米国の場合には国が統一的に電力事業を行うことはなく，主として民間資本の電力事業者により電力サービスが提供されてきた。初期の問題点として，民間事業者によって都市部には電力は充分供給されるようになったが人口密度の低い地方においては思うように事業者の進出は進まず，都市部と地方の電力普及率の格差が大きかったことが挙げられる。これに対処するため，連邦は補助金提供等により地域の電力協同組合の設立を促進した。米国において地域によって電力事業が運営されるケースが多いのはこのような経緯による[1]。

　当時電力事業者は，発電設備，送電網，配電網を所有している垂直統合会社も多く，これら事業者による市場支配力の濫用も懸念されるようになった。エ

---

[1] Energy Information Administration, *The Changing Structure of the Electric Power Industry 2000: An Update*, DOE/EIA-0562（00）（October 2000）.

ジソンによる電気の発明以来 1920 年代になるまでは石炭など他の伝統的な原料と同様に価格についての規制は行われていなかったが，この頃には電力分野は自然独占分野であると認識されるようになっており，連邦政府は 1920 年連邦水力電気法（Federal Water Power Act of 1920）により現在の連邦エネルギー規制委員会の前身となる連邦電力委員会（Federal Power Commission）を設立した。同委員会は 1935 年連邦電力法（Federal Power Act of 1935，以下「FPA」）により州際の卸電力取引及び送電を行う事業者に対する規制権限を与えられた。また，この頃までにはジョージア州，ニューヨーク州をはじめとする各州で公益事業委員会が設立され始め，これらの規制機関は販売価格及び収益等についての規制を行うようになった。

2　1960～70 年代

その後，電力市場は成長を続け，1960 年代までは発電量も一貫して増加し，また技術の発展によりコストも減少し続けた。しかしながら，1960 年代をピークとして 1970 年代にはコストの増加と成長の鈍化という問題に直面することとなった。そのような状況の変化を生じせしめた要因としては，当時のインフレ，原油価格上昇，環境問題への懸念，及び原子力発電に対する懸念などが挙げられる。

商用原子力発電は，1970 年代に急成長し，1971 年～74 年の間に 131 の新規発電設備が発注されている。しかし，この時期のインフレや原材料の高騰により建設コストも大きく上昇し，原子力発電所を建設する電力事業者は経済的な困難に直面することになる。他方，発電所の増加に伴い安全面での懸念も大きくなった。特に 1979 年 3 月 28 日にペンシルベニア州で発生したスリーマイル島 2 号機の事故は，米国最大の商用原子力発電所事故であり，原子力発電に対する社会の認識を大きく変えるものとなった[2]。

---

2) スリーマイル島事故以来，米国では新規原子力発電所建設は行われていなかったが，2012 年 2 月 9 日にジョージア州のボーグル原子力発電所 3 及び 4 号機の建設と運転を原子力規制委員会が認可した。その後福島原子力発電所事故後の状況を考慮して原子力規制委員会は安全性が確認されるまで新規建設及び期間延長を凍結する方針を示した（日本経済新聞　2012 年 8 月 9 日付朝刊）。

このように，電力市場の成長が他の分野のエネルギー問題とも関わり鈍化するなか，1977年連邦エネルギー規制委員会（Federal Energy Regulatory Commission，以下「FERC」）が設立され，他のエネルギー関連組織とともに FERC に吸収される形で連邦電力委員会は廃止された。翌年の1978年，公益事業規制政策法（Public Utility Regulatory Policies Act，以下「PURPA」[3]）が施行される。同法により，従来の電力事業者以外の非電力事業者である発電事業者（Non-utility）の参入が認められるようになる。この Non-utility 事業者は認定小規模事業者（Qualified small power production facilities），及びコジェネ（cogenerator）に分類され，これら事業者が発電する超過分については，電力事業者がこれを自社の回避可能コストで購入することを PURPA は義務づけた。

3　1980〜90年代

1980年代後半になると PURPA により参入が認められた Non-utility が大きく増加する。電力技術の進展により認定小規模事業者は，より効率的に参入を行った。これに対して，従来から電力事業者はコスト積み上げ方式で料金を算定しており，コスト削減インセンティブが働いておらず高コストとなっていた。そのため，電力事業者は PURPA の買い取り義務付けにより，高価格で認定小規模事業者から購入することとなった。そのことも大きな原因となり，電力事業者以外の事業者の参入を大きく促すこととなった。1980年代までは電力事業者の発電量は総発電量の97％を占めていたが，1991年までには91％にまで減少している。また，1989年から1993年までに認定小規模事業者の数は倍増している[4]。このように従来の電力事業者以外の新規参入者が増加してくると，既存の電力事業者が所有する送電網へのアクセスが大きな問題となってきた。

カーター政権時代の1992年，エネルギー政策法（Energy Policy Act，以下「EPAct」[5]）が制定された。EPAct は送電設備を有する事業者に対し卸電力の託送を命じる権限を FERC に与えるものであった。これに基づき，FERC は

---

3)　16 USC 2601.
4)　Joseph P. Tomain, *The Past and Future of Electricity Regulation*, 32 Envtl. L. 435, 452 (2002).
5)　Pub. L. 102-486, Oct. 24, 1992, 106 Stat. 2776.

1996年にOrder888[6]及びOrder889[7]を出すことにより，より開放的で公平なアクセスを卸電力事業者に保障した（詳細は，本書，第2部第2章IIを参照）。

4　2000年以降

Order888, 889に続き，FERCは2000年にOrder2000を施行した[8]。下記で述べるように，Order2000は地域的送電組織（Regional Transmission Organization，以下「RTO」）の設立を強く推進するものであり，送電をめぐる問題を改善し，効率的な運用を目指すものであった。

2000年に入りすぐに，電力事業分野の規制改革にとってブレーキともなりかねない2つの大きな出来事，すなわちカリフォルニアの電力危機とエンロン事件が起きる[9]。

カリフォルニア州では1998年に独立系統運用者（Independent System Operator）と電力取引所（Power Exchange）が運用を開始し，小売電力取引が自由化された。卸売事業者は電力取引所での取引及び相対取引が認められたが，3大民間電力事業者（Pacific Gas & Electricity（PG & E），Southern California Edison（SCE），San Diego Gas & Electric（SDG & E））は電力取引所からの電力を調達することが義務づけられていた。小売需要家は自由に購入先を選択することができるようになったが，一部小売料金の規制は残されており，3大事業者のうち2社に対しては小売料金が自由化前の一定水準に固定された。2000年，夏の猛暑等を原因として需給が逼迫し卸電力市場における料金が高騰したが，小売料

---

6)　FERC, *Promoting Wholesale Competition Through Open Access Non-Discriminatory Transmission Services by Public Utilities and Transmitting Utilities*, 61 Fed. Reg. 21540（May 10, 1996）.

7)　FERC, Open Access Same-Time Information System and Standards of Conduct, 61 Fed. Reg. 21737（May 10, 1996）.

8)　FERC, *Regional Transmission Organizations, Order No. 2000*, 89 FERC ¶ 61,285（1999）.

9)　カリフォルニア電力危機に関しては，様々な論稿がある。例えば，Peter Navarro & Michael Shames, Electricity Deregulation: Lessons Learned from California, 24 Energy L. J. 33（2003），Matthew Libby, Deregulating the Electricity Market: What Can Be Learned from California's Mistakes, 22 Me. B. J. 236（2007）。山本哲三「カリフォルニア州の電力危機について——制度デザインの設計ミス」公正取引609号25頁（2001）。藤原淳一郎「法・制度面からカリフォルニア電力危機に学ぶ：組織を分離すれば後戻りできない　慎重かつ安全弁備えた制度設計を」法律時報73巻6号（2001年）。

金が固定しているため消費者による節電のインセンティブも生じなかった。それまでに市場支配力の解消のために火力発電の多くを売却していた2社は市場から電力を調達せざるを得ず，他方小売料金が固定されていたため逆ざやとなり経営状態が悪化し，うち1社は破産申請をしている。2001年1月に輪番停電が発生し，州政府は緊急事態宣言を発令した。その後，州政府は一定価格で電力を購入し2社に転売することとし，その他州が資金供給を行うことを含む救済策をとった。このカリフォルニア州の電力危機のため，それ以降各州の小売自由化の動きが鈍化する効果が生じた[10]。

エンロン事件は，電力を含むエネルギー販売事業者であったエンロン社が，会計上の不正等により破綻した事件であるが，エンロン社が市場の価格引き上げを行っていたという指摘もあり，カリフォルニア電力危機と併せて電力自由化に対する社会的不安を高めた。

さらに，2003年には北東部で大停電が起き，電力の安定的な供給への関心が社会的に非常に高まる。これを一つのきっかけとして，2005年，ブッシュ政権は包括エネルギー法（Energy Policy Act of 2005，以下「EPAct2005」）を成立させた。この法律はエネルギー安全保障を基本として，送電線の信頼度向上や合併に関するFERCの権限強化など幅広い内容をカバーするものである。

このように，2000年以降は，小売自由化を中心とする電力再編とそれに関連して生じた弊害への対処，電力需要に応え得る送電網の増強及び送電混雑の解消等が主たる問題となっている。

II　規制機関

米国では，州際取引についての連邦政府の権限を定める米国憲法第1条第8節（3）に基づき，複数の州にまたがる送電及び卸電力取引についてはFERCが規制を行っている[11]。FERCは，独立行政委員会であり大統領により任命された5名の委員より構成されている。委員の任期は5年であり，5名のうち3

---

10)　ただし，これは自由化そのものの問題と言うよりも，制度設計の問題であると認識されている。Tomain, *Supra* note 2, at 439.
11)　16 USC§824.

名を超えて同じ政党から指名されることはできない。委員長は大統領により指名される[12]。

　配電及び小売りについては各州の公益事業委員会により規制がなされている。多くの国で電力事業は1つの規制機関により規制されているが，この点，米国が連邦制を採用するがゆえの一つの特徴となっている。連邦と州の規制権限の分担については文言上は明らかなように思えるが，実際上は多くのグレーゾーンがある。例えば，卸電力取引については，複数の州にまたがる取引だけではなく，実際には同じ州内で発電及び販売されていたとしても，テキサス州，ハワイ州及びアラスカ州以外の州は複数の州を跨ぐ送電網に接続するという理由でFERCの規制に服している[13]。ただし，テキサス州については，同州のほとんどをカバーする送電網であるERCOTの他の送電網からの独立性が高いため，同州内のほとんどの電力事業者はFERCの規制に服していない。これについては，連邦政府からの介入を避けようとする政治的意図が大きいと言われている[14]。

　電力事業者の合併等の企業結合については，FERC及び，競争法当局である司法省及び連邦取引委員会がそれぞれ所管する法律に基づき権限を有している。また，同時に州の規制当局及び競争法当局による審査が行われる場合もある。司法省はクレイトン法7条に基づき，連邦取引委員会は連邦取引法5条に基づき，電力事業者による合併が競争を実質的に減殺し又は独占を形成するおそれがあるか否かを審査する。司法省と連邦取引委員会は共同で水平的合併について2010年ガイドライン[15]を出しており，電力分野における水平的合併も基本的にこれに従って審査される。それ以前のガイドラインである1992年ガイドライン[16]では5段階の審査過程，すなわち①市場画定，基準及び集中度の検討　②合併の潜在的反競争効果の検討　③新規参入の検討　④効率性の検討　⑤破綻及び退出資産の検討，が採られていた。2010年ガイドラインの大きな

---

12)　16 USC § 792.

13)　*New York v. Federal Energy Regulation Commission*, 535 U. S. 1, 8 (2002).

14)　Jared M. Fleisher, *ERCOT's Jurisdictional Status: A Legal History and Contemporary Appraisal*, 3 Texas J. of Oil, Gas, and Energy Law 6.

15)　U. S. Department of Justice and Federal Trade Commission, *Horizontal Merger Guidelines* (2010). http://www.justice.gov/atr/public/guidelines/hmg-2010.html

特徴はこの5段階の順番を必ずしも重視しないことである。特に，市場画定を先に行わずに直接競争効果を判断する場合があるとし，また，経済的分析も可能であれば利用することが明確にされている。ただし，この2010年ガイドラインは従来のガイドラインと大きく方向性を異にするものではなく，1992年ガイドライン以降積み重ねられた実務を文章化したものであると性格づけられている[17]。

他方で，FERCはFPA203条（a）に基づき，管轄を有する電力事業者間の合併や設備の処分，持株会社による合併・買収，その他卸電力市場に電力を供給する発電設備の買収等について審査する権限を有する[18]。このような取引を行う事業者は事前にFERCの承認を得る必要があり，FERCは当該取引が公共の利益に合致する場合，内部補助につながらない，あるいは，関連会社の利益になるように設備を担保に入れることがないと認める場合にこれを承認する。FERCはMerger Policy Statementにおいて，公共の利益に合致するか否かの判断に当たっての考慮事項として①競争への影響，②料金への影響，③規制への影響を重要視すると述べている[19]。このうち①が特に重要視されており，その判断に当たっては従来から司法省・FTCの1992ガイドラインの枠組みに従うとしてきたが，2010年ガイドラインが公表された後も，明確性を保つ等の理由から1992年ガイドラインの枠組みにより判断を行うとしている[20]。FERCの審査において競争に対する影響が重視されることもあり，司法省及びFTCと競合的にFERCが権限を有することについては批判もあり議論となっている[21]。

---

16) U.S. Department of Justice and Federal Trade Commission, *Horizontal Merger Guidelines* (1992). http://www.ftc.gov/bc/docs/horizmer.shtm
17) Rachel Brandenburger & Joseph Matelis, *The 2010 U.S. Horizontal Merger Guidelines: A Historical and International Perspective*, Antitrust Summer 2011, 48, 49 (2011).
18) 16USC§824（b）.
19) FERC, *Inquiry Concerning the Commission's Merger Policy Under the Federal Power Act: Policy Statement*, 66 FR 68595 (1996).
20) FERC, *Order Reaffirming Commission Policy and terminating Proceeding*, 138 FERC 61109 (February 2012)

III 各取引段階における規制及び市場の状況

2010年現在,全米で3251事業者が電力市場において事業活動を行っている。このうち,公的機関所有の事業者数が2006,民間所有の事業者数が194,協同組合所有の事業者数が874,連邦機関が9,そして,自身は発電設備を有しないパワーマーケターが168ある。公的機関所有の事業者の多くは配電部門だけを所有している事業者であり,連邦機関は水力発電などを行っている[22]。

以下では,各取引段階の市場及び規制の現状について概観する。

1 卸電力市場

2011年現在における電力総消費量における各電源の割合は,石油36%,天然ガス25%,石炭20%,原子力8%,水力を含むその他再生可能エネルギー9%である[23]。シェールガスの増産により,2040年には天然ガスが30%以上まで上昇すると試算されている[24]。

卸電力市場の規制改革の進展は州・地域により大きく異なっており,進んでいる州・地域としては,ペンシルベニア州・ニュージャージー州,メリーランド州を中心とするPJM管轄地域,テキサス州のほとんどをカバーするERCOT管轄地域,などがあり,これらの地域ではRTOによる卸電力取引所が稼働している。これに対して従来の垂直統合型が事実上維持されている州も南東部を中心として一定数存在する。

卸電力料金については,FPAにより「正当かつ合理的(just and reasonable)」であることが求められ[25],地域や相手方による不当な差別対価は違法なものとされる。電力事業者は約款を作成しFERCに届け出なければならず,また,

---

21) Milton Marquis, *DOJ. FTC and FERC Electric Power Merger Enforcement: Are there Too Many Cook in the Merger Review Kitchen?*, 33 Loy. U. Chi. L. J. 783 (2002), Mark Niefer, Explaining the Divide between DOJ and FERC on Electric Power Merger Policy, 32 Energy L. J. 505 (2012).

22) American Public Power Association, *2012-2013 Annual Directory & Statistical Report*, 2.

23) U.S. Energy Information Administration, *Monthly Energy Review*, Table 10.1 (March 2012).

24) U.S. Energy Information Agencies, Annual Energy Outlook 2013 Early Release Overview, TableA1 (December 2012).

25) 16 USC § 824 (d).

約款によらずに個別の契約による取引の場合であっても，その契約条件については FERC に届出が必要とされている。これら規定に基づき，1990 年頃までは電力事業者はコスト積み上げ方式で料金を算定し取引を行ってきたが，90 年代半ば頃から FERC は市場ベース料金（market-based rates）を一定の条件の下に認めるようになった。その条件とは，第一に，発電市場において市場支配力を有していないこと，第二に，送電設備を支配していないこと，第三に，参入障壁を創出することができないこと，である[26]。そして，現在は，市場ベース料金は契約当事者双方の合意の下に締結されたものであって「公正かつ合理的」なものであると推定され，FERC により違法であるとされるのは，その料金が「公共の利益」を害すると FERC が立証する場合のみであるとされている[27]。

2 送電・配電

ハワイ及びアラスカを除く米国の送電網は大きく 3 つに分けることができる。まず，テキサスを除くロッキー山脈の東側（含カナダ東部）をカバーする Eastern Interconnect，ロッキー山脈よりも西側（含カナダ西部）をカバーする Western Interconnect，及びテキサス地域の大部分をカバーする ERCOT Interconnect である。これらの系統の間の連携線は限定的であり，それぞれがほぼ独立して系統運用を行っている。

Order888 により，送電設備を有する事業者には，自ら使用する可能性のある送電量を除き空きのある送電設備について非差別的なアクセスを保障することが求められ，非差別的な内容を定めた接続約款を FERC に提出することが義務づけられている[28]。また，Order888 は，発電事業者に対して，送電サー

---

26) Peter Fox-penner, Gary Taylor, Romkaew Broehm, James Bohn, *Competition in wholesale Electric Power Market*, 23 Energy L. J. 281.
27) *Morgan Stanley Capital Group, Inc. v. Pub. Util. Dist. No. 1*, 554 US 527 (2008).
　　この事例では，個別契約による料金設定を適法なものとして推定し FERC はそれが公共の利益を侵害する場合にのみ違法とできるとした先例の基準が，市場ベース料金についても妥当するかについて争われ，最高裁が市場ベース料金の場合にも妥当すると判断したものである。本判決についての論稿として，佐藤佳邦「電気事業における競争導入と料金規制——Morgan Stanley 判決：連邦エネルギー規制委員会の料金規制と Mobile-Sierra 法理の適用範囲」新世代法政策学研究 11 号（2011）91 頁。

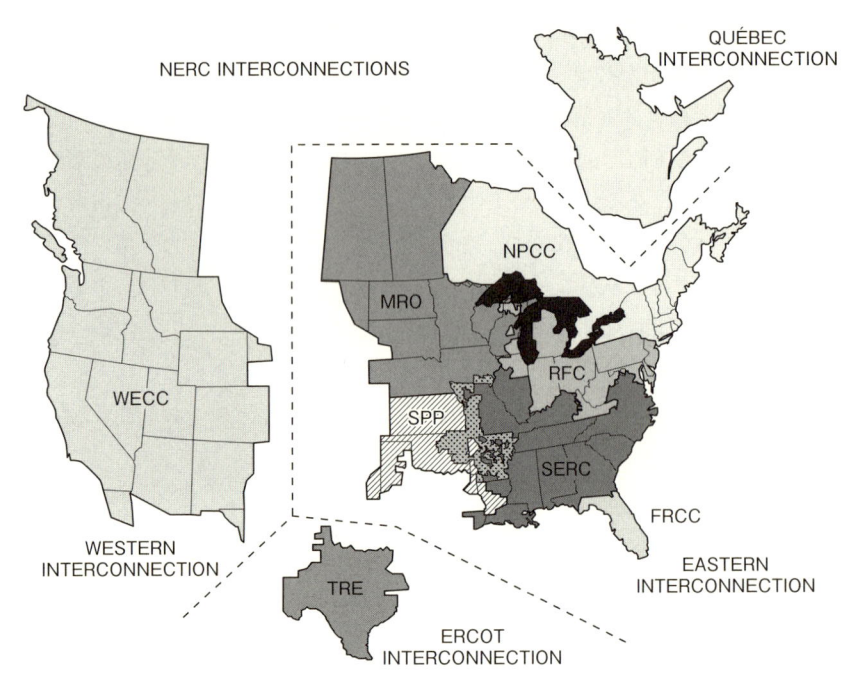

第2部 米国の電力改革　第1章 米国電力事業規制の概観

NERC INTERCONNECTIONS

QUÉBEC INTERCONNECTION

NPCC
MRO
RFC
WECC
SPP
SERC
FRCC

WESTERN INTERCONNECTION
TRE
ERCOT INTERCONNECTION
EASTERN INTERCONNECTION

出典：North American Electric Reliability Council ウェブサイトより

　ビスの機能分離（functional unbundling）も義務づけている。Order889 は，送電設備に接続するために必要な情報[29]を他の事業者に対して開示することを送電事業者に義務づけ，この情報共有の場としてのインターネットを活用した OASIS（Open Access Same Time Information System）を設けた。

　安定的な送電を行うための努力は，従来自主的な送電組織によりなされていた。複数の個別送電地域により構成される上記 3 送電網及びそれを統括する北

---

28) ただし，これは空き容量についてのアクセスを保障するにとどまるものであり，すべての事業者に同等のアクセスを保障するコモンキャリアの考え方とは異なる。丸山真弘「米国におけるオープン・アクセスの法規制──Order888 の検討」電力中央研究所報告 Y97020（2003）。

29) 公開が必要とされる情報は，総送電可能能力及び利用可能送電能力，送電サービスの内容と料金，アンシラリーサービスの内容と料金，送電利用申請と回答，送電系統状況に関する情報，及び，送電線利用計画に関する情報である。これら情報につき，情報提供，更新のタイミング，頻度などについても規定している。

米電力信頼度協議会（North American Electric Reliability Council）がこれを担っていた。しかし，自主的な組織による取り組みは，特に自己組織を超える利益を考慮することができず，限界があると認識されるようになった。また，従来の制度では個別の送電地域を越えた託送を行った場合に料金が上乗せされるいわゆるパンケーキ問題が生じることも問題であると考えられた[30]。そのため，より広域の送電地域の構築が必要との認識の下，FERC は Order2000 を出し，地域的送電組織（RTO）の設立を推奨した。RTO は発電設備の所有者とは独立し，送電設備を所有者としてあるいは運用者として管理する組織である。FERC は RTO の形態として，非営利独立システムオペレーター（non-profit independent system operator（ISO））と営利独立送電会社（for-profit independent transmission company（Transco））の2つのアプローチを挙げている。現在，米国内には7つの ISO が存在するが[31]，FERC に RTO として認定された Transco はない。

送電料金についても卸電力料金と同様に，「正当かつ合理的」であることが求められ，正当かつ合理的でないと認める場合には FERC は是正を命ずることができる[32]。

地域の配電については上記で述べたように州公益事業委員会が権限を有している。料金についても各州の公益事業委員会に対して料金申請がなされ，審査の上認可されることとなる。

3 小　売

小売市場は州の権限下にあり，小売市場の自由化の進展は各州により異なっている。小売市場の自由化は，1997 年のロードアイランド州における産業用需要家への小売自由化に始まり，次第に他州に広がったが，カリフォルニア州の電力危機以降各州の小売自由化への大きな動きはなくなっている。2011 年

---

30) FERC, *Regional Transmission Organization*, 89 FERC ¶ 61,285, Docket No. RM99-2-000 Docket No. RM99-2-000, at 34.
31) 7つの RTO/ISO とは，ISO New England, New York ISO, PJM Interconnection, Midwest ISO, Southwest Power Pool, California ISO である。
32) *Supra* note 13.

の時点で，小売の完全自由化を達成した州は13州及びコロンビア特別区であり，部分的に自由化された州が6州ある。カリフォルニア州では自由化が凍結されており，4州では自由化法案が廃案あるいは延期されている。その他の州では小売は依然として規制下にある。

Ⅳ 電力事業をめぐる近年の問題

1 送電設備拡張の必要性及び送電混雑への対応

電力の安定的な供給を確保するためには，十分な送電線の確保が必要である。2003年に発生した北東部の大停電も，その原因の一つに送電網の不足及び送電混雑の問題が挙げられていた。現在，送電網の増強及び送電混雑の解消は米国で大きな課題であると認識されている。

上述のようにOrder2000はRTOの設立を奨励し，広域のRTOを設立することにより全米レベルでの送電網の構築を目指していた。RTOの設立が進めば，送電網の建築計画は当該RTOレベルで行われるため，送電網の増強が進むと考えられていた。しかしながら現状は7つのRTOが存在するにとどまっている。

FERCは送電設備の立地等については承認権限を有しておらず，各州の規制当局の権限下にある。このため，州が何らかの理由で承認しない場合あるいは承認に時間がかかる場合など，混雑緩和のために必要な送電設備の建設が進まない事態が生じていた。

このような問題に対応するため，EPAct 2005は，国家指定地域（National Corridor）にある送電設備の新規建設について一定の場合にこれを認可する権限をFERCに与えた。FERCが認可することができる場合とは，申請より1年以上州による認可がなされない場合，当該送電設備建設について州が権限を有していない場合，あるいは州際利益を州が考慮することができない場合，である。FERCは一定の環境面での調査を行った後，①当該設備が州を跨ぐ送電に使用され，②当該設備建設が公共の利益に合致しており，③当該設備の建設により州際取引における送電混雑を大きく減少させ消費者の利益にかなうもの

であり，④当該建設が合理的なエネルギー政策と整合的でありエネルギーの独立性を高め，⑤当該変更により現在の設備の送電能力を高めるものである場合，送電設備の建設あるいは変更を認めることができる[33]。

そして，その国家指定地域に関連して，EPAct2005 は連邦エネルギー省長官に対し送電混雑に関する調査を行うことを求めている[34]。2006 年 8 月，エネルギー省はこの初回の調査結果を発表した。これに対するパブリックコメントを求めた後，2007 年 10 月エネルギー省は 2 つの国家指定地域を指定している[35]。1 つは中央大西洋岸地域であり，もう 1 つは南カリフォルニア地域及び一部西部アリゾナ州をカバーする地域である。

さらに，送電線建設の促進のため，FERC は 2011 年 7 月 Order1000 を公表した[36]。Order1000 は，より広範囲の送電網の建設を衡平なコスト配分を達成しつつ促進するために市場参加者間の協調を確保することを目的としている。主たる内容としては，①複数地域に渡る送電線建設の計画策定にすべての送電設備所有者が関わることを求めており，②送電線が建設される地域で同一の建設コスト配分方法を採用することを義務づけるものである。また，③従来認められていた既存の送電設備所有者による先買権を廃止している。

上記①に関して，従来，送電設備所有者は地元地域あるいは州の送電計画にかかわるのみで，他地域の利益や新規参入を促進するというより大きな見地からの判断をするインセンティブを有しなかったが，より大きな地域の計画策定に参加させることによって政策的な判断に関与させるものである。②に関し，従来は既存の送電設備所有者が地域に新たに送電設備を建設した場合，それはその地域の送電料金に加算され地域住民がこれを負担していた。しかし，広域送電網の建設がなされる場合それによって利益を享受する需要者はより広い範囲にわたると考えられるため，受益者負担の原則を取り入れるものである。③に関しては，従来 FERC は，新規建設が計画される送電網について既存事業

---

33) 16 USC 824p (b).
34) 16 USC 824p (a).
35) 72 FR 56992-02.
36) Final Rule, Transmission Planning and Cost Allocation by Transmission Owning and Operating Public Utilities, Order No. 1000, 76 Fed. Reg. 49,842, (August 11, 2011), 136 FERC ¶ 61,051 (2011).

者が他者を廃して建設する権利を認めていたため，外部の送電線ディベロッパーなどが建設計画にコミットするのを躊躇させる効果を生じていた。この障害を排除することにより広域送電網の建設を促進することを目的としている。

2 環境問題への対応

(1) 排出規制

米国では，電力の 75% 以上が石炭火力や天然ガスなどの化石燃料による発電で占められている。上記のように 1970 年代頃から発電による環境問題の悪化などについての懸念も一般的に示されるようになったため，化石燃料による発電のために排出される有害物質については，Clean Air Act により規制されている[37]。

例えば，現在最も問題となっている二酸化炭素については，1990 年よりキャップアンドトレード制度が採られている。1990 年当初は，1990 年以前の排出量に基づき電力会社に排出権が割り当てられたが，現在では全体として当時の約半分の排出量しか認められていない。さらに，Clean Air Act を所管する環境保護庁は，2011 年 7 月に従来の基準からさらに厳格なルール（Transport Rule）を発出し，当該ルールが適用されると排出量は従来レベルよりもかなり低く設定されることになる予定であったが，当該ルールについてはその適法性をめぐり提訴がなされ，現在も係争中であることから，まだ新基準への移行は現実化していない[38]。

(2) 再生可能電源の確保

環境問題に対する関心が高まるにつれて，再生可能電力による発電の重要性が認識されるようになっている。2011 年現在における米国の再生可能電源のうち，電力消費量による割合は，水力 35%，木質バイオマス 22%，バイオ燃料 21%，風力 13%，廃棄物燃料 5%，地熱 2%，ソーラー 2% となっている。以前から水力は変わらず電源として活用されているが，特に 2009 年頃より風

---

37) 42 U.S.C. 7401 et seq.
38) EME Homer City Generation, L.P. v. E.P.A., 696 F.3d 7, C.A.D.C., 2012（August 21, 2012）．

力発電の伸びが著しい[39]。エネルギー省は2008年に，電力需要の20%を風力発電により充当させるための実施可能性調査結果を発表したが，このような動きも風力発電の伸びに影響していると思われる[40]。しかしながら，全体として見た場合，米国において再生可能電源による発電量は近年まで大きく伸びているとはいいがたい状況にあった。2007年の再生可能電源による発電量は1985年とほぼ同水準にある[41]。

連邦及び州政府は再生可能エネルギーによる発電を促進するため，近年様々な対策を採っている。まず連邦レベルでは，オバマ大統領による2011年の一般教書演説において，2035年までに電源の8割を原子力・風力・太陽光・石炭・天然ガスの再生可能エネルギーを含む「クリーンエネルギー」に転換すると述べられており，化石燃料からの転換の方向性が強調されている。具体的な支援策としては，2009年米国再生再投資法（American Recovery and Reinvestment Act of 2009）により再生可能エネルギー事業者に対して再生可能電力生産税額控除制度が設けられており[42]，また，新規建築支援のために税額控除の代わりに再生可能エネルギー事業者に対する補助金の支給も可能となっている。

州レベルでは，RPS（Renewable Portfolio Standard）制度，すなわち再生可能エネルギーの一定割合での導入を電力事業者に要求する制度，を中心として税制等の優遇策なども採られている。2011年現在，RPS制度を有している州及び特別区は30に及んでいる。

このような直接的な促進政策のほか，FERCによるOrder1000も，再生可能電力の利用の促進に寄与するものであると考えられている。風力を始めとして再生可能電源は従来の送電網から遠隔地となることも多く，電力供給のためには新たな送電設備を建設する必要がある場合があった。しかしながら，既存送電事業者にとっては遠隔地への送電網の延長のインセンティブは働かず，こ

---

[39] U.S. Energy Information Administration, *Annual Energy Review 2011*（September 2012），P278-279.

[40] U.S. Department of Energy, *20% Wind Energy by 2030: Increasing Wind Energy's Contribution to U.S. Electricity Supply*（July 2008），www.nrel.gov/docs/fy08osti/41869.pdf.

[41] U.S. Energy Information Administration, *Annual Energy Review 2011*（September 2012），P5.

[42] Pub. L. 111-5, div. B, title I, Feb. 17, 2009, 123 Stat. 306.

れが再生可能電源の増加にとっての障害の一つとなっていた。Order1000は，前述のように既存送電事業者をより広域の電源計画プロセスに参加させ，高次の政策的判断を促す点で再生可能電源による発電を促進する点で大きく期待されている[43]。

　これらの近年の促進策も寄与してのことか，2008年以降の再生可能電源による発電量は増加している[44]。

(3)　スマートグリッド

　再生可能エネルギー割合を増加させるためには，スマートグリッドの普及が重要であると考えられている。再生可能エネルギー発電事業者は，小規模である場合も多く，また，周波数コントロールも必要であることもあって，これら事業者をなるべく多く，また安定的に接続させるためにスマートグリッドの発展が期待されている。

　スマートグリッドという言葉は多義的であり，その定義をめぐっても議論があるが，2010年にエネルギー省が公表したスマートグリッドに関するレポートにおいては，以下の6つの特徴が示されている[45]。①需要者による充分な情報に基づく参加を可能とすること　②すべての発電及び蓄電の可能性を許容すること　③新製品・サービス，市場を可能とすること　④需要に従って必要となる品質の電力を供給すること　⑤資産の活用及び運用効率を最大化すること　⑥事故，攻撃あるいは自然災害に対し迅速に対応すること。

　上記レポートはスマートグリッドに関する進捗状況を議会に報告する目的で作成されたものであるが，同レポートから判断する限り，一定の投資はなされているものの現在の所大きな進展は見られない。具体的な進展として挙げられているのは，スマートメーター設置率が高くなってきていることであり，2010

---

43)　Shelley Welton, & Michael B. Gerrard, *FERC Order 1000 as a New Tool for Promoting Energy Efficiency and Demand Response*, 42 Envtl. L. Rep. News & Analysis 11025.

44)　2007年と比較すると，2011年の再生可能電源による発電量は熱量ベースで1.4倍強となっている。U. S. Energy Information Administration, *Annual Energy Review 2011*（September 2012), 5.

45)　U. S. Department of Energy, *2010 Smart Grid System Report: Report to Congress*（February 2012).

年現在米国内のメーター総数のうち 10.7％（約 1600 万個）がスマートメーターとなっている。ただし，これも設置にとどまり，リアルタイムプライシングまで至っていない場合も多いようである[46]。

---

46) *Id.* at 85.

第2章
独占的行為規制

第1節　米国の独占的電気事業者とシャーマン法2条

土 田 和 博

I　はじめに

　本節は，アメリカの電気事業について連邦の電力規制を視野に収めつつ，主として反トラスト法（独占禁止法）の観点からアプローチし，電気事業への反トラスト法の適用可能性と同法が適用された若干の事例について検討しようというものである。

　予め米国電気事業の連邦による規制を概観しておけば，いわゆる公益事業規制の始点は 1935 年連邦電力法（Federal Power Act: FPA という）にまで遡る。これにより設立された連邦電力庁（Federal Power Administration）は，発送配電を垂直的に統合した電気事業者の州際電力料金を中心に規制を行ってきた。戦後，伝統的な公益事業規制の改革は，1970 年代に参入を促し料金規制を緩和する形で始った。すなわち，1970 年代のエネルギー危機を契機として制定された公益企業規制政策法（Public Utility Regulatory Policies Act of 1978）は，小規模再生可能エネルギー事業者やコジェネレーションプラントのうち適格事業者の電力を既存の電力会社が買い取る義務を負わせたが，これは発電レベルに新たな競争の芽を生じさせることとなった。また 1992 年エネルギー政策法（Energy Policy Act of 1992）は，公益企業持株会社法（Public Utility Holding Company Act of 1935）の適用を除外される exempt wholesale generators（EWGs）を認めることにより新規発電業者の参入を一層拡大するとともに，複製困難なボトルネック施設である送電線による託送規定を強化してアクセスの促進を図った。実際に需要者が託送を通じて新たに参入した発電事業者の電力を選択するようになったのは，約款による託送を電力会社に要求した連邦エネルギー規制委員会（以下，FERC という）の指令 888 号（1996 年）以降であるとされる。ただし，FERC がこれらの指令で求めた独立系統運営者（ISO）や地域送電機関（RTO）の設立は，カリフォルニアの電力危機後，一部を除いて捗々しい進展をみていない。料金規制についても，卸電力料金（州際料金）の連邦による規制は，連邦電力法 205 条 a 項が規定する「公正かつ合理的な（just and reasonable）料金」の原則の下，従来の原価方式の料金（cost-based rates）から市場の状況によって異なり相手方と交渉して決定される自由化料金（market-based rates）に一定の範囲で緩和されているが，小売料金についてはカリフォルニアの電力危機後，自由化範囲の拡大，規制緩和に慎重な態度を示す州が増えている[1]。

このようにアメリカのエネルギー事業の規制（とその改革）は，主として事業法（連邦電力法や天然ガス法（Natural Gas Act）等）によって行われており，反トラスト法は周縁的な役割しか果たしていない[2]。しかし，このことは反トラスト法が電気事業において存在意義を持たないことを意味しない。上述の電気

---

1) 米国の電力改革については，植草益編『エネルギー産業の変革〔日本の産業システム（1）〕』（NTT 出版，2004 年）27 頁以下〔穴山悌三〕，南部鶴彦『電力自由化の制度設計——系統技術と市場メカニズム』（東京大学出版会，2003 年）48 頁以下，79 頁以下，井手秀樹編著『規制と競争のネットワーク産業』（勁草書房，2004 年）17 頁以下〔野村宗訓〕，R. O'neil & U. Helman, *Regulatory Reform of the U. S. Wholesale Electricity Markets, in* M. K. Landy, M. A. Levine & M. Shapiro ed., Creating Competitive Markets – The Politics of Regulatory Reform 129 (2007) を参照。カリフォルニアの電力危機後の規制と競争の在り方を模索する，Conference on Competition, Consumer Protection and Energy Deregulation, 33 Loyola Uni. L. J. 747 (2001) も興味深い。

2) 拙稿「規制改革と競争政策——電力自由化の比較法学的検討」，国際経済法学会編『国際経済法講座Ⅰ　通商・投資・競争』（2012 年）392 頁以下。また独占禁止法と事業法の適用関係については，拙稿「独禁法と事業法による公益事業規制のあり方に関する一考察」，土田和博＝須網隆夫編著『政府規制と経済法——規制改革時代の独禁法と事業法』（日本評論社，2006 年）153 頁以下も参照。

事業の規制改革の前後から，発送配電を垂直的に統合した独占的電気事業者が競争者，新規参入者に対して排除，妨害行為を行い，あるいは顧客を囲い込もうとする行動がみられたが，このような行動を含めて，反トラスト法が適用された例がある。さらに反トラスト法の基本な原理や考え方は，FPA やこれを運用する FERC に浸透して，いわば事業法に内在する形で反トラスト原理が役割を果たしているとみることもできるのである。

　以下では，上に述べたような事業法と競争法の関係から，まず電気事業を含めた公益事業への反トラスト法の適用可能性（適用除外）の問題を検討した後，シャーマン法2条が独占的電気事業者の行為に適用された事件を取り上げることとしたい。具体的には，主として3.11後の電気事業法制のあり方[3]を考える場合に参考となり，あるいは日本でも同様の事例が存在する取引拒絶（ボトルネック施設の利用拒絶を含む）と専売化を条件とするリベートに関するものとし，これらの行為に反トラスト法が適用される場合，一般産業における適用と比較していかなる特色がみられるか，あるいはその違法性基準がどこまで明らかになってきたかを探る視角からアプローチすることとしたい（主に事業法の適用については本書の高橋論文を，反トラスト法が適用された事件のうちプライススクイーズに関するものについては武田論文を参照されたい）。

---

[3] 拙稿「大震災後の電気事業法制のあり方」，駒村圭吾・中島徹編『3.11 で考える日本社会と国家の現在』84 頁以下（別冊法学セミナー総合特集シリーズ1，2012年）。3.11 大震災後，①自然エネルギー電力の発電分野への参入，②発送電分離，③家庭向け小売供給の自由化のあり方が重要な課題となっている。①については参入を促すため，2011 年 8 月に「電気事業者による再生可能エネルギー電気の調達に関する特別措置法」が制定された。②については，経産省資源エネルギー庁電力システム改革専門委員会は報告書「電力システム改革の基本方針──国民に開かれた電力システム改革を目指して」（2012 年 7 月）を公表して法的分離と機能分離の2方式を併記したが，公正取引委員会は「電力市場における競争の在り方について」（2012 年 9 月）において，新電力（PPS）への電力供給インセンティブの観点からは一般電気事業者の発電・卸売部門と小売部門の分離（所有分離か法的分離を想定しているようにみえる）を，送配電における開放性・中立性・無差別性の観点からは少なくとも機能分離または法的分離を求めているように読める（26〜28 頁）。さらに 2013 年 2 月に公表された資源エネルギー庁電力システム改革専門委員会報告書は，(1)小売分野への参入自由化，料金自由化，(2)卸電力市場の活性化，(3)送配電の広域化，中立化，(4)安定供給のための供給力確保，(5)その他の制度改革を論じる中で，送配電の中立化策として送配電部門の法的分離方式を前提とすることを明言した。ただし，その実現時期は，工程表の最終第3段階（広域系統運用機関の設立，小売り参入自由化の後）とされている。

II 公益事業への反トラスト法の適用可能性

米国電気事業分野の規制やその改革が事業法を中心に行われていると述べた理由の1つは，アメリカでは事業法の規制が行われている限り，反トラスト法の適用に消極的な傾向が看取されるからである。これは電気事業分野に限ったことではなく，近年では電気通信や証券取引の分野でも同様であるから，以下ではまず，事業法と競争法のインターフェイスにある反トラスト法の適用除外の問題から検討を始めよう。

1 Filed Rate Doctrine

反トラスト法の電気事業への適用を妨げる重要な判例法理は，filed rate doctrine (「登録された料金の法理」) である。これを形成したとされる Keogh 事件連邦最高裁判決 (1922年) と同法理の適用範囲を確認しておく。

(1) Keogh 連邦最高裁判決[4]

本件は，ミネソタ州セントポール市で木毛などを生産する原告が，1912年9月1日まで運賃を共同決定する団体を形成していた鉄道会社とその役員らを相手方として，鉄道会社の運賃協定によって損害を被ったとして，シャーマン法7条 (当時) に基づいて，3倍賠償を請求したものである。

連邦最高裁 (Brandeis 判事) は，次のように判示して原告の主張を斥けた。本件の運賃は，原告 keogh の申立により州際商業委員会 (Interstate Commerce Commission: ICC) が聴聞を行い，その後 ICC が合理的で，非差別的であると判断し適法な運賃として設定されたものである。ただし，合理的で非差別的な運賃を共同で設定することはシャーマン法に違反するかもしれない。本件と同様に認可運賃に係るトランスミズリー判決[5]やジョイントトラフィック判決[6]が存在するのだから，政府による提訴が可能であることは疑いない。そうであれば，一般に政府が刑事訴追し (シャーマン法3条)，差止を請求し (同4条)，

---

[4] Keogh v. Chicago & N. W. Railway. Co., 260 U.S. 156 (1922).
[5] United States v. Trans-Missouri Freight Association, 166 U.S. 290 (1897).
[6] United States v. Joint Traffic Association, 171 U.S. 505 (1898).

没収すること（同6条）は可能である。

しかし，私人が運賃の共同決定がなければ存在したであろう料金から得られた利益を失ったことを理由にシャーマン法7条に基づいて損害賠償を請求することは同様ではない（可能ではない）。なぜなら，①どのような料金が合法かを決定するのは州際商業法（Interstate Commerce Act）であり，違法な運賃を支払った者は同法8条により損害賠償請求が可能である。これに加えて反トラスト法による損害賠償を連邦議会が認めたかについては，否と答えざるを得ない。シャーマン法7条は「自己の事業または財産を侵害された者」に3倍賠償を認めているが，「侵害」は適法な権利（legal right）の侵害を意味するところ，荷主の適法な権利は，公表された運賃表（published tariff）上の運賃でサービスを受けることができることであり，これが停止または改定されるまで適法な運賃とされる。現在の運賃表が停止または改定されていない以上，これによる運賃の請求は適法な行為であって，原告の権利を侵害するものでない。

また，②シャーマン法により損害賠償請求を認容すれば，これが認められた荷主をその競争者との関係で優遇することになり，連邦議会が防止しようとした不正な差別（unjust discrimination）を生むことになる。

さらに，③原告は価格カルテルがなければ存在したであろう運賃が州際商業法の要件（合理的で非差別的運賃であること）を充足することを立証しなければならない（のに，これを行っていない）。加えて，④シャーマン法7条に基づいて原告が主張する侵害も損害も仮定的で（hypothetical），空想的（speculative）なものであって，そうではなく適切な数字で表現される損害額が被告の行為の結果として生じたことが示される必要もある[7]（のに，原告はこれを行っていない）。

(2) 法理の適用範囲

この判例法理は，事業法が存在する電気事業にも適用される。ただし，上の

---

[7] この最高裁判決は被告らによる運賃カルテルの存在やシャーマン法1条違反の問題にほとんど触れておらず，控訴審（Keogh v. Chicago & N. W. Railway. Co., 271 F. 444 (7th Cir. 1921)）でも反トラスト法違反行為による損害は立証されていないとされている（違反行為の存在そのものも認定されていない）。シャーマン法に違反する運賃カルテルがあったとの原告の主張・立証の不十分さが以上のような内容の最高裁判決が示されたことと無関係でないようにも思われる。

①ないし④のいずれが判決理由（ratio decidendi）なのか（あるいは①から④が揃ってはじめて判決理由となるのか等）は，後の判決が本判決をどのように解釈するかにかかっている。したがって，読み方次第でこの法理の適用範囲が広くも狭くもなり得る。

具体的には，本法理は料金の認可等，伝統的な公益事業規制（regulation）が行われた場合だけでなく，届出（filing）に加えて承認（approval）があったと考えられる場合でも適用される。例えば，自由化料金（market-based rate）も届出られ，行政機関の審査（agency review）を受けている以上，これにも同法理の適用があるとされ，このような自由化料金を原因とする損害賠償請求事件についても反トラスト法が適用されない[8]。また filed 'rate' doctrine といいながら，同法理は料金に係る反競争的行為だけでなく，送電線やガス・パイプラインへのアクセス拒絶にも適用されることがある（その結果，反トラスト法の適用が除外される）[9]。

ただし，当然ながら届出さえない入札談合，市場分割協定等には法理の適用はない。卸料金，小売料金いずれかが規制されていない場合のプライススクイーズ[10]や企業結合[11]にも法理の適用はない。また同法理は鉄道会社の取引相手である原告が損害賠償を請求した事件に係るものであるから，請求の主体では，取引相手以外の者（競争者，政府）の提訴事件において適用がなく，請求の内容では，損害賠償以外（差止[12]，確認，刑事罰）には適用がない。

このように同法理の適用範囲が必ずしも明確でないことに加えて，後述のよ

---

8) ABA Section of Antitrust Law, Antitrust Law Developments 1378-1379 (7th ed. 2012)；ABA Section of Antitrust Law, Energy Antitrust Handbook 53-57 (2nd ed. 2009).以下，後者を「Energy Antitrust Handbook 2nd」として引用する。

9) County of Stanislaus v. Pacific Gas & Electric Co., 114 F. 3d 858 (9th Cir. 1997).被告が経済規制庁（ERA）から承認を受けてカナダから輸入する大量のガスの取引が，原告が被告のガスパイプラインを利用し，より低コストのガスを購入することを制限するから，これがシャーマン法等に違反するアクセス拒絶に当たると主張した事件で，裁判所は ERA の承認があることを理由に filed rate doctrine の適用（反トラスト法の適用除外）を肯定した。

10) City of Kirkwood v. Union Elec. Co., 671 F. 2d 1173 (8th Cir. 1982)；City of Gronton v. Connecticut Light & Power Co., 662 F. 2d 921 (2d Cir. 1981).

11) 企業結合は，FERC をはじめ規制機関が規律するので同法理の適用があっても不思議でないが，「論理的にというより歴史的に」（Town of Norwood v. New England Power Co., 202 F. 3d 408, 422 (1st Cir. 2000)）これには適用されないとされてきた。

うに 1996 年以降,卸電力市場では規制改革がある程度進んできたが,一定程度自由化された市場における電気事業者の行為には,本来,反トラスト法が適用される必要があるのに,不十分でも事業法による規律が認められれば,反トラスト法の適用が同法理により否定されており,この判例法理の存在意義については,しばしば疑問が提起される[13]。

2 Trinko 連邦最高裁判決[14]

単独の取引拒絶に関する判例法の形成にとって最も重要な近年の判決は,以下のような Trinko 連邦最高裁判決である。地域回線網を保有する既存の地域電話会社である Verizon は,競争者である電話会社らの顧客について,1996年通信法によって義務づけられた OSS (Operations Support System) の利用を実質的に拒絶したため,連邦通信委員会の同意命令によって国庫への寄付を命じられ,ニューヨーク州公益事業委員会の一連の命令によって競争者への賠償を命じられた。その後,競争電話会社の顧客である Trinko は,OSS へのアクセスについて Verizon が競争者の顧客には拒否し,差別することにより顧客の移動を妨げ競争電話会社を排除しようとしたとして,シャーマン法 2 条違反を主張して損害賠償を求めた。最高裁は,反トラスト法の適用可能性を確認する 1996 年通信法の条項 (savings clause) のために同法による規制を根拠とする反トラスト法の適用除外を否定したが,しかし,Verizon の行為はシャーマン法 2 条に関する既存の判例法の基準に照らして実体的違反を構成しないとした[15]。すなわち,シャーマン法 2 条違反の外延を画するのは Aspen 判決[16]で

---

12) 差止ならば,Keogh 判決で説示された原告とその競争者を差別的に扱うことになるという懸念はない。ただし,これも類型的に差止ならば,同法理の適用がないとはいえない。前掲・Norwood 判決は,「価格協定なら差止を認容しても,個別的に届出をさせることになるだけだが,プライススクイーズで差止を認容すると FERC が承認した料金を変更させることになる」ことを理由に,プライススクイーズの差止には同法理が適用されるという。

13) 例えば,R. W. Petty, *A Light in the Darkness: the Case for Judicial Antitrust Enforcement in the Electric Wholesale Industry*, 5 Tex. J. Oil, Gas & Energy L. 55 (2009).

14) Verizon Communications Inc. v. Law Office of Curtis V. Trinko, 540 U.S. 398 (2004).

15) さらに,反トラスト法違反とすることの実際上の問題(接続拒否を違法とすると投資競争を減少させる,裁判所による継続的監視を要する,接続交渉が共謀を助長する)をも指摘したが,これらは傍論である。

あるが，最高裁によればTrinko事件は，その外にある。なぜなら，両事件にはいくつか区別されるべき相違があり，とりわけAspen事件ではスキー施設のある3山を所有する被告は1山しか所有しない原告と自発的に「オールアスペン（4山6日共通）券」の発行という取引（おそらく利益を生じる取引）に入ったのに利益配分交渉が暗礁に乗り上げると共通券の継続を拒否し，その後，原告から被告のリフト券を小売価格で購入したいとの申込みがあったのに，これをも拒絶したのに対して，Verizonは1996年通信法に強制されて競争者にOSSの提供（おそらく利益を生じない取引）を行うよう求められたことが重要であるとした。

このようにTrinko判決は，ある競争者に対する単独の取引拒絶が既存の判例法により違法とされる範囲の外にあることを判決理由として反トラスト法に違反しないとしたものである。したがって，①単独の取引拒絶以外の行為類型[17]，②単独の取引拒絶でも判例法の枠組みに照らしてシャーマン法2条違反を構成する場合にはTrinko判決の射程外ということになり，シャーマン法2条違反を問うことが可能であると考えられる。後述する不可欠施設の法理（以下，「EF法理」という）についても，最高裁は「本件でこれを承認することも否認することも必要ないとして」肯定も否定もしていない[18]。

3　Credit Suisse 連邦最高裁判決[19]

Trinko判決は，以上のように競争者に対する単独の取引拒絶が判例法により違法とされる範囲の外にあることを理由にシャーマン法2条違反でないとしたものであるが，その底流には事業法による取引拒絶規制が別に存在し，現に行われている場合には，反トラスト法違反とするまでもないとの判断が認めら

---

16) Aspen Skiing Co. v. Aspen Highlands Skiing Corp., 472 U. S. 585 (1985).
17) Covad Communications Co. v. Bellsouth Corp., 374 F. 3d 1044 (11th Cir. 2004), certiorari denied, 544 U. S. 904 (2005).本判決は，DSL業者である原告が地域電話会社であり，かつDSLサービスも提供する被告に対して，取引拒絶，不可欠施設の利用拒絶，価格圧搾をシャーマン法2条違反と主張したものであったが，控訴裁判所は，Trinko判決に基づき，前2者の主張を斥けたが，価格圧搾については同判決によって妨げられないとして地裁に差戻した。
18) 540 U. S. 398, at 411.
19) Credit Suisse Securities v. Billing, 551 U. S. 264 (2007).

れるように思われる。この点をより鮮明にし，より拡大したとも解されるのが，3年後のCredit Suisse判決である。

原告である投資家らは，被告・証券引受人（投資銀行）らが，共同して，1997年3月から2000年12月まで，人気の高いテクノロジー関係の会社の証券を新規に売り出す際，①同じ株式を後により高い価格で追加購入するか（laddering），②同じアンダーライターから後に証券を購入する場合，非常に高い手数料を支払うか（excessive commissions），または③同じアンダーライターから，より望ましくない証券を購入すること（tying）に同意しない限り，人気のある株式を売らないとしたことがシャーマン法1条に違反するとして損賠賠償を請求した。第1審判決は，証券法[20]（securities law）により反トラスト法の当該行為への適用は黙示的に除外されるとしたが，控訴審では逆転した。

最高裁判決は次のように述べて，原告らの主張を斥けた控訴審判決を維持した。証券取引の分野における行為に反トラスト法が適用されるかについて何らの規定（反トラスト法の適用を除外する旨の規定も，（多数意見によれば）適用可能性を留保するsavings clause）も存在しない場合，裁判所は以下の点を考慮して判断しなければならない。(1)問題となる行為を監督する（supervise）規制権限が証券法（securities law）に存在するか，(2)当該規制権限を行使するという証拠が存在するか，(3)両法が適用されると，矛盾するガイダンス，要件，義務，権利，基準を示すことになるか，(4)金融市場における重要な行為に両法の矛盾が影響を及ぼすことになるか，がそれである。

本件については，上の(1)，(2)，(4)を充足する事実が認められるとしつつ，最高裁は(3)が問題だとして検討を行った結果，以下のように明確な矛盾（clear repugnancy）が存在するからシャーマン法の適用が除外されるとした。すなわち，この分野では証券取引委員会（SEC）が違法行為と適法行為の繊細で，複雑で，詳細な線引きを行っているが，反トラスト上違法な行為と証券法上適法な行為は重なるか，もしくは類似する傾向があり，専門家でない裁判官や陪審員が構成する反トラスト法廷がこの種の事件を判断するとすれば非常に重大な誤謬を犯したり，首尾一貫した結論がもたらされない恐れがある。SECは競

---

[20] 証券法（Securities Act of 1933），証券取引所法（Securities Exchange Act of 1934）などで構成される法領域の総称である。

争的考慮（competitive consideration）を政策や規則に反映させ，本件で問題となった行為を禁止する規則も制定して活発に執行しており，また証券法上，私人は損害賠償が可能であるから反トラスト訴訟はその必要性に乏しい，と。

以前の証券法と反トラスト法の関係に関する最高裁判決[21]は，問題となる行為を証券法が許容しない（禁止する）場合，反トラスト法の黙示的適用除外を容認しなかったが，本判決は適用除外を認めた。本件で問題となった抱合せ（tying）などの行為は証券取引所法（Securities Exchange Act）も反トラスト法も共に禁止するから，その点では両法の基本的方向は一致しているにもかかわらず，反トラスト法の適用が除外されると判示した点で従来の適用除外の範囲を拡大したものであるとの分析がある[22]。

以上のように，電気事業を含めた公益事業に固有の事業法が存在し，問題となる行為そのもの（あるいは行為類型）に一定の規制が行われている場合，当該行為自体に反トラスト法が適用できるかは，現在の裁判所の判断を前提にすれば，困難が予想される。ただし，事業法が存在しない場合，存在しても管轄権

---

21) Silver v. New York Stock Exchange, 373 U. S. 341 (1963); Gordon v. New York Stock Exchange, 422 U. S. 659 (1975); U. S. v. National Ass'n of Securities Dealers, 422 U. S. 694 (1975).

22) H. A. Shelanski, *The Case for Rebalancing Antitrust and Regulation*, 109 Mich. L. Rev. 683, 706-707 (2011). Shelanski は，Credit Suisse と Trinko 両判決の中に，被規制事業者（regulated firms）に対する反トラスト法執行は周縁的な価値しかないのではないか，誤った反トラスト法執行が行われればそのコストは極めて大きいであろうという連邦最高裁の共通の懐疑をみる（709頁）。

本件最高裁判決は「SEC は本件で問題となっている行為類型一般（conduct of the general kind）を規制する法的権限」を有するとしたが（551 U. S. 264, at 277），SEC が具体的に本件で問題となった被告らの行為を規制したとは述べていない。SEC は，第1審（In re Initial Public Offering Antitrust Litigation, 287 F. Supp. 2d 497 (S. D. N. Y., 2003)）で裁判所の求めに応じて書簡（memorandum）を提出し，本件と同様の行為（過大な手数料請求）を行ったある証券引受人（underwriter）を連邦証券法違反を理由として手続を開始したこと，当該事業者は当該行為を自認も否定もせず差止に同意したこと，証券業界の自主規制機関である全米証券業協会（NASD）も手続を開始したが，SEC と NASD の規制の結果，当該事業者は合計1億ドルの支払い，同様の行為の将来の反復の禁止に同意したこと等について述べ，反トラスト法の黙示的適用除外を求めた。SEC の書簡はその他にも類似の行為を過去に規制し，または将来，規制する一般的可能性に言及しているが，本件の被告らによる本件の具体的行為を規制したことは少なくとも最高裁判決の時点まではなかったのではないかと思われる。SEC の具体的な規制が行われていないにもかかわらず，最高裁が反トラスト法の適用可能性を否定したのであれば，本判決が新たに反トラスト法の適用可能性を縮減したものと評価されても不思議はないであろう。

等により規制が及ばない場合，あるいは当該行為類型について規制が行われていないなどの場合には，現在の裁判所の判断を前提としても反トラスト法の適用は可能と思われる。以下では，独占的電気事業者の行為にシャーマン法2条が適用された事例をみていこう。

Ⅲ 電気事業者の単独行為とシャーマン法2条

1 シャーマン法2条違反

まずシャーマン法2条の要件を確認しておく。同条は「数州間もしくは外国との取引または通商のいかなる部分であれ，独占化し（monopolize），または独占化を企図する（attempt to monopolize）者は重罪を犯したもの」とすると規定する。このうち，前者（独占化）については，次の(1)，(2)を原告は主張，立証しなければならない。

A 独占化行為（monopolization）
(1) 関連市場における独占力（monopoly power）ないし市場力（market power）

参入・料金規制が緩和される前においては，垂直的統合企業である電気事業者は，発送配電のいずれの部門においても独占的地位を占めていたことから，問題となる市場（例えば一定の地理的範囲における小売市場）で独占力ないし市場力を有すると判断することは相対的に容易であると考えられてきた。その際，裁判所は電気事業においても市場占有率等を指標に独占力・市場力を認定してきた。高い市場占有率は競争水準を超えた価格をより長期間設定でき，ライバル事業者による競争を排除することができると考えられるからである。

規制改革後，電力関係事件の市場画定や市場力の有無の判断には，次のような点を含めて，より困難な問題が生じうることに留意する必要がある[23]。例えば送電線網へのアクセスが拡大するにつれ，他州はもちろん，カナダ，メキシコの発電事業者もアメリカ国内の送電線網にアクセスできるとすれば，これら

---
23) Energy Antitrust Handbook 2nd, at 130-131.

の事業者を含めて市場の地理的範囲が画定される必要が生じるかもしれないし，電力の財としての特殊性から極めて短いタイムスパンで市場力の有無が変化するかもしれない[24]。これらはシャーマン法2条に関する事件で独占力・市場力の認定を一層困難にすると予測される事情である。

(2) 意図的な獲得，維持

独占力，市場力を意図的に獲得したこと，または維持したこと。すなわち，独占力の獲得・維持が「優れた製品，事業上の洞察力，歴史的偶然による[25]」ものでないこと，換言すれば「自己の効率性によらない行為によって競争が排除されたこと」(Aspen 判決[26]) が必要である。

B 独占化の企図 (Attempt to monopolize)

これについては，①反競争的行為の存在（自己の効率性によらない行為という独占化の行為要件と同じ），②独占化しようという特別の意図[27] (specific intent)，③独占力を獲得する危険な蓋然性[28] (dangerous probability) を原告は立証しなければならない。③ついては，行為者の関連市場でのシェアが通常問題となり，30%以下では少なすぎるが，60%以上であれば十分である。30%-60%の間では，参入障壁が高い等の要因があれば，③は認定され得る[29]。

2 ボトルネック施設へのアクセス拒絶

(1) Otter Tail 連邦最高裁判決[30]

電気事業において取引拒絶がシャーマン法2条との関係で問題となった事件をみると，まず有名なオッターテイル連邦最高裁判決は垂直的に統合された電

---

24) 注2) の拙稿・国際経済法学会編『国際経済法講座I 通商・投資・競争』408頁を参照。
25) United States v. Grinnell Corp., 384 U. S. 563, 571 (1966).
26) Aspen Skiing Co. v. Aspen Highlands Skiing Corp., 472 U. S. 585 (1985).
27) 競争者に打ち勝ち，シェアを拡大しようという意図では足りず，行為者が競争を破壊し，独占を打ち立てようという意図を有していることが必要である (ABA Section of Antitrust Law, Antitrust Law Developments 316-317 (7th ed. 2012))。
28) Spectrum Sports, Inc. v. McQuillan, 506 U. S. 447 (1993).
29) Energy Antitrust Handbook 2nd, at 159.
30) Otter Tail Power Co. v. United States, 410 U. S. 366 (1973).

気事業者オッターテイルが，従来自らが供給してきた複数の町が公営企業形態で新しく小売事業を行う計画を立てたところ，他電源からの託送拒絶と電力の卸供給の拒否によって地域小売市場における競争者（当該公営企業）の出現を妨げたものである。最高裁はオッターテイルの供給区域内の地方公共団体の総体を地理的範囲[31]とする小売市場における独占力および地裁判決を引用する形で送電線網の独占的地位（dominance）を認定しており，自らの電力の卸供給および他電源からの託送の拒否によって，小売市場における潜在的競争者を排除したことがシャーマン法2条に違反すると判示したものである[32]。

このように卸供給の拒否や託送拒絶は，それが拒絶者にとっても unprofitable な（利潤を得る機会を失う）ものであり，あるいは競争者を排除する目的で行われるライバル費用を高める戦略の一種（下流市場の新規参入者が実質的な埋没設備・非経済的な投資を抱え込むことになる）とされることから，反競争的な排除行為であるとの認定につながりやすいと言われることもある[33]。しかし，託送拒絶については Trinko 判決とのアナロジーで，送電線網の競争者への利用許諾は法的に強制された施設の共用であって profitable とはいえないとすると，利潤を生み出す見込みがあるのにその機会をあえて利用しない（それにより競争者を排除する）ことを反競争的排除の要件と考える短期的利潤犠牲説[34]や経

---

31) 1つの地方公共団体の住民や企業は1つの民間電力会社を選ぶか市や町の地方公営企業を選ぶしかなく，地域住民や企業は他の電気事業者が供給する町へ移転しない限り，取引相手を変更することができないにもかかわらず，当該電気事業者の供給区域全体を地理的市場とされた。これは1つの「町に小売供給する権利をめぐる競争」という意味で franchise competition といわれる（*Id.* at 369）。

32) 不可欠施設の法理に消極的な Areeda も，Otter Tail 事件のように規制産業に同法理が適用されることには賛成する（P. Areeda, *Essential Facilities: An Epithet in Need of Limiting Principles*, 58 Antitrust L. J. 841, 848 (1989)）。被規制者が自然独占の事業者であり，その者が規制を潜脱する行為を行う可能性があり，継続的監視を行う規制機関が存在するからであるとするが，特に最後の理由を強調している。Areeda が EF 法理に消極的なのは，それが独占的事業者の日常的な事業活動の監視という裁判所に不向きな義務を課すことが重要な理由の1つであるが，規制機関の存在はこの問題を軽減するというのが例外的扱いの理由である。なお，Pitofsky らは，EF 法理による救済を可能にしているのは，独占的事業者の競争者としての地位であって，その取引相手としての地位ではないから，単独直接の取引拒絶として，取引拒絶が原則として許されるわけではないという点にも注意したい（Pitofsky, Patterson & Hooks, *The Essential Facilities Doctrine under U. S. Antitrust Law*, 70 Antutrust L. J. 443 (2002)）。

33) 5 D. J. Muchow & W. A. Mogel ed., Energy Law & Transaction § 102-19 (2005).

済的非合理性説[35]に立つ限り，違法な排除行為とみない可能性が大きいであろう。

(2) 不可欠施設（essential facility）の主張が行われた事件

以上のような Otter Tail 最高裁判決にもかかわらず，その後，電力の供給，託送などを求めた事件の下級審判決は，原告の求めに十分に応えているとはいえない。原告は，しばしば，次のように不可欠施設の法理を主張するが，請求が認容されたケースは少ない。

まず不可欠施設の法理を援用する原告は，次の点を主張・立証する必要がある[36]。①別の市場（下流市場）で競争するために不可欠の商品，サービスを独占者がコントロールしていること，②当該施設が事実上または合理的にみて複製不可能なこと，③合理的条件でアクセスを供与することができること，④独占者が合理的条件でのアクセスを拒絶したこと。電力分野では，前述の Order No.888 が発出される 1996 年頃までは，原告がこれによって託送を求めた幾つかの事件があった。

a 電気事業の事件

FERC の指令 888 号，889 号，2000 号などによって託送の拒絶は少なくなったようであるが，1996 年の指令 888 号以前には以下のように原告が不可欠施設の法理を主張して託送を求めた幾つかの事件があった。その後も少なくなったとはいえ，十分な量の電力を十分な回数送電しない，（自己よりも）劣った条件でしか送電しないケースがあると言われる[37]。ただ，電力分野では，1996 年以後，託送拒絶が裁判所で争われ判決に至るケースは稀のようで，公刊された判例集等にはほとんど登載されていない。これは託送をめぐる紛争が ISO や RTO において調整されているからではないかと推測される[38]。

---

34) A. D. Melamed, *Exclusive Dealing Agreements and Other Exclusionary Conduct-Are There Unifying Principles?*, 73 Antitrust L. J. 375（2006）.

35) G. J. Werden, *Identifying Exclusionary Conduct under Section 2: the "No Economic Sense" Test*, 73 Antitrust L. L. 413（2006）.

36) MCI Communications Corp. v. AT & T, 708 F 2d. 1081, 1132-33（7th Cir. 1983）.

〈Union 電力会社事件[39]〉

　原告マルデン市は発電所を保有し，同市の需要者の一部に電力を供給してきたが，市内の全部の需要者に供給できるだけの発電能力がなく，不足分を被告ミズーリ・ユーティリティ会社に依存していた。同市へ直接つながる唯一の送電線は，被告ユニオン電力会社とミズーリ・ユーティリティ会社が所有していた。1979 年 10 月 1 日にマルデン市とミズーリ・ユーティリティ会社との卸供給契約が終了する前に，市は現在の sales for resale tariff（SRF-1）でオフピーク時の電力を他の電源を保有する南西電力庁（SWPA）から託送供給してほしいと要望したが，ミズーリ・ユーティリティ会社は SRF-1 レートによる託送では自己の費用を償えないとし新たな託送料金を提示した。

　ミズーリ・ユーティリティ会社はユニオン電力から電力の供給を受けており，ミズーリ・ユーティリティ会社の SFR-1 には，ユニオン電力の demand charge（ピーク時の需要に対応するための固定費），ミズーリ・ユーティリティ会社の送電線投資を償う費用，購入電力と電力ロスをカバーするためのエネルギ

---

37)　Energy Antiturust Handbook 2nd, at 144. この問題は独立系統運営者（ISO）の独立性などとも関係する。FTC 経済局のスタッフがバージニア州電力リストラクチャリング検討小委員会に提出したコメントによれば，送電網に関する ISO 方式は，①十分な範囲をカバーすること，②発電分野のリストラクチャリングの一貫した計画が伴うこと，③ ISO の独立性が確保されること，④送電の混雑を有効に解決することがそれぞれ必要であるとする。
　①については，地理的に広い範囲をカバーすることにより，多くの発電事業者をその中に含ましめることができ，その結果，市場支配力の問題にも対応し得るし，電力供給系統の信頼性を確保するため，多様で多数の電源をその範囲内に含ましめることもできるからである。③については，ISO がそのガバナンスと運営において真に独立していれば，送電における差別を排除すると考えられる。ただし，ISO があっても，既存の垂直統合電力会社が送電線の拡張を拒否できたり，送電線を使用する者を制限できたりすれば，電力分野の競争は促進されないし，また ISO を非営利団体とすることは，効率的な運営へのインセンティブに欠ける傾向がある点で問題があり得るという（Comment of the Staff of the Bureau of Economics of the Federal Trade Commission, Before the Commonwealth of Virginia, Joint Subcommittee Studying Electric Utility Restructuring, Structure and Transition Task Force Regarding Electric Industry Restructuring, SJR-91, July 9, 1998）。
38)　発電事業者，送電線所有会社，配電事業者，マーケッター，顧客等による ISO・RTO の協調的ガバナンスと紛争解決機能の提供を（ヨーロッパ型の指令統制（command-and-control）方式より）有効であると説く C. H. Koch, Jr., *Collaborative Governance : Lessons for Europe from U. S. Restructuring*, 51 Administrative L. Rev. 71, 80-81 (2009) を参照。
39)　City of Malden v. Union Elec. Co., 887 F.2d 157 (8th Cir. 1989) .

一費用を含んでいた。1983年11月4日，市は両社の託送拒絶等がシャーマン法1条，2条，クレイトン法3条に違反するとして損賠賠償を求めて提訴した。ミズーリ・ユーティリティ会社の電力託送拒絶がシャーマン法2条違反となるかは地裁の事実審理に進み，①ミズーリ・ユーティリティ会社の送電線が市が電力の供給を受けるのに実際上唯一の手段であるか，②同社が求めた託送の条件が合理的なものかどうかが争われた。地裁が請求を棄却したところ，マルデン市は裁判官の陪審員への説示が適当でなかったことを理由に再審理を命じるよう控訴裁判所に求めた。

控訴審判決は，以下のように述べてマルデン市の請求を棄却した。まず①については，被告はSWPAの送電線と接続する3つのコネクション，M&A協同組合およびアーカンザス電力会社とのコネクションという合計5つの代替的送電線の可能性を示した。SWPAは1960年代に市と送電線を無料でつなぐ旨の申出をし，市が断ったが，市の境界線から1マイルの所にSWPAの送電線が現存している。M&A協同組合も送電線を接続する意思がある旨を証言したし，アーカンザス電力会社とも10マイル以内であるから接続可能であるとの証言があるとし，①を否定する地裁の判断は誤りでないとした。

②についても，被告の証人は市がミズーリ・ユーティリティ会社から必要電力全量を購入する場合にのみSFR-1レートのもとでミズーリ・ユーティリティ会社は費用を償うことができることを証言している。またミズーリ・ユーティリティ会社はSFR-1により全量供給するか，基本託送料金により100％マルデン市へ託送するか，または一部供給を新しい料金で行うかの提案をしていることが認められるとして，ミズーリ・ユーティリティ会社は不当に託送を拒絶したのではないとした地裁の判断を是認した。

本判決は，MCI判決の②複製の不可能性，④合理的な条件でのアクセスを拒絶したことの要件を満たさないと解したものと考えられる（前々頁）。

b　天然ガスの事例

これに対して，天然ガス分野では，以下のように1985年，1992年のパイプライン・オープンアクセス指令[40]の前だけでなく，その後も託送に関する紛争はしばしば判決の形で終結する。

〈イリノイ父権 (parens patriae) 訴訟[41]〉

1992年のオープンアクセス指令前のものであるが, 州が自己および州民 (天然ガスの購入者である事業者と消費者) のために天然ガスパイプライン会社を相手方として託送拒絶がシャーマン法2条に違反するとして損害賠償を請求した事件がある。

本件の背景には次のような事情があった。天然ガス分野に公益事業規制が行われていた時代には, しばしばガス不足に見舞われたため, 多くのパイプライン会社は, 規制緩和後もガス不足が続き, 需要が拡大すると予想して, 自由化された市場において高い価格で天然ガスを購入する長期契約を生産者と結んだ。FERCは, パイプライン会社が購入するガス価格の変動に応じて, 小売会社に売り渡す価格を調整することができる「購入ガス調整」条項を盛り込むことを許容していた。

本件の被告Panhandle Eastern Pipe Line社は, 1979年にアルジェリアから液化天然ガスを購入する計画をたて, さらにカナダからガスを輸入するパイプラインを建設するパートナーシップにも参加した。しかし, 規制緩和が進み, 高価格が天然ガスの生産を拡大させた。他方, 他の燃料の価格が下落しエネルギー節約技術が進んだ結果, ガス需要は減少した。それでも被告はガス調達のため長期契約をむすび続けるとともに, 一定量のガスを実際に受け取るか否かにかかわらず支払義務をパイプライン会社に課すtake or pay 条項を大部分のガス生産者との契約に盛り込んだ。1982年にアルジェリアやカナダからガスが輸入されはじめると, 被告の供給するガスの価格は全米で最も高価なものとなった。そのためガス小売会社はPanhandle以外の供給者からガスを購入することとし, より安い天然ガスを託送するよう求めた。被告Panhandleは拒絶したが, それを正当化する根拠として主張したのが, ガス小売会社が必要なガス全量を被告から購入することを規定するsole supplier条項であり, 被告

---

40) Order No. 436, Regulation of Natural Gas Pipelines After Partial Wellhead Decontrol, 50 Fed. Reg. 42,408 (Oct. 18, 1985); Order No. 636, Restructuring of Interstate Natural Gas Pipeline Services, 57 Fed. Reg. 15,267 (April 16, 1992).

41) State of Illinois ex rel. Burris v. Panhandle Eastern Pipe Line Co., 935 F. 2d 1469 (7th Cir. 1991).

とガス小売会社との18年に及ぶ長期契約であった。

　地裁，控訴裁判所ともに原告イリノイ州の請求を棄却したが，シャーマン法2条に関する控訴裁判所の判示をみると，以下のとおりである。シャーマン法2条で問題となる意図は，反競争的な手段によって独占力を維持または獲得しようとする意図であり，優れた製品，事業上の洞察力，歴史的偶然ではない意図的な独占力の獲得・維持が問題である。したがって，控訴裁判所は，被告Panhandleの行為が正当化できる事業目的によって動機付けられていたかに関する地裁判決の判断を検討しなければならないとし，take or pay 条項による高価なガスの引取り義務から生じる損失を避けることは正当な事業目的であるとして，これに動機付けられた託送拒絶はシャーマン法2条違反の要件を満たさないとした。また不可欠施設の法理についても，①イリノイ州中部に他のパイプラインと接続する新しいパイプラインを建設することは経済的に実行可能である，②当該施設へのアクセスを認めることが施設所有者にとって実行可能（feasible）でなければならないが，被告の託送に応じない頑固さは潜在的なtake or pay 責任を限定する必要から出たもので，これは被告がアクセスを承認することが実行可能でないことを示すとした。

〈Midwest Gas Services 社事件[42]〉

　1992年ガスパイプライン・オープンアクセス指令後に判決をもって終結した事件も少なくないが，その一例は以下のようなものである。原告Midwest Gas Storage 社（ガス貯蔵施設会社，以下Storage 社）とそのマーケティング子会社である原告Midwest Services社は，被告Indiana Gas（IG＝地域ガス小売会社）が新たに買収したガス配送（distribution）システムに，IGの供給区域における唯一のガス貯蔵施設会社であるStorage 社が接続できれば，IGの顧客である産業需要家らは，より運送費用が少ない訴外Panhandle Eastern Pipe Line 社の州際パイプラインを利用してテキサスとオクラホマのガス生産拠点から購入できると考え，IG社に接続を申し込むも拒絶された。

　原告らは，IGのガス配送施設への接続拒絶をEF法理によりシャーマン法2条違反と主張したが，控訴裁判所は，原告Storage社は既に（別の）州際ガス

---

42)　Midwest Gas Services, Inc. v. Indiana Gas Co. Inc., 317 F. 3d 703 (7th Cir. 2003).

パイプラインと接続しており，たとえ同社から IG のガスパイプラインへの直通ルートが最も経済的なものであったとしても，他のルートが可能である以上，IG の施設がエッセンシャルファシリティになるわけではないとして原告らの主張を斥けた。

3　梃子の利用（leveraging）

(1)　シャーマン法2条との関係

多くの控訴裁判所は，梃子の利用をシャーマン法2条の独占化の企図（attempt to monopolize）の問題として捉え，第2市場で行為者が独占化する危険な蓋然性（dangerous probability）を要求した。少数の控訴裁判所は，ある市場での独占者が第2市場で何らかの販売を行っていることで足りるとし，第2市場での独占化の危険な蓋然性は不要としていた[43]。

その後，最高裁は上の大部分の控訴裁判所の見解をとった（Spectrum Sports, Inc. v. McQuillan, 506 U.S. 447（1993））。その結果，独占化の企図（attempt to monopolize, attempted monopolization）については，前述のとおり，原告は，①反競争的行為の存在，②独占化しようという特別の意図（specific intent），③独占力を獲得する危険な蓋然性（dangerous probability）を立証しなければならず，③については関連市場の画定と被告が競争を減殺する能力を有することの立証も必要とされている。

(2)　Yeager's Fuel 判決[44]

原告である石油小売業者らは，ペンシルベニア州中央・北東部で唯一の電力供給者である被告 Pennsylvania Power & Light（以下，「PPL」という）が宅地開発業者，建設業者らに石油，ガスなど競合する熱源を住宅用暖房に使わず，電気ヒートポンプ（electric heat pump）による暖房システムを採用すれば金銭を提供するとし，これに変更する家主，建設業者にも同様の利益を供与するとした行為がシャーマン法2条等8つの違反を構成すると主張した。独占の企図に関する地裁の判示のうち，①反競争的行為と③独占力を獲得する蓋然性の要

---

43)　Berkey Photo, Inc. v. Eastman Kodak Co., 603 F. 2d 263（2d Cir. 1979）.
44)　Yeager's Fuel v. Pennsylvania Power & Light, 953 F. Supp.617（E. D. Pa. 1997）.

件に関する判旨のみをみると，以下のとおりである。

まず反競争的行為とは，不公正に排他的となり，または競争を破壊することとなる（unfairly tends to be exclusionary or tends to destroy competition）行為であり，これに当たるかは競争者に与える影響だけでなく，消費者に及ぼす影響および不必要に制限的な方法で競争を害するかどうかを検討しなければならない（Aspen判決）。本件では豊富な資金を有する独占的事業者が，建設業者や開発業者に対して現金インセンティブを与え，補助金付き広告を用い，建設業者らに新築住宅情報を事前に通知させるという攻撃的なマーケティング戦略によって競争者を排除しようとした。またPPLは新築の暖房システムの主たる決定者が建設業者であることを知った上で排他的契約を結んだ。さらに新築市場でPPLは，優れた効率性によらずに競争を排除し，その結果，こうした住宅を購入した者は非効率で高価な熱源に囲い込まれ，よりコストの低い，より効率的な熱源を選択する可能性を制限されたとした。独占力獲得の蓋然性に関しては，PPLの供給区域における住宅用暖房市場および新築住宅用暖房市場におけるⓐ被告のシェア，ⓑ参入障壁，ⓒ被告の価格設定等から判断すべきである。PPLは住宅全体で31％（1995年）のシェアを有しているが，これだけでは独占力を獲得する蓋然性があるとは言えない。しかし，ⓑに関して暖房市場では電気とガスの独占的事業者が存在するほか，多数の小規模な石油販売業者がいて，こうした「高度のレベルの競争」が参入を阻害し得る。また新しい暖房システムへの変更はコスト面から困難であり，これが新規参入を制限する。さらにⓒについて，原告はPPLが暖房のために住宅所有者等に請求する電気料金（1000立方フィート当たりの暖房費用）を，ガスや石油と比較すると，電気ヒートポンプを利用する場合で約40％，電気床暖房（electric baseboard heating）で約2.5倍も高いとする証拠を提出した。

以上のように独占化の企図の各要件について裁判所は事実問題に関する真正な争点が存在すると判示し事実審理が注目されたが，本件判決後，当事者は和解するに至った[45)46)]。

Ⅳ　おわりに

　アメリカ電気事業の規制は，連邦電力法を中心とする事業法に基づいてFERC によって行われており，反トラスト法は公的執行，私的執行ともに補完的役割しか果たしていない。事業法が存在する公益事業分野への反トラスト法の適用を黙示的に除外する連邦最高裁の諸判決によって，その適用可能性は一層限定されたものになっている。しかし，FERC による事業法の運用は，1990年代半ば以降，指令 888 号にみられるように，競争政策的原理に基づくものになっており，そのような意味でアメリカ電気事業の規制改革は，基本的には競争政策的方向を志向していると言ってよい。

　シャーマン法2条が電気事業者に適用された事例をみると，託送拒絶，梃子の利用，プライススクイーズが主要な行為類型である。託送拒絶については Otter Tail 連邦最高裁判決（1973 年）にも拘らず，その後の下級審裁判所は必ずしも託送を求める者の請求に応える判決を出してきたとは言えない。EF 法理の援用も電力，天然ガス分野ともに成功しているとは言い難い。ただし，託送をめぐる紛争の多くは，電力分野では ISO や RTO において裁判外紛争解決手続の形で処理されているのではないかと推測される。梃子の利用が主張される私訴においても，和解を除けば，原告勝訴の判決は少ないのが現状である。

---

45) オール電化に関しては日本でも「適正な電力取引についての指針」が，これを条件として正常な商慣習に照らして不当な利益を提供することは，ガス事業者の事業活動を困難にするおそれがあり，独占禁止法上違法となるおそれがある（不当な利益による顧客誘因，拘束条件付取引，差別的取扱い等）とするように（公正取引委員会＝経済産業省「適正な電力取引についての指針」（平成 23 年 9 月 5 日）第 2 部Ⅳ2（2）イ⑤），不公正な取引方法として違法との結論を導くことはさほど困難でないが（関西電力に対する警告（平成 17 年 4 月 21 日）では，不公正な取引方法（一般指定）4 項（取引条件等の差別的取扱い）該当のおそれありとされている），私的独占に当たるかは，暖房・厨房・給湯用等のガス・電気・石油を含む熱源供給市場でも競争の実質的制限の成立ないしその蓋然性を要するかの判断によって両論があり得ると考えられる。

46) 梃子の利用の主張があった他の事件として，Aquatherm Indus. v. Florida Power & Light Co., 145 F. 3d 1258 (11th Cir. 1998) がある。これは，太陽光発電によるプール温水システムを設置する原告が，電力消費を促すためにプール用電気温水ポンプを使用するようキャンペーンを行った電気事業者をシャーマン法 2 条違反で訴えたものであるが，裁判所は，被告が電力市場のシェアを増加させたこと，もしくは電気温水ポンプ市場において独占化を企図したことを立証していないとして訴えを斥けた。

第2節　米国電力市場における市場支配力のコントロール

高 橋 岩 和

はじめに

　米国において電力産業は，連邦レベルにおける連邦エネルギー規制委員会 (Federal Energy Regulatory Commission. 以下では「FERC」という。) と州レベルにおける各州の公益事業委員会の規制下にある。

　連邦レベルで FERC は，第一に卸電力事業についての管轄権を有することに基づいて，送電網を個々の電力企業の支配から徹底して分離し，これを独立・中立の給電指令組織のもとで運営させることで，送電網の公平な利用に努めてきている。第二に，電力取引所制度を導入して，卸売電力取引に自由競争原理を導入することに努めてきている。これらにより FERC は，電力取引市場において，公正で開かれた，かつ高い効率性を達成する競争を促進することを目指している。

　また州レベルにおいては，州公益事業委員会が電力の小売価格についての規制を含む広範な権限を有しており，一部の州では小売電力の価格の自由化が一般家庭電力にまで及んでいるなど，規制緩和による競争原理の導入が試みられている。

　このように，米国における今日の電力事業規制の眼目は，発電，送電，配電・小売の各事業を垂直統合する形で事業を行う既存電力事業者が有するとみられる強固な「市場支配力」について，事業法たる連邦動力法 (Federal Power Act: FPA) に競争原理を導入することでこれを規制しようとするところにあるといえる。この場合，FERC による卸電力市場改革が，競争政策を担う司法省

反トラスト局(以下「DOJ反トラスト局」という。)と連邦取引委員会(以下「FTC」という。以下両者を合わせて「連邦競争行政庁」という。)との事実上の緊密な連携のもとで行われている点が特徴的であるが,それをどこまで効果的になしえているかが問題となる。

以下では,第一に,米国電力産業における発電,送電,配電・小売の全体としての仕組みを確認して,その上で第二に,FERCによる卸電力市場に係る規制改革の現状と問題点について述べよう。さらに第三に,州レベルにおける電力の小売価格の形成に係る問題点,第四に,FERCによる電力産業におけるM&Aの規制の現状と問題点を明らかにしよう。叙述は多岐にわたるが,全体としては第二のFERCによる卸電力市場における市場支配力の規制(不当な差別的行為その他の反競争的行為の規制)についての検討を中心とすることとしたい。

I 米国電力産業の構造と政府規制──米国における電力産業

米国の電力産業は,初期の段階から自然独占(Natural Monopoly)という性格があるとされていた。やがて発展するにつれて州は,発電,送電,配電・小売の各段階を垂直統合した電力会社に独占的地位を認めるとともに,公益事業委員会を設立して小売価格等の規制をするようになった。1935年には連邦動力法(Federal Power Act, 16U.S.C. S791a, et seq.: FPA)が制定され,州際送電事業は連邦政府の規制の下におかれることとなった。このような電力事業の自然独占性を前提とした規制モデルは,1960年代まで妥当した。しかしながら,1960年代の終わりから電力事業の自然独占性は必ずしも自明ではないとのことから,FERCによる卸電力市場を中心とした規制緩和とそれに伴う競争政策の導入が試みられるようになり,今日まで続く長い電力産業の規制改革の時代が始まった。

この規制改革においては,発電,送電,配電・小売の各事業を垂直統合した既存電力会社が競争相手たる各種の電力事業者を送電網の利用において差別的に取り扱うという点がなによりも問題とされた。そこでFERCは,第一に,既存電力会社にその送電網による「託送」を無差別におこなうこと,また発電

事業と送電事業を「機能分離」させることを命じ,第二に,既存電力会社に,州際送電網の系統運用を行う ISO (Independent System Operator),後にはその発展形態である RTO (Regional Transmission Organaization) を設立させ,これら電力会社を参加させてきている。

このような FERC による電力事業改革は長年に亘る連邦議会の主導のもとで行われたものである。同議会は,電力事業への競争政策の導入を一層進めることとして 1992 年にエネルギー政策法 (Energy Policy Act of 1992: EPAct 1992) を成立させ,また 2005 年にも包括的な電力産業の近代化を目指してエネルギー政策法 (Energy Policy Act of 2005: EPAct 2005) を成立させるなど,規制緩和とそれにともなう競争政策の導入という流れを一層加速させている。

今日,米国で電力事業を行っているものには,多数でさまざまな規模の私営の電力会社,2000 を超す市営,州営などの公営電力企業,800 を超える電力協同組合 (Electric Cooperatives),TVA などの連邦電力システム (Federal Power System),電力商社 (Power Marketers) などがある。発電,送電,配電・小売の一貫事業をおこなう大規模電力会社が電力事業者の中心をなしている。発電から配電・小売までの流れをみると,発電所で作られた電力は遠隔地間の送電を経て家庭まで配電されるが,送電設備の保有者は 400 社を超え,トップ 10 社のシェアーは 38% である(これは,ガスパイプラインのトップ 10 社が 67% のシェアを有していることと比べると低い状況にある)[1]。

つぎに,電力市場における電力取引についてみておくと,同取引は,複数の方法を組み合わせたものであることが通常である。電力会社は自分で発電する他に,発電業者との短期と長期の契約で電力を購入し,また電力取引所で購入する場合もある。ユニークなのはカリフォルニア州で,同州はかつて電力取引所制度を全面的に導入した。そこでは,大口取引が電力会社と需要家間の相対取引で行われると電力取引所が発展しないとの考えのもとで取引の市場集中主義が取られ,相対取引は禁止された。同州では,小売価格は統制したままであ

---

[1] 以上の記述は,Electric Energy Market Competition Task Force "*Report to Congress on Competition in the Wholesale and Retail Markets for Electric Energy*" (Draft 2006 年) 13 頁による。なお,あわせて Electric Power Supply Association (epsa) "*Merchant Power for 21st Century America*" 2002 年を参照した。

ったから，需給逼迫時に全電力取引を電力取引所に集中しようとしても発電者がそこに持ち込む電力を減らす行動をとることとなり，その結果十分な電力供給が確保されないこととなった。それで，カリフォルニア州電力取引所は必要な電力取引機能を失って崩壊した。同州はこの後 2001 年には，州が発電事業者との 15 年を基準とする長期の相対取引契約を結んで電力を購入し，これを主要電力会社に販売し，同会社が需要家に供給するというシステムを採用している[2]。

II 米国電力産業における規制改革
——競争的卸電力市場創出における FERC と連邦競争行政庁の協同

1 FERC と連邦競争行政庁の協同

米国電力事業においては，既に言及したように，第一に，広域送電網について，様々な電力会社による公平で平等な利用をどう確保するか，換言すれば利用における不当な差別と反競争的行為の禁止が問題となっている。第二に，卸電力市場（ここでは，既存の電力会社，各種の発電業者，電力商社，小売電力会社などが電力の売買取引をおこなっている）における電力取引の適正化が問題となる。

前述したように，米国電力事業に係る規制権限は連邦と州に分かたれ，州際間送電料金を含む卸電力事業についての規制権限は独立規制行政庁である FERC にゆだねられている。電力事業には自然独占性が認められるとされていた時代には FERC が参入と価格を厳しく統制していたが，その後そのような認識が改められて，卸電力市場への競争政策の導入が具体的に試みられるようになると，FERC の行う競争政策と従来の競争当局である DOJ 反トラスト局と FTC による競争政策・競争法の執行との関係が問題となってきた。

この点について Hovenkamp は「規制産業は従来『閉じた箱』であって，箱の内と外，つまり規制と非規制の線引きは明確であった。これは規制機関の能

---

[2] この顛末は，California State Auditor による報告書 "*Energy Deregulation: The Benefits of Competition Were Undermined by Structural Flaws in the Market, Unsuccessful Oversight, and Uncontrollable Competitive Forces*"（March 2001）に詳しい。

力に対する高い評価に基づいていた。しかし規制緩和の運動がこの枠組に疑問を呈し，理想的な規制は存在しえず，箱の中についても『反トラスト法による規制』が必要であることが認識されてきた。ここから『両者の関係』が問題となってきた」と述べている[3]。

この点，FERC の行う規制は公益事業に係るものであって，銀行，保険，農業等の規制産業に係る規制とは性格を異にする面があるとしても，基本的には電力，ガス事業に対する監督的規制であり，電力，ガスの安定供給という観点から，これら事業を行うものの経営の安定を第 1 とするものである。このような前提で行う FERC の競争政策に対して，DOJ 反トラスト部と FTC の競争政策は，電力市場における競争を促進させ，そのことにより消費者利益を増進させるということを目的とし，個々の事業者の安定供給のための経営の安定ということを直接の目的としているわけではない[4]。

そこで，FERC が競争政策を導入する場合には，競争政策における目的と手段についての上記のような認識の違いを埋める努力が，FERC および連邦競争行政庁の双方において必要となる。この点，FERC と FTC は独立行政委員会として政府からは独立して連邦議会に責任を負うという共通性を有することもあり，一定の事実上の緊密な関係を構築してきている。すなわち，連邦競争行政庁，とりわけ FTC は，FERC のオーダー 888，オーダー 899，オーダー 2000 など一連の卸電力市場における規制緩和と競争政策導入のために行う規制措置について，当初の競争政策導入過程，またオーダー 888 等の形成過程において，それらに対する FTC 経済局のスタッフ・レポートを出してきている。同レポートは FTC 経済局の責任において出されるものであり，FTC の公式見解ではないが，それを公表することは常に FTC の委員会としての決定に基づくものである。同レポートは概ね，FERC の卸電力市場改革を支持するとともに，競争を維持し，消費者の利益を擁護することに責任を有する独立の行政機

---

3) Herbert Hovenkamp "*Federal Antitrust Policy Third Edition*"（Thomson/West, 2005 年）717 頁。
4) このような事業規制官庁と競争官庁の規制目的の違いと，それに応じて同一の公益事業や規制産業に対する異なる観点からする重畳的規制の必要性は従来から認められてきたところであり，古くは，たとえばドイツ競争制限禁止法の立法過程においても重要な論点であった（高橋岩和『ドイツ競争制限禁止法の成立と構造』（三省堂，1997 年）211 頁参照）。

関としての立場から，時として FERC の政策を厳しく評価し，改善提案を行っている。以上の点から理解できる FTC の基本的立場は「競争政策を導入するのであれば，正しく導入して欲しい」，換言すれば，市場支配力を測る反トラスト法上の諸原則を採用して，それに基づく有効な規制緩和措置を講じて欲しいというものであり，それにより規制緩和された卸電力市場において送電網の利用を公平なものとし，構造的に競争的な卸電力市場の形成を実現してほしいというものである[5]。

このような連邦競争行政庁からの働きかけに対して，FERC においては，州際送電に係る残存する差別的取り扱いや，不当で不合理な電力料金設定について，競争政策的観点から自らの規制権限の行使により是正することとし，これを継続して行ってきている。

またさらに，FERC と DOJ 反トラスト局および FTC の電力産業の専門家達は，相互にスタッフ・セミナーを開催して情報の交換と共有をはかるなど，緊密な連絡と連携のシステムを作ってきている。これらにより，連邦事業規制行政庁と連邦競争行政庁の間にある競争政策の目的と手段についての相違を克服して，連邦動力法と連邦反トラスト法の運用を整合化させるという課題に取り組んできているのである。今日，この課題は徐々にではあるが達成されつつあるといえよう。

ところで，2005 年のエネルギー政策法（Energy Policy Act of 2005）は，同法に基づいて設置された電力市場競争タスク・フォース（Electric Energy Market Competition Task Force）が，30 年間に亘り連邦議会が主導してきた卸電力市場を中心とする，発電市場，小売電力市場を含めた電力産業全体における競争政策の導入の成果と問題点について報告書を作成し，提出することを定めた（同法 1815 条）。この求めに応じて設置された同タスクホースは，電力産業に関わる FERC，エネルギー省，地域公益事業サービス（Rural Utilities Service: RUS），連邦司法省反トラスト局，そして FTC から派遣された5名の委員により構成

---

5) 以上の FTC の立場については，FERC の "*Remedying Undue Discrimination Through Open Access Transmission Service and Standard Electricity Market Desing*"（Docket No. RM01-12-000）に対する FTC Sheila F. Anthony 委員の声明（http://www.ftc.gov/os/2002/11/fercanthony.htm）参照。

され，卸電力市場および小売電力市場における競争についての連邦議会への報告書 ("*Report to Congress on Competition in the Wholesale and Retail Markets for Electric Energy*") を公表している (2006年6月)。このような作業を通じても，連邦競争行政庁のバックアップの下でのFERCの競争政策の導入と実施が徐々にではあるが進展してきているのである[6]。

以下では，以上で述べたことを前提として，FERCの卸電力市場改革の現状を概観した上で，FERCと連邦競争行政庁との緊張関係もはらんだ協力体制の具体的内容をみておくことにしたい。なお付言しておけば，卸電力事業についての規制権限はFERCにあり，その権限の及ぶ限りで連邦競争行政庁はこれに関わらないが，もとより逆に，連邦競争行政庁が典型的な独占産業である電力産業に反トラスト法を適用することに強い関心を有し，現に反トラスト法を適用してきたことも当然のことである[7]。

---

[6] FERCと連邦競争官庁間には，EUフレームワーク指令 ("*Framework Directive*", Directive 2002/21/EC of the European Parliament and of the Council of 7 March 2002) にいうところの規制官庁と競争官庁間の協力体制構築のための情報の提供 (3条5項，前文パラ35)，共通関心事項についての協議と協力 (3条4項) のようなシステムは構築されてはいないが，事実上それに近い形となっているとはいえよう (この点について，土田和博「独禁法と事業法による公益事業規制のあり方に関する一考察」土田和博ほか編『政府規制と経済法』(日本評論社, 2006年) 173〜174頁参照)。

[7] Department of Justice Statement "*Electricity Competition: Market Power, Merger and PUHCA*" May 6,1999 (http://www.usdoj.gov/atr/public/testimony/2421.htm) は，最高裁が1973年のオッターテイル判決 (Otter Tail Power Co. v. United States, 410U.S.366, 1973) において電力産業はFERCによる規制にも服するとしても反トラスト法の適用を受けるものであると判示している，と述べている。なお，Laitos, Joseph P. Toman "*Energy and Natural Resources Law*" West, 1992年, 511頁参照。この点，近時の電気通信事業法と反トラスト法の適用関係に係る最高裁判決 (Verizon Communications Inc v. Law Offices of Curtis V. Trinko, LLP, 540U.S. 398, 2004) では，事業法において差別的取扱等の反競争的な行為を是正する仕組みがある場合には，反トラスト法の適用に先立って適用され得るとしている。同事案については，2002年12月にFTCとDOJ反トラスト局が合同で詳細な意見を述べている ("*Brief for the United States and the Federal Trade Commission as Amici Curie*", 2002)。本件判決の意義については，土佐和夫「事業法規制と独禁法規制の排他制御」立命館法学300号312頁以下 (2005年) 参照。同論文は「米国法においては，競争促進型の事業法規制を採用する分野で，事業法規制と独禁法規制が相互補完的排他制御の考え方で運用されていると思われる」と述べている (317頁)。FERCの卸電力規制はこの「競争促進型の事業法規制」に当たることになろう。

2　送電網利用における公平な利用の確保——不当な差別的取扱の禁止

(1)　FPA（連邦動力法）のシステム

1935年に制定されたFPA（連邦動力法，Federal Power Act）201条（16U.S.C. 824条）は，FERCが州際取引における電力の送電および州際取引における卸電力販売について管轄権を有することを規定し，同法205条（16U.S.C. 824d条）は，FERCの管轄権の及ぶ範囲内で，(1)送電料金もしくは販売される電力の価格は「公正で合理的なもの（just and reasonable rate）」でなければならず，また，これら送電料金等について定める規定や規則も「公正で合理的なもの」でなければならない，(2)いかなる「不当な優先あるいは利益提供（undue preference or advantage）」，もしくはいかなる「侵害あるいは不利益（prejudice or disadvantage）」，またいかなる「不合理な差別（unreasonable difference）」を維持することも違法であると規定する。FPA206条（16U.S.C. 824e条）はFERCに，このような(1)「不合理な料金（unreasonable rates）」と(2)「不当な差別（undue discrimination）」を是正する権限を付与している。

(2)　オーダー888とISO（独立系統運用者）

1935年以来，電力供給者の数は爆発的に増え，技術革新により電力は州際間送電網により低コストで送電されるようになった。にもかかわらず，電力供給者の中には，自己の競争者が卸電力や小売電力の送電に利用しなければならない送電網を買収したうえで，競争者にはそれら送電網の利用を拒絶したり，不利な条件での送電を余儀なくするなどの行為が数多くみられるようになった[8]。

FERCはこのような差別的でかつ反競争的な行為はFPA 205条（16U.S.C. 824d条）で禁じられている不当な差別に該当すると判断し，同法206条（16U.S.C. 824e条）の権限により，この状態を規制することとしたのである。これが1996年4月のオーダー888（Order No.888, Promoting Wholesale Competition Through Open Access Non-discriminary Transmission Services by Public Utili-

---

8)　以上の記述は，New York v. FERC, United States Supreme Court, "*Opinion of the Court*," March 4, 2002, 535 U.S. 1 (2002) による。

ties)が定められるに至った理由である。オーダー888においてFERCはなによりも、送電網が発電もおこなう電力事業者により独占的に所有されている場合も多いことを前提として、発電と送電を「機能分離 (functional unbundling)」することを命じ、各電力事業者に卸電力価格、送電料金、付属サービス料金を区別すること、そして送電料金について単一の料金を定め、自己と第三者が同一料金で送電網を利用できるようにすることを命じたのである[9]。このような送電網の非所有者が送電網所有者と同等の条件で送電網を利用できるようにすることにより、卸電力市場における独立電力事業者 (Independent Power Producer: IPP) その他の電力販売事業者の新規参入を促し、卸電力市場における競争を促進することとしたのである。

FERCは、オーダー888と、その補完のために出された、送電網を有する既存の電力事業者が送電に係る情報を自社の電力販売部門に優先的に伝えることを禁止し、送電網に関する情報公開を義務付ける1996年5月のオーダー889 (Order No. 889, Open Access Same-Time Information System and Standard of Conduct) に対応させるために、いくつかの地域、たとえばカリフォルニア、ニューヨーク、ニューイングランドおよび大西洋に面したいくつかの州の電力事業者に、それらの地域において、州際送電網を無差別原則のもとで運営するための独立系統運用者 (Independent System Operators: ISO) を独立、非営利の組織として設立するように勧めた。これに応じてISOを設立した電力事業者は、自発的にその送電設備の運営機能をISOに委譲した。FERCにより協調性、信頼性、効率性などのISOの条件をみたすものとして承認されたISOには、California ISO, New York ISO, ISO New England, PJM-ISO, MidWest ISOなどがあるが、少数にとどまっている[10]。とりわけ、中西部地方、例えば、ミシガンやイリノイではISOの設立が遅れ、競争的な卸電力市場の形成の遅

---

9) FERCは送電網所有者に、送電価格はその送電施設の総費用に基づいて計算し、利用者に請求するように要求する。これは通常、契約上の経路 (contract path) についての利用料として計算されるが、現実の送電は契約上のルートを通るわけではなく、利用料の計算は難しくなる場合がある。

10) 以上の記述は、Electric Energy Market Competition Task Force "*Report to Congress on Competition in the Wholesale and Retail Markets for Electric Energy*" (Draft, 2006年) 19〜20頁による。

れと，それに連動した競争的小売電力市場の形成の遅れが生じている。

ISO のうち，PJM-ISO についてみておくと，同 ISO は Pennsylvania, New jersey, Maryland, Delaware, Virginia, District of Columbia を送電地域とする電力会社が 1956 年に契約（PJM Agreement）により結成した電力取引所（Power Pool）である。PJM を構成する各電力会社は，自己の発電した電力を自己の有する送電線で優先的に送電することができることとなっていたが，1998 年に ISO になるにあたってこの仕組みを変え，各電力会社の送電線は機能分離されて，その運営は自主・独立のものとなった（PJM-ISO と呼ばれる。）。PJM-ISO は送電網を流れる電力の全体的調整を開放的かつ非差別の原則の下で行う。会員である電力の売り手（発電業者）と買い手（電力会社，協同組合，地方自治体等）は，ここを通じて電力の売買を行う。電力の売り手は一日後の電力の販売のオファーをし，買い手との取引を成立させる。この後電力の安定的な送電が行われ，代金決済が行われるという仕組みになっている[11]。

(3) オーダー 2000 と RTO（地域系統運用者）

以上のように FERC は，オーダー 888 及び 889 を出すことで，州際間送電網の利用について多くの重要な側面で成果を挙げた。しかし，FERC には依然として，送電網所有者が独立の発電会社に対して差別的取扱をしているという苦情が絶えなかった。卸電力市場において，「機能分離」によっては送電網の運営と電力販売活動との間の分離は不完全であり，より密かな形で差別的行為が行われることになったからである。そこで FERC は，1999 年 12 月にいたり，オーダー 2000（Order No. 2000, Regional Transmission Organization）を出して，より厳格な形で送電網の利用における不当な差別的取扱を防止しようとした[12]。FERC は，オーダー 2000 による規制効果を上げるために，送電網を所有するすべての者（非営利電力供給者を含む）の送電線運用を 2001 年 12 月 15 日までに RTO（Regional Transmission Organization 地域送電機関）のコントロールのも

---

[11] 2003 年 8 月の筆者の PJM でのヒアリングによる。
[12] 以上の記述は，Electric Energy Market Competition Task Force "*Report to Congress on Competition in the Wholesale and Retail Markets for Electric Energy*"（Draft, 2006 年）24 頁による。

第 2 部　米国の電力改革　第 2 章　独占的行為規制

とに置かれることを目指した[13]。

　RTO は，Order 2000 によると，(1)市場参加者（発電事業者および電力小売事業者）から独立の機関であり，(2)一定の地域における送電をカヴァーし，(3)運営機関を所有し，(4)電力供給についての排他的権限を有するという 4 つの性格を持つものである。またRTO は，料金設計，過密回避策，並行送電，付随的サービス提供，送電能力に応じた総送電能力の決定，市場監視，計画と展開，地域間協力という 8 つの機能を有するものとされている。RTO は最終的には 6 つの地域に設立され，既存の ISO はそれらの RTO のどれかに入ることとされた[14]。

　RTO のうち最も成功しているとみられている PJM について再びみておくと，PJM-ISO は 2001 年 7 月 12 日に RTO に入る資格を認められ，RTO の管轄下に置かれることとなった。RTO としての PJM は，需要家のために 540 の発電者の生産した電力を 8000 マイルに及ぶ高電圧線で送電する活動を行ってきており，今日 PJM は送電を調整するだけでなく，北米におけるインターネットを利用した電力取引市場でもある。ここでの取引価格は，夏のメガワットあたり（per megawatt），午前 3 時の 5 ドルから，午後 3 時の 45 ドルまで急激に上下することもある[15]。

　連邦競争行政庁は一貫して，FERC のこのような独立の RTO を設立し，州と自治体の送電網を統合するという政策を支持してきている。

---

13)　Order 2000 については，高橋直子，鈴木治彦「FERC の最終規則　オーダー 2000 の全容（Ⅰ）（Ⅱ）（Ⅲ）（Ⅳ）」海外電力 2000 年 4 月号，5 月号参照。

14)　RTO および ISO の実際については，小田晴男「地域送電機関（RTO）の設立，運営コストを巡る動向について（米国）」海外電力 47 巻 12 号（2005 年）9〜14 頁，海外電力ワシントン事務所「米国電気事業の最近の動向」海外電力 48 巻 2 号（2006 年）4〜32 頁を参照。

15)　2002 年 3 月の筆者の PJM でのヒアリングによる。J. D. Lambert, *"Creating Competitive Power Markets: the PJM Model"* PennWell（2001）24 頁以下参照。なお北米においては，各地に電力の安定供給を図るために，電力会社を中心に組織された北米電力供給信頼度協会（North American Electric Reliability Council）が 10 の電力供給責任区域を定めて安定供給の実現に取り組んでいる。同協会は送電網や発電所の建設プランの作成にも当たっている。

3 卸電力市場の運営——卸電力価格規制

(1) 卸電力価格の形成と規制

　卸電力取引について FERC は前述のとおり，テキサス州を除く州際間取引に係る卸電力の取引価格について，「公正で合理的なもの」（FPA205条）という基準により規制する権限を有している[16]。

　ここで「公正で合理的」な価格は，市場において競争水準以上に価格を引き上げる力（市場支配力）がない状態で決められた価格であるとされている。このような理解は，反トラスト法の「市場支配力」の概念を「公正で合理的」の判断基準として取り入れようとする FERC の努力の結果である。FERC は，卸電力取引における価格が不合理であると思料するとき，それを公正で合理的な価格に是正するように命ずるが，その判断に当たっては市場支配力の行使のおそれの有無をを判断することが必要となる。FERC は，そのための指標としてはハブ・アンド・スポーク・テスト（Hub and Spoke Test）と呼ばれる価格の決定方式を採用してきた。これによると，FERC は，1特定地域に直接供給可能な電力の供給設備総量に占める1発電会社の設備容量（シェアー）を調べ，当該発電会社のシェアーが20パーセント以下であれば競争は十分に「公正で合理的」であって市場支配力の行使のおそれはないとみなし，当該電力会社が市場価格をベースとする価格で取引することを認めとするものであった。同価格が公正で合理的ではないと考えられる事業者がある場合には，その適否を判断するための価格仲裁が FERC により行われる[17]。

　ハブ・アンド・スポーク・テストについては，垂直統合された既存の電力会社を中心とする卸電力市場を前提とするものであり，新規参入者が増えて競争が促進されている状況下では妥当な市場支配力測定方法ではないとの批判が行われた。FERC はこれを認めて市場支配力測定の方法を供給予備基準評価

---

16) テキサス州の送電線は他の州と接続しておらず，州の権限で卸電力の価格規制がおこなわれている。

17) 競争環境下の新しい系統運用技術調査専門委員会「競争環境下の新しい系統運用技術」電気学会技術報告 1038号（2005年）13～14頁。このような価格改定の例に FERC, *Order on Rehearing of Monitoring Plan for the California Wholesale Electric Market*, Docket Nos. EL00-95-031（June 19, 2001）がある。

(Supply Margin Analysis: SMA) に改めようとしたが，これも批判されたので撤回し，さらに新たに「市場占拠率基準」や「中心的供給者基準」などにより対象事業者がこれらのいずれかに該当する場合に市場支配力行使のおそれを認める方法などが試みられてきている[18]。

(2) 卸電力取引の監視

卸電力価格については，発電会社が，電力取引量について売り惜しみなど不当な価格行動をとり，その結果電力取引所等での卸電力価格が上がった場合，FERCはこの発電会社の不当な価格引き上げ等を禁止することができるかが問題となる。電力会社の「売り惜しみ」という企業行動は，基本的には企業の利潤動機にもとづくものとして是認されようが，例外的には，FERCにより公正で合理的でないと判断される場合もあり得よう[19]。

売り惜しみ以外でも電力取引については，カリフォルニアの電力危機に際してみられた一連の「市場を操作する行為」が行われるおそれがある。これを防止するためにFERCは，2003年11月に，FERCの権限を定めるFPA206条 (U.S.C.824e条) に基づいて「市場行動規則 (Market Behavior Rules)」を指令し，さまざまな態様で行われる市場操作行動，情報交換活動を禁止してきた。

このようなFERCによる法運用を受けて，連邦議会は，2005年のエネルギー政策法 (Energy Policy Act of 2005) 1283条において，FPAにエネルギー市場操作の禁止に関する条項 (222条) を新設することを定めた。同条は，電力の売買，もしくは送電サービスの利用に際して，直接であると間接であるとを問わず，操作 (manipulative device)，不正 (deceptive device) もしくは偽計 (contrivance) を用いることは違法であると規定する。FERCはこれを具体化するために，2006年1月に「市場行動規則」に変わるオーダー670 (Prohibition of Energy Market Manupulation エネルギー市場操作の禁止) を指令して，取引に当たり詐欺的方法をもちいること，不実表示を行うことなど一連の市場の操作に関わる行為を禁止している[20]。

---

18) 競争環境下の新しい系統運用技術調査専門委員会・前掲注17) 13〜14頁。
19) この場合州は，配電会社の仕入れ価格が上昇することになるとしても，この「発電会社の不当な価格引き上げ」を管轄上規制できない。

FERCは，2002年8月以来，市場監視・調査局（Office of Market Oversight and Investigation: OMOI）を設けて，ISOやRTOにより組織化された卸電力市場および組織化されていない地域的な卸電力市場における価格を監視している。同局は，常時卸電力市場における取引価格の流れを常時モニターし，価格操作が行われたとみられるような場合には，当該事業者を特定した上でFERCコミッショナーに報告をおこない，措置を講ずることとなっている[21]。

こうしてFERCは今日，不合理な料金，不当な差別を禁止する（FPA205条）とともに，一連の市場操作も規制できることとなり（同法222条），卸電力市場における送電網の公平な利用と公正な電力取引を実現するという目的を高い水準で達成できる体制を整えるに至っているのである。

なお，FERCによる以上のようなFPAの競争原理を取り込む形での運用は，連邦競争行政庁により一貫して支持されている[22]。

III 米国電力産業における規制改革
──小売電力市場における規制緩和と競争政策

1 小売電力価格規制──州の公益事業委員会の権限

米国において電力の小売価格についての規制権限は州にあり，小売電力市場における価格の自由化は州の公益事業委員会の司るところである。この点，電力の小売価格の全面的自由化に踏み切っている州は少なく，多くの州では大口

---

20) ここで禁止されている行為は，証券取引法で禁止されている市場操作に係る行為の類型と同様である。なお，この場合，発電会社が余剰電力を電力取引所での販売に向ける場合に価格についての共謀を行えば，FERCにより公正で合理的でないとも判断され得るが，むしろ，シャーマン法1条（不当な取引制限の禁止）違反となろう。
21) FERC市場監視・調査局の活動については，Staff Report by the Office of Market Oversight and Investigation "*State of the Markets Report*" Docket MO4-2-000, March 2004 参照。
22) このような連邦競争行政庁による，FERCの連邦動力法の運用における競争政策導入への当初からの一貫した支持は，以下の文献に明らかである。FTC Staff Report "*Competition and Consumer Protection Perspectives on Electric Power Regulatory Reform*" July 2000, FTC Staff Report "*Competition and Consumer Protection Perspectives on Electric Power Regulatory Reform: Focus on Retail Competition*" September, 2001.

需要家に限定した小売自由化が行われたり，あるいは小売自由化の検討にとどまっている。小売の自由化をした州においても，電気料金は自由化前と比べてむしろ上昇している場合が多いといわれている[23]。

このように小売電力市場の自由化が進まない理由として，2000年夏から2001年春にかけて発生したカリフォルニア州の電力危機がある。これ以降，各州において電力事業における自由化に対して慎重に進めるべきであるとの意見が強くなったことや，燃料価格の高騰から，自由化しても低廉な価格を実現することが難しいので，自由化を見送るといった事情が生まれている[24]。

こうした状況の中で，小売自由化を試みてきた州の一つとしてカリフォルニア州の場合をみておこう。カリフォルニア州公益事業委員会の小売自由化についての説明[25]によると，電力会社による小売電力価格の内部構成は，発電が10とすると，送電が3，配電が4，顧客サービスが1，税金が2で合計20という割合であり，電力会社が小売価格競争をおこなう場合，発電の部分でこれを行うであろうと言われている。同州ではまた，一般家庭における電力料金の請求は，発電分，送電分，配電分というように細分化された形で示されていて，価格構造が見えるようになっており，発送配電についての会計分離に基づく情報開示が消費者にまで届くようになっている。

なお，小売自由化についての問題点として，電力事業規制が連邦と州の2重管轄となっていること自体もある。このため，州は卸売段階の電力事業規制に関与し得ず，発電会社の不当な価格引き上げにより電力取引所等での卸売価格が上がり，それで電力小売会社の仕入れ価格が上昇しても，州レベルではこの卸売価格の引き上げを規制できないことになる。州公益事業委員会とFERCとの電力価格規制における緊密な連携が必要とされる点である[26]。

---

23) 以上の点は，電力中央研究所　社会経済研究所の丸山真弘氏のご教示による。
24) カリフォルニア州の電力危機を分析するものとして，長山浩章『発送電分離の政治経済学』（東洋経済新報社，2012年），326頁以下がある。
25) 2002年8月の筆者のカリフォルニア州公益事業委員会コミッショナーへのヒアリングによる。
26) 同上。

2 FTC と消費者保護

　電力事業の小売段階における問題として，FTC の行う消費者保護のための規制がある。この点について，州の公益事業委員会による一定の規制のほか，連邦レベルで FTC が一定の規制を行っている点が注目される。すなわち，第一に電力取引における広告，特に価格や環境への寄与についての広告についての規制と苦情処理であり，第二は電力供給における欺まん的取引の問題である。

　広告に係る問題は，消費者に提供される情報の開示の問題であるが，この点については提供される情報についての統一的基準の設定が必要と認識され，FTC による規制のほか，カリフォルニア州を初めとするいくつかの州では情報の強制開示に係る定めを置いている。この場合，消費者にとって電力会社を選択するに当たりどのような情報がもっとも重要であるかの判断が問題となる。価格水準なのか，価格のバラエティーに係る情報なのか，風力発電などの発電方法についての情報なのか，契約期間や取引先変更に伴い発生するコストの有無などの情報なのかといった点が問題となる。これらの点についての開示内容を決めるには，一般消費者にとって，選択に際しての情報として何が一番適当かについての判断が前提として必要となる。欺まん取引については，消費者の請求書に正当性の無い費用項目を立てて請求すること (cramming) や，消費者の許可無く契約電気事業者を変更してしまうこと (slamming) などの電力取引における不実取引が問題となる。ただし，これらの点については，行政の手続ミスや消費者の手続き上の問題であることも多いとされている。

Ⅳ　米国電力産業における FERC の M & A 規制

　FERC は，電力産業における合併や買収について，FPA に基づいて承認又は条件付承認をおこなう。承認に際して発電設備の一部を売却することなどの条件を付ける場合がある。FERC による M & A 規制は近年強化されているが，背景には，2005 年 8 月に成立したエネルギー政策法により，投資家保護を目的に 1935 年に制定された公益事業持ち株会社法 (PUHCA) が廃止されたことがある。これにより，公益事業会社が容易に電力会社の買収を行ったり，公益

事業以外の分野に進出することが可能となり、また公益事業会社以外の事業会社による公益事業への進出も可能となったからである[27]。こうした状況の下で電力産業におけるM&Aが増加すると、発送電設備の集中が進むので、市場支配力の規制の問題が重要となってくる。そこでエネルギー政策法では、FERCの合併審査権限の見直しが行われ、権限強化がはかられることとなった[28]。

こうして、FERCによる電力事業者による合併や買収などの承認に関わっては、強化されたFPA201条（16 U.S.C.824条）、同法203条（16 U.S.C.824b条）が関連規定となる。FPA201条は、FERCが管轄権を有する公益事業（public utility）の範囲について「FERCの管轄する電力施設を所有もしくは運営する者」と規定し、同法203条は、発電・送電会社（持株会社を含む）に係る合併、合同（mergers or consolidations）および買収（the purchase of the securities）、発電、送電施設の譲渡、リースなどについて、それらが「公益に一致していること」「内部相互補助となったり、設備が担保品や負担（pledge or encumbrance）となったりすることのないこと」を条件として、FERCが承認しうる（approve）ものであることを規定する。

FERCはこのFPA203条を運用するためのオーダー669（Order No. 669 Transactions Subject to FPA Section 203）を2005年に定めた。オーダー669は、「公益に一致していること」（公益要件）の判断基準として、(1)競争に対する影響、(2)料金に対する影響、(3)規制に対する影響をあげている。これら基準はすでに1996年の「FERC合併審査に関する政策」で明らかにされていたものである。これら基準のうち特に(1)の基準が重視されているが、それは、DOJ反トラスト局・FTCの「水平合併ガイドライン（U.S. Department of Justice and Federal Trade Commission, "*Horizontal Merger Guideline*", 57FR 41, 552, 1992, revised 1997)」を援用するものであった。すなわち、市場の定義、市場構造、競争効果、参入条件などの項目は基本的に「水平合併ガイドライン」と同様であり、

---

27) 丸山真弘「米国・包括エネルギー法の概要」電力経済研究54号（2005年）63頁以下参照。

28) FERCの合併審査権限の強化の概要については、丸山真弘「米国電気事業規制当局による事業者の合併審査——包括エネルギー法による新しいFERCの権限」電力中央研究所調査報告Y05031、2006年参照。

具体的審査の手法として HHI 基準を採用する点も同様である[29]。FERC はこれら基準に基づいて合併・買収の承認の判断をおこなうこととしたのである。

ところで，DOJ 反トラスト局／FTC は，1992 年の「水平合併ガイドライン」を改訂して 2010 年に新たな水平合併ガイドライン（U. S. Department of Justice and Federal Trade Commission, "*Horizontal Merger Guidelines*" August 19, 2010）を定めた。改訂ガイドラインにおいては，競争への影響分析（Competitive Effect Analysis）が強調され，そのため，市場集中度の判断に関して合併後の HHI（Herfindahl-Hirschman Index）の基準が緩和された。1992 年ガイドラインと 2010 年改訂ガイドラインにおける HHI 基準を比較すると，「非集中」が HHI1000 以上から 1500 以上，「やや集中」が HHI1000-1800 から 1500-2500，「高度に集中」が HHI1800 以上から 2500 以上に緩和されている。また集中後の HHI 指数の増加（HHI Deltas Potentially Raising Competitive Concerns）も，「やや集中」は 100 以下で変わらないものの，「高度に集中」は 50 以下から 100 以上 200 以下に緩和されている。改訂 2010 年ガイドラインの目的は，合併の厳格な競争への影響分析（Competitive Effect Analysis）を緩和するもので，そのため市場の定義を重視せず，代わりに競争を侵害する当該結合企業の市場支配力分析を重視するものである[30]。

従来 FERC による合併レビューは，合併当事会社の静態的な市場占拠率に基づく判断に傾きがちであるといわれてきたが，FTC は改訂 2010 年ガイドラインについても，FERC の合併審査について，HHI に過度に依存するものであり，市場支配力の評価において寛大すぎるか厳格すぎる結論を導くものであるとコメントし，2010 ガイドラインの基準に移るべきことを勧めた[31]。

これに対して FERC は，2011 年 2 月 16 日に FERC は新たなオーダー（Or-

---

29) 2004 年 3 月の筆者の FERC 市場監視・調査局へのヒアリングによれば，FERC 職員に対する DOJ 反トラスト局／FTC の職員による研修が定期的に行われている。そこでは，コンピューターシュミレーションを使った合併レビューの方法などが研修内容となっている。

30) 米国 2010 年水平合併ガイドラインにおける市場支配力概念の分析については，瀬領真悟「企業結合規制における市場支配力立証の新展開――水平型企業結合規制を対象として」日本経済法学会年報 33 号（2012 年）18 頁以下参照。

31) Cerissa Cafasso, Jon B. Dubro "*FERC Reaffirms Merger Policy; Does Not Adopt DOJ/FTC 2010 Horizontal Merger Guidelines*" http://www.mwe.com, 2012.

第2部 米国の電力改革　第2章 独占的行為規制

der Reaffirming Commission Policy and Terminating Proceeding; 138FERC/61,109)を出して, FPA203条のもとでの水平的市場支配力の分析のための既存の合併審査方針を維持することを再確認した。その結論は, 2010年改訂水平合併ガイドラインの基準を組み入れることにはしないこととし, HHI基準も1992年ガイドラインの方が電力市場の分析には望ましいとした[32]。そして, 競争への影響を分析するため次のような従来からの5段階審査を行うことを再確認した。この審査においては, 1の基準が充たされるものである場合は, 2以下の審査は行われないものとされている。1. 当該合併は集中度を相当程度高め, 厳密に計測された集中度の高い市場をもたらしたか (1992年ガイドラインの基準)。2. 当該合併は, 潜在的な反競争効果をもたらすものであるか。3. 新規参入は競争への影響を抑止し, ないし緩和するのに時期を得て十分に行われうるか。4. 効率性が合併当事企業にとって他の手段で合理的に達成し得るものであるか。5. 合併当事会社のいずれかが破綻するおそれがあるものであるか。

　FERCのこのような方針から伺われることは, FERCがFPAの運用基準として競争政策を導入し, 競争法における用語や概念を採用しつつも, M＆Aの規制については電力産業の独自性から自覚的に連邦競争行政庁の基準とは異なる基準を採用するものであることを明確に宣言し, FERCのFPAの執行行政庁としての独立性を貫こうとしていることである。これはFERCがFTCとともに独立行政委員会として対等の立場で連邦議会のみに責任をおうものであることから言えば, 異とするには足りないものでであろう。FERCは, 連邦競争行政庁と電力会社間の合併や買収に関して緊密な連携を取って, その支援を受ける体制にあるが, そのことはFERCがFTCに従属することを意味しない以上当然のことであろう。この点は, 電力産業からみると, 合併規制でFERCと連邦競争行政庁の異なるレベルでの規制に直面することを意味することになるわけである。

---

[32]　FERCのこのようなFPAのもとでの水平的市場支配力の分析に対するFTCの見解は, "*Comment of the Staff of the Federal Trade Commission*" FERC, Docket No. Rm11-14 000, June, 2011に詳しい。

おわりに

　本章では「米国電力市場における市場支配力のコントロール」に関わって，米国の卸電力市場における FERC による市場支配力規制の現状を中心にみてきた。FERC は，広域送電網の系統運用を公正で効率的に行うための ISO および RTO について，送電の信頼性，電力卸売市場における市場成果，運営機関の効率性といった点で高い評価をしており[33]，また送電網の利用における差別的取り扱いを防止するための FPA の関係条文の運用基準の中に，連邦競争行政庁の一貫した支援体制のもとで，反トラスト法の市場支配力の規制に関する考え方を取り入れて，事業法である連邦動力法の運用を革新しつつある。それは，卸電力市場において，送電網を独占的に所有する既存電力会社が自己の送電網を競争者に利用させることを拒絶する行為を，FPA206 条で禁止する不当な差別にあたるとし，この「不当な差別」を判断する基準を既存電力会社の「市場支配力」と構成して同条の厳格な解釈を行ったり，M＆A に関わって，合併等を FERC が承認する場合に依拠する FPA203 条における「公益に合致する」という要件を「競争への影響」を中心に判断するようになった点などにあらわれている。

　ここで「連邦競争行政庁の一貫した支援体制のもとで」といったが，筆者が DOJ 反トラスト局と FTC の電力産業担当者，また FERC の市場監視局の法律問題担当者に 2002 年と 2004 年の 2 度の訪問で行ったヒアリングからいうと，連邦競争行政庁の側には FERC が市場支配力規制の目的と手法を，特に M＆A の規制に関わってまだ十分には理解していないというもどかしさがあるようであり，FERC の担当者には，連邦議会にのみ責任を負う独立規制行政庁として，電力産業の特性に応じて自主的に FPA を運用していくという方針があるようであった。このようなことからいうと，FPA という事業法の中に十分に競争政策の考え方を浸透させていくにはまだしばらくの時間を要するということになろう。

　連邦競争行政庁からすると，電力産業には市場独占的な構造が濃厚に残って

---

33) この点について，FERC の連邦議会への報告書である *"Performance Metrics for Independent System Operators and Regional Transmission Organization"* April 2011 参照。

おり，反トラスト法を厳格に適用するとともに，事業法たる FPA の運用を反トラスト法における規制基準と一元化させたいという思いが強いかと思われる。この点は，しかしながら FERC においても，競争的市場構造を創出していくこと，究極的な競争の利益の享受者は一般消費者であるといった，反トラスト法における価値観はすでに十分に理解され，この点では連邦競争行政庁と価値観を共有しているといってなんら差し支えないのではないかと思われる。

米国では，現在電力市場改革が足踏み状態にあるとはいっても，カリフォルニア州の場合を含めて，電力産業における広義の競争政策の導入は，卸電力市場を中心として小売電力市場にも広範に及んでおり，この点は，どこまでも見逃されてはならないであろう。

第3節　プライススクイーズの規制

武 田 邦 宣

I　はじめに

　垂直統合企業が，①上流投入物の価格を引上げ（上流市場），または②最終商品の価格を引下げることにより（下流市場），上流投入物を用いて最終商品市場における競争者を排除する行為を，プライススクイーズ（以下，単に「スクイーズ」という）と呼ぶ。スクイーズの問題解決には，事業法規制と競争法規制という二つの道具が考えられる。

　スクイーズの問題について注目されているのは，スクイーズに対する競争法規制について，米国，欧州間で規制態度が異なる点である[1]。米国では，linkLine事件最高裁判決[2]により，スクイーズが，独立の反トラスト法違反行為類型でないとされた。同判決は，①上流市場において単独の取引拒絶に関する違反要件を満たすか，または②下流市場において略奪的価格設定に関する違反要件を満たす場合にのみ，上記競争者排除行為が規制されるとする。米国では，単独の取引拒絶，略奪的価格設定ともに，判例法上，厳格な立証要件が課されている。linkLine事件最高裁判決は，競争者排除行為の規制に消極的な最高裁

---

1) *See e. g.*, G. A. Hay & K. McMahon, The Diverging Approach to Price Squeezes in the United States and Europe, Cornell Law School Research Paper No. 12-07（2012）.

2) Pacific Bell Tel. Co. v. linkLine Communications, Inc., 555 U.S. 438（2009）; 129 S. Ct. 1109（2009）. 判例の分析として，若林亜理砂「米国反トラスト法によるプライススクイーズ規制について」駒澤法曹6号117頁（2010年），泉水文雄ほか「ネットワーク産業に関する競争政策」公正取引委員会競争政策研究センター共同研究報告書（CR 02-12）39頁（植田真太郎執筆部分）参照。

判例に，さらに一例を加えるものと理解されている[3]。

他方，欧州では，Deutsche Telekom 事件欧州司法裁判所判決[4]，および Teliasonerra 事件欧州司法裁判所事件判決[5] により，スクイーズが，独立の競争法違反行為類型であるとされた。すなわち，それら判決は，①上流市場において単独の取引拒絶に関する違反要件を満たすことなく，または②下流市場において略奪的価格設定に関する違反要件を満たすことがなくとも，競争者に残されたマージンに注目して，上記競争者排除行為が規制されるとする[6]。

以上のような相違を生み出す原因は何か。しばしば指摘されるのは，実体法上，競争法の目的を競争の保護と競争者の保護のいずれに置くのかという法目的の相違である[7]。また，管轄上，事業法と競争法の競合をどのように処理するのかという法適用面での相違も指摘される。さらに，訴訟の相違，すなわち米国の上記判例が三倍額損害賠償を求める民事訴訟であるのに対して，欧州の判例が委員会決定の取消を求める行政訴訟であるとの相違を指摘することもできよう。

本節は，第二の点，すなわち事業法規制が存在する市場における競争法の適用という問題に注目して，電力産業における米国反トラスト法によるスクイーズの規制を検討する。上記判例が示すように，米国および欧州共に，スクイーズにかかる現在の判例の多くは，電気通信産業に関するものである。しかし米国反トラスト法において，スクイーズに関する先例の多くは，電力産業に存在

---

3) D. A. Crane, linkLine's Institutional Suspicions, CATO S. CT. REV. 111, 113 (2009). 1993年以降，反トラスト法違反行為にかかる15件の最高裁判決は，最近の Actavis 事件判決（FTC v. Actavis, 570 U.S. 756 (2013)）に至るまで，すべて被告企業側勝訴で終結してきた。現在のロバーツ・コートには，市場と規制の問題について企業側に与する一定のイデオロギーの偏りがあると指摘されることがある（宮下紘「アメリカ最高裁の判決を読む（2010-2011年開廷期）」駿河台法学25巻2号（2012年）264頁）。

4) Case C 280/08 P, Deutsche Telekom AG vs. the Commission, Judgment of the Court 14. 10. 2010.

5) Case C 52/09, Konkurrensverket vs. TeliaSonera Sverige AB, Judgment of the Court 17. 02. 2011.

6) このことから欧州では，米国で「プライススクイーズ」と呼ぶ競争者排除行為を，「マージンスクイーズ」と呼ぶことが多い。

7) See J. G. Sidak, Abolishing the Price Squeeze as a Theory of Antitrust Liability, 4 J. COMP. L. & ECON. 279, 294 (2008).

する。たとえば，事業法と競争法の適用のあり方が問題となった初めての最高裁判例は，電力産業における取引拒絶の事例である Otter Tail 事件最高裁判決[8]であった。また，linkLine 事件の法廷意見，同意意見が共に依拠する先例は，電力産業におけるプライススクイーズの事例である 1991 年の Town of Concord 事件第一巡回区裁判所判決[9]であった。同判決は，反トラスト法によるスクイーズの規制範囲を大きく狭めた。米国において，電力産業におけるスクイーズの議論は，電気通信産業におけるスクイーズの議論に先行するものであった[10]。

II 事業法規制と反トラスト法規制

1 スクイーズに対する事業法規制

米国の電力産業では，卸料金に FERC の規制がなされ，小売料金に州公益事業委員会の規制がなされる。FERC は，連邦動力法 (Federal Power Act) に基づき，卸料金が「公正でなく，合理的でなく，不当に差別的な (unjust, unreasonable, unduly discriminatory or preferential)」場合には，「公正かつ合理的な (just and reasonable)」卸料金を命ずることができる[11]。

---

8) Otter Tail Power Co. v. United States, 410 U. S. 366 (1973).
9) Town of Concord v. Boston Edison Co., 915 F. 2d 17 (1st Cir. 1990).
10) 電力産業においてスクイーズが問題になる重要な場面は，小売託送である。既存電気事業者にとって新規参入者は，①小売託送にかかる取引相手であるとともに，②小売市場における競争者であり，小売託送を拒否し又は小売託送にかかる取引条件を利用して，新規参入者を排除するインセンティブを持つ。託送問題は，他のネットワーク産業におけるボトルネック施設の開放問題と同様に，電力産業の規制改革における最大の課題であったと言ってよい。本節は，託送問題にかかる比較法研究との意味を持つ。電気事業法における同問題について，舟田正之「電力事業における託送と『公正な競争』」(正田彬先生古稀祝賀『独占禁止法と競争政策の理論と展開』505 頁 (三省堂，1999 年) 所収) 参照。また，独占禁止法における同問題について，舟田正之「電力産業における市場支配力のコントロールの在り方」ジュリスト 1335 号 (2007 年) 102 頁参照。
11) 16 USC 824e (a). 米国における電力市場の規制枠組み，および規制の展開について，高橋岩和「米国電力市場における市場支配力のコントロール：FERC と競争政策」ジュリスト 1329 号 (2007 年) 71 頁参照。

同権限に基づき，スクイーズは，以下のように規制される。第一に，差別の認定である。事業法において差別の認定は，収支均衡原則に基づく[12]。費用で説明できない料金差が存在する場合に，差別が認定される。第二に，差別の評価である。差別が「不当な（unduly）」ものであることを評価する。不当性の評価は，連邦動力法が有する広い目的に基づく[13]。

このような FERC によるスクイーズ規制は，次のような固有の問題を持つ。第一に，差別の認定は費用からの乖離によるが，FERC による費用算定は，公正報酬率規制に基づく。これは投下資本に対する適正利潤を確保するものであるが，同基準に基づくスクイーズの規制は，独占レントを保証する危険性を持つ[14]。第二に，スクイーズの規制は，上流市場と下流市場を共に眺めることが必要である。しかし米国において，卸料金と小売料金の規制機関は異なる。規制制度も異なっており[15]，そもそも費用の算定方式や報酬率の算定方式など，規制基準自体が異なる[16]。このような状況によるスクイーズの発生は，単なる事業法規制の失敗を意味するかもしれない[17]。第三に，以上の問題を回避できたとしても，FERC による料金規制において，競争上の影響は不当性判断の一

---

12) A. G. Humphrey, Antitrust Jurisdiction and Remedies in an Electric Utility Price Squeeze, 52 U. CHI. L. REV. 1090, 1096 (1985).

13) FERC は総括原価方式による料金規制方法のほか，市場ベースによる料金決定方法を持つ。市場ベースによる料金決定方法では，市場支配力の不存在の確認および監視を前提に，当事者間の自由交渉による卸料金の決定を認める（市場ベースによる料金決定方法について，佐藤佳邦「電気事業における競争導入と料金規制」新世代法政策学研究11号（2011年）102～103頁参照）。同方法により卸料金が決定される場合は，卸市場に市場支配力が存在しないことが前提であり，結果として反トラスト法によるスクイーズ規制が不要となりそうである。ただしこれは，FERC が反トラスト当局と同等の市場支配力分析を行い得る能力を有することを前提とする。この点，合併規制に現れるように（第2部第3章参照），FERC の市場支配力分析能力に懐疑的な立場がある（R. B. Martin, III, Sherman Shorts Out: The Dimming of Antitrust Enforcement in the California Electricity Crisis, 55 HASTINGS L. J. 271, 298 (2003)）。他方，FERC による経験の蓄積を前提に楽観的な立場もある（G. Goelzhauser, Price Squeeze in a Deregulated Electric Power Industry, 32 FL. ST. U. L. REV. 225, 252-253 (2004)）。

14) 費用算定における会計操作の危険性も残る。

15) 卸料金については事後変更命令権付届出制度，小売料金については事前認可制度が採用される。

16) Humphrey, supra note 12, at 1094; Goelzhauser, supra note 13, at 241; J. E. Lopatka, The Electric Utility Price Squeeze as an Antitrust Cause of Action, 31 UCLA L. REV. 562, 588 (1984).

要因に過ぎない[18]。

2 スクイーズに対する反トラスト法規制

他方，反トラスト法によるスクイーズの規制は，シャーマン法2条に基づく。シャーマン法2条は，「州間の若しくは外国との取引を独占し，独占を企図し，又は独占する目的を持って他の者と結合ないし共謀すること」を禁止する。シャーマン法2条に基づき，スクイーズは，以下のように規制される。

第一に，独占力の存在の認定である。同認定は市場シェアに基づくが，電力産業におけるスクイーズについて，同立証は容易になされるであろう。第二に，独占力の意図的な取得又は維持の認定である。意図の認定は，事業法規制では不要である。実務ではこの立証が反トラスト法規制の障害になっているといわれる。すなわち，電力産業以外におけるスクイーズについては，しばしば差別対価の存在や，卸料金と小売料金の差異の小ささから，反競争的意図の立証が行われる。しかし電力産業については，費用計算の困難さや事業法規制の存在から，より特定された意図の立証が要求されてきた[19]。

以上とは別に，シャーマン法2条には，不可欠施設理論と呼ばれる判例法理が存在する。単独の取引拒絶について不可欠施設理論を初めて適用したといわれる判例が，Otter Tail 事件最高裁判決であった[20]。不可欠施設理論は，反競争的効果や反競争的意図の立証を必要としない[21]。それゆえに，不可欠施設理論はスクイーズの立証を容易にする可能性を持つ[22]。ただし，単独取引拒絶の規制に慎重な姿勢を示す Trinko 事件最高裁判決が，同法理を否定したと理解

---

17) See City of Mishawaka v. American Electric Power Co., Inc., 616 F. 2d 976, 983-984 (1980). 卸市場と小売市場の規制緩和のスピードの違いも，事業法規制の失敗によるスクイーズ発生の危険性を高める。小売市場の規制緩和の遅れ，特にカリフォルニア電力危機後の遅れについて，Goelzhauser, *supra* note 13, at 234-235 参照。

18) Conway 事件判決（FPC v. Conway, 426 U. S. 271, 279 (1976)）は，小売市場を念頭においた競争上の影響も，不当性判断における考慮事由の一つとする。しかし競争上の影響は，あくまで不当性判断における考慮事由の一つにすぎない。

19) Humphrey, *supra* note 12, at 1101. 後に見る Town of Concord 事件判決の後に下された，City of Anaheim 事件判決では，スクイーズが有する競争促進効果を念頭に，特定意図の立証が必要とする（CITY OF ANAHEIM v. SOUTHERN CALIFORNIA EDISON CO. 955 F. 2d 1373, 1378 (1992)）。

する者がある[23]。

3 両規制の相違・調整

以上のように，FERCによるスクイーズの規制と，反トラスト法に基づくスクイーズの規制は，違反要件が異なる。まず，総括原価による費用基準と，限界費用基準またはその現実的接近としての平均可変費用基準の違いである。また，FERCはスクイーズの立証ルールを提案するが，反トラスト法において論じられるような明確なものではない[24]。さらに，FERCによる規制において，反競争効果は不当性判断の一つに過ぎない。FERCによる規制とは異なり，反トラスト法に基づく規制は要件が明確であるが，意図の立証が問題となる。

立証要件のほか，両規制におけるエンフォースメントの内容も異なる。すなわちFERCが課し得る措置には制約がある。FERCが命じ得るのは「合理的な」卸料金であり，たとえスクイーズが認定されたとしても，公正報酬率規制にしばられ，投資について合理的な報酬を確保しない卸料金を命じることはできない[25]。

---

20) N. Hawker, The Essential Facility Doctrine: A Brief Overview, in D. L. MOSS ED., NETWORK ACCESS, REGULATION AND ANTITRUST (2005), at 36. これに対しては，同判決が依拠したのはネットワーク事業者が有するコモンキャリア義務であり，不可欠施設理論を採用したものではないとの理解もある。
21) 不可欠施設理論は，競争者性要件を持つ。米国の電力産業における小売市場での競争関係の特殊性について，後述する。
22) Hawker, *supra* note 20, at 42, 43.
23) FoxはOtter Tail事件の否定と捉える（E. M. Fox, Is There Life in Aspen After Trinko? The Silent Revolution of Section 2 of the Sherman Act, 73 ANTITRUST L. J. 153, 154 (2005)）。これに対して，J. T. Rosch, The Common Law of Section 2: Is It Still Alive and Well?, 15 GEO. MASON L. REV. 1163, 1170 (2008) 参照。また，下級審判例がなお不可欠施設理論の存在を認めるとする，Hawker, *supra* note 20, at 37 参照。
24) FERCによるスクイーズの立証ルールとは，①垂直統合企業の卸料金によっては，小売市場の競争者が競争できないこと，②垂直統合企業と卸購入者間の間に競争が存在すること（小売市場に競争が存在すること），③小売料金が卸料金を下回ること，④卸料金によっては，小売市場の競争者が費用を回収できないこと，⑤スクイーズを排除するために必要な卸料金の引き下げ幅等を立証することにより，スクイーズを主張する者に一応有利な事件になるというものである（18 CFR§2.17 (a)）。一応有利な事件であることが示されると，垂直統合企業は，料金が「公正かつ合理的な」ものであることを示す必要がある。
25) Humphrey, *supra* note 12, at 1098.

このように要件，エンフォースメントを異にする両規制であるが，スクイーズを主張する私人（被排除者）は，反トラスト法による救済を求めることが多い。その理由は，FERC による救済により卸料金の引下げが実現した場合，その恩恵が下流市場における顕在的または潜在的な競争者全てに及ぶのに対して，反トラスト法による救済による 3 倍額賠償の恩恵が，下流市場における競争者全てに及ぶことはないからである。

それでは，スクイーズに対して反トラスト法訴訟が提起された場合，先行する FERC による規制，もしくは後続する FERC による規制の可能性は，反トラスト法訴訟にどのような影響を及ぼすのか。まず問題となるのは，「一次的管轄権（primary jurisdiction）」の法理として論じられる，事業法と競争法の管轄問題である。一次的管轄権の法理とは，専門的知見の利用，および判断の統一性確保という観点から，専門的行政機関の判断が示されるまで，司法判断を待つというものである。次に問題となるのは，FERC によるエンフォースメントを前提として，反トラスト法上課しうるエンフォースメントの種類またはその範囲に制約が生じるのかという問題である。たとえば FERC が命じ得る範囲を下回る卸料金を，反トラスト法の下で命じ得るかというのである[26]。

いずれの問題についても，従前，下級審判決の判断は一貫したものではなかった[27]。また下級審判決と同様，学説も分かれていた[28]。このように判例，学説が混乱する中で，事業法と競争法との関係につき一定の方向性を指し示したのが，次に見る Town of Concord 事件判決であった。

---

[26]　See Lopatka, *supra* note 16, at 600.
[27]　前者の問題について，たとえば，Borough of Ellwood City 事件判決（Borough of Ellwood City v. Pennsylvania Power Co., 462 F. Supp. 1343, 1350-1352 (1979)）は，① FERC が費用について専門的知見を有していること，② FERC による合理性の判断が競争制限的意図の立証に資すること，そして③訴訟経済の観点から，一次的管轄権の法理を支持した。他方，Mishawaka I 事件判決（Mishawaka v. Indiana & Michigan Electric Co, 560 F. 2d 1314, 1323-1324 (1977)）は，①卸料金の判断基準が反トラスト法判断に価値を有さないこと，また② FERC が課しうる問題解消措置の限界を指摘して，一次的管轄権の法理に否定的立場を採った。
[28]　差別の存在についてのみ一次的管轄権を認めるべきとの立場として，Humphrey, *supra* note 12, at 1111-1117 参照。

III Town of Concord 事件判決（1990年）

1 事実の概要

原告は配電，小売事業を行う地方自治体であり，被告は発電，送電，配電，小売事業を行う垂直統合企業である。被告は，マサチューセッツ州東部の52市町村に電力を供給している。被告は，39市町村においては自らにより，残る13市町村においては原告ら各地方自治体を通して，電力を供給している。被告は，卸料金についてはFERCによる規制を，小売料金については州による規制をそれぞれ受ける。他方，原告は，なんらの規制を受けることがない。

原告の主張は，次のようなものであった。被告は卸料金を引上げたにもかかわらず，被告自らが小売事業を行う39市町村において，小売料金を引上げることがない。原告が卸料金の引上げに対応して小売料金を引上げると，電力の大口需要家は，被告が小売事業を行う原告の周辺地域（39市町村）に移動することが予想される。これはスクイーズである。

2 判 旨

(1) 事業法規制と反トラスト法規制

裁判所は，事業法規制が存在しても，反トラスト法の適用が排除される訳ではないとする[29]。そして，シャーマン法2条違反が成立するためには，競争過程の侵害が存在すること，行為に正当化理由がないことを必要とする。その上で，反トラスト法の適用にあっては，①ルールの「明確性（clarity）」の確保と，②裁判所による「管理可能性（administrability）」の確保が必要とする。

特に後者②の観点からは，事業法と反トラスト法が法目的を共通させており，直接規制を手段として法目的を達成する事業法と，間接規制を手段として法目的を達成する反トラスト法の整合的な適用に留意が必要とする。反トラスト法は事業法の存在を十分に考慮して適用されるべきであり，したがって卸料金，小売料金がともに規制されている場合には，原則としてスクイーズが問題にな

---

[29] 915 F. 2d 17, at 21.

ることはないとする。

(2) 事業法規制が存在しない市場でのスクイーズ

このような判断を導くのは，事業法規制が存在しない市場でのスクイーズと，事業法規制が存在する市場でのスクイーズとの比較検討である。まず裁判所は，ベースラインとして，事業法規制が存在しない市場でのスクイーズを検討する。裁判所は，スクイーズの規制を考える際には，①スクイーズの競争制限効果，②スクイーズの競争促進効果，③スクイーズの規制費用という3点の考慮が必要とする。

①スクイーズの競争制限効果とは，二段階参入の強制，また下流市場における競争者の排除（そしてそれによる上流市場の独占力に対する拮抗力の消滅）である。他方，②スクイーズの競争促進効果，すなわち経済的な便益とは，下流市場における非効率的な事業者の排除（効率性の達成）また二重限界化の回避である。これらに加え，スクイーズの規制にあっては，③裁判所による規制費用の考慮も必要である[30]。スクイーズの規制について先例とされる Alcoa 事件判決[31]において，Hand は，上流市場における「公正な価格」に言及する。しかし裁判所によるその判断は必ずしも容易ではない[32]。裁判所は，直接規制を行うことに適さないのである[33]。

(3) 事業法規制が存在する市場でのスクイーズ

以上をベースラインとして，裁判所は，事業法規制が存在する市場でのスクイーズを検討する。裁判所は，事業法の存在は，①スクイーズの競争制限効果，

---

30) 915 F. 2d 17, at 25.
31) United States v. Alcoa, 148 F. 2d 416 (2d Cir. 1945).
32) Alcoa 事件判決では，スクイーズの規制基準として，上流市場における「公正な価格（fair price）」，下流市場の競争者への「生き残り可能利潤（living profit）」を指摘するが（148 F. 2d 416, at 437-438），Breyer は，「裁判官や陪審員はどのようにして『公正な価格』を決定すればよいのか」，「非効率な事業者も含めて，全ての競争者に生き残り可能利潤を与えるべきか，そうでないとするならば『非効率な』事業者をどのようにして定義すべきなのか」と問題提起する（915 F. 2d 17, at 25）。
33) それゆえに反トラスト法では，実体法上，当然違法原則が登場し，排除措置について事業譲渡といった構造的措置が指向されるとする。

②スクイーズの競争促進効果，③スクイーズの規制費用という3点の考慮を大きく変更させるとする。

第一に，事業法規制の存在は，①スクイーズの競争制限効果のおそれを小さくする[34]。料金規制は競争者排除の可能性を小さなものにし，また新規参入のリスクを低減させる。さらに本件において，たとえ境界に存在する移動可能な需要者が原告から被告に移動したとしても，原告を含む配電事業者は地域独占であり，原告が事業から撤退することはあり得ない。また被告が原告の事業地域に参入することも，規制ゆえに困難である。第二に，事業法規制の存在は，②スクイーズの競争促進効果にも関連する。費用を考慮した事業法規制の存在により，被排除者は，「効率性に劣る競争者」ということになる。第三に，事業法規制の存在は，③スクイーズの規制費用にも影響を与える。裁判所による料金の直接規制は，ラムゼー料金，ピークロード料金等，効率的な料金設定を困難なものにする。また裁判所による料金の直接規制が，事業法規制機関の努力を無駄にする可能性もある。

以上から，裁判所は，上流及び下流に事業法規制が存在する市場でのスクイーズは，原則としてシャーマン法上の排除行為に該当することがないと結論付けるのである。ただし例外はあるとする。たとえば，逆ざやが存在する場合にスクイーズを認定した事例が，これまでにも存在したとする。

3 本判決の影響

(1) 米国の電力産業におけるスクイーズの発生形態

本件は，米国の電力産業に典型的なスクイーズの発生場面，そして電力産業に独特なスクイーズの発生形態を示す。電力産業に典型的なスクイーズの発生場面とは，垂直統合事業者が電力の小売事業を行う市場において，地方自治体が配電，小売事業に参入する場合である。それら地方自治体には，垂直統合事業者に代わる独占的供給地域が与えられることが通常であり，垂直統合事業者の広い事業地域の中に，地方自治体による供給地域が小さく浮かぶような，地理的市場が成立する[35]。垂直統合事業者と異なり，それら地方自治体に対して

---

34) 915 F. 2d 17, at 25-26.

州公益事業委員会による規制が課されることはない。

このように排他的な供給が保証された地理的市場で生じる競争は，通常の市場で生じる競争とは異なる。すなわち，①独占的供給地域を求めたフランチャイズ競争，②ヤードスティック競争，または③地域間を移動する限界的な需要，ないしは地域外から移動する需要（新規流入者）を求めた競争である[36]。本件において被排除者が主張するのも③の競争の制限であり，米国の電力産業に特有な競争の制限であった[37]。

(2) 事業法規制に対する信頼と限界

本判決は，現在の最高裁判事である Breyer が執筆した。Breyer が出発点とするのは，裁判所が適用する法としての，反トラスト法の明確性と管理可能性である。事業法規制の存在は，それら評価に影響を与える。事業法規制が存在する場面において，反トラスト法を適用することによる追加的便益は小さいというのである。Breyer は，①スクイーズの競争制限効果，②スクイーズの競争促進効果，③スクイーズの規制費用の3点からこれを論じる。その判断においては，スクイーズの競争制限効果に対する小さな評価と，スクイーズの規制における事業法規制への大きな信頼が示される。

すなわち，Breyer は，まず①スクイーズの競争制限効果を検討するにあたり，単一独占利潤理論への信頼を示す。レベレッジのインセンティブを否定する単一独占利潤理論の正しさは「広く受け入れられている」として[38]，スクイーズによる競争制限効果の発生場面を狭く解釈する。また，Breyer は，③スクイーズの規制費用を検討するにあたり，事業法規制の存在により，排除される事業者は「効率性に劣る競争者」，すなわち同等に効率的でない競争者であり，同状況での反トラスト法の適用は下流市場における価格上昇をもたらしかねないとする。

---

35) Lopatka, *supra* note 16, at 569-571.
36) Id., at 567-569.
37) このようなスクイーズの発生形態は，わが国の小売託送において問題となるようなスクイーズの発生形態と異なる。
38) 915 F. 2d 17, at 23.

しかしながら，Breyerが支持する単一独占利潤理論に前提条件があることは，よく知られている。たとえば，上流市場の商品と下流市場の商品間に完全な補完関係が存在しなければ，単一独占利潤は理論的に成立しない[39]。また，Breyerは事業法規制により同等に効率的な競争者基準が適用されるとするが，上で見たように，FERCによる規制基準と反トラスト法による規制基準には相違が存在する上に，FERCによる規制基準には内在的な問題も指摘される。そもそもBreyerによる信頼とは異なり，事業法規制の存在ゆえに，スクイーズ（レベレッジ）のインセンティブが高まる可能性もある。総括原価方式でレートベースを拡大するインセンティブ，およびFERCと比較して州公益事業委員会による規制が寛容な場合における垂直的レバレッジ（規制潜脱）のインセンティブ発生の危険性は，その例である[40]。

(3) 本判決の影響

伝統的な反トラスト法学において，スクイーズの規制に一定の慎重な態度を示す立場は有力であった[41]。またBreyerも，ボトルネック設備にかかるアクセス規制については，事業法規制に信頼を置き，反トラスト法規制に慎重な立場を示していた[42]。しかし，Breyerは，事業法規制が存在する市場における反トラスト法の適用を一義的に否定するものではない。事業法規制が存在しない市場と，事業法規制が存在する市場との比較から，反トラスト法によるスクイーズ規制の費用・便益を検討するのである。

Town of Concord事件判決により，電力産業において反トラスト法によるスクイーズの規制可能性は，大きく狭められた[43]。またより広く，事業法が存在する市場において反トラスト法を適用することを困難にする影響力を有した。

---

39) See M. H. Riordan & S. C. Salop, Evaluating Vertical Mergers: A Post-Chicago Approach, 63 ANTITRUST L. J. 513, 517 (1995).
40) Lopatka, *supra* note 16, at 571-574.
41) P. E. AREEDA & H.HOVENKAMP, 3A ANTITRUST LAW § 767c, at 126 (2002).
42) S. G. Breyer, Antitrust, Deregulation, and the Newly Liberated Marketplace, 75 CAL. L. REV. 1005, 1032, 1043 (1987).
43) See Goelzhauser, *supra* note 13, at 244; L. J. Spiwak, Is the Price Squeeze Doctrine Still Viable in Fully-Regulated Energy Markets?, 14 ENERGY L. J. 75, 93 (1993).

それら後続の判例には，事業法規制が存在する市場での反トラスト法の適用を一律に制限するものも存在する。しかし Breyer の立場は，そのような画一的制限を認めるものではなかった[44]。

Ⅳ　おわりに

linkLine 事件最高裁判決は，反トラスト法によるスクイーズの規制に消極的態度を示した。その背景には，Trinko 事件最高裁判決でも示された，事業法規制が存在する場面での反トラスト法適用に対する消極的立場が存在する[45]。それら現在の最高裁判例の源流に，Town of Concord 事件判決がある。

linkLine 事件最高裁判決において，Breyer は，同意意見を執筆している。そこでは，自身による Town of Concord 事件判決を引用して，「競争制限効果を抑制し解消するための事業法規制が存在する場合には，反トラスト法適用の費用は便益よりも大きくなりそうである」との考えを示している。ここに現れるように，Breyer は，反トラスト法の画一的な適用除外を認めるものではない。その上で，Breyer の信頼とは異なり，上記Ⅲ3(2)で見たような事業法規制の失敗を認識するならば，反トラスト法規制が果たす役割，すなわち反トラスト法適用の便益は，その分大きなものになりそうである。

---

44)　Breyer の反トラスト法理論とその後の最高裁判例との関係について，H. A. Shelanski, Justice Breyer, Professor Kahn, and Antitrust Enforcement in Regulated Industries, 100 CAL. L. Rev. 487（2012）参照。
45)　注意すべきは，現在の最高裁の多数派を占める Roberts 主席判事らが，事業法を信頼しているかは不明という点である。すなわち，一連の最高裁判決で明らかになったのは，事業法の存在を前提とした反トラスト法の適用問題であり，事業法に対する直接の信頼が示された訳ではないからである。このことから，現在の最高裁は，「事業法への信頼」で一致しているのではなく，「私訴への不信」で一致しているとする，Crane, *supra* note 3, at 125-127 参照。

第3章
FERC による合併規制

武田邦宣

I　はじめに

　米国において，電力事業会社および持株会社に対する合併，株式取得，資産取得（以下，単に「合併」という）は，①連邦反トラスト当局である司法省（以下，「DOJ」という）および連邦取引委員会（以下，「FTC」という）による規制に服するほか，②発電市場および卸市場にかかる影響について，連邦エネルギー規制委員会（以下，「FERC」という）による規制に服し，さらに③小売市場にかかる影響について，州の公益事業委員会による規制に服する。当時最大の合併と言われた Exelon/PSEG の事例では，FERC により「問題解消措置（mitigation）」が付され，DOJ がさらに問題解消措置を付加した上で，結局のところ，州の公益事業委員会が合併を認めないとの判断を下したのであった[1]。このような状況をもって，規制の藪（thicket）と評する論者も存在する[2]。
　連邦レベルでは，同一の合併に対して，反トラスト当局と FERC が二重に審査を行なうことになるが[3]，2007 年に「反トラスト現代化委員会」が公表した最終報告書では，そのような二重規制のコストが問題とされていた[4]。このような中，2010 年に，DOJ と FTC は共同で「水平型合併ガイドライン（以下，

---

1) *See* F. A. Wolak & S. D. McRae, Merger Analysis in Restructured Electricity Supply Industries: The Proposed PSEG and Exelon Merger, in J. E. KWOKA & L. J. WHITE EDS, THE ANTITRUST REVOLUTION (5TH ED. 2008), at 30.
2) D. L. Moss, Antitrust Versus regulatory Merger Review: The Case of Electricity, 32 REV. IND. ORGN. 241, 242 (2008).

「合併ガイドライン」という）を改定し[5]，FERC の対応が注目されることになった。FERC は，1996 年に「合併審査方針にかかる声明（以下，「声明」という）」を公表した後[6]，2000 年，2007 年に改定を行ったものの，長く声明における規制方針を大きく変更することがなかったからである。

FERC は，2011 年に合併ガイドラインに対応した声明変更の必要性について広く意見を求めるとし，FTC スタッフ（以下，単に「FTC」という）はそれに応じる形で意見を述べた。その上で 2012 年，FERC は声明を変更する必要はないと結論付けている。そこでの議論の経緯を見ることは，電力産業における市場支配力分析のあり方，また競争当局と事業法規制当局との関係を考える上で，有益である。以下では，結局のところ維持されることになった FERC による上記声明の内容を紹介するとともに，声明の改正を巡る議論をたどることにする。

II FERC による合併分析

1 公共の利益に基づく審査

連邦電力法（Federal Power Act）203 条は，「公益事業（public utility）」による合併等を規制する。公益事業概念は同法 201 条 e 項により一定の「設備（facility）」に関連付けられており，203 条 a 項 1 号は合併や設備の取得に対する

---

3) 州の公益事業委員会による規制は，反トラスト当局や FERC とは異なる分析手法を特徴とし，最も厳格になる傾向にあると言われる（ABA SECTION OF ANTITRUST LAW, ENERGY ANTITRUST HANDBOOK (2D ED. 2009), at 102-103 [hereinafter cited as ENERGY ANTITRUST HANDBOOK]）。州の公益事業委員会による分析手法について，C. R. Peterson & K. A. McDermott, Mergers and Acquisitions in the U. S. Electric Industry: State Regulatory Policies for Reviewing Today's Deals, 20 ELEC. J. 8, 11-19 (2007) 参照。
4) ANTITRUST MODERNIZATION COMMISSION, REPORT AND RECOMMENDATIONS (2007), at 341-342.
5) FTC & DOJ, Horizontal Merger Guidelines (2010). 田平恵「米国水平合併ガイドライン改定について」公正取引 721 号（2010 年）65 頁参照。
6) FERC, Policy Statement Establishing Factors the Commission Will Consider in Evaluating Whether A Proposed Merger is Consistent With the Public Interest (1996); FERC, FPA Section 203 Supplemental Policy Statement (2007) [hereinafter cited as Policy Statement].

規制を定め，同項 2 号は持株会社に対する規制を定める。両号は FERC による認可がなければ合併等を行なうことが許されないとし，同項 4 号は「公共の利益 (public interest)」に合致する場合に，FERC は合併等を認可すると規定する[7]。合併規制は，FERC の規制実務の大きな部分を占める[8]。

公共の利益の解釈について，その先例は 1966 年の Commonwealth 事件[9] である。同事件において FERC の前身である連邦電力委員会 (FPC) は，合併審査における 6 つの考慮事由を指摘した。それらは，競争への影響，費用および料金への影響，買収金額の妥当性，合併が強制によるものか否か，連邦および州の規制への影響，そして会計処理の態様である[10]。これに対して声明は，公共の利益の評価は，①競争への影響，②料金への影響，③規制への影響という 3 つの考慮事由に基づくとし，さらに 2005 年エネルギー政策法は，それらに加えて，④内部補助が 4 つ目の考慮事由になると定めた[11]。

声明は，電力産業における競争の重要性，とりわけオープンアクセスルール導入後の競争的な市場構造の重要性に対応して公表された。声明によれば，上記①ないし③の考慮事由のうち，重要であるのは①および②である。①は合併に関する市場分析，②は合併から生じる効率性と料金に対するその影響をさす。①および②を検討する作業は，反トラスト法による市場支配力分析と重なる。上記 2005 年エネルギー政策法により，内部補助が合併規制における最も重要な考慮事由になったとの指摘もあるが[12]，傾向として，FERC による合併規制は市場支配力分析に遠ざかることなく近づいてきたと言ってよい[13]。反トラス

---

7) *See* generally ENERGY ANTITRUST HANDBOOK at 88-93.
8) *See* J. H. MCGREW, FERC: FEDERAL ENERGY REGULTORY COMMISSION 164 (2009).
9) Commonwealth Edison Company, Opinion No. 507, 36 F. P. C. 927, 936-942 (1966).
10) 6 つの考慮事由の扱いについて，J.S. Moot, The Changing Focus of Electric Utility Merger Proceedings, 15 ENERGY L. J. 1, 7-18 (1994) 参照。また，その他の考慮事由について，id., at 18-22 参照。
11) 203 条 a 項 4 号に明示される。2005 年エネルギー政策法による FERC による合併規制権限の強化について，丸山真弘「米国電気事業規制当局による事業者の合併審査」電力中央研究所報告書 Y05031 (2006 年) 参照。
12) ENERGY ANTITRUST HANDBOOK at 100.
13) 従業員の雇用を確保することが「公共の利益」の評価において考慮されないとした事例として，NAACP v. Fed. Power Comm'n, 425 U. S. 662, 669-670 (1976) 参照。

ト法と事業法の法目的は「低廉かつ効率的な価格，イノベーション，効率的な生産方法」の達成において共通するという判例も存在する[14]。

このような一見した収斂にもかかわらず，なお FERC による合併の審査基準は，次の2点において，反トラスト当局による合併の審査基準と異なっている。第一に，合併後の市場支配力は受認し得る程度のものか，十分に緩和されていればよい。ここから，合併が生み出す効率性や費用への影響を正確に評価する必要はなく，需要者保護の施策を提案するだけでよいとの実務が生まれる。第二に，たとえ合併後に市場支配力が生じたとしても，安定的な電力供給の必要性といった観点から，公共の利益に合致すると判断される場合がある[15]。審査基準のみを見れば，FERC による審査基準は，反トラスト当局による審査基準よりも寛容に見える[16]。

2 関連役務市場の画定

競争への影響を審査するにあたり中心となるのが，声明に付属する「競争分析スクリーン」である[17]。競争分析スクリーンは，電力産業における合併について，セーフハーバーを定める。競争分析スクリーンは，4つの分析手順を示す。すなわち関連役務市場の画定，合併の影響を受ける需要者の認定，特定された需要者への潜在的供給者の認定，そして市場集中度の算定である。このうち，合併の影響を受ける需要者の認定，および特定された需要者への潜在的供給者の認定は，反トラスト法による合併規制における，関連地理的市場の画定作業に相当する。4つの分析手順を詳細にみれば，以下の通りである。

まずは，関連役務市場の画定である。声明は，需要の代替性の観点に基づき関連役務市場を画定するという。声明によれば，これまでの実務では3つの役務市場が画定されてきた。「リアルタイム市場（non-firm energy）」，「スポット

---

14) Town of Concord v. Boston Edison Co., 915 F.2d 17, 22 (1990).
15) FERC は反トラスト法執行機関ではなく，したがって事業法の法目的と矛盾が存在する場合には，反トラスト法原理に拘束されることはないとの判例も存在する（Northern Utils. Serv. Co. v. FERC, 993 F. 2d 937, 947-948 (1993)）。
16) Moss, *supra* note 2, at 245.
17) 分析スクリーンは，電力会社・ガス会社間の合併にも適用される（Competitive Analysis Screen, at 81-82）。

市場 (short-term capacity)」，そして「先渡し市場 (long-term capacity)」[18] の3つである。また，時間による役務の差別化が考えられる。季節により，さらには1日の間においても，ピーク時とオフピーク時により，役務は差別化される。

3 関連地理的市場の画定

次に，関連地理的市場の画定である。ここでは2で見た関連役務それぞれについて，需要者を特定する。現在において合併当事会社のいずれかと取引している者，過去において合併当事会社のいずれかと取引したことがある者を基本として，需要者を特定する。その上で，特定された需要者への供給者を特定する。電力市場の需要は時間的変化が大きい。そのために市場状況が近似する時間帯に分けて，供給者を特定する。ピーク時，中間的時間帯 (shoulder hour)，オフピーク時の3つであり，さらに小さな市場が観念できる可能性もある。声明は，供給者の特定にあたっては「経済的かつ物理的な」供給可能性の検討，そして「過去の取引データ」による確認が必要とする。経済的供給可能性，物理的供給可能性は，それぞれ次のように判断される。

第一に，経済的な供給可能性は，「料金テスト (Delivered Price Test)」に基づく。これは，競争的料金を5％上回る料金にて供給が可能な事業者を探るものである。ここでは，発電にかかる費用，送電にかかる費用，付加サービスにかかる費用全てが検討対象である[19]。声明は，料金テストに基づく各事業者の供給能力（発電能力）について，唯一の指標はないとしつつ，費用および転換可能性に基づく，4つの考えを示す[20]。料金テストの結果は，現実のデータによるチェックを受ける[21]。

第二に，物理的な供給可能性は，送電能力の検討に基づく。経済的供給能力としての発電能力が「利用可能な送電能力 (Available Transmission Capability)」（以下，「ATC」という）を上回る場合には，供給者ごとにATCを配分する必要がある。合併により当事会社の供給量が変化し，結果として送電能力の評価も変化し得る。時間により送電能力が異なる場合には，時間的に差別化された市

---

18) 先渡し市場については，合併が市場参入障壁に与える影響を検討する。
19) 需要者から遠くに位置する事業者は，送電および付加サービスについて大きな費用を負担することになろう。

場が複数成立する[22]。

4　集中度の算定

そして，関連市場ごとに，合併前後の集中度を測定する。測定にあっては，需要者の自家発電可能分も計算に入れる。集中度の評価にあっては，1992年の旧合併ガイドラインの分類を利用する。同ガイドラインのセーフハーバーに適合する合併について，更なる分析は不要である[23]。これは手続的には，FERCによる聴聞（hearing）を回避できるとの意味を持つ[24]。他方，声明は，仮に短期間としても，高い集中度は問題になるとする。短期間の送電能力の制約により高い市場シェアが現れる場合などである[25]。ただし，声明は，短期間の送電能力の制約に基づく市場支配力について，「デミニミス（de minimis）」の主張は可能とする。その際には，①ピーク時に料金が高騰する可能性があること，②複数の供給者の存在が懸念を軽減する可能性があること，③料金規制が存在しない場合には市場支配力への懸念が大きいことを考慮するとする。

声明は，市場環境の変化により，分析スクリーンが変化する可能性があるとする。市場環境の変化とは，アンバンドルの進展により個々の発電ユニットごとに市場支配力が発生する可能性，競争の進展による新商品の登場，短期売買の増加の可能性，役務，時間，地理的な差別化の進展の可能性，そしてISO,

---

20)　①「経済的供給能力（economic capacity）」とは，可変費用が（競争的料金×1.05）を下回る範囲にて供給可能な発電能力を指標とするものである。費用が小さい能力を有する事業者が競争上優位との考えに基づく。②「利用可能な経済的供給能力（available economic capacity）」とは，①を基本として，さらにベースロード（native load）又は長期契約下にない供給能力を指標とするものである。①と同じく費用を基礎として供給能力を見るものの，費用が低い供給能力はしばしば転換不可能との考えに基づく。③「コミットしない供給能力」とは，費用を考慮せず，ベースロード又は長期契約下にない供給能力を指標とするものである。声明は，伝統的手法とする。④「総供給能力（total capacity）」は，単純に物理的な発電能力を見るものである。声明は，市場全体の状況を眺めることに有益とする。

21)　Competitive Analysis Screen, at 75.

22)　特定市場において利用可能な送電能力の条件（料金・利用可能量）は時間により大きく変化する。このため時間ごとに，狭い地理的市場が成立する。

23)　絶対的ではないとの念押しはある（Competitive Analysis Screen, at 76）。

24)　Policy Statement, at 25-26.

25)　集中度の高さと，その時間的幅が考慮要因としつつ，許容されるそれら組み合わせについて経験則は存在しないとする。

RTOなどの地域機関の成長等による，送電サービスの役割低下の可能性である。また，声明は，分析手法が変化する可能性もあるとする。フローベースのモデルが必要となり，費用に基づく分析は困難になる可能性があるとする[26]。

5 問題解消措置

最後に，声明は，次の3つを問題解消措置の要件とする[27]。第一に，競争制限的効果との関連性である。第二に，他の規制機関からの承認である[28]。第三に，どの設備を問題解消措置の対象とするかという特定性である。FERCは，問題解消措置の内容について，必ずしも資産譲渡に限らず幅広い内容を受け入れるとする[29]。声明は，送電能力の拡大，輻輳経路を利用しない旨の約束，発電設備の分離[30]，ISOの利用[31]，需要を弾力的にするための実時間料金制の5つを，問題解消措置の例として指摘する[32]。

これらは公共の利益要件にかかる考慮事由のうち，「競争への影響」にかかる問題解消措置である。声明は，「料金への影響」にかかる問題解消措置についても言及する。声明は，料金への影響について，効率性の利益の具体化ではなく，需要者保護の具体的措置に関心があるとする。そして，もっとも有効な

---

[26] 当事会社が費用の開示を拒否する場合があり，そもそも費用と市場行動との関連性が小さくなっていくであろうとする。分析スクリーンの代替となる分析モデルの検討，提案について，D. Bush, Electricity Merger Analysis: Market Screens, Market Definition, and Other Lemmings, 32 REV. IND. ORGN. 263, 277-283 (2008); R. Gilbert & D. Newbery, Analytical Screens for Electricity Mergers, 32 REV. IND. ORGAN. 217 (2008) 参照。

[27] Competitive Analysis Screen, at 83-84.

[28] 送電網敷設にかかる地元の同意や，小売サービスにも利用される設備譲渡にかかる州の同意である。

[29] 問題解消措置の実行時期について，合併自体を不可能にする場合には，必ずしも合併前に問題解消措置の実行を求めることはないとする。また，問題解消措置の実行に長期間を要する場合には，中間的措置の可能性を認める。輻輳が見られる送電部分について権利を第三者に譲渡することや，市場支配力を有することとなる市場について取引を差し控えることが，中間的措置の例となる。

[30] 発電設備の売却のほか，設備の利用権を売却する措置もある。これはVPP（Virtual Power Plant）と呼ばれる。引取権設定と呼ばれる問題解消措置と機能を同じくする。

[31] ISOは，FERCよりも情報を多く持ち，かつ市場支配力に対処するインセンティブを持つ。さらにISOは新規参入を誘引する可能性を持つ。

[32] Competitive Analysis Screen, at 83-84.

手段は需要者との交渉としつつ，交渉がまとまらない場合の需要者保護の措置について述べる。具体的に声明は，需要者に対する契約解約機会の付与，需要者保護の約束，料金維持の約束，料金引き下げの約束の4つを，需要者保護の措置の例として示す。

III　FERCによる合併分析の特徴

1　供給の代替性への注目

競争分析スクリーンは，供給の代替性に注目した市場画定方法を採用する。電力産業は，需要の非弾力性を特徴とする。このような需要の非弾力性は，市場における情報の非対称性，また小売料金規制により，さらに強固なものになる。電力の貯蔵不可能性，および供給における同時同量性は，市場支配力の抑制には供給能力拡大が必要であることを意味する。電力産業における競争確保には，供給の代替性の機能が重要となる。

声明が，反トラスト当局による合併ガイドラインに依拠するとしつつ，5％の料金引き上げによる需要の代替性ではなく供給の代替性を見るのは，同理由に基づく。声明以前においては，供給の代替性に注目するものの，固定的かつ一律的な市場画定手法が採用されていた。すなわちかつての市場画定手法によれば，合併当事者と直接に接続する「顧客群」を確認した後に，①同顧客群に接続する供給者（first-tier suppliers）と，②合併当事者と接続しオープンアクセスタリフに従い顧客群に供給できる供給者（second-tier suppliers）を「供給者」とする市場画定手法を採用していた。このような市場画定手法は，ハブアンドスポーク基準とよばれた。同基準に対しては，供給の現実的可能性を見るべきとの批判がなされていた。声明はこのような批判に応えるものである。

2　市場集中度への注目

声明は，専ら市場集中度に注目した市場分析方法を示す。競争分析スクリーンはセーフハーバーとして機能し，それをクリアするものは「競争への悪影響なし」と判断される[33]。市場分析スクリーンをクリアしない場合には，当事会

Ⅲ　FERCによる合併分析の特徴

社は合併が公共の利益に反することない旨の証拠を提出する必要がある。ここで重要であるのは，当事会社には，データのみではなく，データを分析した結果の提出が求められるという点である[34]。ただし当事会社は，分析結果を提出することに代えて，問題解消措置を提出することができる[35]。

このように，FERC が市場集中度に注目した市場分析方法を示す理由は何か。その理由は，まず FERC が市場集中度と市場競争の程度との間に相関関係を見いだすことにある。競争分析スクリーンは，次のように述べる[36]。「高い市場集中度は，企業がどれだけ容易に価格引上げが可能かを示す指標となる。高い市場集中度は，価格引上げの程度を示す指標である。高い市場集中度とその永続期間は，潜在的な競争制限効果について，その大きさを示す指標となる。」市場集中度と市場競争との間に一定の相関関係を認めることができれば，同基準に基づき一応の規制を行い，規制の誤りは自らの事後的規制の機会に委ねることができる[37]。

しかし声明が，市場集中度に注目した市場分析方法を示すより大きな理由は，手続的側面に存在する。合併審査にあたり，反トラスト当局は，ハートスコットロディノ法に基づく届出，また第二次請求などを通して，当事会社および第三者から，広く情報を収集する。そこには取引データなど，競争上センシティブな情報も含む。他方，FERC は，反トラスト当局が有するような情報収集の権限を有することがない[38]。また，反トラスト当局による審査は公開されず，これが競争上センシティブな情報収集を可能にする前提となっているが，FERC による審査は公開される。

結局のところ，当事会社，FERC 共に，問題解消措置による事案解決に強い

---

33)　市場分析スクリーンに合致する場合には，FERC は聴聞 (hearing) を行なわないとする (Policy Statement, at 29)。

34)　*See* Moss, *supra* note 2, at 249; Bush, *supra* note 26, at 269.

35)　Policy Statement, at 29-30. 聴聞を避けるために，当事会社は問題解消措置提出の強いインセンティブを有するとする，Moot, *supra* note 10, at 16 参照。

36)　Competitive Analysis Screen, at 77.

37)　M. J. Niefer, Explaining the Divide between DOJ and FERC on Electric Power Merger Policy, 32 ENERGY L. J. 505, 531 (2012). 他の違反行為要件を満たさぬ限り，反トラスト当局にこのような合併に対する事後的規制の機会はない。

38)　Moss, *supra* note 2, at 246-248.

インセンティブを有し，市場分析スクリーンはそのような事案解決を制度的に促進する機能を有する。声明は，当事会社から問題解消措置の提案がなければ，FERC がその提案をなすという。

もっとも FERC による問題解消措置には批判がある。たとえば，FERC による審査は公共の利益に合致するか否かであり，公共の利益を促進するか否かではないはずである[39]。しかし実際には，FERC は競争者を育成するための問題解消措置を義務付けることが多く，これは後者の評価に基づくとの批判である[40]。また，市場分析スクリーンをクリアするために，しばしば当事会社の市場シェアを低下させる問題解消措置となるが，そのような問題解消措置が競争制限効果に比例的なものであり，そもそも声明が問題解消措置の要件とする競争制限効果との関連性を有するものなのかとの批判もある[41]。

3 FTC の意見

以前より FERC による合併規制と反トラスト当局による合併規制との乖離について，規制の不透明性，そして当事会社における予測可能性の欠如が指摘されてきた。反トラスト現代化委員会が危惧したのも，それら問題点であった。それら乖離及び問題点を再び明らかにしたのが，2010 年の合併ガイドラインであった。ガイドラインは，市場画定を回避する市場支配力分析（市場支配力の直接立証）を許容する等，市場画定および市場集中度に基づく分析の役割を低下させた。これは，声明および市場分析スクリーンについて，その見直しを迫るようである。

2011 年，FERC は，見直しの必要性にかかる意見を募集した[42]。FERC は，市場集中度重視の方法からの転換が必要か，また HHI の水準を 2010 年ガイドラインにあわせるべきかを問うとする[43]。FERC による意見募集に対して，FTC から意見が提出された[44]。そこでは，FERC および反トラスト当局，い

---

[39] Pacific Power & Light Co. v. FPC, 111 F. 2d 1014, 1017 (1941). *See* L. J. Spiwak, Expanding the FERC's Jurisdiction to Review Utility Mergers, 14 ENERGY L. J. 385, 395-396 (1993).

[40] *See* T. M. Koutsky & L. J. Spiwak, Separating Politics from Policy in FCC Merger Reviews: A Basic Legal Primer of the "Public Interest Standard", 18 COMMLAW CONSPECTUS 329, 341-342 (2010).

[41] Bush, *supra* note 26, at 270, 276.

ずれも合併が消費者を害することがないよう共通の責務を負うとし、両者に一貫した分析手法が必要とする。したがって、FERC が 2010 年ガイドラインのアプローチを採用することを望むという。FTC によれば、市場集中度分析は市場分析ツールの一つにすぎず[45]、電力市場における市場集中度を利用した市場分析は、しばしば誤った分析結果を示す[46]。その上で FTC は、市場支配力分析に厳格な市場画定は必須ではなく、またガイドラインが掲げる市場集中度以外の様々な証拠は、FERC による分析にも有益なはずと結論付けた。これらは、以前よりなされてきた声明および市場分析スクリーンに対する批判そのものである。しかし既に述べたように、結局のところ、FERC は、声明および市場分析スクリーンについて、その見直しを行なわないと決定したのである。

Ⅳ おわりに

FERC による合併審査と、反トラスト当局による合併審査は、大きく異なる。FERC による審査において、合併が公共の利益に合致する旨の立証責任を負う

---

42) FERC, Notice of Inquiry: Analysis of Horizontal Market Power under FPA (2011). FERC が水平的市場支配力分析を行う場面は 2 つある。第一に、FPA203 条に基づく合併規制の場面であり、第二に、FPA205 条に基づく市場ベース料金制度の場面である。後者は、卸事業者と小売事業者間の電力供給契約の一類型であり、卸事業者が市場支配力を有さないこと等を条件として、FERC が卸事業者に同制度の利用を認める制度である。市場ベース料金制度における市場支配力分析は、①卸市場における市場シェアスクリーンと、②「要」となる供給者スクリーン（the pivotal supplier indicative screen）による。両方のスクリーンをパスしない限り市場支配力が推定される。①のスクリーンは 20％ 基準を採用する。これに対しては、1992 年ガイドラインが単独行動による競争の実質的制限について 35％ 基準を採用することと比して厳格にすぎるのではないかとの批判があった。FERC は、20％ 基準の下でも 5 社で HHI2000（高度に集中化）が成立すること、かつ電力市場における需要の弾力性の小ささに鑑みれば、問題なしと述べている。
43) その際には、上記のように審査が公開される FERC と、審査が公開されない反トラスト当局との手続の相違に注意が必要とする。
44) Comment of the Staff of the Federal Trade Commission (2011).
45) 市場集中度にかかる情報は入手しやすく、FERC がそれに依拠した分析を採用することは理解できるとする。
46) たとえば非弾力的な需要は、低い集中度にかかわらず料金引き上げの危険性を示唆し、また供給能力に限界付けられる市場参加者や送電網における輻輳は、競争者の供給余力の小ささを示し、低い集中度にかかわらず料金引き上げの危険性を示唆するとする。他方、長期供給契約は、高い市場集中度にもかかわらず、市場支配力に対する抑制要因になり得るとする。

のは，当事会社である。他方，反トラスト当局による審査において，合併等が競争制限効果を有する旨の立証責任を負うのは，反トラスト当局である。他方，反トラスト当局が第三者からも含め強い情報収集権限を有するのに対して，FERC は当事会社が提出する情報のみに依拠して分析を行なうことになる[47]。競争分析スクリーンは，このような FERC による調査権限の限界を補完する機能を果たす。2010 年合併ガイドラインが提示する複雑な計量経済分析を正確に行なうためには，正確なデータを必要とする。FTC が主張したような市場集中度以外の証拠を利用するためには，FERC の情報収集能力を改善することが前提となるのである[48]。

　FERC と反トラスト当局による合併規制について，その収れんにとどまらず一元化を主張する立法論もある。FERC による合併審査への一元化を支持する立場からは，電力産業における合併規制は市場支配力分析のみで終了するわけではなく，またそもそも市場支配力分析に馴染まず，さらに FERC が電力産業における専門的知見を保有することが指摘される。他方，反トラスト当局による合併審査への一元化を支持する立場からは，FERC による合併審査が産業界に大きな費用を課しており，また公共の利益要件は不明確であり，さらに仮に反トラスト当局が電力産業における専門的知見を有することがなくとも，FERC による協力を得ることが可能と指摘されている[49]。

---

[47]　特にユーザーヒアリングの実施可能性は重要な違いとする，M. A. Marquis, DOJ, FTC, and FERC Electric Power Merger Enforcement: Are There Too Many Cooks in the Merger Review Kitchen?, 33 LOY. U. CHI. L. J. 783, 785-786（2001）参照。

[48]　FTC はそのような主張を行なってきた（*id.*, at 786）。

[49]　*Id.*, at 788-789.

第 3 部
EU の電力改革

略語（EU）

ACER：Agency for the Cooperation of Energy Regulators
CEER：Council of European Energy Regulators
DSO：Distribution System Operator
ENTSO-E：European Network of Transmission System Operators for Electricity
ERGEG：European Regulators Group for Electricity and Gas
ERI：Electricity Regional Initiatives
ISO：Independent System Operator
ITO：Independent Transmission Operator
REM：Regional Energy Market
SEM：Single Electricity Market
TPA：Third Party Access
TSO：Transmission System Operator

第1章
EUの電力市場改革

武田邦宣

I はじめに

　欧州における電力市場の規制改革は，20年にわたり，3つの段階（第一次指令，第二次指令，第三次指令）によって行われてきた。独占的な加盟国市場を，どのようにして競争的な域内市場へと統合させるか。欧州では「自由化」と「市場統合」が規制改革の柱である[1]。これらは互いに矛盾することはないが，次の3つの問題が，それら2つの目的の遂行と複雑に関係する。まずは，石油とガスの対外依存度の高さに起因する，エネルギー安全保障の問題である。次に，再生可能エネルギーの積極的導入を目的とした，環境問題への対応問題である。そして，リスボン戦略の達成に電力市場改革が論じられたように，産業政策の問題である。

II 欧州の電力市場

1 市場構造

　欧州の電力市場は，需要の地理的な偏在，寡占的市場構造をその特徴とする。

---

[1] 第二次指令以降における「自由化」から「市場統合」への関心の移動を指摘する，M. B. Karan & H. Kazdagli, The Development of Energy Market in Europe, in A. DORSMAN ET AL. EDS, FINANCIAL ASPECTS IN ENERGY: AN EUROPEAN PERSPECTIVE (2011), at 14 参照。

まず需要については，ドイツ，フランス，イギリス，イタリア，スペインの主要5カ国で，域内電力の3分の2を占める。次に供給については，EU27カ国にノルウェーを加えた市場において，HHIは2242となっている（2006年）[2]。フランスのEDF，ドイツのE.ON，同じくドイツのRWE，イタリアのEnel，スペインのEndesa，スウェーデンのVattenfall，ベルギーのElectrabelの7社で域内需要量の3分の2を供給し，さらに上位4社で過半を供給する。多くの加盟国市場は独占市場又は複占市場となっており，ほとんどの加盟国市場において，上位3社集中度は60％を超える[3]。欧州の電力市場は，複数の加盟国からなる地域市場の集合体と言われる。それら地域市場も寡占を特徴とする[4]。このような市場構造において，各加盟国市場，また地域市場について，もっともあるべき新規参入者は，他の加盟国市場，また地域市場における既存電力事業者となっている。自由化と共に，国境間連系線の強化が論じられるのは，この理由による。

2　エネルギー政策

欧州石炭鉄鋼共同体，欧州原子力共同体の設立という歴史を考えるならば，電力やガスといったエネルギーに関する政策は，EU政策の中心であってよいようにも思える。しかし，1957年の欧州経済共同体条約において，域内エネルギー市場の設立が直接に規定されることはなかった。その背景には，エネルギー政策が各国の政治問題に直結し，同政策を共同体に移譲することは市場統合の初期段階では難しいとの事情が存在した。また当時のエネルギーの中心は石炭であり，その管理を定めることで十分との事情も存在した[5]。

EUの権限は，マーストリヒト条約5条2項により，「付与権限の原則（the principle of conferral）」に服する。加盟国はEUに権限を付与し，EUは付与さ

---

2) M. Politte, Electricity Liberalization in the European Union (2009), at 41.
3) イギリスおよび北欧は例外であり，上位3社集中度は40％にとどまる。
4) L. Bergman, Addressing Market Power and Industry Restructuring, in J. M. GLACHANT & F. LEVEQUE ED., ELECTRICITY REFORM IN EUROPE (2009), at 72.
5) F. LALA, THE INTERNAL ENERGY MARKET: TOWARDS A THIRD WAVE OF LIBERALISATION 1-3 (2007). 以下，規制改革の流れについては，拙稿「EUにおける電力市場改革」阪大法学62巻6号（2013年）1頁以下を加筆，修正したものである。

れた権限においてのみ行動する。また，EUによるその権限の行使は，マーストリヒト条約5条3項により，「補完性の原則」および「比例性の原則」に服する。補完性の原則に従い，EUは加盟国による行動が目的達成に不十分である場合に限り，権限の行使が許される。エネルギー政策の実現においても，これらEU法の一般原則の制約に服することになる。欧州機能条約に至るまで，エネルギー政策における共同体の権限は必ずしも明確ではなかった[6]。委員会の直接の権限規定が存在しない状況において，欧州における電力市場改革は，ローマ条約95条（現在の欧州機能条約114条）における域内市場関連諸法の接近を根拠とせざるを得なかった。

III 規制改革

1 第一次指令

自由化を含む欧州レベルでのエネルギー政策は，域内市場統合の進展を前提とした[7]。1992年末を市場統合の期限とした1987年の単一欧州議定書，エネルギー政策にかかる1995年のグリーンペーパー[8]を経て，1996年の「第一次指令（Directive 96/92/EC）」につながることになる[9]。そして自由化を中心とする域内エネルギー政策を現実的なものとしたのは，1989年のマルタ会談を経た，冷戦終結であった。冷戦終結により，ロシアなど域外からのガス輸入に基づく，新たなガス発電所の建設が現実的となったからである[10]。

イギリス等の加盟国レベルでの経験を基礎として[11]，1996年に，初めての

---

6) See C. Van. Den. Bergh, The Relationship Between Sector Specific Regulation and Competition Law in Energy Sector: Living Apart Together?, in B. DELVAUX ET AL. ED., EU ENERGY LAW AND POLICY ISSUES (2012), at 186.
7) 市場統合に公益事業の自由化が必要とされたとする，青柳由香「EC委員会の公共サービス事業に関する規制政策の展開」（土田和博＝須網隆夫編著『政府規制と経済法』（日本評論社，2006年）所収）76～77頁参照。
8) GREEN PAPER: FOR A EUROPEAN UNION ENERGY POLICY, COM (94) 659.
9) その間，1990年には，料金等について委員会への情報提供を義務づける「価格透明化指令」（Council Directive 90/377/EEC），「送電指令（Council Directive 90/547/EEC）」が出されている。

第3部 EUの電力改革　　第1章　EUの電力市場改革

規制改革パッケージである「第一次エネルギーパッケージ」が出された。電力市場については，その中の第一次指令に基づき，規制改革がなされた。第一次指令は，電力市場を発電，送配電，小売という3つの部門に分けた上で，それら活動について会計分離を求め，部門間の内部補助を禁止する[12]。そして，それぞれの部門につき，以下のような自由化を加盟国に求める[13]。

　第一に，発電については，①「認可手続 (authorization procedure)」又は②「入札手続 (tendering procedure)」により，参入を自由化する（第一次指令4条ないし6条）。前者では，予め定めた基準に合致する限り，自由に発電事業を行いうる。第二に，送配電については，「機能分離」を求める。すなわち，①送電部門について独立の「TSO (Transmission System Operator)」を設け[14]，②配電部門については独立の「DSO (Distribution System Operator)」を設ける。その上で，ネットワークへのアクセスにかかるルールの整備を求める[15]。第三に，小売については，「自由化対象の需要家 (eligible customer)」概念により，加盟国が開放すべき市場の最低範囲を設ける。そこでは，まずは40ギガワットアワー以上の需要家への小売を自由化し，その後，2003年までに9ギガワットアワー以上の需要家への小売まで自由化を拡大する（第一次指令19条）。

　第一次指令は，小売自由化に明確な基準を設けたものの，その裏付けとなる発電部門，送配電部門それぞれについて，自由化は不十分なものに止まった。第一次指令は，送配電部門について機能分離を求めたに過ぎず，実効的なアン

---

10) これは，電力の自由化がガスの自由化に影響を受けることを示す (*see* P. L. Joskow, Foreword: US v. EU Electricity Reforms Achievement, in J. M. GLACHANT & F. LEVEQUE, ELECTRICITY REFORM IN EUROPE (2009), at xv)。

11) イギリスにおける電力市場改革について，若林亜理砂「英国の電力市場における市場支配力の規制」（土田和博＝須網隆夫編著『政府規制と経済法』（日本評論社，2006年）所収）340頁以下参照。

12) 発送電部門とその他の部門との会計分離はもちろん，自由化対象需要者とその他の需要者に対する取引についても会計分離が求められる。

13) さらに，第一次指令は，各加盟国が「紛争解決」のための規制機関を設置することを求める（第一次指令20条3項）。

14) TSOは非差別的義務を負う（第一次指令7条5項）。

15) アクセスを義務付ける「規制型TPA (Third Party Access)」，アクセスの交渉を義務付ける「交渉型TPA」，そしてアクセス（託送）を観念しない「単一購入者制度 (Single Buyer System)」の3つから，制度の選択を求める（第一次指令17条，18条）。

バンドルとなり得なかったからであった。

2　第二次指令

2003 年に，第一次指令に代わる「第二次指令（Directive 2003/54/EC）」が出された[16]。第二次指令は，2004 年 7 月までに，家庭向けを除く小売市場を自由化し，2007 年 7 月までに，家庭向けも含めて小売市場を全面自由化することを求める。また，送配電部門について「法的分離」を求める。より具体的に，それぞれの部門につき，以下のような自由化を加盟国に求める[17]。

第一に，発電については，第一次指令が定めた「認可手続」と「入札手続」のうち，認可手続を原則として，入札手続は供給の安定性に問題がある場合のみとする（第二次指令 6 条，7 条）。第二に，送配電については，TSO，DSO につき，差別にかかるインセンティブを抑制するために，機能分離を超えた「法的分離」を求める。もっとも法人格の分離を求めるのみであるから，①親子会社関係による，また②持株会社下における間接結合は可能である。また，多くの加盟国による採用を追認する形で，アクセス規制を「規制型 TPA」に限定する（第二次指令 20 条）。第三に，小売については，上で見たように，2007 年 7 月までの全面自由化を求める（第二次指令 21 条）。

第一次指令において，加盟国規制機関に期待されたのは，アクセスを巡る当事者間の紛争解決機能であった。これに対して，第二次指令は，加盟国規制機関の権能を，紛争解決から規制権限に拡大する。アクセス規制を実効あるものにするためである（第二次指令 23 条）。さらに第二次指令に基づき，加盟国規制機関の協力を促進するために，委員会の諮問機関としての「ERGEG（European Regulators Group for Electricity and Gas）」が設立された[18]。

---

16) 第二次指令について，柴田潤子「EU における市場支配力のコントロールと電力市場」ジュリスト 1328 号（2007 年）117〜118 頁参照。
17) また，「国境を超えたアクセス規則（Regulation（EC）1228/2003）」が制定された。
18) Commission Decision 2003/796/EC. また，加盟国規制機関が任意に参加する「CEER（Council of European Energy Regulators）」が設立された。ERGEG と CEER の構成員，機関，活動はほぼ重なり，実際上，CEER は ERGEG の作業部会として機能する。

Ⅳ　第三次指令

1　セクター別調査

2005年から開始された委員会競争総局によるセクター別調査は，市場集中，垂直統合，市場分断，市場の透明性，料金，小売市場，バランシング市場などについて，第二次指令後の競争上の問題点を指摘した[19]。

各加盟国市場であり得る新規参入者は，他の加盟国の既存事業者であった。しかし第二次指令によっても，国境間取引は十分に拡大されなかった。国境間連系につき，既存事業者は送電容量拡大へのインセンティブを持たず，容量不足を理由とした既存事業者によるアクセス拒否がしばしば問題となった。また，加盟国ごとに規制制度および運用が異なり，規制の不透明性が国境間取引の障害になっていると指摘された。さらに，安全保障を理由とした，加盟国による既存事業者の保護も問題となった[20]。規制制度および運用の相違は，加盟国間の市場構造や料金水準の相違に現れ，このような事象がセクター別調査の背景に存在した。

第三次指令は，セクター別調査で指摘された電力市場の課題に対処するものである[21]。第三次指令は，EUの電力市場における課題として，①ネットワークへの非差別的なアクセスの必要性，②加盟国の規制について収斂の必要性を指摘する。また電力の安定供給に，③国境間連系の強化が必要とする[22]。その

---

19) DG Competition Report on Energy Sector Inquiry, SEC (2006) 1724. [hereinafter cited as Sector Inquiry] 検討として，小畑徳彦「EU電力市場の自由化とEU競争法」流通科学大学論集20巻2号 (2012年) 28〜31頁。

20) E.ONによるEndesaの買収を巡り，スペイン政府が買収を阻止しようとしたことは，その顕著な例である。See Case COMP/M. 4110, E.ON/Endesa; Case C-207/07, Commission v. Spain [2008] ECR I-111; Case C-196/07, Commission v. Spain [2008] ECR I-41; Case No COMP/M. 5171, Enel/Acciona/Endesa; Case T-65/08, Spain v. Commission [2008] ECR II-6.

21) 指令の概要について，植月献二「EUにおけるエネルギーの市場自由化と安定供給」外国の立法250号 (2011年) 42頁以下参照。指令案までの動きについて，丸山真弘＝岡田健司「送電部門から見た欧州電気事業制度改革の動向」電力中央研究所報告書Y07024 (2008年) 参照。指令後の動きについて，加盟国による国内法化の実情も含め，後藤美香＝丸山真弘「欧州における送電部門アンバンドリングの現状と評価」電力中央研究所報告書Y11010 (2012年) 参照。

上で第三次指令は，実効的なアンバンドリング，加盟国規制機関にかかる独立性の確保，EU 規制機関の設立，TSO 間の協力改善，そして需要者保護について，具体的施策を示す。第三次指令は，当初，2011 年 3 月を国内法化の期限とした。

2 アンバンドル

第三次指令は，①加盟国間国境を超えた供給，及び②新たな電源による供給が重要なところ，送電部門が垂直統合企業から独立していなければ，送電部門の運用および送電部門への投資について歪みが生じるとする。そこで第三次指令は，送電部門につき，第二次指令までの会計分離，機能分離，法的分離を上回るアンバンドルの実行を加盟国に求める。アンバンドルは，2 つの目的を有する。差別のインセンティブを抑制するとの目的，そしてネットワークへの投資インセンティブを確保するとの目的である。

第一の選択肢は，「所有分離（ownership unbundling）」である。TSO が送電部門を所有し管理する。TSO の独立性を求める。第二次指令で可能であった持株会社形態も認めない。所有分離において，TSO（送電部門の所有者）が送電部門にかかる投資を行なう（第三次指令 9 条以下）。

第二の選択肢は，「ISO（independent system operator）」である。ISO が送電部門を管理する。ISO の独立性を求める。送電部門の所有については，第二次指令に従い，発電・小売事業者からの法的分離を求めるのみである。ISO が送電部門にかかる投資計画を策定し，送電部門所有者が資金を負担する（第三次指令 13 条以下）。

第三の選択肢は，「ITO（independent transmission operator）」である。ITO が送電部門を所有し管理する。持株会社形態は可能であるが，ITO の独立性を求める。具体的に，ITO には監督機関の設置が求められ（第三次指令 20 条），また差別行為を監視するためにコンプライアンスプログラムを策定し，その遵守をコンプライアンスオフィサーが監視する（第三次指令 21 条)[23]。ITO が送電部門にかかる投資を行う。

---

22) 第三次指令パラグラフ 5。
23) コンプライアンスオフィサーは監督機関が任命する。

配電部門や小売部門にかかるアンバンドルはどうか。第3次指令は，DSOが法人格，組織，意思決定について垂直統合企業から独立していることを求めるものの，所有分離は不要とする（第三次指令26条1項）。配電網への非差別的なアクセスは，輻輳が大きな問題にならないことから，送電網にかかるそれよりも大きな問題でないとの判断に基づく[24]。また，近年，垂直統合が進展する傾向が指摘されるものの，EUの電力市場改革において小売部門のアンバンドルが求められたことはない[25]。

3 規制機関

第三次指令に至るまで，加盟国規制機関は，その組織および権限を大きく異にしており，域内の一貫した規制を不可能にしていた。そこでERGEGに代わるEUレベルでの新たな機関として，ACERが設立された[26]。ACERは予算上，運営上，独立組織である。国境間取引にかかる特定問題につき，拘束力ある決定をなす権限を有する。ACERは，加盟国規制機関の協力を推進するとともに，10年間の欧州レベルでの送電網の投資計画を管理する。

また，第三次指令は，加盟国規制機関について，新たに政府からの独立（政治的独立性）を求める（第三次指令35条4項）[27]。第二次指令は，加盟国規制機関について，事業者からの独立を求めるのみであった。第三次指令は，加盟国

---

24) 第三次指令パラグラフ26。他方，配電部門の所有分離が政策課題となるのは時間の問題とする，R. Meyer, Vertical Economies and the Costs of Separating Electricity Supply: A Review of Theoretical and Empirical Literature, 33 ENERGY J. 161, 164 (2012) 参照。

25) 小売市場は参入障壁が大きくなく，競争促進には，需要者の乗り換えを促進するための施策が重視されている。ノルウェーの実例も含め，L. Bergman, Addressing Market Power and Industry Restructuring, in J. M. GLACHANT & F. LEVEQUE, ELECTRICITY REFORM IN EUROPE (2009), at 78-82 参照。

26) Regulation (EC) 713/2009.

27) See S. Goldberg & H. Bjornebye, Introduction and Comment, in B. DELVAUX ET AL. ED., EU ENERGY LAW AND POLICY ISSUES (2012), at 21-22. 政府が事業者に経済的利害を有する場合に，加盟国規制機関に政治的独立性が必要とされることは明白である（D. Geradin, Twenty Years of Liberalization of Network Industries in the European Union: Where do We Go Now? (2006), at 6）。民営化段階での国庫収入を狙い，自由化を遅延させるおそれもある（id. at 14）。もっとも，このような義務付けが，そもそもローマ条約95条（現在の欧州機能条約114条）で可能か疑問視する意見が存在する（id. at 26-27）。

規制機関に，各加盟国における自由化の推進・監視だけではなく，市場統合のために，送電網の相互連系にかかる協力をなすべきことを求める（第三次指令38条2項）。

さらに，第三次指令は，これら加盟国規制機関間の協力だけでなく，TSO間の協力についても述べる。第三次指令によれば，TSO の重要な機能は，市場の統合である（第三次指令12条h号）。第三次指令はアンバンドルについて複数の選択肢を示しており，域内に様々な TSO が誕生することも予想された。機能の異なる TSO は議論の収斂を困難にする可能性を持つ[28]。TSO に加入を強制する ENTSO-E は[29]，同事態の回避を目的とする。ENTSO-E は，ACERと共に，ネットワークアクセスにかかるルール，および技術的コードを作成する[30]。

V　投資インセンティブの確保

1　アンバンドルと投資計画の管理

EU の規制改革において，アンバンドルすなわち発送電分離は，常に中心的論点であった。第三次指令は所有分離という完全なアンバンドルを求め，ISOおよび ITO を次善とする。ITO は，フランス等，アンバンドルに反対する加盟国の働きかけにより，いわば妥協の産物として設けられた[31]。第三次指令について注目すべきは，これらアンバンドルの制度設計において，①平等なアクセス確保という点のほか，②送電部門投資にかかるディスインセンティブを抑制する点が重視されている点である。そして EU において，このような送電部

---

[28] Goldberg & Bjornebye, *supra* note 27, at 18.
[29] 従前，TSO 間の協力は，1998年に任意組織として設立され，TSO のほか，ステークホルダーが広く参加する「フローレンスフォーラム」において行なわれていた。
[30] ENTSO-E について，C. Musialski, The ENTSOs under the Third Energy Package, in B. DELVAUX ET AL. ED., EU ENERGY LAW AND POLICY ISSUES (2012), at 33 参照。
[31] *See* M. D. Diathesopoulos, From Energy Sector Inquiry to Recent Antitrust Decisions in European Energy Markets: Competition Law as a Means to Implement Sector Regulation (2010), at 6.

門にかかる投資インセンティブの問題は，発電部門における投資インセンティブの問題よりも，重要な論点とされてきた[32]。

所有分離には，送電部門にかかる投資インセンティブを構造的に担保するとの意味がある。また，ISO は資本関係・役員兼任の禁止により組織的にその独立性が保障されており，ISO が投資計画を策定することも，送電部門にかかる投資インセンティブを構造的に担保するとの意味がある。他方，ITO は，いわば第 2 次指令における法的分離にさらに厳格な独立性確保のルールを設けるものである。その独立性確保の手段は，概ね行動的措置である。そこで第三次指令は，ITO の投資インセンティブが損なわれることのないよう，ITO が行なう送電部門への投資について，以下のような厳格な手順を設けている（第三次指令 22 条）。

まず，ITO は毎年，10 年間にわたる投資計画を加盟国規制機関に提出する。垂直統合企業は，同投資計画に関与することが禁止される。投資計画はコンプライアンスオフィサーを通して加盟国規制機関に提出され，承認を受ける。コンプライアンスオフィサーは垂直統合企業が投資計画の実行に消極的態度を示す場合には，加盟国規制機関に報告する。

EU において，送電部門の投資インセンティブ確保は，競争政策上の意義に加え，市場統合，および安定的なエネルギー供給を達成するとの意義を持つ。先に述べたように，EU の電力市場は，国境間連系の弱さから域内に複数の地域市場が存在し，その統合が重要な政策課題となっている。送電網，特に国境間連系線にかかる投資インセンティブの確保は，市場統合の目的に基づく重要な政策課題である。また，委員会は，ボトルネック部門の分離が，国境間連系および発電にかかる投資インセンティブを確保し，安定的なエネルギー供給に資するとする[33]。

---

32) 自由化開始以前において，EU の発電市場は供給力過剰の状況にあった（M. Finger & M. Laperrouza, Liberalization of Network Industries in the European Union: Evolving Policy Issues, in M. FINGER & R. W. KUNNEKE, INTERNATIONAL HANDBOOK OF NETWORK INDUSTRIES (2011), at 351)。しかし現在では，供給力不足が指摘される状況にある。市場改革が，事業者に不確実性をもたらし，とりわけ予備力への投資インセンティブを損なうのではとの指摘もある（F. Coppens & D. Vivet, The Single European Electricity Market: A Long Road to Convergence (2006), at 18)。

2 国境間連系線の投資インセンティブ確保

　第三次指令は，電力とガスの規制改革を規定する第三次エネルギーパッケージの柱の1つであるが，電力についてもう1つの重要な柱となるのが「国境を超えたアクセス規則（Regulation (EC) No 714/2009）」である。第三次指令が自由化を主たる目的とするのに対して，同規則は市場統合を主たる目的にするもと言ってよい。そこでは ENTSO-E を通じた TSO 間の協力について詳しく規定すると共に，国境間連系線へのアクセスについて規定する。重要であるのは，国境間連系線への投資インセンティブを確保するために設けられた，アクセス義務（TPA）の適用除外規定である。

　対象となるのは，新たな連系線の建設，そして既存の連系線の拡大である。規則17条が，それら連系線のアクセス義務について，適用除外の要件を規定する。それは，①投資が競争促進につながること，②適用除外がなければ投資がなされないこと，③系統運用者と少なくとも異なる法的主体により連系線が所有されること，④連系線の利用が有償であること，⑤第一次指令による部分的市場開放以来，連系線の投資費用について回収がなされていないこと，⑥適用除外を付与することが競争に悪影響を及ぼさないことである。

　手続は，まず加盟国規制機関による承認を得た後に，委員会による承認を得るとの手順となる。適用除外には，その範囲および時間について制約を付すことも可能である。加盟国規制機関間で意見が一致しない場合には，ACER，そして最終的には委員会の判断に委ねられる[34]。旧エネルギーパッケージ下での旧規則（Regulation (EC) 1228/2003）も含め，2004年以来，適用除外を認めた委員会決定はこれまで4件存在する[35]。

---

33) European Commission, Communication from the Commission to the Council and the European Parliament: An Energy Policy for Europe, COM (2007) 1 final.
34) 第三次指令は，国境間連系にかかるアクセス問題にかかる ACER の決定に対して委員会が拒否権を持つことを規定する。すなわち第三次指令は，新しい「国境を超えたアクセス規則」について，加盟国規制機関に対して決定の破棄を求め得る場合があることを規制する（第三次指令39条6項）。
35) EstLink (FI/EST) – TREN D (2005) 108708; BritNED (UK/NL) – CAB D (2007) 1258; East-West Cable (UK-IE) – C (2008) 8851 & SG-Greffe (2008) 208583; Arnoldstein/Tarvisio (AT/IT) – SG D (2010) 16980 & Ares (2011) 42548.

第3部　EUの電力改革　　第1章　EUの電力市場改革

VI　競争法規制

1　コミットメントの利用

II 2で見たように，元来，エネルギー政策にかかる委員会の権限は，必ずしも明確でなかった。EUにおいて，事業法にかかる規制権限は加盟国規制機関に委ねられており，可能な場合であっても，EUレベルでは指令により間接的にそれをコントロールできるにすぎなかった。そのために委員会は，競争法の積極的適用をもって，電力市場の自由化を達成してきた。特に，2007年のセクター別調査の後，委員会による積極的な競争法適用が目立った[36]。

2008年のE. ON事件[37]は，その例である。卸売市場およびバランシング市場における市場支配的地位の濫用が問題とされ，バランシング市場における競争制限効果を解消するための「コミットメント（commitment）」として，送電網の分離が積極的に評価された。このようなコミットメントは，第三次指令案にドイツやフランスといった加盟国が反対する中で，第三次指令を先取り（しかも反対する加盟国企業に適用する）するものであった[38]。

エネルギー政策にかかる委員会の権限とは異なり，競争政策にかかる委員会の権限は明確であった。EUの電力市場において，積極的な競争法の適用がなされるのは，この点から理解することができる。そもそも第三次指令の前提と

---

[36]　小畑・前掲注19) 33～45頁。当初は積極的ではなかった競争法執行について，転換点となったのはセクター別調査であった（Van. Den. Bergh, *supra* note 6, at 183-187)。分権化後，加盟国競争当局による積極的な競争法適用も指摘される（*see* U. Scholz & S. Purps, The Application of EC Competition Law in the Energy Sector, 1 J. EUR. COMP. L. & PRACT. 37, 43-47 (2010))。

[37]　E. ON, Case COMP 39.388, OJ/C36/8 (2009)．小畑徳彦「EUにおける電力自由化とE. ON事件」公正取引731号（2011年）100頁参照。*See* also, Case RWE, Case COMP 39.402, O. J. C 310/23 (2009)．

[38]　実質的には，国内法化を通さない第三次指令案の直接適用と呼べるものであった（*see* H. Von Rosenberg, Unbundling through the Back Door: The Case of Network Divestiture as a Remedy in the Energy Sector, [2009] E. C. L. R. 237)。コミットメントによる自由化の達成について，①委員会が交渉力を得ようとして違反行為の認定が広くなり，また②比例性が要求されるとしても，課されるコミットメントは過大なものになることを指摘する，M. Sadowska, Energy Liberalization in an Antitrust Straitjacket: A Plant Too Far?, 34 WORLD COMPETITION 449 (2011) 参照。

354

なったセクター別調査も，競争法の執行規則である規則 1/2003 号の 17 条に基づく。委員会は競争法の適用を通して，電力市場改革の目的の一部を達成してきたと言えるのであり，EU の規制改革は，事業法と競争法を全体として眺めなければ理解が不可能である。

2　集中規制

電力市場について企業結合の進展が指摘されている[39]。そこで，既存電力事業者による市場支配的地位の濫用に加え，「集中規則（Regulation 139/2004）」により，将来的な市場支配力の形成，維持，強化を抑制することも重要な課題となっている。国境を超えた企業結合の動きに対して，委員会は「関連市場における競争構造がさらに悪化しないための」方策が必要とする[40]。2009 年の EDF/Segebel 事件[41]は，予定されていた CCGT 設備の建設計画が，企業結合後に頓挫する危険性を問題にした。発電レベルでの投資インセンティブ減殺を問題にした事例である。

電力産業における集中規則適用について，重要な問題となるのが，集中規則における共同体規模要件である。集中規則によれば，共同体全体の売上高の3分の2以上を特定の加盟国において占める場合には，集中規則は適用されず，加盟国法が適用される（3分の2ルール）[42]。国境間連系の不十分さから，今なお，多くの電力産業における関連市場が国内にとどまっている状況において，3分の2ルールにより，重要な企業結合が集中規則ではなく，加盟国法により規制されるとの事態が生ずる[43]。

電力事業者である E.ON と，ガス事業者である Ruhrgas の企業結合は，3分の2ルールにより，ドイツ法の規制に服することになった事例である[44]。連邦カルテル庁による禁止決定にもかかわらず，最終的に政府により承認された。

---

39)　特に垂直統合企業による企業結合が進行している（Pollitt, *supra* note 2, at 48-49）。
40)　Sector Inquiry, para. 42.
41)　EDF/Segebel, Case M. 5549 (2009).
42)　Regulation 139/2004, Art. 1.2 & Art. 1.3.
43)　J. V. Fernandez, Electricity Merger Control in the Light of the EU "Third Energy Package" (2010), at 42-44.
44)　*Id.*, at 47.

学説には，競争当局における専門的知見の欠如に起因する事例として，エネルギーにかかる専門的な規制当局の必要性を指摘する意見がある[45]。他方，ナショナルチャンピオンの育成という産業政策の影響が危惧される事例との指摘もある[46]。

Ⅶ 地域電力市場の統合

以上のように，欧州における電力市場の改革は，共同体の明確な権限規定が存在しない状況において，補完的に競争法を積極的に適用することにより，実践されてきた。しかし現在，欧州機能条約4条において，エネルギー政策は，共同体と加盟国が共に権限を有する分野と明示される。競争政策が，同3条において，もっぱら共同体が権限を有する分野と規定されるのと対照的ではあるが，ようやく共同体は電力市場の直接の規制権限を得た[47]。共同体は，ボトムダウン方式によって，協力に規制改革，とりわけ自由化を進めることが可能となったのである。

同時に，共同体は，ボトムアップ方式によって市場統合を推進しようとする。すなわち加盟国を7つの「地域グループ（REM: Regional Energy Market)」に分けた上で，それぞれの地域グループでの統合を，域内市場全体の統合への中間目標とする。競争的な「単一電力市場（SEM: Single Electricity Market)」を設立するために，まずは地域協力を始めるとの考えに基づくものである。2006年に，ERGEGが「ERI（Electricity Regional Initiatives)」を立ち上げ，これが地域市場統合への中心的取り組みとなってきた。REM統合の方針は，2009年の第三次エネルギーパッケージでも確認される[48]。バランシング市場の統合，またブルガリアやルーマニアなどの旧東欧諸国の取り込みが，REM統合の課題と

---

45) T. Jamasab & M. Pollitt, Electricity Reform in the European Union: Review of Progress toward Liberalization & Integration (2005), at 16.
46) Fernandez, *supra* note 43, at 48-50.
47) 欧州機能条約194条は，エネルギー政策の4つの目的を規定する。第一に，エネルギー市場の機能を確保すること，第二に，供給の安定性を確保すること，第三に，エネルギー効率を促進し，再生可能エネルギーの開発を促進すること，第四に，エネルギーネットワークの相互接続を促進することである。

なっている。

Ⅷ　おわりに

　本章は，欧州における電力市場改革について，自由化と市場統合に注目して検討を行った。このほか，欧州では，マーケットカップリングと呼ばれる価格連動方式を含め，電力取引所の統合が進んでおり，相場操縦など不正行為を防止するための取引所規制のあり方が重要な問題となっている。また，排出権付与や固定価格買取制度など，とりわけ環境問題との関係において，国家補助規制のあり方も重要な論点である。

　エネルギー政策にかかる共同体の明確な権限は存在せず，それゆえに欧州の電力市場改革には，常に政治的妥協との指摘がなされてきた。市場デザインへの関心がなかったとの指摘もある[49]。次章以下で見るように，加盟各国はそれぞれに特有の市場構造，事情をふまえ，互いに異なる立場から改革を進めようとしてきた。それは電力市場改革における共同体の明確な権限の不存在にかかる，原因とも結果とも呼べるものである。しかし現在，欧州機能条約はエネルギー政策にかかる共同体の権限を規定するのである。ボトムダウン方式による強力な規制改革が可能となる中で，規制改革の方向性や速度，また事業法と競争法との関係について，今後，変化が見られるものと考えられる。

---

48)　REM は，「パイロットモデル（pilot arrangement）」ないし「ベストプラクティス」を方法論として採用する。これは，ある REM で成功した手法を他の REM でも利用するというものである。それにより地域制度間の収斂を図る。

49)　Coppens & Viet, *supra* note 32, at 17. 拙稿・前掲注 5) 19 頁参照。

第 2 章

EU における市場支配力のコントロールと電力市場

柴 田 潤 子

　ヨーロッパ（本章では以下，EU について述べる）のエネルギーに関する域内市場の展開は 1980 年代半ばから始まり，電力指令を受けて，競争的な電力市場の構築が展開している。本章では，EU 電力市場における既存の支配的な事業者に対する規制について，市場支配的地位の濫用規制を内容とするヨーロッパ機能条約 102 条（EC 条約 82 条・以下，条文を示す際，ヨーロッパ機能条約は適宜省略する）を中心に，同 106 条等を検討する。

I　市場支配的地位の濫用規制

1　概　観

　102 条は，ヨーロッパ域内市場ないしはその実質的部分において支配的地位にある事業者による，単独又は複数の事業者による濫用行為を，加盟国間取引を侵害する限りにおいて，禁止している。米国のシャーマン法 2 条と異なり，102 条は，独占行為ではなく，市場支配的地位の濫用行為を禁止している。102 条は，原則として，事業者の市場支配的地位それ自体すなわち市場支配的地位の形成又は強化に向けられているのではなく，単に市場におけるそのような地位の濫用を禁止している。

　102 条は，競争によってコントロールされない支配力を規制することを目的としている。濫用行為の定義はなく，濫用行為は，伝統的に 2 つの類型，すなわち，市場の相手方に向けられる搾取濫用と市場において残っている競争者を

排除する排除濫用(妨害濫用)に大別される。搾取濫用の禁止は,市場支配的事業者による支配力の行使,特に濫用的な価格引上げから取引の相手方を保護することを目的としている。排除濫用の禁止は,支配されている市場においてまだ残っている競争の保護を目的とする。かかる2つの類型を前提としながら,濫用行為は,従来,歪みのない競争によって特徴付けられる統一的なヨーロッパ域内市場の形成というEUの目的に鑑みて理解されていると言える。

2 市場支配

市場支配的地位の認定は,関連市場の画定と市場支配の検討という2段階の審査を前提としている。関連市場は,商品,地理的及び稀に時間的要素に基づき画定される。濫用規制の市場画定の枠組みにおいて,欧州委員会と欧州の裁判所は市場を比較的狭く画定すると認識されている[1]。また,102条に基づく関連市場の画定及びそれとの関係で市場支配の認定に際しては,集中規制の枠組みでの認定と,異なる結論に達する可能性が指摘される[2]。これは,集中規制と濫用規制が異なる目的を追求していることに起因する。

条約には,市場支配についての定義規定はない。裁判所の主要な判例では,「市場支配的地位は,事業者が経済力に基づいて,その競争者,需要者最終的には消費者に対して,広い範囲で独立して行動する可能性を持つことによって,関連市場における有効な競争の維持を妨げる状態にその事業者をおく経済的な力をいう」[3]とされている。

---

1) Helmut Bergmann「Loewenheim/Meessen/Riesenkampff Kartellrecht Band Europäisches Recht und Deutsches Recht 第2版」(2009年) 414頁所収。例えば,いわゆる Magill ケース(「RTE/Commission」欧州裁判所判決・判例集 [以下,「判例集」という] (1991年Ⅱ-485頁)では,すべての番組を掲載した週刊テレビ番組案内という狭い市場が画定されている。関連市場が狭く画定されればされるほど,関係事業者の市場シェアがより高く評価され,そして市場支配がより容易に認定される結果になる。
2) 市場固定については,市場定義についての告示(1997年12月9日 EC官報 C372号)が妥当する。この点についての詳細は,Thomas Wessely「Frankfurter Kommentar Anwendungsgrundsätze und Regelungsgunde des Art. 82 EG-Vertrag」(2005年) 18頁以下参照。
3) 「Hoffmann-La Roche/Commission」判例集1979年461頁以下。

(1) 単独の市場支配

市場支配は，単独の市場支配と複数の事業者による集合的市場支配に大別される。従来の欧州委員会及び裁判所実務では，102条による濫用規制の重点は，単独の事業者による一方的行為に置かれている[4]。

単独の市場支配的地位の認定に際して欧州委員会及び裁判所は，市場構造及び当該事業者の市場行動を基準としている。この場合，市場構造，とりわけ当該事業者及び他の事業者の市場シェア及び参入制限が重要である[5]。その他の重要な判断要素としては，潜在的競争の程度である。ここでは，潜在的競争者が新たに市場に参入する現実的な蓋然性の有無について，具体的事例で検討され，この関係で，市場参入制限も考慮されることになる。市場参入の制限は，多様に定義されるが，欧州委員会及び裁判所の見解によれば，法的制限，サンクコスト，当該分野における効率的な企業規模，市場の成長可能性という要素を包括的に検討して，新規参入は困難かどうかが検討されている[6]。

(2) 複数の事業者による市場支配（集合的市場支配）

複数の事業者による集合的な市場支配的地位が成立する要件として，欧州委員会及び裁判所の決定・判決によれば，当該事業者の間で事実上実質的競争が存在しないことが，まず必要となる。すなわち，参加事業者が外部に対して集合的に統一体として登場することを意味する。市場が単に寡占として特徴づけられ，寡占において事業者間の競争が特に活発ではないという要因は，共同の市場支配を認定するために不十分ではあるが，他方で，高度寡占における当該

---

[4] Thomas Lübbig・前掲注1）401頁所収。
[5] 裁判所も様々な形で著しい市場シェア認定の必要性を認めている。市場シェアが50％以上の場合に，市場支配的地位が認定されている。（「Akzo」判例集1991年Ⅰ-3359頁）。他方で，50％以下の市場シェアの場合には，さらに重要な要素が加わる場合にのみ市場支配が認められる。例えば著しい市場参入制限が存在する場合が該当する。市場シェアと市場支配の関係については，一般的には，市場シェア70％以上であれば市場支配が認定される。50％から70％の場合には，支配的地位が存在する強度の兆候として捉えられ，40％から50％の場合には，市場支配が根拠付けられる可能性がある。25％から40％になると，原則として，市場支配が存在しないことが推定され，25％以下の市場シェアは，市場支配が存在しないことの十分な証拠と捉えられている。
[6] この点についての詳細は，Wessely・前掲注2）62頁以降を参照。

事業者の行動の相互関連性が極めて強い場合には，市場支配が認められる[7]。

　当該全ての事業者の行動が，濫用行為と捉えられる必要はない。集合的支配的地位にある一ないしはそれ以上の事業者の行動が，仮に集合的な支配的地位がなければかかる行動のインセンティブがない場合に，当該行為は濫用的と捉えられ，濫用の形態は様々である。まず，複数の事業者集団による共同の濫用が生じるのは，複数の事業者が共同して濫用行為を実施する場合となる。通常，事業者が相互に直接意思の疎通を図るか，又は固定的に構造的連結が確立されている場合である。例えば，略奪的価格設定の特殊な形態が問題になったケース[8]では，海運同盟に参加している海運事業者が90％の市場シェアを有しており，集合的な市場支配的地位が認められ，さらに，当該同盟に加入していない競争事業者を排除する目的をもって，当該競争事業者より低い価格で路線運航サービスを提供することにより，その地位の濫用が認定されたケースがある。このようなケースは，日本法にいう私的独占の排除にほぼ対応する事例と考えられる。さらに，集合的支配的地位に基づく単独の濫用行為は，共同して支配的な地位にある事業者が，個別にそれぞれ濫用行為を行う場合にも認められる。この場合には，共同して計画すること，ないしは合意を必要としない。また，集団的支配的地位を形成するうちの一事業者による場合であっても，一定の行為が濫用とされることがある。排除行為だけでなく，集合的支配的地位にある事業者の搾取濫用行為も問題となり得る[9]。

---

7) 各市場参加者が共通の利益を持ち，とりわけ，協定を締結することなく価格を引き上げることができる場合に，寡占的市場構造における市場支配が認められている（「Gencor」判例集1999年Ⅱ-753頁以下）。複数の競争者の集合的行為が影響を及ぼす寡占的市場構造については，「Airtours」（判例集2002年Ⅱ-2585頁）で更に理論の展開が見られる。集合的支配的地位については，泉水文雄「欧州競争法における『支配的地位』について」大阪市立大学法学雑誌48巻4号（2002年）1182頁以下も参照。

8) 「CMB/Commission」判例集2000年Ⅰ-1365頁以下。

9) Renato Nazzini「The Foundations of European Union Competition Law The Objective and Principles of Article 102」(2011年) 360頁以下参照。

II 濫用行為

濫用概念について

　裁判所の判例[10]によれば，濫用は，「問題となる事業者が，既に競争が弱められている市場の構造に影響を与え，市場のまだ残っている競争を妨害し，あるいは業績という原則に基づく市場構成員の正常な生産又はサービス競争に合致しない手段によって残っている競争を妨害する，市場支配的地位にある事業者の行動」とされている。濫用要件に関しては，102条1文が一般条項として，2文のaからd号の要件が例示として理解されている。市場支配的地位と濫用行為は，濫用行為の実現のために必要な経済力が支配的地位によって獲得されるという意味での相互関連性を必ずしも前提としていない。濫用要件は客観的に捉えられ，市場支配と濫用要件は独立して認定される[11]。

　102条は，ヨーロッパ競争法の基幹的規定と一般に認識されているが，その法目的及び規制対象は一義的に理解されている訳ではない。このため，支配的事業者の濫用行為の評価は容易ではなく，以下述べる様に，統一的な判断基準が確立されている訳ではなく，条約が追求する目的の文脈の枠組みで，幾つかの判断要素に基づいて判断されることになる。

　濫用概念は，まず前提となる市場支配的地位を考慮して理解されており，事業者には，その市場地位に応じた原則が適用されることになる。すなわち，一般的に競争法上問題がないとされる行為が，市場支配的地位にある事業者によって行われる場合に102条にいう濫用と捉えられることがある。102条が問題にするのは，有効な競争構造の侵害である。単に市場支配的地位の認定のみでは何ら非難に値しないが，市場支配的事業者の存在によって既に市場構造が弱体化しているため，市場支配的事業者には，もともと弱体化されている競争の維持，つまり，その行動によって，ヨーロッパ域内市場における有効かつ歪みのない競争を侵害しないという特別の責任が課されている。この場合，市場支配的事業者は，経済力を背景とした競争手段を回避することを促される[12]。も

---

10) 前掲注3) 参照。
11) Thomas Lübbig・前掲注1) 403頁所収。

ちろん，競争者を尊重すること及び独占利益を控えるといった義務が存在するわけではなく，むしろ残余競争の維持についての義務という限定で理解されている。もっとも，支配的事業者に禁止される濫用行為と合法な取引活動との区別は常に議論となる。

業績競争概念を用いて，濫用行為の区別を試みる判例もある。すなわち，市場参加者の業績（Leistung）に基づき通常の生産・サービス競争の手段に反する手段を用いることによって，当該事業者の存在ゆえに既に競争が弱体化している市場構造に影響を与え得ることを問題視する[13]。しかし，業績競争の概念は不明確であり，行為が濫用とされる根拠として，反業績競争であることは必ずしも前提とされず，むしろ残っている競争の侵害の有無を中心に検討されることになる。

102条の明文化されていない主観的なメルクマールとしては，競争者を制限ないし排除する意図の有無である。102条にいう濫用概念は客観的概念として理解され，主観的意図の如何は重要ではないといえるが，他方で，同時に，域内市場形成に一致しない，支配的事業者による行為の効果が顕在化するまで介入しないとすることは，歪みのない競争を維持するという法目的から認容されないと考えられてきた。支配的地位にある事業者の競争制限的意図が立証される場合には，かかる目的を持つ行為が実際遂行されることによって競争制限的効果が顕在化すると推測することができ，102条適用の枠組みでは，目的と反競争的効果は重複した認定となりうる。

近年，濫用規制については，102条に関する欧州委員会及び裁判所の従来の法運用は妥当であるか，時宜を得たものとなっているかという議論が展開してきている。一方では，これらの法運用はもはや時代の要請に合致せず，独占行為を禁止するシャーマン法2条のような要件の下で，米国が追求するような「現代的」な競争政策を促進し，また，濫用規制はもはや必要ないとして，より経済的なアプローチをとるべきことを主張する学説も出てきた[14]。欧州委員会はかかる批判に応じて，2005年に排除濫用について82条の適用に関するディスカッションペーパー（以下，「DP」という）を公表した[15]。欧州委員会は，

---

12)「Michelin」判例集1984年3461頁。
13)「Hoffmann La Roche」前掲注3)参照。「AKZO」前掲注5)参照。

そのリソースを，消費者を侵害する濫用行為に集中したいという意図から，市場支配的事業者の競争者の保護に替わって，消費者の保護に重点を置き[16]，市場支配的事業者の行為は，消費者厚生が減退する場合に濫用と認められるとする見解を示した[17]。ここでは，経済的アプローチが強化され，より具体的事例を指向した濫用行為の類型化を行い，当該行為の競争に及ぼすネガティブな効果と効率性の利益が考慮されている。かかる評価は，従来の判例と同一の方向性を示しているとは捉えられず，さらに102条の目的論的解釈に基づかないとされつつも，他方で，消費者の侵害を評価基準とすることは，競争法の目的が消費者厚生の向上であるとする議論と結び付くことになる。長期的に見た社会厚生の増大を競争法の目的とする見解によれば，価格及び生産量に対して及ぼす行為の効果に検討の焦点が当てられ，消費者へのポジティブ又はネガティブ

---

14) Thomas Eilmannsberger「How to distinguish good from bad Competition under Article 82 EC: In search of clearer and more coherent standards for anti-competitive abuses」CMLR 42 (2005 年) 129 頁以下。Damien Geradin「Limiting the Scope of Article 82 of the EC Treaty: What can the EU Learn from the US Supreme Court's Judgment in Trinko in the wake of Microsoft, IMS, and Deutsche Telekom」CMLR 41 (2004 年) 1519 頁以下。Christian von Weizsäcker「Abuse of a Dominant Position and Economic Efficiency」ZWeR (2003 年) 58 頁以下。Duncan Sinclair「Abuse of Dominance at a Crossroads- Potential Effect, Object and Appreciability Under Article 82 EC」E. C. L. R (2004 年) 491 頁以下。

15) 「DG Competition discussion paper on the application of Article 82 of the Treaty to exclusionary abuses」(2005 年) European Commission。DP の内容については，Michael Albers「Der "more economic approach" bei Verdrängungs missbräuchen: Zum Stand der Überlegungen der Europäischen Kommission」(http://ec.europa.eu/comm/competition/index_en.html)，岩成博夫「米・EU 競争当局における単独行為規制の考え方とその再検討」公正取引 671 号 (2006 年) 2 頁以下参照。

16) この DP の特徴は，まず，102 条の保護目的を消費者保護とする点である。これに対して，EU 裁判所の判例によれば，法解釈の基準としての 102 条の保護目的は，条約の目的，すなわち歪みのない競争システムの保護，自由な競争とともに開放的な市場経済原則の維持であるとして，消者保護は間接的目的設定にすぎず，有効な競争の維持の結果もたらされると主張する学説がある。Ulrich Immenga「Grenzen der Rechtsauslegung—Das Diskussionspapier der EG- Kommission zu Art 82EG」EuZW (2006 年) 481 頁。ここでは，さらに，アメリカの消費者保護概念は，EC 条約上の競争政策におけるそれとは異なる内容であることが指摘される。

17) 消費者厚生の減退の意味内容は一義的ではないが，一般的に価格の上昇及び生産制限が考えられる。いわゆるこの消費者厚生テストでは，行為の競争に及ぼすネガティブな効果と効率性の利益が比較考慮されるが，消費者厚生の理解，どの効率性メリットが考慮されるかどうか等については一致した見解はない。

な影響を考慮することになる。この点は，次に検討する「正当化事由」の捉え方と関係付けられることになろう。いずれにしても，これらは過度に包括的な評価手法であり[18]，消費者侵害の立証が求められること等から，その評価は容易ではない。

さらに，欧州委員会は，その後2009年に102条の適用において排除濫用を優先することについての報告をガイダンス[19]という形で公表した。ガイダンスは，排除行為の評価に際してAACとAICをベースにした価格費用テストを用いており[20]，同等に効率的な事業者を市場から排除することとなる場合に当該行為を濫用とする。ガイダンスでは，基本的に，効率的競争者の評価と消費者厚生のアプローチが同時に採用されている。「効率的競争者」評価により，競争法は非効率的な事業者を保護するべきではないことに基づいて，競争のプロセスの結果として捉えられる排除から，有害な排除を区別する。他方，ガイダンスは，一定の状況下で，効率的ではないにしても競争者が存在する方が競争にとってはより好ましい場合があることを認めており (para.23)，すなわち，より効率的でない事業者の影響力を一定の状況のもとで評価しており，「効率的競争者」基準が厳格に主張されているわけではない。「効率的競争者」の評価は，その内容が包括的ではなく限定的な考慮に依拠しており，排除濫用の唯一の評価基準として用いることには適していないが，一つの判断要素であると捉える場合には，問題がないということである。

102条は支配的地位の濫用として，不公正な (unfair) な行為を禁止しており，濫用概念は伝統的に「公正性」(fairness) という考えによって理論付けられる。もっとも，公正性の概念を厳密に定義することには成功しておらず，「公正性」

---

18) Nazzini・前掲注9) 100頁以下参照。
19) Guidance on the Commission's Enforcement Priorities in Applying Article 82 EC Treaty to Abusive Exclusionary Conduct by Dominant Undertakings.
20) 価格ベースの排除行為 (para.25) について，AAC (平均回避費用) をカバーしない場合，利潤を犠牲にする意図的判断として，濫用と捉えられる。LRAIC (長期平均増分費用) をカバーしない場合にも疑念が生じる。なぜならば，「効率的」事業者が排除されうるからである。ガイダンスの議論は，価格がAACを上回るがLRAICを下回る状況については明白に論じておらず，しかし，再びその意味するところは，LRAIC未満の価格は問題となりうるということである (para.67)。手続が開始されるリスクを回避するためには，少なくともLRAICをカバーする必要があるが，依然として，LRAICとAACとの間の価格については不明確である。

は，「効率性」や「消費者厚生」といった評価要素と対立する可能性が指摘されている[21]。

Ⅲ　正当化事由

102条2文で例示される濫用行為若しくは欧州委員会の決定及び判例に基づき濫用とされる行為は，それが客観的に正当化されない場合にのみ，102条違反を構成する。しかしながら，102条において正当化される客観的事由の位置づけについては，一義的ではなく具体的事例で検討されることになる。この正当化事由の位置づけを二段階のテストとして捉える場合には，競争制限を認定した上で，客観的正当事由の存否を検討する。他方，正当化事由のある行為はもともと濫用ではないという理解もある。ただし，EUの裁判所によれば従来，支配的地位の濫用規制について適用免除は認容されておらず，欧州委員会にも適用免除を認容する権限は付与されていない[22]。正当化事由は濫用禁止の例外を意味するのではなく，従来の判例は，支配的事業者についてもその正当な利益を維持するため，合理的かつ均衡のとれた手段をとることが認容されているという意味での正当性概念の方向性を確立してきている。

　DPにおける提案の中心は，102条における正当化事由として効率性抗弁を導入することであった。DPでは，競争侵害的な排除効果が，効率性というメリットによってバランス化され，または消費者に利益をもたらすという意味で，効率性メリットが排除効果を上回るか否かが検討されるべきとする。消費者にもたらされる効率性が圧倒的蓋然性を持って実現される場合，市場支配的事業者は濫用行為を正当化することができる。他方，当該排除効果が競争及び消費者に何ら効用をもたらさない，又はかかる効用を達成するために必要な範囲を越える場合，当該行為は濫用とされる。例えば，支配的事業者の経済的ないしは技術上の必要性，支配的事業者による事前のサービスに対する支払いがない

---

[21]　Pinar Akman「The concept of abuse in EU competition Law」（2012年）146頁以下では，「公正性」と「濫用行為」の関係について詳細に議論されている。

[22]　Markus M. Wirtz/Silke Möller「Das Diskussionspapier der Kommission zur Anwendung von Art. 82 EG auf Behinderungsmissbräuche」WuW（2006年）226頁以下。

場合の供給拒絶，抱合取引において取引慣行に一致する又は物理的に必要性が認められる場合など，正当化事由は限定的に解されている。DPによればこのような正当化事由としての効率性抗弁による比較衡量は，既に101条3項（101条1項の適用免除規定）及び集中規制において可能となっている。

「British Airways」の判決[23]では，客観的な正当性について，(a)行為が合法目的を追求すること，(b)追求する目的を達成するために適していること，(c)当該目的を達成するために必要な範囲を超えないこと，(d)当該行為の効用がデメリットを凌駕し，消費者に効用をもたらすことを挙げている。ここでは，競争に悪影響を及ぼす行為の排除効果が，消費者の利益となり得る効率性という効用によってバランスされるか，ないしは上回るかどうかを問題とし，正当化事由の評価においても，消費者を検討の中心に置く方向が示された。

ガイダンスでは，正当化事由として，行為の客観的な必要性と効率性の効用が示されている。ここでは，市場支配的地位にある事業者には，危険ないしは自己の製品との比較で価値が低い製品を市場から排除するための行動は認容されないとするヨーロッパ裁判所の判例[24]を前提とする（para.29）。経済的効率性に基づく正当化事由も，同様に承認されている（para.30）が，高い要件が設けられている（立証責任は当該事業者にあること（para.31），そして厳しい実体的要件である）。すなわち，効率性の効用は，当該行為の成果として達成されなければならない，もしくは蓋然性がなければならない（例えば技術的改善，品質向上，コスト削減），その行為が効率性の効用の達成にとって必須でなければならない，同じ効率性の効用を達成するため，より競争制限的でない代替手段が何ら存在していないこと，効率性の効用は競争に対して何らかのネガティブな効果を持たない，当該市場における消費者厚生にマイナスの影響を及ぼさないこと，最終的には，有効な競争が排除されてはならないとされている（para.30）。ガイダンスでは，支配的事業者の行為は有効な競争を排除してはならないという要件を設けている点において，「British Airways」の判決と異なる。

---

23) 判例集2007年 I -2331頁以下。
24) 「Hilti」判例集1994年 I -667頁以下，「Tetra Pak」判例集1996年 I -5951頁以下。

Ⅳ 濫用行為の類型

搾取的濫用（価格濫用）

(1) 概　要

　搾取的濫用規制は，前後の取引段階に位置する経済主体及び消費者の保護を目的としている。条約102条a号は，市場支配的地位にある事業者に対して，「直接間接を問わず，不当な対価を強制すること」を禁じている。これによって，原則として，高価格濫用規制が可能となり，個別事例で価格引下げを命じることも可能である。ここでは，市場支配的地位の単なる行使で十分とされ，市場相手方が市場支配的事業者を取引先として他に選択がない場合に認められる。取引相手方に圧力を行使することは必要とされていない。さらに，高価格濫用の認定は，市場支配的事業者が，供給されるサービスの対価と不均衡な関係にある不当な価格設定を前提としているが，競争法上妥当とされる価格の認定は著しく困難となる。

　EUの裁判所は，条約102条について搾取濫用の類型を「United Brands」ケース[25]において原則として承認したが，実務上及び概念上の困難さもあって，ヨーロッパレベルでの運用はむしろ消極的であるといえる[26]。高価格規制の経済的合理性等についての競争当局による議論は殆どなされていないが，欧州委員会は，日常的な高価格それ自体を規制するのではなく，市場支配事業者

---

25) 「United Brands/Commission」判例集1978年207頁以下。検討の出発点は，市場支配事業者が正常かつ有効な競争の下では要求し得ない価格を設定しているかどうかである。本件では，欧州委員会は，United Brandsが欧州共同体加盟国において，バナナの価格を大幅に異なって設定し，アイルランドとデンマークの間の価格関係は138％となった。この価格差は，異なるマーケティング又は輸送費用によって正当化されないとした。欧州委員会は，本件では，3加盟国におけるUnited Brandsのバナナの価格が不当に高く，当該製品の販売価格と発生コストとの比較を行い，この比較においては，事実上発生コストと事実上の要求価格との間に過剰なアンバランスがないかどうかが検討されるべきとする。それをもって，反対給付の経済的価値に対する過度な利益が生じていることを認定している。しかし，欧州委員会は当該決定において発生コストの詳細な分析をしているわけではなく，裁判所は当該決定を取消した。判決では，製品の発生コストの認定は，多くの場合恣意的な間接費用及び一般管理費用の配賦を理由に，場合によっては極めて困難であるという認識が示された。

がその地位の維持を図る行為を問題視する。かかる行為は、一般的には、有効な競争及びそれに応じた価格水準をもたらすであろう競争者又は新規参入者に向けられると考えられている[27]。これに応じて、規制手続は、市場支配事業者による差別的濫用行為における一定の高価格に焦点が当てられることになり、欧州委員会による高価格濫用行為に対する適用事例は、新興の自由化市場における時折の高価格濫用手続き[28]を除いては、一般的に高価格規制は殆ど実施されていなかった。102条に基づき実施されてきた従来の価格濫用規制の運用をみると、102条は、消費者利益を保護するための一般的な価格規制措置として性格付けられない。

102条にいう価格が不当であるというのは、価格が商品又はサービスの価値との関係で不均衡である場合であり、高価格濫用の認定は、「給付されるサービスの経済的価値に対して極めて高い」ことを前提としており、この場合の法適用の困難性は、競争法的に妥当かつ認容しうる価格の認定にある。

26) もっとも、最近の事例としては、「Duales System Deutschland」ケース（「Der Grüne Punkt」（T-151/01）判例集2007年Ⅱ-1607頁以下、WuW/EU-R 1273以下）がある。本件では、ドイツのGreen Dotの容器包装の回収と再生スキームが102条との関係で問題になった。ドイツの容器包装例は、回収方法として自己処理システムと適用除外システムを定めている。Duales System Deutschland GmbH（以下、DSDという）は、ドイツ全域をカバーする唯一の適用除外システムである。DSDと製造業者及び流通業者はDer Grüne Punktマークの利用に関する商標契約を締結し、当該契約に基づき、当該マークが付せられた全ての容器包装に関してDSD料金を支払う義務が生じる。マークを利用する製造業者及び販売業者は、実際にはDSDではなく競争者によって処理されていた量とは関係なく、マークがついている容器包装の量に基づき課金されていることが濫用に当たるとしている。事業者が、容器包装の回収について、部分的にDSDの競争者を利用したい場合、実際には二重に支払うことになる。本件は、搾取的濫用と同時に競争者に対する妨害の効果も問題視していると思われる。

27) Möschel「Immenga/Mestmäcker Wettbewerbsrecht EG/Teil1」（2007年）539頁。

28) 例えば、エンドユーザーの外国での携帯電話ネットワークの利用について支払われるローミング価格は濫用的に引上げられているという疑いが数年来存在したとして、1999年に電気通信セクター調査が開始された。その目的の一つは、携帯電話に係る「ローミング価格」が濫用的に引上げられているのではないかという疑いであり、EC条約81（現101）条又は82（現102）条違反の有無を明らかにすることであった。この結果、イギリス及びドイツのネットワークオペレーターであるボーダフォン、O2、T-Mobileに対して競争法違反の調査が開始された。この手続と並行してERG（European Regulatory Group）は、ローミング価格の調査に着手し、その結論は、エンドユーザー価格は極めて高額であり、それについては明白な正当事由が存在しないというものであり、2006年ローミング規則の策定に着手された。Ulrike E. Berger-Kögler「Regulierung des Auslandsroaming-Marktes」MMR（2007年）294頁以下参照。

欧州委員会の適用事例において，統一的な検討手法が展開しているわけではないが[29]，利益限界手法が採用されており，ここでは，価格が，当該製品の発生コストに対して著しく高いかどうか，及び事業者のコスト構造分析に基づいて事業者の高い利益率が検討されている。また，欧州委員会及び裁判所の事例の殆どにおいて，いわゆる価格分割手法が同時に用いられており[30]，これによれば，同一の製品の異なる地域の買手間の価格を比較検討した上で，一事業者の設定価格が明らかな場合，高価格による濫用的引上げが示されるとする。要するに，価格分割手法は，商品的及び地理的比較市場コンセプトの基準を組み合わせている。EU 裁判所は，事実上のコストと価格との間に過度の不均衡が存在するか否かを検討し，不均衡が生ずるという結論に達する場合には，さらにこの場合の不均衡の当否を検討し，同一事業者の他の市場での製品又は競争者の製品を考慮する[31]。

(2) エネルギー分野における搾取濫用の事例

電力エネルギー市場に対する条約 102 条の適用は，従来殆ど行われてこなかったが，2006 年 5 月半ば，欧州委員会は，EU 加盟国 6 カ国の複数のエネルギー事業者について一斉に調査を行った。その根拠として，取引制限と市場支配的地位の濫用規定違反（101 条及び 102 条）の可能性が指摘された。さらに，同年 12 月には，ドイツの電力会社が調査を受けた。ここでも同様に，取引の制限と市場支配的地位の濫用禁止違反の可能性が指摘された。欧州委員会の調査

---

29) Mona Philomena Ladler「Preismissbrauchskontrolle im Europäischen Kartellrecht」(2010 年) 23 頁，Tilman Kuhn「Preishöhenmissbrauch (excessive pricing) im deutschen und europäischen Kartellrecht」WuW (2006 年) 578 頁。

30) 判例集 1975 年 1367 頁。ベルギーにおいて市場支配的地位にある事業者が，外国からベルギーに向けてオペル自動車を並行輸入する独立系販売業者に対して，ベルギー法によって規定されている一致証明付与に関係する管理コスト及び技術的コントロールに係る著しく高い価格を要求することによって，濫用的にその地位を利用したとされている。欧州委員会が重視したのは，General Motors が，当該サービスに係る他の取引ケースで当該価格より大幅に低い価格を要求したことである。ここから，欧州委員会は，General Motors の当該価格は，実際発生するコストとの関係で「異常に高い関係」にあると判断した。

31)「United Brands」前掲注 25) 参照。「Bechtold/Bosch/Brinker/Hirschbrunner EG- Kartellrecht Kommentar」(2005 年) 87 頁参照。

は，ドイツの卸電力市場及び需給調整電力市場（系統の周波数を維持するために必要なアンシラリーサービスの市場）を対象としていた。

　第一に，E.ON は，ドイツの電力卸市場において，その市場支配的地位を以下のように濫用していると判断された。すなわち，電力価格を引上げることを目的として，消費者に損害を与えることとなる，供給余力のある電力供給を拒否，すなわち，可能かつ経済的に合理的である一定のパワーステーションの発電を故意に販売しなかったことである。欧州委員会は，さらに，第三者に対して，発電への新規の投資を妨害するという市場支配的地位の濫用懸念があるとした。

　第二に，E.ON は系統運用業者として，そのネットワークエリアにおけるセカンダリー需給調整電力に係る市場における支配的地位を以下のように濫用しているとされた。すなわち，自身の発電子会社を優遇し，増加コストを最終消費者に転嫁し，さらに，他の欧州加盟国の発電事業者が E.ON の需給調整市場に電力を販売することを妨害しているとされた。

　E.ON は，卸電力市場における委員会の懸念に対応するために，欧州委員会の予備審査において，「欧州委員会への確約」（コミットメント）を公表した[32]。ここでは，多様な技術，燃料，すなわち，水力，褐炭，石炭，ガス，原子力から，ドイツにおける発電能力を譲渡することを提案した。加えて，電力需給調整市場における欧州委員会の懸念に対処するために，超高圧（380/220 kV）ネットワークを構成するそのトランスミッションシステムビジネス及び E.ON の系統運用のオペレーションを譲渡することを提案した。ここでは，E.ON は，発電に関心を持たない運用業者に系統ネットワークを売却するとした。欧州委員会は，ドイツ電力市場における競争を強化するために，E.ON によって示された構造的レメディーを歓迎しており[33]，欧州委員会は，規則 2003 年 1 号の 9 条に基づく決定を行うために，E.ON の市場テストを行った。この手続のもとで確約は，欧州委員会の決定に基づき法的拘束力を具備し，欧州委員会は競争法違反ケースとして追求しないことになる。当該市場テストの公表によって，

---

[32] http://europa.eu/rapid/pressReleasesAction.do?reference=MEMO/08/132&format=HTML&aged=0&language=EN&guiLanguage=en 参照。
[33] MEMO/08/132, 2008 年 2 月 28 日報道。

欧州委員会は，E.ON による確約について利益関係者の意見を求め（官報公示後1カ月以内），利益関係者がドイツの電力市場における競争を促進するために確約が十分な解決であると考えると市場テストが示す場合に，欧州委員会は同9条に基づき確約決定を採用する。同9条の決定は，違反の有無について結論することなく，欧州委員会による措置の必要性がないことを認めるものである[34]。

E.ON のこの試みは，その他のエネルギーコンツェルンを驚かせただけでなく，ドイツ連邦政府からは好意を持って受け入れられなかったようである[35]。というのは，連邦政府は，政治的レベルにおいて，所有権分離に強力に反対していたのであった。2008年11月，欧州委員会は，本件確約を応諾する決定をした[36]。

V 排除濫用

具体的な排除行為には，略奪的価格設定，価格スクイーズ，排他条件付取引，抱き合わせ取引，リベート，取引拒絶，差別的取扱い等が含まれる。本章では，この中でも特に排他条件付取引及び不可欠施設理論について，エネルギー分野と関連付けながら検討することにする。

1 排他条件付取引（排他的購入拘束）

排他的な購入拘束は，販売の確保又は継続的供給を契約当事者に確保し，経済社会において重要な役割を果たす。有効な競争の下では排他的購入契約が，競争上のメリットをもたらすことが認められ，競争法上問題がないとされるが，

---

34) 第9条（約束）第1項によれば，欧州委員会は，違反行為を終結し，そして予備審査において当該事業者に対して表明した懸念に対処するために当該事業者が約束を提供することを命ずる決定を行おうとする場合に，決定により，約束を当該事業者に対して拘束力あるものとすることができる。かかる決定は，一定の期間で採択されかつ欧州委員会が介入する理由がもはや存在しないと結論付けなければならない。

35) Andreas Klees「Das Instrument der Zusagenentscheidung der Kommission und der Fall "E.ON"-Ein (weiter) Sünderfall」WuW（2009年）374頁。

36) WUW/E EU-V1380（2009年）458頁。

排他的購入拘束が市場有力事業者によって実施される場合には，逆の効果を持つことになる[37]。市場支配的事業者によって実施される場合，ヨーロッパの確立した判例によれば，原則として濫用とされる。すなわち，競争者の販売ルートが閉鎖され，新規参入制限が生じるという支配市場における排他的購入拘束のネガティブな効果が問題視される。買手は，市場支配者による拘束を受けることにより，その購入についての自由な選択が制限され，残余競争がさらに弱体化されることになる。このことは，市場支配的事業者がその市場相手方の希望に応じて取引する場合にも当てはまる。ここでは，総購入量が拘束されている必要はなく，著しい部分の購入拘束で十分である。類似の効果は，長期契約又は過度に長い解約告知期間を伴う契約においても同様に生じる。いわゆるエバーグリーン契約，期間の定めのない契約も濫用を意味しうる。ヨーロッパ域内市場における実質的部分において支配的地位にある事業者が排他的購入拘束を買手に課す場合，原則として102条違反を構成することになろう[38]。排他的購入拘束に対しては，101条及び102条両者の適用が可能であり，102条については適用免除規定がない[39]。市場支配的事業者において取引相手方の全需要が充足される場合に供与される忠誠リベート（現金割引）システムは，排他的購入拘束と同様の効果を持つため，不当とされている[40]。

　電力エネルギー分野では，長期のエネルギー供給契約が，従来から広範囲に成立している。長期的なエネルギー供給契約は，101条及び102条の適用を受ける[41]。101条は，競争制限の行為の禁止を定めており，競争事業者間の水平的な協定のみでなく，競争関係にない事業者間の協定，すなわち垂直的協定もその対象とする。101条に照らして排他的購入拘束を評価する際には，契約参加事業者の経済活動の自由の制限を前提とした競争制限という条約上の概念を

---

37) 「Langness/Iglo」判例集1998年Ⅰ-5609頁以下。
38) 「Hoffmann-La Roche」前掲注4)，「Almelo」判例集1994年Ⅰ-1477頁以下。
39) Kurt Market「Langfristige Bezugsbindungen für Strom und Gas nach deutschem und europäischem Kartellrecht」EuZW（2000年）432頁。
40) リベートを用いた市場支配的事業者による価格形成は，従来ヨーロッパ法のもとでは，一方で102条c号で禁止する差別，他方で妨害濫用の典型事例として捉えられている。
41) Hans-Peter Schwintowski/Siegfried Klaue「Anwendbarkeit des Kartllrechts auf Energielieferverträge- die deutsche und die europäische Sicht」BB（2000年）1901頁以下参照。

出発点とする。ここでは，市場シェア基準を中心に量的に競争制限が捉えられているが[42]，そこで観念されている影響の程度は，日本法にいう「競争の実質的制限」及び「公正競争阻害性」とは異なるものである。

購入拘束は，第三者から，一定の範囲のエネルギーを購入することを買手に対して禁止するものであり，ここで，既存の同種の排他的契約の累積的効果が評価される。一般的に排他的購入拘束を含むエネルギー供給契約については，市場分割をもたらすことになる[43]。

市場分割による市場支配的地位の濫用が問題となったケースがある[44]。GDF Suez の 100％ 子会社である GRT Gaz のバランシングゾーンのガス輸入への参入市場の長期に及ぶ閉鎖であり，これにより，川下に位置するガス供給市場における競争を侵害したことが濫用とされた。この市場分割は，大部分のパイプライン輸入容量の長期的な利用予約によってもたらされた。すなわち，輸入及び連結容量は，供給市場への参入にとって客観的に必要であるインプットであり，二重に作ることは可能ではないところで，長期的な容量利用の予約は，第三者にとって予約可能となる容量が存在しないことになり，これが欧州委員会によって濫用に当たると判断された。市場画定については，フランス全土で画定するパイプライン及び LNG のガス輸入容量としている。本件手続の対象は，フランスのガス市場の分割であり，重要とされたのは，GDF Suez の競争者がフランスでガスを供給する可能性をどの程度持つかである。

その他，長期の容量予約による供給の拒絶が濫用とされたケース[45]もある。102条の濫用禁止規定は，事業法規制に加えて，エネルギー市場の自由化を進める重要な手段となっており，その意義は益々高まっている。たとえ国内の事業法が国内の競争法の適用に優先するとしても，102条の適用は排除されない。102条は，自由化の前から存在する容量利用の予約の様に，事業法規制によって捉えられない反競争的行為を捉える。この場合，川下市場の有効な競争の確

---

42) 正田彬『EC 独占禁止法』（三省堂，1996 年）38 頁以下。
43) Meinrad Dreher「Langfristige Verträge marktbeherrschender und marktmächtiger Unternehmen im Energiebereich」ZWeR（2003 年）28 頁以下。
44) WuW/E EU-V 1490.
45) 「E. ON Gas」(COMP39.317).

保が重視されている。

2　不可欠施設理論

いわゆる不可欠施設理論においては，川下市場への参入に不可欠であり，二重に作ることができない施設へのアクセス権が認められる。複数の事業者（競争者）による同一のネットワークないしはインフラ施設の共同利用を可能にすることであり，それによって，競争者は，不可欠施設から派生する市場において競争することが可能となる。一連の事業分野（電気通信，郵便，エネルギー，航空鉄道輸送）に係るEU及び加盟国の事業法では，既に特別なネットアクセスについてのアクセス請求権が定められている。不可欠施設理論の適用の困難性は，一定の施設が「不可欠施設」として捉えられるか，競争を開放するためには当該施設へのアクセス確保が唯一の可能性かどうかという問題に集中している。ヨーロッパ競争法の枠組みで当該要求が認められる基準は十分に明らかにされていると言えないが，事業法上による規制の対象外において，極めて例外的な事例においてのみ，102条に基づきアクセス権の要求が認容される[46]。

従来のヨーロッパ法運用によれば，事業法上による規制対象外での不可欠施設理論の適用は，港湾が不可欠施設と捉えられている委員会の事例に始まり，Magillケースでは，アイルランドのテレビ局がテレビ番組雑誌の出版社に対して週刊番組案内の情報供与を拒絶したことが，不可欠理論の観点の下で濫用として捉えられている[47]。本件では，102条にいう濫用が認められるのは，拒絶が，消費者に不利益となる形での技術発展の制限につらなること，川下市場における競争の排除，拒絶が客観的に正当化されないという要件を充足する場合とされている。さらに，Bronnerケースでは，日刊紙の国内全土に及ぶ戸別販売システムは不可欠施設として捉えられないとされており[48]，ここでは，当該理論の適用は限定的である。本件では，戸別配達システムへのアクセスが，競争者にとって市場支配的事業者と競争するための唯一の可能性として捉えら

---

46) Bronner, Montag/Leibenath「Aktuelle Entwicklungen im Bereich von Art. 82 EG」EWS（1999年）281頁以下。
47) 前掲注2) 参照。
48) 「Bronner/Mediaprint」判例集1998年 I -7791頁以下。

れなかった。不可欠施設理論が販売セクターにおいて適用された事例は従来存在しない。委員会は，電気通信ネットワークの所有者は不可欠施設理論に基づきネットワークの開放が義務づけられるという見解を支持している[49]。IMSケース[50]では，著作権で保護される情報システムの構造（ストラクチャー）の利用を認めるべきかどうかが争点となった。本判決では，ライセンス拒絶が濫用とされるのは，拒絶された事業者が，消費者の潜在的需要が存在する新製品・サービスの提供を意図していること，仮定的ないしは潜在的な派生市場における競争の制限である。不可欠性の要件は，ここでは必須性として問題にされ，顧客が競争者の製品に乗り換える技術的ないしは経済的負担を基準に判断されている。マイクロソフトのケース[51]では，ワークグループサーバーPC市場において，必要なインターフェイス情報を競争者に提供しないことによって，ウィンドウズと競争者のサーバーソフトウェア間相互のデータ交換を妨害していることが，濫用と捉えられた。もっとも，当該ケースでは，新規の取引ではなく，既存の取引の破棄が問題となっている点，ネットワーク効果が認められるという点が従来のケースと異なっている。また，これまで不可欠施設理論が電力分野に適用された事例はないようである。

　さらに，既に述べたガイダンスでは，川下市場について詳述されており，これは，拒絶されるインプットを，商品を生産またはサービスを提供するために必要な市場と理解されている（para.76）。このような川下市場は，知的財産権または物理的コントロール（不可欠施設）によって閉鎖・阻害されうる（para.78）。川下市場のかかる阻害に関して，欧州委員会は，実質的にヨーロッパの判例で展開した要件を受け入れている。つまり，供給拒絶が反競争的と捉えられるのは，川下市場において有効に競争するために客観的に必要な製品を対象とすること，供給拒絶が川下市場における有効な競争を排除し，消費者に不利益を与えることとなる場合である（para.81）。

---

[49] 「電気通信分野におけるアクセス協定への競争法の適用に関する告示」1998年8月22日EC官報C265号2頁。
[50] 「IMS Health」判例集2004年I-5039頁以下。
[51] 「Microsoft」判例集2007年II-3601頁以下。

VI 106条[52]（EC条約86条）と電力エネルギー産業

106条の名宛人は加盟国であり，加盟国が公的事業者及び特権を付与する事業者との関係で，条約規定を維持する義務が定められており，加盟国が当該事業者の条約違反，特に反競争的行為に関係しないことを要求するものである。条約違反行為としては，102条による市場支配的地位の濫用行為の禁止が中心となる。106条1項は，事業者の101条及び102条違反を前提とすることになるが，当該事業者の事実上の当該規定違反と関係なく適用され得る。

106条2項は，公益事業者及び財政独占である事業者の適用免除を定めている。条約が適用されると，当該事業者に委任されている特定の任務の達成が妨害されることから，適用免除が正当化される。ただし，この適用免除は，EUの利益に反しないことが必要である。

具体的事例

(1) 106条2項の適用免除が認められた事例

これに関する事例としては，まず，Almelo[53]ケースが挙げられる。本件は，加盟国内の電力供給システムがEC条約との関係で問題になった初めての裁判所のケースであり，概要は以下のとおりである。地方（自治体Almelo含む）電力（配電・小売）会社は，地域電力（発電・卸売）会社との一般供給条件に基づき，電力の輸入が禁止され，オランダの地域エネルギー業者IJMから電力を排他的に購入する義務を負っていた。IJMは，全ての最終利用者に統一的料金を適用するため，他地域への供給に必要な高いコストをバランスした料金を要求した。これに対して，Almelo等が，排他的購入拘束・輸入禁止・価格の一

---

52) 同条1項の規定は，加盟国は，公的事業者及び特別又は排他的権利を認めている事業者に関して，この条約に定める規定，特に12条（一般的差別規定）及び81条から89条の規定に反するいかなる措置も設定し又は維持してはならないとする。同条2項は，この条約の規定，特に競争規定の適用によって，公益事業に従事する事業者又は財政独占の事業者が，当該事業者に委任されている特定の任務の遂行が法的又は事実上妨害されない限りにおいて，当該規定に従わなければならないとする。同条についての詳細は，青柳由香「EC委員会の公共サービス事業に関する規制政策の展開」『政府規制と経済法』(2006年) 73頁以下参照。

53) 判例集1994年I-1477頁以下。

方的引上げを条約違反として欧州委員会に申告したケースである。

　裁判所は，地方電力会社に課されている排他的購入拘束は，競争制限効果を持ち，他の排他的契約との累積効果を検討した上で，他の加盟国の供給者からの電力購入を禁止する効果を持つ限り，101条に違反するとした。同様に，市場支配的地位が存在し，排他条項によって加盟国間取引が阻害される場合には，102条違反に該当するとした。さらに，106条2項との関係で，IJMが公益を委任されているかどうかは，地域エネルギー業者IJMが，全ての買手，地方の電力会社又は最終消費者に対して，安定的に統一的料金で，かつ客観的基準に基づいて異なる条件で提供するという義務が課せられている場合であるとして，追加料金を要求することなしに，当該供給を遂行することは可能かどうかが問題となるとした。共同体市場における経済的自由・競争に関する規定は自明のこととして考慮されるべきであるとしつつも，最終的には，加盟国間でエネルギー及び需給条件の相違が存在することは，加盟国レベルでの多様なエネルギー経済秩序の形成を正当化するものであり，これは加盟国の管轄事項であるとして，106条2項の適用免除が認められると結論づけている。

(2)　106条2項による適用免除が認められていない事例

　まず，長期供給契約に基づく特権的なネットワーク利用が認められなかったケース[54]が挙げられる。オランダでは，電力分野における市場開放以前，SEP（現NEA）のみが，一般的供給のための電力を輸入する権限を認められていた。このため，SEPは，外国の発電者と長期電力購入契約を締結した。しかし，電力指令96/92/ECの国内法化に伴い，SEPの独占権は廃止された。規制行政庁であるDTEは，ネットワーク利用の条件を規定し，SEPに国境を越える電力取引を可能にするネットワークの容量の47％，後に23.4％を優先的に割り当てた。これに対して，オランダの他のエネルギー供給事業者が電力輸入を妨害されたとして提訴した。

　裁判所は，同指令96/92/ECの7条5項及び16条に基づき，系統運用業者だけでなく加盟国も，差別的な方法・種類のネットワーク利用措置の実施が禁

---

[54]　判例集2005年Ⅰ-4983頁以下。

じられており，当該規定は平等取扱いに関する包括的な義務を定めるものであるから，優先的なネットワークの利用割当は差別的な取扱いであるとした。特権の正当化に関して，DTE は，市場開放以前，SEP の義務遂行のために長期購入契約の締結が必要であったこと，及び 106 条にいう公益を担っていることを挙げている。当該既存の契約を禁止することは，当事者の法的安定性を損ない，加えて，SEP がその契約義務を履行するための十分なネットワーク容量を維持できない場合，著しい財政上の損害が生じると主張した。

しかし，裁判所はこの主張を斥けた。すなわち，同指令 24 条は，明白に過渡的ルールを規定しており，これによれば，欧州委員会は，加盟国の申出に応じて，厳格なアクセス義務の例外を承認することができる。しかしながら，オランダ政府は，規定されている期間内に当該可能性を利用していない。加えて，過渡的ルールは，例外が正当化される特別な手続，基準及び限界を定めており，これは，とりわけ，旧国家独占者による平等取扱いの確保を内容としている。

次に，警告の事例であるが，委員会が，褐炭からの電力生産の排他的権利を付与されている PPC に関して，ギリシャに対して警告した[55]。委員会は，ギリシャに対して，国有電力供給者である PPC に国内で生産されている電力の大部分の原材料である褐炭を採掘するために付与した排他権が，条約 106 条に違反する可能性があると警告している。委員会の見解では，PPC は，褐炭分野に関する排他的権利に基づき，ギリシャ電力市場における支配的地位の維持が可能となるため，102 条に関係する 106 条違反が存在する。他の潜在的供給者が褐炭への同様のアクセスを持っておらず，PPC の支配的な地位の潜在的濫用につらなる。

近年，規制緩和が進む中，106 条 2 項の適用免除は意義を失ってきているように思われる。加えて，電力エネルギー分野に関する諸指令が公布されており，これが，加盟国の事業規制と共に電力事業における規制の中心的役割を果たすことになる。

---

55) IP/04/436 参照。

第 4 部

英国の電力改革

略語（英国）

CP：Capacity Payment
GEMA：Gas and Electricity Markets Authority
NETA：New Electricity Trading Arrangements
OFFER：Office of Electricity Regulation
OFGEM：Office of Gas and Electricity Markets
OFT：Office of Fair Trading
TCLC：Transmission Constraint Licence Condition

第1章
英国における電力産業とその規制の概観

友岡史仁

I 電力産業の実態

1 構造の実態

(1) 電力民営化（1989年）と発送電分離

　英国における電力産業は，1989年の民営化（privatization）を契機に変貌するが，イングランド・ウェールズとスコットランドとでは，「発送電分離」の採否につき，様相を大きく異にするため，以下では，これを踏まえて叙述することとする。なお，北アイルランドは英国本土と直接的な競争関係にはない地域のため，本章では原則的に概説対象から外す。

　第一に，イングランド・ウェールズでは，民営化と同時に「発送電分離」が行われた。すなわち，発送電を担っていた中央発電局（Central Electricity Generating Board）について，発電部門は当時の主要電源とされた石炭火力発電所を主体として所有するNational PowerおよびPower Genの2社（以下，「二大発電事業者」という）に分割され，送電部門は発電・配電の各事業者が出資するNational Gridが設立された。他方，配電部門は12の地域配電局（Regional Electricity Council）がそのまま民営化され，地域独占を認める構造も維持された。なお，原子力発電所を所有するBritish Nuclearは1991年まで国有のまま維持された。

　第二に，スコットランドでは，垂直統合的構造を維持したまま民営化されたため，イングランド・ウェールズとは違って，水力発電所はこれを主に所有し

ていた北スコットランド水力局（North of Scotland Hydro-Electric Board）がScottish Hydro Electric として，その他の発電施設を所有していた南スコットランド電力局（South of Scotland Electricity Board）が Scottish Power として，それぞれ民営化されたが，送配電および供給の各施設はこれら2社によって共有される仕組みが採られた。なお，南スコットランド電力局が保有していた原子力発電所は，Scottish Nuclear として国有が維持された[1]。

(2) 電源構成

主要電源は，民営化後しばらくは石炭を中心に変遷したが，1990年代後半以降，発電所の老朽化などを契機として「ガスへの突進（Dash for Gas）」と称されるガス火力の急増によって，その構成が大きく変化し現在に至っている。

2010年時点における電源構成の割合を見れば，ガスが47%，石炭が28%，原子力が16%，再生可能エネルギーが7%，輸入が1%，そして他の燃料が1%という順序になっており，全電源のうちガスが約半分近くを占めていることが分かるが，そのほかにも，石炭・原子力といった化石燃料を用いた割合も依然高く，その一方で新エネルギーと称される再生可能エネルギー源は依然として低い数値を示している点を指摘できる[2]。なお，「輸入」が全体の1%を占める程度であるため，数値としては低いが，一部の電源を海外に依存している事実は注目されよう。

(3) 事業者の実態

英国の電力事業は，大きく分けて，発電（generation），送電（transmission），配電（distribution），そして供給（supply）の4部門（以下，「主要4部門」という）から成り立っているが，民営化を契機に，前述のように異なる事業構造が採られたイングランド・ウェールズとスコットランドでも，主要4部門において企

---

1) スコットランドの場合，その人口規模のほか北スコットランドおよび島嶼部からなることにより供給義務の確保のためには内部相互補助が必要であることを理由に，垂直統合的事業構造が容認されていたとするものとして，See Dieter Helm, *Energy, the State, and the Market: British Energy Policy Since 1979* (Oxford: OUP, 2003), p. 139.
2) See Department of Energy and Climate Change, *Digest of United Kingdom Energy Statistics 2011* (London: TSO, 2011), p. 123, Chart 5.2.

業結合を通じた市場統合化が図られている点を指摘できる。以下，送電とそれ以外の部門とに分け，それぞれの特徴点を概説する。

　第一に，送電以外の部門について。イングランド・ウェールズでは，1996年に二大発電事業者による配電（供給を含む）事業者であった Southern Energy および Midlands Electricity の買収に始まる相次ぐ合併によって，発電と配電・供給との間での再垂直統合化が見られた。他方，スコットランドでも，Scottish Hydro Electric および Scottish Power がイングランド・ウェールズにおける配電事業者（Southern 及び Manweb）を買収し，それぞれ Scottish and Southern（以下，「SSE」という）および Scottish Power（社名は維持）が設立され，事業構造の地域的相違を相対化した。他方，英国外の事業者による買収も行われた結果，現在は，EDF Energy, E.ON, RWE npower, SSE, Scottish Power, そして Centrica の大手6社（「Big 6」と呼ばれる）によって，価格競争が行われる英国本土の発電・供給の両市場において高いシェアが占められており，Centrica を除く5社が独占部門である配電施設を保有している点，EDF Energy, E.ON, RWE npower および Scottish Power は英国以外の他の EU 加盟諸国（仏独西）における総合エネルギー企業の資本傘下にある点[3]，をそれぞれ指摘できる。

　第二に，送電部門について。(1)にも触れたように，イングランド・ウェールズでは，民営化当初 National Grid が当該部門を担当していたが，2003年にはガス輸送施設を中心に保有・運用していた Lattice Group との合併によって National Grid Transco が設立され現在に至っている。他方，スコットランドでは，SSE が北部の，Scottish Power が中南部の各地域における送電施設を保有しているが，運用はイングランド・ウェールズ同様に National Grid Transco が行っていることから，英国本土における送電網の運用は，同一事業者の下にある。

---

3) EDF Energy はフランスの EDF 系列，E.ON および RWE npower はともにドイツの RWE 系列および E.ON 系列，そして，Scottish Power はスペインの Iberdrola 系列にある。

2 取引の実態

(1) 発電・供給市場の実態

主要4部門のうち,競争的市場は発電および供給の2部門である。2010年の統計における市場シェアを見れば,発電市場では全体の65.0%,家庭用市場では96.6%,非家庭用市場では82.1%であるとされている[4]。

以上のようなシェアの数値から,Big 6は競争が機能する発電と供給両市場において高いシェアを占める垂直統合的な電力事業者であることを意味し,中でも,家庭用市場では6社によってほぼ独占された状態にあるといった点が分かる。しかし,このことと並んで,実態として,家庭用ユーザーによるBig 6以外の新規参入者への事業者の切替えが起こっていない点が指摘されている[5]。

(2) 卸電力取引の実態

英国における卸電力市場の存在は,民営化当初,「強制プール」と呼ばれる独自の仕組みを通じて発電事業者と配電・供給事業者との間の直接取引が行われることを禁ずる仕組みを基本としていた点がある。この結果,当時の発電市場におけるシェアが約7割を占めていた二大発電事業者によって価格操作が行われていた疑いが顕在化した。

そこで,2000年公益事業法(Utilities Act 2000)による1989年電力法改正(Electricity Act 1989)によって,「強制プール」を廃止し,送電事業者を介して相対取引を可能にする「新卸電力取引制度(New Electricity Trading Arrangements: NETA)」が導入される一方,卸電力取引所も設置された。他方,NETAはイングランド・ウェールズのみを対象としていたため,2004年エネルギー法(Energy Act 2004)によってスコットランドにまで地域を拡大する「英国電力取引制度(British Electricity Trading Arrangements: BETA)」が導入され,2005年4月より実施されている。

---

[4] See Bloomberg New Energy Finance, *UK Big 6 Utility Investment Trends: A report for Greenpeace UK on the generation investments of the Big 6 utilities* (23 April 2012), p. 4, table. 2.

[5] See OFGEM, *The Retail Market Review: Findings and initial proposals: Consultation*: Ref 34/11 (21 March 2011), para. 2. 4.

以上に加えて，2012年11月には，再生可能エネルギー源の増加を狙いとした相対取引制度（差分契約（Contract for Difference））の活用によって低炭素化の実現とともに安定供給を図るための法案（エネルギー法案（Energy Bill））が議会に提出されている。

II 電力規制システム

1 規制組織

電力・ガスを一体的に規制する組織（「事業規制機関（regulators）」と称される）として，合議制機関であるガス電力市場局（GEMA）が執行権限を有する機関として設立されている（OFGEMはGEMAの実施機関として存在）。同局は担当省（現在はエネルギー気候変動省（Department of Energy and Climate Change））とは独立して競争政策的判断を行う点で，政府からの直接的関与を受けない独立した規制機関であり，一般的には事業法制上の諸種の規制権限（2参照）を行使する。

他方，競争法制のうち行為規制を司る1998年競争法（Competition Act 1998）に基づく規制権限は一般的に競争監視機関である公正取引庁（OFT）に付与されているが，これと同一の権限（「競合的権限（concurrent powers）」と呼ばれる）がGEMAにも付与されているため，英国の電力産業に関する事業法制・競争法制双方における規制権限が同一機関により使い分けて行使されることになっている。

2 事業法制（概略）

(1) 参入規制

英国の電力産業に対する規制法は，民営化に伴い制定された1989年電力法である。同法は，2000年公益事業法，2004年エネルギー法，2008年エネルギー法（Energy Act 2008）等によって改正され現在に至っているが，競争的な事業構造を形成する根拠規定であることに変わりない。

現在の1989年電力法は，主要4部門のほかインターコネクター[6]について，

GEMAによる許可制（licence）を採用するほか（6条1項(a)～(e)），許可に際して要件を付すことを可能とし，その場合は許可事業者（licence holder）の同意を要する（11条1A項以下）一方，GEMAは特定事業者については当該要件を修正できるものとしている（8A条2項）。なお，2000年公益事業法において，許可事業者に対する詳細制度が「標準許可要件（standard conditions of licences）」によって策定されることになった。

1989年電力法は，許可を受ける事業者の種類を限定しており，「同一法人が配電許可及び供給許可の双方を保有する事業者となることはできない」（6条2項）とする一方，インターコネクターについては，同一法人が他の主要4部門に係る許可を受けてはならない旨規定されている（同条2A項）。このほかにも，送電事業および配電事業に係る「標準許可要件」において規定された例外を除き，当該事業者はGEMAの書面による同意がなければ他のすべての事業を営んではならないものとされている[7]（この点についてはさらに本部第3章において言及）。

(2) 料金規制

英国における料金規制は，「小売物価指数 – 効率性指数（RPI-X）」を用いた価格上限規制（プライスキャップ規制）を採用してきた。この規制の対象は，民営化当初，送配電および非自由化市場であった家庭用ユーザーに対する供給の各部門に課せられていたが，家庭用ユーザーについては，段階経過後，2002年4月に完全に撤廃されており，現在は，送配電部門が対象とされている[8]。ただし，当該部門に対する価格上限規制（プライスキャップ規制）も，2010年10月，GEMAが新たに「革新及び生産達成のためのインセンティブを用いた収入（Revenue using Incentives to deliver Innovation and Outputs: RIIO）」方策を

---

6) イングランドとフランス（2000MW）及びオランダ（1000MW），スコットランドと北アイルランド（500MW），そして北アイルランドとアイルランド（600MW）それぞれの間で敷かれる国家間連系線を指す。

7) OFGEM, *Transmission Licence Standard Conditions* (6 April, 2012), B6; OFGEM, *Standard Conditions of the Distribution Licence* (10 November, 2011), Condition 29.

8) 送電料金の設定方式の詳細は，邦語文献として，南部鶴彦編『電力自由化の制度設計』（東京大学出版会，2003年）196～197頁（浅野浩志執筆）が詳しい。

Ⅱ　電力規制システム

採用する決定を行い[9]，従前の要素を継承しつつも，既存の送配電網の交代やスマートグリッドへの転換の促進と温暖化防止対策を狙いとした当該規制に代わる新たな料金規制の在り方を示すものとして注目される[10]。

次に，家庭用ユーザーは，行政機関による事前規制としての料金規制は撤廃されたものの，一定規模以上の事業者に対し，「燃料貧困（fuel poverty）」に瀕する低所得者層への「社会政策料金」による供給が義務化されている点がある[11]。すなわち，2010年エネルギー法（Energy Act 2010）は，低所得者世帯であり合理的費用で暖をとることができない場合を「燃料貧困」として位置付け（15条2項(a)），電力・ガス供給事業者に対し，国務大臣が「燃料貧困」を減らすために規則によって一定の支援スキームを策定すること（9条1項），支払方法，給付の形式とその額に係る内容（スキームの対象となるユーザー料金，物品・サービス形式による給付を含む）と金額を主とすること（同条7，8項）などとした。そして，これを受けた規則[12]では，2011年4月から2015年3月の4年間に25万件以上の家庭用ユーザーを対象とする供給事業者に，顧客の種類に応じた一定額の支出を義務化するとともに，当該ユーザーへのリベートによる支払制度が定められている。

---

9)　See OFGEM, *RIIO: A New Way to Regulate Energy Networks*: Final Decision（October 2010）.
10)　このあたりの動向を検討したものとして，See Aileen McHarg, "Evolution and Revolution in British Energy Network Regulation: From RPI-X to RIIO," in Martha M. Roggenkamp, Lila Barrela-Hernández, Donald N. Zilman and Iñigo del Guayo（eds.）, *Energy Networks and the Law: Innovative Solutions in Changing Markets*（Oxford: OUP, 202）, pp. 313 et seq.
11)　制度紹介も含め，例えば，佐藤佳邦「イギリスの全面自由化後の低所得者向け電気料金——2008年-2011年の『社会福祉料金』の経験」電力中央研究所報告 Y11017（2012年）参照。
12)　The Warm Home Discount Regulation: SI 2011/1033. さらに，2010年エネルギー法では，給付金支払いの具体的な仕組みを機能させるために国務大臣が規則によって調整（reconciliation）規定を定めるものとしており（11条1項），これを受けて，The Warm Home Discount（Reconciliation）Regulations: SI 2012/1414 が定められている。

第2章

英国の電力市場における市場支配力のコントロール

若林亜理砂

はじめに

英国は，電力自由化が比較的早期に開始された国であり，自由化以降市場システムの大きな転換も経てきている。現在では，EU 加盟国の中では最も自由化が進んだ国の1つであり，電力自由化が成功した数少ない国であると評価されている[1]。

本章では，英国の電力自由化について，電力市場における市場支配力のコントロールを中心として検討する[2]。まず事業法による規制，次に，英国競争法による規制を概観した後，英国の電力市場の自由化の進展について検討し，市場支配力に対する規制の経験及び近年の事例を紹介することとする。

なお，現在，北アイルランドについては，規制の特徴などその他の地域と共通する部分もあるが，イングランド，ウェールズ，スコットランドとは異なる規制機関により規制されているため，本章では北アイルランドを除く地域を検討対象とする。

---

1) EU Commission Staff Working Document, Accompanying Document to THE COMMUNICATION FROM THE COMMISSION TO THE EUROPEAN COUNCIL AND THE EUROPEAN PARLIAMENT, Prospects for the internal gas and electricity market {COM (2006) 841 final} -Implementation report, 01/10/2007 {SEC (2007) 12}, p166.
2) 英国の電力市場に関するわが国の文献としては，野村宗訓『電力市場のマーケットパワー』（日本電気協会新聞部，2002 年），野村宗訓ほか『欧州の電力取引と自由化』（日本電気協会新聞部，2003 年），矢島正之『電力改革再考──自由化モデルの評価と選択』（東洋経済新報社，2004 年），藤原淳一郎「動き出した英国電力民営化(1)」自治研究 66 巻 9 号（1990 年）33 頁等がある。紙幅の関係上，引用注は割愛させていただいた。

I 英国電力市場の規制法規及び規制機関

1 事業規制法及び規制機関

英国の電力自由化は 1980 年代から始まっていたが,本格的な自由化は 1989 年電力法 (Electricity Act 1989) によって開始された。同法の下で導入された市場システムは後述のように様々な問題を有していたため,1998 年までに新制度の導入が検討され,1999 年に 2000 年公益事業法 (Utility Act 2000) が制定され新制度が開始された。

規制機関についても自由化当初から現在まで変化が見られる。1989 年電力法により,電力市場の規制機関として Office of Electricity Regulation (OFFER) が設立され,その長として電気事業局長 (Director General of Electricity Regulation) が置かれた。その後,ガスと電力のパッケージ販売が行われるようになり別個の規制機関により対処することが困難になってきたこともあり[3],2000 年公益事業法は OFFER を廃し,ガス市場を規制してきた Office of Gas Supply (OFGAS) と統合した形でのガス・電気市場局 (Office of Gas and Electricity Markets：以下,「OFGEM」という) を設立した。OFGEM は EU 第三エネルギーパッケージにおける規制機関として公式に指定されている。また,OFFER の長としての電気事業局長も廃され,ガス・電力市場委員会 (Gas and Electricity Markets Authority：以下,「GEMA」という) が OFGEM の運営に関し指導及び監督を行う上部機関として置かれて現在に至っている。GEMA は,現在委員長及び 11 名の委員により構成されている。また,法律上その目的として,電力システムによってもたらされる電力に関して,事業者間の,及び,電力の発送配電に関連した事業行為において,有効な競争を適宜促進することにより消費者の利益を保護することが挙げられている[4]。

---

[3] 杉平二郎「英国：電力自由化,規制改革と企業戦略」エネルギー経済 29 巻 2 号 (2003 年) 53 頁。

[4] Electricity Act 1989 (c.29) 3A.

2 ライセンス制度

英国の電力市場において一定の事業活動を行うためには，一部の例外を除き国からライセンスを与えられることが必要である。そして，電力事業者に対する具体的な規制は，多くの場合法律，規則等よりはむしろライセンス要件によってなされる。料金規制やアンバンドリング，他の事業者に対する取扱いなど，ライセンス要件がカバーする事項は多岐にわたっている。

本格的に自由化を行った 1989 年電力法によって最初に導入されたライセンス制度では，事業ごとに，発電ライセンス・送電ライセンス・第一種供給ライセンス（配電と小売），第二種供給ライセンス（小売のみ）の 4 種類があった。

その後，2000 年公益事業法は，第一種供給ライセンスの配電と小売を分離し，第二種供給ライセンスを廃して供給ライセンスに統合した。また，標準ライセンス条件（Standard License Condition）を導入し，同一のライセンスを有するものには基本的に同一の内容の義務が課されることになった。例えば，配電ライセンス保持者に対しては託送義務を課し，供給ライセンス保持者に対しては顧客からの求めに応じた料金メニューの提示，及び，選択された場合の応諾義務を課した。

送電事業・配電事業を行う事業者に対しては，競争導入分野である発電事業及び小売事業との経営・事業分離（法的分離）が義務として課され，アンバンドリングがなされている[5]。ただしこれはイングランド・ウェールズについての制度であり，スコットランドにおいては自由化後も発送配電一貫が維持され，基本的に現在まで市場構造には大きな変化が生じていない[6]。その理由としては，市場規模が小さいこと，送電容量がそれほど大きくなかったことが挙げられる。

なお，2004 年エネルギー法（Energy Act 2004）は，相互接続線運営事業についてもライセンス制度を新たに設けており[7]，相互接続線事業を行う事業者に

---

5) Transmission Standard Licence Condition B6, Distribution Standard Licence Condition 29.
6) Scottish Power 及び Scottish and Southern Energy の 2 社は，2001 年 10 月にそれぞれの事業ごとに分社化をしている。
7) Energy Act 2004 (c. 20) section 145.

は他のすべての電力事業との法的分離が義務づけられている。

3 競争法による規制

(1) 1998年競争法

英国における競争法の主たる実体規定は，1998年競争法（Competition Act 1998）の，事業者間の協定等を禁じる第1章禁止規定（2条1項）と，支配的地位の濫用を禁じる第2章禁止規定（18条1項）であるが，電力市場の市場支配力の問題と関連するのは特に後者である。第2章禁止規定はEC条約82条をモデルとして制定され，英国内の取引に影響のある，1ないし複数の事業者による支配的地位の濫用行為を禁止している。禁止される具体的な行為として，(a)直接的又は間接的に，購入価格，販売価格についてのあるいは他の不当な取引条件を課すこと，(b)生産，販売，あるいは技術的発展を制限し，消費者に対して不利益を与えること，(c)同様の取引に対して異なる条件を取引相手に対して課し，これによって当該取引相手を競争上不利な立場に置くこと，(d)契約締結の条件として，その契約の対象と性質上又は取引慣行上関係のない義務を相手方に対して課すこと，が例示的に挙げられている。

第2章禁止規定に違反する行為が行われたかについては，関連市場において①行為者が市場支配的地位にあるか，②市場支配的地位の「濫用」を行ったか，という点が検討される。市場支配的地位にあるか否かは，当該事業者が顧客や競争者からある程度独立して行動できるかによって判断され，市場シェア，顧客・競争者の行動，市場の状況等が考慮される。「濫用」かどうかは，顧客あるいは競争者を搾取する行為であるか，又は，市場を閉鎖し，ライバルのコストを上昇させ，あるいは競争を減殺するような排他的行為であるかが検討される[8]。

同法を中心とした英国競争法は，現在公正取引庁（Office of Fair Trading：以下，「OFT」という）によって主として運用されている。

---

8) OFT, *Competition Law Guideline, Guideline on Assessment of Individual Agreements and Conduct (OFT414)*, September 1999.

(2) 2002年企業法

2003年から施行されている2002年企業法（Enterprise Act 2002）は，1998年競争法の補完的な役割を果たす条項を有している[9]。2002年企業法4章は，競争委員会（Competition Commission）に対して市場調査の付託（market investigation reference）をOFTが行い得ることを規定している。この市場調査の付託は，市場の要因（市場構造，市場における事業者の行動，顧客の行動等）の組合せにより英国における競争が阻害，制限，あるいは歪曲されていると考える合理的な根拠がある場合になされる[10]。OFTは，市場調査を付託する代わりに，事業者から改善のための約束を受けることもできる。市場調査を付託された場合，競争委員会は反競争効果が生じているかを決定し，もしそのような効果が生じていると決定した場合には構造規制を含む適切な措置を採らなければならない。

このほか，2002年企業法は，大臣により指定された特定の消費者機関による調査要求制度（super complaint）を規定している。この消費者機関の1つとして，2000年公益事業法（Utility Act 2000）により設立されたガス・電力消費者保護機関（Gas and Electricity Consumers' Council：通称「Energywatch」）が指定されたが，同機関は2008年10月以降他分野も併せて扱う「Consumer Focus」に統合され，さらに2013年4月「Consumer Future」となっている。

(3) 競争法の改革

現在英国では競争法制度の各種改革が予定されており[11]，最も大きな変更点としては，2014年4月よりOFT及び競争委員会がCompetition and Markets Authority（CMA）という名称の単一組織に置き換わることが挙げられる。CMAは引き続き政府から独立した機関となり，競争法違反調査（カルテル及び

---

9) 同法の中心的な規定として他に合併等に関する規定もあるが，本章ではこれを扱わないこととする。
10) 市場調査の付託が行われる場合としては，産業全体，あるいは複数の事業者による行為が主として念頭に置かれているようであるが，単独の支配的地位の濫用行為であっても，事業規制や参入障壁と関連したものや，構造規制によってのみしか対処できないような場合には付託がなされ得るとされている。OFT, *Competition Law Guideline, Market investigation references* (OFT 511), March 2006, p. 8.
11) The Enterprise and Regulatory Reform Act 2013.

市場支配的地位の濫用等），合併審査，市場調査等を統一的に行うことになる。

(4) EC競争法との関係

ECカルテル規則（1/2003/EC）の3条1項に基づき，加盟国の競争当局は，加盟国間の取引に影響を与える可能性のある違反協定あるいは行為に対しては，EC条約81条及び82条を適用しなければならない。OFT及びガス・電気市場局もこの義務が課される競争当局に含まれるため，電力分野における事業者間の協定あるいは事業者の行為が国内市場のみならず加盟国間の取引にも影響があると考えられる場合には，1998年競争法と並んでEC条約81条・82条を適用することとなる[12]。

4 事業法と競争法の関係

2000年から施行されている1998年競争法では，規制分野については各規制機関，すなわち電力分野に関してはGEMA（OFGEM）にも競合的に競争法の主要規定に関する適用権限が与えられている[13]。

電力市場における事業者の行為については競争法により対応される場合と，事業法によって対応される場合があり，場合によっては規制機関が競争法・事業法双方を適用することができる。このような場合において，競争法を適用することがより適切な場合には，規制機関は競争法を適用しなければならないとされる[14]。

2001年1月から2005年9月まで，38事例が規制機関により調査されている。このうち，OFGEMが審査を行い公表された事例はガス部門を含め6件あるが，

---

12) 英国国内法の内容も，1998年競争法以降EC法に大きく影響されてきている。同法60条は，英国において競争法に関連して生じる問題は，共同体内において競争法に関して生ずる同様の問題についての対応と可能な限り整合的な形で対応される旨を規定しており，英国競争法による判断は，EC競争法の解釈，判例と近接した形でなされている。

13) OFGEMのほかに，The Office of Communications (OFCOM), The Water Services Regulation Authority (OFWAT), The Office of Rail Regulation (ORR), The Northern Ireland Authority for Utility Regulation (NISUR), The Civil Aviation Authority (CAA), に対して権限が与えられている（1998 c41. Sec. 54）。

14) OFT, Competition Law Guideline, *Concurrent Application to Regulated Industries* (OFT 405), December 2004.

この期間に違反が最終的に認定された事例はない[15]。規制機関による競争法の適用については，貿易産業省と大蔵省が共同レポートにおいて検証し提言を行っている[16]。同レポートは，それまで違反事例がないことの原因について，事業者による遵法努力の結果である可能性や，事業法による規制が充分機能した可能性もあるとしながらも，規制機関が必ずしも競争法適用に積極的でないことが原因である可能性があると述べ，8つの具体的な提言を OFT 及び各規制機関に対して行っている[17]。

2013 年 4 月 25 日に国王の裁可（Royal Assent）が下りた The Enterprise and Regulatory Reform Act 2013[18] では，CMA は，自ら取り扱った方が良いと考えられる場合には，特定の事例を規制機関に優先して取り扱うことができるようになり，また，所管大臣は規制機関の競争法適用権限を剥奪する権限を与えられている[19]。競争法及び事業法双方を適用する可能性のある場合に規制機関はより積極的に競争法を適用することが必要となり，今後は従前と比較して競争法を適用する事例が増加すると考えられている。

II 英国電力市場の自由化の進展

1990 年以前は，発電部門に若干の自由化がなされていたものの，発電及び送電は国営の中央発電局，配電及び小売は 14 の国営の地方配電局によりなされていた。

1990 年以降，これらの機関が分割（アンバンドリング）及び一部民営化され，イングランド・ウェールズでは中央発電局の発電部門は，National Power（火力発電），Powergen（火力発電）の 2 民営会社と，国営の National Electric（原

---

15) その後，2008 年 3 月 19 日には，National Grid 社がガスメーターの維持に関して市場支配的地位の濫用を行ったとの決定が OFGEM から出され，4160 万ポンドの制裁金が課されている。
16) Department of Trade and Industry and HM Treasury, *Report: Concurrent Competition Powers in Sectoral Regulation*, URN 06/1244, May 2006.
17) このレポートに対する反論として，OFGEM, *Ofgem's reponse to the joint DTI and HMT report on Concurrent Competition Powers in Sectoral Regulation*, December 2006.
18) 2013 c. 24.
19) *Supra* note 11, section 52.

子力発電。後に民営化され British Energy〔以下，「BE」という〕と社名変更[20]）となった。送電部門も民営化され，National Grid となり，独占的に送電事業を担うこととなった。地方配電局もそれぞれ民営化され地域配電会社となり，配電及び小売を行うこととされた。また，小売部門には新規事業者の参入を認めた。以下，自由化以降の進展につき，取引段階ごとに概観することとする。

1 発電・卸売部門

(1) 強制プール市場（2000 年まで）

電力の発電（卸売）については，1990 年の民営分割化以降 2000 年までは，すべての事業者が単一の卸市場で取引を行う強制プール制が採られてきた。強制プール市場は National Grid により運営され，受渡しの前日 10 時までに 30 分ごとの幅で入札が行われた。National Grid が算出した必要量に達するまで低い価格を入札した事業者の分から落札され，発電事業者の落札価格は入札価格如何にかかわらず最後に落札した事業者，すなわち落札事業者のうち最も高い価格で入札した事業者の入札価格（以下，「SMP 価格」という）で統一されて，これに Capacity Payment（以下，「CP」という）を加えた価格で National Grid が購入した。National Grid はこれに補助サービス等のコストを加えた価格で販売を行っていた。

(2) 現行システム（2000 年以降）

下記で述べるように，1990 年代には，ピーク電源を有する大規模事業者 2 社による協調的な市場操作が行われているとされ，それに対してどのように競争法を適用できるか，あるいは事業法で対応できるかが大きな問題となっていた。これに対しては様々な措置が採られたが，それだけでは発電事業者による市場支配力の問題は解決し得ないと考えられたため，2001 年以降は，従来の強制プール市場制度を廃し，相対取引を中心とする New Electricity Trading Arrangement（以下，「NETA」という）を導入した。NETA はイングランド・ウェールズのみをカバーしており，スコットランドでは従来通り発送配電一貫

---

20) 現在は EDF Energy のグループ会社となっている。

で，2社がそれぞれの事業地域について系統運用を行っていた。しかしながら，スコットランドにおいても競争のメリットを生かせるように，2004年エネルギー法（Energy Act 2004）は NETA のシステムを拡大し，British Electricity Trading and Transmission Arrangement（BETTA）として 2005 年 4 月から稼働している。これにより，スコットランドにおいても独立の系統運用者（National Grid）により運用が行われ，より中立性が保たれるようになった。

NETA/BETTA では，先渡（forward）取引などの相対取引（ブローカーを通したものも含む）が中心となっているが，以下のように取引時によって幾つかの市場取引も行われている。

(i) 先物（future）市場

受渡し前日までは市場において先物取引[21]が行われる。先物取引は，期間ごと（季節・四半期・月・日）に標準化された取引となる。先物市場及び(ii)のスポット市場として，NETA への移行に伴い複数の私設電力取引所が設立されたが，現在は APX Power UK のみが稼働している[22]。

(ii) スポット市場

受渡し 1 日前よりクロージング（取引締切）までは，スポット市場における取引が行われる。クロージング時には，各事業者はそれまでに成立した契約量及び物理的ポジションを系統運用者である National Grid に対して通知する[23]。スポット市場での取引及び相対取引は受渡し 1 時間前のクロージングまで行われる。

(iii) インバランス市場

受渡しまでは National Grid が組織するインバランス（需給調整）市場におけ

---

21) 英国における電力の「先物取引（future market）」は，一般的な先物取引とは異なり，物的な引渡しを伴う点で一般的に言う先渡取引に近いものとなっている。
22) NETA 導入当初は，UKPX, Automated Power Exchange, International Petroleum Exchange（IPE）も稼働していた。しかし，IPE は 2002 年 4 月に停止しており，オランダの APX グループが 2003 年 Automated Power Exchange を買収，2004 年には UKPX の営業譲受を行っている。その後，2つの市場を統合し，2006 年に名称を APX Power UK と改めている。
23) 通知はクロージング時に 1 度だけ行われるのではない。受渡前日の午前 11 時に，各市場参加当事者は National Grid 社に対してその時点での取引及び物理的ポジションについて通知し（Initial Physical Notification），これを随時更新していき，クロージングの時点で最終的な通知（Final Physical Notification）を行うことになる。

るリアルタイム取引により契約量と実際の取引量の調整が行われる（相対取引による需給調整も可能である）。例えば，発電事業者に関し，何らかの理由で契約発電量より実発電量が下回ることとなる場合には，Narional Grid は他の発電事業者から不足分を調達し，差分の調整を行う。インバランス市場で電力不足分を調達した事業者に課される料金（System Buy Price）は，インバランス市場での調達コストを反映した価格，すなわち National Grid が購入する短期取引市場における価格を反映したものとなる。インバランス取引を行った事業者については，あらかじめ締結している Balancing and Settlement Code に基づき電力受渡後にインバランス決済（電力受渡後）が行われる。インバランス決済は National Grid の非営利子会社である ELEXON により行われる。

このように，NETA（現 BETTA）への移行により，相対取引，先物取引，スポット取引，インバランス取引が行われているが，中心は事業者間の相対取引であって，取引全体の 90％ 以上を占めており，先物・スポット市場は全体の約 4％，インバランス取引は 3％ 程度にすぎないとされている[24]。

発電分野の事業者数は，民営化当初は 3 社であったが，2013 年現在はライセンスを有する事業者が 71 社あり，うち大規模事業者と位置づけられるものは 6 社となっている。この 6 大事業者の 2011 年現在のシェア（発電量）は，Centrica が 3.4％，RWE NPower が 18.4％，E.on（旧 Powergen）が 15.8％，EDF Energy が 15.7％，Scottish Power が 5.8％，Scottish and Southern Energy が 15.7％ である。

2　送電・配電分野

送電部門は，自由化によって 3 事業者がライセンスを得て事業活動を行うことになり現在に至っている。現在スコットランド及び北アイルランドを除く地域においては National Grid Electricity Transmission 社，北部スコットランドは Scotish Hydro Electric Transmission 社，中央及び南部スコットランドは Scottish Power Transmission 社がライセンスを保有している[25]。このうち，National Grid Electricity Transmission 社に対しては現在，全地域における系

---

24)　「海外電力」498 号（2007 年）14 頁。
25)　このほか，オフショアについては 4 事業者に対してライセンスが与えられている。

統運用をライセンス要件において認めており，同社は唯一の系統運用者として事業活動を行っている。

配電分野は，自由化以前には14の地方配電局により運営されていたが，自由化後もこの地域に対応した14ライセンスが与えられているほか，新規開発地などに対応するために主たる配電網から拡張された配電設備を運営する独立した配電網運用者（Independent Distribution Network Operators）が数多く存在する。14の地域のライセンスは，現在は，Western Power Distribution（4地域），UK Power Networks（3地域），Northern Power Grid（2地域），Scottish and Southern Energy（2地域），Scottish Power（2地域），Electricity North West（1地域）の6社によって保有されている。

現在，送電部門及び配電部門に関しては価格規制が行われており，送電事業については，接続料金及び1990年以前に運用されている設備の使用料に関しては，レベニューキャップ方式により規制され，1990年以降の接続設備の使用料に関しては総括原価方式によって価格設定が行われる。配電部門（22 kv 未満）に関しては，プライスキャップ方式が適用されている。

3　小売分野

電力小売については，段階的に参入の自由化が進んだ。1990年4月に1 mw 以上の大口需要家（約5000件）について自由化が行われ，1994年4月には100 kw 以上1 mw 未満の中規模需要家（約5万件）に関して自由化された。その他の需要家（小規模需要家及び家庭用需要家）に対しては，1998年9月から1999年5月にかけて順次自由化された。現在供給ライセンスを有する事業者は71社あるが，現在は6大小売事業者グループ（E.ON, RWE（npower），SSE, EDF Energy, British Gas, Iberdrola（Scottish Power））が99％のシェアを有している[26]。また，自由化以降2008年までに少なくとも75％の需要家が1度は購入先を変更しているという。

小売部門に関しては，参入の自由化以降順次価格規制が撤廃されていたが，家庭用需要家及び小規模需要家（年間電力消費量1万2000 kw 以下）に関しては，

---

26) Frontier Economics, *Competition and Entry in the GB Electricity Retail Market, A Report Prepared for Energy UK*, p. 6（Jan. 2011）.

慎重に検討がなされていたところ，最終的に，OFGEM は競争によって需要家の利益は守られると判断し[27]，2002 年 4 月以降完全に自由化された。

英国の電力小売市場においては，ガスと電力をセット販売（デュアル・フュエル）する事業者がシェアを増やしていることが 1 つの大きな特徴である。2000 年には，小売事業者 20 社中 11 社がデュアル・フュエルを行っているようである。中でも，そのパイオニア的存在は British Gas グループの Centrica である。自由化当初，British Gas が従来有していた英国全土の顧客リストを利用し，ガスと電力をセットで購入する顧客に対する割引を行うなどすることにより，2002 年には家庭用電力小売シェア 22% を有した[28]。セットにすることによる割引を得られることから，2001 年に購入先を変更した家庭のうち 81% がデュアル・フュエルを利用したという調査結果が出されている[29]。

メーター関連サービス（Metering）に関しても，1994 年以降，100 kw 以上の市場から順次自由化されてきており，現在は，家庭用需要家を含むそれ以外の需要者についても自由化されている。従来は配電事業者がメーターに関するすべての業務（メーターの設置，維持，管理，メーターの情報の読み取り，解析等）の最終保障義務を負っていたが，従来のメーター（Legacy meters）以外の新規／取り替えメーターについては 2007 年 3 月 31 日以降その業務が配電事業者の対象業務からはずれ，現在当該業務のうち情報の読み取り，解析については小売事業者に最終保障義務が課されている[30]。ただし，メーター関連サービスの自由化以降は，顧客の選択によって独立の事業者がこの業務を行うこともある[31]。

メーターの設置，維持，管理については，地域配電事業者がその業務を請け負う際のプライスキャップが設けられていたが，新規／取替えメーターについ

---

27) OFGEM, *Review of domestic gas and electricity competition and supply price regulation Evidence and Initial Proposals*, November 2001.
28) Electricity Association, *Electricity Industry Review 7*, March 2003, p. 36.
29) Research study conducted for OFGEM by MORI, *Experience of the Competitive domestic electricity and gas markets*, November 2001, p. 33.
30) Electricity Act 1989, Schedule 7, paragraph 1.
31) 顧客がメーターを設置した場合や他の事業者を選択した場合には，その維持の義務は顧客が負う。OFGEM, *Competition in Electricity Metering Services, Industry Guidance*, March 2003.

ては 2007 年 3 月 31 日をもってその義務はライセンス要件から削除された[32]。

4　自由化後の英国電力市場の特徴

　近年の電力市場全体の特徴として，民営化直後（配電・小売については 2000 年）に垂直分離された発電会社・配電会社・小売会社が，再び垂直的に統合されてきていることが挙げられる。このうち，E.on，及び RWE グループは，発電会社が配電・小売供給部門を買収し統合を進めていったものである。EDF Energy グループは配電・小売供給会社が発電部門へと拡大していったものである。Iberdrola グループ（Scottish Power）及び Scottish and Southern Energy グループについては再統合化ではなく，スコットランドにおいて，もともと発送配電一貫が認められていたため統合していた事業者が他地域へ拡大を図ったものである。

　このような垂直的な統合が進んでいるのは，NETA 導入と前後して卸電力料金が低下したことに対応し，発電と小売供給を統合することによってリスクヘッジを行うためであると言われている。電力はその特性の 1 つとして貯蔵することができないことが挙げられるが，発電した電力は価格が低くても販売せざるを得ない。また，小売にとっても電力を使用する時点で同時に販売しなければならないため，価格が高騰しても購入せざるを得ない。垂直統合により，卸事業者は安定的な販売先を確保することができ，また，小売にとっても購入価格の高騰などの影響を受けにくいため，結びつくメリットがあるが，このようなリスクヘッジに失敗した場合，事業活動そのものに影響が及ぶ可能性がある。例えば，現在は EDF Energy グループ会社であるが NETA 導入時には垂直統合を行っていなかった，原子力発電事業者である BE の業績は NETA 導入以降下降を続け，2002 年には破綻状態に陥った。その主たる原因はリスクヘッジの失敗であったとされている。原子力のようなベースロード用の電力はスポット市場での取引には適さないため，NETA の下で BE はほとんどを相対契約に切り替えて販売していたが，スポット価格の低下に伴って相対契約の価格も下落し，これにより BE の発電コストは販売価格よりも高くなった。当

---

[32]　OFGEM, *Ofgem's Decision on the Future of the Gas and Electricity Metering Price Controls*, 13 October 2006.

時小売部門も所有していれば，小売価格は卸売価格ほど下落していなかったためにこのような急激な業績悪化は避けられた可能性があると説かれている[33]。

また，発電量と小売供給量が一致していないとインバランス決済で不利益を被る点からも垂直統合は重視される傾向にあるという。

英国の電力市場に関しては，もう1つ，外国事業者の参入度の高さが特徴として挙げられよう。上記小売6大企業グループのうち，RWE及びE.onグループはドイツ事業者グループ，EDF Energyはフランスの事業者グループ，Iberdrolaはスペインの事業者グループである。また，参入度の高さのみならず，外国事業者が自由化部門である発電，小売市場に加えて，参入規制がかかっている部門である配電市場にも参入していることも，英国電力市場の大きな特徴の1つであると言ってよいのではないだろうか。国営の地域配電会社が民営化された直後には政府が黄金株を所有しており，これを通して間接的なコントロールが行われていた。しかし，政府は1995年3月には配電事業者の黄金株を手放し，現在はライセンスを通してのみコントロールが可能な状態となっている[34]。

---

[33] BEが破綻状態に陥った原因はリスクヘッジの失敗のみではない。関連したその他の原因としては，原子力発電を行っているBEに原子力特有のコストがかかることが挙げられる。すなわち，廃炉・除染費用を負担しなければならず，これが莫大な金額になるためである。2002年7月には，政府系企業であるBNFL（英国核燃料会社）とUKAEA（英国原子力公社）の廃棄物を処理するためにLMA（負債管理局）の創設計画が公表されたが，BEについてはその対象に含まれていなかった。破綻状態に陥ったBEに対しては，電力の安定供給が脅かされること，環境を考えた場合にも原子力発電は存続させる必要があることなどから，英国政府は総額約50億ポンドの支援をすることを決定し，この支援策はECによっても承認されている（Commission Decision of 22/09/2004, OJ 2004 L142/26.）。

[34] 2003年に，英国政府が空港会社BAAに有していた黄金株について欧州裁判所がEC条約違反であると判断し（Case C-98/01, Commission v. United Kingdom [2003] I-04641），送電事業者であるNational Grid社についても2004年に黄金株が廃止されている。

III 英国電力市場における市場支配力濫用行為に対する規制

1 2000年以前の規制

2000年にNETAが採られるまでは，英国電力事業をめぐる市場支配力の規制は，卸売取引に関する強制プール市場における市場支配力の行使に焦点が当てられていた。

上記のように，強制プール市場に対する最大の批判は，有力な事業者による市場操作に対して同市場が構造的に脆弱であったことである。特に，PowergenとNational Powerの2社による入札価格操作及びCPの操作という形での市場支配力の濫用についての対処が，強制プール時代の英国卸電力市場においては大きな問題となった。

前述の通り，強制プール市場における入札では，National Gridが示した予想需要量に対して，応札者の中で価格の低いプラントから落札が決まっていき，予想需要量に達するまで落札者の決定が行われていく。そしてその入札の価格は，最後の1キロワットを落札した事業者の価格であるSMP価格で統一され，これにキャパシティーエレメントを上乗せしたものが事業者に支払われる価格（Pool Purchase Price，以下「PPP」）となる[35]。キャパシティーエレメントは，需要と供給を比較して，需要が供給予定量を上回る割合に応じて支払われる。すなわち，需要が供給を上回れば上回るほど発電可能なプラントを有する発電事業者に多く支払われる。このような入札方法においては，継続的に電力を販売することが必要な事業者（原子力発電のようなベース電源を有する事業者）は限りなくゼロに近い価格で入札を行い，それによって確実に落札していた。落札すればいくらで入札を行うかにかかわらずSMP価格が一律支払われるからである。これに対して，プール市場におけるミドル〜ピーク電源，特に石炭火力発電設備を有する事業者は価格決定力を有することになり，これに該当するのが上記2社であった。2社の入札価格が落札価格となったのは，強制プール制度の期間のうち9割以上にのぼるという[36]。このような市場の状況を利用して2

---

35) 野村宗訓『電力市場のマーケットパワー』（日本電気協会新聞部，2002年）84頁。

405

社は利用可能な設備の申告を少なくすることによって，CP の額を操作していたと言われている。新規参入事業者も現れたが，ベース電源を継続的に稼働させてゼロ入札を行うことによって2社が引き上げた SMP 価格の支払いを受けることができることから，負荷率の低いピーク電源を建設することはほとんどなかったため，新規事業者も上記2事業者による価格支配力に対する牽制とはならなかった[37]。このため，NETA 導入前後まで卸売価格は高止まりを続けていた。

　実際の卸電力価格の動きを見てみると，1990 年の自由化直後には一時的に卸電力価格が下がったものの，1991～1992 年には，その前年に比べて 29% もの値上がりを記録している[38]。1993 年 4 月から 6 月にかけても卸電力価格は再び大きく値上がりしたが，この値上がりは，National Power と Powergen による高値入札の結果であると OFFER の調査により結論づけられている[39]。両社は，価格が上昇することを望んでおり，また上昇させる能力も持っていたこともまた同調査報告で述べられている。

　1997 年の秋から冬にかけては，PPP が前年度同時期と比較して 27% 上昇している。これに関しても，OFFER は2社の市場支配力を反映したものであると結論づけている。これは，前年度と比較して需要の伸びが小さいこと，キャパシティーマージン（需要に比較して稼働可能な設備の割合）が大きいこと等，市場の状況を検討した上でこのように結論づけている。1999 年 7 月の第 1 週，第 2 週にも，価格が上昇している。その間，2社は SMP が 80% 高くなるように入札を行っている。

　このように，強制プール制度ではその設立当時から大規模発電事業者による価格支配が行われており[40]，最終的には制度改革が必要であるとして市場制度

---

36) David Newbery, *Refining Market Design, Paper presented at the Conference "Implementing the Internal Market of Electricity: Proposals and Time Tables,"* (2005), p. 8.
37) 森田浩仁「英国電力市場の現状（プール制廃止と新制度）について」IEEJ2001 年 7 月号。
38) Competition Commission, *AES and British Energy: A report on references made under section 12 of the Electricity Act 1989*, p. 183.
39) *Supra* note 37, p. 185.
40) 経済学者による研究では，1996 年以降は事業者が暗黙の共謀を行っていたと考えられている。Andrew Sweeting, *Market Power in the England and Wales Wholesale Electricity Market 1995-2000*, University of Cambridge Department of Applied Economics Working Paper.

を大きく変更することとなったが，制度変更に至るまでに OFFER は以下の様々な規制を行っている。

(i) CP 計算方法の変更

1991 年から 1992 年にかけての卸売価格の大幅な値上がりと関連して，OFFER は CP 額の大幅な上昇があると述べる。この CP は，1 日前に発電事業者からなされる発電可能設備の申告に基づき計算されていた。そのため，Powergen は，1 日前の段階では自社設備につき利用可能ではないと申告し，その分供給が不足した状態で高く CP が計算された後，当日になって当該設備が利用可能であると申告することにより高額の PPP を受け取っていた。

そこで，OFFER は，この CP を計算するに当たり，従来の 1 日前の申告のみを基礎に計算する方法から，1 日前の申告と当日の申告を比較してどちらか多い方を基礎として計算する方法に変更した[41]。

(ii) ライセンス条件 (condition) の変更

1991 年から 1992 年にかけての卸売価格の値上がりに対しては，CP の計算方法の変更のほか，新たなライセンス条件が Powergen のほか，National Power も加えた 2 社に対して追加された。また，後に British Energy Generation 及び BNFL Magnox に対するライセンスにおいても，この条件が課されるようになった[42]。

同条件は，いくつかの義務をライセンス保持者に課している。まず，ライセンス保持者は，OFFER に対して 1 年間の発電所稼働可能性，予定されている稼働停止，及び，発電源のタイプを通知しなければならず，また，前年度の予測と実際の稼働状況，及び，その両社に顕著な乖離があった場合にはその理由を提出しなければならない。また，設備稼働を停止する場合（長期・短期）及び各設備の発電可能容量を実質的に縮小して発電する場合には，6 カ月前に OFFER に通知をすることが義務づけられた[43]。OFFER は，この設備稼働停止，あるいは稼働縮小に対して，独立した第三者を任命し，その稼働停止・稼

---

41) *Supra* note 37, p. 183.
42) この条件は一般に「条件 9A (Condition 9A)」と呼ばれていたが，現在は発電標準ライセンス条件 18 項として，発電事業者に課されている。
43) この義務は，British Energy Generation 及び BNFL Magnox に対しては課されていない。

働縮小が合理的であるか評価を行わせることができる。ただし，その結果，稼働停止・縮小が合理的ではないと評価されたとしても，OFFER はそれをレポートとして公表するのみであり，設備売却を命じ，あるいは，発電事業者が行った稼働停止・縮小の決定を撤回させる等の権限を有していなかった[44]。OFFER は，1992 年，1998 年，1999 年にこの条項に基づいて独立の評価者を任命し，調査を行っているが，設備の稼働停止が明らかに合理的でないとされた調査はない。1998 年の調査では，一定の条件の下では合理的であるとされ，また，1999 年には調査の途中で National Power が設備 1 基を売却する交渉を始め，交渉が決裂したことから 2000 年に同設備を恒久的に閉鎖する旨を表明している。

 (iii) **設備売却**（divestiture）

 強制プール市場においては，上記のように石炭火力発電所を有する大規模事業者が市場支配力を有することが認識されていたため，早い時期から電気事業局長は National Power 及び Powergen の 2 社が発電設備を売却する必要性について示唆を行っていたが，電気事業局長には売却を命じる権限はなく必ずしも 2 社はすぐに反応を行わなかった。1992 年の値上がりを受けて下院エネルギー選択委員会は競争委員会に 2 社の行為に関して付託を行うよう勧告を行い，これに対して電気事業局長が付託する意向を示したことによりこの状況が変化した。1994 年 2 月に，National Power と Powergen が合計 600 万 kw の石炭火力を 2 年以内に売却するために最大限の努力を行う旨の約束を当局に対して行ったため，電気事業局長は付託を行わない決定をしている。そして 1996 年，もともとは配電会社であった Eastern（後に TXU Europe に名称変更）に対して，National Power から 3 設備（Ironbridge, Rugeley B 及び West Burton，合計 4 ギガワット），Powergen から 2 発電所（High Marnham 及び Drakelow，合計 2 ギガワット）の売却が行われている[45]。

 その後も，数度にわたって発電設備の売却が行われている。1998 年に，National Power は第一種供給事業者であった Midland Electricity plc を，Powergen は同じく第一種供給事業者であった East Midland Electricity plc を買収

---

44) *Supra* note 37, p. 195.
45) OFFER News Release R28/96, 25 June 1996.

する意向を示した。この買収につき OFFER が競争委員会に付託しないことと引き替えに，1999 年 2 月，Powergen は Edison（旧 First Hydro）に対して合計 4 ギガワットの設備を，同年 12 月には National Power が 4 ギガワットの設備を AES に売却した。さらに National Power は，2000 年 3 月にも 2 ギガワットの設備を BE に対して売却している[46]。

(iv) プライスキャップ

このような設備売却のほか，価格の上限を確定する措置も採られている。1992 年の値上がりの後の付託決定を受けて上記のように設備売却の合意が 2 社と当局の間で行われているが，これと同時に，2 社のプール入札価格に上限を設け，それよりも低い価格となるように入札を行う旨を約束させている[47]。これは，2 社と当局との間の合意によって同 2 社にのみ課されるという意味で，規制によって一定の上限価格を全ての事業者に対して課す，いわゆる価格規制としてのプライスキャップとは性質が異なる。

このプライスキャップの合意は，1996 年 6 月に 2 社が設備売却したことにより必要性がなくなったとされ，延長は行われなかった[48]。

2 NETA 導入以降の市場支配力の規制

(1) Market Abuse License Condition 導入の試み

(i) Market Abuse License Condition

NETA 導入が決定されて以降も，発電事業者による市場支配力の行使が懸念されており，このため OFGEM は標準ライセンス条件に市場支配力に関するライセンス条件（Market Abuse License Condition：以下，「MALC」という），すなわち，市場支配力の濫用的行為を行わない旨を内容とする条件を導入することを目指していた。

MALC は，市場の需要やコストと関係なく卸売電力価格を大きく変える力

---

[46] *Supra* note 37, p. 19.

[47] *Supra* note 37, p. 185.

[48] EU Commission Staff Working Document, Accompanying Document to THE COMMUNICATION FROM THE COMMISSION TO THE EUROPEAN COUNCIL AND THE EUROPEAN PARLIAMENT, *Prospects for the internal gas and electricity market* {COM (2006) 841 final} –Implementation report, 01/10/2007 {SEC (2007) 12}, p. 166.

を有する事業者を「実質的市場支配力（substantial market power）」と定義し（8発電事業者がこれに該当した），このような実質的市場支配力を有する事業者がその地位を濫用して消費者に不利益を与えることあるいは事業者間の競争を歪曲することを禁止した。「価格を大きく変える」とは，短期の大きな変化及び長期的にわたる小さな変化双方を指しており，後者の例として1年間に合計30日（継続的である必要はない）5%の変化，b　1年間に480×30分以上（計10日以上）15%以上の変化，c　1年間に160×30分以上45%以上の変化が挙げられている。

　実質的市場支配力の濫用的行為の例としては，①送電システムの効率的・経済的調整を害するように行動すること　②正当な理由なく，発電あるいは設備を制限して卸価格を増加させること　③需要及びコスト状況が類似している複数の異なる時点で不当に異なる価格をつけるような，差別的価格政策をとること，が挙げられている。

　1999年12月，OFGEMはこの新しい要件についてパブリックコメントを求めた後[49]，2000年5月に正式にMALCを提案したが，対象となる8事業者のうち，2事業者（BE及びAES）がこの受入れを拒否したため，OFGEMはこの件を競争委員会に付託した（1989年電力法12条1項はライセンス要件の変更ための手続きの一つとして競争委員会への付託を定めていた）。競争委員会は調査の末，NETA移行後は従来の市場支配力行使の状況は変化するであろうこと，MALCの文言が曖昧であること及び受け入れを拒否した2事業者による市場操作の証拠がないことを理由に[50]，2000年12月にライセンスへのMALCの導入に反対する結論を下した。この競争委員会の判断を受けて，OFGEMは変更に同意していた事業者も含め，このライセンス条件を課さないことを決定した[51]。

　MALC導入断念後も，ODGEMは市場支配力について懸念していたようで

---

49) OFGEM, *Pool Prices in July, Statutory Consultation on Proposed License Amendments* (December 1999).
50) AESは当時長期契約の割合が多く，市場価格を操作するインセンティブがないこと，BEは原子力というベースロード発電であるため発電量の操作が難しいことが理由として挙げられていた。
51) *Supra* note 37.

ある。2001 年 4 月 OFGEM はエネルギー大臣に対して，MALC より焦点を絞ったさらなる変更の提案を行い，これを受けて DTI（貿易産業省）は新たなライセンス条件について検討を始めた。この新しい条件は，正当な理由のない発電能力の制限の禁止，及び National Grid による効率的な需給調整を妨げるような行為を事業者が行うことを抑止することを意図したシステム・バランシング条件の2つであったが，検討の結果同年 12 月，この変更を行わない旨の決定がなされた[52]。

実際には，NETA 導入と相前後して発電事業者の卸電力市場における支配力は弱まり，卸電力の価格も制度導入以降約 4 割下がった[53]。また，発電事業者の集中度に関しても，NETA が導入される前（1998/1999 年度）の上位 2 社のシェア合計は 48％ とほぼ半分を占めていたが，2003 年には約 27％ となっており，ヨーロッパの主要国の上位 2 社のシェアが 55～68％ であることと比較するとかなり低くなった[54]。卸電力価格が値下がりしたのは，NETA という新たな市場方式に移行したからであるという OFGEM の主張がある一方で，強制プール制度の下での諸政策に加え，小売市場の自由化を中心としたNETA 以降の見通しが不明確なことから，発電事業を売却し小売事業にシフトするという市場構造の変化があったからであるという見解も有力である[55]。なお，2003 年以降，卸電力価格は上昇したが，その主たる原因は燃料価格の上昇であって市場支配力とは直接関係ないと考えられている。

(ⅱ) Edison First Power 社に対する調査

MALC に関して競争委員会に付託されている期間中，調査が行われた事例として Edison First Power 社（以下，「Edison 社」）に対する件が 1 件ある。MALC の対象となる 8 事業者のうち 6 事業者は当初この要件を受け入れてお

---

52) Competition Commission, *Evaluation of the Competition Commission's past cases Final Report* (Jan. 2008).
53) *Supra* note 27.
54) OXCERA, *Energy Market Competition in Europe and the G7* (Prepared for DTI). 集中度は近年更に低くなる傾向にあるようである（Energy Market Competition in Europe and the G7: Preliminary 2005 ranking）。
55) Newbery, *Supra* note 35, Dieter *Helm, Energy, the State, and the Market*, Oxford (2003) p. 326.

り，Edison社はこのうちの1社であった。

2000年3月末にEdison社は，市場価格が低すぎて採算が合わないという理由から，500メガワットの石炭火力発電所（The Fiddlers Ferry Power Station）における発電を停止した。当該設備の発電量はピーク時の需要の1％程度であった。OFGEMは初期調査を行い，Edison社の稼動停止には経済的正当化事由が認められるとしたが，その後卸売価格はCPの上昇により47日に渡り10％以上値上がりした。このため，OFGEMはもはやEdison社の行動は経済的に正当化し得ないとして，2000年6月12日に調査を開始した[56]。

第一段階の調査において，OFGEMは，この価格高騰はEdison社の有する実質的な市場支配力によりもたらされたものであるとし，Edison社の回避可能コストは当該設備によりもたらされる利益よりも低いと主張した。これに対して，Edison社は，当該設備による電力は契約の対象とはなっておらず，そのため，それによってもたらされる利益はゼロであると主張した。第一段階の調査の後，Edison社は，遅くとも2000年10月2日までに当該設備で発電を再開し市場に供給し続けることを約束したため，OFGEMは調査を終了しそれ以上の措置をとらなかった。

(2) 垂直統合事業者による市場支配力濫用に対する規制

(i) 垂直統合への回帰

先に述べたように，英国の電力市場においては垂直統合が再び進んでいることが一つの特徴としてあげられる。この垂直統合によって，市場支配力が電力市場の競争へ悪影響を及ぼす可能性は現在のところ低いとの評価もあるが[57]，一方でこの垂直統合の影響を懸念する見解もあり[58]，英国におけるNETA以降の電力市場における市場支配力の問題との関係では，卸売市場におけるピーク電源事業者による市場支配力に代わって，垂直統合事業者による市場支配力が問題とされるようになってきたと言ってよいだろう。

---

56) OFGEM Ofgem's investigation of Edison First Power under the market abuse license condition July 2000.
57) *Supra* note 1, p. 167.
58) *Supra* Note 35, p. 10.

英国電力市場における垂直統合事業者には，発電と小売の統合に関わる場合と，独占事業分野（地域配電部門）の統合に関わる場合がある。前者について，統合の促進により新規参入が妨げられるとの懸念が示されているが，近年競争法適用との関係で問題とされたのは後者，すなわち，独占部門における市場支配的な地位を利用して競争部門における競争を歪めるような場合である[59]。以下では，競争法との関係でこの問題が取り上げられた最近の事例である SP Manweb 社に対する調査事例を取り上げる。

(ii) SP Manweb 社に対する調査[60]

同事件は，2002 年 10 月，Scottish Power UK plc グループの地域配電会社である SP Manweb 社（以下，「SPM 社」という）が非競争事業部門である接続サービスを提供するに当たって競争制限的行為を行ったと，独立接続業者（Independent Connection's Provider：以下，「ICP」という）から OFGEM に対して申告がなされたことを発端に調査がおこなわれたものである。

SPM 社は，北ウェールズ，リバプール，チェスター，レクサム地域（以下，「当該地域」という）において配電事業のライセンスを与えられていた。最終顧客（一般家庭，店舗等）が自らの土地に電力を引くためには，配電網と自らの土地の間に接続線を引くことが必要であるが，このサービスは競争部門であり，当該地域では SPM 社のグループ内接続事業者である Core 社，あるいは独立系の ICP に依頼することによってこれを行うことができる。ICP がこの接続業務を行う場合には，接続コスト算定のために必要な POC（Point of Connection）情報の提供を地域配電業者から受ける必要があり，また，電力法 9 条 1 項 a に課される効率的・調和的・経済的配電システムの維持の義務を地域配電事業者が果たすため，ICP は事前に地域配電事業者に接続計画を提出し計画承認が行われる必要がある。

OFGEM は第 1 次調査の結果，1998 年競争法 SPM 社の行為に支配的地位の

---

59) また，垂直統合の進化とともに配電部門の集中が進んだ場合に，料金規制のための効率的なコストの算出が困難になるとの見解も示されている。OFGEM, *Mergers in the electricity distribution sector*, Policy statement, May 2002.

60) OFGEM, *Decision of The Gas and Electricity Markets Authority to accept commitment pursuant to section 31A (2) of The Competition Act 1998*, October 2005.

413

濫用（1998年競争法第2章禁止規定違反）の懸念があると表明した[61]。本件の関連市場は当該地域の接続サービスであるとされ、SPM社は同サービスに不可欠なサービスを提供し得る独占的な事業者であると認定された。SPM社は、ICPに対し(1)POC情報に関しては、Core社が経験しないような、遅れた提供を行い、あるいは、Core社に提供する場合と比較してより不十分な、及び／あるいは、不正確な情報を与え、(2)計画承認については、Core社に対する場合よりも長時間をかけた審査を行い、(3)配電網への接続作業に関しては、Core社に対しては期間内に遂行しているのに対しICPに対しては遅れて遂行していた。これらの行為により、①競争者であるICPを競争上不利な立場に置いた、②SPM社は、接続サービス提供市場における競争レベルを歪めた、③長期的にはICPがSPM社の市場から撤退することとなり、当該市場における競争の減殺あるいは消滅につながる、として、同社の行為が第2章禁止規定に反する恐れがあるとした。

2004年12月、SPM社からOFGEMが問題としている状況を改善するために、改善提案がなされた。OFGEMとSPM社による数度の検討がなされた後、2005年6月に最終的な提案がなされ、パブリックコメントを求めた後、2005年10月、正式にSPM社に対する法的拘束力のある約束（Commitment）として認められ、審査は打ち切られた。SPM社が行った約束は、非競争的な接続サービスの約款・接続サービス提供までの期間、ネットワークへのアクセス等に関してCore社とICPを差別なく扱うこと、約束を履行しているかについてのOFGEMによる効果的な監視メカニズムを確保すること、等である[62]。

(3) 送電混雑を利用した市場支配力濫用に対する規制

(i) Scottish Power及びScottish & Southern Energyに対する調査

前述のように、強制プール制度が採られていた時代には卸電力市場における

---

61) 市場は英国内の一部であるSPM社の事業区域に限定されているため、加盟国間取引への実質的な影響はないとして、EC条約82条の適用は検討されていない。
62) 接続の際の地域配電業者によるサービス提供の遅延はこの事例に限ったものではないようであり、OFGEMは適切な期間内のサービス提供をライセンス要件として付加することを提案している。OFGEM, *Review of Competition in Gas and Electricity Connections Proposals Document*, February 2007.

Ⅲ 英国電力市場における市場支配力濫用行為に対する規制

発電事業者の市場支配力濫用が大きな問題となったが，NETA 移行後は，二大発電事業者の資産売却等によって卸売電力市場において大きな市場支配力を有する事業者はいなくなり，新たなライセンス条件の導入も必要ないと判断された。しかしながら近年，送電混雑を利用した行為が問題視されるようになっている。

送電網はイングランド・ウェールズにおいては National Grid が所有・運用しており，また，スコットランドにおいては Scottish Power（以下，「SP 社」）及び Scottish & Southern Energy（以下，「SSE 社」）が所有（BETTA 開始までは運用も）しており，レヴェニューキャップ方式を採ることから送電への投資インセンティブは確保されると考えられている。これに対してイングランドとスコットランドを結ぶ連携線はその要領が十分でないことから，以前はスコットランドではある程度独立した送電網を形成していた。上記のように 2005 年 4 月にスコットランドにも競争の導入が必要であるとして BETTA が導入されたが，BETTA 開始以来，連携線の混雑を契機とする市場支配力の濫用が疑われるようになった。

OFGEM は，SP 社と SSE 社が BETTA 開始以降，特に 2007 年 9 月半ばから 10 月半ばにかけて，卸電力市場において，イングランド・スコットランド間の連携線混雑を利用した市場支配的地位の濫用を行ったのではないかと考え，2008 年 4 月 8 日，2 社に対する 98 年競争法に基づく調査を開始した。2 社が行ったと疑われた濫用行為は，特定の発電設備の発電量の抑制を行い発電可能電力の温存を行った上で，インバランス市場において需要量との差分を調整する National Grid に対し，発電混雑時に当該抑制設備で発電した電力を過度に高価な価格で販売したことである。また，両社が発電抑制により送電混雑を悪化させたことも濫用行為に該当するのではないかとも疑われていた。

OFGEM は，2 社の市場支配力の存在及び濫用行為の存在について，市場及び消費者への影響等も含め調査を行った。その結果，2 社が National Grid に販売した電力価格がイングランド及びウェールズにおける他の発電事業者と比較して相当高く，そのコストは他の事業者及び消費者によって負担されるものであること，また，少なくともいくつかのケースにおいては 2 社が送電混雑を創出あるいは悪化させるように行動したことが証拠により明らかとなり，この

点が懸念材料となったが，最終的には，OFGEM はそれが 98 年競争法違反を構成する可能性は低いとして[63]，2009 年 1 月 19 日調査の打ち切りを公表している[64]。

　(ii)　新たなライセンス条件の導入

　SP 社及び SSE 社による市場支配力濫用に関する調査で懸念された，送電混雑の創出及びそれを利用した市場支配力の濫用の問題に対応するため，OFGEM は 2009 年 3 月，新たなライセンス条件 (Transmission Constraint Licence Condition，以下「TCLC」) の導入について提案を行ってパブリックコメントを求めた。その後，2010 年エネルギー法 (Energy Act 2010) が制定され，2012 年 7 月 16 日から 2017 年 7 月 15 日までの時限的なものとして TCLC が導入された[65]。OFGEM によれば，再生可能エネルギーの導入が政府により奨励される中，そのような電源は特定の地域に集中することから送電混雑がより頻繁に生じる可能性があるため，新たなライセンス要件 TCLC の導入が必要であるとしている (1.4)。

　TCLC は，卸電力事業者が「送電混雑時と関連して発電により過度な利益を得る」ことを禁止している (para 1)。「送電混雑時」とは，送電システムが電力需要のある場所に電力を供給することができない場合に生ずるとされている (para 4)。「過度な利益を得る」に該当するために，2 つの要件が挙げられている。第一に，ライセンシーと系統運用者が送電混雑時に関連した取り決め (arrangement) を締結すること，あるいはすでに締結していること，第二に，以下の場合のいずれか (あるいは両方) に該当すること。(para 3)[66]。①ライセンシー (関連会社を含む) が，他により経済的に有利な選択肢があるにもかかわら

---

63) 違反の可能性が低いと言うよりもむしろ，違反を立証するために大きなコストがかかること，より低コストで実現可能な規制法による事後規制により対処し得ることが調査打ち切りの理由であったようである。http://www.ofgem.gov.uk/Pages/MoreInformation.aspx?docid=78&refer=Aboutus/enforcement/Investigations/ClosedInvest.

64) OFGEM, *Ofgem closes Competition Act 1998 case against Scottish Power and Scottish and Southern Energy* (Jan. 2009) http://www.ofgem.gov.uk/Pages/MoreInformation.aspx?file=ofgem4-190109.pdf&refer=Media/PressRel.

65) 2010 年エネルギー法 23 条は施行から 5 年後に同ライセンス要件が失効する旨を定めており (サンセット条項)，大臣は 2 年間の延長を行うことが可能であるとされている。

66) OFGEM, *Transmission Constraint Licence Condition Guidance*, p. 6 (Oct. 2012).

ず，送電設備から出力しあるいは送電設備の稼働を制約することにより，送電混雑を創出しあるいは悪化させ，過度な利益をバランシングメカニズムから得る場合　②送出超過の送電混雑の際に，発電量の減少に関連して，過度な利益を得る場合。過度な利益を得る，とは，系統運用者に過度に低い価格を支払う場合と過度に高い価格の支払いを受ける場合双方を含む[67]。利益が「過度」かどうかは，①の場合には，発電量の操作が立証されれば，一定の正当化事由がない限り，さらなる立証を必要としないとしている（すなわち，発電あるいは抑制すれば利益が得られるにもかかわらずそれをせずに送電混雑を創出したとすれば，その方が通常よりもより高い利益を得られるからであると考えられることがその理由である）。②の場合に「過度」な利益を得たかは，当該事業者の回避可能費用や，混雑地域外にある他の事業者の価格等を考慮して決定される。これらの判断要素は，競争法における不当な高価格設定（excessive pricing）の判断要素と重なる部分はあるが，競争法の解釈における分析枠組みをそのまま適用するのではないと，OFGEM は述べている。

(4)　小　括

以上，電力自由化以降問題とされた市場支配力の濫用行為とその事例について検討を行ってきた。英国においては，まず，自由化以降採用された卸電力取引におけるプール市場制度の特徴を利用する形で，発電事業者によって発電が抑制されることにより卸電力価格の引き上げが行われ，これに対して主として事業法に基づき各種対策が採られてきた。最終的に当該市場支配力の濫用行為は，強制プール市場制度から，取引を発電事業者や小売事業者らに委ねる NETA/BETTA に移行してからは生じなくなったと考えられている。その後は，現在に至るまで電力事業者による垂直統合化が進んでおり，垂直統合事業者による市場支配力の形成，濫用が懸念されてきている。これに関しては様々な議論はあるが，濫用行為により排除されたと主張する事業者による申告を受けて，垂直統合事業者による競争法違反行為の存否につき調査が行われ，

---

67)　流入超過による送電混雑の場合に事業者が高い売り注文を出す場合は，その流入超過による送電混雑が当該地域での発電設備の不足を単に反映したものであり設備建設のインセンティブとなることから，OFGEM は問題としないとしている。

OFGEMは第2章禁止規定に反する恐れがあると認定した事例がある。さらに，近年には，送電混雑を利用した発電事業者による市場支配力の濫用行為が問題とされている。これに対しては，電力法の改正を行うことにより新たなライセンス要件であるTCLCを2012年より導入し，送電混雑を創出しそれを利用して利益を得る行為のほか，創出しないまでも送電混雑を利用して発電量の操作を行うことにより利益を得る行為を禁止している。

　これらの事例を見る限り，英国における市場支配力のコントロールについては以下のことが言えるのではないかと考えられる。

　まず，市場支配力の濫用と考えられる行為に対しては，OFGEM（以前はOFFER）は競争法と事業法をそれぞれ活用して規制を行っていると一応は言えそうである。このOFGEMによる規制はおおむね成功しており，英国の電力市場はEUの中でも競争的であると評価されている[68]。ただし，上記事例を見る限り，どのような場合に競争法を適用し，どのような場合に事業法を適用するのか，その基準については必ずしも明らかではなく，また，適用のバランスには偏りがあるように思われる。

　OFTのガイドラインによれば，競争法が適用できる場合には競合的規制権限を有する規制当局は競争法をまず適用すべきであるとされているが，OFGEMによる適用の事例は必ずしも多くない。前述のDTIによる2007年のレポートにおいても，競争法による調査が行われ決定が公表されているのは，2001年から2005年9月までに6件（ガス事業も含む）のみであるとされている。その後現在まで何件か調査がなされているが，公表されている決定は2000年から現在まで筆者の知る限り10件を超えていない。上記で取り上げたSP Manwebの事例を含む2005年までの6件の多くは，被害者である事業者やEnergywatchからの申告により競争法違反の有無について調査を行った事例であり，OFGEMが自らの主導により競争法の適用を検討した事例はほとんどない。

　SP社及びSSE社の事例も，競争法の適用が可能な事例であったのではない

---

[68] London Economics in association with Global Energy Decisions, *Structure and Performance of Six European Wholesale Electricity Markets in 2003, 2004 and 2005*, Presented to DG Comp. (Feb. 2007), p. 771.

かと考えられるが，最終的にOFGEMは，競争法よりも事業法による対処の方がコストがより少なくてすむことを理由として競争法による調査を打ち切り，その後新規のライセンス要件を導入している。このような事例を見る限り，OFGEMは市場支配力のコントロールについては，競争法よりはむしろ事業法たる電力法による規制を中心に行っていると言っていいのではないかと思われる。

このように市場支配力の濫用を含む競争法適用可能事例に対して事業法により規制することに対しては，DTIやOFTは批判的であり，競争法に拠るべき場合にも事業法による規制を行うことにより，市場の予期せぬ歪みの可能性があることや，競争法による規制の方が第三者による監視が行われやすいという意味で透明性が高いことが主張されている。2014年以降に施行される1998年競争法の改正法では，上記のように，必要な場合にはOFTが優先して事案を処理し，また，大臣が規制当局から競争法の競合的適用権限を剥奪することができると規定されており，OFGEMによる市場支配力のコントロールの手法もある程度変更を余儀なくされるのではないだろうか。

おわりに

英国は，自由化後寡占発電事業者による市場支配力の行使という大きな問題に直面し，市場システムを転換するという形でこれに対応してきた。システムの転換のみが原因であるかどうかについては議論があるが，発電事業者による市場支配力の行使の問題は一応解決したと考えられており，現在は垂直統合事業者による独占市場における力を濫用した行為や，一般的な意味での市場支配的事業者というよりはむしろ送電混雑と関連して市場支配力を有する事業者による濫用行為が中心となっている。これらに対しては，OFGEMはそれぞれ事業法を中心として対応してきている。

市場支配力を排除して極力自由な競争にゆだねようとする試み自体はある程度成功していると考えられる一方で，自由競争のみによっては対応できない問題も存在する。第一に，環境問題への対応である。2008年気候変動法（2008 Climate Change Act）は，2050年までにCO_2を1990年レベルの少なくとも80

％にすることを世界で初めて法的拘束力をもって定めている。この達成のためには再生可能エネルギーによる発電の増加が必要となるが，これについては，2003年エネルギー白書において，英国政府は電力の少なくとも10％を2010年までに，20％を2020年までに風力，波力，水力などの再生可能エネルギー源で賄うことを目標とすることを表明していた[69]。その後，この目標は2020年までに15％と若干の下方修正がなされたようである[70]。再生可能エネルギーによる発電増加のために2002年からRenewable Obligationの制度が導入されており，小売業者に対しては，購入する電力の一定部分を再生可能エネルギーによって賄う義務が課されている[71]。小売業者が購入すべき再生可能エネルギーの割合は，制度導入当初は約3％であったが2010年までにはこれを10％まで増やす計画とされていた。その後，2015/2016年度にはその目標が15.4％と設定され，その目標値は2037年に30％にまで増加するとされている[72]。

　第一の問題と関連する第二の問題として，原子力の問題がある。上記のように，2000年以降BEは卸価格の低下に対応できなかったことが主たる原因となって破綻の危機に直面した。原子力については，バックエンドや廃炉，安全性の問題も関わってくることもあり，1999年に政権についた労働党は当初新規原子力発電所の建設に反対する立場をとっていた。2003年エネルギー白書においては，原子力発電所の新規建設は「魅力的な選択肢ではない」と述べられている[73]。しかし，安全性やコストの問題がありながらも，北海油田が枯渇する可能性や地球温暖化問題への対処の必要性ため，原子力に頼らなければならない現状もあり，2008年に政府は「原子力白書」を公表し原子力発電についての政策転換を表明している[74]。

---

69) DTI, *The Energy Challenge, Energy Review Report 2006*, July 2006.

70) Dept. of Energy and Climate Change, *UK Renewable Energy Roadmap* (July 2011) p. 9.

71) このほか，再生可能エネルギー事業者に対しては，気候変動税の免除などの支援がなされている。

72) Dept. of Energy & Climate Change, *National Renewable Energy Action Plan for the United Kingdom, Article 4 of the Renewable Energy Directive 2009/28/EC* (July 2010), p. 15.

73) DTI, *Energy White Paper: Our Energy Future—Creating a Low Carbon Economy* (Feb. 2003) p. 12.

74) Dept. for Business Enterprise & Regulatory Reform, *Meeting the Energy Challenge: A White Paper on Nuclear Power* (Jan. 2008).

おわりに

　第三に，電力の安定供給の問題がある。英国の場合には送電混雑の問題は従来比較的少なく，設備投資も活発に行われてきており，また，豊富な発電余力があるために，電力の安定供給の問題はあまり真剣に考慮する必要はないと考えられてきた。しかしながら，気候変動，テロによる攻撃，技術的問題などの問題に加え，現在の設備の寿命が順次到来すること，また，CO_2 排出削減の問題も考え合わせると，現在のままでは安定供給についてリスクがあると考えられるようになっている。そのため，Electricity Market Reform において，設備の置き換え及び更新のためにCapacity Market 制度の導入を予定している。

　Capacity Market 制度は，将来の特定の年における電力供給の信頼性を確保するために必要な水準（reliability standard）を予測し，その電力量についてCapacity Market におけるオークションを開催するものである。卸電力事業者が系統運用者により開催されるオークションに参加し落札した場合には，当該事業者は系統運用者との間で，当該将来時点に電力を供給することを約するCapacity Agreement を締結し，この事業者に対しては系統運用者からCapacity Payment が支払われることになる。しかし，供給時に当該卸売事業者が当該電力を供給できない場合には，卸売事業者はペナルティーを支払うことになる。

　最初のオークションは発電設備容量の建設期間などを考慮して供給予定年である 2018/2019 年度より 4 年前の 2014 年頃を予定している。より具体的かつ詳細な制度につき現在検討されているところである[75]。

　このCapacity Market 制度が開始されることにより，卸電力事業者は将来への投資を充分行うことが可能となるだけでなく，送電混雑を利用した市場支配力の問題にも対処できると考えられる。

　現在，英国の電力市場においては，中心的な論点は自由競争の確保から環境との共存や安定供給へシフトしてきていると考えられるが，市場支配力を排した自由競争のみによっては対応し得ない新たな問題も含めて，競争と規制をどのように組み合わせていくのかが英国の大きな課題となっていると言えよう。

---

[75] Dept. of energy & Climate Change, *Capacity Market: Design and Implementation Update*, Electricity Market Reform Annex C (Nov. 2012).

第3章
英国の電力産業における企業結合規制

友 岡 史 仁

I はじめに

　英国の電力産業は，1989年電力法（Electricity Act 1989）による民営化によって発電，送電，配電，そして供給の4部門を主な構造とする「発送電分離」が行われて以降，送電以外の発電，配電および供給の各事業者が企業結合を繰り返した結果，特に発電市場に占める高シェアに着目してBig 6と称される事業者（EDF Energy, E.ON, RWE npower, SSE, Scottish Power, そしてCentricaの大手6社）によって寡占的構造が成立するに至っている（本部第1章参照）。
　そもそも，このような実態は，民営化による「発送電分離」とは逆行し，再垂直統合化によって国有企業時代における垂直統合的事業構造へと回帰しつつあることを示すものと思われる。しかしながら，企業結合規制（以下，本章では合併規則を中心に扱うものとする）という観点からは，後述のように，民営化当初における配電事業者の「経営取得（take-over）」合戦，垂直的合併とそれに並走した水平的合併にあっても，事案の一部において問題解消措置が取られた形跡はあるものの，二大発電事業者（National PowerおよびPower Gen）による配電事業者（Southern ElectricityおよびMidlands Electricity）の買収事例（1996年）において国務大臣による合併不承認とされた以外は，全てにおいて承認されてきた。したがって，現在のBig 6による発電，さらには供給の各市場における寡占化は，このような個々の事案の積み重ねによって帰着したものである。もっとも，各事例は合併規制の対象として個々に規制機関の審査を受けてきたのであるが，再垂直統合化に伴う寡占化に至った経緯を法的にとらえるために

は，英国における電力産業に対する当該規制の実態を検討する必要があると思われる。

そこで本章では，競争法および電力産業固有の合併規制を概観したうえで（Ⅱ），英国電力産業における先駆的な企業結合事例であった二大発電事業者に係る買収事例を取り上げ（Ⅲ），その前提に立って，近時の寡占化における課題について見ておくことにしたい（Ⅳ）。

Ⅱ 競争法および電力事業固有の合併規制

1 競争法上の合併規制

英国における合併規制法は，1965 年独占合併法（Monopolies and Mergers Act 1965）によってはじめて導入され，その後，同法は 1973 年公正取引法（Fair Trading Act 1973）（以下，「1973 年法」という）に取って代わった。しかし，1973 年法は，合併規制に係る審査基準につき「公共の利益（public interest）」基準が採用されていたが，その文言からも明らかなように，競争とは無関係な事項をも含めた極めて広範な審査を可能にしていた点，さらには，合併事例に対し，当時の一般的な競争監督機関であった公正取引庁長官（Director General of Fair Trading）の審査とともに，同長官による「付託（refer）」を受けて第三者委員会である競争委員会（Competition Commission）[1] が審査を行う二重構造になっていたものの，合併承認に係る最終的な判断権は国務大臣（Secretary of State）に委ねられていた点があり，その結果，競争上の問題に焦点を合わせた審査が行われず，政治分野からの介入の可能性が問題視された。これに対し，政府レベルにおいて，このような課題に対し，対処はなされていたものの[2]，払拭できない状況に変わりなかったといえる[3]。

以上を受けて，2003 年 6 月 20 日に施行された 2002 年企業法（Enterprise Act 2002）（以下，「2002 年法」という）は，1973 年法に定められていた合併規制

---

1) 1973 年法当時における独占合併委員会（Monopolies and Mergers Commission）の権限が移管されたことに伴い，「競争委員会」へと名称変更された（1998 年競争法 45 条）。本章では，便宜上法改正とは無関係に後者の語を用いる。

関連条項を改めている。この場合，同法によって合議制に移行した公正取引庁（Office of Fair Trading）（以下，「OFT」という）による審査，そして OFT の付託によって競争委員会による審査といった1973 年法当時の二重構造そのものに変化はないが[4]，通常の合併に係る審査基準の文言が「公共の利益」から「競争の実質的減殺（substantial lessening of competition）」へと変更されたこと（22・33 条），安全保障上の問題について国務大臣による競争委員会への付託を通じた介入の余地は残るものの[5]，それ以外の問題については OFT および競争委員会が審査を行うこととされるため，1973 年法において一般的な制度問題とされていた広範な大臣関与（＝政治的関与）を排除する仕組みが整備されたといえよう。

なお，OFT，競争委員会，そして国務大臣による合併に係る一連の判断（競争委員会への付託に係る判断，OFT および競争委員会による合併承認・不承認に係る判断等）については，2002 年法120 条に基づき同法によって設立された競争不

---

2) 政府レベルによる対処方法として，競争監視機関であり合議制化する前の独任制機関として設置されていた（当時の）公正取引庁長官（Director General of Fair Trading）および競争委員会の「助言（advice）」に極力従う運用がなされていたこと，1984 年7月に当時の国務大臣であった Norman Tebbit が公表した「テビット・ドクトリン（Tebbit Doctrine）」によって，競争委員会に対する付託は「主に競争上の根拠に基づき行われる」とする政府の立場が明示されていたことがそれぞれ挙げられる。このあたりの近時の歴史的経緯として，See Jonathan Parker and Adrian Majumbar, *UK Merger Control* (Oxford: Hart Publishing, 2011), pp. 3-4.

3) Graham は，①決定における政治的関与のレベル，②意思決定における透明性の欠如，③合併に適用される広範かつ漠然とした公共の利益基準の「3 つの相関的理由に基づく深刻な批判にさらされていた」としている。See Cosmo Graham, *EU and UK Competition Law* (Essex: Pearson Education Limited, 2010), p. 216.

4) ただし，2011 年3月に，Cameron 保守党・自由党連立内閣は，従来の2本立ての規制構造に対し，OFT と競争委員会の統合化に伴う「競争市場局（Competition and Markets Authority）」の設立によって一本化を目指した報告書（Department for Business Innovation & Skills, A Competition Regime for Growth: A Consultation on Opinions for Reform (2011)）を公表した。このあたりについては，友岡史仁「事業規制機関（utility regulators）の変容と存在意義」榊原秀訓編『行政サービス提供主体の多様化と行政法──イギリスモデルの構造と展開』（日本評論社，2012 年）129 頁参照。

5) 「安全保障上の利益（the interests of national security）」に関連すると思料される場合（42・58 条），政府契約に関連するまたは付託の対象外となる合併事例（59 条）に限定して，国務大臣から「指示（notice）」を受けた OFT が調査報告義務を負い（44・61 条），その結果を踏まえ，競争委員会への付託を行うか否かを判断する権限を有している（45・62 条）。

服申立審判所（Competition Appeal Tribunal）による審判に服するものとされる[6]。

2 電力産業固有の合併規制

(1) 競争法上の規制

　公益事業分野における合併規制のうち，純粋な競争上の問題以外にも，事業規制機関（regulators）の権限行使に悪影響を与えることのないよう「保証」を求めるといった規定を，事業法において明文化している上下水道産業のケースがある[7]。これに対し，電力産業に係る事業法（1989年電力法）では，そのような特別規定は置かれていないことから，1において触れた一般的な競争法規の適用をストレートに受けることになる。加えて，事業規制機関であるガス・電力市場局（GEMA）には，行為規制についてOFTと同様の権限（「競合的権限（concurrent powers）」）が付与されているが，合併に係る規制権限（審査権限）は明文規定によって付与されているわけではない。したがって，電力産業における合併審査も，通常事例と同様の手続によることになる。

　もっとも，実際には，OFTが行う一連の審査に際し，GEMAによる当該事案に対する見解が示されることで，正式なものではないにせよ事前審査に近い手続が採られる実態がある[8]。このため，行為規制と同様，GEMAが管轄する電力・ガス分野に関連した専門技術的判断が介在する運用がなされているといえよう。

---

[6] See Parker and Majumbar, *op. cit.*, note 2, p. 819. なお，電力産業に係る合併事例について当該審判所に係属した事例は見られないようである。
[7] 1991年水道事業法32～35条参照。2002年法による一部改正を含め，See Richard Whish and David Bailey, *Competition Law*: Seventh Edition (Oxford: OUP, 2012), p. 960.
[8] この点は，メディア分野における合併規制を除き，事業規制機関に対し一般的にあてはまるものである。See Parker and Majumbar, *op. cit.*, note 2, p. 27. なお，Nigel Parr, Roger Finbow and Matthew Hughes, *UK Merger Control: Law and Practice*: Second Edition (London: Sweet & Maxwell, 2005), para. 2.068では，電力分野について「OFGEM……は本分野における合併に関連した自ら第三者からの諮問手続を執ることを典型とし，その次に，OFTとOFGEM間で合意したこの状況に関連して自らそれぞれの役割を示す協定（Concordat）に沿って，OFTに対して（受領した第三者の意見表明を考慮して）合併の競争上の影響に関する見解をOFTに対し報告する」とされている。

(2) 事業法上の規制

英国の電力産業に対する規制法である 1989 年電力法は，発電，送電，配電および供給の主要 4 部門のほか（英国外との国家間連系線である）インターコネクターについて，GEMA による許可（licence）の対象事業とする（6 条 1 項(a)〜(e)）。そして，GEMA は，許可に際して要件（「許可要件（licence condition）」と称される）の遵守が求められ，その場合には，許可事業者（licence holder）の同意を必須とする（11 条 1A 項以下）。なお，2000 年公益事業法（Utilities Act 2000）によって，許可事業者に対する詳細制度は「標準許可要件（standard conditions of licences）」において策定されるものとしているため，英国の電力産業では「標準許可要件」によって規律されることになる。

以上のような事業法上の規制構造にあって，1989 年電力法では，同一法人が配電と供給の両許可を受けること，それがインターコネクターの許可を受けている場合は他の主要 4 部門に係る許可を受けることをそれぞれ禁止する一方（6 条 2，2A 項），「標準許可要件」では，送電および配電の各事業者に対し，当該各事業者が他のすべての事業を営んではならない旨の業務関連規制，そして，特定の場合を除き GEMA の同意なく株式等の保有を禁止する旨の所有規制がそれぞれ設けられている[9]。

したがって，競争法上の合併規制に係る問題をめぐり，このような事前規制の遵守を前提にしていることを裏付ける意味でも，2010 年 5 月，GEMA の執行機関であるガス・電力市場庁（OFGEM）が，エネルギー・ネットワーク事業者，投資家，ユーザー・グループおよび関連団体向けに公表した公開書簡（public statement）[10] が注目される。その中では，（ガス配給を含む）エネルギー・ネットワークに係る合併枠組みを規制する必要性から，送電・配電事業者間，およびガス配給事業者間における合併規制に対する法改正を支持する同時に，電力にあっては，送電事業者と複数の配電事業者間との合併が生じた場合に特定の判断を行う上で自らの配電ネットワークに有利になるよう「不当な差別（undue discrimination）」を行うインセンティブを有するものと考え，このよ

---

[9] OFGEM, *Transmission Licence Standard Conditions* (6 April, 2012), B6; OFGEM, *Standard Conditions of the Distribution Licence* (10 November, 2011), Condition 29.

[10] OFGEM, *Public Statement on Ofgem's Network Company Merger Policy* (25 May 2010).

うな問題に対処するために「標準許可要件」[11]が用いられる旨明示的に言及されている。ただし，この書簡は，ネットワークの保有事業者間における合併を意識したものであり，後述のような価格競争が成立する発電・供給市場の影響を絡めたものではないため，当該市場における合併に際しては，純粋な競争法上の問題として取り扱われることに変わりないといえよう。

III 二大発電事業者による買収事例と再垂直統合化

1 位置付け

英国の電力産業の民営化後における合併事例は，再垂直統合化に向けた一連の過程の中で発生してきたといえるが，その中にあって，競争委員会への付託事例は，①イングランド・ウェールズにおける電力民営化に伴い「所有分離」し設立された（当時の）二大発電事業者であった National Power および Power Gen 各社による Southern Electricity および Midlands Electricity を買収した事例（1996年）[12]，②米国の総合エネルギー事業者であった PacifiCorp の孫会社（英国法人）として設立された PacifiCorp Acquisitions が Eastern Electricity を保有する親会社であった The Energy Group を買収しようとした事例（1997年）[13] を挙げることができる。

これら両事例にあって，①および②はともに買収対象を配電事業者（または同事業者を含む事業者）としているが，特に②は，海外事業者による買収事例であったという意味において，1989年の民営化後も政府によって保有されてい

---

11) 送電事業者については，国内連系線へのアクセスに係る C7 条，配電については，19.8 条がそれぞれ差別の禁止を規定する。See OFGEM, *Transmission Licence-Standard Condition* (5 August 2013) ; OFGEM, *Standard Conditions of the Electricity Distribution Licence* (5 August 2013).

12) Monopolies and Mergers Commission, *National Power PLC and Southern Electric plc : A Report on the Proposed Merger*: Cm 3230 (1996) (hereinafter *National Power*), Monopolies and Mergers Commission, *Power Gen Plc and Midlands Electricity plc : A Report on the Proposed Merger*: Cm 3231 (1996) (hereinafter *Power Gen*).

13) Monopolies and Mergers Commission, *PacifiCorp and the Energy Group plc : A Report on the Proposed Acquisition*: Cm 3816 (1997).

た当該事業者の「黄金株（golden shares）」制度が 1995 年に廃止されたことで，とりわけ英国外の事業者によるいわゆる「経営取得」合戦が生じたことに伴う諸事例である。その一方，買収対象事業者であった The Energy Group が同社の親会社である Eastern Group を通じ，発電・配電・供給の各事業を行う Eastern Electricity を保有していたが，競争委員会による関心事は，英国内において海外事業者による（当時の）独占的な配電・供給を行っていた事業者の買収に伴い，事業法上の供給義務を含めた一定の事業規制の担保がなされているか，といった「再垂直統合化」に対する競争法上の評価とは乖離したものであった。その意味では，①は 2 において取り上げるように，②とは異なり，電力産業の再垂直統合化そのものに対する自由化初期の競争法的課題を明示した事例として注目に値する事例であったといい得る。

そこで，以上に掲げた諸事例のうち，本節では二大発電事業者による配電事業者の買収事例にもっぱら焦点を当て，その具体的事実および競争委員会による審査内容を概観し，それに関する若干の評価を行うことにしたい．

2　二大発電事業者による買収事例

本件は，1973 年法における「公共の利益」基準に照らして判断された事例であるが，2002 年法における「競争の実質的減殺」基準との間では大差はないと実務・学説上ともに指摘されたこと[14]，さらには，英国において，送電事業者を介し発電および配電が一事業者によって一体的に行われることに対する競争法上の判断がなされた事例であると同時に，そのことが，唯一競争委員会に付託され厳密に審査されたことが特徴であろう．

(1)　事例概要と競争委員会による報告書

本件当時（1995 年 3 月 1 日），National Power および Power Gen の総発電容量はそれぞれ約 20 GW と 15.7 GW であり，送電事業者により送られる電力に占める割合はそれぞれ 33% と 24%，石炭火力に占める割合はそれぞれ 33%

---

14) OFT による説明として，OFT, *Mergers: Procedural Guidance*: OFT 526 (May 2003), note 6, para. 2.6. 学説として，Richard Whish, *Competition Law*: Fifth Edition (London: Lexis Nexis Butterworths, 2003), p. 543.

と24％，1994/95年度における営業利益のうち，石炭主体の契約の割合はそれぞれ57％と49％であった。なお，National PowerおよびPower Genは，1994年2月に，石炭もしくは石油火力発電所のうち，National Powerについては約4GWを，Power Genは約2GWを，それぞれ処分することを（2000年公益事業法制定前の事業規制機関であった）電力供給庁長官（Office of Electricity Supply）に対する「保証（undertaking）」としていた。

買収対象事業者であった配電事業者であるSouthern Electricityはイギリス中南部，Midlands Electricityは同中西部をそれぞれ供給区域とする地域電力供給事業者（Regional Electricity Supplier）であり，1995/96年度において，イングランド・ウェールズにおける（当時の）100kw超の自由化市場において，Southern Electricityでは7％，Midlands Electricityは6％をそれぞれ占めていた。

競争委員会は，本件について次の理由を挙げて「公共の利益」基準に抵触する旨述べた。すなわち，①二大発電事業者が配電事業者の保有する発電所および電力購入権限を取得することになれば，競争状態にある発電事業者によるプールへの入札戦略（Pool bidding strategy）（本部第1章参照）に影響を与えることなどから競争が減殺され，自ら発電を行う機会を増やすことができ，プール価格ひいては最終ユーザー料金が本来あるべきよりも高くなり得る点，②合併が実現すれば，発電事業と他の関連事業全てとの内部補填の禁止を規定した（当時の）許可要件の効果が低下する点，③二大発電事業者がリスクのある国際電力ビジネスを展開することで潜在的な損失が発生し，国内ビジネスのみを実施する配電事業者による配電および供給の両部門に対する資金提供能力に不確実性が増す点，などであった。

しかし，競争委員会は，問題解消措置として，Southern Electricityおよび Midlands Electricityが保有する発電事業者に対する利益を処分すること，National PowerおよびPower Genの発電事業の関係者全員，Southern ElectricityおよびMidlands Electricityの電力購入契約から発生する情報にアクセスしてはならず，またはこの合意に関する合併当時社にいかなる影響をも与えてはならないこと，National PowerおよびSouthern Electricity，Power GenおよびMidlands Electricityは，内部補填，非差別等の問題について監視し強制

するための許可要件に合意する保証がなされるべきである旨，勧告（recommendation）の中で明示したうえで合併を承認した。

(2) 若干の評価

本件は，競争委員会による審査結果に対し，国務大臣が不承認の判断を下したことから，競争委員会たる第三者機関による結論との相違をもって「政治的関与」があった例と評することは不可能ではない。しかし，ここでは，あくまで競争法としてとらえた1973年法の適用という視角から，次のような指摘をしておきたい。

第一に，本件以降の再垂直統合化の流れは，発電と配電，発電と供給，そして発電と配電・供給の各事業者間の合併が事例として登場することに加え，本件においても，Southern Electricity および Midlands Electricity 双方においてすでに発電施設を保有していたことに鑑みれば，本件が民営化後の再垂直統合化の実態を示す唯一の事例ではない。したがって，本件は当時の再垂直統合化の流れに対する一定の法的判断が明示された事例であると同時に，競争委員会レベルでは，自然独占的事業（配電事業）または独占的な家庭用市場への発電事業者が有する価格支配力に着目し，問題解消措置として他の事業者への資産売却や取引情報の提供を前提条件にした結果，電力産業の垂直統合的事業構造自体の復活が適法なものとして評価しうるものと考えられた点が注目されよう。逆に，国務大臣による合併不承認という判断は，このような措置がとられたとしても，なおも「公共の利益」に反すると判断されたことを意味するものであり，（純粋な競争上の問題としてとらえた場合）再垂直統合化の阻止を直截に企図したとの見方が可能である（ただし，その後の再垂直統合化が企図された諸事例において，1973年法64条に基づく競争委員会への合併付託が行われた形跡はない）。

第二に，競争委員会による報告書の構成は，National Power および Power Gen ともにほとんど相違なく，合併審査において一体的に審査している。もっとも，「市場の画定」等について，IIに触れたようなスタンダードな方法を用いているわけではなく，その意味では，垂直的関係から見た市場支配力の行使に係る態様をストレートに問題視したものである。さらには，当時の強制プール制に伴う二大発電事業者が持つと考えられた「系統限界価格（System Marginal Price: SMP)」に対する支配力に着目し，配電事業者の買収を通じた下流の競争的な供給部門における料金値下げの効果的圧力を低下させる可能性が注目された事例である。以上から，合併の有無によって「公共の利益」の適否が判断されたというよりは，競争委員会による審査手続以前から認識されていた二大発電事業者による反競争的行為について，合併を機に，電力取引の構造的問題を法的に顕在化させた事例として位置付けることができよう。

第三に，合併を認めないとした少数派の意見にも触れられているが[15]，家庭用市場が配電事業者により独占されていた時期での買収事例であったという特殊性もある。すなわち，付託された理由として，仮に発電事業者が「系統限界価格」を通じ発電市場における価格支配力が形成されれば，配電事業者を通じて供給部門における価格支配力につながるということから，競争市場化する前に市場を先占する可能性を危惧した点があったともいえよう。その意味では，家庭用市場が完全自由化し，競争的圧力の下，価格競争が十分に機能した状態であれば，競争委員会のスキームに拠れば，合併がストレートに承認されたと見ることも不可能ではなかったかもしれない。

3 現　状

英国の電力産業に見られる再垂直統合化は，送電以外の各事業者間の結合であるが，その場合，発電事業者と（供給を含む）配電事業者，発電事業者と配電もしくは供給いずれかの事業者との結合を示す。これらの事例形態のうち，二大発電事業者の事例のような発電事業者と配電事業者との合併事例は，民営化後間もない1995年には早くもScottish Power/Manweb事例が見られたほか，二大発電事業者に関する事例をはさみ，その後，Powergen/East Midlands Electricity事例（1998年），Scottish Hydro/Southern Electric事例（1998年），欧州委員会による審査事例ではあるが，EDF/London Electricity事例（1998

---

15) Hodgson委員により「合併が競争を減殺することで，公共の利益の主な問題は，特に，1998年以降，競争へと開放される半分の市場〔＝家庭用部門〕において，それが発生しない場合よりも価格に対するより値下げの非効果的な圧力が存在するか否かであるはずである」（〔　〕内筆者）などとして，「公共の利益」違反を主張する見解が示されており，当時，家庭用ユーザーの自由化前の段階における事例であったことから，本件合併が当該需要家部門における価格支配力の影響を問題視する見解もあった。See *National Power*, p. 50; *Power Gen*, p. 50.

年)[16]，Innogy（旧 National Power）/Yorkshire Electricity 事例（2001 年)[17]，EDF/Seeboard 事例（2002 年)[18] などの事例が続いていくことになる[19]。

しかしながら，以上の実態にあって，二大発電事業者に関する事例が国務大臣によって不承認とされた点を措くとしても，OFT，競争委員会，さらには，英国外の事業者が合併当事会社になっている事例であれば欧州委員会（European Commission）といった，実際に競争法に照らして合併審査にあたった規制当局は，英国電力産業の事業構造そのものについて法令に抵触する可能性があることをもって問題解消措置を命ずることはなく，結果的に容認してきた経緯がある。そして，現状に照らせば，そのような法運用を通じ，Big 6 が垂直統合的事業構造を伴うことと並んで，発電・供給の各市場におけるシェアを次第に獲得していったということを意味する。

もっとも，近時の状況として，EDF Energy が 2010 年に配電事業者（ロンドン，イングランド南西，同東の各区域管轄）をアジア系事業者に売却したこと[20]からも，Big 6 として，もはや垂直統合的事業構造を維持することによって競争市場におけるシェア拡大が企図される状況にはないともいえ，構造自体よりもむしろ競争市場の寡占化そのものに係る合併規制上の課題にもっぱらシフトしたととらえることができる。そこで，次節においてこの点を見ておくことにする。

IV 寡占化に係る課題

IIIにも触れたように，現在は，規制当局のスタンスから，再垂直統合化そのものについて合併規則法上抵触しているといった見方は取られていないといえ

---

16) Case No IV/M.1346-*EDF/London Electricity*（1999）．
17) Case No COMP/M.2801-*Innogy/ Yorkshire Electricity*（2002）．
18) Case No COMP/M.2890-*EDF/Seeboard*（2002）．
19) この点の詳細は，友岡史仁『公益事業と競争法——英国の電力・ガス事業分野を中心に』（晃洋書房，2009 年）185 頁表 3-1 参照。
20) See Case COMP/M.5972-*CKI/HEH/EDF*（2010）．買収の背景事情も含めた実態について，例えば，野村宗訓『エナジー・ウォッチ——英国・欧州から 3.11 後の電力問題を考える』（同文舘出版，2012 年）164 頁以下参照。

る。しかし他方，競争市場とされる発電および供給の両市場における寡占化について，とりわけ発電市場のシェア拡大に対する当局のスタンスは，従前の規制当局の方向性とは必ずしも同視できない状況にあると思われる。そこで本節では，Big 6 による寡占化の態様と並び，欧州委員会により問題解消措置を命ぜられた EDF Energy/British Energy 事例（2008 年）[21] を中心に取り上げることで，この状況に対する合併規制の適用実態を見ておくことにしたい。

1 寡占化の実態

　Big 6 における市場シェア（2010 年段階）は，発電については 65.0％，供給については，非家庭用ユーザーでは 82.1％，さらに家庭用ユーザーでは 96.6％ に至っているため，ここで「寡占的」と称し得るのは供給市場（特に家庭用ユーザー）ということになろう。もっとも，極めて高いシェアを示す家庭用市場にあっても，Big 6 に関する 2012 年 6 月時点の集中度（ハーフィンダール・ハーシュマン指数）は 1,814 とされ[22]，OFT によるガイドライン「合併評価ガイドライン」によって，1,000 以上ではあるが 2,000 は超えないため，「過度な集中（highly concentration）」には至っていないとの評価ができる[23]。したがって，シェアが高いことと集中度との間では必ずしも因果関係があるとはいえないことを示している。

　他方，電力単独市場と並び，ガス産業との「融合化（convergence）」現象といった別の視点から寡占化を見る必要性も考えられる。すなわち，英国の場合，電力産業に先立ち，1986 年ガス法（Gas Act 1986）によって民営化されたガス産業が段階的に自由市場へと移行したことに伴い，早い時期からかかる現象が見られたが，その結果，電源の天然ガス化に伴う急速なガス需要の伸びが産業用ユーザーにおける価格競争が活発化した点，電力・ガス市場が同時並行的に自由化されたことに伴い，同一供給事業者から受ける「二重燃料（dual-fuel）」

---

21) Case No COMP/M. 5224-*EDF/British Energy*（2008）．
22) See OFGEM, *The Retail Market Review: Updated domestic proposals: Consultation*: Ref 135/12（26 October 2012), note 64.
23) See Competition Commission and Office of Fair Trading, *Merger Assessment Guidelines*: CC 2 (revised), OFT 1254 (September 2010), para. 5.3.5.

ユーザーが登場した点を挙げることができる。

合併事例として見れば，顕著な例として，2002 年には，ガス輸送事業者であった Lattice Group と送電事業者であった National Grid の合併事例[24] が挙げられるほか，ガス供給市場において高いシェアを占める Centrica が，2004 年には発電事業者である Killingholme Power を[25]，2009 年には Lake Acquisitions の発行済株式総数の 20% を[26] それぞれ保有するに至った事例（後者の事例は 2 において言及する）が見られるが，OFT，そして事実上の審査を行う OFGEM は，いずれの事例も承認しており，「競争の実質的減殺」基準の抵触を指摘してこなかった。

しかし，家庭用市場における「二重燃料」ユーザーに対する Big 6 の集中度（ハーフィンダール・ハーシュマン指数）は，2012 年 6 月現在，2,072 であるため「過度な集中」に該当する一方，Centrica が占めるシェアも 34%（業界第 1 位）に上っている[27]。この場合，合併規制といった企業結合規制ではないが，かつて British Gas が二重燃料ユーザーについて同市場における支配力をテコ (leverage) にした価格制限行為が行為規制の対象として問題とされたことからも，この点に係る課題が再燃することも考えられないではない（この点については，本部第 2 章参照）。

2　発電市場の寡占化と卸電力市場への影響――EDF/British Energy 事例

(1)　事例概要と欧州委員会の判断

EDF（当時）はフランス政府が発行済株式総数の 84.8% を保有する株式会社であり，フランスなどの諸国で全ユーザー向けに発電，卸，送配電，供給事業を行う電力グループであった。他方，買収対象事業者であった British Energy（以下，「BE」という）は，英国政府が 35.6% の株式を保有する公開会社であり，

---

24) OFT, *Proposed acquisition by National Grid Company of Lattice Group*: ME/1275/02.
25) OFT, *Completed acquisition by Centrica plc of Killingholme Power Limited*: ME/1174/04.
26) OFT, *Anticipated Acquisition by Centrica of 20 Percent of Lake Acquisitions*: ME/4133/09.
27) See OFGEM, *The Retail Market Review: Updated domestic proposals: Consultation*: Ref 135/12 (26 October 2012), note 64 and figure 3.

英国国内においてのみ発電，卸，産業・商業用ユーザー向けに供給事業を行っていた。2008年11月3日，EDFはその100%子会社であるLake Acquisitionsを通じ，BEの全発行済株式（政府保有株等を含む）を購入する公開買付による方法で取得する旨，欧州理事会規則（以下，「規則」という）4条に基づく事前届出を行った。以下では，欧州委員会が問題視した諸点のうち卸電力市場に絞って概観する。

欧州委員会は，卸電力市場全体を単一の関連物的市場（relevant product market），英国全土を地理的市場とそれぞれ画定したうえで，①BEの保有電源（11 GW）は大半がベースロード電源（原子力）である一方，EDFのそれ（5 GW）は変動電源（石炭・ガス）であったことから，合併当事会社が結合による卸価格の引上げによって利益を獲得するために，EDFが保有する変動電源による卸取引を停止（withdraw）し得る点，②合併後には一部の電力需要が合併当事会社の保有する発電所によって補われることで，当該会社の垂直統合レベルが増し，卸市場における取引の相手方との取引の必要性が減ることで電力取引の流動性（liquidity）を減少させる潜在的可能性がある点について，それぞれ「共通市場との取引の調査に係る深刻な疑問がある」とした[28]。

以上を受けて，EDFとの協議の結果，同社が保有するEggborough（2 GW）およびSutton Bridge（0.8 GW）の各発電所の分割（divestment）を求める等の問題解消措置を命じている[29]。

(2) 審査の特徴と影響

本件は，OFTによる2002年法に基づく合併審査事例ではなく，欧州委員会による規則に基づくそれである。国内規制当局との関係については，従前の電力産業にかかわる合併事例においても，EDFによるLondon Electricityの買収事例を嚆矢とし，規則9条との絡みで欧州委員会から構成国に対する付託が行われることで，OFTが国内法に照らした審査を求めた事例があるが[30]，本

---

28) Case No COMP/M. 5224-*EDF/British Energy* (2008), paras. 37, 82.
29) See *ibid.*, para. 152. なお，本件の背景事実について，後藤美香＝丸山真弘「欧州の電気事業制度改革の動向と英国の電力市場および経営戦略」電力中央研究所 Y08035（2008年）48頁以下参照。

件は，すでにそのような傾向がなくなった中で生じた事例であり[31]．また，欧州委員会が英国国内市場において生じた事例をストレートに審査している点に特徴がある。

　ところで，現在，Big 6 の 1 つを占める EDF による英国最大の原子力発電事業者であった BE の買収事例であった本件は，「Big 6 という用語が英国における主要な統合された発電および配電事業者を説明するために作り出された[32]」ともいわれるように，寡占化を強化する合併事例の象徴として位置付けられている感がある。ただし，これは，欧州委員会による本件審査によれば，合併当事会社の卸電力市場に占めるシェア自体は「顕著に高いわけではない (not extremely high)」とは評するものの[33]．当該市場への影響を見極めたうえで，EDF が保有していた変動電源の半数以上を分割する旨の問題解消措置が求められており，発電市場の寡占化を緩和する判断が行われた事例でもあった。

　本件審査は，EDF による卸電力市場における電力取引の流動性の減少に着目した点に特徴があるが，この背景には，垂直的事業構造下において BE および EDF の電源の種別に違いがあると考えられる。すなわち，ベースロード電源を主に保有する BE を EDF が買収すれば，EDF は自ら保有する変動電源を用いず（欧州委員会の表現によれば「内部化され (internalise)」），BE のそれを購入する形をとり下流（供給）市場に電力販売を行うことを可能にするものであり，その結果，卸電力市場において BE の販売と EDF による購入の双方が停止し電力取引量の流動性が減少する恐れがあるとの考え方によるものであった[34]。

---

30) Parker and Majumbar, *op. cit.*, note 2, p. 126 では，「その売買が顕著な競争上の問題を生ずる一方，OFT は，自らよりもエネルギー市場における合併を評価する上でのより適切な立場に置かれていると判断した」とし，本件が欧州委員会により審査された背景に，市場特性に鑑みた結果であることを示唆するが，だからといって，OFT と欧州委員会との間で審査能力に差があるといえるかは疑問なしとしない。

31) Parker and Majumbar, *op. cit.*, note 2, p. 123 によれば，2002 年 7 月以降，欧州委員会に対する審査を要求する付託は行っていないとされる。

32) Bloomberg New Energy Finance, *UK Big 6 Utility Investment Trends: A report for Greenpeace UK on the generation investments of the Big 6 utilities* (23 April 2012), p. 3.

33) 卸電力市場に占める合併当時会社による発電容量および出力量 (output) がそれぞれ 20〜30% とされ，5〜10% のシェア増加になると認定している。See Case No COMP/M.5224-*EDF/British Energy* (2008), para. 23.

これに対し，同じくBig 6に列せられ変動電源を有するCentricaによるLake Acquisitionsの20%の株式取得に係る事例について，OFTが上記のような欧州委員会による電力の流動性に係る判断枠組みをあてはめて審査しているが，市場における取引量の減少は起きないことを理由に，当該取得が「競争の実質的減殺」には該当しない旨判断している[35]。

(3) 二大発電事業者の合併事例との比較検討

以上にあって，Ⅲに取り上げた二大発電事業者に係る合併事例において，当該事業者の発電市場における価格支配力を強化し得るといった強制プール制度を前提にメリットオーダー制を採用した取引構造に伴う弊害と本件合併に係る欧州委員会の審査における弊害のとらえ方との類似性を指摘する見解も見られる[36]。

これについては，確かに，本件は，二大発電事業者の合併事例と類似の問題解消措置が取られたとしても，強制プール制度の廃止後の発電・供給両市場間での相対取引の中で，合併当事会社による卸市場のシェア拡大に伴うEDFによる価格引上げの可能性が問題視された事例であり，取引構造自体は所与のものとして判断されている点では相違を指摘できる。

しかし，本件では，EDFによる電力取引の流動性の減少を問題視し，そのことゆえに，EDFの変動電源の半数以上を売却させる問題解消措置が取られたことからも，二大発電事業者による発電市場の価格支配力を緩和する措置として石炭火力が売却された点との類似性を看取できる。加えて，二大発電事業者の買収事例では不承認の判断の流れの中でその後に取引構造の変革が迫られ

---

34) See Case No COMP/M.5224-*EDF/British Energy*（2008），para.59.このような欧州委員会による審査方法について，Giulio Federico and Diana Jackson, "Draining liquidity: a novel vertical effect in electricity mergers?" *European Competition Law Review*, vol.31, Issue 5（2010），pp.188-189では，顧客・投入閉鎖効果と並び（標準的な垂直効果とは異なるより直截的な流動性効果（direct liquidity effect）という意味の）「純粋な」閉鎖効果を含むものとしてとらえる一方，合併当事会社による合併後の低いシェアが採られている点，問題解消措置において水平的問題を提示している点から，「非標準的な垂直的分析（no standard vertical analysis）」を行っているとも評する。

35) See OFT, *op. cit.*, note 26, paras.97, 124.

36) See Parker and Majumbar, *op. cit.*, note 2, p.538, note 339.

たが，本件以後の流動性向上のための OFGEM による調査[37] を受けてエネルギー気候変動省（Department of Energy and Climate Change）が白書「われわれの電力の将来計画——安定的に入手可能な低炭素電力のための白書[38]」において，電源の取引市場への強制的な流動化を求める「義務的オークション（mandatory auction）」制度を含めた卸取引市場への規制を求めている点から，両事例の推移における類似性もあわせて指摘できよう[39]。

V　おわりに

英国の電力産業における集中規制の課題は，本論において触れたように，再垂直統合化から寡占化の問題へと移行しつつある。

この場合，再垂直統合化については，規制事例の変遷を見る限り，同国の電力市場が，事業規制機関による専門技術的判断を通じた事業法制の枠組みの中で，さらに必要に応じて，「標準許可要件」の変更といった形で自由化レベルを維持しているともいえる。これは，事業法上禁止規定が存在しない，送配電の各事業者間における合併事例に対する法制上の手当てとともに，「標準許可要件」を通じた差別禁止を企図するといったように，これまでは競争法が中心的な役割を果たす方法が採られてこなかったことに由来すると考えられる。

以上に対し，寡占化の問題は，逆に発電と供給といった競争市場の中で生ずる合併に関する場合であり，EDF/British Energy 事例はその典型例であって，アプローチの仕方としては，競争法的規制によることの有効性が示された例ともいえる。もちろん，取引流動化への対応として事業法的規制が予定される一方，Big 6 が（Centrica を除き）英国外企業との資本下にある点に鑑みれば，寡

---

37) OFGEM, *Liquidity in the GB wholesale energy markets*: Ref: 62/09（08 June 2009）.
38) Department of Energy and Climate Change, *Planning our electric future: a White Paper for secure, affordable and low-carbon electricity*: CM 8099（July 2011）.
39) Big 6 による寡占化への対応として「義務的オークション」制度を紹介する文献として，例えば，山崎康志「電力自由化が招く『規制なき独占』の悪夢」エネルギーフォーラム 691 号（2012 年）38 頁参照。なお，立法レベルでは，GEMA 等への諮問の手続を経た後，国務大臣が卸電力市場の流動化を狙いとした許可要件の一部を修正できる権限を付与する法案（エネルギー法案（Energy Bill））が議会に提出されている。

占化に対する有効な法適用の一場面として，英国国内マターではあっても EU レベルにおける合併規制による対応が期待されているといえよう。

〔追記〕
　本章校正段階において，注 4 に言及した OFT および競争委員会の統合化に伴う「競争市場局」設立のための根拠法である 2013 年企業・規制改革法（Enterprise and Regulatory Reform Act 2013）に接した。あわせて，「競争市場局」について扱う論者として，村田淑子「英国競争法の最近の動向——競争・市場庁の創設を中心に」川濱昇ほか編『競争法の理論と課題——独占禁止法・知的財産法の最前線』（有斐閣，2013 年）463 頁以下にも接したことを付記しておく。

第 5 部

ドイツの電力改革

略語（ドイツ）

AAC：Average Avoided Cost
AGBG：Gesetz zur Regelung des Rechts der Allgemeinen Geschäftsbedingungen
AIC：Average Incremental Cost
AVB Gas：Verordnung über Allgemeine Bedingungen für die Gasversorgung von Tarifkunden
BGB：Bürgerliches Gesetzbuch
DTE：Directie Toezicht Energie（The Netherlands Office of Energy Regulation）
EEX：European Energy Exchange
EnWG：Energiewirtschaftsgesetz
FKVO：Fusionskontrollverordnung（EC Merger Regulation）
GWB：Gesetz gegen Wettbewerbsbeschränkungen
HGB：Handelsgesetzbuch
ISO：Independent System Operator
kV：kilovolts
kWh：kilowatt hour
LNG：Liquefied Natural Gas
LRAIC：Long-Run Average Incremental Cost
OTC：over-the-counter

第1章
ドイツのエネルギー産業の概観

柴 田 潤 子

I　ドイツのエネルギー消費の概観

　ドイツの一次エネルギーの消費は，過去明らかに減退傾向にある。この消費傾向に影響を与える要因としては，地球温暖化による熱エネルギーの需要の低下，さらに実質的な要因としては，高いエネルギー価格であるとされる。補足的要因としては，原子力エネルギーの後退，再生エネルギーからの発電及び高い効率性を持つ発電所の拡充整備が挙げられている。ドイツの2011年現在の一次エネルギーの消費割合は，石油が33.8％（前年度0.4％減），天然ガス20.6％（同1.2％減），石炭12.6％（同0.6％減），褐炭11.7％（同1％増），原子力8.8％（同2.1％減），再生エネルギー10.8％（同0.9％増），その他1.7％（同0.4％増）となっている。また，一般家庭での暖房システムの消費は，ガス49％，暖房用オイル29.6％，地域暖房12.6％，電気6.1％，その他の燃料2.7％という構成になっている[1]。

II　電力産業

1　概　　要

　電力の体系は一次エネルギーの生産（採掘，輸入，太陽光の利用，風力，水力）

---

1) 「ドイツのエネルギー消費」四半期報告書（2011年第四期）AG Energiebilanzen e. V.（エネルギーバランス作業グループ）

から，発電（一次エネルギーから二次エネルギーへの転換），送電（高圧での長距離輸送），配電（中及び低圧での地域での配分，最終利用者への供給）から構成される。当該産業の技術的構造の特殊性は，電気の大部分は貯蔵できないこと，ネットワーク拘束性があること，配電及び送電ネットワークが自然独占であること，同時同量の原則があることである。これらの要因が電力産業の展開における特殊性の基礎を構築することになる。

電力は，一次エネルギーから得られる二次エネルギーである。発電には多様な一次エネルギーが用いられ，2011年については，褐炭（24%），原子力（18%），石炭（19%），天然ガス（14%），再生エネルギー（20%），石油（1%），その他（4%）である[2]。2010年との比較では，原子力が22.6%から18%に減少し，再生エネルギーが16.5%から20%に増加している。再生エネルギーは，風力（8%），バイオマス（5%），水力（3%），太陽光（3%），家庭ゴミ（1%）から構成される。

2　電力ネットワークの段階

発電 → 送電（高圧）→ 配電（中圧・低圧）→ 小売 → 最終顧客
　　　　　↓
　　　　大口顧客

① 発電部門では，4大電力会社，すなわちE. ON, RWE, EnBW及びVattenfall，その他公営事業者，独立系の電力会社が発電施設を所有している。卸段階の参加者は，既に述べた4大電力会社またはそれらの販売子会社，公営事業者，公営事業者の共同体，純粋な取次業者，発電所オペレーター，エネルギーサービス業者，銀行及び産業事業者を包括する。卸取引は，1998年に自由化され，取引は，卸取引所で行われるほか，取引所外での相対取引，またはブローカーを通して行われる。全体の僅かな部分のみが取引所で取引され，電力供給の大部分は，長期契約による。なお，取引市場参加者が取引市場で扱う電力を自己消費することもあるが，原則として，取引市場参加者による電力購入は，最終利用者への再販売目的で行われる。取引上で扱われる電力の自己消費

---

[2]　BMWi（連邦経済大臣），http://www.bmwi.de/BMWi/Redaktion/PDF/E/energiestatistiken-energietraeger,property=pdf,bereich=bmwi2012,sprache=de,rwb=true.pdf

は，少数の大規模産業顧客に限定されている。

②　ドイツの託送及び配電について，ドイツの電力ネットワーク（連結点）は，異なる電圧を持つ多くのネットワークレベルから構成される。極めて高い電圧の電力が地理的に広範囲に輸送される場合，輸送（託送）ネットワークという言葉を用いる。この場合，通常，架線・電線（Freileitungen）である。電力はインプット地点から消費の中心近くの変圧ステーションに送られ，そこで電力は低圧に変換されないしは変圧され，配電ネットワークに送電される。

ドイツには，4つの託送ネットワークオペレーターと866の配電ネットワークオペレーターが存在する（2010年6月時点）。ドイツのネットワークオペレーターは，託送及び配電の義務だけでなく，電力供給の品質を維持するため，電力の系統維持及び電力供給バックアップの義務がある。同時同量の維持のため，常時バックアップ供給の維持は，4つの託送ネットワークオペレーターの系統維持サービスに含まれる。同時同量の電力供給は，30分の範囲内で行われ，4つの託送ネットワークオペレーターによる，分ごとのリザーブ需要は，2006年12月1日からは，共同の公募でという方法で調達されている。このため，4つのネットワークオペレーター（系統運用業者）は，共通のインターネットプラットフォームを有している。

4つの系統運用業者は，Amprion（RWEの100%子会社であったが，2011年7月に74.9%を売却し，買手は，ドイツの機関投資家等からなるコンソーシアム，バックアップゾーンは，西部ドイツ），EnBWトランスポートネットワーク（EnBWのバックアップゾーン，バーデンビュルッテンベルク，100% EnBWの監督下にあり，最も規模が小さい），Tenne TSO（E. ONの一部が名称変更，Tennetホールディングはオランダ政府100%所有）[3]，旧東独をネット地域の中心とする50 Herzトランスミッション（VEAG・旧東独統合からVattenfall Europe，送電線分離・現在ベルギーの系統運用業者Elisaが持分60%所有，40%はオーストラリアのIMFファンドが保有）がある。

③　最終利用顧客への少量の電力の供給は，原則として，小売業者（Einzelhandel）によってもたらされる。ここでは，供給サイドでは例えば公営事業者，

3）ネット地域は北ドイツから中央ドイツ（ヘッセン）を通り，南西ドイツ（バイエルン）に及ぶ。

小売業者，大規模エネルギー会社の販売子会社が登場し，最終利用顧客に対しては，電力供給の他に，検針及びエネルギー相談のような事業も行う。小売販売の段階は，原則として最終利用者への供給となり，大口（機関的な）取引はここでは行われない。小売業者は，配電ネットワークにおいて存在し，そこでは圧倒的に中圧及び低圧レベルとなる。

3　エネルギー経済法の制定と改正経緯

エネルギー経済法は1935年に制定され，欧州の電力域内市場の創設及び電力市場の競争を強化する目的を持つエネルギー市場に関するEC指令（96/92/EG）を受けて，1998年に第一次改正がなされた。過去の設備拘束性のあるエネルギー供給の実態を概観すると，地域にそれぞれ電力供給事業者が唯一存在する地域独占として特徴づけられる。地域独占の一つの背景として，供給者間の相互の地域分割協定及び自治体がそれぞれ供給者に排他的道路占用権を付与する契約があったが，競争制限防止法旧103条による電力及びガス供給の適用除外規定が廃止されたことに基づき，これらの契約は，競争制限防止法に服することになった。当該改正の新規性は，電力市場の自由化（ガス市場のための規則は基本的に改正されていない）であり，ネットワーク系統運用を包含する垂直的統合型供給事業者は，第三者である電力供給者への差別のないネットワーク利用を確保しなければならない。

　垂直的統合型事業者は，各部門（発電，送電，配電）に独立した会計を維持することが義務づけられる（会計上のアンバンドリング）。このような別々のアカウントによって，競争のもとで組織される電源と自然独占であるネットワークを分離することができる。欧州連合の他の加盟国とは対照的に，ドイツは，"交渉によるネットワーク・アクセスモデル"（1998年改正エネルギー経済法6条）を採用した。この場合，ネットワークアクセスの具体的条件について法律自体は何ら介入することなく，エネルギー経済法を補充して，電力団体が団体協定という形態でネットワークアクセスの条件についての枠組を設けていた。当該協定は法律ではないため法的拘束力がないが，過渡的な定めをする2003年の改正法6条1項5号及び6a条2項5号に基づき，2003年末迄ベストプラクティスとして推定されることによって，その法的な地位が強化された。

エネルギー経済法の第二次改正（2005年）によって，従来の交渉によるネットワークアクセスの原則から，規制のもとでのネットワークアクセスシステムに転換することになった。ネットワークオペレーターは，認可されたネット利用料金（いわゆる託送料金）のみを顧客に課金し得る。ネット利用料金は，電気及びガスについてのネット利用料金規則に基づくことになる。さらに，ネットワークオペレーター（系統運用業者）を規制する規制官庁である連邦ネット庁が設立された。エネルギー経済法111条によれば，ネットアクセス，及び接続については連邦ネット庁の単独の管轄となり，カルテル庁の権限は認められないが，カルテル庁からの一定の影響は事実上存在することになり，同法58条は，両庁の協力義務を規定する。アンバンドリングに関しては，大規模な電力会社（10万人以上の顧客との接続を有する）は，事業者内の他の全ての経済活動からネットワーク分野を分離しなければならない（同法7条及び8条に基づく，機能分離及び法的分離が規定されたが，所有権分離までは規定されていない）。また，ガス送配網について，新たにアクセスが規制され，ドイツ全体のガス供給網へのオープン・アクセスが可能となった。

　2008年には，競争を促す目的で電気及びガスのメーターの開放に関する法律が改正された。主要な改正点は，メーターの設置とメンテナンスと検針に加えて，計器の自由化である。すなわち，ネットの所有者ではなく，ネットワーク利用者が計器設備を選択することが可能となった。2010年1月以降，新築及び改修において電気のスマートメーターの設置が義務づけられている。

　2009年，EUの第三次パッケージが採択され，これによれば送電ネットワークを発電と小売から分離しなければならない。法律に基づく国内法制化は2012年春までに実施されることが求められた。E.ONコンツェルンは，欧州委員会による濫用手続において系統ネットワークを売却することが義務づけられ，2010年1月1日に輸送ネットワークをオランダのネットワークオペレーターであるTenne T BV（100％オランダ政府所有）に売却した。旧E.ON Netzは，今日，Tenne T TSOとして活動する。これにより，EUのアンバンドリングの要求を充足することになると同時に，欧州域内の取引を容易とする，ヨーロッパで最初の国境を越えたネットワークオペレーターが成立した。Vattenfallは，その輸送ネットワークを50 Hertz Transmissionに売却した。ベル

ギーのネットワークオペレーター Elia（60%の持ち分）とオーストラリアのインフラファンド IFM（40%の持ち分）が当該事業者を取得している。他の二つのネットワーク事業者，Amprion（RWE）と EnBW Transportnetz は，現在のところ分離は進んでいない。

III ガス産業

1 概　観

　ここでは設備拘束性のあるガスの供給市場を扱うことにする。これには，一般家庭や事業者への天然ガス供給のみでなく，さらにバイオガスの様に場合によっては必要な転換プロセスを経て，同様に天然ガスネットワークで供給されるガスも該当する。ネットワークは，この場合，販売手段を供給し，それは，広範囲な距離の輸送手段として，ガスの分散化を可能とする。分散化された天然ガスの利用から，産業及び一般顧客にとって，様々な利用可能性がある。天然ガスは，一次エネルギーであり，主要な利用目的は，天然ガスから発電に利用されることであり，その他，暖房のため熱利用される。大陸における遠近距離において，ガスはパイプラインで輸送される。大陸における天然ガスを長距離輸送する場合，最大概ね 80 バール（bar）の高いガス圧力を要し，これに対して，最終顧客へのガスの配送は，地方自治体のガス配送ネットワークで行われ，原則として中圧のラインとなる。異なる圧力のネットワークの連結には，いわゆる圧力制御器を必要とする。何百キロに及ぶガスパイプラインは，ドイツ及びヨーロッパのガス需要を充足するための重要な前提であり，多様な供給者のアクセスを可能にする，新しいガスパイプライン建設が計画されている。パイプラインによる輸送の他，天然ガスは液体，いわゆる LNG の形状でタンク輸送されることができる。LNG は，ヨーロッパでその意義が急速に高まってきている。ヨーロッパの最大への供給国は，アルジェリア，カタール，及びナイジェリアである。ドイツのターミナルは，今のところ存在しないが，オランダとイタリアに LNG ターミナルが存在し，オランダからの購入が可能である。天然ガスは，物理的特性として貯蔵可能である点が電力と異なる。貯蔵性

を通して，ガスは，一定のもっとも限られた範囲で，日毎及び季節に応じた需要と供給の調整を維持することができる。

2 ドイツのガス産業構造

ガス市場自由化の重要な目標は，天然ガスの取引段階における競争プロセスの条件の導入・整備であり，それによって，多数の供給者及び需要者が競争する競争的な市場を理想とする。天然ガスの供給段階は，採掘（産出），卸売り，最終顧客への販売に大別される。ラインインフラへのアクセスという前提が整えば，採掘国から最終顧客への天然ガス販売を通じて供給される。ドイツでは，85％の天然ガス需要を輸入でカバーしており，外国の天然ガス供給に依存している。輸出国として重要なファクターは，天然ガス貯蔵と地理的に近接していることである。ガスの長距離輸送はコストが増大するため，輸出国は第一にパイプラインを通じて容易に到達する隣国へ供給し，そこで大規模な地域的な天然ガス市場が認められる。もっともLNG供給によって，この長距離の問題は克服されているという例外がある

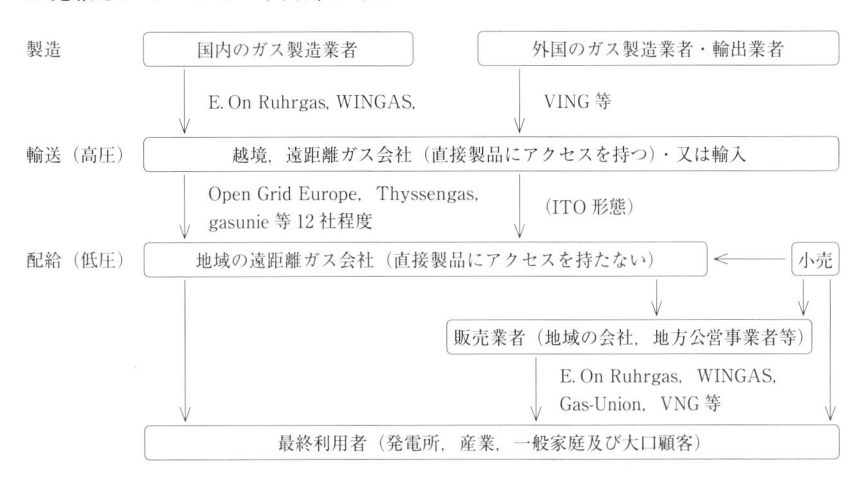

製造	国内のガス製造業者 ／ 外国のガス製造業者・輸出業者
	E.On Ruhrgas, WINGAS, ／ VING等
輸送（高圧）	越境，遠距離ガス会社（直接製品にアクセスを持つ）・又は輸入
	Open Grid Europe, Thyssengas, gasunie等12社程度 ／ （ITO形態）
配給（低圧）	地域の遠距離ガス会社（直接製品にアクセスを持たない） ← 小売
	販売業者（地域の会社，地方公営事業者等）
	E.On Ruhrgas, WINGAS, Gas-Union, VNG等
	最終利用者（発電所，産業，一般家庭及び大口顧客）

生産者から最終顧客までの供給は，多くの段階に分かれている。卸売段階では，とりわけ取引市場外でOTC取引でのガス取扱いの他，ドイツのエネルギー取引市場であるライプチヒのEEXでのガス取引の重要性が増している。最終顧客への販売段階は完全に自由化されており，ドイツでは地方の再販売業者，

特に地方公営事業者，垂直的統合事業者の子会社等が活動している。産業用顧客は，卸売からもガスを直接購入することができるため，ドイツのガス市場の販売段階は，画一的に区分されない。

3　ガスネットワークにおける競争

多様なガス供給者及び販売業者間の競争の基本的な前提は，ガスネットワークへの規制・介入となる。天然ガスについてのネットワークは，多くの場合自然独占として考えられており，有効な競争は，遠距離及び配送ネットワークへのアクセスのコントロールを必要とし，それによって，下流の市場段階での有効な競争の条件を整備することが目標とされている。ドイツでガスネットワークの競争が初めて自由化されたのは，1998年のエネルギー経済法の改正であり，さらに2005年の改正で活発な競争を目的とする重要な前提が整備された。

ガス市場においては様々な問題の解決が必要であるとされる。オープンなガス市場の最重要の基本コンセプトは，ネットワークに存在するガスの個別の輸送顧客（Transportkunden）への配分である。ドイツのガスネットワークでは，一社の輸送顧客が一定のゾーン内で保持するガスの配分のみが捉えられ，このゾーンが市場地域として特徴付けられ，重要な取引範囲となる。ドイツにおける市場地域は，ガス供給ネットワークの運用事業者の集中によって構成される。ゾーン内のガスの輸送は，Entry及びEXITシステムと呼ばれるシステムによって実施されている。アウトプットする量において物理的にもガス供給者によって供給されるガス量は問題になることはなく，市場地域において，当該ガス供給者は，当該事業者自身又はその顧客がアウトプットする当該ネットワークのガス量を常に供給するように留意しなければならない。これについてバランシングが存在し，それによって，供給者がネットワークにおけるインプットとアウトプットを調整する。ガスネットワークの利用については，インプット，アウトプットのポイントの距離に関係なく，料金が計上される。

このように，ドイツでは自由化された電力市場とは対照的に，ガスの輸送及び取引が，市場地域という地理的限定によって常に制限された状態であり，幾つかの地理的に画定された個別市場に分けられている。市場地域の数は激減しているものの，2011年7月時点で，地理的にも質的にも異なる，3つの市場地

域があり，一定の地域から他の地域への一定の品質のガス輸送は可能であるが，輸送キャパシティが乏しく一定のコストが計上されなければならず，異なる市場地域での取引ポイントの流動性は高くない。この前提に鑑みれば，競争の急速な展開は依然として阻まれている。例えば，事実上，NCG（Net Connect Germany）と Gaspool という 2 つの市場地域についてのみ，個別にガス価格がドイツのエネルギー取引所 EEX でも扱われているにすぎない。

　市場地域のオペレーターは，それぞれ地域の遠距離ガス会社である。H ガス市場地域である NCG で活動しているのは，bayernets, Fluxys TENP TSO, GRT gaz Deutschland, Open Grid Europe, terranets bw と Thyssengas である。H 市場地域 Gaspool には，DONG Energy Pipelines, GASCADE Gastransport, Gastransport Nord, Gasunie Deutschland Transport Services, Nowega und ONTRAS – VNG Gastransport のネットワークが接続している。残る Aequamus の L ガス市場地域は，Erdgas Munster Transport, EWE NETZ, Gasunie Deutschland Transport Services である。

Ⅳ　料金規制

1　ネットワークアクセス

　エネルギー経済法 20 条が，エネルギー市場へのアクセスについてもっとも重要な法原則となっており，エネルギー供給ネットワークのオペレーターは，合理的かつ正当化される基準に従い，電力及びガスの輸送目的の差別のない各インフラへのアクセスを与えなければならない。当該アクセス権の詳細な内容については，例えば電気ネットワークアクセス命令及びガスネットワークアクセス命令によって規定される。

2　ネットワーク料金規制

　自然独占とされた電力及びガス産業においては，コストに基づく料金規制が中心であった。しかしながら，かかる手法は，逆にコストを上昇させ，過剰投資を招き，生産性向上をもたらさないという考えから，エネルギー経済法及び

カルテル法においては既に競争指向的な修正ファクターが組み込まれてきている。すなわち，競争的視点からのコスト検討（他の電力供給事業者との比較検討），競争制限防止法では，als ob Konzept（仮定コンセプト）の基準が濫用規制において展開してきている。そして，エネルギー経済法の2005年改正以来，ネットワーク分野と競争分野の料金基準を実質的に区別し，異なる手続きを規定している。すなわち，託送料金とその規制はネットワーク規制官庁の管轄であるが，競争分野のコントロールはカルテル庁にある。

電力及びガスネットワークは，原則として自然独占を意味することから，エネルギー託送料金は，事前料金規制に服する。いわゆる託送料金というのは，ネット利用の一種の賃料であり，その価格は，アウトプットされる電力の電圧，期間を基準とするが，決定的であるのはネットワークの構造である。すなわち，地理的与件，顧客数，電力消費及び投資によって若干異なってくる。2009年にインセンティブ規制が導入されたエネルギー経済法21条2項によれば，料金は，効率的なサービス提供のためのインセンティブを考慮して，効率的かつ構造的にも比較可能なネットワーク系統運用業者の料金に適合しなければならない，かつ経営遂行のコスト及び妥当かつ競争能力を維持し，リスクに対応しうる投下資本の利子を基礎にして形成されなければならない（1文）。料金がコスト指向で形成される場合，コスト及びコスト構成要素がその範囲で，競争にある場合でも必要でなければ考慮されない（2文）。同24条2項4号では，料金は前述の同21条2項に合致する一方で，他方，経営の安定，安定した供給，ネットワークの有効に必要なネットワークへの投資が保障されることに顧慮して形成されなければならないとしている。

3　小売市場

ドイツでは，小売価格[4]は何ら規制に服さない。一般家庭向け価格は，ネットワーク料金の明らかな低下にも係わらず，過去数年間上昇傾向にある（2006年から2010年）。これは，2009年から2010年に明らかに上昇した再生エネルギー法に基づく負担金にもっぱら起因するとされる[5]。ガス小売価格は，電気価格と異なり，再生エネルギー割当額を含まない。ガス価格は，原則として平均的に低下傾向にある。これは，エネルギー生産及び販売コスト低下に起因する。

Ⅳ 料金規制

　小売段階における電力供給者の転換率及び価格弾力性は，産業用・大口顧客と比べて一般顧客において依然として低い。2010年のネットワーク庁のモニタリングレポートによれば，地域の一般電気事業者以外の供給者から供給を受けるのは，全ての一般家庭の14％弱のみとなっており，依然として86％が地域の一般電気事業者から供給を受けている。ガスについては，総売上の約5％（電力は上記14％）のみが外部の供給者（いわゆる基本供給事業者でない）によって一般家庭顧客に供給されており，ガス市場における供給者の乗換えは，電力市場より低い。

　本章についての参考資料として，注に示したもののほか，以下を参照した。
　Monopolkommission, Energie 2011: Wettbewerbsentwicklung mit Licht und Schatten Sondergutachten 59（2012年）
　Wolfgang Ströbele/Wolfgang Pfaffenberger/Michael Heuterkes「Energiewirtschaft」（3版，2012年）

---

4) 小口一般家庭で年間消費 3,500 kWh の電力価格構成（2011 年 4 月 1 日時点での全てのタリフの中間値），ガスについては 23,269 kWh について，ネット利用料金（託送）は電気 19.9％，ガス 19.4％，検針・アフターケア・徴収の料金は電気 2.7％，ガス 2％，土地使用料は電気 6.5％，ガス 3.6％，再生可能エネルギー法負担金は電力 13.7％，熱電併給法の負担金は電力 0.2％，税金は電力 24.0％，ガス 24.7％，発電及び販売費用は電力 33.0％，ガス 50.3％ となっている（http://www.Bundesnetzagentur.de 連邦ネット庁の HP より）。

5) 再生可能エネルギー法の負担金及び託送料金に起因するとされる価格引き上げがドイツでは話題になってきた。再生可能エネルギー法の負担金及び託送料金は，電力小売業者から各系統運用事業者に支払われる電力小売業者の一計算要素にすぎない。どの範囲でないしは再生可能エネルギー法の負担金を顧客に転嫁するか否かは，再生可能エネルギー法では規定されておらず，電力小売業者の判断に依ることになる。顧客に転嫁しない事業者もある。再生可能エネルギー法の負担金の上昇は，卸価格の低下等に起因する電力供給者の生産コストの低下によってバランスできる。再生可能エネルギー法の負担金又は引き上げられた託送料金を消費者に転嫁する又は最終的には他の要素で補填するかは，供給者が公平な裁量によって（民法 315 条）によって判断しなければならないであろう，という指摘がある（http://www.energieverbraucher.de/）。

453

第2章
独占的行為規制

第1節　ドイツ競争制限禁止法における市場支配力のコントロール

山　部　俊　文

I　はじめに

　本節は，ドイツにおける市場支配力の濫用規制の全体を取り上げて，若干の検討を施すことを目的としている。検討の中心に据えるのは，ドイツ競争制限禁止法（Gesetz gegen Wettbewerbsbeschränkungen）（以下，GWB）19条による市場支配的地位の濫用の禁止である。

　GWB は，1957年の制定から今日に至るまで，多くの改正を経ているが，1998年の第6次 GWB 改正では，現在の EU 機能条約（TFEU）101条・102条及び EU の企業結合規則（理事会規則2004年139号）（FKVO）などから構成される EU 競争法とのハーモナイゼーションの観点から，GWB の規制体系が大幅に組み替えられ[1]，さらにその後の EU 競争法の展開に沿う形で，2005年に第

---

1)　なお，第6次改正及びそれと並行する形で成立した「公的委託の発注に関する法的根拠の変更に関する法律」(Gesetz zur Änderung der Rechtsgrundlagen für die Vergabe öffentlicher Aufträge（Vergaberechtsänderungsgesetz-VgRÄG）(Bundesgesetzblatt, 1998, Teil I, S. 2512ff.)) によって，公共部門の発注に係る規制が GWB に組み入れられた（97条～129b条）。GWB のこの部分の規制は，Vergaberecht（発注法。わが国の状況に照らして意訳をすれば「公共調達法」となろうか）と呼ばれる。GWB の中に置かれているものの，Vergaberecht という独自の法分野として，解説・検討が行われることが多い。

7次GWB改正が行われた。また，2007年の「エネルギー供給及び食料品販売の分野における価格濫用の対策に関する法律」[2]（以下，価格濫用防止法）によるGWB改正などを経て，2013年6月に第8次GWB改正が行われ，現在に至っている[3]。

このようにGWBは，EU競争法との融合が相当に進展している状況にある。もっとも，GWBには独自の規制の展開も見られる。EU競争法を含む形でのドイツ及びヨーロッパの市場支配力規制の全体像の検討は，今後の課題とすることとし，本節では，専らGWB19条（以下，GWBについては条項のみを掲げる）の市場支配力規制の紹介・検討を行うこととしたい。なお，改正前後の新旧の条文番号が混在すると煩瑣となることから，本節では，基本的に2013年6月に成立・施行された第8次改正後のGWBの条項に統一して記述し，適宜，新旧の別を示すこととする。

II GWBの体系と単独行為規制

1 GWB改正とその体系

まず，市場支配的地位の濫用行為を規制する19条について，法典中の位置をいわゆる「単独行為」（einseitige Handlung）の規制という観点から確認しておきたい。

---

[2] Gesetz zur Bekämpfung von Preismissbrauch im Bereich der Energieversorgung und des Lebensmittelhandels, Bundesgesetzblatt, 2007, Teil I, S. 2966ff.

[3] その他，エネルギー事業については，2012年に「電力及びガスの卸売販売における市場透明化機関の設置に関する法律」（Gesetz zur Einrichtung einer Markttransparenzstelle für dem Großhandel mit Strom und Gas）（Bundesgesetzblatt, 2012, Teil I, S. 2403ff.）が成立し，それによるGWBの改正が行われている。GWBに47aないし47l条が新設され，①電力及びガスの卸売販売については，連邦ネットワーク庁（Bundesnetzagentur）（後掲註14）参照）に，②燃料の取引については，連邦カルテル庁に，「市場透明化機関」（Markttransparenzstelle）を設置することが定められ，電力・ガス・燃料の分野で同機関が監視を行うこととされている。価格濫用防止法により導入されたエネルギー事業に関する特別の濫用規制である29条及びこのエネルギー市場透明化法による規制の詳細については，本節では検討の余裕がない。今後の検討課題としたい。

GWBに係わる議論において,「単独行為」の用語は比較的新しいものである。従来は,そのまま（市場支配的地位の）「濫用行為」あるいは「妨害行為・差別行為」等の用語が使用されていた。「単独行為」は,英語表記の unilateral conduct のドイツ語訳として登場したものと推測されるが[4],近時は,GWBに関する議論において多用されるようになっている。それは,1条が規制する複数事業者の合意・協調的行動（カルテル）と対比される概念として用いられる。

現行 GWB における「単独行為」の規制は,基本的に,19条・20条・21条の3つの規定から構成される。その他に,価格濫用防止法による GWB 改正により,エネルギーの事業分野における濫用行為に関する特別の規定（29条）が導入されている（29条は,2017年12月末までの期限付き立法である（131条1項））。また,公的な水道供給事業者の濫用行為に関する特別の規定（31条3項ないし5項）も設けられている。なお,市場支配的地位の定義は,これまで19条の濫用規制の規定の中に置かれていたが,第8次改正により18条として分離された。これにより,19条は,市場支配的事業者の濫用行為に係る規定として純化された形となっている。

これら3つの単独行為の規制は,1998年の第6次改正により,GWB 第1部第3節（第7次改正後は第2節）「市場支配,競争制限的行為」（第8次改正後は「市場支配,その他の競争制限的行為」）との標題の下に,1つのまとまった位置を得ることとなった。第6次改正前は,GWB 第1部第3節において「市場支配的事業者」の標題の下に,市場支配的地位の濫用行為の規制とともに,「市場支配的地位の形成又は強化」を規制基準とする企業結合規制が置かれ,市場で有力な事業者（marktstarke Unternehmen）による妨害行為・差別行為の禁止及びボイコット等の禁止は,GWB 第1部第4節において「競争制限的行為及び

---

4) EU 理事会規則 2003 年 1 号（Verordnung (EG) Nr.1/2003 des Rates vom 16. Dezember 2002 zur Durchführung der in den Artikeln 81 und 82 des Vertrags niedergelegten Wettbewerbsregeln (Council Regulation (EC) No 1/2003 of 16 December 2002 on the implementation of the rules on competition laid down in Articles 81 and 82 of the Treaty)) の前文 (8)・(9) 及び 3 条 2 項に einseitige Handlung（英語版では,当該部分に unilateral conduct）等の用語が使用されている。2005 年の第 7 次 GWB 改正は,この規則 2003 年 1 号に GWB を対応させることがその主要な目的とされた。

差別的行為」という標題の下に置かれていた。このように, 第6次改正前は,「市場支配力」あるいは「市場支配的地位」を共通項として, その濫用行為の規制と, それを規制基準とする企業結合規制が体系的に近接するものと把握されていたと言い得る。同改正により, 企業結合規制は, 市場支配的地位の濫用規制と別個の「節」(第1部第7節) の下に置かれ, 両者は距離を置く形となっている。

第6次改正後のGWBの規制体系は, ①合意・協調行動の規制 (1条~3条), ②単独行為の規制 (18条~21条・29条・31条), ③企業結合規制 (35条~43条) の3つに大別され[5], それぞれ, EU競争法における① TFEU101条, ②同102条, ③EU企業結合規制規則 (FKVO) に対応するものとなっている。これは, 第7次改正及び第8次改正を経た現在も変わっていない。GWBの単独行為の規制は, 上記② TFEU102条に直接に対応する19条の市場支配的地位の濫用的行使の禁止のほかに, 市場支配的地位を前提とせず, 市場で有力な事業者による妨害行為・差別行為等の禁止 (20条) 及び特定の市場力の存在を法律上の前提としないボイコット等の禁止 (21条) を有している等の点で, EU競争法との関係において依然として独自性が認められる。

2　GWBの単独行為規制

上述のように, 19条は, 市場支配的地位 (marktbeherrschende Stellung) という「絶対的な市場力」(absolute Marktmacht) を有する事業者によるその濫用行為を禁止し, 20条は, 他の事業者が従属する「相対的な市場力」(relative Marktmacht) (20条1項・2項) あるいは (中小規模の競争者に対して)「優位な市場力」(überlegene Marktmacht) (20条3項)[6]を有する事業者による妨害行為・差別行為等を禁止している[7]。また, 21条のボイコット等の禁止は, 法律上は, 行為主体となる事業者に特定の市場力を要求していない。

第8次改正までは, 市場支配的事業者の禁止行為が, 19条と20条に分散して規定されていた。そのために規制の全体が見通しにくいものとなっていたことは否めない。同改正により, 規制の名宛人の属性に対応させる形で, 上記の

---

5) その他に, 公的部門の発注に係る規制 (発注法) がある。発注法については, 前掲註1) を参照。

ような整理が行われ，改正前の旧 20 条の規制の一部を新 19 条に取り込む等の修正が行われた。もっとも，第 8 次改正後の規制の構成では，19 条と 20 条において，規制対象となる各種の行為態様に重複が生ずることとなる。第 8 次改正により，GWB の単独行為の規制が従前に比して格段に見通しがよくなったとは言えない。行為態様に基づく条文配置と，規制の名宛人の属性に基づく条文配置は，ア・プリオリにいずれか一方が優れているという訳でもない。そのような問題はあるが，とりあえず，現在の GWB におけるこれら 3 つの規定の条文番号・標題，禁止の名宛人及び禁止行為の態様をまとめると，次の表のようになる（表中では，条文をほぼそのまま翻訳した箇所が多数ある。また，エネルギー事業及び水道事業に関する特別の濫用規制である 29 条及び 31 条（3 項ないし 5 項）も掲げる）。

---

6)「相対的市場力」(relative Marktmacht) の用語は，従来は，「絶対的市場力」(absolute Marktmacht) である市場支配力との対比で用いられたが，第 8 次改正により，20 条 1 項の法文の中に，(カッコ書きで)「相対的市場力」の用語が使用されることとなった。第 8 次改正前は，市場支配的事業者以外で，旧 20 条 1 項・2 項の規制を受ける市場力を有する事業者（従属関係がある事業者において従属させる側の地位にある事業者）の総称として，marktstarke Unternehmen（市場で有力な事業者）あるいは marktmächtige Unternehmen（市場で強力な事業者）といった表現が用いられていた。法文に「相対的市場力」の文言が導入された第 8 次改正後も，そのような解説が維持されている（例えば，T. Lettl, Kartellrecht, 3. Auflage, 2013, S. 284; R. Bechtold, Kartellgesetz, 7. Auflage, 2013, S. 178, § 20 Rdnr 6)。

現時点で用語の整理をすれば，次の通りである。まず，市場支配的事業者以外で，20 条 1 項・2 項・3 項の規制の対象となる事業者が「市場で有力な事業者」あるいは「市場で強力な事業者」(marktstarke Unternehen oder marktmächtige Unternehmen) である。これらは法文には用いられていないという意味で，講学上の呼称・概念である。その法文上の表現が，20 条 1 項においては「相対的市場力」(relative Marktmacht)，20 条 3 項においては「優位な市場力」(überlegene Marktmacht)，ということとなる。なお，その他に，市場支配的地位の 1 つの類型として，「優越的市場地位」(überragende Marktstellung) というものもある（18 条 1 項 3 号）。このように，GWB の単独行為規制においては，beherrschend（支配的な），stark や mächtig（(いずれも）強力な，有力な），überlegen（優位な，優勢な），überragend（卓越的な，優越的な）といった類似の意味を持つ用語がいくつも登場し，規制を見通しにくいものとしている。

7) 20 条の規制については，第 7 次改正前のものであるが，参照，山部俊文「ドイツ競争制限禁止法における差別・妨害行為の規制について」関英昭ほか編『久保欣哉先生古稀記念・市場経済と企業法』（中央経済社，2000）591 頁。

第5部　ドイツの電力改革　　第2章　独占的行為規制

表　GWBの単独行為の規制一覧

条文番号／標題	19条／市場支配的事業者の禁止行為
禁止の名宛人	①市場支配的事業者（19条1項） ②適用除外を受けるカルテル（生産・販売を改善するカルテルや農産物のカルテル等）を構成する事業者の団体（19条3項） ③適用除外を受ける垂直的な価格拘束（新聞・雑誌や農産物等の再販売価格の拘束）を行う事業者（同上）
禁止行為	市場支配的地位を濫用的に行使すること。 ＊例示として次の5つの類型が定められている（見出しは，各種文献を参考にして筆者が付した）。 (a) 妨害・差別（19条2項1号） 　他の事業者を直接的又は間接的に不当に（unbillig）妨害すること，又は，客観的に正当な理由（sachlich gerechtfertigte Grund）がないのに同種の事業者と異なる取扱いをすること。 (b) 搾取的濫用（同2号） 　有効な競争があれば高度の蓋然性でもって生ずるであろうものとは異なる対価又はその他の取引条件を要求すること。この場合，有効な競争が存在する比較可能な市場における事業者の行為が考慮されなければならない。 (c) 価格・条件分割（同3号） 　市場支配的事業者それ自身が比較可能な（他の）市場において同種の購入者に要求するよりも不利（高額）な対価又はその他の取引条件を要求すること。ただし，その差異が客観的に正当化される場合はこの限りでない。 (d) 不可欠施設の利用拒絶（同4号） 　他の事業者が，法的又は事実上の理由から，当該市場支配的事業者と共同利用をすることなく，その前後の段階の市場において当該市場支配的事業者の競争者として活動することが不可能な場合に，適切な対価により，自己のネットワーク又は他の基盤的施設への他の事業者のアクセスを確保することを拒絶すること。これは，当該市場支配的事業者が，共同利用が事業経営上の制約又はその他の理由に基づいて不可能であるか又は期待できないことを証明した場合には，適用されない。 (e) 購買力濫用（同5号） 　客観的に正当な理由がないのに，その市場地位を利用して，他の事業者に対して，利益を提供するように勧奨し又は誘引すること。

条文番号／標題	20条／「相対的市場力」（relative Marktmacht）又は「優位な市場力」（überlegene Marktmacht）を有する事業者の禁止行為
禁止の名宛人	①中小規模の事業者が，一定の種類の商品又は役務の供給者又は需要者として，他の事業者に取引先を転換する十分かつ期待できる可能性がないという態様で従属する（相対的市場力を有する）事業者又は事業者の団体（20条1項1文）。 ＊従属性に関しては，次の推定規定がある。 　需要者が，一定の種類の商品又は役務の供給者から，通常の取引における値引き又はその他の給付以外に，同種の需要者には提供されない特別の優遇を恒常的に受ける場合には，当該供給者は当該需要者に従属していると推定される（20条1項2文）。 ②事業者が従属関係にある事業者及び事業者の団体（従属させる側の事業者及び

第1節　ドイツ競争制限禁止法における市場支配力のコントロール　II

	事業者団体）（20条2項）。 ③中小規模の競争者に対して優位な市場力を有する事業者（20条3項）。 ④経済団体，職業団体及び商品の品質保証団体（20条5項）。
禁止行為	(a) ①の名宛人について 19条2項1号に該当する行為（20条1項）（差別・妨害）。 (b) ②の名宛人について 被従属事業者との関係で19条2項5号に該当する行為（20条2項）（受動的差別・受動的妨害）。 (c) ③の名宛人について その地位を中小規模の競争者を直接的又は間接的に不当に妨害することに利用すること（20条3項1文）。 ＊(c) の不当な妨害について，以下の例示等が定められている（20条3項2文）。 (ア) <u>食料品を原価を下回って販売すること</u>（20条3項2文1号）。 (イ) <u>その他の商品又は役務を，単に一時的ではなく，原価を下回って販売すること</u>（同2号）。 (ウ) 次の取引段階の市場で商品又は役務を販売する場合において，中小規模の事業者と競争しているときに，その供給に際して，自らが当該市場で販売する価格よりも高い価格を当該中小規模の事業者に要求すること（<u>同3号</u>）。 ただし，(ア)（<u>イ</u>）（ウ）が客観的に正当化される場合には，この限りでない。 <u>食料品の販売業者において，適正な期間内に販売することが，商品の劣化を防止し又は販売不能となることを防止するために有用な場合，及び，それと同様の重大な事由がある場合には，原価を下回る価格での食料品の提供は，客観的に正当化される。食料品が公共の施設に対してその業務の範囲内での利用のために販売される場合には，不当な妨害は認められない（同3項3文）。</u> <u>事業者が，一般的な経験則に基づく特定の事実によりその市場力を20条3項の意味で利用した外観（Anschein）が認められる場合には，当該事業者は，当該外観に対して反論し，そのような反論の主張を根拠付ける当該事業分野の状況を解明する義務を負う。この義務は，関係する競争者又は33条2項に定める団体（GWB違反及びTFEU違反について差止請求等の民事訴訟を提起することができる団体）においては状況の解明が不可能であるものの，主張を行う事業者にとっては容易に可能かつ期待できる場合に限られる（20条4項）</u>)。 ＊(c) は，2007年の価格濫用防止法によるGWB改正で5年の期限付きで導入されたが，2017年12月末まで期限が延長された。 ＊2018年以降は，(c) について，(ア) が削除されて (イ) に統合され，(ウ) は維持される。その他，下線を付した箇所が，2017年12月末までの期限付きの規制である（期限後は削除される予定である）。 (d) ④の名宛人について 事業者の加入拒絶が，客観的に正当化されない不公平な取扱いである場合，及び，競争における当該事業者の不当な侵害をもたらす場合に，事業者の加入を拒絶すること（20条5項）。

条文番号／標題	21条／ボイコットの禁止，その他の競争制限的行為の禁止
禁止の名宛人	事業者及び事業者の団体
禁止行為	(a) 間接的な取引拒絶（21条1項）。 (b) GWB及びTFEU 101条・102条違反行為の誘引（21条2項1号）。 (c) 欧州委員会及びカルテル官庁の処分に対する違反行為の誘引（同2号）。

461

第 5 部　ドイツの電力改革　　第 2 章　独占的行為規制

	(d) 適用除外カルテル等への参加の強制（21 条 3 項 1 号）。 (e) 企業結合の強制（同 2 号）。 (f) 競争制限の意図で行う同調的行動の強制（同 3 号）。 (g) カルテル官庁への申告を理由とする不利益の賦課（21 条 3 項）。

条文番号／標題	29 条／エネルギー事業（2007 年の価格濫用防止法による GWB 改正で 5 年の期限付きで導入されたが，2017 年 12 月末まで期限が延長された。）
禁止の名宛人	電力供給者又は輸送管によるガス供給者として単独で又は他の供給事業者と共同して市場支配的地位を有する事業者
禁止行為	(a) 他の供給事業者又は比較可能な市場の事業者よりも不利な対価又は他の取引条件を要求すること。ただし，供給事業者が，当該差異が実質的に正当化されることを証明する場合はこの限りでない。この主張責任及び証明責任の転換は，カルテル官庁での手続においてのみ適用される（29 条 1 号）。 (b) コストを不当に超える対価を要求すること。競争が存在すれば生じないコストは，濫用の認定において考慮されない（29 条 2 号）。

条文番号／標題	31 条／水道事業の契約
禁止の名宛人	1 条のカルテル禁止の適用除外を受ける公的な水道（上水）供給事業者（Unternehmen der öffentlichen Versorgung mit Wasser (Versorgungsunternehmen)）等 ＊なお，この場合の「公的」とは，広く自己以外の多数の者に水の供給を行う意味である（水管理法（Gesetz zur Ordnung des Wasserhaushalts）50 条 1 項参照）。
禁止行為	GWB の適用除外により獲得された市場地位は，31 条 1 項の契約（GWB 1 条のカルテル禁止の適用除外を受ける水道供給事業者間等の契約）又はその実施の方法において，濫用されてはならない（31 条 3 項）。 ＊濫用が認められる場合の例示として，以下の 3 つの類型が定められている（31 条 4 項）。 (a) 水道供給事業者の行動が，有効な競争がある場合の事業者の行動に関して確立された（bestimmend）原則に反する場合（31 条 4 項 1 号）。 (b) 水道供給事業者が，顧客に対して，同種の水道供給事業者よりも不利な価格又は取引条件を要求する場合。ただし，水道供給事業者が，当該差異が当該水道供給事業者の責に帰すべきではない異なる事情に基づくことを証明する場合は，この限りでない（同 2 号）。 (c) 水道供給事業者が，コストを不当に（in unangemessener Weise）上回る対価を要求する場合。合理的な業務遂行において生ずるコストは正当と認められる（同 3 号）。 ＊濫用が認められない場合として，次の類型が定められている（31 条 5 項）。 　水道供給事業者が，特に技術上又は衛生上の理由に基づいて，当該事業者の供給ネットワークへの水の供給（Einspeisung von Wasser）に関する他の事業者との契約の締結を拒絶すること，及び，それ（水の供給〔Einspeisung〕）にともなう配水（Entnahme）を拒絶すること（技術的・衛生的理由による水道の導管の利用（水の託送（Durchleitung））の拒絶）。

　表で示したように，GWB の単独行為の規制は，第 8 次 GWB 改正により規制の名宛人の属性に基づいて整理されたとは言え，相互に重なり合い，またエ

ネルギー事業や水道事業に係る規定もそれに加わるなど，複雑な状況にあることに変わりはない。

第 7 次改正前の連邦通常裁判所の判例では，旧 20 条の妨害行為・差別行為は，旧 19 条に定める一般的な濫用行為の下位類型（Unterfall）であるとされていた[8]。また，学説上，旧 20 条 3 項（現行 19 条 2 項 5 号及び 20 条 2 項に対応する）の市場支配的需要者による垂直的な濫用行為についても同様とされていた[9]。そこで，これらの各規定の適用関係が問題となり得るが，旧 19 条と旧 20 条において，それぞれの要件が満たされる場合には，両者は並行的に適用が可能であると解されていた[10]。もっとも，19 条と 20 条では，禁止違反の法律上の効果に差異はなく，違反行為を排除するための行政措置（32 条）及び民事上の請求（33 条）（差止請求及び損害賠償）の根拠となる点で同じであり，いずれも「過料」（Geldbuß）の対象となる（81 条 2 項 1 号）。

3　事業法との関係

また，規制の重なりという観点からは，他の法令（事業法など）との関係が問題となり得る。特に，19 条 2 項 4 号のネットワーク又は基盤的施設（Infrastruktureinrichtung）の利用拒否に対する規制について，特定の事業分野を規制対象とする事業法に同様の規制が存在する場合に，19 条との関係が問題となり得る。

問題となる事業法としては，「普通鉄道法」（Allgemeine Eisenbahngesetz（AEG）），「電力及びガス供給に関する法律」（Gesetz über die Elektrizitäts- und Gasversorgung）（通常は，「エネルギー事業法」（Energiewirtschaftsgesetz（EnWG））と呼ばれる），及び「通信法」（Telekommunikationsgesetz（TKG））などがある。

一般論として言えば，各事業法に GWB19 条と同様の規定があることから，直ちに 19 条の適用が排除されるものではないが，各事業法の規定において示

---

8) 連邦通常裁判所 1969 年 3 月 3 日決定（WuW/E BGH 1027（Sportartikelmesse II））。
9) W. Möschel, in: U. Immenga/ E.-J. Mestmäcker, GWB Kommentar, 4. Auflage, 2007（in folgenden „I/M"），§ 19 Rdnr. 252; H.-P. Götting, in: U. Loewenheim/ K. M. Meessen/ Al. Riesenkampff, Kartellrecht, Kommentar, 2. Auflage, 2009（in folgenden „L/M/R"），§ 19 Rdnr. 104.
10) Möschel, in: I/ M, § 19 Rdnr. 252; Götting, in: L/ M/ R, § 19 Rdnr. 104.

された趣旨は，19条の適用において考慮されなければならないとされる。そうでないと，各事業法による規制の意味が失われるからである。例えば，各事業法に基づいて，基盤的施設の利用拒否等に関して正当化理由が認められる場合には，19条2項4号における正当化理由も認められ，また，各事業法により施設利用の対価が確定される場合には，同じく4号の適切な対価として認められるとされる[11]。

　エネルギー事業法（EnWG）について言えば，GWB130条3項が「EnWG111条により他の規制が適用されない限り，EnWGの規定は本法19条，20条及び29条の適用を妨げるものではない」と規定し，EnWG111条1項（1文）は，「本法又は本法に基づいて発出された法規命令（Rechtsordnung）が明白に完結的な規制（ausdrücklich abschließende Regelungen）である限りで，GWB19条，20条及び29条の適用は排除される」と規定する。「完結的」な規制とは，EnWG111条2項によれば，①「本法第3部の規定」[12]，及び②「本法第3部の規定に基づいて発出された法規命令」であって，GWBの規制に対して「完結的」であるとされたものである[13]。従来，GWB19条の適用事案のうち，いわゆる「不可欠施設の法理」を具体化したとされる同条2項4号については，ネットワークへのアクセスに係わる紛争・事件が多く見られたが，今後は，電力事業やガス事業におけるネットワークへのアクセスに関しては，基本的にEnWGが適用され，所管官庁である連邦ネットワーク庁（Bundesnetzagetur（BNetzA））[14]による行政規制及びEnWGの民事規定（同法32条）[15]による処理が行われることとなる[16]。

---

11) Götting, in: L/ M/ R, §19 Rdnr. 105.

12) EnWG第3部（「ネットワーク事業の規制」）は，送電線やガス導管のネットワークへのアクセス等に関する実体規制である（同法11条〜35条）。

13) 例えば，電力ネットワークアクセス令（Stromnetzzugangsverordnung（StromNZV））1条2文は，当該政令がEnWG111条2項（旧2号）の意味で「完結的」であるとしている。

14) Bundesnetzagetur（連邦ネットワーク庁）の正式名称は，Bundesnetzagentur für Elektrizität, Gas, Telekommunikation, Post und Eisenbahnen（電気，ガス，通信，郵便及び鉄道に関する連邦ネットワーク庁）である。連邦ネットワーク庁は，Bundesministerium für Post und Telekommunikation（BMPT）（連邦郵便通信省）などの再編により1998年に設置されたRegulierungsbehörde für Telekommunikation und Post（RegTP）（通信及び郵便規制庁）を前身とし，2006年1月からの現在の組織・名称となった。

15) EnWG32条は，GWB33条と同じく，民事上の差止請求及び損害賠償請求を定めている。

4 EU法との関係

　GWBとEU競争法の単独行為の規制の差異として通常指摘されるのは，GWB20条及び21条に（直接に）対応する規制がEU競争法には存在しないということである。他方で，GWB19条による規制内容は，基本的にTFEU 102条の規制と合致しているとされる。もっとも，GWBにはいわゆる「不可欠施設」の利用拒否に対する明文の規定があり（19条2項4号），TFEU102条にはそのような明文の規定がないことが両者の違いとして指摘される。さらに，TFEU102条は，支配的地位の定義を設けていないが，GWB（18条）には市場支配的地位の定義規定が設けられ，さらに市場支配的地位の推定規定が設けられているなどの違いがある。また，第8次GWB改正により，購買力濫用行為を念頭においた例示規定がGWBに導入されている（19条2項5号）。

　EU理事会規則2003年1号3条2項2文によれば，単独行為について加盟国がTFEU102条と異なる厳格な規制を設けることは許容される[17]。GWBのこれらの規制は，同規則に言う単独行為についての厳格な規制として位置付けられる。この点に関連して，一般に，TFEU102条の方がGWB19条よりも支配的地位が認められる範囲が狭い（TFEU102条においては，より程度の高い市場支配力が求められている）と理解されているようである[18]。

　GWB19条とTFEU102条の適用関係については，原則として，両者は独立して並行的に適用可能であると解されている[19]。TFEU102条が各国法を排除して優先的に適用される訳ではない。また，ドイツのカルテル官庁は，TFEU102条を直接に適用することが可能である（GWB32条）。民事訴訟において，当事者はTFEU102条違反を差止請求や損害賠償請求の根拠とすることもできる（つまり，ドイツの裁判所はTFEU102条を適用できる）（GWB33条）。

---

16) 参照，川原勝美「電気事業法及び独占禁止法における差別規制の射程範囲について」一橋法学5巻3号（2006）161頁以下。
17) EU理事会規則2003年1号3条2項2文は，「加盟国の主権の及ぶ領域において事業者の単独行為の禁止又は処分に関してより厳格な国内の規制を設定し，又は適用することは，本規則によって禁止されない」と定めている。
18) Götting, in: L/M/R, §19 Rdnr. 112.
19) Gotting, in: L/M/R, §19 Rdnr. 113.

Ⅲ　GWB 19条による市場支配的地位の濫用規制

1　概　　要

　市場支配的地位の濫用行為の禁止は，GWBの中心的規定の1つとして重要な位置付けが与えられているが[20]，行政上の措置を行った件数からすると，さほど多くはない。GWB 19条の適用事例が少ない理由としては，次の3点が指摘されている。①国際的な競争の進展により市場支配的地位の存在が稀になっていること，②問題となりそうな事業分野については，特別法による規制が行われていること（上述のEnWGなど），③19条と規制対象が広範に重なる20条の規制があること，である[21]。最後の点について補足しておくと，第6次改正前の19条（旧22条）は，カルテル官庁の規制権限を根拠付けるのみであり，被害者が直接裁判所に対して救済を求めることはできないとされていた。同改正により，19条が直接的な禁止規定として再構成され，さらに33条の民事的救済の規定も変更されたことから，19条の禁止違反に対する民事上の請求が可能となったが，20条は市場支配力以外の市場力（市場支配力に達しない程度の市場力）を有する事業者を規制の名宛人としている。その意味で，20条の方がハードルが低い。

2　市場の画定

　2005年の第7次GWB改正では，同改正前の旧19条（現行18条）の規定がほぼそのまま維持されたが，市場の画定に関して若干の改正が行われている。
　まず，第7次改正により18条1項に「物的（sachlich）[22]及び地理的な関連市場において」という文言が付加され，「関連市場」（relevanter Markt）という文言が条文の中に組み込まれた。これは，いわゆる「市場力」（Marktmacht）

---

20)　1条の競争制限的合意・協調行為の禁止，35条以下の企業結合規制と並ぶ「第3の柱」（dritte Säule）と言われる（Götting, in: L/ M/ R, §19 Rdnr. 1)。

21)　Götting, in: L/ M/ R, §19 Rdnr. 8（この指摘は，第8次改正前についてのものであるが，同改正後も，19条と20条の規制が錯綜している状況は，基本的に変わっていない)。

22)　本文ではsachlichを物的と訳したが，「商品・役務に係わる（関連市場)」という意味である。

466

の考え方を明確にしたものとされるが，従来から，市場支配的地位は，特定の「市場」において成立すると考えられていたので，実質的な変更はない。

　また，第7次改正により18条2項が新設され，「本法に言う地理的な関連市場は，本法の適用領域を越えて拡大することができる」とする規定が導入された[23]。これにより，従来から議論のあった，地理的関連市場の上限がドイツの領域であるかどうかについて，立法的な解決が行われたことになる。

　かつては，GWBの効力が及ぶ範囲であるドイツの領域が地理的市場の上限と考えられ，いわば法的な観点から地理的市場の上限が画されていた。連邦通常裁判所も，カルテル官庁の調査権限が外国の領域には及ばないこと，GWBはドイツにおける競争を保護するものであることを理由に，地理的関連市場は最大でもドイツの領域であるとしていた[24]。その後，1998年のGWB第6次改正において，市場支配的地位の1つの類型である「優越的市場地位」の成否に関する考慮事項として，18条3項6号に「本法の適用領域内又は適用領域外に所在する事業者による現実の競争又は潜在的な競争」が追加され，市場支配的地位の成否を判断する際に，ドイツ領域外の状況も考慮されることとなった。これを受けて，連邦カルテル庁の実務では，地理的関連市場が経済的な実態の点でドイツ領域を越えることを認める決定が登場し，学説においても，ドイツ領域を越える地理的市場の画定を肯定する見解が主張されていた[25]。そして，2004年の連邦通常裁判所の裁判例において，ドイツ領域を越える地理的関連市場が明示的に認められた[26]。18条3項6号の新設は，これらの実務および学説を追認したものと言い得る。現実に想定されているのは，ヨーロッパ市場であろうが，理論的には，地理的関連市場の範囲として「世界市場」もあり得ることとなる。

---

23) 法文上「本法に言う」（im Sinne deises Gesetzes）とあることから，このようなドイツ領域を越える地理的市場の画定は，市場支配的地位の濫用規制だけではなく，企業結合規制についても当てはまる。

24) 連邦通常裁判所1995年10月24日決定（WuW/E BGH 3026, 3033ff.（Backofenmarkt））。

25) 連邦カルテル庁2000年6月21日決定（WuW/E DE-V 275, 277（Melita））。例えば，H.-J. Bunte, Kartellrecht mit neuen Veregaberecht, 2003, S. 192.

26) 連邦通常裁判所2004年10月5日決定（WuW/E DE-R 1355, 1359ff.（Staubsaugerbeutelmarkt））（前掲註25）と同一の事案）。本件については，参照，天田弘人「国境を越える関連市場の画定がもたらす諸問題」公正取引665号（2006）45頁。

3 市場支配的地位

市場支配的地位の濫用行為が成立するには，市場支配的地位と濫用行為の2つの要件を満たさなければならない。ここでは，まず，市場支配的地位について概観することとしたい。

(1) 市場支配的地位の定義

GWBは，市場支配的地位について，定義規定を設けている（18条）。市場支配的地位の定義規定は，第8次GWB改正前は，旧19条において濫用行為とともに規定されていたが，第8次改正により，旧19条の市場支配的地位の定義の部分が18条に移された。18条による市場支配的地位は，①単独の事業者の市場支配的地位（18条1項）と②複数の事業者による市場支配的地位（同5項）の2つに分けられる。

①の単独の事業者の市場支配的地位は，さらに3つの類型に分けられる。その第1は，(a) 完全独占（Vollmonopol）である。完全独占とは，ある事業者において競争者が存在しない場合である（18条2項1号）。完全独占は，法的又は事実上の理由から生ずるものを含むが，実際には，公的規制（法的独占）によってそのような地位が生ずることが多いとされる。第2の類型は，(b) 準独占（Quasi-Monopol））と呼ばれるものである。準独占は，当該企業が実質的競争にさらされていない場合として定義される（18条2項2号）。準独占の意義については，次のように説明される。すなわち，当該事業者がその市場行動を，競争者，需要者又は供給者に対して特別な考慮を払うことなく決定することができる場合である[27]。その認定は，関連する事実を総合的に考慮して行われるが，重要な判断要素は市場占有率であるとされる。総じて，かなり高い市場占有率が想定されているようである。

単独の事業者の市場支配的地位の第3の類型は，(c) 優越的市場地位（überragende Marktstellung）である。優越的市場地位とは，ある事業者がその競争者との関係において優越的な市場地位を有する場合として定義される（18条1

---

[27] 連邦通常裁判所1982年6月29日決定（WuW/E BGH 1949, 1951（Braun Almo））。Lettl, a. a. O., S. 245f.

項3号)。18条3項には，この優越的市場地位を念頭に置いて，その成否の判断に際して考慮すべき事項が例示列挙されている。優越的市場地位が認められるかどうかは，それらの考慮事項を含め，他のあらゆる関連する事実の総合的評価によって判断される。優越的市場地位の意義は，これまで，次のように定式化されて説明されている。すなわち，当該事業者が「市場戦略の展開において，又は個々の行動変数（Aktionsparameter）の投入に際して，優越的で一方的な行動の自由（überragender einseitiger Verhaltensspielraum）」を有する場合，あるいは「競争によって十分なコントロールを受けない行動の自由」を有する場合，というものである[28]。

また，18条5項によれば，複数（2以上）の事業者は，その間で，一定の種類の商品又は役務について実質的な競争がなく，かつ，当該複数の事業者が全体として18条1項各号の要件を満たす場合には，市場支配的であるとされる。ここでは，当該複数の事業者の「全体」（Gesamtheit）が問題となり，それら複数の事業者が斉一的行動をとることにより（内部競争の欠如），全体として単独の市場支配的地位（独占・準独占・優越的市場地位）として評価できる場合に，その全体としての当該複数の事業者が市場支配的とされる。この場合，当該複数の事業者の個々の事業者（の行為）が市場支配的事業者（の行為）として19条の規制対象となる[29]。

複数事業者の市場支配的地位については，18条2項1号ないし3号所定の単独事業者の市場支配的地位との関係が問題となり得る。かなり以前の事件であるが，単独の事業者の市場支配的地位と複数事業者の市場支配的地位は，論理的に（denkgesetzlich）両立し得ない，とした裁判例がある[30]。

(2) 市場支配的地位の推定

18条4項及び同6項は，市場支配的地位の成立に関する推定規定である。4

---

28) 連邦通常裁判所1976年7月3日決定（WuW/E BGH 1435, 1439 (Vitamin B12)）。V. Emmerich, Kartellrecht, 12. Auflage, 2012, S. 386f.
29) Lettl, a. a. O., S. 250.
30) ベルリン上級地方裁判所1980年1月16日決定（WuW/E OLG 2234, 2235 (Blei-und Silber-hüttebraubach)）。

項が単独事業者の市場支配的地位の推定規定であり，6項が複数事業者の市場支配的地位の推定規定である。18条4項及び6項の推定規定は，1973年の第2次GWB改正において，市場支配的地位の認定を容易にすることを目的として導入された（当時の22条3項）。18条4項及び6項については，第6次改正において，企業結合規制における特別な推定規定（それまでの23a条）が削除され，その一部が18条6項に移されたため，当初の規定の内容が変更されている。

18条4項によれば，単独の事業者が40%（第8次改正前は3分の1）の市場占有率を有する場合に，その事業者は市場支配的であると推定される。この推定の法的性格は，必ずも明確になっている訳ではなく，学説も分かれている[31]。

まず，この推定は，行政手続において，少なくともカルテル官庁の調査開始を動機付ける着手基準（Aufgreifkriterien）としての意味を持つとされる。また，推定によってカルテル官庁の調査義務がなくなる訳ではなく，市場支配的地位の有無について，カルテル官庁は十分な調査をしなければならない（カルテル官庁は形式的証明責任（formelle Beweislast）を負う）。そして，カルテル官庁が調査義務を尽くしてもなお市場支配的地位の存否が不明の場合には，事業者の不利益に，つまり市場支配的地位が存在するものとして取り扱われる（事業者は実質的証明責任（materielle Beweislast）を負う）。

民事手続にあっては，原則として，差止あるいは損害賠償を請求する原告が請求の根拠となる事実（市場支配的地位も含まれる）について主張・証明責任を負う。18条4項の推定は，私法上の推定とは異なり，証明責任を全面的に転換させるものではないが，推定の要件が充足される場合には，被告の側において市場支配的地位が存在しないことを具体的に主張しなければならないとされることが多い。

過料（秩序違反）手続にあっては，この推定には何の効果もない。「疑わしきは被告人の利益に」という刑事法上の原則は，過料手続にも妥当するからであるとされる。

18条6項によれば，①3以下の事業者が合計で50%以上の市場占有率を有

---

31) 以下の説明については，参照，Emmerich, a. a. O., S. 392ff.; Lettl, a. a. O., S. 250ff.; Götting, in: L/M/R, §19 Rdnr. 45ff.

する場合（同項1号），又は②5以下の事業者が合計で3分の2以上の市場占有率を有する場合（同項2号）に，当該複数の事業者は市場支配的であるとみなされる。ただし，当該複数の事業者が，それらの間に実質的な競争が見込まれる競争条件のあること，又は，当該複数の事業者の全体が他の競争者との関係で優越的市場地位にないことを証明した場合には，市場支配的地位は否定される（18条7項）。

18条6項では，「推定する」（vermuten）ではなく，「みなす」（gelten）という文言が用いられている。「みなす」は，通常の場合，定義規定または擬制規定で使用される文言であるが，上記のように，事業者側が一定の事実を証明すれば市場支配的地位が否定されることとなり（つまり，反対の証明が可能であり），この規定は推定規定として取り扱われる。第8次改正後の18条7項では，同6項を指して「推定」（Vermutung）の表現が用いられている。また，18条7項が明文で事業者側の証明責任を定めていることから，市場支配的地位の不存在について，事業者側が形式的証明責任及び実質的証明責任を負うとされる。これは行政手続と民事手続の両者に当てはまる。過料手続については，単独事業者の市場支配の推定の場合と同じく，推定の効果はないとされる。

4　濫用行為

(1)　概　要

19条1項は，市場支配的地位の「濫用的行使」（missbräuchliche Ausnutzung）を禁止する。この規定は，市場支配的地位の濫用規制の一般条項であり，19条2項は，市場支配的地位の「濫用的行使」の内容を具体化して5つの濫用の態様を定めている（同項1号ないし5号）。19条2項には，「特に」（insbesondere）という文言が用いられていることから，各号に列挙されている濫用類型は，例示規定（Beispielregel）であり，市場支配的地位の「濫用的行使」は，それらに限定されるものではない。また，19条2項各号は，一般条項である同1項との関係で「特別規定」（Sonderregelung）として位置付けられ，同項各号に該当するかどうかが先行して吟味され，同項各号に該当しない場合に1項の適用が問題になる[32]。

濫用規制の基本的考え方は，概ね次の通りである。すなわち，たとえ市場支

配的地位を有する事業者であっても，原則として事業者としての自由な行動は認められるべきであり，どのような商品によって市場に参加するかを決定し，その経済的活動の方法を決定することは，競争の自由を志向するGWBの目的に反する手段・方法を用いない限り当該市場支配的事業者に委ねられており，原則として事業者の経済活動の自由が認められる以上，市場支配的地位の濫用と評価されるためには，付加的な特別の事実のあることが必要になる，というものである[33]。

(2) 妨害・差別行為

第8次改正前の旧19条4項1号（新19条2項1号前段に対応する）は，「客観的に（sachlich）正当な理由がないのに，他の事業者の競争の可能性（Wettbewerbsmöglichkeit）を市場における競争にとって重大な方法によって妨害すること」を濫用の例示として掲げていた。これは妨害的濫用（Behinderungsmissbrauch）と呼ばれるものである。妨害的濫用の類型について，Emmerichは，次の4つの類型を掲げている[34]。すなわち，①低価格販売[35]，②結合取引，③排他的取引・リベート，④公共調達（買手独占）である。ここでは②の結合取引を念頭に置いて，従来の妨害的濫用の規制を概観したい。

旧19条4項1号にいう「他の事業者」は，行為主体の競争者及び行為主体の前後の取引段階で活動する事業者（Marktgegenseite（市場の相手側）と表現される）を含むと解釈されている。さらに，単に「他の事業者」とされていることから，「第三市場」（dritter Markt）（別の市場）の競争者もそれに含まれると解されていた。この場合，「第三市場」において競争者が市場支配的地位を有しているとしても，「他の事業者」に含まれる。

例えば，特定の地域において市場支配的地位を有する電力事業者Aと通信

---

32) Lettl, a. a. O., S. 252.
33) 連邦通常裁判所2003年11月4日判決（WuW/DE-R 1206, 1210 (Strom und Telefon I))。Lettl, a. a. O., S. 253f.
34) Emmerich, a. a. O., S. 398ff.
35) GWB及び不正競争防止法における低価格販売の規制については，参照，柴田潤子「ドイツにおける不当廉売規制の最近の展開」『香川大学法学部創設二十周年記念論文集』（成文堂，2003) 101頁。

事業者Bが，電力と通信サービスを統一的な月額基本料金でもって提供する場合について，通信市場においてBが市場支配的事業者ではなく，Cが市場支配的地位を有していたとしても，Cは旧19条1項4号に言う「他の事業者」にあたる。統一的な月額基本料金の設定が，正当な理由なく，Cの競争可能性を侵害する場合には，濫用行為が成立し得る（別の言い方をすれば，通信市場で市場支配的地位を有するCも，保護の対象となる）[36]。このように，競争可能性の侵害は，市場支配的地位と不当な行為または競争制限的効果との間に因果関係がある限りで，被支配市場のみならず，第三市場においても認められる。従って，妨害的濫用の成立は，被支配市場におけるいわゆる「残存競争」（Restwettbewerb）の侵害をもたらす場合に限定されないことになる。

市場支配的事業者自身の第三市場における競争的行動によって競争者の市場への参入が制約される場合も，妨害の濫用は成立し得る。例えば，通信事業者Aが固定電話サービスの市場で支配的地位にあり，インターネットアクセスサービスの市場では支配的地位を有していない場合において，AがISDNによる通信接続サービスとインターネットアクセスサービスを組み合わせて提供を行い，これによってA以外の他のインターネットアクセスサービスを提供する事業者がISDN接続サービスを受ける顧客の大部分を失うこととなる場合には，Aによる妨害的濫用が成立する[37]。

旧19条4項1号の妨害的濫用が成立するのは，「客観的に正当な理由がない」場合であった。第8次改正により，規定の文言が旧20条1項1文前段で用いられていた「不当に妨害する」（unbillig behindern）に修正されたが，実質的な変更はない。この旧19条4項1号の正当化理由の欠如及び旧20条1項1文前段の不当性については，「競争の自由を志向するGWBの目標設定を考慮した上での当事者の広範な利益衡量」（umfassende Abwägung der Interesse der

---

36) T. Lettl, Kartellrecht, 2. Auflage, 2007, S. 243.; 設例のベースとなった事件は，連邦通常裁判所2003年11月4日判決（WuW/DE-R 1210 (Strom und Telefon II)）である（本件では，Aの行為は，濫用行為には当たらないとされた）。

37) Lettl, a. a. O. (oben Fußnote 36), S. 244. 設例のベースとなった事件は，連邦通常裁判所2004年3月30日判決（WuW/DE-R 1283 (Oberhammer)）である（本件では，妨害的濫用が成立するとされた）。同事件については，柴田潤子「不可欠施設へのアクセス拒否と市場支配的地位の濫用行為（三）」香川法学24巻2号（2004）142頁に紹介がある。

Beteiligten unter Berücksichtigung der auf die Freiheit des Wettbewerbs gerichtete Zielsetzung des GWB)により判断される,というのが通説であり,また確立された判例理論でもある[38]。

結合取引について言えば,「競争の自由」の観点から,原則として,ある商品を単に他の商品と組み合わせて提供することは許容され,結合取引が違法となるのは,競争を実質的に侵害する場合であるとされる。この競争の実質的侵害は,市場支配的事業者が結合取引によってその市場力を他の市場に拡大するような場合に認められる。つまり,結合取引によって顧客が当該市場支配的事業者に誘引される場合である。

例えば,Aが固定電話ネットワークへの接続サービスの市場で支配的地位を有し,同時にインターネットアクセスサービスの市場で有力な地位を有していたとする。AがISDN接続サービスとインターネットアクセスサービスを組み合わせて提供する場合において,Aがインターネットアクセスについて顧客に何らの義務も課さず,顧客が他の事業者に乗り換えることができる場合であっても,妨害的濫用は成立し得るとされる。この場合の競争の侵害は,顧客の「惰性」(Trägheit)又は技術的な困難のために,実際には,顧客が他の事業者からのサービス提供に乗り換えることを検討しないことから生ずる。そして,このような結合取引によって市場支配力が他の市場に拡大される場合には,正当化理由のない限り,濫用行為が成立するとされる[39]。

2013年の第8次改正により,従来の旧19条4項1号が旧20条1項1文前段に置き換えられる形で新19条2項1号前段となった。旧20条1項1文前段は,市場支配的事業者のみならず,市場で有力な事業者に対しても,不当な妨害を禁止する規定であった。それが新19条2項1号前段に移動した形となる。文言も,単に「不当に妨害する」と修正され,旧19条4項1号に比して,より一般的な規定ぶりとなったが,規制の実質は変わっていない(なお,新20条1項は,市場で有力な事業者(相対的市場力を有する事業者)に対して,新19条2項1

---

38) 連邦通常裁判所 1981 年 9 月 22 日決定(WuW/E BGH 1829, 1834ff.(Original-VW-Ersatzeteil II))。Lettl, a. a. O.(oben Fußnote 36), S. 244.

39) Lettl, a. a. O.(oben Fußnote 36), S. 244. 設例のモデルとなっている事案は,連邦通常裁判所 2004 年 3 月 30 日判決(WuW/DE-R 1283(Oberhammer))(前掲註 37 と同じ)である。

号に該当する行為を禁止するという規定ぶりとなっている)。不当性の有無の判断については，先に述べた通り，競争の自由を志向する GWB の目的を踏まえた当事者の広範な利益衡量による，という通説・判例が維持されるものと思われる[40]。

さらに，第 8 次 GWB 改正では，19 条 2 項 1 号後段に旧 20 条 1 項 1 文後段の差別禁止の規定が組み込まれた。旧 20 条 1 項 1 文後段の差別禁止規定は，第 8 次改正前から市場支配的事業者を規制の名宛人としていたことから，規制する条項が変わっただけである。規制の内容・実質に変更はない。市場支配的事業者の場合は 19 条 2 項 1 号を受けた同 1 項の適用対象となり，相対的な市場力を有する場合は，依然として 20 条 1 項 1 文後段の適用対象となる。

新 19 条 2 項 1 号後段は，「客観的に正当な理由がないのに，同種の事業者を直接的又は間接的に差別的に取り扱うこと」を濫用行為として定めている。この場合の正当化理由の有無の判断についても，先に述べたように，競争の自由を志向する GWB の目的設定を考慮した当事者の広範な利益衡量による，という判断枠組みが維持されることとなる[41]。

(3) 搾取的濫用

19 条 2 項 2 号前段によれば，次の場合に濫用が認められる。すなわち，市場支配的事業者が一定の種類の商品又は役務の供給者又は需要者として，有効な競争が存在すれば高度の蓋然性で生じたであろうものとは異なる対価又はその他の取引条件を要求する場合である。同号後段によれば，この場合，有効な競争が存在する比較可能な市場での事業者の行動が考慮される。この態様の濫用行為は，「搾取的濫用」（Ausbeutungsmissbrauch）と呼ばれる。搾取的濫用については，すでに検討を行ったことがあるので[42]，ここでは概略を述べるにとどめる。

19 条 2 項 2 号前段は，市場支配的事業者について，供給者又は需要者のい

---

40) Vgl. Lettl, a. a. O. (oben Fußnote 6), S. 255; Bechtold, a. a. O., §19 Rdnr. 16.
41) Vgl. Lettl, a. a. O. (oben Fußnote 6), S. 258; Bechtold, a. a. O., §19 Rdnr. 42.
42) 山部俊文「ドイツ競争制限禁止法における市場支配的企業の濫用行為の規制について」一橋大学研究年報・法学研究 29（1997）53 頁。

ずれでもよいとしているので，供給側の市場支配的事業者による不当な高価格販売又は需要側に対する不当な取引条件とともに，需要側の市場支配的事業者による不当な低価格購入又は供給側に対する不当な取引条件も規制対象となる。

搾取的濫用が成立するには，有効な競争があれば生じるであろう価格又は取引条件とは異なる価格又は取引条件を設定することを要する。この場合，有効な競争があれば生じるであろう価格又は取引条件の水準・内容が示される必要がある。19条2項2号後段において示されるように，当該価格水準等は，有効な競争が存在する比較可能な市場（単にVergleichmarkt（比較市場）と呼ばれることがある）での価格水準等を手がかりにして判断されることとなるが，問題となる価格又は取引条件は，有効な競争がある場合に生ずるであろう価格又は取引条件から「多大に」（erheblich）異なるものでなければならないと解されている。それは，問題となる価格水準等が濫用的な価格・取引条件であることを確実に認定するためである。

また，有効な競争がある場合に想定される価格水準等と「多大な」乖離があっても，正当な理由があれば濫用とはならないと解されている。法文上，18条2項2号は，同1号及び同3号とは異なり，正当化理由への言及がないが，正当化理由の欠如は，不文の要件として付加されるべきであると言われる。この場合の正当化理由の有無も，基本的に，上述した利益衡量に基づいて判断されることとなる[43]。

(4) 価格・条件分割

19条2項3号は，市場支配的事業者自身が比較可能な市場において同種の購入者に要求するよりも不利な対価又は他の取引条件を要求する場合について，濫用が成立するとしている。ただし，価格等の差異について客観的に正当化する理由がある場合は濫用とはならない。この態様の濫用行為は，「価格・条件分割」（Preis- und Koditionenspaltung）と呼ばれる[44]。3号の規範構造（本文と但書から構成されている）から，3号本文の要件が充足される場合には，濫用行為の存在が推定されることとなり，正当化理由の存在について，市場支配的事業

---

43) Vgl. Lettl, a. a. O. (oben Fußnote 6), S. 266f.; Bechtold, a. a. O., §19 Rdnr. 56.

者の側が実質的証明責任を負うとされる[45]。

　19条2項3号は，需要者に対する差別的行為について定めている。従って，この態様の濫用行為は，供給側の市場支配的事業者のみについて成立し，需要側での市場支配的事業者は射程に入っていない。また，この濫用類型における需要者は，事業者（企業）の場合もあれば，最終消費者の場合もある[46]。

　19条2項3号（本文）による濫用の推定は，対価又は他の取引条件の差異について客観的に正当な理由が存在する場合は排除される。高価格の側の市場において市場支配的事業者が原価割れであって，損失を生じているような場合は，正当化理由が認められるとされる。もっとも，損失を生じているかどうかの判断に際しては，当該事業者の個別的な事情に基づくコストであって同一市場における他の供給者においては発生しないコストは考慮されない[47]。

　価格分割による市場支配的地位の濫用の例として，次のようなケースが挙げられている[48]。航空会社 A は，ミュンヘン・ベルリン路線（以下，MB 路線）の旅客運送において 22% の市場占有率を有し，MB 路線では A 以外に4つの航空会社が旅客運送を行っていた。A は，MB 路線の料金を 200 ユーロに設定している。他方で，A は，フランクフルト・ベルリン路線（以下，FB 路線）において，89% の市場占有率を有し，FB 路線の市場において市場支配的地位を有している（19条2項1文1号の準独占）。FB 路線において，A は，MB 路線よりも距離が短いにもかかわらず，280 ユーロの料金を設定した。このような価格差は，正当化理由がない限り，19条4項3号の市場支配的地位の濫用的行使とされる。正当化理由としては，上述のように，A が MB 路線と FB 路線の両者において損失を生じていることが考えられるとされる。その場合，FB

---

44) Spaltung をここでは分割と訳したが，端的に言えば，差別対価および差別的な取引条件のことである。19条2項1号（旧20条1項）の差別行為と実質は同じであると見てよいとされる（Emmerich, a. a. O., S. 407）。また，「（価格）構造的濫用」（(Preis) Strukturmissbrauch）と呼ばれる場合もある（derselbe, a. a. O., S. 408）。

45) Möschel, in: I/M, §19 Rdnr. 173. 連邦通常裁判所 1999 年 7 月 22 日決定（WuW/DE-R 375,（Flugpreisspaltung））。

46) Lettl, a. a. O. (oben Fußnote 6), S. 268.

47) Lettl, a. a. O. (oben Fußnote 6), S. 269.

48) Lettl, a. a. O. (oben Fußnote 6), S. 269f. 設例のベースとなった事件は，前掲註 45) と同じである。

路線でのAの損益の評価に際しては，すべての航空会社が同様に負担すべきコスト（例えば，着陸料等）のみが考慮され，Aの個別的な事情に基づくコストは考慮されない。例えば，どのような種類の航空機を運行させるのか，又はどのような時間的間隔で運行するかなどの要素である。また，意図的に収益の出ない価格設定を行うこともそのような個別的な事情に含まれる。乗客の3分の1への売上額が全体の売上額の4分の1でしかないような場合（それらの乗客への価格設定が意図的に低く抑えられているような場合）がそれに当たるとされる。その他の正当化理由としては，MB路線における競争者の原価割れの低価格に対抗するためにAが低価格を設定する場合が考えられるとされる。そのような場合には，FB路線でのAの価格は，比較の対象にならないからである。

(5) 不可欠施設の利用拒否

19条2項4号前段は，他の事業者が法的又は事実上の理由からその共同利用がなければ市場支配的事業者の競争者として前の段階又は次の段階の市場において活動することが不可能である場合において，市場支配的事業者が他の事業者に適切な対価をもって自らのネットワーク又は他の基盤的施設の提供を拒否することを，濫用に当たるとしている。同後段によれば，市場支配的事業者が経営上又はその他の理由により共同利用が不可能であるか，又は共同利用について期待可能性がないことを証明する場合は，濫用は否定される。19条2項4号についても，すでに優れた先行研究があることから[49]，ここではその概略を追うにとどめる。

19条2項4号は，市場支配的事業者が有する基盤的施設へのアクセス拒否によって基盤的施設の前の段階又は次の段階の市場における現実の又は潜在的な競争者を排除することを規制する趣旨で設けられた。つまり，基盤的施設から派生する市場での競争の保護がその目的である。

---

49) GWBにおける不可欠施設へのアクセス拒否に対する規制を紹介・検討するものとして，柴田潤子「不可欠施設へのアクセス拒否と市場支配的地位の濫用行為（一）（二）（三）」香川法学22巻2号（2002）91頁・同23巻1・2号（2003）1頁・同24巻2号（2004）119頁，同「第9章・ドイツ電力エネルギー産業における市場支配的地位の濫用規制」日本エネルギー法研究所『新電気事業制度と競争に関する課題』（2006）195頁，川原勝美「不可欠施設の法理の独占禁止法上の意義について」一橋法学4巻2号（2005）333頁，同・前掲注16）161頁など。

前の段階又は次の段階の市場において他の事業者が市場支配的事業者の競争者として活動することが不可能であるという要件は，2つの市場の存在を前提としている。基盤的施設に係わる市場と，その前の段階又は次の段階の市場である。19条2項4号の文言からは，このうちいずれの市場において市場支配的地位を要するのか明確ではない。通説的な見解によれば，市場支配的地位は基盤的施設の前の段階又は次の段階の市場（派生市場）において認められなければならないとされる。基盤的施設に係る市場での市場支配的地位は，基盤的施設を有する事業者であれば当然に認められるので，市場支配的地位という要件が意味を持たないことになるからである[50]。

基盤的施設としては，例えば，空港，港湾，スタジアム，コンピュータソフトのインターフェイスなどが挙げられている。また，ネットワークとしては，例えば，送電線，ガス導管，電話線などのネットワークが挙げられる。基盤的施設は，市場支配的事業者の所有物である必要はなく，所有者のようにそれを使用することができれば，それで足りる[51]。

適切な対価は，それが不当に高いものであれば，利用拒絶にあたる。適切な対価とは，理論的には，当該基盤的施設に係る市場において有効な競争がある場合に設定されるような対価であると考えられる[52]。その点で，搾取的濫用における比較市場の発想と通ずるところがある。

基盤的施設の共同利用を市場支配的事業者が拒絶する場合であっても，それが経営上の又は他の理由により不可能である場合，又は期待可能性がない場合には，許容される。そこでは市場支配的事業者の側の利益も考慮され，当該利益と共同利用を求める事業者の利益とが比較衡量されることとなる。

カルテル官庁の行政処分の明確性の観点から，次のような問題が指摘されている。すなわち，適切な対価をどの水準に設定するのかという問題である。もっとも，カルテル官庁が，基盤的施設の利用拒否を禁止する場合には，その利用条件を確定することまでは要しないと解されている。少なくとも，市場支配

---

50) Möschel, in: I/M, §19 Rdnr. 193; Lettl, a. a. O. (oben Fußnote 6), S. 271f. これに対して，基盤的施設に係る市場での支配的地位を要するとするものとして，Emmerich, a. a. O., S. 412。

51) Lettl, a. a. O. (oben Fußnote 6), S. 272f.

52) Möschel, in: I/M, §19 Rdnr. 205; Lettl, a. a. O. (oben Fußnote 6), S. 273f.

的企業がアクセスそのものを拒絶する場合には、カルテル官庁は、当該拒絶を禁止することで足りる[53]。

(6) 購買力濫用

この類型は、第8次 GWB 改正により19条2項5号に導入されたものである。旧20条3項に置かれていた規制について、規制の名宛人を市場支配的事業者とする場合が新19条2項5号に移された。現行20条3項には、市場で有力な事業者を名宛人とする同様の規制がある。

第8次改正後の19条2項5号は、「客観的に正当な理由がないのに、その市場地位を利用して、他の事業者に対して、利益を提供するように勧奨し又は誘引すること」を濫用の例示として掲げる。この類型の濫用行為は、受動的差別・受動的妨害（passive Diskriminierung, passive Behinderung）と呼ばれる[54]。この規制は、需要者のいわゆる購買力濫用に対処するために1980年の第4次 GWB 改正により導入されたものである。法文上は、市場支配的事業者が需要者である場合に限定されていないが、立法の経緯や規制対象行為の性格から、需要者の側が行う誘引行為等についてのみ適用されると解されている。ここに言う「勧奨」（Aufforderung）の要件は、市場支配的事業者が利益の提供を単に要求しているだけでは充足されない。市場支配的事業者が、当該要求について、交渉の余地のない確定した条件であることを明確にしていることを要する。「誘引」（Veranlassen）は、この条件を相手方が受け容れ、実際に利益を提供している場合を意味する[55]。また、正当化理由の有無については、19条2項1号後段と同じく、GWB の競争の自由という目標設定を考慮した上での当事者の利益の包括的な比較衡量により判断するとされている[56]。この規制も、従来（旧20条3項）のものと、実質的な変更はない。

---

53) Lettl, a. a. O. (oben Fußnote 6), S. 276.
54) Lettl, a. a. O. (oben Fußnote 6), S. 276.
55) Lettl, a. a. O. (oben Fußnote 6), S. 278f. このような解釈からすれば、Aufforderung を「勧奨」、Veranlassung を「誘引」と訳すのは適当でないと思われるが、ここでは、従来の慣行的な訳語に従った。
56) Lettl, a. a. O. (oben Fußnote 6), S. 279f., R. Bechtold, a. a. O., §19 Rdnr. 90.

(7) その他の濫用

19条2項各号は，濫用の例示規定であることから，それら以外にも19条1項の一般条項によって市場支配的地位の濫用行為とされる場合があり得る。第6次改正以前の旧22条の下での事例であるが，次のようなものが，その他の濫用事例として挙げられている。

ドイツ・ブンデスリーガに属するAチームは，UEFAカップの準々決勝においてイタリアのトップクラスのチームであるBと対戦することとなった。見積もりによれば，20万人～25万人がAとBの試合の入場券の購入を希望している。Aは，Bとの試合のチケット4万人分を，ブンデスリーガのランキング下位のチームであるCとの試合のチケットと抱き合わせて販売することとした。過去において，AとCの試合の観客数は，1万人～1万5千人程度であったが，多くのファンがAとBの試合のチケットを確保しようと，AとCの試合のチケットを購入することとなった。Aの本件行為は，旧22条4項1文（現行19条1項に対応する）の濫用に当たるとされた[57]。

また，18条4項各号に当てはまらない濫用行為として，「構造的濫用」（Strukturmissbrauch）という類型が指摘されている。これは，市場支配的事業者がその行動を通じて市場構造に対して長期的に反競争的影響を与える場合を指す。市場閉鎖的な状態にすることを目的とした投資や製品の改良，独立した競争者を排除する目的で行う企業結合がそれに当たるとされる[58]。

---

[57] 連邦通常裁判所1986年5月26日決定（WuW/E BGH 2406（Inter Mailand-Spiel））。なお，本件での市場の画定及びAの市場支配的地位について，連邦通常裁判所は，次のように述べている。すなわち，市場の画定は，合理的な需要者にとって商品・役務の間に重要な差異があるかどうかが基準になるとした上で，余暇を過ごすためのあらゆる商品・役務や，アマチュア・プロのサッカーの試合を含むあらゆる種類のスポーツ観戦が1つの市場を形成することはなく，また，アマチュアとプロのサッカー試合や，通常のリーグ戦と国際的な大会でのサッカーの試合に代替性はないとした。AとBの試合は，ヨーロッパのトップレベルの試合であり，本件での関連市場は，問題となっているAとBの試合であり，その市場において主催者であるAに競争者は存在せず，Aは市場支配的地位（18条1項1号の完全独占）を有しているとされた。Lettl, a.a.O.（oben Fußnote 36）, S.259f. にこの事件をモデルとした設例が示されている。

[58] Emmerich, a.a.O., S.415.

Ⅳ 結びにかえて

　以上，本節では，ドイツにおける市場支配力のコントロールについて，19条による規制を概観したが，不十分なものにとどまっている。19条（及び20条）の研究は，ドイツにおいて質・量ともに膨大な蓄積があり，近時は，適用事例も増えている。本節は，それらの一部を駆け足で紹介したにものに過ぎない。また，2013年6月に成立・施行された第8次GWB改正について，余り取り込めていない。しかし，単に概観を行っただけでも，わが国独禁法における私的独占及び不公正な取引方法の規制の議論にとって参考となりそうな素材が幾つもあるように思われる。

　また，ドイツにおける市場支配力のコントロールと言う場合には，冒頭で述べたように，TFEU102条も射程に収めて検討を行う必要があり，さらに，規制対象が広範に重なるGWB20条の相対的市場力の規制等も併せて検討する必要がある。それらを含めたドイツ及びヨーロッパにおける市場支配力のコントロールの状況を解明する作業は，今後の課題としたい。

第2節　ドイツ電力エネルギー産業における
　　　　市場支配的地位の濫用規制

柴　田　潤　子

I　ドイツ競争制限防止法19条4項4号の概観

　ドイツ競争制限防止法における濫用規制は，市場支配の定義と同様に，制定以来多くの改正を経て形成されてきている。濫用規制に関する規定は，競争制限防止法（GWB）19条であり，同条の1項が一般規定として理解され，単独又は複数の事業者による市場支配的地位の濫用を原則的に禁止しており，ヨーロッパ機能条約102条に対応する。
　市場支配的地位の濫用行為は，一般に排除濫用と搾取濫用に分類される。市場支配的地位にある事業者の濫用行為とは，「市場支配的地位に基づいてのみ可能となる行為，又は有効な競争が存在する場合には行い得ないような方法で，他の事業者を妨害，侵害する行為が該当する」[1] と解されている。
　競争制限防止法19条では，市場支配的地位の濫用行為として次の3つの類型が規定されている（本条については，本書第5部第2章Iを参照）。すなわち，市場支配的事業者が，一定種類の商品又は役務の供給者又は需要者として，「正当な事由がないのに他の事業者の競争可能性を妨害」（競争者の妨害濫用行為・19条4項1号），「有効な競争が存在すれば形成されるであろう価格又はその他の取引条件と異なる価格又は取引条件の要求」（高価格搾取濫用行為・19条4項2号），「客観的に正当化される事由なく，同種の購入者からなる比較可能な

---

[1]　Wernhard Möschel「Wettbewerbsrecht Band 2. GWB」（2007年）433頁。

市場において要求するよりも不利な価格又は取引条件を要求」(差別的取扱い・19条4項3号)である。

上記の濫用行為に加えて，1999年改正で導入された同条4項4号は，「市場支配的事業者が，他の事業者に対し，適切な価格により自己のネットワーク施設または他の不可欠施設の利用(アクセス)を拒否する場合」であって，他の事業者にとって，法的及び事実上の事由から共同利用なしにはその前後の取引段階において市場支配的事業者の競争者として活動することが不可能な場合を濫用と規定した。共同利用が，経営上ないしその他の事由から不可能であるか，ないしは期待可能でないことを当該市場支配的事業者が証明する場合には，この限りでない」と規定している。

本規定は，いわゆる不可欠施設理論を具体化した規定として理解されている。不可欠施設理論によれば，実際の法適用で市場構造の変革を通じて競争を成立させることになる。競争を促進するための不可欠施設理論導入の根拠は，長期的に固定された市場構造と垂直的統合された事業者構造の組み合わせから初めて明らかとなる。特徴的な状況は，競争が成立するためには，市場支配者のリソースの競争者利用が不可避であり，かかる状況はボトルネックリソースの問題となる。

本規定の目的は，利用対象から派生する利用市場での競争の確保である。これに対してインフラ施設及びネットワークの独占的地位それ自体は問題とされない。本規定は，競争者に対する利用拒否のみを問題にしており，いわゆる水平的な保護方向，すなわち妨害行為を捉える。

派生市場への市場参入の開放とその維持は，異なる時間的局面の問題として区別される。実際に本規定は，事業法が定める，既存及び新規のインフラ等の施設の利用(アクセス)規定とは別個の規制として機能する。

本規定のうちネットワークについては，電力託送，飛行場施設，携帯電話及び電気通信，時刻表情報システム，チケット事前予約申し込みシステム等に関する事例があるが，ネットワークアクセスに関する数多くの事業法規定によって，徐々にその意義が失われつつある。とりわけ，電力及びガス事業分野のネットワークアクセスについては，エネルギー経済法(EnWG)が競争制限防止法に事実上優先することになる。

19 条 4 項 4 号の要件は，4 つに分けられ，名宛人，共同利用（アクセス）の対象，共同利用の根拠及び正当性の欠如であり，これらの要件について以下検討する。

II 競争制限防止法 19 条 4 項 4 号の要件

1 名 宛 人

当該規定の名宛人は，市場支配的地位にある事業者である。市場支配的地位については，独占的にコントロールされている施設の利用に係る市場（「施設市場」という）と，当該施設の利用が必要不可欠となる派生サービスの提供に係る派生市場（「利用市場」という）という 2 つの市場の区別を前提とする。

インフラ施設市場は，実際の経済活動が行われていなくても，市場として認定される。議論があるのは，市場支配的地位が両者の市場で認定される必要があるかである。文言上，解釈はオープンであり，学説の見解も一致していない[2]。この問題は，共同利用の結果として派生市場において競争が生じてくる場合に，実際上意味を持つことになろう。「Mainova」ケースの最高裁判決がこの点について言及しており，当該事業者が，施設市場で市場支配的地位にあることで十分であるとしている[3]。

利用市場は，不可欠施設の所有者の視点から市場画定される。利用市場の地理的画定は，不可欠施設の共同利用がなければ供給できない地域が捉えられる。

2 共同利用（アクセス）の対象

共同利用の対象は，ネットワークおよび他のインフラ施設である。インフラ施設としては，学説では，空港，港湾施設，または，技術標準，技術プログラ

---

2) Möschel・前掲注 1) 489 頁以下では，市場支配的地位の認定は，利用市場の現実の競争関係を基準として指向することが指摘されており，ここでは市場シェアが特別に重要な意味を持つ。市場支配的地位の認定は厳格な要件が設けられるべきであり，このことは，規制された共同利用は自由な市場プロセスへの重大な介入であることから明らかであるとする。

3) 最高裁決定 2005 年 6 月 28 日（WuW/E DE-R 1520)。

ム等が挙げられ，サービス，製品設備，原材料は，ここにいうインフラに含まれないとされている。ネットワークは，インフラと異なり，多数のポイントの集合であり，基本的に統合的なネットワークを前提にする。電力，ガス，電気通信ネットワーク，郵便，飛行機予約システム等が学説で例示されている。改正理由書によればインフラ概念に知的財産権は含まれない。上記の技術標準，技術プログラムと知的財産権の関係については議論がある。

3 共同利用拒否の理由

　法的及び事実上の事由から，利用市場において活動することが不可能ないしは期待し得ないという要件が中心となる要件であり，いわゆる不可欠性として理解される。共同利用の対象となる施設の不可欠性は，二段階の検討を前提とし，まず，施設を二重につくることは不可能か否か，次に他の方法での利用の可能性，つまり代替性の有無の検討である。二重に作ること，及び代替性の検討段階では，不可能であることは法的又は事実上の理由から明らかとなる。法的理由は，都市計画法，環境法上の観点等が挙げられる。事実上不可能であることは，技術的ないしは物理的な現実性から考慮されるが，経済的観点からの理由付けについては議論がある。自己のネットワークのキャパシティー不足では不十分とされており，不可能であることが認められるのは，客観的にみて第三者が何ら利用市場に参入できない場合のみとされている。立法者も不可欠性を客観的基準に基づき評価することを意図している。この評価は容易ではないが，必要な投資が客観的にみて不経済であることは，原則として市場参入の不可能を根拠付けることができる[4]。

　さらに，不可欠施設の所有者と共同利用を要求する事業者が利用市場において競争関係にあることが前提となる。各事業法においては，この点，特に明示的に要件とされていない。このことは，所有者が利用市場を閉鎖した状態を維持して，当該市場で活動していない場合に問題となる。潜在的な競争関係が認められるためには，不可欠施設所有者が将来，利用市場に参入する能力と意思を持つことが必要となるであろう。

---

[4] 「Puttgarden」カルテル庁決定1999年12月21日（WuW/E DE-V 253）。

共同利用の概念は，競争的観点から理解される。不可欠施設の共同利用の種類及び方法の範囲は，不可欠性基準によって判断される。競争者が，その製品の生産ないしはサービスを提供するため，唯一の手段として，一定の施設の利用に依拠する場合に不可欠施設と捉えられるのである。

4 適切な価格形成の問題

(1) 「適切な価格」の評価

自由化された電力市場においては，電力ネットワーク利用の在り方がとりわけ重要な問題であり，ネット利用料金（託送料金という）の如何が競争の現実的成果について決定的な影響を与えることになる。しかし，19条4項4号にいう「適切な価格」がどのように算定されるかについては条文上明白ではない。最終的にカルテル庁と裁判所がその利用料金の適否を判断することになるが，「適切な価格」の評価は，従来から4つの考え方に基づき展開されてきた。

第一に，不可欠施設の利用料金は，市場支配的事業者に向けられた競争制限防止法19条4項4号の適切な価格基準による判断だけでなく，一定の高価格を搾取的濫用行為として禁止する同法19条4項2号（搾取濫用）[5]によっても評価される。同号では，濫用行為の基準として想定競争（競争があれば・Als-Ob-Wettbewerb）を規定しており，ここでは比較市場基準が定められている。この基準によれば正常な競争条件を前提にして，すなわち市場支配的事業者が存在しない，有効な競争があれば形成されると想定される価格を，市場支配的事業者の実際の価格が著しく上回る場合に，原則として濫用が認められる。この評価に際しては，有効な競争が存在する比較市場での事業者の価格行動が，比較対象として考慮される。

第二に，「適切な価格」については，上記の比較市場基準と並んで，妥当なコストを基準にして判断されることになる[6]。不可欠施設所有者の内部補助禁止に有効である会計分離を導入する規定が欠如している場合には，比較市場コ

---

5) 有効な競争が存在すれば高度の蓋然性を持って形成されるであろう価格又はその他の取引条件と異なる価格又は取引条件を要求する場合。この場合，特に，有効な競争の存在する比較可能な市場での事業者の行動が考慮されるものとする。

6) 「Fährhafen Puttgarden」最高裁決定2002年9月24日（WuW/E DE-R 983）。

ンセプトは内部補助の禁止に有効に機能せず，純粋なコストコントロールが意味を持つことになる。不可欠施設の利用料金は，有効な競争のもとで生じると想定されるコストを反映することとなり，事実上の発生コストではなく効率的なサービス供給に係るコストを指向する。一般的な指標としては，長期増分費用及び投資資本の妥当な利子の他に，実際には確定するのが困難な固定費用部分が計上される。いわゆるストランデッドコストは，合理的な経済的考慮において，有効な競争においても生じる場合にのみ，考慮される可能性がある。

　第三に，適切な価格は，競争制限防止法のその他の濫用行為である，19条4項1号[7]及び20条1項[8]にいう競争者の妨害行為禁止規定との関係で検討される。他の事業者の競争可能性を不当に妨害することになる不可欠施設の利用料金は，19条4項4号にいう適切なものと解されない。

　第四に，事業法規定に基づき認容されない利用料金は，19条4項4号にいう適切な価格を意味しない。適切性という不確定な法的概念は，過度に高い価格という意味の事業法上の禁止を包含する。

　もともと価格濫用規制に関するカルテル庁の法的禁止手続きが開始された事例は僅かであった。多くの場合，様々な市場条件が比較市場に存在しており，想定競争価格の確定が実際上極めて困難なためである。近年は，規制緩和が展開するとともに，この価格濫用規制の重点がエネルギー分野に置かれてきている。

(2) 競争制限防止法第六次改正（1999年改正）以前との比較

　競争制限防止法第六次改正以前に，エネルギー分野においてエネルギー供給事業者の電力料金設定が価格濫用行為に該当するとされたケースが幾つかある。これらのケースでは，通常の価格濫用規制とは若干異なった理論が展開されてきた。第一に，比較の対象となる競争的市場がない場合には，独占市場におけ

---

7) 正当な理由がないのに，他の事業者の競争の可能性を当該市場における競争にとって重大な方法で侵害する場合に濫用行為の存在が認められる。

8) 市場支配的事業者他は，同種の事業者が通常参加することのできる取引において，ある事業者を直接的に又は間接的に不当に妨害し，または客観的正当な理由がないのに同種の事業者を直接的又は間接的に差別的に取り扱ってはならない。

る事業者との比較が行われ得ること，第二に，濫用価格に該当するためには，想定競争価格と市場支配的事業者の価格との間に著しい乖離があることを通常必要とするが，エネルギー分野に関する法適用の実務においては当該著しい乖離を前提としていないことであった。

　第六次改正後の考え方では，第一の点に関しては，系統運用事業者の価格を単に比較するだけでは十分ではなく，価格濫用を根拠づけるために，構造的な相違を勘案した上で市場間の事実上の比較可能性が検討されてきている[9]。比較市場における価格を検討する場合，当該商品について他の地理的市場における事業者の価格行動を，構造的特殊性に考慮しながら比較する。実際には，多数の構造的与件が一致する市場はごくまれにしか存在せず，この市場構造の要因が最終的には事業者の価格水準に様々な程度で影響を及ぼし得る。まったく同一条件を備えた市場である必要はないが，基本的な相違は，修正的価格引上げ・または引下げ計算によって調整されることになる。ただし，市場支配事業者の個別の特殊性又は事情は，修正として考慮されない[10]。また，競争的構造にある市場においては，原則として，それぞれ事業者間に価格相違が存在するが，最も低い価格の事業者を比較対象とする必要はない。濫用規制の目的は，価格を可能な限り低い水準に低下させること自体ではない。他方で，比較価格が，競争において形成された価格ではなく，歪曲して形成されていることが明らかな場合には，原則として考慮されないことになる。

　第二の点について，最近の裁判所の判決では，市場支配的事業者の濫用行為を認定するためには，当該支配事業者の価格と比較対象となる競争価格との間に著しい乖離を必要とする見解が有力である[11]。著しい超過を必要とする理由は，小幅に上回るにすぎない場合，想定競争価格の認定の不確実性に鑑みれば，濫用を構成することが困難であると考えられている。ここでは，設備拘束性の

---

9) Zenke/Thomale「Die Kalkulation von Netznutzungsentgelten strom sowie Mess-und Verrechnungspreisen」WuW2005 年 34 頁。
10) 構造的要因は，一定の地域に市場において活動するすべての事業者に妥当し，かつそれぞれ事業者が価格上昇を回避し得ない状況にあることを前提とする。また，想定競争価格の圧倒的部分が割増・割引によって検討される場合は，濫用に適した基礎とはなり得ないとしている。
11)「TEAG」(デュッセルドルフ高裁決定 2004 年 2 月 11 日 WuW/E DE-R 1239 以下) では，価格差が 10 パーセント以下の場合に著しい価格引上げを否定している。

ある独占的エネルギー供給事業者であっても，他の分野における市場支配的事業者と同様の基準に服すべきであるという考えを出発点とする。これに対して，著しい超過を必要とするかどうかは個別具体的な事例における支配力の程度が重要となり，著しい超過要件の意義目的に鑑みて，独占価格と比較する場合には，著しい超過要件は必要としないとする説がある[12]。カルテル庁は，従来，低い比較価格を著しく上回る必要性を認識している[13]が，著しい超過の程度について一義的な説はなく，具体的事例において市場支配の程度に応じて審査されることになろう[14]。

(3) 正当化事由

比較市場基準によって認定された，市場支配的地位事業者の高価格について，正当化される余地があるかどうかが次に問題となる。19条4項2号においては，同条3号と異なり，正当化事由に関する規定はない。これは，正当化事由の検討の際に通常考慮される競争上のファクターは，既に比較市場基準に含めて検討されているためである。正当化事由は，包括的な利益衡量の枠組みで判断されることになるが，競争価格を著しく上回る場合には正当化事由を検討する必要性は説得的ではなく，著しい価格差が認められない場合に，補充的に正当性の検討が事実上不可避となろう。いずれにしても，19条4項2号にいう高価格濫用の認定に際しての正当化事由は，極めて限定的な範囲でのみ考慮に入れられるであろう。この意味で，搾取的価格濫用概念における正当性の議論は，排除濫用より限定的である。

具体的には，市場支配事業者の個別のコスト状況が第一にあげられる。この場合，価格濫用の検討の基準となる価格を市場支配事業者の原価（仕入価格）以下に設定するかという問題，すなわち，比較価格が市場支配事業者のコストをカバーするのに十分でない場合に，正当化事由が認容されるかどうかという

---

[12] Schultz「Langen/Bunte Kommentar zum deutschen und europäischen Kartellrecht 10版」(2006年) 437頁。
[13] 「Rhein Energie」カルテル庁決定2008年12月1日 (WuW/E DE-V 1704)。
[14] Lotze/Thomale「Neues zur Kontrolle von Energiepreisen - Preismissbrauchsaufsicht und Anreizregulierung」WuW2008年257頁。

問題である。この点に関しては，市場支配事業者にも，その価格を自己のコスト以下まで引き下げることは期待されていないという一般論が妥当するとしても，競争に直面する事業者には，常にコストカバーが保証されているわけではなく，また，市場相手方のコストに基づき市場支配者の非効率性を尊重することが競争法上の高価格規制の目的ではないことから，かかるコストカバーに結びついて正当化事由は必ずしも認められるわけではない[15]。以下，具体的事例を検討する。

(4) 「TEAG」

2003年2月，カルテル庁は，TEAGに対して，一定の金額を超える託送（ネット利用）料金の設定を，競争制限防止法19条1項，同条4項2号及び同条4項4号に基づき禁止した[16]。禁止手続は，まず，当時の託送料金を約10％引下げることに向けられ，そこでは，具体的に一定のコスト項目を託送料金の計算に算入することが禁止された。カルテル庁は，電力分野で合理的な経営遂行上生じるコストを基準にするコストコントロールを採用した。それによると，託送に係るコストは，TEAGの計算上の託送コスト及び前段階に位置するネットワークの利用に係るコストから成り立っている。この前段階のネットワーク利用に係るコストは，TEAGが影響力を行使し得ないため，TEAGが転嫁しうるコストとして承認される。他方で，TEAGは，託送利用者が負担すべきでないコストを託送に係るコストに配賦算入しており，これは結果として濫用的価格引上げに連なると判断されている。これらの項目として，顧客センターのための貸倒引当金，専ら電力販売に寄与するスポーツスポンサーコストを託送のコストとして過度に配賦すること，さらに経営上必要な自己資本及びその利子を調達価格より高い時価評価を基礎にして評価することにより，計算コストを引上げていること，営業利益及び架空の利益に基づく税金，一般的な損害リスクの割増が挙げられている。

しかしながら，このカルテル庁の決定は，高裁によって取り消された[17]。主

---

15) Möschel・前掲注1) 474頁。
16) カルテル庁決定2003年2月14日（WuW/E DE-V 722）。
17) 「TEAG」デュッセルドルフ高裁決定2004年2月11日（WuW/E DE-R 1239）。

要な理由として，第一に，競争制限防止法は，法違反行為を禁止する権限をカルテル庁に付与するに過ぎず，一定の価格以上の料金設定を禁じる予防的な価格コントロールの定めはないとする。第二に，濫用要件は，一定の価格計算方法，価格構成要素の検討ではなくて，料金が濫用的に引上げられたか否かを問題にすること，また，カルテル庁には，濫用規制の枠組みで価格計算方法を予め規定する権限が与えられていないとしている。さらに，カルテル庁は，価格濫用としてTEAGの託送料金が，カルテル庁の報告書である「Arbeitsgruppe Netznutzung Strom」（連邦及び州カルテル庁の電力ネットワーク利用についてワーキンググループの報告書)[18]の計算基準ではなく，「電力団体協定Ⅱ plus（プラス）」に則って計算されていることを問題にしているが，高裁は，このことのみで競争制限防止法違反と評価し得ないとする。TEAGは託送料金を「電力団体協定Ⅱ plus」で規定されている基準に従い計算しており，高裁は，当該団体協定の基準は，適切かつ会計上支持し得る価格計算であり，2003年12月31日まではエネルギー経済法6条によって，電力業界における託送料金の根拠として適格性が認められており，かつ，善良な取引慣行（ベストプラクティス）と推定される。第三に，全ての価格引上げが濫用行為を意味するのではなく，濫用行為と認定されるためには，当該価格と比較基準とされる競争価格との間に著しい差異が必要であるとする。そして，本件ではかかる認定がない。さらに，この検討の枠組みで，TEAGが一般的損害リスク，可能性のある計算上の営業利益を託送料金に算入することは正当であると判断されている。

(5) 「Stadtwerk（地方公営事業者）Mainz」

2003年4月17日，カルテル庁は，地方公営事業者（Stadtwerk）Mainz（以下，Mという）に対して，託送料金の濫用的引上げを禁止し，全体として20%弱の料金引き下げを命じた[19]。本決定で，カルテル庁は，電力事業者であるRWEを比較事業者として取上げ，送電線1キロメーター当たりの利益を比較基準にした。これは，系統運用業者の効率性を計る相対的な基準として機能し，

---

[18] Bericht der Arbeitsgruppe Netznutzung Strom der Kartellbehörde des Bundes und Länder（2001年）

[19] カルテル庁決定2003年4月17日（ZNER 2003年263頁）。

供給地域の規模を異にする事業者間の比較を可能にすると理解されている。これによれば，M は，比較事業者 RWE よりも明らかに高い利益を得ているとされている[20]。カルテル庁は，M の供給地域の表面構造に起因する高いネットワーク敷設コスト，前段階のネットワークの利用コスト，確実性のための割増しを勘案して，19.9% の引下げ余地があるとしている。このようにして，M の 19 条 4 項 2 号違反，ひいては，同条同項 4 号にいう「適切な価格」にも該当しないと判断した。同時にカルテル庁は，当該処分の即時執行を命じたが，これに対して M は，高裁に停止的効力の回復を請求した。

高裁は，カルテル庁の命令について，公的利益の欠如及び当該処分の適法性に重大な疑義があるため，M の抗告による一時停止的効力を回復する判断を下した[21]。即時執行の命令は，厳格な要件のもとで認容されるものであり，当該命令が必要とされるのは，濫用処分によって初めて，独占が存在するため既に閉鎖的である市場に競争的構造が創出されるような場合であるとして，カルテル庁がこの点を立証していないとする。本件では，手続の過程で，M のネットワーク地域において他の電力供給事業者の市場シェアが上昇していること，電力販売価格に占める託送料金の引下げが見られるため，当該処分の即時執行が取引相手方である電力小売事業者の競争条件に影響を与える蓋然性は認められないとした。他方，高裁は，カルテル庁が比較の基準として採用した「送電線 1 キロメーター当りの利益」審査が認容されるか否かは明らかにせず，本案手続きによる判断に委ねた。

そして，2004 年 3 月 17 日のデュッセルドルフ高裁の本案判決では，カルテル庁の決定が取り消された。当該 M の市場支配的地位は認定されているが，託送料金の引上げという濫用行為は認められないと判断された。まず，M の託送料金から生じる利益と RWE のそれを比較することは，個別的特殊性の存在及び構造的相違から濫用行為を基礎づけないとした。カルテル庁が認定して

---

20) Stadtwerk Mainz は，当該料金は今日，既に RWE の料金より安くなっているために濫用ではないと主張したが，カルテル庁は，これに対して，RWE がネットを経営していれば，Stadtwerk Mainz の現行の料金より安く提供し得るかどうかを判断の基準とした。

21) デュッセルドルフ高裁決定 2003 年 7 月 17 日（ZNER 2003 年 247 頁），その他，Peter Klocker「Verrechtlichung der Verbändevereinbarungen gem. §6 EnWG in der Rechtsprechung des OLG Düsseldorf」WuW2003 年 880 頁参照。

いるRWEの持つ効率性は，中小事業者がその取引範囲のみからは達成し得ない事情に依拠するものである。地理的に見ても，MとRWEが活動する既存の市場構造は著しく異なっており，カルテル庁は，多様に計算の修正を行っているが，これは，単に一定の枠内の限定的な修正に過ぎず，RWEには比較対象としての適格性が認められないとした。さらに，高裁は，送電線1キロメーター当たりの売上の比較検討を合理的でないと評価した。売上の比較は，濫用的料金の引上げによる価格形成であることを立証する個別ファクターになり得るとしつつも，これは唯一の基準ではなく，むしろ，設定価格が，濫用的に引上げられているか否かを検討しなければならず，カルテル庁はこれを行っていないとした。最終的には，カルテル庁の当該決定は，Mが託送料金を「電力団体協定Ⅱ plus」の価格原則に従って計算していることから，その託送料金の計算は非効率及び非合理的でもないと高裁は認定した。「電力団体協定Ⅱ plus」の価格原則は，託送料金計算についての経営上承認されている適切なコンセプトであり，2003年の12月31日までは，エネルギー経済法上託送料金の計算に適した根拠として明らかに承認されている。

　カルテル庁の上告により，最高裁は，デュッセルドルフ高裁判決を破棄差戻した[22]。最高裁の判決要旨は以下の通りである。

　第一に，最高裁は，託送料金に関する競争法上の評価に際して，カルテル庁が，送電線1キロメーター当たりの利益の比較を用いることを容認した。

　託送料金の濫用的引上げの有無の評価は，個々のタリフの相互比較に代わって，送電線1キロメーター当りの売上比較を基礎にすることができる。カルテル庁が用いている利益の比較においても，利益は，価格と販売量から明らかになるため，効率性を基礎にする価格が比較数字として考慮されている。このようなカルテル庁の検討手法は，送電線の長さを引き入れることにより，実質的なコストファクターを考慮に入れるものであるとして，原則として効果的な濫用規制を可能にする比較数字を導くことが可能であると判断された。これに対して，タリフの比較は，自由なタリフ設定余地によって歪曲（改ざん）される可能性があり，かつ価格引上げ濫用の存在を容易に明らかにすることができな

---

[22]　最高裁決定2005年6月28日（WuW/E DE-R 1513）。

いとした。

　第二に，RWE は，M より著しく規模が大きいこと，多段階で活動していること，異なる地理的範囲でサービスを提供しているというのみの理由から，検討すべき比較事業者として除外されることはない。そして，一地方でのみ託送サービスを提供する供給者を比較基準にする必要はないとした。

　カルテル庁の理解によれば，売上比較を用いる場合の決定的な前提は，両者の異なる地域構造を考慮に入れた，争いがない割増及び割引によって修正された数字に基づいて，送電線 1 キロメーター当たりの利益の比較が行われることである。すなわち，これによって，市場構造の相違によって生じる歪みが排除されることが前提となる。この場合，M の供給地域において託送サービスの各事業者が直面するであろうファクターのみが考慮され，個別に特定の事業者にのみに起因する状況は考慮されない。そして，この点に関する高裁の認定に疑問が示され，すなわち，高裁が，規模，規模に伴う金融力及びリソース，さらに比較事業者の売上のような，原則として当該者の託送地域における託送料金の決定にとって，何ら意味を持たない事業者独自のファクターを考慮に入れていることは，誤りであるとしている。

　その他，最高裁は，カルテル庁が市場構造を考慮し，RWE の送電線 1 キロメーター当たりの利益を，そのまま単に比較しているのではないことを指摘して，カルテル庁の計算は，高裁の認定とは異なり，推測に基づいて割増・割引が修正されているのではないとした。加えて，むしろ M に有利に計算されており，この点についても事実関係を明らかにする必要があると指摘した。

　第三に，最高裁は，価格濫用手続における比較価格が，当該事業者の問題となっている価格と著しく乖離（すなわち，著しく上回っていること）する必要性を明確にした上で，最高裁は，カルテル庁のこの点に関する評価を支持した。

　第四に，最高裁は，2003 年 12 月 31 日まで妥当する「電力団体協定 II plus」と関係付けて，エネルギー経済法 6 条 1 項 6 文にいう善良な取引慣行を充足するという推定に基づいて，競争制限防止法 19 条 4 項の濫用規制の適用が排除されるという理解は，妥当ではないとした。当該協定が成立した過程・方法及びその目的に鑑みれば，自然独占の系統運用業者が設定する託送料金の固定化・高止まりの可能性も否定できないこと，また，エネルギー経済法 6 条 1 項

6文において明確にされている立法意図は，競争制限防止法による濫用規制とは直接無関係であるということが重視された。

(6) 供給先変更に伴う料金

供給先変更に伴う料金は，ネットワークに接続している（中小）顧客が，供給先を他の電力供給者に変更する際に，当該系統運用者が計上する料金である。変更に伴う管理費用であり，メーターの清算等が該当する。しかしながら，これは妨害行為として，競争制限防止法19条1項，同条4項1及び4号並びに20条1項にいう濫用に該当する可能性がある。この妨害は，切替料金が，新規電力供給者においてコストとして計上されるため，他の電力供給者と電力供給契約を締結するという顧客のインセンティブを減じることになり，競争者の市場参入機会は切替料金によって著しく妨害されることになる。また，切替料金の侵害効果は，通常，一般家庭顧客であるラストプロフィール購入者において特に顕著であることが指摘されている[23]。

裁判所は，切替料金が，電力供給者にとって新規顧客を開拓することを困難にするとして，多くの事例において，切替料金を課すことが濫用に該当すると判断してきている[24]。これに対して，ハンブルク地裁の判決では，電力小売業者がミュンヘンの地方公営事業者に対して切替料金請求の中止を請求したが，この請求は容認されなかった。当該判決では，顧客が他の電力供給者に供給先を変更する際に，市場支配的事業者が，切替えによって生じるコストを事実上のコストとして請求することは，19条1項及び同条4項1号にいう他の事業者の競争妨害・排除に当たらないと判断された[25]。

---

23) Horstmann「Netzzugang in der Energiewirtschaftsrecht」(2001年) 158頁。

24) ハンブルク地裁判決2000年10月6日 (Recht der Energiewirtschaft 2001年31頁以下),「Meag」ナウムブルク (Naumburg) 高裁判決2001年6月25日 (WuW/E DE-R 805)。

25) ハンブルク地裁判決2001年2月2日 (Recht der Energiewirtschaft 2001年157頁以下)。本判決では，供給先を変更しない顧客の利益が強調されている。判決では，全供給者およびネットワークを利用した全供給者にとって，ネットワークを同様に維持するということに公共の利益が認められ，第三者に起因するにも係らず負担されないコストを系統運用者が負担する場合には，系統運用者に要求される健全な計算基礎が破壊されるとしている。また，当該判決を支持する学説として，Gründel「Zur Frage kartellrechtlichen Zulässigkeit sogenannter Wechselgebühren im Stromhandel」Recht der Energiewirtschaft (2001年) 129頁以下。

この問題についてのカルテル庁の見解は明らかではないが，前述の報告書によると，切替料金が販売コストをカバーする場合には，妨害・排除濫用が存在するとしている。これに対して，託送コストとして問題になる場合には，利益衡量が行われる。すなわち，一方で，変更を希望しない顧客は，顧客の供給先変更により生じるコストの転嫁を受けないことに利益を持っており，他方で，変更を希望する顧客の利益は，より低い託送料金の支払いに向けられている。いずれにしても，僅かな数の顧客の変更が問題になる場合，ここではカルテル庁が全顧客数の 5% 以内という数を示しているが，変更を希望する顧客の利益が優先される。変更を希望しない顧客の過重負担は僅かであり，また，発生原因からみて正当とされるコスト配賦の原則が，他の分野においても必ずしも一貫して実施されているわけではないことに鑑みて，結論として，変更を希望しない顧客も，競争の成果として利益を受けることが重視されている[26]。

　このようなカルテル庁の考え方を受けて，「Bad Tölz」ケースでミュンヘン高等裁判所判決[27] は，地方公営事業者がラストプロフィール顧客の供給者変更の際に新規の電力供給者に対し 95.12 マルクを請求していたことに対して，当該行為は競争制限防止法 20 条 1 項にいう排除濫用に該当すると判断した。一般家庭家計における電力料金の負担の割合から見れば，95.12 マルクという追加コストは顧客に転嫁しえず，そうすると，新規供給者にとって著しい負担となる。もっとも，本判決は，切替料金の要求それ自体を排除行為禁止条項に反すると評価しているわけではなく，95.12 マルクという料金が，その金額の高さに基づき不当な排除を意味する限りにおいて，当該地方公営業者の要求を認めなかった。

　「電力団体協定Ⅱ plus」は，これに関する最高裁の判断が明らかになるまで，系統運用業者がなんら特別な料金を供給者変更に関係して要求しないことを規定した。この過渡的な規定の結果，切替料金は現在のところ要求されていない[28]。

---

26) 変更を希望しない顧客も，競争によって生じた価格への圧力によって利益を受けていることも指摘されている。Salje「Bartsch/Röhling/Salje/Scholz Stromwirtschaft Ein Praxisbuch」(2002 年) 722 頁以下参照。

27) 「Bad Tölz」ミュンヘン高裁決定 2001 年 11 月 22 日（WuW/E DE-R 790）。

(7) 検針等に係る料金[29]

　カルテル庁は，2003年2月にRWEに対して，電力供給者，一般家庭及び産業用顧客への供給に際しての検針サービスに係る料金設定が，濫用的引上げに該当し，19条4項1号及び同条同項4号並びに同条1項に違反すると判断した。カルテル庁の理解によれば，検針サービス（始動，メーターの設置管理，読み取り，代金の徴収）は，独立した市場を意味する。比較基準として取り上げたTEAGの検針サービス料金はRWEより約40%低いことに顧慮して，カルテル庁は，RWEに対して，一定の価格以上の料金を要求してはならない旨の決定をし，処分の即時執行を命令した[30]。これに対してRWEは，禁止決定の取消及び抗告訴訟提起による停止的効力の回復を請求した。

　高裁は，RWEの請求を認容した[31]。まず，TEAGを比較事業者とする適格性について疑念が示された。すなわち，TEAGの料金は競争的な価格でないこと，すなわち，TEAGの託送料金が全体としてRWEより高く，TEAGの低い当該計算料金の根拠が託送料金の計算に起因する可能性を指摘した。さらに高裁は，主たる理由として，カルテル庁が示したメーター準備（調達・設置管理），検針（メーターの読取り，清算）及び徴収から構成されるサービスの束に該当する市場が存在しないことを挙げた。需要者（電力小売業者及び託送サービス利用者）の観点から，検針等に係るサービスを束とした独自の需要があれば，託送利用とは別の市場が画定されるであろうが，本件では，これは認められなかった。系統運用業者は，もともと自身の利益に基づき，託送料金について必要な検針等の基礎を託送利用者に対して明らかにする必要があり，このことは料金の徴収にも当てはまる。この限りにおいて，系統運用業者がその利用者に提供する当該サービスを画定すること困難である。需要という観点から市場画定を行えば，託送料金の計算書及びその利用者からの料金徴収は，もっぱら系

---

28) 「Marktöffnung und Gewährleistung von Wettbewerb in der leitungsgebundenen Energiewirtschaft—Diskussionspapier」（2002年10月7日）17頁。

29) 2004年7月22日のブレーメン地方裁判所の判決でも，検針等サービスについての物理的関連市場の存在は，否定され，市場支配的系統運用業者の課す検針等の料金を競争制限防止法19及び20条に基づき個別に規制することは否定された。

30) 「RWE Net」カルテル庁決定2003年2月13日（WuW/E DE-V 750）。

31) 「RWE Net」デュッセルドルフ高裁決定2003年12月17日（WuW/E DE-R 1236）。

統運用業者の必要性実現のために機能し，利用者からの需要があるわけではなく，むしろ利用者は当該サービスに経済的利益を持たない。ここではむしろコスト配分の問題となる。これに対して，利用者が電力小売業者として最終消費者に電力供給料金を請求するために必要であるメーターの設置，検針は，利用者へのサービスと言え，ここでは，個別サービスについて独立した需要が存在すると言える。このようにして，メーターの設置，アフターケア，メーターの検針については，カルテル庁の認定の通り部分市場が画定され，価格コントロールが及ぶ可能性が認められた。

しかしながら，カルテル庁は，このような意味での特別な料金に着目して，当該部分市場を捉えているのではないことが指摘され，加えて，高裁は，市場画定に際しては，独立系の事業者が検針等のサービスを提供していること，及びRWEが，当該サービスをRWEコンツェルン内の他の事業者から提供を受けていることは重要ではなく，むしろ系統運用業者のみが，カルテル庁の示したサービスの束の需要者であることを重視した。このように述べて，高裁は，カルテル庁の禁止決定を，市場画定が適切ではないことを理由に取り消した。

5　競争制限防止法19条4項4号にいう正当化事由

19条4項4号は，市場支配的事業者による施設の利用拒否が，経営上又はその他の事由に基づき共同利用が不可能ないしは期待できない場合に，当該利用の拒否が正当化されることを定めている。この正当化事由の立証責任は不可欠施設の所有者が負う。

不可欠施設に係る濫用規制が導入される第六次改正以前の濫用規制である，競争制限防止法22条4項5号ないしは26条（市場支配的事業者による差別禁止・不当な妨害の禁止）に関する最高裁判決では，正当化事由又は不当性の検討に際して，市場支配的事業者であっても，経済的利益を獲得するために経済活動を行うことができるとして，不可欠施設利用希望者と競争関係にある事業者は，原則として自己を犠牲にして競争者を育成・強化する義務を課されないとして，以下のように，濫用行為を認めていないケースがある。

(1) 「Gasdurchleitung」（ガス託送ケース）[32]

　VNG は，従来唯一，ほぼ全国をカバーするガス輸送ネットワークを所有するガス事業者であり，旧東独地域を含む多数の地域で，ガス供給者ないしは産業用顧客に天然ガスを供給している。ザクセン地方の需要者 PW に天然ガスの供給を予定している事業者 WIEH は，VNG に対して，ザクセンまでの天然ガスの託送サービスの利用を要請したが，VNG は，これに応じなかった。このことが，競争制限防止法旧 22 条 4 項（市場支配的事業者の濫用行為の禁止・競争者の妨害・19 条）及び 26 条 2 項 2 文（中小規模の事業者が，一定の種類の商品又は役務の供給者又は需要者として，取引利先を他の事業者に変更する十分かつ合理的な可能性が存在しない程度に当該事業者に従属している場合にも，当該事業者は差別禁止・不当な妨害をしてはならない，20 条）に反するか否かが争点となった。PW は，従来 VNG から天然ガスを購入している ESG から供給を受けており，VNG は，当該輸送ネットワークを有する唯一の事業者である。本件では，既に述べたように，利用拒否に正当性が認められ，濫用行為は認定されなかった。

　これに対して，第六次改正後の競争制限防止法 19 条 4 項 4 号の規定は，市場支配的事業者の所有する不可欠施設の共同利用を原則とし，その利用拒否を例外とすることを明らかにしている。これは，有効な競争の維持促進のため不可欠施設の共同利用が必要であり，市場支配的地位にある事業者は，隣接市場における競争を創出し，市場開放を義務付けられるという考え方に基づいている[33]。

　十分なキャパシティーの欠如は原則として正当化事由として承認されている。もっとも，具体的な範囲ないしはその限界は明らかではなく，キャパシティーを創出する包括的義務は，共同利用の文言の範囲を超える。例外的に，不可欠施設利用を希望する事業者によるコスト負担に応じて，キャパシティーの創出を目的とした，事業者内部の補助ないしは構造転換措置が義務づけられる。こ

---

32)　最高裁決定 1994 年 11 月 15 日（WuW/E BGH 2958）。
33)　最高裁決定（「GETEC Net」2005 年 6 月 28 日）では，既存のインフラ施設を多数の競争者が利用しうることによって競争が可能となるような特殊な状況においては，名宛人の行為余地がさらに制限されることになり，19 条 4 項 4 号（不可欠施設理論）はこのことを目的としているとする。

れは，所有者による，キャパシティー利用の恣意的な操作からの保護に機能する[34]。

さらなる問題は，自己の利用と第三者による利用の優先順位である。このことが争点となったカルテル庁の決定「ベルリン電力託送」ケースでは，以下のように述べられた。

(2) 「Berliner Stromdurchleitung」（ベルリン電力託送ケース）[35]

ベルリンを供給地域とする電力供給事業者であるBewegは，第三者から購入した電力，ないしは自ら発電した電力を最終需要者に販売しており，当該供給地域において敷設されている電力供給ネットワークの所有者である。RWEは，電力事業の全ての段階で活動している大規模電力事業者であり，ノルドラインウエストファーレンに重点を置き高中低圧に及ぶ幅広い電力ネットワークを所有しているが，ベルリン及びその周辺における電力ネットワークを有していない。RWEは，Bewegに対して，Beweg所有のネットワークを通して西ベルリン等の地域まで電力託送サービス利用を要求したが，Bewegは，ネットワーク技術上，西ベルリンのネットワークのキャパシティーに限界があるため，託送サービスが不可能であることを理由に，当該託送サービス利用の要求を拒否した。本件では，この託送サービス提供拒否が競争制限防止法19条4項4号に反するとされた。

本決定では，系統運用ネットワーク利用の可能性は客観的に解すべきであるという原則を出発点とする。系統運用業者が当該キャパシティーを既に自らが利用している場合に，将来について系統運用利用の可能性がないとはいえない。エネルギー経済法も含めた法目的に基づけば，系統運用業者が，単に将来一定の時点での自己の販売部分をより多く確保することを意図しているにすぎない場合，当該キャパシティーの利用において系統運用業者が優先されるわけではないとした。

これに対して，学説の中には，系統運用業者は，当該託送利用に際して，自己の需要より他人の利益を優先することを義務付けられていないという主張も

---

34) Puttgarten・前掲注3)。
35) カルテル庁決定1999年8月30日（WuW/E DE-V 149)。

あるが，本決定では，その運用業者自身の利益を優先しないのではなく，全ての者の利益を同等に扱うことを原則としていることが強調された。このように述べて，エネルギー経済法6条1項1文及び4条4項で定められている差別禁止原則並びにEC指令に基づけば，系統運用業者が託送のキャパシティーを自身の目的のために優先的に自由に利用し得ることについて法的な根拠はなく，原則として，各利用者の利益が同等に扱われることを出発点とすべきとされた[36]。他に正当性が争点となったケースとして，以下で示す「GETECネット」ケースがある。

(3) 「GETEC Net」

本件では，既存の配電網（中庄ネットレベル，Mainovaが所有）への一定の地域（Areal）でネットワーク運用（配電）を行なう事業者（GETEC等）の接続が問題となり，カルテル庁は，Mainovaが当該事業者にその中圧ネットへの接続を拒否することを禁止している[37]。

Mainovaは，フランクフルトで電力を供給する地域エネルギー供給事業者である。他方，GETECは，工場又は住居の存する一定の限定地域にネットを敷設する配電事業者であり，それによって，そこに接続されている最終需要者に，低圧レベルの自身の電力又は第三者である供給者から調達した電力を供給することができる。GETECの配電網は，工場又は住宅の区域で事業活動を行い，かつ当該区域に居住する最終顧客に電力を供給するために，Mainova所有の配電網への接続に依存している。多くの都市において，配電のための一定の地域の配電網の設置は，地域エネルギー供給事業者でなく，他の第三者によって運用されている。Mainovaはフランクフルトでの多数のプロジェクトにおいて必要な中圧配電網への接続を拒否し，かつ将来の計画についても拒否す

---

36) 当該判決及び争点について詳細に議論するものとして，川原勝美「電気事業法及び独占禁止法における差別規制の射程範囲について──電気事業における送配電施設へのアクセスの問題を中心に」（http://hermes-ir.lib.hit-u.ac.jp/rs/bitstream/10086/13613/1/hogaku0050308750.pdf 894頁以下参照。

37) カルテル庁の処分即時執行命令（WuW/E DE-V 811）に対して，Mが停止的効力の回復を請求したが，高裁は認めなかった（デュッセルドルフ高裁決定2003年12月8日「GETEC net」WuW/E DE-R 1246）。

ることを予告している。カルテル庁は，Mainovaが配電サービスの供給者としてのその地域的独占的地位を濫用，すなわち，Mainovaの配電網の地域における，一定の地域網施設（Arealanlagen）の運用，設置，賃貸借をめぐる競争の展開を排除しているとして，19条4項4号に基づき，GETECがMainovaの中圧配電網を利用する権利を認めた。高裁は，カルテル庁の見解を支持し，カルテル庁の禁止処分に対するMainovaの抗告を棄却したのを受けて[38]，Mainovaは，最高裁に上告したが，最高裁は高裁の判断を支持した[39]。

　Mainovaの主な主張は，正当化事由として，顧客の供給構造の悪化及び公共的なタリフシステムを維持できないこと等を挙げているが，いずれも認められなかった。Mainovaの所有する中圧配電網に，一定の地域（Areal）ネットを接続する義務は，新設及び新規開発にのみに関係するため，Mainovaの従来の供給地域への供給は一定の地域網運用による侵害を受けず，Mainovaが懸念している自身の供給地域の顧客及び価格構造に対する侵害は，限定的であるとした。

　さらに，Mainovaは，一般電力供給を行なう配電網の運用者として，各最終消費者とその配電網を接続し，かつ公共的な料金で供給することが法的に強制されていることを正当化事由として主張した。すなわち，法は統一的なネットワーク構造を出発点としており，このような状況下では，一定の地域配電網運用者に，その中圧配電網の利用を認めることは期待され得ない。というのは，当該事業者は，「クリームスキミング」により，高い供給密度及び比較的大規模なエネルギー需要を伴い利益をもたらす地域を抽出しているからであるとした。

　最高裁は，この点については，以下のように述べている。すなわち，エネルギー市場の自由化に伴い，統一的な供給ネットワークという伝統的な理想像は変化している。事業者はそれぞれ競争において，供給が，自身の連結点を通す場合，又は託送という方法，ないしは配電網運用業者の所有する中圧配電網への一定の地域網接続によって行われるということとは関係なく，第一に，利益の高い顧客（高い供給密度・高いエネルギー需要）獲得のための努力をすることに

---

38)　「GETEC net」デュッセルドルフ高裁決定2004年6月23日（WuW/E DE-R 1307）。
39)　最高裁決定・前掲注22)。

なる。この場合，法規定は，クリームスキミングの懸念がない場合にのみ，競争が促進されるべきという考え方には基づいておらず，立法者は，地域エネルギー供給ネットワークにおける顧客及びタリフ構造が，競争によって一定程度阻害されることを認めざるを得ないとした。まさに，Mainova にとっては，競争の結果，供給ネットワーク構造上不利な部分についての補助を，以前と同じ程度で行なうことが難しくなる。しかしながら，市場の開放の結果，消費者価格は低下しており，自由化のコンセプトは，少なくとも競争のネガティブな効果自体がポジティブな効果によってバランスされるという考え方を基礎にしているとされた。

その他の正当化事由については，系統運用上の理由に関して，共同利用の可能性を認めることによって，系統運営の侵害される懸念が示されている。さらに，共同利用を請求する事業者の信用力の欠如，必要な信頼関係を破壊する契約違反等が挙げられる。施設の共同利用に際しての利用請求者の側の技術的・専門的条件の欠如については明快に説明されていないが，この場合にでも，共同利用を認めることにより，系統運営が妨害される又は施設の機能が損なわれる危険性を示す必要がある。共同利用の拒否が正当化される場合は極めて限定的に捉えられている。

(4) 事業法によるネットワークの共同利用に係る規定の影響

事業法によるネットワークの共同利用に係る規定は，19条4項4号が並行的に適用される場合には，19条4項4号による不可欠施設所有者の利益の法的評価に影響を及ぼし得ることになろう。事業法の共同利用に係る規定が明白に禁止を定めている場合には，19条においても正当化事由として考慮されないということである。一般的な不可欠施設の共同利用に係る競争制限防止法上の規定及び事業法上の共同利用に係る規定は，異なる要件及び法律効果を伴うことから，相互に区別された別個の規定として理解されることになる。

Ⅲ 法的効果[40]

競争制限防止法32条1項に基づき，カルテル庁は，競争制限防止法に違反

する行為を禁止し，同条2項により，違反行為の有効な除去のため，必要かつ当該違反に対して均衡のとれた全ての措置を当該事業者に対して命じることが可能となる。

　不可欠施設の共同利用の形成は，原則として，事実上の利用のみではなく法的な合意の形態である。ただし，保護されるのは名宛人と競争関係にある事業者のみである。さらにBGB（ドイツ民法典）823条2項又は競争制限防止法33条3項により損害賠償請求，BGB1004条ないしは競争制限防止法33条1項により，19条4項4号の名宛人に対しては差止請求の対象となる。この私法的保護は，共同利用契約の締結（締約強制）にも向けられる。

　共同利用の請求者には，19条4項4号及び32条2項により，不可欠施設の積極的な共同利用権が認められる。これらの規定は，競争を積極的に創出することに方向付けられており，かかる競争政策的背景から，積極的な共同利用の命令が必然的に認められるのである。

　既に述べた通り，19条4項4号には，「適切な価格」規定がある。実際の法適用における共同利用拒否の認否に係る論争に際しては，利用料金の適切性の問題が様々な形で論点となる。カルテル庁は，共同利用の命令と料金規定を切離して手続きを開始するが，カルテル庁の手続きにおいて，カルテル庁は，適切な価格という不確定な法概念を用いて，利用料金を限定することを禁じられていない。共同利用の強制のためには，料金設定の上限の基準は必要となる。

Ⅳ　ドイツ競争制限防止法19条4項4号の意義

　濫用行為は，市場支配的地位に基づいてのみ可能となる行為，又は有効な競争が存在する場合には行い得ないような方法で，他の事業者を妨害，侵害する行為が該当すると一般に解されている。

　従来，ドイツにおける濫用規制の運用例は必ずしも多いとはいえず，かつその意義も明らかではなかったといえる。不可欠施設への利用拒否の問題は，規制緩和を契機に新たに生じたものであり，これが，濫用の問題として競争制限

---

40)　Möschel・前掲注1）504頁以下を参考にした。

防止法旧22条（市場支配的地位の濫用規制）又は同法旧26条（相対的に有力な地位にある事業者の濫用規制）によって捉えられるかどうかについて，従来の学説の見解は一致していなかった。不可欠施設を有する市場支配的事業者が自己の利益に反して競争者の競争活動を強化する義務があるか否か，不可欠施設所有者のみが利用市場において活動している場合，新規の競争者に対して当該施設利用を拒否する場合に，具体的にいかなる要件の下で濫用に該当するかが，明確にされていなかったのである。このような状況の下で，不可欠施設への利用の開放をより効果的にするために，従来の濫用規制の類型を拡大する必要性が主張され，これらの点を明確にすべく，19条4項4号が新設されたといえる。

19条4項4号と従来の濫用規制が異なる点について言えば，同4号に基づく濫用規制は，市場支配的事業者が不可欠施設に関する第三者の利用要求を拒否する場合に，原則として濫用に該当すると評価されることであり，さらに，当該4号の名宛人である市場支配的事業者が，利用拒否の正当化事由について立証責任を負うことが確立されたことである[41]。このことは，旧22条の濫用規制が，競争秩序の中で任意に形成された市場支配的地位全般を適用対象としていたのに対し，19条4項4号は，不可欠施設の所有と密接に結び付いた市場支配的地位の濫用行為を捉えていることと関係する。いわゆる不可欠施設から派生した利用市場における競争を開放促進するために，この施設への共同利用が不可欠となる。このことが典型的に見られるのは従来法的独占が認められてきたネットワーク産業であり，当該4号はこれを主たる適用対象とする運用がなされている。さらに，不可欠施設の理論の展開にとっては，今後，不可欠施設としてどの範囲が捉えられていくかが重要であろう。

共同利用の実効性を確保するために，決定的役割を果たす利用料金を典型とする料金規制をめぐっては，カルテル庁の決定が高裁によって取り消されるケースも見られたが，「Stadtwerk Mainz」ケースの最高裁判決が再びカルテル庁の判断を支持している。市場支配的地位の価格濫用規制が果たす役割・意義の確立に向けて前進したと言うことができ，さらに近年は，競争者に対して妨害的に機能するだけでなく，電力事業者とその取引相手方との関係での搾取的

---

41) なお，このことは料金の適切性の立証には当てはまらない。

な価格濫用規制の展開・方向性に注目される。

　競争制限防止法第8次改正により濫用規制についても改正点があるが，本稿では改正を反映していない条文・内容となっていることをご理解頂きたい。

第3節　エネルギー産業における価格規制と
アンバンドリング（分離）

柴 田 潤 子

I　搾取濫用について

概　要

　排除濫用が，市場支配事業者の競争者に対する効果に着目するのに対して，搾取濫用は，伝統的に，市場の相手方に着目する規定として整理されているが，排除濫用と搾取濫用の区別は一義的ではない。高価格濫用が，搾取濫用の典型として理解されているが，高価格自体が規制の対象とされているのではなく，価格の算定も実際上容易ではない。競争政策上の措置として，価格規制の意義は明白であるとしながらも，高価格濫用規制の意義・役割をめぐる議論は一様ではない。規制によって価格引下げを強制することは，短期的には消費者に利益をもたらし得るが，残っている競争及び新規参入者の市場参入に対しては，むしろ悪影響を与えるという見方もある[1]。規制による価格引下げ命令は，経営リソースが弱体である供給者が市場から容易に排除されることに繋がり，市場参入意思を持つ参入者は，低い利益しか見込まれないことから参入を断念することが考えられる。

　ドイツ競争制限防止法19条4項2号によれば，市場支配的事業者が，価格又は他の取引条件について，有効な競争がある場合に高度の蓋然性で生じたで

---

[1]　Wernhard Möschel「Immenga/Mestmäcker/Wettbewerbsrecht GWB 第 4 版」(2007 年) 463 頁以下。

第3節　エネルギー産業における価格規制とアンバンドリング（分離）　I

あろうものとは異なるものを要求する場合に，濫用行為に当たり，この場合，特に，有効な競争が存在する比較可能な市場での事業者の行動が考慮されるとして，価格を中心とする搾取濫用行為が規制される。さらに，同条同項3号によれば，客観的に正当化される場合を除いて，市場支配的事業者自身が比較可能な市場において同種の需要者に要求するよりも不利な価格又は他の取引条件を要求する場合と定めており，「価格差別」及び「取引条件の差別」が適用対象となる。ここにいう価格・取引条件の差別は，搾取濫用及び排除濫用の両者の類型に該当する。すなわち，一方で，問題となる高価格は，顧客の一部にとって搾取濫用を意味し，他方で，他の部分の顧客にとっての低価格は競争者の市場参入を困難にする（排除濫用）。とりわけ，実際の法適用に際して意味を持っているのは，競争者にとって同時に排除効果を持つ場合であるともいえる[2]。従来，搾取濫用に関する適用事例は少なかったが，カルテル庁は，2001年以降，電力及びガス供給の分野での価格引き上げ規制を強化している。加えて，水道事業及び薬品業界でも若干の事例がある[3]。価格が高価格濫用とされるの

---

2)　高価格濫用は，差別禁止又は排除濫用禁止に該当することがあり，両者を組み合わせた法適用の事例が見られる。すなわち，垂直的統合事業者が，垂直統合されていない競争者に対して，その前段階の商品について設定する価格の問題であり，特にネットワークに基礎をおく産業にみられる。排除濫用の典型的ケースにおいて，搾取的視点がみられるのはいわゆる価格スクイーズである。ここでは，市場支配事業者の高価格濫用に直面する，買手としての事業者が存在し（川上市場），そして他の市場（川下市場）においては，市場支配事業者がその買手と競争関係に立ち，そこで供給者・需要者関係にある川上市場から生じる利益が用いられる場合である。特に排除効果が重大であるのは，川下市場における価格が川上市場における前段階商品の価格以下または僅かに上回るような場合である。このような場合には，二重に市場支配が認められるケースといえる。すなわち，川下市場における価格形成について，市場支配者がコストカバーを確保しない場合に濫用が認められる。「Deutsche Telekom」2003年5月21日欧州委員会決定，2008年4月10日第1審裁判所決定（判例集2006年Ⅱ-1747頁），2010年10月4日ヨーロッパ裁判所決定（2010年Ⅰ-9555頁）参照。そして，川下市場に何ら市場支配が存在しない場合には，搾取濫用の問題となる。

3)　水道事業については，2012年に「Stadtwerke Mainz Netze」及び「Berliner Wasserbetriebe」に対するカルテル庁のケースがある（参照 http://www.bundeskartellamt.de/wDeutsch/archiv/EntschMissbrauchaufsichtArchiv/2012/EntschMissbrauchsaufsicht.php）。Frederik Wiemer「Der "reine" Preishöhenmissbrauch- das unbekannte Wesen」WuW（2011年）723頁以下では，排除的要素のない純粋な価格引き上げのケースとして，「Arzneimittelpreise」（WuW/E DE-R 3163）が検討されており，ここでは，とりわけ狭い市場画定を前提にして市場支配的地位が認定されていると指摘される。

は，市場支配的地位に基づき，想定される競争価格より高い場合である。高価格濫用規制がとりわけ重要な意味を持つのは，自然独占，さらに独占的事業者の行動余地に対する競争圧力が弱く，公的な規制による保護が必要な導管・導線拘束性のあるエネルギー産業及び他のネットワーク産業となる。

Ⅱ　エネルギー経済に係る競争制限防止法の改正（29条の価格規制）

1　競争制限防止法29条に関する改正の内容

2007年12月の競争制限防止法の改正では，エネルギー供給及び小売業の分野で価格濫用の強化が図られている[4]。競争制限防止法131条7項により，2012年末という期限付きで，エネルギー分野（電力・ガス）における濫用規制の実施を容易にする同法29条が導入され，29条は，以下のように定めている。すなわち，ある市場において，単独に又は他の供給事業者と一緒に，市場支配的地位を占める電力，ガス又は遠隔暖房の供給者（供給事業者）として，①他の供給事業者の取引条件又は比較可能な市場の事業者よりも不利益な料金，料金の構成部分又はその他の取引条件を求めること（その差が著しくない場合も含まれる），及び②コストを不当に上回る料金を請求することによって，その地位を濫用することが，事業者に禁止される。供給事業者が，その差異を合理的に正当であることを立証する場合には，濫用には当たらない。その範囲では，競争があっても計上されるコストは，この規定の意味する濫用違反として考慮されるべきではない。

29条は，実質的には立証責任の転換を内容とすることによって，カルテル官庁の負担の軽減を図っていることにその特徴を認めることができる。前述の19条4項2号との対比で実質的に新規に導入された点は，29条1号の立証責任の転換と比較市場コンセプトの拡充及び同条2号にいう利益限界コンセプト

---

4)　小売分野については，仕入価格での販売禁止の強化が図られている。食料品を扱う中小小売事業者に負担を課す破壊的な競争を防止するためである。大規模小売店が高い集中によって，明らかに集中度の低い生産者に対して，様々な形で著しい購買力を所有していることに着目されている。

（コストコントロール）明文化である。

2　改正の趣旨・目的

　競争制限防止法29条は，同法19条及びヨーロッパ機能条約102条に基づく法適用によって展開してきた濫用規制のコンセプトを受継ぐものである。当該改正は，従来の理論を明文化したものであり，画期的な新規性はないが，より効果的な濫用規制の実施が意図されている。

　改正の理由書によれば，競争制限防止法29条の趣旨は，一般条項である同法19条1項の趣旨をエネルギー分野に適合させることを通して，エネルギー価格の濫用的引上げを規制する競争法的措置の強化である。この強化の背景には，法律上の市場開放から8年以上経過しても，電力及びガス分野において活発な競争が十分に行われていないこと，大幅な価格の下落につながっていないこと，エネルギー市場は，強度に垂直的統合されている高度の集中度を示し，エネルギー価格は国民経済的に懸念される水準まで上昇しており，これは，一時的なエネルギーコストの上昇によって説明し得ないと捉えられ，買手である産業及び消費者に価格が転嫁・負担されているという状況が指摘されている。29条導入により，国民経済にとって重要かつ競争上特に問題のあるエネルギー分野における濫用価格に対して，より迅速に対応することが可能となる。

　電力産業については，市場構造の変革をもたらす分離等の措置がヨーロッパレベルで展開しつつあるが，これらは中期的観点から効果が期待される。また，競争システム自体に依拠するのみでは，独立系発電事業者又はエネルギー輸入業者によるエネルギー供給の拡大は，短期的には期待できない。この中で，エネルギー価格は，エネルギーに依存する産業及び中小事業者の競争能力にとって決定的な意味を持ち，高いエネルギー価格は何より直接消費者に負担を課すことになる。このため，連邦政府の理解によれば，2012年までの期限付きで過渡的に，すなわち，旧供給独占を競争市場に転換するまで，ないしは効果のある構造的措置によって競争を持続的に維持するまでの間，エネルギー経済法による直接規制を受けない発電，卸売及び小売の分野において，エネルギー市場の特殊性に応じて効果的な競争制限防止法上の濫用規制が必要かつ正当化される。さらに，2013年の第8次改正で5年延長されている。カルテル庁は，

29条を用いて，エネルギー経済法による規制を受けない分野で，その濫用規制を効果的に実施し，短期間に競争を活発化させ，それをもって価格低下が期待されるのである[5]。

エネルギー経済法111条[6]によれば，託送料金の規制に関してはエネルギー経済法が優先する。これによって，競争制限防止法29条は，エネルギー市場の生産，卸売及び小売のようないわゆる前後市場における特別な濫用規制の問題に対応することを目的とする。市場支配事業者への事後的価格規制は，従来と同様に依然としてカルテル庁に権限が認められている。濫用規制手続を容易にすることは，エネルギー分野における競争が十分に展開していない限り，必要となる[7]。なお，新設された濫用要件は，いわゆる事前の料金規制に介入するものではない。すなわち，料金申請手続における価格設定又は価格引上げの事前のコントロールを問題にするのではなく，従前の濫用規制手続きと同様，カルテル庁が，具体的事例に対応して濫用規制の枠組みで事後的に価格を審査し禁止し得る。ネット庁とカルテル庁の二重の審査を回避するために，既に述べたように，エネルギー経済法111条3項に基づき，カルテル庁は，競争制限防止法による手続きにおいては，ネット庁によって審査され，ネットワーク系統運用業者によって公表されている託送料金は適法であることを前提としなければならず，その限りでそれと乖離する決定は認められない。

3　改正の具体的内容

(1)　29条に関する比較市場コンセプト（他の事業者との価格比較）

29条の価格濫用規制においても19条と同様に，比較市場コンセプトに依拠した検討を前提とする。ただし，19条4項2号の文言と異なり，同法29条に

---

[5]　Rittner/Lücke「Die Bekämpfung von Preismissbrauch im Bereich der Energieversorgung und des Lebensmittelhandels- geplante Änderung des GWB」WuW（2007年）700頁。
[6]　エネルギー経済法111条1項は，同法又は同法に基づいて発布された法令が明白に完結的な規定である限りで競争制限防止法19，20及び29条の適用を排することを規定している。競争制限防止法とエネルギー経済法の関係については，山部俊文「ドイツ競争制限禁止法における市場支配力のコントロール」ジュリスト1331号（2007年）113頁以下を参照。
[7]　「Materialien zu den Änderungen des Gesetzes gegen Wettbewerbsbeschränkungen (GWB)」WuW（2008年）289頁以下参照。

おける比較基準は，比較事業者の事実上の価格であり，いわゆる想定競争価格ではない。29条1文1号の枠組みでは，タリフの比較及び利益の比較が比較手法として用いられる。利益の比較において，利益は売上と同様の意味であり，過度の利益を検討することによって価格乖離を立証する。利益比較のために必要なデータが提示されない場合，カルテル庁はタリフ比較を行うことになる。タリフ比較と同様に，利益比較においても，販売事業者によって自己の取引を通しては影響を及ぼし得ない利益構成要素は控除される。これには，託送料金，土地使用料，税金が該当する。これらの構成要素を差引いた後，当該事業者及び比較事業者の純利益が得られる。

(2) 正当化事由

29条1文1号によれば，比較事業者が低価格で供給している場合であっても，供給事業者はその乖離を正当化することができる。これは，既に述べた様に，正当化事由についての実質的な立証責任を市場支配事業者に課すものであるが，濫用規制の手続きにおいては，依然として職権探知主義が妥当し，原則としてカルテル庁が介入要件の充足について立証しなければならず，供給事業者に有利に働く場合であっても判断上重要な事実を自ら審査する義務がある。

今後，供給事業者は，自らにとって有利な状況の存在，証拠についての立証を負うことになる。すなわち，原則として，供給事業者が，カルテル庁が比較基準として審査した他の供給事業者の比較可能性，当該比較事業者との対比で自身の価格が割高かどうか，そしてコストとの乖離が著しい場合の正当化事由を立証しなければならない。

29条1文1号の立証負担に関する規定は，競争制限防止法に基づく行政手続だけでなく，むしろ，民事手続においてより大きな影響を持つ。民事手続においては，職権探知主義は妥当せず，各当事者が自己に有利な事実を立証しなければならない。供給事業者に対する訴訟の場合，原告の立証は，供給事業者が市場支配的地位にあること[8]，供給事業者の価格設定が比較事業者より高いことに限定することができる。これに対して，供給事業者は，原告によって比較基準として引き入れられている他の事業者が比較対象とならないこと等，高い料金についての正当化事由を立証しなければならないことになる[9]。

(3) 利益限界コンセプト（コストコントロール）

29条2文によれば，供給事業者は，コストを不当に上回る価格を要求することが禁止されている。割高な価格とコストの格差自体が，濫用非難の根拠となっており，以下で述べる通り，従来の判例の考え方が実質的に明文化された。

競争制限防止法19条4項2号の適用事例において，直接的な比較可能性が認められない場合，価格濫用を基礎付けるためにコスト審査が可能であるとされてきた。同時に，他方で従来のドイツの判例・学説では，利益限界コンセプトは，「妥当なコスト」「投資資本の妥当な利子」「妥当なリスク割増」等の認定を前提とすることになり，市場支配事業者の事実上のコストを基礎にする場合，これ自体が，非効率性に基づく場合でも所与のものとして受入れられてしまうため，コスト審査の具体的な規範的基準がない限りコスト分析は困難として，従来，例外的な手法として位置づけられていた。しかし，近年の電力分野に関するカルテル庁や高裁のケースでは，補完的な役割ではなく，コスト規制が主要な手法として認められてきている。とりわけ，託送料金に関しては，電力ネットワークが原則として自然独占であるため，比較事業者が実質的競争に直面していないという状況が存在し，比較市場コンセプトの代替的手法として，ヨーロッパ裁判所で展開している利益限界コンセプトに基づき検討されることになる[10]。

この利益限界コンセプトの中心は，コスト及びその根拠に基づき，そこから発生する限界利益の適否に鑑みてコストを検討することであり，コスト計算が高すぎないか，共通コストが不適切に配賦されていないかが問題となる。カルテル庁の決定によれば，基礎となるコスト計算は電力分野における合理的な経

---

[8] 競争制限防止法33条は，差止請求，損害賠償義務について定めており，同条4項は，損害賠償請求において，裁判所又は，カルテル庁，欧州委員会の確定した決定の通り，違反の認定に拘束されることが定められている。これにより，損害賠償請求における原告は，市場支配の立証に関して裁判所又はカルテル庁の確定した決定を示すことができる。

[9] Rittner/Lücke 前掲注5) 704頁。

[10] 比較検討手法によって評価がなされており，Chiquitaケース（ヨーロッパ裁判所判例集1978年207頁）では，価格と発生コストとの過度のアンバランスが，それ自体の絶対的評価ないしは競合製品との比較検討から明らかになるとされた。欧州委員会は，「Sundbusserne/Port of Helsingborg」ケース（WuW/E EU-V 1097）で，価格自体の評価に基づき不適切ではないと判断した。

営遂行のためのコストの水準に限定され，競争があれば計上し得ないコストは考慮されない。供給者側がコントロールできない要素，すなわち税金，託送料金は，コストとして適法と捉えられることに争いはない。その他適切なコスト基準については，従来の実務では何の手がかりもなく，デュッセルドルフ高裁の判決[11]においても，利益限界コンセプトが承認されているが，具体的な評価基準について明確にされているわけではない。

Ⅲ 市場確定と市場支配

1 電力分野における市場画定と市場支配

電力分野では，電力の第一販売市場は，連邦全域に及ぶ発電能力のある4つの統合した電力会社（E.ON, RWE, Vattenfall・スウェーデン・ヴァッテンファル社系，EnBW・フランスEDF）の寡占的市場構造にある。その中でも，とりわけE.ONとRWEの複占が指摘され，両者に共通する構造は，所与の市場透明性も相まって，相互に行動を予測し得ることから競争制限的な並行行為を助長し，外部との関係では，両者が競争者に対して圧倒的地位にあると指摘されている[12]。

配電段階においは，伝統的な意味での配電業者（地域供給事業者及び地方公営事業者）及び電力小売事業者が存在する。電力は，貯蔵不可能であり，発電段階の市場関係が，配電段階の競争関係の評価にとって実質的な意味を持つことになる。したがって，ここでも地理的に連邦範囲で画定される市場が問題となる。最終利用者の段階では，電力大口顧客が，中圧及び高圧に接続する使用量で計測される顧客であり，小口顧客は，低圧に接続する使用量で計測される顧客ではなく，これら両者は，市場として区別される。デュッセルドルフ高裁判決[13]によれば，大規模顧客は，大口電力購入により，強力な交渉地位を獲得し，同時に価格に敏感に反応し，それに応じた経済的視点を持ち，場合によっ

---

11) 「Netznutzungsentgelt」WuW/E DE-R914.
12) Becker/Blau「Schneider/Theobald Recht der Energiewirtschaft 第3版」(2011年) 696頁。
13) 「Erschwege」(WuW/E DE-R 2094).

ては供給者を転換する高い順応性があることから,小規模顧客と区別される。大規模顧客市場は,地理的視点に連邦範囲で画定され,小規模顧客市場は,これに対して,それぞれ地域における送配電系統運用者の供給地域によって地理的に画定される[14]。

2 ガス分野における市場画定と市場支配

垂直的に編成されるガス産業の供給システムは,実質的には,再販売業者への供給と最終買手への供給に区別される。ガス分野における有効な輸送競争は認められず,ガス市場は地理的観点から当事者のネットワークの及ぶ地域に応じて画定されてきており,そこでは依然として競争者が存在せず,又は殆ど競争がないため,ネットワークの範囲内で当該市場における既存の供給事業者の市場支配的地位が承認されてきている。ガス大口顧客・小口顧客への供給においては,それぞれ地方公営事業者,及び地域の最終需要者への供給者が原則として市場支配的である。小口顧客への供給に際しては,殆ど競争が生じていない。

しかしながら,ガス分野における市場画定の判断は一様ではない。E. ON の子会社の参入により,ガス顧客の供給をめぐって連邦範囲での競争が始まったとして,伝統的なネットワークに関連した地理的市場区分はもはや維持されないとする見解がある[15]。

市場画定に関して,ガス供給事業者が熱源市場において競合する熱源事業者（暖房用石油,石炭,遠隔暖房）と代替的競争関係にあるかどうかが争点となったケースがある[16]。「Stadtwerke（地方公営事業者） Uelzen」ケースでは[17],ガス供給事業者の最終小売価格が濫用に該当し,19条4項2号違反の有無が争点となった。供給地域ウェルツェンにおいて,ドイツで広範囲に採掘されている種類の天然ガスを,最終消費者に供給しているガス供給事業者に対して,地方カルテル庁は,2005年11月1日から2006年3月31日までの間,最終消費者に過度に高い年間料金を請求したとして,その顧客（最終消費者）に2006年

---

14)「Strom und Telefon I」(WuW/DE-R1206).

15) Lotze/Thomale「Neues zur Kontrolle von Energiepreisen: Preismissbrauchsaufsicht und Anreizregulierung」WuW（2008年）260頁。

516

の決算に基づき，過度に徴収した分につきガス料金を払い戻すように命じた。これに対して，Celle 高裁は上記処分を取り消した。

高裁では，ガス供給事業者が競争制限防止法にいう市場支配的であるか否かは，ガス供給事業者が熱エネルギー市場において，競合する熱エネルギー業者と代替的な競争関係にあることを考慮すべきであるとして，商品関連市場は最終利用者市場における天然ガスの供給ではなく，熱エネルギーに係る統一的な市場を認め，これを前提とした市場支配的地位の認定は困難であるとされた。

しかしながら，最高裁[18]では，統一的な熱エネルギー市場ではなく，最終顧客をめぐってガス導管に拘束された供給に関する市場が，地理的には，その地域の供給者の供給地域によって画定された。これは，需要者の観点から，その特性，使用目的，価格に応じて，一定の需要を充足するための代替性を根拠とした需要者市場コンセプトを基礎としている。当該エネルギー供給者によって供給されている天然ガスは，ガス暖房のためのエネルギーを必要とする最終利用者からの需要があるが，かかる暖房器具を取り扱うために不可欠なガスの需要は，他のエネルギー供給者によって代替されない。というのは，複数の種類のエネルギーに適する器具は殆どないためである。他の暖房設備の取付けがエネルギー源の切替えを阻んでいたとしても，他の熱エネルギーへの変更は莫大な出費と一定の事務的，空間的前提（例えば，地域暖房システムにおいては，石油タンクの場所）を必要とするだけでなく，現存する設備の耐用期間の残りを考慮に入れて（当該事業者は約 15 年の耐用年数と仮定しているが）経済的にも負担がかかるため，最終顧客にとってエネルギー源の切替えは問題外であるという

---

16) 統一的な熱源市場を認める高裁・最高裁判決では，新規顧客の登場により，競合する状況が生じ，それによって生じる競争圧力は全ての顧客にメリットをもたらすとする．電力事業者とその取引相手方の電力取引における取引価格が民法との関係で問題になった。「Missbrauch einer markbeherrschenden Stellung: Abgrenzung des sachlich relevanten Marktes für Gasversorgungsunternehmen zur Beurteilung einer missbräuchlichen Preisspaltung（市場支配的事業者の濫用規制：濫用的価格差別の評価についてガス供給事業者に係る物理的市場の画定）」2008 年 2 月 19 日フランクフルト高裁決定（11 U 12/07 Kart），「Gaspreis（ガス供給者による一方的料金引上げの正当性）」2007 年 6 月 13 日最高裁決定（WuW/E DE-R 2243）。

17) WuW/DE-R2249。当該判決については，Siegfried Klaue「Einheitlicher Angebotsmarkt der Wärmeversorgung」ZNER（2007 年）414 頁以下参照。

18) 2008 年 12 月 10 日最高裁判決（WuW/E DE-E 2538）。

ことが，市場の状況から明らかであるとして，統一的な熱エネルギー市場を客観的に関連市場と画定することは正当化されないとした。

IV 具体的事例

1 ガス事業者に対するケース[19]

2010年，6月23日，カルテル庁は，2008年に開始された30のガス供給者に対する，濫用的価格引上げに対する手続を最終的に終結し，カルテル庁は確約を公表した。詳細審査を経て，全ての事業者が確約を応諾した。この手続は，2007年から2008年の小売価格が対象となった。カルテル庁は，競争制限防止法29条に基づく審査により，認可された託送料金（総額のおおよそ16%），税金及び土地利用料（総額のおよそ29%）を控除した。カルテル庁によって検討された収益又は価格構成は，市民が支払うガス価格の概ね55%を形成する。当該事業者は，自己の調達コストに基づく正当性を主張することが考えられるが，これに対して，カルテル庁は，むしろ，他の供給者の調達状況との比較検討を重視した。

　ガス供給者の確約は，2007年及び2008年に総額1億3000万ユーロを顧客に還付し，かつ当該還付を2009年の価格引き上げで補塡してはならない（no-repeated-game 条項）という内容である。2008年及び2009年には，事業者は総額3億1400万ユーロの上昇コスト（特に高い託送料金及びガス購入コスト）を消費者に転嫁してはならない，または2009年のガス購入コストの低下による削減を上回る価格引き下げを実施しなければならない。業界全体に及ぶカルテル庁の措置は，供給者の市場参入を妨げるのではないかという懸念に対しては根拠がなく，ガス顧客をめぐる競争は，2009年著しく活発であり，多数の新規の供給者が市場に参入していると評価された。生産の多様性及び節減ポテンシャルが高まったので，消費者は既存の選択可能性を利用する機会が増大すると述べられている。

---

19) Markert「Preismissbrauchsverfahren gegen Gasversorger weitgehend abgeschlossen — Pressemeldung des Bundeskartellamts vom 01.12.2008」ZNER（2009年）84頁参照。

2 「Entega Ⅱ」[20]

　原告は，一般家庭顧客である。原告らは，H の地域網において，被告である既存のエネルギー供給者から一世帯独立住宅用の天然ガスを購入している。当該エネルギー供給者の持分の大半を親会社が所有し，親会社は，当該エネルギー供給者その他の子会社の持分すべてを保有している。これらの子会社は，H，G，ER のそれぞれ地域網の一部において天然ガスを家庭に供給している。当該エネルギー供給者は，2006 年から 2008 年にかけて，H，G，ER のそれぞれ地域網における他の子会社の提供価格より 10% から 22% の割高な価格を当該一般家庭顧客に請求した。原告らは，これを差別対価に当たる濫用（19 条 1 項及び同条 4 項 3 号）として，当該エネルギー供給者に対して行為の差止めを求めて提訴した。

　当該エネルギー供給者が市場支配的事業者として，比較可能な市場における同様の消費者に比べて，客観的正当性なく当該家庭顧客に不当な額を請求したかどうかが争われた。

(1) 市場支配者が同種の第二市場において割安な価格を請求したことについて

　最高裁は，エネルギー供給者が，H の地域網において，ガスの最終顧客市場における既存の供給者として，70 から 90% の市場占有率を持ち，市場支配的地位にあることを認めた。さらに他の子会社の価格形成は，当該エネルギー供給者と統一的に捉えられることを明らかにした。親会社の株式所有者としての地位は，エネルギー供給者とその他の子会社に対して支配的な影響を及ぼしうる。それに伴って，この 3 つの事業者は，競争制限防止法の観点から単一の事業者と見なし得る。地域間での価格水準の差別は，客観的正当性の枠組みで考慮される。

(2) 価格差別の正当化事由について

　価格形成の客観的正当性は，競争の自由という競争制限防止法上の目的を考

---

20) 最高裁判決 2010 年 12 月 7 日（WuW/E DE-R 3145）。

慮して，あらゆる利害関係を検討し判断される。これに関して，最高裁は，(1) GとERの地域網におけるガスの価格形成，(2) Hの地域網におけるガスの価格形成を区別した。競争制限防止法19条1項（排除・妨害）の濫用は，第一の市場と第二の市場を区別して，第二市場で差別的な価格を設定し，支配的市場の最終顧客に不利益を与える扱いをした場合にも認められる。本件では，市場支配者が，第二市場（GとERの地域網）においてより安価な価格を設定した。

最高裁は，第二市場における「過渡的な市場参入価格」（ここでは，G社とER社の地域網における他の子会社の価格）であることに，価格差についての客観的正当性が認められるとした。ただし，市場支配力のある事業者が，従来の供給地域外において，通常より約20%値下げしたガス価格を提供しても問題ないとされるのは，第二市場での効果的な市場参入のため価格努力が不可欠である場合であるとして，これに関する基準を明らかにした。すなわち，まず，典型的には当該系統運用業者と結びついている既存の供給者が支配している市場への市場参入であることが挙げられている。市場参入価格は，市場に新規参入する競争者を排除するために用いられてはならない。次に，過渡的な市場参入価格であること，そして，市場参入価格は，その第一市場である地域における価格より恣意的に低く設定しないことである。どの期間が市場参入期間に含まれるか，どの程度価格差が正当化されうるかは，その第二市場における競争状態に依拠する。最高裁は，かなり緩やかに解し，市場参入期間を2年程度だとした。さらに，価格水準については，15%程度の低価格販売は許容されるべきであるとした。第二市場の物価水準が第一市場の価格水準を基本的に超えないのであれば，妥当である。

(3) 同一市場における濫用的な価格差別について（19条1項）

もっとも，本件では，Hの地域網における子会社が，当該既存のエネルギー供給者より割安な価格を提供している場合には，19条4項3号の射程とはならないとされた。規定の文言によれば，別個の独立した市場間の価格差別のみが捉えられるからである。しかしながら，最高裁は，19条1項の適用範囲には，同一市場における同種の顧客に対する差別対価も含まれるとして，濫用行為に

係る一般的規定である19条1項を適用した。そしてこの場合，Hの地域網に関して，最高裁は正当事由を認容しなかった。つまり，子会社によるエネルギー供給は，ここでは既に活動する供給であったため，新規の理論を用いることができなかった。

V　BGB（ドイツ民法典）315条による私法上のエネルギー価格規制

1　民法315条の適用範囲

　料金の引上げについては，競争制限防止法29条だけでなく，民法315条にいう公平性の裁量に該当するか否かが検討されるケースも少なくない。民法315条は，契約上，一方当事者に裁量的な給付確定権が付与されている場合，裁量権を付与されている当事者は，これを公正な裁量に従って行使することを義務付けられており（同法315条1項），確定は，相手方に対する意思表示によって行う（同条2項）。公平な裁量によって確定を行う場合，確定が公平である限り，相手方を拘束する。確定が公平でないときは，さらに裁判所が判決によって当事者に代ってこの裁量権を行使することを承認している（同条3項）。

　契約当事者の一方による給付の確定は，場合によっては契約内容の妥当性を欠くことから，本条では，一定の範囲で給付確定権者の権限に対して制限を加える[21]。民法315条は，全ての分野における債務関係（Schuldverhältnis）を対象とするが，2004年以降，ガス及び電力の供給者の価格確定権が問題になる訴訟が大部分となっている。電力分野における電力供給契約の様に，契約当事者の一方の独占的地位に基づいて料金の確定を行う場合には本条3項が機能を果たす。また，本条は普通取引約款の内容に対する司法的規制としての役割を果たしていたが，AGBG（普通取引約款法）の制定により，この問題は一応法的解決を見ているとされる。本節では，エネルギー分野における民法315条の適用との関係で検討する。

---

[21]　315条については，椿寿夫＝右近健男編『ドイツ債権法総論』（日本評論社，1988年）200頁以下を参考にした。

2 一方的確定権

同条1項によれば，契約当事者の一方がサービス給付を一方的に確定すべき旨の合意が存在していることが要件となり，したがって，価格自体の合意がある場合には要件を満たさないことになる。エネルギー価格が相互の合意によって決められるケースでは当該規定が直接適用されないが，しばしば合意として成立する，特に初期価格に関しては，一方的確定権の有無が議論される。

判例では，形式的に過ぎない合意のケースでは同法315条の適用が肯定されている。エネルギー価格をめぐる合意が存在するとされるのは，契約で明示するだけでなく，契約の附属書ないしは公表価格を指示する場合，関係する年間計算に基づき価格が引上げられ，顧客が異議を申し立てない場合である[22]。幾つかの高裁判例では，顧客によるエネルギーの単なる継続購入は，価格合意の存在を認めるのに十分であるとしている。最高裁は，この問題について，一方的な価格引上げが無効な価格適合条項に基づく場合に，黙示の合意を認めていないが[23]，最終的には一致した見解はない。

初期価格と価格引上げは，区別されることになる。初期価格が，最終顧客とのエネルギー供給契約締結に際して合意された場合には，原則として，さらに公平な裁量の検討は行われないことになる。これは特別契約における顧客について該当し，この場合，当該契約関係は一般的な契約自由の枠組みで理解される。これに対して，基本供給の契約関係にある顧客に関する関係諸規則に基づいた価格設定は，合意に基づくとは捉えられず，供給者の一方的な価格確定権の法的根拠が認められることになる。

同法315条が初期価格に適用された最高裁のケースが幾つかある。当事者は，

---

22) 学説反対意見あり，Kurt Markert「Zur Kontrolle von Strom- und Gaspreiserhöhungen nach §307 und §315 BGB」ZNER（2008年）44頁。

23) 最高裁（NJW 2009年2667頁）は，2009年7月15日に，一ガス供給事業者によって用いられた，ガス供給特別契約における価格適合条項が法違反かどうか判断した。原告は，普通取引約款（AGB）に従い特別な価格条件について，ガス供給者と合意した。契約に含まれる価格適合条項は，最高裁は民法307条（契約内容の規制・信義則に反して相手方を不当に侵害する）により，無効であるとした。というのは，ガス供給者には，信義則の原則に反し，契約相手方に不利益を与えることになるため，一方的なガス価格変更の権限はないとされた。

系統運用業者が「団体協定」[24]の価格発見に関する原則に基づいて検討した託送料金を支払うことのみ合意した。これについて最高裁は，形式的合意の存在を認定し，系統運用業者が一方的な価格決定権限を持つことに他ならないとした[25]。さらに，「Stromnetznutzungsentgelt（電力託送料金）II」ケース[26]では，初期価格について明らかに合意がないため，最高裁は，契約の補充的解釈によって，エネルギー供給者の一方的価格確定権を導いた。最終的に，最高裁は，「Stromnetznutzungsentget III」ケース[27]で，当事者が価格表にある初期価格で購入をしていたが，初期価格への同法315条の直接適用を肯定した。価格表は，単に価格発見プロセスの結果の再現であり，そして示された価格は，「団体協定II plus」の価格発見の原則に事実上一致する限りで，拘束的であるにすぎない。初期価格の一方的確定権の認定については，一義的な整理はなお難しい状況である。これに対して，初期価格とは異なって，価格値上げに同法315条を直接適用することについては問題がない[28]。

3　事実上の確定権

合意が存在するために，同法315条3項による直接適用が認められない場合であっても，一定の状況下で準用が可能となる。判例では，供給者が独占的地位にある，ないしは公的供給の枠組みで，事実上価格が殆ど一方的に決められているとして，価格合意が形式的である場合には，伝統的に準用が認められている。エネルギー分野との関係では，電力供給者が独占者であった1998年の自由化以前の電力供給に関して準用が肯定されてきた。

現在，市場開放過程が展開する中で，エネルギー供給への民法315条3項の準用について，最高裁はリーディングケースである3つの判例で立場を明らかにする。第一に，顧客が電力購入を他の供給者に転換する選択可能性があることを理由に，準用を否定したケースがある[29]。第二に，「Gaspreis」[30]ケース

---

24) 発電事業者，系統運用業者，需要者の3者の事業者団体が託送料金の積算方法について合意していた，いわゆる自主規制。2005年エネルギー経済法改正を契機に，公的な直接規制に移行。
25) 「Stromnetznutzungsentgelt」BGH WuW/E DE-R 1617.
26) BGH WuW/E DE-R 1730.
27) BGH WuW/E DE-R 2279.
28) Becker/Blau・前掲注12) 711頁。

では，供給者の独占的地位が認められず準用が否定された。最高裁は，ガス導管の設備拘束性を前提に，Hの範囲で唯一のガス供給者は，ガス供給市場において直接的な競争に直面しておらず，顧客が他のガス供給者に転換する可能性はないとしながら，他の全てのガス供給事業者と同様に当該ガス供給事業者は，熱源エネルギー市場において，灯油，電力，石炭および地域暖房という競合する熱源エネルギー供給者と代替競争に直面しているとして，代替競争の存在を認めた。他方で，ガス供給市場における他のエネルギーの担い手からの一定の競争圧力を否定する批判的見解もある[31]。第三の最高裁判決では，結論として，最終顧客への天然ガス供給価格に対する準用が認められなかった。その主たる理由は，当該タリフに対する行政による審査及び認可と重複することを回避するためである[32]。

　市場開放過程にあるガス及び電力供給における価格への同法315条3項の準用は，概ね認容されていない。ネットワークの範囲では独占であると考えられつつも，市場の画定や他のエネルギー源との代替競争に顧慮して，供給者が独占的地位を有しているかが判断の決定的要因となっているようである。

4　公平な裁量

　エネルギー供給者による価格設定が，公平な裁量に基づくかどうかは，コスト及びマージン自体の検討，及びそれらの比較検討によって判断される。

　従来の判例によれば，価格引き上げについての公平な裁量は，コストが全般的に上昇したという立証に基づき肯定されてきている。原則として，割増し負

---

29)　「Strompreis」NJW（2007年）1672頁。
30)　前掲注18)参照。
31)　Christian Schmidt「Kein einheitlicher Wärmemarkt in der kartellrechtlichen Missbrauchskontrolle」WuW（2008年）550頁。
32)　2008年1月19日最高裁判決（「Gaspreiskontrolle nach Tariferhöhung des Gasversorgers」NJW2009年502頁）。エネルギー経済法及びAVB Gas（ガス）規則にいう，ガス供給者の基本料金は，供給者と顧客間の契約上の合意の対象である限り，民法315条に定める裁判上の公平性裁量の規制に服さない。ガスをめぐる基本料金への行政庁による規制を考慮に入れないことは，立法者の意図に反する。その他，当該判決では，ガス供給者が，購入コストの上昇に基づく公平性の立証として，購入価格の具体的な金額を示すこと，及びその供給者との購入契約を提示する必要はないとされた。

担の単なる転嫁は、エネルギー供給者の正当な利益として認識されている[33]。このような考え方によれば、逆の場合、つまりエネルギー供給業者は、同法315条に基づき価格引き下げも義務づけられる[34]。このように、価格引き上げの場合の公平性の検討は、単なるコスト検討のみが行われ、これに対して、コスト基づき計上される供給者の利益の検討には及ばない。もともとの初期価格に含まれる利益は、それ自体契約上合意されたものとしてその当否は問われない。ただし、他の分野におけるコスト上昇を遡及的に調整する場合には、当該価格引き上げは不当となる。

コスト上昇がエネルギー価格の価格引き上げを正当化することの立証をめぐっては、従来の判例によると、厳しい要件を課しているわけではない。購入状況の検討においては、市場における最も低い価格ないしは平均値ではなく、エネルギー供給者の事実上の購入価格を基準とする。最高裁は、事実上のコストが当該価格引上げを正当化することで十分であるとして、供給者が、より安価な購入価格に努めたかどうかの詳細な検討を回避している[35]。このことは、競争者のコスト状況についての比較し得る数値が入手できないこと、当該エネルギー供給者の自己の計算の詳細は、営業秘密の保護に服するためである。

初期価格について同法315条に基づき公平性裁量の検討が行われる場合、上記の単なるコスト検討では十分とされず、価格全体の適否が、比較検討又はマージンの検討を通して審査されることになる。

5　民法315条と競争制限防止法29条

315条3項に定める公平な裁量に基づくかどうかの判断は、裁判所に権限がある。他方、最終顧客が民法315条3項に基づいてその支払いを拒否した後、供給停止が懸念される供給者に対して、カルテル庁が介入する可能性はある。この場合の法的根拠は、競争制限防止法19条1項及び4項が考えられ、その

---

33)　「Gaspreis」・前掲注18) 参照。

34)　Kurt Markert「Die Anwendung des deustchen und europäischen Kartellrecht und der zivilrechtlichen Preiskontrolle nach §§ 307, 315 BGB im Strom- und Gassektor in zwischen Jahrzehnt der Marktliberalisierung」ZNER（2009年）193頁。

35)　前掲注18) 参照。

名宛人は，地域のエネルギー供給者となるが，カルテル庁は，原則として民法315条との関係で生じる供給停止の懸念に対しては，315条の適用が優先される限り，介入していないようである。カルテル庁には，介入の視点を異にするものの，競争制限防止法の29条をもって民法315条より，むしろ有効なコントロール措置が与えられているともいえる。

市場開放が進む過程で，民法315条に基づく訴訟は減少するだろうと考えられている。家庭への電力販売において，今後の展開如何では，様々な取引可能性が存在する競争的な市場構造を前提とした検討が必要かもしれない。

Ⅵ ドイツにおけるアンバンドリング（垂直的統合エネルギー事業者の分離）

2007年，欧州委員会が第三次電力指令案のパッケージを公表して以来，系統運用業者についての分離規定の強化をめぐる議論が活発となった。2009年には，EUの電力及びガス市場の自由化に関する第三次域内市場パッケージが成立した。分離に関する欧州委員会の見解では，所有権的分離措置をもって，エネルギー分野における濫用規制を効率的に実施することができ，かつ，複雑な規制，行政コストの節約をもたらすとされるが，完全な所有権上の分離は求められていない。

1 ドイツ独占委員会の特別報告書（2007年11月1日）[36]

ドイツ独占委員会は，統合された事業者の所有権的分離を持続的な競争状況の改善措置として理解しつつも，かかる分離がドイツの電力・ガスエネルギー分野において実施されるべきか否かについては疑問を提示した。所有権的分離は，ネットワーク部門を完全に分離することによる従来の事業者構造からの垂直的分離を意味し，垂直的分離は，ネットワーク部門に分類される資産の全てがコンツェルンとは関係のない第三者に完全に譲渡されることになる。所有権法上分離された系統運用業者のみが，ネットワークの運営管理，修理，投資を行い，その他の電力発電，輸入，販売は従来通りエネルギー供給事業者が行う

---

36) WuW（2007年）1308頁。

ことになる。系統運用業者の事実上の独立性を確保するために，発電又は輸入を行うエネルギー供給事業者は，単独ないしは他の事業者と連携して系統運用業者への資本参加は認められない。

　垂直的所有権的分離の代替手法であるISO（送電及び長距離導管運用を独立して行う系統運用業者）においては，ネットワーク部門を他の産業部門から分離することになるが，ネットワーク施設については，垂直的統合事業者が依然として所有する点で，所有権的分離と異なる。系統運用業務は独立しており，独自の執行部等を備えた独立の団体によって行われる。形態によっては，ISOが，系統運用の他に，自己の投資拡大について責任を負うことになる。

　分離の可能性を整理するに当たって，まず，エネルギー分野における分離のメリットを挙げると，すなわち，差別のない送配電ネットワークへのアクセス，送配電段階での十分な投資インセンティブ確保，系統運用業者間の国境を越えた集中・提携によるネットインフラの拡大的所有の最大化，効果的ネットワーク規制による規制コストの低減，市場形成プロセスについての一般的透明性の上昇につながり，結果として，統合的エネルギー供給事業者による妨害の可能性が低下することになる。次に，デメリットとしては，組織としての非効率性，かつて関係していた事業者としての統一性から生じる企業リスク，介入と結びつく法的不安定性が挙げられる。なお，規模の経済の実現が困難になることは重大ではない。これに対して，送配電ネットワークが自然独占として存続する場合，それによって，系統運用業者は，搾取濫用のインセンティブを持つことも考えられる。また，送配電と発電の所有権的分離は，発電段階における高い集中度を解決することにはならないと指摘される。

　その他の問題として，送配電ネットワーク所有者及び発電所所有者の投資インセンティブの減退が指摘される。重要な要因として，系統運用業者は，もはや発電・供給の利益に関与しないことが挙げられる。送配電ネットワーク機能停止又は不足の際に，系統運用業者は，託送料金での売上利益を失うが，発電・販売の利益の喪失を考慮する必要がない。これに対して，垂直的に統合された供給事業者は，送配電ネットワークが停止しないこと及び電力が供給されること両者に強い関心を持っている。さらに，垂直的分離においては，この高度に専門的な投資が十分に償却できず，系統運用業者のネットワークへの投資

が低下する懸念がある。

　所有権上の分離は私的所有権への著しい介入となることも，しばしば指摘されるところである。ISOであれば，基本的権利への介入は緩和される。ISOモデルの実質的メリットは，ネットワークが単純に調整ゾーンを超えてかつ中期的には国境を越えた集中が生じることであり，それを通して，ヨーロッパのネットワークインフラがより改善されうる点にある。

　加えて，独占委員会は，既存のネットワーク規制について競争上の中心的課題は，発電段階における水平的な集中であると指摘する。このような独占委員会の認識と同様に，ドイツにおける分離の必要性の議論の背景には，4事業者で概ね90％のシェアを占めるという発電部門の高い集中がある。ガス分野も同様である。ドイツでは，むしろ，ネットワークと発電の垂直的統合より，電力コンツェルンの分割の必要性が指摘されている[37]。この議論では，事業者の「水平的」な解体が視野に入れられており，個々の発電所・発電部門を独立系発電業者に販売することが重視されている。

2　ドイツエネルギー経済法における分離[38]

(1) 情報分離

　情報の利用に関するいわゆる情報分離は，エネルギー経済法9条に規定がある。同条1項では，経済的にセンシブルな情報，典型的には顧客情報等の信頼性の確保を義務づけている。ネットワークデータ等の経済的価値がある系統運用業者の活動についての情報である。同条2項では，経済的に重要な情報への差別のない取扱いが規定されている。同条2項にいう情報は，1項とは別の情報を問題とし，差別のない当該情報の開示は，当該情報が系統運用業者に通常入手可能である限り，合理的理由がある場合を除き，供給者にも入手し得ることが求められる。なお，法的規定がない限り，開示するかどうかの判断は系統運用業者に依拠するものであり，一般的開示請求権を認めているのではない。

---

[37]　ヘッセンの大臣発言，WuW（2007年）598頁。
[38]　de Wyl/Finke・前掲注12）100頁以下を参考にした。

(2) 組織的分離

　同法8条は組織的な分離の規定であり，系統運用業者の独立性に関する基準となる。系統運用の独立性を維持するためには，競争分野からの人的な分離が決定的意義を持つ。同条2項は，系統運用に配置された者の分離についての基準を規定する。系統運用の組織的独立性を具体化するために，系統運用業務に携わる一定の人的グループについて，強制的な系統運用への帰属が求められる。同条3項では，系統運用の管理者の職務上の独立性を確保するために，最適な手段・措置をとることが義務づけられている。

　さらに，系統運用の独立性及び自主性を達成するためには，第三者及び親会社が系統運用の決定プロセスに事実上影響を及ぼす可能性を制限する必要があり，同条4項がかかる独立性を確保する目的を持つ。すなわち，それぞれ系統運用業者は，一定の範囲で，系統運用について事実上の決定権限を持つと同時に，グループ事業者全体の指揮監督から独立して権限を行使しなければならない。同条同項1号によれば，垂直的に統合されたエネルギー事業者は，系統運用及びその修理改築に必要な資産価値と関連づけて，事実上の決定権限を系統運用部門に与える義務があり，同時にこれを管理及び他の経営設備から独立して行使する可能性が認められなければならない。この資産価値には，技術的な施設のみでなく，系統運用に必要な顧客情報ノウハウ等が含まれる。なお，当該事実上の決定権限の確保のために，系統運用業者が当該財産的価値を所有し，完全な物権上の権利を行使することは必要ではない。すなわち，何ら所有権的分離は求められておらず，債権上の委任で十分とされている。

　系統運用業者の完全な独立性が求められているのではないので，同号では原則として決定権の独立性が必要とされつつも，全体の組織として事業管理上の措置は認容されている。これに関する同項2号によれば，一定の利益考慮のもと系統運用の遂行をめぐる監督指揮権及び経済的機能を維持するために，組織法上の措置が行使される。ただし，垂直的統合エネルギー供給事業者の正当な利益を確保するために必要とされる範囲内である。当該認容される組織法上の措置には，命令，一般的な債務上限の設定，年間の財務計画の認可などと同等の価値のある措置が含まれる。正当な利益とは，それらが考慮されない場合には著しい経済的不利益が生じるという圧倒的に重要な利益が問題となる。もっ

とも，必要性の基準及び正当な利益は，系統運用業者の独立性をより制限しない他の方法がないことを前提にして，理解されなければならない。

　同法同条5項は，系統運用業務に従事する従業員について，差別のない系統運用業務の遂行のため，垂直的エネルギー供給事業者に対して，系統運用を差別なく実施するための法的拘束力を伴うプログラムを，系統運用業者の従業者向けに定めることを義務づけており（同等扱いプログラム），これを従業者及び規制官庁に周知しなければならない。同等扱いプログラムは，従業員の義務及び罰則の規定を含む。さらに，同等扱いプログラムの維持を監視する関係措置について年間報告書を規制官庁に提出し公表しなければならない。この同等扱いプログラムの策定義務は，同項1号によれば全ての垂直的エネルギー統合事業者に適用される。同等扱いプログラムの内容は，一義的にはそれぞれ事業者に委ねられているが，具体的基準の重点は，系統運用の取引過程についての差別のない行為規制に置かれる。もっとも，求められる基準内容の詳細の程度は，特に強調されておらず，決定的であるのは，差別のない取引プロセスに取り組む基本原則が，従業員に示されることである。

(3)　法的分離

　同法7条1項は，垂直的事業者に統合している系統運用業者が，その法的形態に関して，エネルギー供給事業者の他の分野から法的に独立していることを求める規定である。ここにいう法的分離においては，いわゆる所有権分離が問題になっているのではない。すなわち，法的分離においては，その競争分野との関係で系統運用業者の法的形態に関する独立性を義務づけられているにすぎないが，所有権分離においては，ネットワーク及び系統運用をコンツェルンに属しない法的主体に譲渡することが義務づけられる。所有権分離においては，法的分離と異なり，完全に独立した第三者に，ネットワーク所有を譲渡する義務が捉えられる。

　法的分離の実施のため，幾つかのモデルが可能である。第一の可能性としては，系統運用業者が，新規に設立された会社に譲渡されることである。第二に，組織的な分離に配慮する限りで，既存の会社に譲渡されることも可能である。それぞれの選択肢において，当該系統運用業者がその機能を果たすために，エ

ネルギー系統運用の資産の所有が当該会社に移行するか，または，系統運用の資産は，系統運用業者に単に貸付けされることが可能である。

(4) 会計分離

　利益状態，系統運用やネットワーク利用者を考慮して，託送料金が適切かどうかを評価するためには，個々の取引段階についてのコスト配賦の透明性を必要とし，これによって内部補助及び差別が回避される。これに応じて，計算基礎及び内部会計についての規定（エネルギー経済法10条）がある。間接的差別のない，透明かつ適切な価格での託送が保証される。10条1項によれば，所有関係及び法的形態に関係なく，商法典（HGB）の規定に則って決算を作成し，監査，公表しなければならない。同条2項によって，決算の作成監査公表の義務が補完されており，それによれば，従属する事業者との大部分の取引は，分離して示されなければならない。これをもって，コンツェルン内の取引ネットワークが明らかとなる。同条3項では固有の会計分離が規定されている。規定は，文言から明らかな様に，同条1項及び2項と異なり，垂直的統合されているエネルギー供給事業者にのみに向けられている。当該事業者は，差別及び内部補助を回避するために，その内部の計算においてそれぞれ次の分野に分けてコストを配賦しなければならない，すなわち，電力託送，配電，ガス輸送，ガス配分，ガス貯蔵，そしてLNG施設の経営である。このコスト分離は，外見的には，それぞれ活動が法的に独立した事業者によって行われている様に実施されなければならない。規定の目的は，事実上のネットワークに係るコストの透明性ある表示を可能にすることであり，託送料金の計算についての正当性かつ事後的に説明可能な根拠となる。

　会計上の分離が託送料金のコスト指向的な審査のため必要とされる前提であることは，エネルギー経済法20条以下及び諸規則等から明らかである。垂直的事業者については，10条1項及び4項に基づき，決算書の監査義務は，分離されたコストの根拠だけでなく，価値評価及びコストの配賦が正当かつ事後的に説明可能か否か，および安定性の原則に配慮されるかどうかに及ぶ。

　内部の多様な事業活動を分離したコスト計算を実施し，かつ，内部の計算基礎を提示する義務は，それぞれの活動分野の貸借対照表及び利益計算を作成す

ることに連なる。もっとも，コスト計算の分離の実施義務は，分離コストをどのように勘定記帳するかという基準を定めるものではないため，事業者は，これに関して一定の形成及び裁量余地を持っている。

　会計上の分離とそれに伴うコストを分離する義務は，主として，託送及び配電業務に関係することになる。しかしながら，個別事例ではまさに当該活動分野への種分けは一貫して困難な問題となっている。すなわち，送配電網の高・中・低電圧それぞれへの分類が実際上容易ではない。

　このようにして，ドイツのエネルギー経済法では，垂直的統合事業者の他の部門から系統運用業者に対する影響を実質的に限定しながらも，完全にその影響が排除されているわけではないと特徴付けられる。なお，系統運用業者の独立性に係る組織的分離は，全てのエネルギー事業者に課せられるのではなく，配電ネットワークに直接又は間接に接続されている顧客が10万又はそれ以上であるエネルギー事業者が対象となる。かかる例外は，法的及び組織的分離は，中小の事業者にとって，分離の目的から見て，均衡ではないということであり，全体の分離の弱者配慮（ハンディキャップ）の枠組みにおいて尊重される均衡の原則に基づくものである。

3　分離についての基本的考え方

　分離規定は事業法規制を構成する基礎であるという考え方によれば，ネットワーク部門を垂直統合する他のエネルギー経済活動から切り離すことによって，ネットワーク部門による競争阻害的な差別及び内部補助を防止し，ネットワークに基づく特別な支配力を川上及び川下市場へ拡大する懸念を予防することを目的とする。垂直的に統合されるエネルギー事業者は，発電及び供給市場において競争者を差別する様々な可能性を有し，それは，送配電ネットワーク利用の明白な拒絶及び託送料金設定における差別を含む。垂直的に統合されたエネルギー事業者にとって，差別行為を行う契機は，これによって隣接市場における競争者の参入を困難にし，ひいては自己の発電又は供給部門の競争上の優位をもたらすことである。垂直的に統合されたエネルギー事業者のケースでの支配力の拡大懸念は，独占部門であるネットワーク利用市場からの利益を基礎とした競争的部門への内部補助にある。

分離規制は，上記のような差別及び内部補助を回避することを趣旨・目的として定められるものである。ネットワーク活動を垂直統合エネルギー事業者の事業活動から，実質的にないしは構造上分離することは，第一に，透明性の強化に機能し，とりわけ内部補助の容易な発見に貢献する。したがって，分離規制は，第一段階として，競争者差別及び内部補助を通してネットワークに特有の支配力を隣接市場へ転嫁するという事業者の可能性を抑止するコントロールの強化である。さらに，第二段階では，それぞれのネットワーク部門の組織的，人的，そして経済的な独自性を促進することを通して，一定の供給又は発電事業者を有利に扱う契機が減少し，ないしはさらに所有権法上の独自性が進めば，いわゆる有利に扱うことの完全な防止に連なる。

　ここで分離規制は，その目的設定及び効果の観点から，それぞれ設けられたネットワーク利用及びその利用料金の規制から離れて別個に考察されるべきではない。差別のないネットワーク利用の確保をとおして，発電及び供給市場における有効な競争の形成又は促進という目的に向かって，ネットワーク利用・料金及び分離規制という3つの規制手法は，相互に補完しながら介入する。また，どの程度の分離規制が必要かについては，常に，各事業法規制システムの構築において及び料金規制の具体的内容に依拠して決定されることになろう。料金及びアクセス規制が効果的に形成されるほど，それに応じて強力な分離規制は必要とされないともいえる。

　2013年6月にドイツ競争制限防止法第8次改正が行われたが，本稿では，当該改正について検討を加えていないことを，ご理解頂きたい。

第4節　エネルギー経済法による規制

正田　彬
柴田潤子

　本節は，故・正田彬先生が書かれたものを，その後，幾つかの変化があったので，柴田が加筆，アップデートしたものである。

I　電力産業の全面自由化（1998年）以降の状況

1　自由化措置後の展開

　1998年のEC自由化指令に基づいて同年にドイツにおける電力産業の自由化が行われた。すなわち，従来の電力地方公営事業者による地域独占と独占的な発電と電力供給の組合せという状況からの全面的な電力産業の自由化は，従来からの電力事業者をそのままに維持した上で，その事業活動を自由化するという形で行われた。したがって，ドイツにおいては伝統的に電力事業者の数が多いことが特徴の一つである。それぞれの電力地方公営事業者はその地域の範囲内で送配電ネットを所有しており，ネット運用事業者の数は，これらを含んで約900社あったともいわれている。

　他方，民間電力事業者について，自由化の当初においては，従来から存在していた大規模な8電力事業者が，発電・送電と一部の配電を行ってきたが，自由化後に集中が進み，現在では4電力事業者（RWE, E.On, EnBW, Vattenfall Europ（HEW/Wewag/Veag））が，地域的な事実上の分割を内容として展開している。これらの電力製造業者が行う発電が，総電力量の85％を超えるシェアを占めており，その比重は更に大きくなっている。この電力事業者4社の中，

RWEとE.Onの2社の力が非常に強く，電力事業者はこの2社の複占とも特徴付けられる。

ネット（送配電網）を利用して電力は供給されるが，送電は超高圧と高圧で，事実上は大電力事業者4社が行っており，配電には中圧と低圧に高圧の一部が含まれ，一般消費者及び小規模事業者に対して，地方公営事業者が行うのが一般である。

非常に数が多い地方公営事業者である電力事業者が，4大電力事業者によって様々な形で系列化されるという状況も進んでいる。資本参加による系列化が多く，大都市の地方公営事業者を中心として，100以上の地方公営事業者が4大電力事業者によって系列化され，さらにその事業者が他の地方公営事業者（町村）を系列化するという形の積み重ねが多くみられる。この傾向は更に進みつつある。独立して事業活動を行うことでは成り立たない事業者が増えてきており，実際にはこの4大電力事業者は，それぞれの系列を通して一般家庭までの電力供給を行うことができる状況になってきている。4つの系列が存在しているという実態に近づいているということができる。

2　旧エネルギー経済法による規制

電力についての規制の自由化のための基本法として，1998年にエネルギー経済法（電力及びガスの供給に関する法律）が制定され，2005年の全面改正まで施行されていた（以下，「旧エネルギー経済法」という）。この法律は，電力の供給者と需要者のいずれについても，取引の自由を保障し，ある程度以上の規模の事業者に対しては，交渉によって電力価格を自由に決定することが原則とされた。この種の電力取引については，発電事業者間の競争が生じ得る状況になっていたということができる。

ネットを所有する事業者に対するネットの利用についての原則としては，他の電力事業者に対してネットを利用させる義務を課すと同時に，ネットを利用させるときには，自己又はその関係事業者に対するよりも不利益な条件を課すことの禁止が定められている（旧エネルギー経済法6条1項）。この原則が電力自由化の大前提であり，旧エネルギー経済法の中心であった。

(1) 送電ネットと発電・送配電その他事業の分離(旧エネルギー経済法4条4項)

エネルギー経済法の定めるこの原則は，実際上は十分に実行されているとはいえない状況であった。例えば，最大の電力製造事業者であるRWEの場合には，送電ネットの運営については，100％子会社に行わせることをもって，この条項に対応するとされていたが，基本的には不十分ということであった。このことは，エネルギー経済法改正後も維持されており，完全な分離が必要であることが指摘されている。特に大規模電力製造業者の支配力が維持されているという問題である。

(2) 消費者保護と料金認可制度

旧エネルギー経済法が消費者保護として定めた条項は，一般消費者及び小規模な事業者を対象としており，典型的には，これらを対象とする一般的な料金については，州の監督官庁が認可する制度が設けられて，これらは全面的に規制の対象となっていた（旧エネルギー経済法11条1項）。一般消費者及び小規模事業者に対して電力を供給している事業者は，地方公共団体とりわけ市町村が行う電力事業者であるのが一般であり，市町村の電力事業者が州の当該部門に認可を申請することになっていた。

認可される価格は最高価格で，この価格が当該市町村内部における供給についての事実上の統一的な価格として機能することになっていた。しかしながら，電力を他の市町村の需要者に供給する場合には，この当該市町村内の認可価格に影響されずに価格を決定することが行われ，タリフ料金は，第三者である電力供給事業者による電力供給によって，下方修正を事実上余儀なくされるという状況をもたらす場合も生じていた。これによって価格競争の生じる余地が生じたが，自由化後に一般消費者で電力の供給を受ける事業者を変更した者は2〜3％にすぎなかったとされている。事実上は，一般消費者との関係では，従来からの市町村電力事業者の独占が維持されており，電力供給をめぐる競争は生じていないのが一般であった。

(3) 競争制限防止法との関係

旧エネルギー経済法制定以来，電力産業についても競争制限防止法が全面的

に適用されることになり，競争制限防止法の改正によって電力産業についての適用除外規定は削除された。競争制限防止法との関係で問題になったのは，企業集中と「団体協定」関係の問題以外の，ネット利用料金にかかる市場支配的地位の濫用の問題であった。一定の地域においてはネットワークの独占が原則で，道路使用との関係で電線を設置することの可能性は認められず，電線敷設の申請があっても，認められる可能性はほとんどなかった。

　この段階でのカルテル庁の考え方は，各地域における電力の供給に必要なネットの所有者は常に市場支配的地位にあるとしていた。州のカルテル官庁がこれをチェックしている場合も少なくなく，これを競争制限防止法違反とした決定も行われていた。この場合の濫用の認定については，カルテル庁は，比較市場，特に近接した市場との関係で判断している場合が多かった。

　またネットの利用条件については，旧エネルギー経済法6条1項による差別的取扱いの禁止条項があったことから，具体的なネット利用の条件については，カルテル庁による濫用規制と経済技術省関係部局による差別的取扱い禁止条項の適用の両面からの規制が一定の役割を果たしていた。この両者のいずれに基づいた対応をするかについては，各州のカルテル官庁の職員を経済技術省関係部局が兼任している場合が多いことから両者間で調整していた。

(4)　ネットの利用にかかる団体協定

　これらの規制を前提として，団体協定（Verbändevereinbarung über Kriterien zur Bestimmung von Netznutzungsentgelten für elektrische Energie und über Prinzipien der Netznutzung）によるルールの形成が，経済技術省の事実上の介入を前提として行われていた。実際に，団体協定の内容は，経済技術省の了承が得られていたと考えられる。団体協定の具体化は，それを締結した団体が傘下の事業者に対してその遵守を求めており，電力の製造と供給及びネット運用の各分野の利益を代表する団体の合意であるから，具体的な運用については経済技術省の介入なしに実施されていた。

　(i)　「団体協定」の当事者

　「団体協定」には，発電事業者，ネット運用事業者，需要者の3者の事業者団体が参加して自由化後の電力供給について大きな役割を果たしてきた。

参加団体は，以下のとおりであった。① Bundesverband der Deutschen Industrie（需要者），② Verband der Industriellen Energie-und Kraftswirtschaft（自家発電事業者兼需要者），③ Verband der Elektrizitätswirtschaft（電力事業者団体・供給者），④ Verband der Netzbetreiber（ネット運用事業者［地方公営事業者を除く］），⑤ Arbeitsgemeinschaft regionaler Energieversorgungsunternehmen（大規模電力業者〔4社〕を含む電力供給事業者），⑥ Verband kommunaler Unternehmen（地方公営事業者）。

①は，日本の日本経済団体連合会に該当する団体であるが，大部分の傘下の事業者団体に属する事業者は電力の需要者であるところから，需要者の立場から協定の締結者となっている。②は非常に広範囲に行われている自家発電をしている金属・化学などの製造業者の団体であるが，一方では電力の需要者としての地位も不可欠であるという事業者を構成員とするものであり，この団体協定には，むしろ需要者の立場からの締結者となっており，消費者団体とも連絡しているとされる。③は電力産業の事業者団体であり，発電・送配電事業者を中心としている。④は発電送電事業者を中心としており，4大電力事業者が含まれている。⑤の団体はあまり大きな役割を果たしていないとされる。⑥は電力，ガス，水道，熱についての地方公営事業者の統合的な団体である。

「団体協定」は，1998年に最初の「団体協定Ⅰ」が，2000年に「団体協定Ⅱ」が，2001年には「団体協定Ⅱplus（プラス）」が締結されている。最初の「団体協定Ⅰ」は，前記6団体のうち①〜③の3団体を当事者として締結されており，④〜⑥の団体は，③の電力事業者団体の構成団体として表示されていたが，「団体協定Ⅱ」と「団体協定Ⅱplus」には，これらを含めた上記の6団体が，当事者として協定の締結に参加していた。

(ⅱ) ドイツ電力産業の特徴と団体協定の内容

ドイツ電力産業の第一の特徴は，電力の製造・ネット・供給を行う事業者の数が非常に多く，またその組合せが極めて複雑に行われてきたということである。少なくとも2002年の段階では，このような状況を前提として，経済技術省などの国家機関による直接の規制は極めて困難と考えられていた。約900の事業者に対して，ネットの利用についての個別的な規制を行うことの困難さが，経済技術省のタスクフォースが介入しながら，供給・ネット・需要の3者によ

って「団体協定」を締結してその実行をもって法規制に替えるという方式を生み出したといえる。ことに問題となったのは，極めて多数の事業者が所有している電線の利用についてであり，電気通信等の場合と同様な政令等による規制基準の設定も考えられたが，それを実施するための経費が莫大で効率的ではないとして「団体協定」方式が採用された。経済技術省による行政指導形式での対応といえる。この時点では，電力産業に対する規制官庁は存在していなかった。

次に多数の系統運用事業者による地域独占という実態の問題である。各地方公営事業者が所有するネットがいろいろな形で組み合わされ，これが，4大電力事業者による系列化という形で展開しており，依然として残っている多数の地方公営事業者のネットを通して電力が供給されている実態とネット利用料金の組合せの問題であった。

(iii) 電力ネットの利用にかかる「団体協定」の内容

「団体協定」について強く主張されていたのは，ネットの利用料金の積算のための技術的な協定ということで，ネットの利用料金の算出方法については決めているが，実際のネットの利用料金は各事業者によって違いが出ることは当然であり，競争制限という効果はなく，各事業者が合理的であると考えられる計算方法によってネットの利用料金を算出することにより，むしろ競争促進の前提を作っているという考え方が強かった。ネットの利用については他方で利用の拒否と差別的取扱いが禁止されており，「団体協定」は，不可欠施設の利用権の確保を前提とした利用の条件の算出のルールを決めるものでネットの独占があっても競争を制限せず，「団体協定」によって競争の前提が形成されるという考え方が共通していた。

このことと関係して，ネットの中立性が強調されている。4大電力事業者の所有しているネットが広範囲に認められることに関しても，その利用については自己又は関係事業者が利用する条件と同じ条件で，他の事業者にも利用させなければならないとする規制がかなり有効に機能していた。

これと関係して興味のある考え方は，ネットについての「溜め池理論」が一般的に認められていることである。すなわち，電力製造業者が溜め池であるネットに電力を入れて，必要なところで必要な量を取り出すのがその需要者であ

るとする考え方である。ネットに電力を入れるときに利用料を払い，ネットから電力を取り出すときに利用料を払うとする考え方である。送電・配電というけれども，一方で入れて他方で出すということで動いているのではないかという考え方であり，ネット間の調整はネット運用事業者間で行うとする考え方である。このように考えないと，電力の需要者は数多くのネット運用事業者とネットの利用契約を締結することが必要になるということが起こるくらい多数のネットが分断されており，運用者が違うという状況にあるということである。

　最終の電力需要者が，ネットの利用料金としてのネットの利用料金を含めた電力料金を支払い，そのネット利用料金を数多くのネット所有者が配分して，この配分後の残りが発電した電力事業者に支払われるという仕組みができている。前記の「溜め池理論」から，ネット利用料金は距離に関係なく算定される。一般家庭用の電力料金の中でネット利用料金が30%強を占めるとされており，ネット利用料金はかなり余裕をもって徴収されていた。その結果，最終需要者が多くのネット利用契約を締結し多くのネット運用事業者にネット利用料金を支払うという煩雑さを回避する仕組みを作っていることになる。これによって，小規模なネット運用事業者の経営が維持されるとも考えられる。

II　エネルギー経済法の全面改正とそれ以後の展開

1　ECの電力市場についての指令（EC電力指令）

　ECは，2003年6月26日に電力産業について新たにEC指令を制定した（Richtlinie 2003/54/EG des Europäischen Parlaments und Rates über gemeinsame Vorschriften für den Elektrizitätsbinnenmarkt und zur Aufhebung der Richtlinie 96/92/EG：以下，「EC電力指令」という）。EU構成各国は，このEC指令に早急に対応することが求められ，その期限は原則として2004年6月末日とされていた。特にドイツの法制度との関係では，電力産業を規制する独立した官庁を設けて，法制度を通した直接規制を行うべしとする内容が問題であり，従来の「団体協定」によるルール作りに基本的な変更が求められた。

　既に述べたように，この時点におけるドイツの法制度では，電力産業に対す

る規制官庁が存在しないことに特徴があり，競争制限防止法に基づくカルテル庁による規制と，一般消費者及び小規模事業者に対する電力価格の州政府による認可が例外的に定められているという状況であった。すなわち，電力関係事業者の団体間で締結される3者協定としての「団体協定」が，特にネット利用料金体系・料金の計算方法を定めることとした制度が基本的なものとして行われてきた。これについての抜本的な改正として，事業者団体間の自主規制から，公的な直接規制への転換が必要とされることになった。

2　エネルギー経済法2005年改正

　実質的には新法の制定ということができる形で，エネルギー経済法の全面的な改正が2005年7月7日に行われた。改正前には19条からなっていた法律が改正後は118条強と大幅に拡大し，その内容も，ネット利用との関係では全面的に改正された。

　改正前までの電力産業におけるネット利用に対応するドイツの制度は，前述のように，電力関係諸団体間で締結した「団体協定」（最後は「団体協定Ⅱプラス」）を基本として展開していたが，2003年のEC電力指令により，基本的に規制官庁を明確にして直接規制を行うことになった。

　以下，エネルギー経済法改正の内容の特徴と問題点について，筆者の行った，カルテル庁，連邦ネット庁，ドイツ産業連盟及びドイツ電力産業連盟のヒアリングを参考にしながら整理する（以下，エネルギー経済法については単に条数のみを記す）。

3　2005年改正エネルギー経済法の構成

　2005年の改正で新規に設けられた内容としては，事業経営の分離を明確に法定したこと（2章），ネット運用事業者の規制（3章）とそれに対応する電力産業規制のための規制官庁についての条項（7章）が設けられたこと，ネット利用料金の決定についてのプライス・キャップによる可能性の導入（21a条），最終需要者に対するエネルギーの供給（4章）及び連邦カルテル庁との関係の変化を挙げることができる。

4　ネット運用事業の分離の規制

　旧エネルギー経済法との関係では，主として，EC指令を根拠として行われていた縦に結合した大規模電力事業者の所有するネット運用事業と発電・送電・配電の各事業との分離は，改正によって，明確な規定が設けられた。エネルギー経済法第2部に設けられた諸規定である。法的な分離については，縦に結合しているエネルギー供給事業者は，その事業者と結合しているネット運用事業について，他のエネルギー供給にかかる事業分野からの法的な独立を確保すべきことが定められている（7条1項）。また，組織的な分離についても，エネルギー供給事業者は，組織，決定権限及びネット運用事業の遂行について，結合したネット運用事業者の独立性を，人的な組織関係，権限との関係等について確保することが求められている（8条）。

5　エネルギー供給ネットの利用にかかる規制

　エネルギー経済法は，エネルギー供給ネットの利用に関しては，詳細な規定を設けており，エネルギー供給ネットの経営者が，確実かつ信頼できるまた機能的なエネルギー供給ネットを，差別なく経営し，維持し，経済的に要求し得る範囲で供給に対応して構築しなければならないとする基本原則（11条1項）をはじめとした規定が設けられている。送電ネットの運用業者による継続的なネット機能の確保義務と送電の需要を充足する義務などについての定め（12条3項），そのために必要なネットの状況とネット補充計画の作成と規制官庁への提出義務が課され，配電ネット運用者の責任として，これらの義務の準用が定められ，送配電ネットの運用事業者の責任は，詳細に定められている。

(1)　ネット接続

　ネット接続（Netzanschluss）についても，エネルギー供給ネットの運用事業者は，妥当な差別的でない透明な条件，またエネルギー供給ネットの運用事業者がその事業者の内部又は結合又は提携している事業者に対して適用するよりも不利益ではない技術的及び経済的な条件で，需要者をそのネットに接続しなければならないとする原則が定められている（17条1項）。17条1項は，原則

として，最終消費者のためのネット接続の請求を認める規定であるが，その他の電力及びガス供給者，発電施設等についても同様に認められる。連邦政府が法規命令によって，ネット接続についての技術的・経済的条件，又は条件について，具体的に規制官庁が定めることができる場合がある（同3項）。最終消費者への一般的供給のエネルギー供給ネットを営んでいる市町村地域のエネルギー供給ネットの経営者は，低圧による最終消費者のネット接続についての一般的条件及び最終消費者による接続の利用についての一般的条件を公表し，すべての者にこの条件で当該エネルギー供給ネットに接続しなければならず，またエネルギーを受け入れるための接続の利用を承認しなければならないとされる（18条1項）。

また連邦政府は，法規命令によって，低圧ネットに接続した最終消費者に対する適切な一般的条件を決定することができ，その際にエネルギー供給ネットの運用事業者と接続する最終消費者の利益に配慮して，①ネット接続の構成と維持に関する規定及び接続利益の条件を統一的に決定することができ，②契約の締結及び接続利益の法関係の規制，接続した顧客の所有権が移転する場合にはネット接続契約の移転に関する規制，契約の対象と終了，又は接続利益の法関係に関する規制を行うことができ，③関係者の権利と義務を統一的に決定することができるとされている（18条3項）。

(2) ネット利用（Netzzugang）

ネットの利用というのは，上記のネット接続ではなく，エネルギーの託送（transport）についてのネットキャパシティの利用についての請求を意味し，このネット利用においては，エネルギー供給に機能するエネルギー電線の共同利用権が問題となる。ネットの利用については，エネルギー供給ネットの運用事業者は，すべての者に，実質的に正当な基準に従って，差別的でないネットの利用を保障し，基本契約を含む条件及びそのネットの利用の経費をインターネット上で公表しなければならない。エネルギー供給ネットの運用事業者は，効率的なネットの利用を確保するために必要な範囲で協力しなければならない。さらにネットの利用者に，効率的なネットの利用にとって必要な情報を提供しなければならない（20条1項）とする原則を定めている。そのためには，電力

の最終消費者又は供給者は，そのネットから電力を引き出し又はそのネットに電力を供給することになるネットを所有するエネルギー供給事業者と契約を締結しなければならず（ネット利用契約），供給事業者とネット利用契約を締結した場合には，その供給事業者は，特定の利用箇所と接続することは必要でない（供給包括契約）とされる。

　ネット利用の条件と料金は，妥当かつ差別のない，透明なものでなければならず，エネルギー供給ネットの運用事業者の内部又は結合するあるいは提携している事業者のネット利用について適用され，かつ実質的に又は計算上請求される条件や料金よりも不利益なものであってはならないとするのが，ネット利用の条件と料金についての基本原則の定めである（21条1項）。

　また，料金は，効率的な，構造的に比較可能なネット運用事業者の料金に対応すべき事業経営の経費という基本原則に基づいて，効率的な行為をもたらすための誘引を考慮した純粋な元金保護の原則及び投下した資本の妥当かつ競争可能で，危険負担に対応する利回りに配慮して形成される（同2項）。ネット利用の料金が，同2項の定める事業経営の経費に基づくことを確保するために，規制官庁は，ネット利用の料金，エネルギー供給ネットの利益と経費の比較を定期的に行うことができる（比較手続）。経費重視の料金設定が行われ，料金が認可された場合には経費の比較のみが行われる（同3項）。

　また，効率的な行為実現のための誘引による調整（Anreizregulierung：誘引・インセンティブ規制）についての規定を設けて，料金決定に関して，いわゆるプライス・キャップの原則に基づくネット利用料金の導入を定めたことに，改正法の一つの特徴が認められる（21a条）。この新しい料金決定の方法は，当初は，2008年から具体化することとされた。このことと関係して，それまでの間，ネット料金についての認可申請手続における料金変更の措置は一切採らないことという運用がされており，その根拠として，インセンティブ規制による料金設定への転換が2008年から推進されることが挙げられた。

　かかるインセンティブ規制の導入の背景には，経費重視の料金規制のモデルに対する様々な批判があった。すなわち，経費重視の料金規制は，規制官庁の著しい情報不足のもとでのみ行われること，逆の立場からは，経費重視の規制は事業活動に対する強度の介入を意味すること，投資政策への影響，官庁によ

る投資管理に連なることであり，批判の中心は，経費重視の規制により突出した経費の算定は阻止され得るが，経費を引き下げるというインセンティブが機能しないことであった[1]。このような事情を背景に，インセンティブ規制の導入及びその導入手法が提案された。これにより，29条1項（決定と認可の手続き）に従って，21a条6項によって定められる連邦政府の法規命令に基づくネット利用に係る条件及び手法を，規制官庁が決定する。21a条を受けて，2007年11月6日に，インセンティブ規制規則（ARegV・Anreizregulierungsverordnung）が発効し，2009年1月1日からインセンティブ規制の方法でネット利用料金が形成されている。

既に述べたように，20条1項に基づき，エネルギー供給ネットの運用業者は，原則としてネット利用を認めなければならず，ネットの運用業者は，ネット利用者に対して適切な料金のみを計上できる。23a条がネット利用料金の認可申請を規定し，21a条1項のインセンティブ規制の他に，21条（ネットの利用についての条件及び料金）が，ネット利用の料金形成の基本原則を規定しており，エネルギー経済法における料金規制の中心規定となる。インセンティブ規制の核心は歳入キャップ（レベニューキャップ）の導入である。21a条2項によれば，インセンティブ規制は，効率性基準の考慮のもと，いわゆる上限の基準を通して行なわれ，その場合，この上限は，インセンティブ規制規則に従いネットの運用事業者に認められる総利益である。

6 規制官庁の新設と濫用規制

(1) 連邦規制官庁の新設

「団体協定」を中心とした電力産業をめぐるルールが行われていた2003年末までは，規制官庁のない電力産業というのが，ドイツにおける電力産業の特徴であった。ネット運用事業者の数が多く，それに市町村営電力事業者が多く含まれ，個別事業者に対する規制が物理的に不可能ということが根拠であると指摘されており，経済省の見解も，いわば裏方としての行為といえ，「団体協定」についての行政指導がその中心であるとされていた。これに対して，EC電力

---

1) Ruge「Schneider/Theobald Recht der Energiewirtschaft 第3版」（2011年）1072頁。

指令による行政機関による直接規制の要請が契機となって，規制官庁を設置せざるを得ない状況になり，改正エネルギー経済法は「団体協定」から規制官庁による規制への転換を主たる内容とすることになった。

この規制官庁としては，既に存在している電気通信及び郵便についての規制官庁である「連邦ネット庁（Bundesnetzagentur）」に権限を追加する形で設けられ，ネットにかかる法的監督と電力産業分野についての監督を行う連邦上級官庁とされる（54条）。

(2) 連邦規制官庁の規制権限

エネルギー経済法4章は，連邦規制官庁の権限及びサンクションについて定めており，実体法的な面でも新しい濫用規制制度が，手続法的な面でも連邦規制官庁による具体的な規制手続が定められている（25条～30条）。

(i) 連邦規制官庁のネット接続・利用条件の認可

連邦規制官庁は，エネルギー経済法17条3項，21a条6項及び24条の定める法規命令にしたがって，ネット接続とネット利用の条件と方法に関する決定を行い（29条1項），またそれを修正する権限を持つ（同2項）。規制官庁は，この決定又は認可のための手続を，連邦上院の同意を得た法規命令によって詳細に定めることができる。その際に特に，規制官庁の決定がカルテル庁との協議を経て行われることを定めることができる（同3項）。

(ii) ネット運用事業者の濫用行為

規制官庁の権限について注目する必要があるのは，ネット運用事業者の濫用行為とその規制手続及び規制官庁の具体的な対応についての制度である。

まず，ネット運用事業者の市場地位の濫用（市場支配的地位の濫用ではない）が禁止される（30条1項1文）。この濫用は，特に，エネルギー供給ネットの運用事業者が次の行為を行う場合に認められるとして，6つの行為を挙げている。この中でも，一般的な濫用禁止を定める30条1項2号は，主として競争制限防止法19条及び20条に方向付けられている。

① 2章及び3章の規定又はこれらの規定に基づいて制定された法規命令を守らないこと（30条1項1号）。

② 他の事業者を直接又は間接に不当に妨害すること，又はその事業者の競

争可能性を実質的に正当な根拠なしに，著しく阻害すること（同2号）。

③　他の事業者を同種の事業者に対して，実質的に正当な根拠なく，直接又は間接に異なって取り扱うこと（同3号）。

④　自己自身又は3条38号にいう結合事業者に，エネルギー供給ネットの運用事業者者がそのより不利な供給を実質的に正当なものであることを立証しない場合には，その内部で利用される又は市場に提供される商品・役務を，他の事業者に，商品・役務の利用について又はそれらの事業者と関係する商品又は事業活動に提供するより有利な条件又は料金で提供すること（同4号）。

⑤　実質的に正当な根拠なしに，有効な競争において高度の蓋然性を持つ条件と乖離するネットの利用の料金又はその他の営業条件を請求すること（この場合に，特に比較市場における事業者の行為及び21条の定める比較手続に基づく結果が考慮されなければならず，関係事業者に与えられた23a条に基づく認可の上限を超えない料金，また21a条の定めるインセンティブ規制の場合には，規制期間について定められた上限を超えない料金は，実質的に正当なものとされる）（同5号）。

⑥　当該事業者がその条件を自ら比較できる市場において同種の需要者に請求する場合に，より不利な料金又はその他の営業条件を求めること（違いが実質的に正当化される場合を除く）（同6号）。

　(iii)　規制官庁による濫用規制

　規制官庁は，その地位を濫用するエネルギー供給ネットの運用事業者に，30条1項に違反する行為を中止することを義務づけることができる。規制官庁は，当該事業者に，違反行為を効果的に停止するために必要なすべての行為を課すことができる。規制官庁は，特に，

①　形成された料金又はその適用及びネットへの接続のための条件の適用及び承認された又は確定された方法によるネット利用の確保又はそのために設けられた規制に違反している場合には，変更を命ずることができる。

②　違法に拒絶されたネットへの接続又はネット利用の場合には，ネット接続又はネットの利用を命ずることができる。

として，濫用規制の具体的な手続を定めている（30条2項）。

　また，規制官庁の特別な手続として，エネルギー供給ネットの運用事業者の行為によってその利益が著しく影響を受ける者及び団体による規制官庁に対す

る審査請求の制度が設けられている（31条1文）。請求が適法に行われた場合には，規制官庁は違法行為の存否及びその行為が23a条に基づいて認可された場合にはその行為と認可された条件及び方法との合致の程度について審査しなければならず，場合によっては認可の取消しのための前提の存否を検討しなければならないとしている（31条2文）。またこの審査請求が，消費者センター，公的な手段で援助されている消費者団体によって行われた場合には，その決定が多数の消費者に影響し，それによって消費者の利益が全体として著しく影響を受けている場合には，同条1文の意味において著しく影響されることになると定めて，消費者団体による請求を取り立てて認める規定が設けられている（同3文）。

事業者による違法行為に対しては，経済的利得を得た場合の没収，差止め請求及び損害賠償責任などについての定めが設けられている（33条）。

以上のように，エネルギー経済法では，規制官庁の役割が中心となり，基準の設定について，法規命令の細則の決定及び法律違反に対する措置についての権限が，全面的に認められることになる。

7　最終消費者に対するエネルギー供給義務

エネルギー供給事業者（電力供給事業者）は，その事業者が家計顧客に基本供給を行うネット領域について，低圧による電力供給の一般的な条件と一般的な価格を公表しなければならず，またそれをインターネットで公表しなければならず，またこの条件と価格で家計顧客に供給しなければならない。供給がエネルギー供給事業者にとって経済的な根拠から期待できない場合には，基本供給の義務は存在しない。この基本供給者は，一般的供給の一ネット領域における大部分の家計顧客に供給するエネルギー供給事業者である（36条1項）とするのが，家計顧客に対する供給にかかる基本的な規定であり，このことを前提とした各種の規定が設けられているが，改正前の料金についての州政府の認可制度は設けられておらず，原則として供給事業者の自由にゆだねられているが，一般的価格の形成を1条1項に配慮して規制する法規命令を定めることができることが定められている。また一定の範囲での契約締結についての規制を法規命令によって行う可能性も定められている（39条1項）。

8 競争制限防止法との関係

　改正後は，特に競争制限防止法との関係についての規定を設けて，この点についての法律上の組合せは，一応明示されたものと考えられる。58条と111条が，カルテル庁との協力及び競争制限防止法との関係についての規定であるが，特に111条によるカルテル庁の権限に関する規定が重要である。

　111条は，「競争制限防止法との関係」として，特にネットの接続と利用をめぐる規制について，連邦カルテル庁の権限を大幅に制限する規定を設けており，この部分については，競争制限防止法の適用除外ともいえる制度である。

　すなわち，同条1項は，「競争制限防止法の19条と20条は，この法律又はこの法律に基づいて制定された法規命令によって，明白に設定された規制が設けられている場合には適用されるべきではない」として，ネットの接続と利用に関係する競争制限防止法の適用を，この条項に基づく法規命令が制定された場合について排除することとしていることに，従来とは違った展開がみられる。

　この1項の意味における完結した規制は，次のものが含まれるとして，ネットの接続・利用に関するものが挙げられている。具体的には，エネルギー経済法3章の規定及び3章の規定に基づいて制定された法規命令であって，それが競争制限防止法の規定との関係で，明白に設定されたものとされている場合を挙げて（111条2項），競争制限防止法の適用が排除されているのである。

　また，連邦カルテル庁の競争制限防止法19条又は20条，ヨーロッパ機能条約102条に基づく手続において，それが最終需要者への供給についてのエネルギー供給事業者の価格と関係するもので，その具体的な計算上の構成要素が，エネルギー経済法20条1項にいうネットの利用料金であり，有効に発効している規制官庁の決定又は判決が異なった判断をしていない場合には，エネルギー供給ネットの経営事業者によって同項に従って公表されたネットの使用料金は，合法的なものとして前提されなければならないとして，連邦カルテル庁がこの部分についての判断を行うことを排除することが定められているのである。これが，一般法としての競争制限防止法の電力産業分野についての規制を制限するものであることは明らかであり，この点については，競争制限防止法とエネルギー経済法の判断基準と規制の根拠が異なっていることを考えると理論的

に問題が残り，同時に新設された連邦ネット庁の電力分野における人的な面を含めた規制能力とも関係して，将来に問題を残すことになるとも考えられる。

9　最終需要者に対する電力料金と市場支配的地位の濫用規制をめぐる問題点

　最終需要者に対する電力料金については，前述のような公開義務が課されているが，改正前のような州の担当部局による認可制度は設けられておらず，供給事業者の決定に依存することになっている。したがって，競争制限防止法に基づく市場支配的地位の濫用規制によって規制される可能性は残されていることになる。

　ここで問題になるのは，最終需要者，特に家計需要者に対する料金の構成である。連邦ネット庁の 2006 年の年報によれば，産業関係顧客と家計顧客についての電力料金の構成は，次のようになっている。産業関係顧客の場合ネット利用料金 14.84％，電力自体 53.33％，税金・公的負担 31.83％ となり，家計顧客の場合については，ネット利用料金 38.64％，電力自体 23.77％，税金・公的負担 37.59％ である。この数値からすると，ネット利用料金は，認可と連邦ネット庁の濫用規制の対象となっており，電力料金の如何によってのみ，多くは地域独占と考えられる市町村営の電力供給事業者について，その市場支配的地位の濫用が問題となるにとどまることになる。この場合に，上記のように電力料金の構成からみると，料金全体の 23.77％ についてのみが問題とされることになる。連邦カルテル庁による市場支配的地位の濫用規制の可能性は，極めて少ないと考えられ，このことが，次に述べる競争制限防止法改正案とも関係する。他方，産業関係顧客の場合には，電力自体の比重は極めて高いが，電力供給事業者間の競争がかなり活発に行われており，供給事業者の変更も容易であることから，電力供給事業者の，市場支配的地位の認定は困難であることも考えられる。

III　競争制限防止法改正案について

　2006 年 11 月 7 日に，ドイツ経済技術省は，競争制限防止法の改正案を公表した。この改正案は，エネルギー産業及び消費生活物資の市場における市場支

配的事業者による価格濫用に対する規制条項の新設を内容とするものであり，この提案をめぐっては，各方面からの論議が行われた。

　この改正案の意図するところは，「エネルギー分野においては，様々な方法によって市場における強力な事業者が，競争と消費者を脅かしている」ことが特徴であるとすることから，法案の説明が始まっている。エネルギーネットの前後にあるエネルギー市場では，有効な競争が従来十分な程度に発展していない。エネルギー価格の現在の水準は，本来のエネルギーのコストの展開によっては，十分に根拠づけることができないものである。濫用規制に関しては，この分野における価格濫用に対してカルテル官庁の有効な対応を確保するためには，カルテル法の装置を強化する必要があるということであった。

　価格濫用は，濫用規制の要件の強化と価格濫用の監視にかかるカルテル庁のための容易化で対応されるべきであり，新しいエネルギー経済についての濫用規制要件の導入によって，カルテル庁の介入可能性の効果は向上することになる。さらには，競争制限防止法とエネルギー経済法の構成上の誤解を是正し，競争制限防止法81条の過料が法的安定性の根拠から明白になる。この改正によって，連邦カルテル庁と州のカルテル官庁の負担の増加をもたらすことになるが，エネルギー分野における厳格化された濫用規制の適用は，消費者と経済の経費削減という傾向に連なるとして，次のような競争制限防止法29条の条項が提案されたのである。

　　エネルギー経済法29条
　ある市場において，単独に又は他の供給事業者と一緒に，市場支配的地位を占める電力，ガス又は遠隔暖房の供給者（供給事業者）として，
　①　他の供給事業者の取引条件又は比較可能な市場の事業者よりも不利益な料金，料金の構成部分又はその他の取引条件を求めること（その差が著しくない場合も含まれる），
　②　コストを不当に上回る料金を請求すること，
によって，その地位を濫用することは，事業者に禁止される。

　供給事業者によって，その差異が客観的に正当であることが立証された場合には，濫用とはされない。その範囲では，競争において認められると考えられるコスト及びコストの構成要素は，この規定の意味する濫用の判断に際して考

慮されるべきではない。19条及び20条は影響されることはない。

　この改正案に対しては，批判的な見解が圧倒的であった。現行の市場支配的地位の濫用規制規定で十分であること，立証責任の転換による連邦カルテル庁の負担の軽減が他の条項とアンバランスであること，また，改正案の定める構成要件が不明確であること，などが主たる内容である。ただ前述のような電力料金の構成を考えると，かかる改正案の必要性も認められよう。

　この改正案が立法化され，29条が新設された。電力産業における市場支配的企業が供給する電力の料金等の取引条件について，その差が著しくない場合を含む，比較可能な市場の事業者よりも不利な取引条件が，市場支配的地位の濫用として規制されることになった。特に料金が問題の中心におかれることになる。さらに，この条項は，比較可能な他の市場の事業者よりも，著しくない差がある場合も禁止の対象とし，この場合には，供給事業者が，その差が実質的に正当であることを立証した場合には，濫用とされないとして，実質的には，立証責任の転換を内容とすることによって，カルテル官庁の負担の軽減を図っていることにもその特徴を認めることができる（29条の詳細は本部3章参照）。

第3章

ドイツ電力市場における複占の強化
――電力市場における複占の強化：E. ON/Stadtwerke Eschwege ケース[1]の検討

柴 田 潤 子

　本件では，E. ON Mite が Stadtwerke Eschwege AG（公営事業者 Eschwege）への持分参加について，カルテル庁が，E. ON と RWE の市場支配的複占が強化されるという競争法上の懸念から集中計画を禁止し，最高裁によってこれが支持された。

I 事実の概要

　(1) E. ON Energy（当事者1）は，E. ON AG（E. ON 株式会社）の100％子会社であり，この間 E. ON Mitte AG に改称した EAM エネルギー（当事者2）の73％の株式を保有している。EAM は，Eschwege 市（当事者3・以下，E 市）から，公営事業者 Stadtwerke Eschwege AG（当事者4・以下，SW という）の33％の持ち分取得を企図した。E. ON Energy は，この取得計画を2003年1月27日にカルテル庁に届出た。
　(2) SW は，E 市と境界の自治体における最終消費者に電力，ガス，温水及び水を供給している。その他に，2つの地域電力供給業者に電力を供給している。従来 SW は，殆ど例外なく電力を EAM から購入している。2001年，SW のガス，水及び温水の売上げは2700万ユーロ弱である。
　(3) EAM は，ヘッセン州において地域の電力ガス供給者として活動してお

---

1) 2010年11月11日最高裁判決（WuW/DE-R2451）。

り，E. ON コンツェルン事業者から電力を購入し，ガスを Gasunion から購入している。これには，E. ON コンツェルン（以下，E. ON という）が間接的に持分参加をしている。EAM は，公営事業者だけでなく最終消費者にも供給している。2002 年の売上は 880 万ユーロである。

(4) 連邦カルテル庁は，2003 年 9 月 12 日，当該集中を禁止した。理由は，E. ON と RWE は，再販売事業者（weiterverteilern）及び産業用大口顧客への電力供給に係る市場において市場支配的複占を形成し，それは，EAM が SW に少数参加することにより強化されるということである。EAM と E 市の間で締結されたコンソーシアム契約に基づき，SW は EAM の供給者の地位を強固にすることが考えられる。また，当該集中によって，SW の大口顧客における市場シェアが複占のコントロールに入ることになるであろう。結果的に，Gasunion のガス市場における市場支配的地位は強化される，なぜならば，EAM は，SW が今後も同様に Gasunion からガスを購入するように尽力することが予測される。

II 判決要旨

1 集中要件

集中要件の充足は問題ない。カルテル庁が，37 条 1 項 3 号 b の持分取得の要件[2]を充足するとした判断は適切である。

2 関連市場

関連市場は，発電及び輸入事業者側の第一段階の電力販売に係るドイツ連邦全域に及ぶ市場である。

関連市場の画定について，カルテル庁の決定では，三段階の市場構成を出発点とした。すなわち，発電及び輸入事業者が活動する第一段階，地域電力供給事業者とその他再販売事業者からなる第二段階，そして最終消費者の第三段階

---

2) 後掲III 2 (3)参照。

である。高裁は，当該手続の間に実施された市場データが市場構造の変化を示しているとして，4つの垂直的統合事業者である E. ON, RWE, Vattenfall Europe, EnBW が，自己の小売事業者を通して再販売市場で活動していることを指摘した。加えて，地域及び地方の電力供給者及び大規模な公営事業者による共同購入は，さらに他の小売業者に再販売するための電力購入であるとした。

このように述べて，高裁判決では，電力の第二段階の事業者は考慮されず，そしてその限りで第一段階の販売市場を基準として市場画定すべきであるとした。事実上発電されかつ消費されている電力量との間には実質的に乖離がなく，電力は貯蔵可能ではないこと，連結点のキャパシティーが少ないために競争能力のある電力輸入は生じていないことから，後に続く取引（小売）段階は，発電及び輸入業者による第一市場において決められる供給量及び価格に依存する。電力の単なる取引（小売）は，このため，電力市場にとっての独自の競争上の機能を持たず，結果的に本件で必要となる市場画定において，留意する必要はないとした。

地理的観点から，第一販売市場は，ドイツ連邦規模で捉えられ，最高裁もこのような市場画定を支持した。電力市場における市場画定は，実体的に供給される電力量が基準となり，このため，発電事業者及び輸入事業者のみが供給者として登場する，電力の第一販売市場が存在する。また，単なる電力卸事業者は，当該市場における供給者とは捉えられない。

高裁による商品及び地理的市場画定は，需要者コンセプトを出発点としている。それによれば，関連する供給市場は，特性，利用目的，及び価格状態に基づき需要者の観点から，自己の一定の需要を満たすために代替可能であるすべての製品が考慮される。

当事者の主張によれば，段階的な供給の第一段階としては，第一販売市場ではなく，電力卸市場を出発点とすべきである。その場合，供給者サイドには，発電事業者及び輸入業者の他に，再販売の目的で，自身で発電・輸入を行わないけれども，他の方法で電力を購入する電力小売業者が含まれることになる。

最高裁は，上記の主張を斥けた。需要市場コンセプトは，当該事業者が直面する競争圧力を検討するための単なる補助的なツールにすぎない。事業者が市場支配的であるかどうかの評価にとって，決定的であるのは，事業者の行為余

地が競争によって十分にコントロールされているかどうかである。需要市場コンセプトが，個別事例における議論に適していない場合には，修正が必要となる。このことは，とりわけ，さもなければ商品である電力が適切に捉えられない場合に当てはまる。

ドイツで取引される全電力量は，発電及び輸入事業者によって，何よりも垂直的事業者4者によって確定される。電力輸入は，この場合，高裁の認定によれば，わずかな意義を持つにとどまる。輸入は，国内電力販売の10%以下であり，連結点の限定的なキャパシティーのため，増加傾向も認められない。再販売事業者は，発電及び輸入事業者から電力を購入し，それを供給することになる。

ここから，再販売事業者は，発電及び輸入事業者に対し何ら重要な競争的圧力を行使できないと理解される。電力は貯蔵できず，輸入可能性は限定的であること，そして他の生産者による代替可能性は無視しうる程度にすぎないことから，第一販売市場における発電及び輸入事業者による価格設定が，再販売市場における価格水準を左右する。電力卸事業者は，発電及び輸入事業者によって設定される価格をいずれにしても短期間下回ることができるが，その場合，損失を伴う供給になるであろう。

その他に，ライプチヒエネルギー取引場（ヨーロッパエネルギー取引場，EEX）ないしは"over the counter"（OTC）を通して，電力は容易に調達できるという主張がある。しかしながら，この場合にしても購入した電力が配電電圧の形態で実体をもって供給されない限り，発電及び輸入事業者によって供給される量のみが捉えられる。競争にとって決定的であるのは，どの程度の電力量が国内の市場において事実上自由に利用できるかということである。外国の電力供給者は，ドイツ市場において優勢に立つことを目的として，ドイツで国内の供給者よりも明らかに安い価格で，相当量の電力を供給することはできない。すなわち連結点の限定的キャパシティーのため，外国の発電所から供給を受ける電力は限られており，販売するための電力は国内でカバーされることになる。

結論として，地理的市場画定は，ドイツ連邦全域に及ぶ第一販売市場である。ヨーロッパ全域という画定は，連結点の限定的キャパシティーから採用されず，ヨーロッパ全域での競争は生じていない。

3　市場支配的地位

E.ON 及び RWE は，当該画定市場において市場支配的複占である（競争制限防止法 19 条 2 項）。

(1)　寡占当事者の内部関係について

(i)　E.ON と RWE の間に何ら実質的な競争がないことについて

構造的な競争条件の包括的評価を基準として，両者のコンツェルンは，以下の通り，競争制限的な並行行動の契機となる多数の構造的な共通点を示している。すなわち，①両者はそれぞれ垂直的に統合しており，電力だけでなくガスを提供し，電力託送ネットワークの圧倒的部分の所有者であり，かつ大規模な国内の火力発電者である STEAG 及び 13 の電力供給事業者を通して結合している。②自己の発電所，共同の発電所への持ち分，そして垂直的統合事業者である Vattenfall と EnBW 並びに他の発電者と比べて，長期的に契約上確定された発電サービスについて，圧倒的に高い発電キャパシティー及び純発電の高いシェアを持つ。カルテル庁による 2003 年のデータ調査では，E.ON と RWE の発電キャパシティーは 52％ となっており，純発電シェアは 57％ となっている。これに対して Vattenfall/EnBW においては 30％ ないしは 29％ である。③電力の同質性，イノベーション余地が僅かであること，及び販売価格の透明性が加味される。カルテル庁のデータ調査が明らかにするように，E.ON と RWE の間には何ら顕在的にも実質的競争は存在しない。④ 2003 年の顧客増加率，すなわち顧客転換を示す指標は，再販売業者においては 1％ 以下，大規模顧客においては 4％ 以下であり，2004 年も実質的に変化はない。ディストリビューション（小売）段階の顧客転換は，これに対して考慮すべきではない。というのは，E.ON と RWE 間の競争を立証するのには適していないからである。

寡占の競争関係の認定基準について，全ての状況の包括的検討とりわけ市場構造を規定するメルクマールは特別の意義を持ち，市場構造に基づいて，寡占とされる当事者の継続的な統一的行動が予測されるかどうかが検討される。

当事者間で密接な反応的な関係（黙示の協調）が存在するかどうかについて

の決定的な徴表は，市場の透明性及び協調から逸脱する市場行動についての抑止及びサンクション措置である。協調行動から逸脱しないことの契機が必要である。すなわち，各寡占当事者は，市場シェア拡大に向けた競争指向の行為が，他の事業者の側で同様の行為を引き起こすため，かかるイニシアティブからは何ら利益を得られないことを認識していることが出発点となる。一事業者による価格引き下げが，寡占の他の事業者によって即座に認識されて，同様の価格引下げで対応されるため，全寡占当事者の市場シェアが変化しない場合に，価格競争は促進されない。これに関連して，さらに，品揃え，利用技術及びコスト構造に関する参加事業者の対称性，市場参入制限の可能性，市場相手方の購買力及び需要の価格弾力性という観点からの検討が必要となる。すなわち，製品の同質性に基づいて，製品・品質競争が限定的である，ないしは全く考慮されないのかどうか，寡占とされる当事者は組織的に相互に会社法上の結び付きがあるかどうかが意味を持ってくる。その他に，当該市場における寡占当事者の事実上の競争行動が考慮されるべきである。その場合，顧客転換率が僅かであることは，内部競争の不存在を示す徴表と理解される。

さらに，高裁では次のような構造メルクマールが認定された。すなわち，両者の垂直的統合，会社法上の組織的関係，電力製品の同質性，発電キャパシティー及び純発電量における高い市場シェア，競争者との明らかな市場シェア乖離から，E.ONとRWEの間で協調的関係が予測されるとした。さらに，過渡的である場合があるにせよ，販売価格の透明性が指摘された。これら全ての状況に基づく包括的考慮の枠組みで，内部関係における実質的競争は存在しないという結論が導かれた。

Airtours/First Choiceのケース[3]では，個々の寡占当事者が共同の戦略から逸脱することを妨害するために，第一に，それに応じた市場透明性，第二に，十分な制裁手段を要件とするという基準が示されている。

当事者側では，かかるヨーロッパのケースを引き合いに出して，高裁が市場透明性を詳細に立証していないこと，複占の共通した市場戦略から一方的に逸脱する場合の抑止・サンクション手段を明白に認定していないと主張した。こ

---

[3] 2002年6月6日ヨーロッパ第一審裁判所判決（判例集2002年Ⅱ-2585頁以下）。

れに対して最高裁では，これらは包括的な認定から明らかとなるとした。すなわち，電気が貯蔵可能でないこと，それぞれ事業者の電力設備の限定的キャパシティー，新しい施設の建設において生じる著しい時間及びコストの浪費（消費），そして，電力輸入の限定的な可能性に鑑みて，一発電事業者による価格引き下げは，過渡的には，それによって惹起される需要の増加が，第一には実質的に他方の発電事業者又は後に続く小売における追加購入でカバーされることになる。これに対して，電力製品の同質性に鑑みれば，価格を引下げない事業者には，他の事業者の価格引き下げに追随するか又は顧客を失う選択に立たされる。それをもって，電力の第一販売市場には広範囲な透明性があるといえる。両者のうち一事業者が逸脱する際には，十分な抑止・サンクション措置が存在することが十分に立証される。他方の事業者は，その価格を同程度引き下げることができたであろう。それをもって，全体として低価格が生じるが，両者の事業者の市場シェアは変化なく，価格引下げ自体も割に合わないことになる。他方事業者が，その販売量も減らし，そして競争者の経済力を弱体化させることもできたであろう。しかし，たとえ他方の事業者がその価格を引下げず，その販売量を減らさない場合も，価格競争の可能性は制限されるであろう。価格を引下げた事業者の必要な追加購入は，結果として当初の高い価格となる。しかし，その場合も，価格競争の契機は決定的に不透明である。というのは，価格を引下げる事業者は，価格差別により損害が生じる。

さらに，結合当事者は，産業用電力価格が電力市場の自由化以来，著しく低下していると主張した。しかしながら，最高裁では，基準となる期間2003年以後価格引下げが生じていることを何ら示していないために考慮されなかった。当事者が主張する，電力供給者によるコスト引下げプログラムも，複占者間の競争が存在する推論を正当化しない。これは，事業者の利益又は価値を引上げる努力で容易く説明される。

このようにして，最高裁は，E.ONとRWEの間で取り立てて言うほどの事実上の競争は何ら生じていないという高裁の認定に法律上の誤りはないとした。この結論は，カルテル庁によって審査された僅かな顧客転換率が主要な根拠となっている。

(2) アウトサイダーとの関係・外部競争について

E.ONとRWEは一体としてその競争者との関係で圧倒的市場地位にあるとされた。すなわち，Vattenfall/EnBWとE.ON/RWEの構造的共通性は，複占者間よりも圧倒的に少ない。VattenfallとEnBWは，合計して，35の電力供給者への少数持分参加のみ，他方で，E.ONとRWEはかかる204の事業者に持分参加している。VattenfallとEnBWは，電力とガスを一手に供給しておらず，電力キャパシティーと純発電量の市場シェアは明らかに低く，E.ON/RWEの44，49.6％と比べ，約27％に過ぎない。また，両者は金融力も弱く，発展する可能性は低い。さらに10の公営事業者と地域供給事業者におけるE.ON/RWEとEnBWの間の結びつき，及び3つの共同発電所におけるE.ONとVattenfallの間の結びつきによって，競争は困難となる。

独立系の発電所に対して，複占者は圧倒的市場地位を有する。ここでは，結合しておらず，そのため競争圧力とならない中小事業者との関係である。

E.ON及びRWEとの外部競争は事実上生じない。E.ONとRWEは，2000年以来確かに市場シェアを失ってきている。しかしながら，これは，E.ONとRWEの間の第一販売市場における競争を肯定するものではない。なぜならば，全ての電力小売業者は，電力を発電事業者から購入することに依拠している。これは，Vattenfall及びEnBWにも当てはまる。かかる認定を最高裁も支持している。

寡占内部競争の存否の認定と同様に，寡占の外部に対する競争地位の検討においても，全ての状況の包括的検討が行われる。すなわち，寡占の共同の市場シェア，次に強力な地位にある競争者との格差，異なる企業組織構造，存在する競争状況の検討が重要であるとして，以下のように高裁が認定した。

まず，E.ON/RWEの高い市場シェアとVattenfall/EnBWの市場シェアとの明らかな格差が認められる。確かに，E.ON/RWEの市場シェアが，19条3項2文2号の推定基準を上回ることは認定されていない。しかし，いずれにしても，49.6％という純発電量は，推定基準にかなり接近しており，包括的評価において考慮されるべきである。

さらに，市場シェアのみを基準としているのではなく，それ以外の状況が考慮されている。すなわち，Vattenfall/EnBWの垂直的統合は限定的であり，

電力市場に限られていること，弱い金融力，発展可能性が低いこと，そしてE. ON/RWE との結合である。この市場構造から，複占者である E. ON/RWE と Vattenfall/EnBW との間の活発な競争が予測できないとする評価は可能である。

　加えて，電力に係る第一販売市場における E. ON/RWE とその他の供給者との間では，事実上僅かな競争が存在するに過ぎない。その場合，第一販売市場における発電者と輸入事業者の間の僅少な顧客転換率を基準とすることは適切であり，そこからは，実質的競争を否定する徴表が認められる。

　これらすべての状況から，高裁は，法律上の誤りなく，E. ON/RWE の複占が，電力第一販売市場においていずれにしても圧倒的な市場地位を有しているという結論を導いているとされた。

　なお，E. ON/RWE の複占のみでなく，E. ON, RWE, Vattenfall, EnBW の寡占が存在するかどうかについては，高裁では検討されていない。この問題については，届出された集中計画の認否においては重要でないので，言及する必要はないとされた。

4　市場支配的地位の強化

　EAM と SW の間の集中によって，E. ON と RWE の市場支配的地位が強化されることが予測される。

　高裁の認定によれば，EAM と SW 間のコンソーシアム契約の内容から，以下のような幾つかの蓋然性が存在する。すなわち，集中によって，EAM の販売地域が長期的に確保され，そして，戦略的連携の枠組みで，SW の重要事項が EAM と地方公共団体との間で前もって合意されるであろう。地域又はローカルな電力供給者への数多くの持分参加を手段として，その販売地域を長期的に確保し，潜在的競争を阻止することを試みている。

　市場支配的地位が集中によって強化されるかどうかは，集中がなければ優勢である競争条件と集中によって形成される競争条件との比較を行ない判断されるが，一定のレベルの知覚可能性に依拠するものではない。むしろ，高い集中度を伴う市場において，既存ないしは潜在的競争の僅かな侵害で十分である。法的ないしは事実上の状況から，市場支配的事業者又は寡占にとって，確かに

必然的(強制的)ではないが,しかし,有利な競争条件を生み出すいくらかの蓋然性があること,すなわち,潜在的競争を阻止し競争行動が妨害されるという懸念が生じ,又は高まることで十分である。寡占の市場支配的地位は,原則として,寡占当事者の一者のみの販売可能性が改善されること自体で,既に強化されると捉えられる。

ここでは,EAMとE市の間で締結されたコンソーシアム契約を取り上げて,EAM及びそれに伴うE.ONによる,SWの会社経営政策への影響が検討される。すなわち,EAMが,将来の電力供給契約の分配において,競争者の供給について見通し・認識を得る懸念,EAMは自己の供給行動をそれに調整できることは,E.ONの競争地位を有利にするメリットを意味する。当該事業者が,公営事業者及びその他の電力供給者への少数参加を通してその販売ルートを長期的に確保するという経営戦略を追求することが重視され,最高裁も,E.ON/RWEの市場支配的地位の強化を認めた。

ここでは,36条1項2にいう集中による競争条件の改善は生じないとされた。
なお,電力大口顧客市場及びガス市場においても,36条1項の集中禁止が充足されるかどうかは,高裁と同様に判断しなかった。

Ⅲ ドイツにおける集中規制(寡占的市場支配)について

1 ヨーロッパ集中規制との関係

競争制限防止法35条3項は,FKVO(ヨーロッパ集中規則)22条2項によって,EU法上欧州委員会の排他的管轄権が根拠づけられる場合には,ドイツの集中規制は適用されないことを規定する。FKVO第9条3項及び5項によって,欧州委員会が連邦カルテル庁に指示する場合に,競争制限防止法の権限が連邦カルテル庁に認められる。

2 競争制限防止法による集中規制の概要

(1) 集中規制の適用範囲
集中規制は,以下の場合に適用される(第35条第1項)。

① 集中以前の最終事業年度において，参加事業者が全世界における年間売上高の合計が5億ユーロ超である場合であって，

② 少なくとも一の参加事業者がドイツ国内において2500万ユーロの売上高を有する場合

ただし，①最終事業年度の全世界における売上高が1000万ユーロ未満である事業者が他の事業者と集中する場合であって，②少なくとも過去5年間にわたって商品又は役務が提供され，かつ，最終暦年において1500万ユーロ未満の売上規模の市場である場合は，適用されない（同条第2項）。

(2) 禁止される場合

合併，株式・資産の取得等の企業結合により，市場支配的地位が生じ，又は強化される場合には，当該企業結合は禁止される。ただし，当該企業結合により競争条件が改善され，この改善が市場支配の弊害よりも大きいことを当事者が証明した場合を除く（第36条1項）。

(3) 集中の定義

集中とは，次のものをいう（第37条第1項）。

① 他の事業者の資産の全部又は重要部分の取得

② 単一又は複数の事業者による単一又は複数の他の事業者の全部又は一部に対する直接的又は間接的な支配の獲得

③ 他の事業者の持分の取得であって，当該持分取得によって又は既にその事業者に属する持分と合わせて，他の事業者の資本又は議決権の50％（a号）又は25％（b号）に達する場合

④ 単一又は複数の事業者が直接的又は間接的に他の事業者に対して競争上重要な影響を及ぼし得る，その他のあらゆる事業者の結びつき

(4) 集中の事前届出義務

規制対象となる集中は，事前に届出る必要がある（第39条第1項）。連邦カルテル庁は，重点審査を開始する場合には，届出者に対し，届出受理後1カ月以内にその旨を通知しなければならず（第40条第1項），また，連邦カルテル

庁は，届出後4カ月以内に限り当該企業集中計画を禁止することができる（同条第2項）。

なお，当事会社は，届出に係る手数料として最高5万ユーロを連邦カルテル庁に対して支払わなければならない（具体的な金額は，当該合併の経済的重大性を考慮して決定される）。

(5) 連邦経済技術大臣による許可

個別の事例に関し，統合によって経済全体にもたらされる利益が競争制限を凌駕する場合，又は結合が顕著な公共の利益により正当化される場合には，連邦経済技術大臣は，申請に基づいて，連邦カルテル庁によって禁止された結合を許可することができる。この場合，この法律の適用領域外にある市場における参加事業者の競争力をも考慮しなければならない。連邦経済技術大臣は，競争制限の程度が市場経済秩序を脅かすものでない場合に限り，許可を与えることができる（第42条第1項）。

許可には，制限及び条件を付すことができる。ただし，これにより，参加事業者に対し長期的な行動規制を行ってはならない。また，本条に基づく許可は，参加事業者が付された条件に違反した場合又は虚偽の届出が行われた場合は，撤回することができる（同条第2項）。

(6) 市場支配的地位

「市場支配的」とは

単独の事業者が一定の種類の商品又は役務の供給者又は需要者として次のいずれかに該当する場合には「市場支配的」であるとされる（第19条第2項）。

① 競争者が存在しない場合又は実質的に競争に直面していない場合

② 競争者との関係で，市場において圧倒的な地位を有している場合。この場合，特に，当該事業者の市場占拠率，当該事業者の資金力，当該事業者の購入市場又は販売市場へのアクセス，他の事業者との結びつき，他の事業者による市場への参入に対する法的又は事実上の障壁，本法の適用領域の内外に所在する事業者による現実の競争又は潜在的な競争，供給又は需要を他の商品又は役務に変更する能力，並びに取引の相手方を他の事業者に変更する可能性が考

慮されるものとする。
　一定の種類の商品又は役務について，複数の事業者の間で実質的な競争が存在せず，かつ，それらが全体として前記の要件を満たす場合は，当該複数の事業者は市場支配的であるとされる。

(7)　「市場支配的」の推定規定
　単独の事業者が3分の1以上の市場占拠率を有している場合は，その事業者は市場支配的であると推定される。
　また，複数事業者が次のいずれかに属する場合には，全体として市場支配的であると推定される（第19条第3項）。
　①　3以下の事業者の合計の市場占拠率が2分の1に達する場合（1号）
　②　5以下の事業者の合計の市場占拠率が3分の2に達する場合（2号）

(8)　19条2項と36条1項にいう市場支配
　36条1項は，19条の2項で定める市場支配概念を集中規制の評価に受け入れている。しかし，19条に関して展開した基準は，事業者が，集中以前に既に市場支配的地位にあったかどうかの認定が問題になっている限りにおいてのみ受け入れられ，このことと集中効果の評価とは異なる。集中によって市場支配的地位が新たに成立したか，ないしは強化されるか及び同時に競争条件の改善が生じるかどうかは，事業者及び市場構造の予測される変化に照らして検討されなければならない[4]。

3　市場支配的寡占

(1)　寡占の外部関係と内部関係に関わる要件
　寡占における共同の市場支配のコンセプトは，少数の事業者がそれぞれ一貫して競争する可能性を持っているにも拘らず，それらの間での実質的競争が認識されず，市場において一定の方法で並行的な行動をとるような市場状況であ

---

[4]　Mestmäcker/Veelken「Immenga/Mestmäcker Wettbewerbsrecht GWB Kommentar zum Deustchen Kartellrecht 第4版」(2007年) 1187頁参照。濫用行為は過去に存在する行為を捉え，集中規制は長期的な構造への効果を問題とし，規定の目的が異なるとする。

る。このような並行行為は，暗黙の協調行為として特徴づけられる。

19条2項2文によれば，複数の事業者が全体として19条2項1文の要件を充たし，寡占内部において実質的競争が存在しない場合に市場支配的であるとされる。寡占の集団の所属については，集団意識ではなく，市場地位の問題となる。

このように，19条2項は，寡占集団の市場支配的地位を外部関係と内部関係に区別している。この区別は，もともと市場支配的地位の濫用規制のために展開したが，集中規制による市場構造の評価に継承されている。これらは相互に独立しているのではなく補完的な評価基準である。並行行為による共同の市場支配は，ライバルの反応を考慮することから生じる。すなわち，外部関係における実質的競争は，原則として，内部関係における寡占的な反応関係を前提とするであろう[5]。

内部及び外部関係における実質的競争の存在の問題は，19条2項2号に応じてすべての基準となる競争関係の包括的検討において検討される。

(2) 市場シェアと寡占の推定規定の意義役割

集中の検討はまず集中当事者と競争者の市場シェアの審査を原則として行う。市場シェアは，集中当事者の支配力を示す重要な指標であり，市場シェアの検討から，集中の潜在的な競争上の問題，詳細な審査の要否の評価が可能となる。市場のシェアは，さらに，推定規定において重要となる[6]。

寡占推定規定（19条3項2文）の文言からは，どの事業者が集団に属するかはオープンである。推定規定は主導的事業者に適用されるべきとされ，寡占集団は，明らかに高い市場シェア持つ事業者に限定されるべきである。

寡占市場における集中禁止は，寡占的市場支配の推定規定（19条3項2文1号又は2号）を根拠にして，従来，市場支配的地位の強化に基づくことが多く，そして，従前の市場構造を広範囲に変化させるのではなく，それを強固にする

---

5) Mestmäcker/Veelken・前掲注1) 1199頁。
6) 連邦カルテル庁「Leitfaden zur Marktbeherrschung in der Fusionskontrolle」2012年3月（企業集中規制に関するガイダンス）10頁。http://www.bundeskartellamt.de/wDeutsch/download/pdf/Publikationen/2012-03-29_Leitfaden_Endfassung_neu.pdf参照。

場合が多い。

　3者を超える事業者による寡占については重要視されず，原則として3者寡占，ないしは複占が問題とされる。当該推定規定は，当該事業者間で実質的競争が期待されること，または他の競争者との関係で，事業者全体が何ら圧倒的な地位を有していないことを立証することにより，反証可能である。

　連邦カルテル庁の運用によれば，この推定規定は，必要とされる審査を実施したにもかかわらず，市場支配の存在が立証されない，又はこれに該当しないことも立証されない場合に，初めて適用されている[7]。これに対して，高裁は当該規定が実質的な立証転換を規定しており，当該事業者が可能な限り反証しなければならないとしつつも，合併当事者の審査能力は限界があるため，カルテル庁が，事実関係について特別に認識があることから，さらに審査を行わなければならないとする判決もあり[8]，立証責任についての理解は一義的ではない。

　寡占推定規定の市場シェア基準は，事業者による競争制限的な並行行為の蓋然性を示す密接な寡占を特徴づける。寡占が密接であればあるほど，そしてアウトサイダーが少ないほど，実質的競争排除の蓋然性が高まる。推定規定の市場シェア基準より実質的に低い程度の集中の場合，当該製品又はサービスが高い同質性を示す透明性の高い市場としても，いずれにしても例外的に並行行為が予測されるにすぎないであろう。しかし，推定規定自体は，高度の集中度を示す市場の現実の競争条件を，完全に規定しているとは言い難い面もある。すなわち，カルテル庁の実務では，多数の事例で寡占の推定が反証されている[9]。

　寡占推定規定が充足される場合，関係する全ての競争条件も合わせて，全体として何ら実質的競争が期待されないかどうかが検討される。中心となる基準である，市場シェア及び市場参入制限に一定の他の競争条件加わり，そしてこれらをもって競争制限的な並行行為の蓋然性を高める組合せが検討される。そのような競争条件の組合せの例としては，密接な寡占，同質的な大量製品，透

---

[7]　企業集中規制に関するガイダンス・前掲注6) 37頁以下。
[8]　「Universitätsklinikum Greifswald」2008年5月7日デュッセルドルフ高裁決定（WuW/E DE-R 2347以下）。
[9]　「Dow Chemical/Shell」（WuW/E BKartA DE-V142）等。

明性のある市場，市場がスタグネーション局面にあること及び高い市場参入制限である。

(3) 市場シェアの推移

関連市場の市場シェアの数年の推移の分析は，寡占の競争過程を明らかにするのに有益である。安定的な市場シェア又は市場シェアの乖離は，競争が弱体化している寡占を示す。とりわけ，例えば，強度の需要後退の様に外部の市場状況の著しい変化にも関らず，市場シェアが常に一定である場合に当てはまる[10]。寡占における市場シェアの変化は，例えば，寡占者のシェアの増加が他の寡占者の減少に基づくのではなく，アウトサイダーのシェア減少に結びつけられる場合に，カルテル庁の理解では，市場支配が肯定される[11]。これに対して，時期によって様々な市場努力を行っていることを示すとされる流動的な市場シェアは，競争的な寡占とされる[12]。短期的な市場シェアの変動は長期的な変動より，競争的徴候となる。

(4) 内部競争

競争条件から実質的な内部競争を予測し得るかどうかは，市場構造を前提にして，寡占当事者の継続的な統一的行為が予測されるかどうかが重要となる。

寡占当事者による積極的な共謀の立証は，寡占的市場支配の何ら前提ではない（連邦カルテル庁・ヨーロッパ委員会）。むしろ，寡占当事者が単に市場条件に適合することが，既に競争侵害的な並行行為につらなることになれば，寡占的市場支配が存在する。カルテル庁は，寡占的市場支配について，以下のような検討の基準を指向している。

すなわち，市場シェアの他に，さらに一連の市場構造ファクターが寡占内部の協調の安定性に影響を与える。すなわち，競争者の数が少ない，相対的に高

---

10) 「Lindner Licht GmbH」（WuW/ E BKartA 2669）．

11) 「Kleinfeuerwerk」（WuW/E BKartA DE-V142）．なお，委員会のケースである（Case COMP/M.1641-Linde/AGA）では，委員会は減少傾向の市場シェアの動きを寡占における実質的競争の兆候としている。

12) 「Xerox/Tektronix」（WuW/E BKartA DE-V328）．

い市場参入制限，市場における規則的な相互作用，十分な市場透明性，製品の一定の同質性，弱い購買力，寡占当事者間の一定の対称性，結合（他の事業者との結びつき），市場条件の安定性が挙げられる。これらの個々のファクターは，市場関係と関連付けられて重要性を持つことになる[13]。

(i) 寡占当事者の関係（対称性）

寡占当事者の事業者属性に関係する構造メルクマールが同一であるほど，競争制限的並行行為に連なりやすい。メルクマールとなる構造要因としては，市場シェアの他に，特に生産能力，金融力，コスト構造である。事業者属性の対称性に関しては，取引範囲及び垂直的統合が重要な意味を持つ[14]。

一般的に，対称的寡占では競争が弱体化する傾向があり，他方，非対称な寡占であっても，寡占における実質的競争を十分に促進するとはいえない。事業者間で相反する利益が生じるところでは，個別に競争行動をとる高いポテンシャルが示される。コストの非対称性は，協調的な利益最大化は異なる利益を意味する。しかし，カルテル庁の理解によれば，寡占の中で市場シェアが非対称であっても，技術及び販売市場へのアクセス及びその生産品揃え等の例えばリソースに条件づけられた対称性が認められる場合には，競争の弱体化が肯定され得る[15]。これに対して，市場シェアの分布が非対称であり，同時に事業者の属性に関する基準，例えば能力，金融力に鑑みて対称性が認められない場合には，市場支配的寡占が否定される[16]。

集中によって寡占が均衡化する場合，具体的事例によっては競争が強化される。しかし，この前提は，集中に参加する事業者が，その結果として，他の寡占当事者に対して客観的に競争能力を高めることである。一事業者が，集中及びそれに応じたリソース取得によって初めて，有効な競争においてマーケットリーダーとして現れ，かつ従来の競争上のデメリットが均衡化される場合，と

---

13) 企業集中規制に関するガイダンス・前掲注6)。
14) 「RWE/VEW」(WuW/E BKartA DE-V301).
15) Merkblatt zur deutschen Fusionskontrolle（カルテル庁解釈指針）2005年（http://www.bundeskartellamt.de/wDeutsch/download/pdf/Merkblaetter/Merkblaetter_deutsch/06MerkblattzurDeutschen_Fusionskontrolle.pdf 参照）。
16) 前掲注9) 参照。

りわけ革新的な拡大傾向にある市場では，集中後も競争制限的並行行為が否定されている。

　(ii)　結合関係（他の事業者との結びつき）

寡占当事者の人的ないしは資本上の結び付きは，競争制限的な並行行為の蓋然性を高める。

　(iii)　安定的な市場条件

市場条件が安定している場合には並行行為の傾向が認められる。市場の発展段階，将来の展開が重要となる。

　(iv)　需要条件

需要が安定している場合には，並行行為が容易となる。購買力ある市場相手方が存在する場合には，暗黙の並行行為は困難となる傾向がある。

　(v)　市場透明性

他の競争者の競争行動が認識できる程度の市場透明性が存在する場合，市場透明性を根拠づける市場構造ファクターとしては，競争者の数，製品の同質性があり，その他に，規制された基準，市場の条件，取引形態（相対・市場）というファクターも挙げられる。

市場透明性に基づき，競争者の競争行動についての情報を得ることができ，それにより協調的行動が容易となる。これらは，明示的な協調的行為を可能にする要素だけでなく，事業者が相互に競争戦略を合図しうる市場条件でもある[17]。市場透明性が高い場合には，例えば，供給者がリストプライス（建値・リベートも含む）又は販売量を公表すれば，比較的容易に寡占的市場支配が認定される。このことが妥当するのは，市場で扱われている一次生産品の市場，又は製品の販売について共通のEコマース（電子商取引）プラットフォームの役割が拡大するような市場である。

　(vi)　商品の同質性

同質的な製品，すなわち複数の供給者が提供する商品は，需要者にとって何ら実質的相違がない場合に，カルテル庁の理解によれば，品質競争は行なわれていないか又は極めて限定的であると捉えられる。同質的な商品においては，

---

17)　前掲注14)参照。

殆どの場合，価格競争の存否は十分かつ確実に認定できない。著しい価格差は，同質的な商品に係る競争的な市場で，市場透明性がない場合にのみ想定しうる[18]。このため，このような市場においては，それ以外の競争の全形態（例えば条件，品質，サービスアドバイス競争など）が，依然として実質的であるか否かが決定的となる。事業者が，同質的商品に係る市場で，残っている行為余地を利用している場合であれば，そこから実質的競争が即認定されるのではなく，有効な競争の存在が認められることが必要である[19]。

製品の差異が重要な役割を果たす市場は，原則として，寡占の並行行為に適していない。この場合，製品開発，又はシステムの展開において，価格や品質競争が可能であり，これらが実質的競争の認定にとって著しい意味を持つ[20]。製品の差異が著しいほど，統一的な寡占価格等の協調的な調整は困難となる。将来の市場展開が不安定であることは，寡占における実質的競争を将来的には確保し得るであろう。

(vii) サンクションメカニズム

寡占当事者が協調行為から逸脱する行為をとる場合，追加的にサンクションを受けることにより，協調行為が安定する。ここにいうサンクションは，他の寡占当事者が協調をもはや維持せず，通常の競争に戻ることとして理解される。この反応が迅速かつ狙いを定めたものであるほど，逸脱行為をとる事業者の利益は少なくなる。これが寡占当事者によって予期される場合には，競争行動に出ることはないであろう。

(viii) 顕在的競争状況

構造メルクマールの包括的検討により，潜在的な寡占当事者間の安定的な協調が予測される場合，その他に，当該市場における事実上の競争状況が検討される。寡占者が，事実上どの程度競争行動をとっているかという問題であり，重要な競争機能がもはや充足されない限り，カルテル庁の理解によれば，寡占における実質的競争の不存在及び寡占の外部によるコントロールを受けない寡占の行動余地が肯定される。

---

18) 前掲注8)参照。
19) 「Texaco-Zerssen」(WuW/E BGH2028).
20) 「Kleinfeuerwerk」・前掲注11)参照。

過去に著しい価格下落が観察され，特に寡占者における著しい市場シェア低下と結びついて，寡占のアウトサイダーによって既に市場参入が生じている又は予測される場合には，実質的競争の欠如の認定が困難[21]となる。

時間の経過とともに寡占者の同一形態の価格設定行為が観察される場合には，革新的な商品が問題となっている場合でなければ，実質的競争の存在は否定される。

たとえ実質的競争が認定されても，寡占的市場支配が存在しうる場合として，この競争が一時的又は地域的に生じている，又は略奪的な性格を持つことが挙げられている[22]。

(5) 外部に向けての競争

集中に関連する市場において，寡占以外に他の事業者（アウトサイダー）が活動している限り，寡占的市場支配は，さらに，実質的競争の欠如又は外部との関係で圧倒的市場地位の存在を前提とする。外部関係における実質的競争の存否は，寡占における実質的競争の認定についてと同様の基準によって検討される。外部の競争者が寡占当事者に対して十分な競争圧力を行使できる場合には，協調行為は原則として不安定であり，維持し得ないであろう。寡占における並行行為にも係らず，外部関係において実質的競争が存在する場合は，寡占当事者が持つ競争上の圧倒的なメリットに基づき，略奪的な競争が問題になっているかどうかが検討されるべきである[23]。従来のカルテル庁のケースでは，外部競争にとっては，競争条件，とりわけ市場シェア，リソースの優越性，寡占者とアウトサイダーの間の経済的依存性，結合，市場参入制限，潜在的競争が重要とされる。アウトサイダーが，法的又は事実上の事由から競争機能を完全かつ自由に行使できない場合には，寡占当事者の行為余地に対するコントロールは行使されないことになる[24]。

中小競争者であっても寡占に対して競争圧力を行使出来る可能性が指摘され

---

21)「Chipkarten」(WuW/E BKartADE-V 267).
22) カルテル庁解釈指針・前掲注 15)。
23)「Burda-Springer」(WuW/E BKartA1923).
24)「Premiere」(WuW/E DE-V53).

ている[25]。

市場参入制限は，自由な外部競争を困難にし，又は妨害する場合には，協調行為の安定性を支える。

4　集中の効果

市場支配的地位の成立の如何は，集中後の競争条件についての包括的検討から，寡占内で将来協調的行動が予測されるかどうかが決定的となる。高い蓋然性を持って，集中前の実質的競争がもはや行われないことが予測されなければならない。

市場支配的地位の強化については，競争条件のさらなる悪化が予測されるかどうかが検討されなければならない。強化の立証程度の必要性は，市場の集中度が高いほど，低くなる。

原則として，集中を通して，関連市場の全体的競争条件の全体像が，集中前と全面的に別の様子に変化することは必要ではない。寡占的市場支配が成立するかどうかの検討については，カルテル庁は，従来存在していた競争が将来もはや確保されないというように，既存の競争条件の一部が少なくとも，集中によって強度に変化するかどうかの検討を重要視している。このことは，例えば既存の市場参入制限において著しく市場集中度が高まる場合である。このため，集中前の実質的競争の立証は，いずれにしても集中後についての徴候となる。集中によって，寡占推定が初めて達成される場合に，寡占的市場支配が成立する蓋然性が生じる。

5　まとめ

寡占的市場支配の検討においては，内部関係と外部関係に係る要件が一応区別されているが，両者は相互に補完関係にあり，重複する検討内容が多い。関連する全ての市場状況に関して必要な評価を行うことに重点が置かれている。

検討の中心は，市場構造的条件であり，ここから寡占当事者間の統一的な協調が予測されるかどうかが問題となる（寡占内部の競争）。重要な検討要素とし

---

[25]　いわゆる marverick firm である。企業集中規制に関するガイダンス・前掲注 6）。

ては，市場の透明性及び協調から逸脱する市場行動についての抑止及びサンクション措置，両者の垂直的統合，会社法上の組織的な関係，電力製品の同質性，発電キャパシティー及びネット電力生産における高い市場シェア，競争者との明らかな市場シェア乖離，寡占当事者の事実上の競争行動，顧客転換率が挙げられ，これらが包括的に検討されることになる。

外部との競争については，寡占内部競争の存否の認定と同様に，寡占の外部に対する競争地位の検討，全状況の包括的検討が行われる。具体的には，寡占の共同の市場シェア，次に強力な地位にある競争者との格差，企業組織構造の異同，存在する競争状況（顧客転換率）が重要な検討要素となる。本件についても，競争にとって重要な全ての状況が包括的に考慮されている。

さらに，寡占的市場支配的地位の強化については，高い集中度を伴う市場において，既存ないしは潜在的競争の僅かな侵害で十分であるとされる。本件では，販売ルートを長期的に確保し，E.ONの競争地位を有利にするメリットが重視された。本ケースの最高裁の判断は，ドイツにおける一般的な企業集中のカルテル庁の運用方針，理論展開に合致した内容となっている。

　集中規制は競争制限防止法第8次改正により改正された点があるが，本稿は，当該改正を反映していないことをご理解頂きたい。

第6部

国際経済法上の問題

第 1 章

WTO 法による市場支配力の規律

東 條 吉 純

I　はじめに

　本章の目的は，WTO 協定の実体法規範（以下，「WTO 法」という）が公益事業分野における私人の市場支配力に対する規律に関してどのような機能を果たし得るかという点について，その可能性と限界を明らかにすることにある。

　WTO と競争政策との関わりの歴史は古い。WTO の前身である GATT は，もともと第二次大戦後の国際経済秩序を支える柱のうち国際通商を支えるそれとして構想された国際貿易機関（ITO：International Trade Organization）の一部が発効したものであるが，ITO 憲章（ハバナ憲章）では，私人による反競争的行為が国際通商に及ぼす悪影響について強く意識され，加盟国に対する国内競争法制定義務及び超国家的な競争法執行権限を含む包括的な国際競争法規定が盛り込まれていた。ITO 設立に向けた交渉の行方が混迷の度合いを深めたのとほぼ同時に，同憲章の一部を切り離す形で 1947 年に締結された GATT では，締結当初の暫定的な性格も手伝って反競争的行為に対する一般的規律は盛り込まれず，通商法と競争法との連関性にも配慮はされなかった[1]。その後，GATT 内で国際通商における制限的取引慣行に関する問題をどのように扱うべきかについて検討が行われたものの，包括的な国際競争法規定が合意されるには至らなかった[2]。WTO 協定は GATT を継承し，かつ，規律対象範囲を大幅に拡大したが，競争関連規定に関しては，限定的かつ分散的な形で WTO の

---

[1]　ITO 設立構想は，1950 年，米国政府が ITO に対する米国議会の承認をこれ以上求めない（つまり，断念する）旨宣言した時点で，事実上頓挫した。

個別協定中に規定が置かれるにとどまる[3]。これは，WTO 協定が主権国家（WTO 加盟国）を受範者とする国際法規範であり，かつ，加盟国相互間において国家による貿易障壁の軽減及び差別待遇の禁止を目的とする[4]，通商政策にかかる国際法規範であるという基本的性格を反映するものと言える。したがって，『WTO 法による市場支配力コントロールないし競争政策の実現』という言説の具体的含意は，各国競争法及び事業法の適用による競争政策の実現とは，自ずと異なったものとなることに先ずもって留意することが必要である。

以下，第一に，WTO 法の基本的性格に照らして競争政策の実現がどのように位置づけられるかを明らかにした上で，公益事業分野における市場支配力コントロールを論ずる場合，同分野の特質上，WTO 法が持つ固有の重要性について述べる。続いて，WTO 法規範の中で市場支配的事業者に対する競争法規律と密接に関わる諸規定を検討する。

II　WTO 法の基本的性格と競争政策

1　WTO 協定の中核的概念――市場アクセス利益

通商政策と競争政策とは，少なくとも理念上は，ともに自由な取引関係を妨げる障壁を除去することによる競争促進及び開放的市場の形成を志向する点において親和的であるが，その規律対象及び政策目的の実現方法における相違から，具体的な法規律において，幾つかの重要な違いが生ずる。

通商政策が，専ら国際的な取引関係を念頭に，これに影響を及ぼす国家によ

---

[2]　Decision of the Contracting Parties, "Restrictive Business Practices: Arrangements for Consultations", 18 November 1960, BISD 9S/28; Report of the Group of experts, "Restrictive Business Practices: Arrangements for Consultations", adopted on 2 June 1960, L/1015, BISD 9S/170.

[3]　例えば，Martyn Taylor, *International Competition Law: A New Dimension for the WTO?* (Cambridge University Press, 2006) pp. 135-139, Ernst-Ulrich Petersmann, "Competition-oriented Reforms of the WTO World Trade System—Proposals and Policy Options." In Roger Zach (ed.), *Towards WTO Competition Rules* (Kluwer Law International, 1999) pp. 43-71 を参照。

[4]　世界貿易機関を設立するマラケシュ協定・前文。

る公的規制（貿易障壁）の除去を目的とするのに対して，競争政策は，国内市場における競争秩序の保護を目的として，これを阻害する私人の反競争的行為の除去を目的とする。国家による貿易障壁の除去は，各国の一方的な政策判断にゆだねたままでは進展しないため，通商政策は，主権国家間の合意に基づく，一種の『契約的』関係を通じて実現されている[5]。WTO協定はこのような仕組みを提供する多国間通商条約であり，より具体的には，市場アクセス水準に関する約束（物品貿易における関税譲許やサービス貿易における自由化約束）が加盟国間で相互に交換され，かつ，交換される市場アクセス水準が「等価値（equivalent）」であることが強く意識される[6]。したがって，WTO法においては，他の加盟国が約束した市場アクセス水準に対する加盟国の利益（物品貿易の場合は「輸出利益」）が主要な保護法益とされ[7]，少なくとも法的には，加盟国の国内市場における有効競争の有無や自由な競争秩序の維持如何は無関係である[8]。また，市場アクセス改善は加盟国間の交渉を通じて個別分野ごとに段階的に実現されるため，その規律対象範囲は部分的かつ不完全なものにとどまる。例えば，電力市場を含むエネルギー産業分野の自由化交渉は現在までほとんど手つかずの状態にある[9]。

とはいえ，WTO法の適用を通じて，加盟国の国内市場競争を歪曲するような貿易障壁が軽減されることによって，外国事業者の市場アクセス機会が増大し，かつ，その競争単位としての重要性が高まる場合は，当該加盟国の国内市場における競争は促進される。ただし，国際公共財としての統合的な国際競争

---

[5] Robert E. Hudec, "Private Anticompetitive Behavior in World Markets: a WTO Perspective." Antitrust Bulletin Vol. 48 (4), p. 1045, pp. 1048-1050 (2003).

[6] 例えば，WTO協定中のGATT28条1項，同28条の2第1項，GATS21条4項（b），紛争解決了解22条4項等の各規定を参照。

[7] WTO協定における紛争解決手続は，他の加盟国の措置により「〔WTO〕協定に基づき直接又は間接に自国に与えられた利益」が無効化・侵害される場合に，当該紛争をWTOに付託することができる旨定める。紛争解決了解3条3項を参照。

[8] Daniel K. Tarullo, "Norms and Institutions in Global Competition Policy." American Journal of International Law Vol. 94, p. 478, pp. 483-485 (2000).

[9] Mirelle Cossy, "The liberalization of energy services: are PTAs more energetic than the GATS?", in Juan A. Marchetti and Martin Roy (eds.) Opening Markets for Trade in Services: Countries and Sectors in Bilateral and WTO Negotiations (CUP, 2009) pp. 405-434.

政策を観念できるならば格別[10]。現在，競争政策は各国国内競争秩序の保護を目的として，それぞれの国内競争法によって実施されており，個別具体的な競争法規制のあり方も，各国ごとに違いがある。外国事業者の市場参入に影響を及ぼす関税等の公的規制は，当該国の競争法の適用上は，通常，市場構造の一部をなす参入障壁として競争上の評価に組み込まれるにすぎない[11]。また，外国事業者の市場アクセスを妨げる国内事業者の反競争的行為に法的根拠を与える公的規制が存在する場合，当該国の競争法との関係では適用除外とされる場合が多いだろう。さらには，そもそも競争法が未整備であったり，法令は制定されていてもエンフォースメントが不十分な国も少なくない。このように，WTO法により実現される「競争政策」の具体的含意においては，市場アクセス改善を通じてのそれが専ら強調され（WTO法のこのような特質上，市場アクセスの価値と並立すべき他の正当な価値が適正にバランスされないおそれが常に存在するという意味で，「市場アクセス・バイアス」と呼ばれる），かつ，各加盟国の社会に固有の競争政策の多様性は一定程度捨象されることとなる。

　他方，少なくとも，次のことは確言してよかろう。すなわち，第一に，市場競争の促進及び活性化という観点からは，市場への自由な参入・退出が確保されることが極めて重要であることはほぼ自明であり，とりわけ，既に競争単位として確立している外国事業者の市場参入による競争的抑制の重要度は高いこと。第二に，現実的には，多くの国において競争政策の実現を妨げる様々な政治的圧力及び公的規制が存在し，こうした状況は当該国社会にとっても望ましくない場合が少なくないこと。したがって，WTO法を通じた公的障壁の低減は，たとえそれが他の加盟国によって市場アクセス利益が追求された結果であろうとも，当該国社会における経済厚生の改善効果を期待できること，である。

---

10) Josef Drexl, "International Competition Policy after Cancun: Placing a Singapore Issue on the WTO Development Agenda." World Competition Vol. 27 (1), p. 419, pp. 437-446 (2003). Drexlは国際公共財としての国際競争法秩序の構築を説得的に提唱するが，現時点ではやや理想主義的な立法政策論にとどまる。

11) Taylor, *supra* note 3, pp. 177-178.

2 反競争的行為に対する WTO 法適用の可能性と限界
――日米フィルム事件パネル報告[12]

　WTO法は，主権国家を受範者とする国際法規範であり，私人による反競争的行為が貿易制限効果（外国事業者による市場参入の排除効果）をもつとしても，当該行為に対する直接の適用はない[13]。他方，当該行為が政府によって強制的に命じられたものである場合等には，当該行為を命じた政府措置に対してWTO法の適用があり得る。すなわち，私人による反競争的行為と関わりをもち得る国家行為がWTO法の適用を免れるのは，対象となる私人の行為について加盟国に責任を帰属させることができないという法的評価が行われるからである。しかし，実際上は，その境界線は必ずしも明確ではない。特に，私的行為と公的行為の混成形態は「ハイブリッド行為」と呼ばれ，通商政策と競争政策の狭間で法的規制を免れているとの批判が強い[14]。公益事業分野における市場支配力行使の問題は正にその好例であるが（後述），ここではより一般的に，私人の反競争的行為に対するWTO法の適用が試みられたWTO紛争事例として日米フィルム事件を紹介する。

　本件は，米国の日本に対する申立事案で，日本国内のフィルム・印画紙市場において成立している流通システムが米国製フィルムの市場アクセスを妨げており，かつ，このような排他的流通システムが，日本政府による一連の措置（以下，「対象措置」という）によって形成されたものであるとの申立てが行われた。申立ての法律構成のうち，私人の行為に対するWTO法適用の限界という観点から重要なのは，① GATT3条4項（内国民待遇義務）に基づく違反申立て，及び，② GATT23条1項（b）に基づく非違反申立て，の2つである。

---

12) Japan-Measures Affecting Consumer Photographic Film and Paper, WT/DS44/P, WTO Panel Report, adopted on 22 April 1998. （以下，「フィルム・パネル」という）
13) 条約の国内法上の効力及び自動執行性の問題についてはここでは立ち入らない。この問題については，小寺彰『パラダイム国際法――国際法の基本構成』（有斐閣，2004年）55～68頁，谷口正太郎「日本における国際条約の実施」国際法外交雑誌100巻1号（2001年）1頁，16～21頁，山本草二『国際法』（有斐閣，新版，1994年）91～106頁等を参照。
14) Eleanor M. Fox, "The WTO's First Antitrust Case―Mexican Telecom: A Sleeping Victory for Trade and Competition." Journal of International Economic Law Vol. 9 (2), p. 271, pp. 274-276 (2006).

第6部　国際経済法上の問題　　第1章　WTO法による市場支配力の規律

　米国コダック社の日本市場への参入を妨げていたのは，富士フィルムによる排他的流通システムであり，問題の本質は富士フィルムによる反競争的行為の有無にあったと考えられるが，米国は，日本国政府がこれに積極的に関与し，排他的流通システムの形成を促したという意味において，米国製フィルムの市場アクセス阻害と日本国政府の措置とを関連づけようとしたのである。

　行政指導に私人が従う場合等，一見して私的行為と見える場合でも，政府との関連性や政府による支援の存在から，当該行為の政府への帰責性が認められる場合について，パネルは以下のように述べた。まず，非強制的措置の政府への帰責性について，(i)非強制的措置が実効性をもつに足る誘因（incentives or disincentives）が存在すると信ずべき合理的根拠があり，(ii)私人による措置の遵守が政府行為に大きく依存すること，という2段階基準を提示した[15]。また私人の行為については，「もし政府による十分な関与（<u>sufficient governmental involvement</u>）が認められるならば，ある行為が私的当事者によってとられるという事実は，当該行為が政府措置とみなされる可能性を排除しない」（下線は筆者による）。また，この問題について明確なルールを設けることは困難であり，ケース・バイ・ケースの審査が必要となる旨述べた[16]。

　申立てに対するパネルの法的結論としては，2通りの申立てごとに要件の違いはあるものの，実質的には次のような理由で米国の主張をいずれも退けた。すなわち，対象措置は，「法的には（de jure）」内外差別的でないとした上で，①違反申立てについては「事実上の（de facto）」差別の，及び，②非違反申立てについては利益の無効化・侵害の立証において，いずれも対象措置によって輸入品＝国産品間の競争条件が輸入品に不利に変更されたことの立証が必要であるところ，米国はその立証に成功していないとされた[17]。換言すれば，日本のフィルム・印画紙市場における排他的流通システムは，対象措置とは無関係に成立したものであり，対象措置と輸入産品の排除との間には因果関係が存在

15）　フィルム・パネル，paras. 10.45-10.50。
16）　フィルム・パネル，para. 10.56。なお，政府の十分な関与が認定されたGATT期の紛争事例に，日米半導体協定にかかる日本の半導体輸出制限事件がある。Japan-Trade in Semi-conductors, BISD 35S/116 (1989), GATT Panel Report, adopted on 4 May 1988.
17）　フィルム・パネル，paras. 10.380-10.382。

しないと判断されたことになる（米国敗訴）。

以上，日米フィルム事件パネルによって，私人の反競争的行為に対するWTO法適用の理論的可能性が示されると同時に，実際上，その立証は相当に困難であることも改めて確認された。私人の行為に対するWTO法適用の可否は，当該行為に対する政府関与の度合いによって決せられる。

3 競争法適用の限界——公益事業分野の特性とWTO法の意義

WTO法適用を通じた競争政策の実現という手法が，市場アクセス・バイアスという問題を内包するとしても，各国競争法の適用によっては実現し得ない競争政策上の問題が存在するならば，これを補完するものとしてWTO法に固有の価値を認めることができる。以下，国際的取引関係における市場参入阻害という文脈において，①国際的な競争法適用の限界，及び，②国家行為を対象とする競争法適用の限界，という2つの限界について述べる。

(1) 国際的な競争法適用

既存事業者による競争者の市場参入阻害や差別的取扱いは，通常，各国競争法の規制対象となり得る。無論，こうした反競争的行為の相手方が外国事業者であるかどうかは問われないが，排除される競争者が外国事業者である場合は，同時に市場アクセスの問題としても認識される。

既述のとおり，競争政策は各国の国内競争秩序の保護を目的として，それぞれの競争法を通じて実施される。参入阻害行為等によって悪影響を受ける市場は，反競争的行為者の所在する国の国内市場であるから，当該国の競争法適用を通じて競争政策が実現されるのが原則であり，競争法が未整備の国の場合も，当該国の経済政策として競争政策が優先されていないという事実を示すにすぎない。

他方，排除される外国事業者が所在する本国の競争法を域外適用する可能性については，それが執行管轄権行使に至らない状態であっても，相手国との法政策上の相違・衝突がある場合には，当該相手国の政策変更を事実上強制するという意味で，主権侵害に当たるとの批判や，競争法の保護法益の観点から法適用の正当性を欠くとの指摘があり[18]，各国の法実践上もほとんど執行例はな

い[19]。また，自国市場の競争秩序が影響を受ける場合等，域外適用に一定の正当性ありと認められる場合でも，領域外に所在する証拠の収集や命令規範の遵守確保等，実際に競争法を域外適用する際のハードルは相当に高い。こうした状況を受けて，先進国を中心に二国間競争協力協定が締結され，通報・協議，情報交換，管轄権競合の調整といった協力関係の国際枠組みが構築されている[20]。市場アクセス利益との関係では，積極礼譲規定が置かれ[21]，輸出利益を含む「重要な利益」に悪影響ありと一方当事国が考える場合には相手国競争当局に執行活動の開始を要請できる。ただし，要請を受けた相手国競争当局は執行活動の開始について慎重に検討する義務を負うにとどまる。このように，協力協定は，あくまでも自国法令の許す範囲内においてのみ相互協力義務を規定するにすぎず，相手国との法政策の衝突場面における調整機能はかなり限定的なものにとどまる[22]。

　各国競争政策をめぐるこうした状況は，通商政策の文脈において述べた状況と類似するものである。すなわち，経済のグローバル化が進展し，国境を越える取引関係の比重が高まる中，「競争政策」の実施を各国の一方的かつ任意の政策判断に委ねたままでは，より自由かつ公正な国際取引市場の形成は遅々として進まない。特に，GATT・WTOの下で，国際的取引関係に対する公的障壁の除去は相当に進展したと評価されるところ，私的障壁の除去がこれまでにないほど国際社会の関心を集めており，市場アクセスの観点から，反競争的行為に対する規制を正当化できるとの考え方も有力に主張されている[23]。

---

18) Eleanor M. Fox, "Can We Solve the Antitrust Problems of Globalization by Extraterritoriality and Cooperation? Sufficiency and Legitimacy." Antitrust Bulletin Vol. 48 (2), p. 355, pp. 365-369 (2003).

19) 米国の外国取引反トラスト改善法（15 U.S.C.6 (a)）は，米国からの輸出取引に悪影響の及ぶ反競争的行為に対する米国反トラスト法の域外適用に国内法上の根拠を与えるものである。東條吉純「国境を越える競争制限・競争阻害の規制」法時71巻11号（1999年）56頁，60頁を参照。

20) 例えば，米国の締結する協力協定については，〈http://www.usdoj.gov/atr/public/international/int_arrangements.htm〉，日本の締結する協力協定については，〈http://www.jftc.go.jp/kyoutei/index.htm〉を各参照。

21) 例えば，日米競争協力協定では，5条に積極礼譲の規定が置かれている〈http://www.jftc.go.jp/kyoutei/nichibeikyoutei.htm〉。

22) Fox, *supra* note 18, pp. 368-369, 東條・前掲注19) 59〜61頁。

(2) 国家行為を対象とする競争法適用

　競争法の適用対象は私人による反競争的行為であり，国家行為を対象とする競争法の適用は大きな制約を受ける。この問題は，国際法分野では主権免除の適用範囲問題として従来より議論が積み重ねられ，また競争法分野でも，米国判例法理における国家行為理論や外国政府強制理論に見られるように，国際礼譲に基づき裁判管轄権ないし規律管轄権の行使が差し控えられてきた[24]。近年は，対象となる国家行為の性質が「公的」か「商業的」かによって区別し，後者の場合には管轄権行使を否定しないといった国家実践例が増加し，免除範囲は狭められてきているものの，一般的に言えば，対象行為が国家行為そのものでなくとも，当該行為に関して外国政府が深く関与する等，当該国の公政策が色濃く反映されるような場合には，排除される外国事業者の所在する本国の競争法適用は，上述の域外適用に伴う様々な困難とも相俟って，実際上，強い制約を受ける場合が多い[25]。

(3) 公益事業分野の特性と WTO 法の意義

　公益事業分野の商品・役務は，従来，国営企業又は排他的権利を付与された事業者によって独占的に提供されており，その国の競争法との関係では，適用除外等による法的調整が図られてきた。近年，先進諸国を中心に，公益事業分野における自由化及び競争導入が進展しているが，そうした国々においてさえ，現在もなお，一定の法的独占を含む多様な事業法規制と競争法規制とが並存し

---

23) Eleanor M. Fox, "Toward World Antitrust and Market Access", 91 Am J of Int'l L 1 (1997), Douglas E. Rosenthal, "Jurisdiction and Enforcement: Equipping the Multilateral Trading System with a Style and Principles to Increase Market Access", 6 Geo Mason L Rev 543 (1998).

24) 山本・前掲注13) 249〜262頁。例えば，OPEC はその実態において国際カルテル行為そのものであるところ，OPEC に対する米国の反トラスト訴訟において，第1審では OPEC の石油輸出カルテル行為が統治的行為であり主権免除の対象とされたのに対して，第2審は国家行為理論に依拠して管轄権を否定した。International Association of Machinists v. OPEC, 477 F. Supp. 533 (CD Cal. 1979), aff'd, 649 F.2d 1354 (9 th Cir. 1981), cert. denied, 454 U. S. 1163 (1982). なお，これらに関連して，米国の反トラスト法域外適用にかかる相手国との法政策の衝突及び国際礼譲の考慮の可否についても，ハートフォード火災保険会社事件の米国連邦最高裁判決は，「真の抵触 (true conflict)」（米国法に違反する行為を外国法により強制される場合）の有無によって判断すると判示した。Hartford Fire Insurance Co. v. California, 509 U. S. 764, 798-799 (1993).

25) Taylor, *supra* note 3, pp. 201-217.

ている。また国際社会全体から見れば，公益事業分野は競争政策の規律対象の外に置かれる場合の方が多い。すなわち，公益事業分野は，各国間において競争政策と他の社会経済政策との政策上の組合せのバリエーションがとりわけ多彩となる分野であり，各国の社会状況，経済発展の程度，歴史的経緯その他の諸事情に応じて，様々な制度設計が行われているのが実状である。このことは，公益事業分野が上述の競争法適用における2つの限界を露呈する領域そのものであることを示している。というのは，同分野は，そもそも公益事業という公政策の色彩の極めて強い分野であり，かつ，国ごとに政策及び制度設計上の組合せが多彩であるため，競争政策の位置づけは相対化され，国家間の法政策の衝突が生じやすいからである。また，政府関与の度合いも国ごとに多様であり，政府関与が強い場合には，競争法適用による市場アクセス阻害行為の差止めは実際上望み得ないことが多い。このように，競争法が実際上機能し得ない領域においては，たとえ部分的にせよ，WTO法を通じた競争政策の実現に対して積極的な価値を見いだすことができるのである。

III WTO協定における市場支配力コントロール関連規定

　WTO協定の中には，市場支配的事業者に関する規定が幾つか置かれている。これら規定群は大きく2つに分かれる。第一には，加盟国が法的独占その他の排他的権限を私人に付与したという事実に基づき，当該独占事業者の市場支配力行使に対して一定の法的責任を負担させるための規定であり，物品貿易に関するGATT及びサービス貿易に関するGATSの双方に規定が置かれている。これは加盟国が独占的事業者の行為を通じて自ら行い得ないWTO法違反行為を行わせ，実質的にWTO法上の義務を潜脱することを防止するとともに，当該事業者に対する規制権限を通じた政府関与及び実質的なコントロール能力の存在を根拠として，加盟国の義務を私的事業者の行為にまで拡張するものである[26]。

　第二には，電気通信分野という個別の公益事業分野において，当該分野の特

---

26) Hudec, *supra* note 5, p. 1073.

性上，既存の市場支配的企業が保有する不可欠施設へのアクセス及び市場支配力濫用規制なしには，同分野の自由化約束が実質的に意味をなさなくなるとの加盟国間の認識を反映して，市場支配的企業による反競争的行為の抑止や不可欠施設との相互接続の確保について加盟国の義務を規定するものである。

1 国家貿易企業，独占的事業者等

(1) GATT 2 条 4 項

GATT 2 条 1 項は，関税譲許義務を定める規定であり，加盟国は関税譲許表に記載された譲許関税率を上限とする関税率を適用する義務を負う。

同条 4 項では，譲許表に記載のある産品のいずれかについて輸入独占を設定・認可する場合には，当該独占は「その譲許表に定める保護の量を平均してこえるように運用してはならない」と規定される。具体的な義務の適用においては，独占事業者による購入価格と小売価格とを比較して，その利益率の合理性が問われる。特に輸入品の利益率が国産品の利益率を上回る場合，そのような独占利潤は，通常，「合理的な利益率（reasonable margin of profit）」とみなされない[27]。

(2) GATT 17 条

GATT 17 条は，国家貿易企業の事業活動に関する規律を定める。同条の規律対象となる「国家貿易企業」とは，『1994 年の GATT 第 17 条の解釈に関する了解』の 1 項によれば，「政府又は非政府の企業（販売に従事する機関を含む。）であって，購入及び販売を通じ輸入又は輸出の水準又は仕向け先に影響を及ぼす排他的又は特別な権利又は特権（法令又は憲法上の権限を含む。）を付与されたもの」とされる。すなわち，問題とされているのは，所有関係（政府による所有）ではなく，当該企業に付与された特権的地位にあることが分かる。

現実的に国家貿易企業が問題となっている主要領域は農業分野であるが[28]，エネルギー産業分野においては，これまで GATT の規律対象となるべき商業

---

27) Canada-Import, Distribution and Sale of Alcoholic Drinks by Canadian Provincial Marketing Agencies, BISD 35S/37, GATT Panel Report, adopted on 22 March 1988, paras. 4.15-4.16.

的貿易そのものが乏しかったことを考えると[29]，将来的には，エネルギー産業分野の国家貿易企業に対する法適用が問題となることも当然あり得よう。

　GATT 17条1項 (a) では，国家貿易企業の事業活動（輸出入のいずれかを伴う購入又は販売）について，加盟国は，GATTの定める「無差別待遇の一般原則に合致する方法で行動させることを約束する（[Member] undertakes that ……)」と規定される。また，同項 (b) では，(a) の義務の範囲が明確化されており（したがって両号は相互に独立の義務ではない）[30]，国家貿易企業は「商業的考慮……のみに従って……購入又は販売を行い，かつ，他の〔加盟国〕の企業に対し，……購入又は販売に参加するために競争する適当な機会を与えること」を義務づけられるものと了解される。

　(b) の「商業的考慮のみに従って」については，カナダ小麦輸出措置事件の上級委員会報告の説示が興味深い。本件は，西カナダ産小麦の国内消費及び輸出向けの購入・販売について排他的権限を付与されていたカナダ小麦委員会による小麦輸出制度について，米国がGATT 17条1項違反の申立てを行った事案である（米国敗訴）。米国は「商業的考慮のみに従って」の解釈として，国家貿易企業に対して，他の事業者の不利になるように，その排他的権限を利用してはならないという義務を課すものであると主張したが，上級委員会は以下のように説示して米国の主張を退けた。すなわち，17条1項の義務は特定の差別的行為類型を禁止したものであり，国家貿易企業に包括的な競争法タイプの義務を課すものではない。同文言は，経済的に有利な条件に基づいて行動することを意味し，付与された排他的権限を，自己の経済的利益のために利用することは妨げられない[31]。換言すれば，国家貿易企業は，他の私企業に損害を

---

28) WTOに通報された150超の国家貿易企業中，約70%が農業分野のそれであるとされる。Steve McCorriston and Donald MacLaren, "State Trading, Agriculture and the WTO." In Chris Milner and Robert Read (eds.), *Trade Liberalization, Competition and the WTO* (Edward Elgar, 2002) 207, at 210.

29) WTO, "Background Note by Secretariat on Energy Services." S/C/W/52, 9 September 1998, para. 3.

30) Canada-Measures Relating to Exports of Wheat and Treatment of Imported Grain, WT/DS276/AB/R, WTO AB Report, adopted on 27 September 2004, para. 100.（以下，「カナダ小麦AB」という。）

31) カナダ小麦AB, para. 145。

与えるからといって、その排他的権限を利用することを妨げられない、と説示された[32]。この上級委員会説示は、17条の義務が、あくまでも、加盟国の本来負うべきGATT上の義務を国家貿易企業にまで拡張したものにすぎないことを示している。

なお、17条1項(a)の「無差別待遇の一般原則」の中に、最恵国待遇(1条)だけでなく内国民待遇(3条)も含まれるかについては議論がある[33]。ITO憲章の起草過程においては同条の義務は内国民待遇に及ばないとの議論があり[34]、GATT初期のパネルでも同様の説示がなされたが[35]、その後、GATT 11条1項が禁止する輸出入数量制限には「国家貿易の運用によって (through state-trading operation) 実施される制限」の場合も含まれ[36]、かつ、国家貿易企業が輸入及び国内流通の双方で排他的権限をもつ場合には、輸入品に対する流通制限は直ちに輸入制限に結びつくため、GATT規律上両者を区別しても意味はなく、3条も国家貿易企業の行為に対して適用があるとされた[37]。これを受けて、17条1項の無差別待遇原則には「少なくとも、GATT第1条及び第3条の規定が含まれる」とし、国家貿易企業による国内流通規制に対して17条1項(a)違反を認定したパネル報告がある[38]。

(3) GATS 8条

GATS 8条1項は、物品貿易におけるGATT 17条をモデルとして、サービス貿易にかかる「独占的なサービス提供者」に関する規律を規定している。公益事業分野の多くはサービス貿易に含まれ、国家独占又は排他的権限を付与さ

---

32) カナダ小麦 AB, para. 149。
33) John H. Jackson, *The World Trading System: Law and Policy of International Economic Relations* (2nd ed.) (The MIT Press, 1997), pp. 325-327.
34) GATT, *Analytical Index: Guide to GATT Law and Practices* (6th ed.) (1994), p. 441.
35) Belgian Family Allowances, BISD 1S/59, GATT Panel Report, adopted on 7 November 1952, paras. I. 4.
36) GATT 附属書Iの「第11条、第12条、第13条、第14条及び第18条についての注釈」。
37) Canada-Import, Distribution and Sale of Certain Alcoholic Drinks by Provincial Marketing Agencies, BISD 39S/27, GATT Panel Report, adopted on 18 February 1992, paras. 5. 10-5. 16.
38) Korea-Measures Affecting Imports of Fresh, Chilled and Frozen Beef, WT/DS161/R, WT/DS169/R, WTO Panel Report, adopted as modified by AB 10 January 2001, paras. 747-758.

れた独占的事業者によるサービス提供が維持されている場合が多いという事実にかんがみると，同分野への本条の適用可能性の範囲は GATT 17 条よりも広い。ただし，義務の内容は，2条の義務（最恵国待遇義務）及び加盟国が約束した自由化義務の範囲にとどまり，これらの義務に反する態様で活動しないことを確保する義務を加盟国に対して課している（"Member shall ensure that……"）。なお GATS においては，物品の場合と異なり，内国民待遇（17条）は，分野横断的な一般的義務ではなく，市場アクセス（16条）と並び，交渉による自由化約束の対象である。したがって，外国事業者の市場参入阻害という文脈において最重要な規律の1つと考えられる内国民待遇義務の実現如何は，GATS 自由化交渉に委ねられている。

また，GATS 8 条 2 項が規律対象とする行為類型は，競争政策の観点から興味深い。本項は，独占的事業者が，独占の梃子を利用する等，自己（又はその提携会社）が競争する別の役務取引市場において GATS の自由化約束に反する態様で「自己の独占的地位を濫用しないこと」を確保する義務を加盟国に対して課している。ここで想定される行為類型は，通常，競争法の適用において，市場支配的企業による市場支配力濫用行為として理解されている典型的行為と合致する。ただし，規定文言の表現とは裏腹に，その義務の実質的内容は，反競争的行為概念に何ら関わるものではなく，加盟国の約束した自由化義務の範囲内にとどまる[39]。

なお GATS 9 条は，独占的事業者（8条により規律）以外のサービス提供者による「一定の商慣習」が「競争を抑制し……サービス貿易を制限することがある」ことを認めるが，これに対しては加盟国間協議の手続を定める等，極めて緩やかな規律内容にとどまる。

2　GATS 電気通信附属書及び第四議定書（特に，「参照文書」）

電気通信役務は，従来，国家独占企業等によって提供されてきた。同役務は，伝送網等の電気通信ネットワーク施設への接続なしには提供し得ないという特性をもっており，同分野の規制改革（国営企業の民営化や競争導入等）が実施さ

---

[39] Hudec, *supra* note 5, p. 1073.

れた国も含め，現在も多くの国において，電気通信役務市場（特に基本電気通信役務）は，ネットワーク施設を保有する市場支配的企業の存在によって特徴づけられており，かつ，当該事業者による反競争的行為の潜在的リスクは各国間で広く認識されている。同分野における規制改革の実施に当たっても，ネットワーク施設への公正な条件による相互接続義務をはじめ，市場支配的企業による市場支配力行使を抑止するための諸規制が導入された。

　GATS電気通信交渉の結果，1994年，GATS本体と同時に電気通信附属書が，さらに1997年，GATS第四議定書（基本電気通信にかかる各国の自由化約束表を含む）が，それぞれ締結された[40]。また後者の交渉においては「参照文書（Reference Paper）方式」という独特の方法が採用された。つまり，電気通信規制のモデルを「参照文書」という形で作成し，先進国は原則として（開発途上国も可能な限り），そのモデルの義務をすべて，約束するという方法である。したがって，参照文書それ自体に法的効力はないものの，その内容は，加盟国の自由化約束を通じてWTO協定上の義務として実体化しており，極めて重要なものとなっている[41]。

　電気通信附属書は，「公衆電気通信の伝送網及び伝送サービスへのアクセス並びに当該伝送網及び伝送サービスの利用」（以下，「公衆伝送網へのアクセス等」という）に影響する「加盟国のすべての措置」に適用され[42]，加盟国は約束表に記載するサービスに関して，「合理的な，かつ差別的でない条件で」，他の加盟国のサービス提供者に対して，自国の公衆電気通信の伝送網及び伝送サービスへのアクセスと利用を確保する義務を定める[43]。

　参照文書は，上記電気通信分野の特性にかんがみて，同分野における市場支配的企業（＝「主要なサービス提供者」）に対する規制を加盟国に義務づけている。「主要なサービス提供者」とは，「(a) 不可欠な設備の管理」又は「(b) 市場における自己の地位の利用」の結果として，「基本電気通信サービス……市場

---

40) ただし，第4議定書の署名国は65カ国と限定的な数にとどまった。
41) また参照文書方式は，電気通信分野における各国の国内規制枠組みの国際的ハーモナイゼーションを強力に推し進めるという性質をもつ。
42) GATS電気通信附属書2項 (a)。
43) GATS電気通信附属書5項。

において(価格及び供給に関する)参加の条件に著しく影響を及ぼす能力を有するサービス提供者」をいうものと定義され[44]，第一に，これら事業者による反競争的行為の防止義務(1項)，第二に，これら事業者との相互接続を確保する義務(2項)を規定する[45]。「反競争的行為」の例示としては，(i)反競争的な内部相互補助行為(1.2項(a))，(ii)競争者から得た情報の反競争的な利用行為，(iii)サービス提供に必要な不可欠設備に関する技術的情報及び商業上の関連情報を適時に利用させない行為，が列挙される。また，相互接続は「特定の約束を行った範囲において」，不可欠施設を管理する主要なサービス提供者について義務付けられ，(i)差別的でない条件及び料金，品質による提供(2.2項(a))，(ii)十分に細分化された，透明性のある，かつ，合理的な条件及び料金(原価に照らして定められるもの)に基づく提供(2.2項(b))，(iii)相互接続に関する取決めの透明性(2.4項)，(iv)相互接続に関する紛争について独立の国内機関による紛争解決制度の整備，等が規定される。

　以下，電気通信附属書及び参照文書の規定に関する法解釈が示された唯一の紛争事例であるメキシコ・電気通信サービス事件(米国申立)[46]の概要を紹介しながら，上記諸規定の詳細について述べる。

　本件は，国際電気通信にかかるメキシコ国内法が定める，①統一清算料金制度，②比例リターン制度，及び，③国際専用線の単純再販売禁止が，GATS電気通信附属書及びメキシコ約束表中の参照文書に違反するとの申立てを米国が行った事案である。①統一清算料金制度とは，米墨間通信で最大シェアを持つ事業者間(米 Sprint 社＝墨 Telmex 社間)の交渉により合意された清算料金レートに他の事業者も従わなければならないという制度である。清算料金は，受発信国の事業者間で相互に保有する伝送網の利用対価を清算する仕組みである。発信数の多い先進国側(米国)から一方的に途上国側(メキシコ)に支払が行われるのが通常であるため，清算料金レートの引下げ圧力が強く働き，同制度は

---

44) 参照文書(GATS 第四議定書・附属文書)「定義」〈http://www.wto.org/english/tratop_e/serv_e/telecom_e/tel23_e.htm〉。

45) その他，ユニバーサル・サービス(3項)や独立の規制機関(5項)等について規定が置かれている。

46) Mexico-Measures affecting Telecommunications Services, WT/DS204/R, WTO Panel Report, adopted on 1 July 2004.(以下，「テレコム・パネル」という。)

こうした圧力に対する『防波堤』の役割を果たしていた。②比例リターン制度とは，メキシコ事業者が米国事業者に伝達を委任する「呼（call）」の割合を，自らが伝達を引き受ける「呼」の割合に合わせる制度で，国際電気通信における事業者間の市場シェアを固定する効果をもつ。③国際専用線の単純再販売とは，米墨間の電気通信サービス提供において，専用線を借りて基本電気通信サービスを提供することを言う。従来，国際専用線を利用して他者に電気通信サービスを提供することはITUのD1勧告によって禁止されてきたが（いわゆる「公専公」接続の禁止），1992年に同勧告は改正され，以降，各国の政策判断に委ねられた。国際専用線の単純再販売を認めるということは，国際通信サービスが各国事業者間の共同事業として提供されるという伝統的な仕組みを根底から覆すものであり，清算料金制度による外貨獲得も困難になるため，メキシコはこれを禁止していた。以上を踏まえて，競争政策の観点から重要と思われる争点及び法解釈について紹介し，若干の評価を行う。

（1）参照文書2.2項（b）は，「経済的実行可能性に照らして合理的な……料金（原価に照らして定められるもの）に基づ」く相互接続の確保を義務づけるところ，「原価に照らして（cost-oriented）」の意味が争点とされた。パネルは，ITUのD.140勧告・D.150勧告を参照し，かつ，WTO加盟国の国家実行上も，長期増分費用方式が電気通信分野の相互接続料金において事実上WTO加盟国間の国際標準となりつつあると述べ，同文言は「サービス供給に要する費用」を意味し，かつ，その算定は長期増分費用方式によるものと結論した[47]。また，相互接続料金の算定において，接続に要するコスト以外を勘案できるかという点について，メキシコは「合理的な」の解釈として，電気通信網の整備コスト等を考慮できると主張したが，パネルは退けた。以上に基づき，統一清算料金制度は，参照文書2.2項（b）に反すると結論した[48]。

---

47) テレコム・パネル，paras. 7.168-7.177。一般に「長期増分費用」とは，財務・会計データを駆使して複雑な計算モデルを作成し，サービス提供のための仮想値として算出された「効率的費用」（利用可能な最も効率的な設備・技術に基づく計算上のそれ）を指す。
48) テレコム・パネル，para. 7.216。

(2) 参照文書1.1項は,「反競争的行為」の防止を義務づけ,同1.2項はその具体的行為類型を例示する。パネルは,WTO加盟各国の国内競争法制が禁止する反競争的行為に価格カルテル・市場分割カルテル等が含まれることに触れた上で,参照文書中の義務について次のような理解を述べて,「反競争的行為」中に価格カルテル及び市場分割カルテルが含まれると結論した[49]。すなわち,参照文書の義務とは,基本電気通信分野が独占又は市場支配力に特徴づけられているとの加盟国間の認識を踏まえ,同分野における市場アクセス・内国民待遇にかかる自由化約束が実質的な意味において実現されるよう,市場支配的企業による市場支配力濫用行為等を防止するための競争促進的規制を執行する追加的約束に合意したものである,と述べた (Para. 7. 237)。

次いで,加盟国間の法実行上は,公的規制による強制が競争法の適用免除とされる場合があることに触れつつ,それは各国が自国競争法の規律対象範囲を自由に定める規律権限をもつからである,これに対してGATSの国際的義務は,加盟国の規制権限を制約するものであり,対象行為が加盟国(メキシコ)の国内法令によって義務づけられる場合も,その性質上「反競争的行為」に含まれる限り,GATS上の義務を免れないと説示した。具体的には,統一清算料金制度は,事業者間の清算料金を固定するものであり,価格カルテルと同様の効果をもつ,また比例リターン制度は,市場シェアを人為的に固定するものであり,市場分割カルテルと同様の効果をもつと判断し,「反競争的行為」に該当すると結論した[50]。

(3) 措置③について,まず,電気通信附属書が,音声通話(電話)等の基本電気通信サービスにかかる「公衆伝送網へのアクセス等」に適用があるかどうかが争点とされた。メキシコは,同附属書はデータ通信等の高度電気通信サービスにのみ適用があり,だからこそ基本電気通信サービスについて追加的な自由化交渉が行われ,GATS第四議定書が締結されたと主張したが,パネルは,「公衆伝送網へのアクセス等」に影響を及ぼす加盟国の「すべての措置」が同附属書の適用範囲に含まれる点を指摘し(同附属書2項(a)),基本電気通信サ

---

49) テレコム・パネル,paras. 7. 235-7. 238。
50) テレコム・パネル,paras. 7. 239-7. 245, 7. 262 and 7. 264。

ービスの場合にも適用あり，とした[51]。また，メキシコの約束表では，メキシコ国内における専用線利用とそれの「公衆伝送網へのアクセス等」について，第三モード（「業務上の拠点」を通じたサービス提供）の市場アクセス及び内国民待遇の制限なしとされていること[52]，第三モードによるサービスは，米墨間国際電気通信を排除していないこと等を認定し，専用線の単純再販売禁止は附属書5項（b）の義務に反すると結論した。

【評価】参照文書は，基本電気通信サービスという個別分野に限定されるものの，市場支配的企業による反競争的行為を防止する包括的義務をWTO協定上初めて規定したものと評価できる。ただし，パネルも説示するとおり，電気通信分野はその特質上，いくら加盟国が自由化約束（＝市場アクセス改善）を行ったとしても，公正な条件による不可欠施設への第三者アクセスの確保及び市場支配的企業による反競争的行為の防止（市場支配力コントロール）なしには，加盟国の市場アクセス利益は，実質的に実現されない。その意味では，参照文書・電気通信附属書ともに，加盟国間の市場アクセス利益を実質的に担保するための規定であると性格づけることができる。参照文書の義務に関する上記パネル説示中（Para. 7. 237）の「競争促進的」という表現も，かかる文脈において理解すべきだろう[53]。これは同時に，こと公益事業分野における市場アクセス阻害を論ずる場合には，公的障壁と私的障壁とを明確に区別することに殆ど意味がないことを示している[54]。各国競争法の適用によっては，競争政策の実現と評価し得る市場の形成が遅々として進まない状況において，なお国際的な

---

51) テレコム・パネル，paras. 7. 278-7. 288。なお，回線設備ベースによる接続については，国際基本電気通信における相互接続は「公衆伝送網へのアクセス等」に当たり，統一清算料金制度に基づく清算料金は原価に基づいておらず「合理的な……条件で」接続が確保されているとはいえないと結論された（para. 7. 335）。これについては「主要なサービス提供者への相互接続」問題として，参照文書上の義務違反も認定されたが，より一般的に，国際基本電気通信における公衆伝送網への合理的・無差別条件による相互接続義務が明らかになった。
52) ただし，拠点設立の認可や関連法令整備等を含む諸条件が注記される。
53) Marco C. E. J. Bronckers, "The WTO Reference Paper on Telecommunications: A Model for WTO Competition Law?" In M. Bronckers and R. Quick (eds.), New Directions in International Economic Law: Essays in Honour of John H. Jackson. (Kluwer Law International, 2000) p. 371, pp. 380-387.
54) Fox, *supra* note 14, pp. 281-282.

開放的市場の形成及び「競争」促進に対して一定の肯定的評価が与えられることを前提とするならば，後は市場アクセス利益の相互主義的な交換を梃子として，国家間で何をどこまで合意できるか（すべきか）という点に焦点は絞られることになる。

　かかる観点から本件パネル報告を評価するならば，パネルは，「原価に照らして」「反競争的行為」等の重要な法概念について，かなり大胆な解釈を示したと言える[55]。特に，相互接続料金にかかる「原価に照らして」の意味を長期増分費用とし，かつ，相互接続に要するコスト以外の考慮を禁止した解釈については，パネルの法解釈における市場アクセス・バイアスに対する強い批判がある[56]。また「反競争的行為」の意味についても，本来は加盟国が何をどこまで合意したかが問われなければならない。参照文書中の「反競争的行為」概念は，各国に固有の競争政策及びポリシー・ミックスの多様性とは切り離されたWTO法上の法概念であり，市場アクセス利益の観点が強調され，公的障壁・私的障壁はともに軽減すべき対象とみなされるからである[57]。一般に，WTOのパネル・上級委員会は，ウィーン条約法条約31条以下の条約解釈準則に従い，WTO法規範の「客観的」解釈に努めており，交渉国の主観的意図は殆ど考慮されない。こうした法解釈姿勢は，WTO法規範の明確化・予見可能性という観点から積極的に評価される一方で，パネル・上級委員会による法創造行為への批判も根強い[58]。それが如実に顕れたのが，電気通信附属書の基本電気

---

55) 小寺彰「電気通信サービスに関するGATSの構造——米国・メキシコ電気通信紛争・WTO小委員会報告のインパクトと問題点」RIETI Discussion Paper Series 05-J-001, 20-21頁（http://www.rieti.go.jp/jp/publications/dp/05j001.pdf）。

56) 石黒は，研究開発，伝送網の整備・高度化（例：光ケーブル網敷設）等のための原資となるべき利潤の内部留保を許容するような事業者インセンティブを考慮しない競争政策は「歪んだ競争政策」であると断ずる（石黒一憲「『"WTO米墨テレコム・パネル報告"vs. NTT』の構図をめぐって——『歪んだ公正競争概念』と国家戦略」貿易と関税626号〔2005年〕52頁, 66〜70頁）。たしかに，開発途上国も含む各加盟国の置かれた多様な状況を念頭に置くならば，長期増分費用方式において複数の計算モデルが許容されることを考慮に入れてもなお，国際基本電気通信における相互接続の料金水準を押し下げ，市場アクセス利益に適った法解釈が結果的に示されたことは事実である。

57) 小寺・前掲注55) 13頁・19頁。

58) 川島富士雄「WTO紛争解決手続における司法化の諸相——DSU運用の10年を振り返って」日本国際経済法学会年報14号（2005年）100頁・103〜105頁。

通信サービスへの適用可能性にかかる解釈である。国際基本電気通信に関する伝統的な枠組みに照らし，かつ，交渉当時の各国の「主観的」認識（又は交渉経緯）を考慮するならば，異なる結論が示された可能性もある。

　この点，狭義の通商規則にかかる解釈については格別，多様な社会経済法政策の領域について専門的知見を有する人的資源を質・量ともに欠くWTOにおいて，「客観的」解釈が積み重ねられることの懸念を指摘せざるを得ない。特に，競争政策と他の社会経済政策との相互関係は非常に複雑であるところ，パネル・上級委員会による解釈プロセスでは，意識的又は無意識に，単純化された「市場アクセスによる競争促進」モデルに基づく法解釈が提示されることになるからである[59]。少なくとも，パネル・上級委員会によって新たなWTO法解釈が示されるごとに，その意味及び射程，並びに，その当否について入念な批判的検証を行うことは，国内法判例の場合と同様に強く求められている。WTO法の実効性と加盟国国内法制への波及効果の大きさは，WTO発足以来15年以上にわたる実績により，ほぼ実証されたと言ってよいからである。

IV　電気事業分野の自由化とWTO法

　電気事業分野を含むエネルギー・サービス分野は，ウルグアイ・ラウンド交渉の間，ほとんど注目されることなく推移した。というのは，電力・ガス等の公益事業分野における民営化及自由化が始まったのは1980年代末以降のことであり，それ以前は，排他的権限をもつ国営企業又は特許企業が垂直的統合事業体として役務提供を行っていたからである。また，電気は，貯蔵が困難であり，かつ，刻々と変化する需要に応じた供給が求められること（同時同量），さらに，送電網ネットワークを通じて供給しなければならないといった財の性質上，その取引範囲は，送電網ネットワークによって限定される。こうした理由から，一部の地域を除き，国境を越える商業的取引はほとんど存在しなかっ

---

[59]　TRIPS協定の文言解釈における市場アクセス・バイアスについては，東條吉純「経済のグローバル化と国際的知的財産保護のあり方」立教大学ビジネスロー研究所主催シンポジウム『グローバル化する知的財産紛争』報告用ペーパー（2005年）11～15頁（http://www.rikkyo.ne.jp/grp/ribls/symposium/2005ip/file/Tojo_Modified.pdf）。

た[60]。このような状況を反映して，電力サービスにかかる GATS 自由化約束を行った加盟国はごく少数にとどまった[61]。

　1990年代後半以降，多くの国で電気事業分野の民営化及び自由化が進み，かつ，技術革新により関連役務の一部切り出しが技術的に可能になる等状況は大きく変化しつつあるが，電気事業分野も，電気通信分野と同様，強い公益性とネットワーク依存性に特徴づけられており，かつ，伝統的に国営企業等による独占的な役務提供が行われてきたため，自由化による競争導入後も，送電網ネットワークを保有する市場支配的な垂直統合事業者が存在し，当該事業者による市場支配力懸念が認められる。その限りにおいては，本章で述べてきたことが概ね当てはまるのであり，各国の競争法が事実上機能しにくい領域の一つと考えられる。このような領域では，実質的な市場アクセス利益の実現のために，市場支配的事業者に対する競争法規制を加盟各国に義務づけることが必要となる。また，各国の電気事業分野における競争促進という観点からも，WTO 法を通じた競争政策の実現可能性に積極的価値を見出すことができる。

　この点，先に述べた通り，市場支配力の規律に関わる GATS 8条は，各加盟国の最恵国待遇及び自由化約束に基づく義務を自国の独占的なサービス提供者にも遵守させるという規律内容にとどまっている。したがって，電力サービス分野においても，自由化約束を補完する追加的な規律を導入し，事業者間の公正な競争環境を確保することは有効な選択肢であり，基本電気通信サービス分野交渉における参照文書方式は重要な参照例となり得る[62]。実際上も，WTO 発足後の GATS エネルギー・サービス分野交渉における米国提案及びノルウェー提案では，参照文書方式によるエネルギー・ネットワーク網への第三者ア

---

60) なお，1947年 GATT の成立に先立つ交渉時点では，ほとんどの交渉国は電気を商品（物品）と考えておらず，HS 分類上も「選択的項目（optional heading）」の扱いを受けていたが，GATT 発足後は，数多くの国家が電気について関税譲許を行った。Pietro Poretti and Roberto Rios-Herran, "A Reference Paper On Energy Sector Services: The Best Way Forward?", 3 (1) Manchester J of Int'l Econ L 2, 14-15 (2006).

61) Background Note by the Secretariat on Energy Services, Council for Trade in Services, S/C/W/311, 12 Jan. 2010, at 16-18. See also, Mireille Cossy, "Energy Services under the General Agreement on Trade in Services" in Yulia Selivanova (ed) *Regulation of Energy in International Trade Law: WTO, NAFTA and Energy Charter* (Wolters Kluwer, 2012) 149, 158-161.

62) Background Note by Secretariat, *ibid.* p. 20.

クセス及び相互接続の確保，反競争的行為の防止，透明性義務，独立の規制機関の設置等の必要性が説かれている[63]。電力市場の上記のような性質に鑑みると，競争促進的な規律を各加盟国に義務づけるという効果が期待できる参照文書方式は，各国の電力市場自由化を推進するとともに，市場アクセス改善にも適うという意味において，GATS 電力サービス自由化交渉の起点としてその有効性を認めてよい。

　他方，同分野では，その高い公益性から，すべてを市場に委ねるべきでないとの制度設計思想も有力であるため，各国による自由化及び競争導入後も，各国の政府規制はかえって強化される傾向にあり，市場アクセス利益との関係においても，複雑な様相を見せている。このように電力事業分野の自由化のあり方は，電気通信分野の場合よりもはるかに複雑であるため[64]，今後，GATSの下での自由化を進める場合にも，安定的供給確保やユニバーサル・サービス等の公益的課題とのバランスを踏まえ，より慎重な姿勢が求められるべきことは明らかである。すなわち，自由化交渉の過程において，捨象することが許されない社会経済政策その他の正当な価値及びその実現手段のあり方を見極める知見がこれまで以上に求められることとなる。

---

63) Communication from the United States on Energy Service, S/CSC/W/27, 18 May 2000 and S/CSS/W/24, 18 December 2000; Communication from Norway S/CSS/W59, 21 March 2001. GATS エネルギー分野交渉の概要については，土佐和生「WTO 体制とエネルギー産業における貿易自由化」甲南法務研究 No.1（2005 年）93〜105 頁を参照．

64) Peter C. Evans, Liberalizing Global Trade in Energy Services. (The AEI Press, 2002) pp. 19-23, 藤原淳一郎「電力・ガスの規制改革と競争政策」日本経済法学会年報 23 号（2002 年）15〜32 頁．

第2章
グローバルLNG市場の形成過程における競争法の役割
—— エネルギー安全保障の新たな視点

東 條 吉 純

I　はじめに

　東日本大震災による福島第一原子力発電所事故に端を発する全国的な原発停止等の状況を受けて，現在，日本のエネルギー政策は混迷を深めている。2012年9月，民主党政権は，「2030年代に原発稼働ゼロ」を明記した「革新的エネルギー・環境戦略」の方針を示したが，その後の政権交代により，状況は大きく転換した。また，2011年8月に制定された再生可能エネルギー特措法（電気事業者による再生可能エネルギー電気の調達に関する特別措置法・平成23年法律第108号）は，再生可能エネルギーの固定価格買取（フィードインタリフ）制度の導入を決めたが，電源全体の中で再生可能エネルギーが占める割合は現時点でわずか数％にとどまり，経済性，安定性など克服すべき問題点も多い。仮に長期的には再生可能エネルギー生産が順調に拡大していくとしても，当面の間，火力発電に依存する形で電力需要をまかなうしかないという状況が続くと予想される。火力発電に投入される化石エネルギー燃料のうち，近年もっとも注目されているのは天然ガスであるが，日本は天然ガス需要のほぼ全量を輸入に依存し，かつ，外国と結んだガスパイプラインをもたないため，液化天然ガス（LNG: Liquified Natural Gas）の形態でしか輸入することができない。

　日本は，1985年当時，世界のLNG輸入シェアの4分の3を占めていた。つまり，LNG国際取引は，日本，韓国，台湾といったアジア地域固有の地理的条件に規定されたローカルな取引形態であったと言える。その後，世界のエネ

ルギー需要の増大等を背景として，1990年代後半以降，各国のLNG輸入量が増加したため，現在の日本の市場シェアは3割強にまで下がったが，今なお世界最大のLNG輸入国であることに変わりはない。また，原子力代替エネルギー資源としての喫緊の追加的需要という特殊要因も加わったため，LNG国際取引市場の動向は，日本のエネルギー政策上の極めて重要な関心事項である。

本章は，エネルギー資源としての天然ガスの有望性を踏まえ，日本のエネルギー安全保障の観点から，合理的価格により，需要に見合った十分な量の天然ガス供給を安定的に確保するために，どのような問題点を克服することが必要かについて検討するものである。とりわけ，LNG取引のグローバル化が急速に進展し，グローバルLNG市場が形成されつつある中で，伝統的なLNG取引契約に特徴的な取引条件は，市場における競争という観点から改めてその意味を検証することが求められている。

考察にあたっては，以下の理由によりEU競争法の経験を参照する。まず，EUの一次エネルギーの輸入依存度は約6割であり，輸入依存度ほぼ100％の日本よりは恵まれているものの，天然ガス調達を大きく外国に依存し，エネルギーの安定供給の確保という観点がエネルギー政策上の重要な考慮要因となっている点において日本と共通点をもつこと。また，1990年代後半以降，EU域内電力・ガス市場が，独占モデルから市場競争モデルへと転換し，域内エネルギー事業者とLNG供給者との上流取引が，伝統的な長期取引契約モデルから，市場競争モデルへと徐々に移行していくプロセスにおいて，競争法が果たし得る役割およびその限界についての経験は，日本にとって重要な参照例を提供するものと考えられること。特に，EU市場にLNGを供給する主要な事業者は，ロシアのGazprom，アルジェリアのSonatrach，ナイジェリアのNLNGといった国営石油会社（NOC）または政府の影響を強く受ける独占的事業者（以下，「NOC等」という）であり，これら事業者に対する競争法の適用は，域外適用に伴う通常の困難性のみならず，より深刻な地政学的制約に晒される。日本の場合も，主要なLNG調達先であるマレーシアのPetronas，カタールのQP（カタール石油公社），インドネシアのPertamina等の供給者はいずれもNOC等に該当し[1]，仮にLNG長期取引契約にかかる反競争行為に対して独禁法を適用するとすれば，同様の地政学的制約に晒されることになるからである。

以下，検討の順序として，まず，日本のエネルギー政策と天然ガスの位置づけの現状について概観する。次に，LNG 市場のグローバル化が進展し，LNG チェーンの事業構造が「独占」から「競争」へと変化しつつある状況について述べる。その際，エネルギー安全保障という観点からは，「競争」モデルへの移行期において生ずる投資リスクをどのように低減するかという点が課題となることについて確認する。続いて，グローバル LNG 市場の形成期における LNG 取引契約のあり方について，天然ガス上流取引に関する EU 競争法の経験を参照しつつ，日本向け LNG 取引契約にかかる競争政策上の課題について考察する。

II　LNG 市場のグローバル化

1　日本のエネルギー政策と LNG

　日本のエネルギー政策において，高度成長期には，エネルギー供給の中心を石炭から石油へと転換する，いわゆる「油主炭従政策」が推進されたが，1973 年に発生した石油ショックは，当時，石油依存度が 75% を超えていた日本を直撃し，エネルギー政策をとりまく状況は一変した。その後，エネルギーの安定供給確保が最重要課題として位置づけられるとともに，石油依存度の低減と石油以外のエネルギーによるエネルギー源の多様化等が推し進められ，石油代替エネルギーとして天然ガスと原子力の比率が上昇した[2]。

　また，1990 年代以降は地球温暖化問題への対応が国際的に求められ，1997 年には，先進国の温室効果ガスの排出削減を定めた京都議定書が採択される（2005 年発効）等，環境負荷への対応はエネルギー政策立案において必須の考慮

---

1) 2011 年度の日本向け LNG 供給国の上位 5 ヵ国は，マレーシア (18.2%)，カタール (17.2%)，オーストラリア (16.3%)，インドネシア (9.5%)，ロシア (9.3%) である。『2012 年版エネルギー白書』111 頁。JOGMEC 編『台頭する国営石油会社——新たな資源ナショナリズムの構図』（エネルギーフォーラム，2008 年）を参照。
2) 福島原発事故前の 2010 年度においては，一次エネルギー国内供給比率は，石油 40.1%，石炭 22.5%，天然ガス 19.2%，原子力 11.3% という構成となった。『平成 23 年度エネルギー政策に関する年次報告書（エネルギー白書 2012）』96～97 頁。

事項となっている。このため，石油・石炭に較べて CO_2 排出量が少なく，環境負荷の小さい天然ガスは，日本はもちろんのこと，世界各国の注目を集めている。

　このような状況の下，2002 年にはエネルギー政策基本法が制定され，「安定供給の確保」，「環境への適合」，及びこれらを十分考慮した上での「市場原理の活用」という 3 つが日本のエネルギー政策の基本方針とされた[3]。同法に基づき，2003 年には，エネルギー需給に関する基本的な計画である「エネルギー基本計画」が閣議決定され，その後，2007 年，2010 年にそれぞれ改定が行われた。しかしながら，東日本大震災及び福島原発事故によって，この計画は破たんし，2011 年 12 月には，同計画をゼロベースで見直し，新たな基本計画を策定するとの方針が経産省・総合資源エネルギー調査会基本問題委員会（以下，「基本問題委員会」という）によって示された。

　その後，基本問題委員会は，2012 年 6 月 19 日に，2030 年の原発依存度について 0～25% とする 4 つの選択肢を示した[4]。これを受けて，政府のエネルギー・環境会議は 6 月 29 日，「エネルギー・環境に関する選択肢」を公表し，原発依存度を 0%，15%，20～25% とする 3 つのシナリオを提示し，9 月 14 日，「2030 年代に原発稼働ゼロ」を明記した「革新的エネルギー・環境戦略」の方針を示したが，閣議決定は見送られた。また，同戦略は，原発稼働ゼロを目指すとしながら，使用済み核燃料の再処理を継続するなど，原発政策について明確な方針を打ち出すことができなかった。その後，12 月の総選挙によって誕生した安倍政権は，原発再稼働に向け積極姿勢を示し，2012 年 9 月に発足した原子力規制委員会が策定した新たな規制基準（2013 年 7 月施行）に基づく適合性審査を経て，順次，原発を再稼働させる方針が打ち出されている。これに応じて，新たなエネルギー基本計画の策定作業が進められているが，年内に公表が予定される新基本計画では，電源全体に占める原発の比率は書き込まれない公算が高いと伝えられる[5]。

　このように，再稼働される原発の数及び時期，並びに，今後の原発政策の方

---

3) 平成 14 年法律第 71 号。
4) 日本経済新聞・2012 年 5 月 29 日付朝刊。
5) 日本経済新聞・2013 年 7 月 25 日付朝刊。

向性については今なお明らかなことは一つもないという状況が続いているため，当面の間，原子力発電の代替電源エネルギーとしては，火力発電に依存する状況が続くことは明らかであり，かつ，発電用燃料としてもっとも有望視されるのは天然ガスである。

　天然ガスが重視される理由としては，3つの化石燃料の中でもっとも環境負荷が小さく，先進国を中心に地球温暖化対策を迫られる各国の政策的ニーズに合致していること，シェールガス等の非在来型天然ガスを含めると，石油よりもはるかに埋蔵量が豊富であり[6]，かつ，割安であること，賦存エリアが中東地域に集中する石油よりも埋蔵確認地域が広く分散しており，地政学リスクが低いこと，米国発の「シェールガス革命」により（後述），非在来型の天然ガスが大増産されており取引価格の低下が見込まれること，コンバインドサイクル発電（GTCC）等の技術進歩による発電効率向上により最も安価かつ効率的に発電が可能となったこと等が挙げられる。

　また天然ガス需要にかかる日本の特徴として，天然ガス需要のほぼ全てをLNG輸入に依存し，世界のLNG全需要の3割強を占める世界最大のLNG輸入国である点や，輸入された天然ガスの約3分の2が電力各社による発電需要向けである点などが挙げられ，LNG国際取引市場の動向は，電力事業者をはじめとする日本の需要者にとって極めて重要な関心事である[7]。

　実際のところ，東日本大震災後の原発停止にともなう代替発電用電源として大幅に増加したのは天然ガスであり，2011年度の発電用LNG需要は急増した[8]。電気事業者は，LNG追加調達において，①長期契約条件に規定される引取量増オプション行使，②短期・スポット取引増量によって対処した。特に，②の取引に応ずることができる供給国・地域は，主としてカタールと大西洋圏のLNGであり，カタール，ナイジェリア，赤道ギニアをはじめ，文字通り，

---

[6] BP Statistical Review of World Enery（June 2012）; IEA World Energy Outlook 2012.
[7] 電力各社にとってのLNG需要は，石炭との競合関係及び原子力発電の進展という要因に大きく左右され，総発電量に占めるLNG火力発電のシェアは20〜30%にとどまるが，京都議定書発効に伴う義務履行の要請等を勘案すると，今後も，LNG輸入量の拡大が見込まれている。なお，電力各社はLNG発電を電力需要のミドルピーク対応用電源と位置づけており，電力需要の変動に応じた弾力的な運転を望んでいる。『電機事業と燃料（電力事業講座第11巻）』（エネルギーフォーラム㈱，2007年）205頁。

第 6 部　国際経済法上の問題　　第 2 章　グローバル LNG 市場の形成過程における競争法の役割

世界中から LNG をかき集めて追加需要に対処し，2011 年度において，前年度比 1,100 万トン増の 5,548 万トンの LNG を輸入した[9]。また，ガス事業者の 2011 年度 LNG 輸入量も，155 万トン増加して 2,584 万トンとなり，日本全体の 2011 年度 LNG 輸入量は，1,262 万トン増の 8,318 万トンに達した。日本向け LNG 供給のうち，長期取引契約分は約 5,900 万トンであり，スポット取引による LNG 調達分は約 20% を占めるところ，今後も，LNG 輸入の一定割合をスポット取引により調達する状況が継続することが見込まれる。また，後述する通り，エネルギー安全保障にかかる調達方法の多様化・分散化という観点からも，安定的供給の確保に支障のない範囲で調達方法を多様化し，LNG 需要の一定割合をスポット取引により調達すべきであると言える。

2　LNG 市場のグローバル化

世界の一次エネルギー消費において天然ガスが占める割合は，2009 年時点で，石油（約 33%），石炭（約 27%）に続く，約 21% にとどまっており[10]，かつ，生産量の 65% が国際貿易の対象となる石油と異なり，約 7 割が生産国内で消費され，貿易の対象となるのは生産量の約 30% である。また，天然ガス貿易全体のうち，パイプラインによる貿易量は 69%，LNG による貿易は 31% である[11]。すなわち，LNG の貿易量は，世界の天然ガスの全生産量のうち約 1 割を占めるにすぎないが，先に述べたような天然ガスの有望性から，1990 年代後半以降，世界の天然ガス需要は，リーマンショックによる一時的な落ち込みをのぞき，年率 2.8% で順調に増加しており，同時に LNG 貿易も一貫して拡大を続けてきた。

---

8)　電気事業連合会が 2012 年 6 月 13 日に公表した 2011 年度の電源別発電電力量（10 社合計）によれば，LNG 火力発電の比率は 39.5% と過去最高になり，LNG 火力を中心とした火力発電の稼働増で，停止中の原発の電力を補う構図が鮮明となった。2012 年度もこうした構図に大きな変化はなく，LNG 火力発電の比率は 42.5% とさらに上昇している（電気事業連合会「電源別発電電力量構成比」（2013 年 5 月 17 日公表））。

9)　森川哲男「東日本大震災後の LNG 需給の状況」『特別速報レポート』（2012 年 6 月掲載，日本エネルギー経済研究所）。

10)　『2012 年度　エネルギーに関する年次報告書』（資源エネルギー庁，2012 年）（以下，『エネルギー白書 2012』）140 頁。

11)　『エネルギー白書 2012』144〜145 頁。

Ⅱ　LNG 市場のグローバル化

　LNG 取引は，大西洋地域においてアルジェリアからフランス・英国に対して 1964 年に輸出されたのが始まりであるが，その後は，日本を含む北東アジア地域が LNG 取引の中心となった。1997 年まで，日本・韓国・台湾の 3 ヵ国・地域向け LNG 輸出のシェアが世界全体の取引量の 76% を占めるという状況にあり，日本単独で 50% に達した。しかしながら，1990 年後半以降，中国・インド等の新興諸国を中心とする国際的なエネルギー需要の急速な増加と石油価格の高騰，大西洋地域における LNG への関心の高まり等，LNG 取引を取り巻く様々な環境変化にともなって世界的に拡大のペースを早めている。また 2011 年においては，LNG 貿易量のうち，長期取引契約によるものが 75%，スポット・短期取引[12]が 25%（6,120 万トン）を占め，スポット・短期取引の割合が年々増加している。

　天然ガス利用の最大の問題点はその輸送にあり，パイプラインによる輸送が最も経済効率的な輸送手段であるが，地理的条件によって自ずと限界があり，遠隔地への輸送・取引には不向きである。他方，LNG は天然ガスをマイナス 162 度の超低温で液化する技術により，パイプラインに依存することなく遠隔地間の天然ガス輸送・取引を可能にしたものであり，国際的な流動性は高いものの，ガス田開発・生産コストやパイプライン敷設はもとより，供給国側の液化施設，需要国側の受入施設等の建設といった LNG 固有の費用も含め，膨大な投資を要することになる。

　このため従来，天然ガス取引は，パイプラインを通じた取引を中心として，生産国国内市場又は近隣諸国を含む地域が相互に独立した形で発展してきた。このうち，北米地域市場（米国・カナダ）および英国市場においては，競争的な取引市場が形成されてきたが，日本を含む東アジア地域においては，東南アジア，豪州，中東からの LNG 輸入という形で，もっぱら 1 対 1 の相対取引による長期取引契約を通じて取引が行われてきた。

　これは LNG チェーンと呼ばれる，ガス田開発から，生産，輸送，消費に至る LNG プロジェクトに要する膨大な投資費用を回収するため，長期間にわたって潤沢なキャッシュフローを確保する必要があるためで，LNG 取引におい

---

[12]　「スポット取引」は契約期間が 1 年未満の取引，「短期取引」は 4 年未満の取引を指す。

ては，伝統的な取引慣行として，いくつかの制限的な取引条件が設定されてきた。その代表的な例として，契約の長期性（通常，15～30年），テイク・オア・ペイ条項[13]，石油連動価格設定，排他的取引条項，仕向地制限条項などが挙げられる。このような取引条件の設定は，事業者が直面するさまざまな市場リスクを，固定化された供給者・需要者の間で分担するとともに，LNGプロジェクトから生ずるキャッシュフローを安定的に確保し，膨大な投資費用の資金調達リスクを低減する機能を果たすという意味において一定の合理性をもっていた。

このような取引構造の形成が可能であったのは，LNGの需要者である公益事業者（電力・ガス会社）が，電力・ガスの二次エネルギー市場において法的独占を与えられていたからである。これら独占的な公益事業者は，実質的にはテイク・オア・ペイ条項による数量リスクを負担することなく，長期的な需要見通しの下で，自国の需要に見合ったLNG供給の安定的な確保という目的を最優先することができた。また，かつてLNGスポット取引はほとんど行われず，緊急時のスワップ取引等を別にすると売主・買主双方とも第三者への転売や地域間裁定取引による利潤獲得機会が小さかったため，上記のような制限的条件による不利益は実際上生じなかったのである。

上記のような状況は，1990年代後半以降，大きく様変わりした。欧米では電力事業向けの天然ガス需要が増大した。米国では，後述する「シェールガス革命」直前の2000年前後の時点で，国内生産が需要の増大に追い付かない傾向が明らかになり，大規模なLNG輸入が見込まれていた。また欧州では，エネルギー安全保障の観点から，積極的にLNG輸入の比率を拡大する政策がとられた。また，中国，インド等の新興諸国においても発電需要および都市ガス需要が急増したため[14]，大陸間LNG貿易が急拡大したのである。このような世界的なLNG需要の増大および価格上昇にともない，供給サイドでも，特定

---

13) 買主側の需要状況にかかわらず一定数量の引取及び支払義務が発生する契約条件。ただし，不可抗力や売主側の引渡しがない場合は除外される。無論，売主側には引渡し義務が発生する。日本においては，契約取引量のほぼ全量（95％超）が引取義務の対象とされてきた。

14) 日本に対する主要なLNG輸出国のインドネシア，マレーシアにおいても，経済発展とともに国内の天然ガス需要が年々増加を続ける中，輸出量を削減して国内需要向けに振り向けたり，LNG輸入を増加したりする動きが生じている。

の需要者向けの取引でなく，異なる地域市場間の価格差に着目した裁定取引など，収益機会の拡大を狙うスポット・短期取引の対象となる LNG 数量を拡大させた。また，さまざまな市場リスクを供給者側が自ら負担するというプロジェクト形態も現れ始めた[15]。例えば，カタールでは LNG 関連施設への大規模な設備投資が行われ，1997 年に LNG 生産を開始して以来急速に存在感を強め，2006 年には世界最大の LNG 輸出国に躍進した。LNG 取引市場のグローバル化における，供給国としてのカタールの位置付けは重要である。同国は，地理的にアジア地域と大西洋地域の中間に位置し，英米市場向け供給分の約 50%を仕向け地変更可能なスポット・短期取引の対象とする等，柔軟な取引条件によるスポット・短期取引向けの LNG 供給量を増やし，LNG の国際的な流動性の改善をもたらした。また，オーストラリア，東アフリカ地域のモザンビーク，カナダ等においても，数多くの新ガス田開発・LNG プロジェクトが計画・実施されている。

　もっとも大きな環境変化は，米国発の「シェールガス革命」である。シェールガスとは，頁岩と呼ばれる硬い岩盤層のすき間に貯蔵される天然ガスのことで，炭層メタン（コールベッドメタン（CBM）），タイトサンドガス等とともに，「非在来型」天然ガスと呼称される[16]。シェールガスの生産コストは，水圧破砕法を応用した掘削技術の革新によって劇的に低下し，天然ガスの世界市場に大きな影響を与える存在になった。シェールガス大増産によって，米国は，2009 年にロシアを抜いて世界最大の産ガス国に復帰するとともに，天然ガスの純輸入国から一転して純輸出国となることが予想されている。これら非在来型天然ガスは，世界中にあまねく賦存し，その資源量も膨大であることが確認されており，米国発のシェールガス革命及びその開発技術は，世界各国に急速に広がりつつある。

　誰も想定しなかった規模の米国のシェールガス大増産によって，国際的な天

---

15) Dick de Jong, Coby van der Linde, and Tom Smeenk, "The Evolving Role of LNG in the Gas Market", in Andreas Goldthau and Jan Martin Witte eds, Global Energy Governance: The New Rules of the Game (Brookings Inst Pr 2010) 221, at 230-231.

16) タイトサンドガスは，浸透性が非常に低い硬質砂岩層に含まれるガスのこと。またコールベッドメタンは，石炭鉱床に含まれるガスで，有機物の石炭化の過程で発生したメタンが石炭の分子格子構造の中に吸収されたり，微細孔表面に吸着されたりして存在する。

然ガス需給バランスは大幅に緩和した。欧州では，リーマンショックとそれに続く欧州債務危機によるガス需要減少等の要因も重なって天然ガス市場価格の低下が生じ，後述のように，長期取引契約の天然ガス購入価格や価格決定方式見直しの動きとなって現れている[17]。

　日本向けの LNG 取引価格は，これまで，日本向け原油平均価格に準拠して決定されてきた。参照すべき市場価格が形成されない中での相対取引においては，取引価格は売手と買手の交渉力に大きく左右されるのが通常であるところ，伝統的に原油価格準拠の取引慣行が存在し，かつ，他に参照可能な指標価格も形成されてこなかったため，日本の需要者が価格交渉力を発揮して伝統的な取引慣行を覆すのは困難であったとも言える。ただし，上述のような伝統的取引構造の中で，日本の電力・ガス会社は，総括原価方式による燃料費調整制度に基づき，LNG 調達価格が上昇しても，容易に電力・ガス料金に転嫁することができたため，実質的な意味においては価格・数量リスクともに負担しておらず，価格交渉力を発揮して LNG 取引価格を抑制するインセンティブがそもそも乏しかったと言うべきである。

　このような状況は，原発停止により LNG 需要が急増した後も継続している。加えて，原発停止が長期化する中で，当面の間，原発代替電源を LNG 火力発電に依存するしかない日本には「買わない」という選択肢がないため，相手方事業者に「足元を見られる」状態が続いている。また，LNG 市場のグローバル化を受けて，日本を含むアジアの事業者も価格決定方式の見直し交渉が進められているが，今のところ，既存の長期取引契約については顕著な成果は公表されていない。

　他方，新規取引契約分については，2012 年に入って，天然ガス連動価格による LNG 調達契約締結や計画が相次いで公表されている[18]。4 月には，三井物産と三菱商事が LNG 基地をもつ米キャメロン LNG 社と基本契約に合意し，

---

17)　大貫憲二「欧州における天然ガス購入価格見直しの動き」（JOGMEC レポート，2012 年 10 月 18 日最終更新）。

18)　日本経済新聞・2012 年 12 月 22 日付朝刊。

19)　三井物産「日本向け含む米国産 LNG の輸出プロジェクトで米国企業と共同検討を開始」（2012 年 4 月 17 日付プレスリリース），三菱商事プレスリリース「米国産天然ガス液化契約に係るキャメロン LNG 社との基本契約合意」（2012 年 4 月 17 日）。

米国産 LNG を年間各 400 万トン委託加工・輸出する計画を発表した[19]。また同月，住友商事は米ドミニオン社と米国産 LNG の委託加工契約（液化プラント運転開始から 20 年間，年間 230 万トン）を結び，それを東京ガスが調達する計画を発表した（コーブポイントプロジェクト）[20]。7 月には，大阪ガスと中部ガスが共同で，米国産 LNG を年間各 220 万トン調達する旨公表した[21]。これは両社がそれぞれ米国ガス市場で調達して液化プラントまで輸送する天然ガスについて，米フリーポート社の子会社に液化加工を委託する契約であり，当然のことながら，天然ガス連動価格（米国指標価格準拠）による調達となる（フリーポートプロジェクト）[22]。11 月には，関西電力が，英 BP 子会社を通じ，エジプト，トリニダードトバゴなどから天然ガス連動価格（米国指標価格準拠）による LNG 長期契約を締結した（2017 年から 15 年間，年間 50 万トン）[23]。また東京ガス，中部電力，大阪ガスは，それぞれモザンビーク産天然ガスの，天然ガス連動価格（欧州指標価格準拠）による購入について米ナアダルコ社や三井物産と交渉に入ったことが伝えられている[24]。また 2013 年になると，2 月，東京電力は天然ガス連動価格により年間 1,000 万トンの調達をめざし，上記の三井物産および三菱商事が委託加工する米国産 LNG80 万トン（2017 年から 20 年間）を含め，年間 200 万トン分を天然ガス連動価格（米国指標価格準拠）により確保したと発表した[25]。また 4 月には，東京ガスと関西電力が，上記住友商事のもつ 230 万トンのうち，東京ガスが年間 140 万トン，関西電力が年間 80 万トンを，それぞれ天然ガス連動価格（米国指標価格準拠）により調達する旨公表した[26]。米国産 LNG の非 FTA 締結国向けの輸出については，同国の天然ガス法第 3 条（c）

---

20) 東京ガス「コーブポイント LNG プロジェクトからの米国産液化天然ガス調達に関する協議開始について」（2012 年 4 月 27 日付プレスリリース）。
21) 大阪ガス「米国からの LNG 調達に向けた天然ガス液化加工契約の締結について」（2012 年 7 月 31 日付プレスリリース）。
22) 従来，天然ガス調達やパイプライン輸送といった上流部門におけるアレンジは総合商社に依存することがほとんどだった日本の電力・ガス事業者がはじめて自前で直接調達する例としても特記に値する。
23) 日本経済新聞・2012 年 11 月 20 日付朝刊。
24) 日本経済新聞・2012 年 12 月 22 日付朝刊。
25) 東京電力「米国キャメロンプロジェクトからの軽質 LNG 購入について——軽質 LNG 年間 1,000 万トン購入に向け，第一弾のプロジェクトに基本合意」（プレスリリース 2013 年 2 月 6 日）。

に基づくエネルギー省の許可が必要であるところ，2012年12月，エネルギー省はLNG輸出拡大が米国の国益にかなうと結論づける報告書を公表し[27]，日本向け輸出申請も含め，それまで保留中であった審査を順次再開する見通しを示した。その後，2013年5月17日，フリーポートプロジェクトに対して，同年9月11日，コーブポイントプロジェクトに対して，それぞれ輸出許可が与えられた。ただし，非FTA締結国向けのLNG輸出の是非については現在も米国内の議論が分かれており，反対論にも配慮すると，現在，申請中の二十数件を数える輸出計画のうち[28]，許可される案件数は限られるとの予測もされている[29]。

以上述べたようなLNG市場のグローバル化の動きにともない，LNG取引契約及びそれを支えるLNGチェーンの事業構造は，「独占」から「競争」へと変化する兆候を強く示しているが，世界的な需要の増加に応じたLNGチェーンへの継続的な投資フローの確保という点では新たな課題も生じている。

3　LNG調達とエネルギー安全保障

エネルギー安全保障概念には，さまざまな定義が与えられるが[30]，エネルギー資源輸入国である日本の観点から考えると，合理的な価格によって，需要に見合った十分な供給量のエネルギーを安定的に確保することであり，その具体

---

26) 東京電力「米国コーブポイントLNGプロジェクトとの天然ガス液化加工契約締結ならびに液化天然ガスの売買に関する基本合意書の締結について」（プレスリリース2013年4月1日），関西電力「米国コーブポイントLNGプロジェクトからの液化天然ガス購入に関する基本合意書の締結について」（プレスリリース2013年4月1日）。

27) "Macroeconomic Impacts of LNG Exports from the United States", NERA Economic Consulting, 3 Dec 2012.

28) U.S. Department of Energy, "Applications Received by DOE/FE to Export Domestically Produced LNG from the Lower-48 States (as of July 12, 2013)".

29) 2013年9月15日現在，承認された非FTA締約国向け輸出申請は4件にとどまる。

30) B. Barton et al., "Introduction", in B. Barton, C. Redgwell, A. Rønne and D. N. Zillman (eds.), *Energy Security: Managing Risk in a Dynamic Legal and Regulatory Environment* (Oxford University Press, 2004) 3, at 5-10. エネルギー安全保障を考察する際の，主要な観点として，例えば，①エネルギー輸入国（供給安定性）／エネルギー輸出国（需要安定性）の別，②特定エネルギー資源の他のエネルギー資源との代替関係，③先進国／開発途上国の別，④期間（短期／長期の別），⑤主体（市民／企業／社会全体の別），⑥個別国家／地域／世界全体の別，⑦政府規制／市場の役割分担，⑧リスクの種類（経済リスク／規制リスク等の別）などが挙げられる。

Ⅱ　LNG 市場のグローバル化

的な方法は，あらゆる施策によって天然ガス調達の多様化を徹底することにつきる。また本来，エネルギー安全保障概念は，他の一次エネルギー調達や国内の省エネルギー政策を含めた，より包括的な議論の中で論じられ，天然ガス調達問題もその中で適切に位置づけられるべきであるが，LNG 取引における安価かつ安定的な供給確保という点に考察対象を限定するならば，調達・契約形態の多様化（契約期間，供給元等），天然ガス上流権益への参画といった，さまざまな手法を組み合わせる形で施策を構想することが重要である[31]。

このうち，ガス田の開発・生産等の上流部門への参画及び権益取得は，天然ガスの安定的供給確保にかかる調達先の多様化戦略の一部として位置付けることができる。また，市場価格の変動リスクをヘッジすることができ，実質上，生産コストに基づく調達が可能となるため，天然ガス調達コストの安定化を図ることができる点も重要である。さらに，垂直統合によるシナジー効果によって，上流部門としては下流の販路及び需要を確保でき，下流部門としては調達先オプションが増えるという利点もある。ただし，上流部門事業は，その性質上，下流の電力・ガス事業とは，全く別個のハイリスク・ハイリターン事業であることにも十分に留意すべきであり[32]，上流部門における事業リスクを十分に認識した上での事業判断が必要となる。

また，より広くグローバル LNG 市場の形成という観点からは，開発・生産から消費にまで至る LNG チェーンのすべての参加者の間で利益とリスクの適正な配分と均衡が形成される必要がある[33]。特に，LNG チェーン各段階への長期的かつ継続的な投資フローの維持という意味においては，低廉な価格を追

---

31) 2000 年前後に構想され頓挫した，サハリン＝北海道間の国際パイプライン構想も多様化の重要な選択肢の一つといえる。例えば，中国は，原子力発電を推進するとともに，パイプラインの敷設によりトルクメニスタン等の中央アジアからの天然ガス輸入を増加させており，LNG 取引価格交渉においても日本より有利な交渉を展開している。

32) 筒井美樹「天然ガス需給動向と電気事業者の燃料調達・上流進出戦略──欧米の電気事業者のケーススタディー」『電力中央研究所報告調査報告：Y10008』（2011 年）。筒井によれば，英 Centrica は，2006 年に上流部門へ進出するに際して，世界有数の探鉱・生産会社である Chevron の副社長を CEO として迎え，仏 Gas de France（現在の GdF Suez）も，上流進出にあたり 1,000 人もの上流の専門家を雇用したという。

33) Andrei Konoplyanik, "Energy Security and the Development of International Energy Markets." in B. Barton, et al. (eds.), *supra* note 30), 47, at 52-55.

求する需要者の観点のみを強調しすぎるべきでない。というのは，世界の天然ガス需要の増大に応じて，それに見合った数量のLNGが遅滞なく市場に供給されることが重要であるところ，LNGプロジェクトのリードタイムは長く，ある時点で行われる投資が市場に影響を及ぼすには数年間を要するため，供給サイドにおいてLNGプロジェクトへの継続的かつ十分な投資フローが確保されなければ，十分な数量の天然ガス生産が行われないおそれが生じるからである。

この点，伝統的なLNG取引契約およびそれと直接に結びついた上流部門の事業構造は，独占的事業者間の相対取引を通じて数量リスク，価格リスク等の取引リスクを低減し，LNGプロジェクトに要する膨大な投資費用の長期間にわたる回収を可能とする仕組みを提供するものであった。しかしながら，近年のLNG市場のグローバル化の進展とスポット・短期取引の増加による流動性の拡大にともない，LNG輸入国の電力・ガス事業者にとって，硬直的な長期取引契約だけがLNG調達の選択肢ではなくなった。また，LNG取引のボトルネックとなりうる液化施設，受入基地，LNG輸送船も，各々の市場参加者がリスクをとって自ら保有するケースも増え，かつ，スポット・短期取引による有利な利得機会も増加することが予想される。また，下流の電力・ガス市場における自由化が進展する中で，従来のような取引慣行を維持することがますます困難になりつつある。

このような状況変化に応じて，伝統的な取引契約における諸契約条件の合理性や，供給者・需要者間の適正なリスク配分のあり方を再考することが求められつつあると言える。というのは，従来のような硬直的取引条件を設定し続けることは徐々にその合理性を失うとともに，需要者に一方的に不当な拘束条件を押し付けるという性格が強まることになり，自由かつ公正なグローバルLNG市場の発展の阻害要因となるからである。もっとも，グローバルLNG市場が発展し，事業者が直面する数量リスク・価格リスク等の事業リスクを市場が十分に吸収できるようになるまでには，まだかなりの期間を要すると予想される。この間，LNGチェーン各段階への投資にかかる長期の資金回収に対する合理的な期待形成を継続的に維持するためには，事業者がLNG市場の発展段階に応じて柔軟に取引形態を変更していく姿勢を要し，スポット・短期取引

と長期取引契約の適切な組み合わせを通じて，LNG 事業にかかる様々なリスクを管理可能な適正水準にとどめる必要がある。さもなくば，LNG チェーン各段階，とくに上流部門の天然ガス開発・LNG プロジェクトへの投資リスクが増大し，需要の増加に見合った十分な量の天然ガス及び LNG が供給されないという問題が生じることとなる。

　また，契約条件の変更が柔軟な形で達成されず，硬直的取引条件の性質が，供給者・需要者間のリスク配分の公正ないし合理性という観点から不当性を帯びるに至るならば，各国の公的規制，特に需要国の競争法規制の観点から問題を惹起することになる。この点，次節で紹介する EU 競争法の経験からも分かる通り，グローバル LNG 市場の進展とともに，LNG 取引のあり方に対する各国の競争政策上の認識それ自体が，大きく変化しつつある点も重要であり，LNG 取引にかかる伝統的な取引慣行に影響を与え得る。ただし，日本向け LNG 取引契約における供給者は，産ガス国の NOC 等であることも多く，供給国と需要国との間の政策衝突という問題が新たに生じることとなる。

III　グローバル LNG 市場の形成過程における競争法の機能
——欧州の経験

　1990 年代後半以降の欧州委員会による天然ガス上流取引分野に対する競争法適用の試みは，域内電力・ガス市場統合および自由化が進展し，上流および下流の市場構造が独占モデルから市場競争モデルへとパラダイムが移行する動きに呼応するものであると言える。というのは，この時期，域内電力・ガス市場の自由化及び市場統合が推進され，域内の電力・ガス事業者間の競争が活発化するとともに，取引実態としても，英国の NBP 価格[34]のみならず，大陸欧州においてもベルギー Zeebrugge やオランダ TTF 等のハブにおける取引量が徐々に増加し，各ハブにおいて天然ガス市場価格が形成され始めたからである。

　LNG 取引を含むエネルギー上流市場における取引契約は，競争法の適用対

---

34)　NBP（National Balancing Point）価格とは，英国におけるガス指標価格である。英国におけるガス市場の発展については，友岡史仁『公益事業と競争法——英国の電力・ガス事業分野を中心に』（晃洋書房，2009 年）。

象分野としては複雑な様相を示す。天然ガスは，輸出国の国家政策に深く関わる戦略的産品であると同時に，日本や欧州などの輸入国にとっても天然ガス供給の安定的確保という最優先の国家的要請から，強い地政学的な制約を免れないからである。

EU競争法の基本規定は，EU機能条約101条および102条に置かれている。101条1項では，「共同体市場における競争を妨害，制限または歪曲」する目的・効果をもつ事業者間のすべての協定の禁止が規定され，対象となる協定には水平的協定と垂直的協定の双方が含まれる。天然ガス上流取引契約は垂直的協定であり，同契約における制限的条件は垂直的制限に該当する。垂直的制限についての違法性審査は，垂直的制限ガイドライン[35]に基づき行われる。また，101条3項は，101条1項の適用免除を規定するが，後述の通り，天然ガス上流取引契約においては，事業者の市場シェアが高いため，通常，101条3項に基づく適用免除は認められない。

また102条では，市場支配的地位にある事業者の濫用行為の禁止が規定され，より具体的には，不当な高価格販売，略奪的価格設定（不当な低価格販売），差別的取扱い，取引拒絶，排他的取引等の様々な行為類型が含まれる。

天然ガス上流取引契約は，供給国NOC等と域内の市場支配的エネルギー事業者の間で締結されることが多く，両事業者に対して101条が適用される場合と，外国NOC等による市場支配的地位の濫用行為に対して102条が適用される場合とが考えられる。

天然ガス上流取引分野における欧州委員会の競争法適用は，以下のような特徴をもつ。すなわち，上記地政学的制約を反映して，競争法調査と並行してNOC等の供給事業者や供給国政府との交渉が進められ，NOC等が問題となる契約条項を現在及び将来の取引契約から破棄・削除することをもって，調査を終了するのが通常であり，これまで最終的な違反決定が下されたことはない[36]。この事実は，主権国家と制度上または事実上一体の存在であるNOC等に対する需要国の競争法適用の限界を示すとともに，競争法による規制的介入を活用することによって，需要国のエネルギー安全保障という目的に資する可能性も

---

35) 垂直的制限ガイドラインは，2000年にはじめて公表され（2000/C 291/01），2010年に改定された（2010/C 130/01）。

また示している。いずれにせよ、LNG上流取引市場におけるNOC等への競争法適用は、通常の競争法適用とは異なった制約要因及び判断要素が強く影響することを銘記すべきである。

以下、伝統的な天然ガス取引契約に特徴的な諸条件について、需要国の競争法適用という観点から、どのような論点整理がされるか、EU競争法の経験を参照しつつ考察する。現在、急速に進展しつつあるグローバルLNG市場形成の流れの中で、日本市場に影響を及ぼす現行LNG取引契約の各条項を競争政策の観点から検証し、必要に応じてLNG取引市場に対する独禁法適用の可能性を考察するとともに、今後、日本における電気事業制度改革が進展し、国内電力市場における競争が活発化するならば、日本も欧州と同様に、LNG上流取引市場における積極的な独禁法適用の必要性が高まるからである。

1　長期取引契約

EU競争法上、従来、上流の取引契約期間の長期性がそれ自体として、反競争的であるとの指摘を受けた例はない。長期取引契約は、関連事業者に対して大きな投資インセンティブを提供し、かつ、（長期取引を選好する）外国供給者からのガス調達が容易になること、さらには、スポット・短期取引による急激な価格変動リスクを低減し、安定的にLNG供給を確保できること等の大きなメリットがあり、長年にわたり、欧州にとって天然ガス安定供給の要諦であると見なされてきた[37]。

2005年ガス安定供給指令の前文では、長期取引契約とガス安定供給の結びつきが明確に認められ、長期取引契約が欧州向けガス安定供給において極めて重要な役割を果たしてきたこと、今後も現行の長期取引契約の水準は共同体レ

---

36) 問題となる契約条項の破棄をもって事実上の調査終了とされる場合も、2003年手続規則第9条に基づく約束決定（commitment decision）という手法が用いられる場合もある。H. Schweitzer, "Commitment Decisions in the EU and in the Member States: Functions and Risks of New Instruments of Competition Law Enforcement within a Federal Enforcement Regime", E-Competitions Bulletin, 2 Aug. 2012.

37) Kim Talus, Vertical Natural Gas Transportation Capacity, Upstream Commodity Contracts and EU Competition Law (Wolters Kluwer, 2011), at 178-181. See also, DG Competition Report on Energy Sector Inquiry at 209 (10 Jan 2007) (hereinafter referred to as "Sector Inquiry Report").

第 6 部　国際経済法上の問題　　第 2 章　グローバル LNG 市場の形成過程における競争法の役割

ベルとして適切であり，各事業者が今後もガス供給ポートフォリオの中に長期取引契約を組み入れるものと信ずることと述べられた[38]。同指令を受け継いだ 2010 年ガス安定供給規則では，同様の記述は見られないが，長期取引契約とガス安定供給の結びつきは強く意識されており，長期取引契約それ自体には積極的な価値が見出されていると言ってよい。

　また，ガス供給国（及び NOC 等）にとっては，ガスの安定的需要（供給先）の確保は極めて重要な国家的課題であり，かつ，自国の天然ガス開発に対する継続的な投資フローを確保するためにも，長期取引契約及びテイク・オア・ペイ条項を強く望む場合が多いという点にも十分に留意することが必要である[39]。

　このように，長期取引契約は，今後も EU のガス安定供給の観点から重要な選択肢の一つと評価されると考えられるが，同時に，競争政策の観点から契約期間の長期性を検証するならば，長期契約の対象となる数量が全需要に占める割合が高く，当該取引の排他性や市場閉鎖効果が大きい場合など，関連市場における状況次第では競争法上の問題となる可能性がある。また，他の拘束的条件と組み合わされる形で，反競争効果が強まる場合もある。欧州委員会は，2007 年のエネルギー分野調査の報告書において，上流の長期取引契約が下流の市場集中度に及ぼす影響が重要な課題となっているとの認識を示し，少数の既存事業者によるガス輸入契約の当事者が少数の既存事業者に集中していることが，域内取引における競争の活性化を妨げており，上流取引が下流市場に及ぼす影響について注意を払う必要があると述べる[40]。

　下流の域内ガス取引も，伝統的に，上流市場と同様の長期取引契約に特徴づけられてきたが，欧州委員会は，需要者が自由に供給者を選択できない取引構造は，新規参入者を排除する市場閉鎖効果をもち，その効率性を勘案してもな

---

38) Council Directive 2004/67/EC of 26 April 2004 concerning measures to safeguard security of natural gas supply, OJ, L 127/92, preamble 11. なお，同指令は，2010 年ガス安定供給規則によって廃止されている。Regulation (EU) No 994/2010 of the European Parliament and the Council of 20 October 2010 concerning measures to safeguard security of gas supply and repealing Council Directive 2004/67/EC, OJ L 295/1.

39) ただし，数十年前の開発されたガス田からの供給の場合，新規にガス田開発を行う場合よりも，長期取引契約の必要性及び合理性は低下する筈であり，一般的な意味における継続的投資の必要性という理由は必ずしも説得的でない。

40) Sector Inquiry Report, at 323-324.

お社会的損失が生じ,競争的市場の形成を阻害するおそれがあるとの認識に至り,2000年代に入り,相次いで長期取引契約に対する競争法適用を行った[41]。例えば,Distrigaz事件では,ベルギーにおいて市場支配的なガス供給事業者であるDistrigazの産業需要家に対するガス長期供給契約に対する82条(現行の102条)調査が行われ,Distrigazは毎年,全供給量の70%を市場に放出すること,および,契約期間を5年とすることを約束した[42]。また,E.ON Ruhrgas事件では,ドイツカルテル庁によって許容される数量と期間による組み合わせが設定され,顧客の全需要の80%超については2年間,50%超については4年間が限度とされた。

欧州委員会は,下流のガス取引契約に関して,①排他的取引の対象となる数量,②契約期間,③複数契約の累積的な市場閉鎖効果,④効率性,⑤その他(需要者の対抗的な購買力,その他の参入障壁等)の各要因に着目するとの見解を示すが[43],上記先例に照らすと,需要量の大きな割合を占める長期取引に関する違法性基準はかなり厳格であることが分かる[44]。

欧州よりもはるかに輸入依存度の高い日本のLNG調達の現状に鑑みると,長期取引契約はLNG安定調達の観点からその重要度は高く,今後も主要な契約形態であり続けることは明らかである。現時点で,LNG取引にかかる契約期間の長期性それ自体が独禁法の見地から問題視される可能性はかなり低いが,既存の電力会社による事実上の地域独占が続く下流の電力市場において,今後も競争の活性化が阻害される場合には,長期取引契約による市場閉鎖効果が問題となる可能性もなしとしない[45]。また,エネルギー安全保障の観点からも,LNG調達において多様な契約期間を組み合わせることによって多様性の向上を図ることが望ましく,安定供給を損なわない範囲において,スポット・短期

---

41) Gas Natural事件(COMP/37542-Gas Natural+Endesa),および,Distrigaz事件(COMP/B-1/37966-Distrigaz)。また,ガススタンドへのガソリン供給にかかるRepsol事件(COMP/B-1/38348-REPSOL C.C.P.),発電所建設及び燃料ガス供給を含むJV承認にかかるSynergen事件(Press release, IP/02/792, 31 May 2002)も参照。なお,Synergen事件は,ノルウェーのStatoilを当事者とする事案である。
42) COMP/B-1/37966-Distrigaz.
43) Sector Inquiry Report, at 235.
44) Talus, *supra* note 37, at 150-159.

取引との組み合わせによる LNG 調達が指向されるべきである。

2　テイク・オア・ペイ条項（最低数量引取り保証義務）

　契約期間の長期性と同様，テイク・オア・ペイ条項がそれ自体として，EU 競争法上，問題視されたことはない。2007 年エネルギー分野調査では，既存エネルギー事業者からは，同条項が購入・貯蔵ポートフォリオにおける柔軟性を確保するために必要な条項であるとの回答が行われた。実際上も，エネルギー事業者が締結するテイク・オア・ペイ条項は，日量又は月量単位で厳格な引取り義務を課すものではなく，より柔軟な形で，年間で 80－110％ の引取り義務を課すというものにとどまる。逆に，新規参入事業者にとっては，この柔軟性ゆえに，既存事業者による卸売市場機能の内部化が可能となり，新規参入を阻害する参入障壁となりうるとの批判もある[46]。

　テイク・オア・ペイ条項それ自体は，契約当事者間の数量的リスクを供給者と需要者とが分担するという合理的な機能をもち得るが，同条項に加えて，仕向け地条項などの再販売制限条項が組み合わせられると，反競争的な性質を帯びることになる。また近年，天然ガス上流取引市場を取り巻く環境が急速に変化する中で，後述の石油連動価格とも相俟って，テイク・オア・ペイ条項が供給者に不当な超過利潤をもたらし，顧客である域内エネルギー事業者に高い購入コストを強いるものであるとの考え方が急速に広まりつつある。2012 年 10 月，加盟国裁判所レベルにおいて，はじめて同条項の有効性を否定する判決が下された。ウィーン仲裁裁判所は，RWE Transgas（独 RWE のチェコ子会社）と Gazprom の間の天然ガス取引契約を巡る紛争において，RWE Transgas はガス不使用分についてテイク・オア・ペイ条項に基づく支払い義務を負わないとの判断を下したのである[47]。同取引契約では，90％ の年間最低引取義務が課せられており，条件の拘束性が高い例であったとも言える。

---

45)　日本の二次エネルギー市場における長期供給契約については，北海道電力が，新規参入者等に対抗するため，契約期間に応じた割引料金を設定するとともに，途中解約に高額の違約金支払いを義務付けた長期取引契約に対する警告事例がある（公取委警告・平成 14 年 5 月 28 日）。

46)　Sector Inquiry Report, at 209-210.

47)　Reuters, "RWE in Landmark Win over Gazprom Crucial Contract Clause", 24 Oct 2012.

日本向け LNG 取引契約の場合，従来，契約数量のほぼ全量が引取り義務の対象とされてきたが，これは同時に供給者側に契約数量のほぼ全量について厳格な供給義務を課すという法的意味をもち，日本の事業者が安定的な LNG 調達の確保を最優先してきたことを意味している。他方，グローバル LNG 市場からより安価な LNG 調達する等，LNG 調達の多様性を高めるためには，安定的調達の利益を損なわない範囲において，欧州向け契約のように，引取り保証義務対象数量の柔軟化，数年ごとの対象数量見直し，月単位での変動容認といった，より柔軟な契約条件を導入することが望ましいと考えられる。

3 仕向け地制限（地域制限）条項及び利益分配条項

仕向け地制限条項は，ガス購入者による第三者への転売を禁止する制限条項であり，供給者が個別需要者ごとに差別的価格を維持し，市場の分断を維持するために活用され，かつ，天然ガスの流動性を低下させるという性質をもつ。EU 競争法は，仕向地制限条項にかかる協定を禁止しており，かつ，天然ガス取引契約を締結する事業者は大きな市場シェアをもつため，通常，EU 機能条約 101 条 3 項による適用免除の対象とはみなされない。

また，利益分配条項や用途制限条項もしばしば活用されるが，これら制限条項は，仕向け地条項と同様の制限的機能をもつことが知られている。利益分配条項とは，買手が購入した天然ガスを，契約上定められた契約地域の外で天然ガスを再販売する場合に，その販売による収益を，売手と買手との間で分配する条項であり，買手となる域内エネルギー事業者は，購入した契約地域外で再販売する誘因を低下させることになる[48]。用途制限条項は，契約上定められた用途以外の用途に天然ガスを使用することを制限するものである。

これら制限条項は，長らく伝統的な天然ガス長期取引契約に組み込まれてきたが，2000 年代に入ると，欧州委員会は，天然ガス取引契約上の仕向け地制限条項等に対する競争法適用を試みて，天然ガス取引契約からのこれら制限条項の削除という成果を相次いで獲得した。対象となったのは，ノルウェーの

---

48) 類似の行為類型に，価格（差）分配（price-splitting）条項がある。これは仕向け地販売価格と他地域転売価格の差額を，上流供給者と下流エネルギー事業者とで分け合うものであり，広義の利益分配条項に含まれる。

Statoil 及び Norsk Hydro が締結する GFU 契約[49][50]，ナイジェリアの NLNG が締結する契約[51]，ロシアの Gazprom が締結する，ENI（イタリア）との契約[52]，OMV（オーストリア）との契約[53]，E.ON Ruhrgas（ドイツ）との契約[54]，および，アルジェリアの Sonatrach が締結する契約[55]であり，これら契約について，仕向け地制限条項や同様の効果をもつ他の制限条項を，現行および将来の天然ガス取引契約から削除させることに成功した。ただし，これら競争法調査は，いずれも最終的な決定ではなく，委員会と事業者との交渉及び和解によって終了している点が特徴的である。特に，Sonatrach 及びアルジェリア政府との交渉は，実に7年間にも及び，2007年にようやく決着したのである。

他方，GDF/ENEL 事件及び GDF/ENI 事件は，天然ガス市場における販売地域制限協定（仕向け地条項）に対して最終的な違反決定が下された初めての事例である[56]。GDF/ENEL 事件は，ENEL が NLNG（ナイジェリア）から購入した LNG のスワップ契約に関する事案であり，当初予定された受入基地の建設ができなくなったため，当該 LNG をいったん GDF が所有するアルジェリア産 LNG 及びロシア産天然ガスとスワップし，GDF がフランス西岸（Montoir de Bretagne）からフランス＝スイス国境（Oltingue）まで輸送して，ENEL に引き渡す（再び所有権を移転）という契約を締結した。同契約には，ENEL によ

---

49) GFU とは，ノルウェー政府が設立したガス販売コンソーシアムであり，1989年以降，ガス会社に代わって契約取決め等を実施していたが，EU から価格調整カルテルであるとの指摘を受け，2001年に廃止された。GFU を通じて締結された取引契約を「GFU 契約」という。

50) COMP/36. 072-GFU-Norwegian Gas Negotiation Committee. Press release, IP/02/1084, 17 July 2002, "Commission successfully settles GFU case with Norwegian gas producers".

51) Press release, IP/02/1869, 12 Dec. 2002, "Commission settles investigation into territorial sales restrictions with Nigerian gas company NLNG".

52) Press release IP/03/1345, 6 Oct. 2003, "Commission reaches breakthrough with Gazprom and ENI on territorial restriction clauses".

53) Press release IP/05/195, 17 Feb. 2005, "Competition: Commission secures improvements to gas supply contracts between OMV and Gazprom".

54) Press release IP/05/710, 10 Jun. 2005, "Commission secures changes to gas supply contracts between E. ON Ruhrgas and Gazprom".

55) Press release IP/07/1074, 11 July 2007, "Commission and Algeria reach agreement on territorial restrictions and alternative clauses in gas supply contracts".

56) Press release IP/04/1310, 26 Oct 2004, "Commission confirms that the territorial restriction clauses in gas sector restrict competition".

る当該ガスの使用をイタリア国内に限定する義務が規定されていた[57]。

またGDF/ENI事件は，ENIが北ヨーロッパで購入したLNGの輸送契約に関する事案であり，同契約には，輸送対象となるガスが，フランス＝スイス国境の引渡し地点以遠のイタリア国内の需要にのみ供される旨の条項が含まれており，ENIはフランス国内で当該ガスを販売することができないことを意味していた[58]。

これら契約は，欧州委員会による最終決定の1年前にすでに破棄されていたが，欧州委員会はあえて81条及び82条（現行の101条及び102条）違反を確認する最終決定を下した。この点，上記の外国NOCに対する一連の競争法調査が，仕向け地制限条項の破棄とともに終了したことと比較すると，顕著な違いがある。欧州委員会は，GDF/ENEL，GDF/ENI両事件にのみ違反確認の最終決定を下した理由につき，競争法上の義務を明確にする必要があったと述べ，かつ，同事件では制裁金は科さないが，今後は制裁金の対象となると述べた。しかしながら，この決定の時点において，交渉が継続中だったGazpromやSonatrachに対する調査が条項破棄をもって終了したことを勘案すると，欧州委員会の理由説明は不十分であると言わざるを得ない。両者の取扱いの違いは，純然たる法律論では説明不能であり，法適用の対象事業者が外国NOC等か域内事業者かに由来すると考えるのが自然であり，外国NOCに対するEU競争法の完全な執行に伴う政治的リスク及びエネルギー安全保障への配慮が働いたと考えるべきである[59]。このように，地政学的要素及び外国事業者へのガス供給依存を背景とするこのような地政学的要素は，天然ガス市場におけるEU競争法の適用に直接的影響を及ぼしていることが分かる[60]。

このことは，公取委が外国NOC等に対して独禁法を適用する場合にも同様に該当する。天然ガスは，供給国・需要国双方にとって，経済成長に不可欠の戦略的商品であり，需要国の競争法適用は，事実上または法律上，大きな制約

---

57) COMP/38662－GDF－decision GDF/ENEL, 26 Oct 2004, paras. 56-63.
58) COMP/38662－GDF－decision GDF/ENI, 26 Oct 2004, para. 79, fn.85.
59) ただし，委員会が法執行にかかる裁量権行使により，こうした政治的配慮を行うことが共同体法上許されるか否かは別の問題として残る。Talus, *supra* note 37, at 165.
60) Nicolo Sartori, "The European Commission vs. Gazprom: An Issue of Fair Competition or a Foreign Policy Quarrel?", IAI Working Papers 1303, Jan. 2013.

を受けることは免れない。LNG 上流取引分野において，外国 NOC 等に対する独禁法適用が試みられたことはないが，仕向け地条項は，独禁法上も拘束条件付取引に該当するおそれが高い。実際の法執行の場面においては，エネルギー安全保障やガス供給国との利益衝突を含めた判断が求められることとなろう。

4 石油価格連動の天然ガス価格設定

　欧州における天然ガス価格は，英国 NBP スポット価格取引等の一部市場を除く他の欧州諸国では，日本向け LNG とほぼ同様に，石油製品（軽油及び重油）価格に連動して価格が設定されてきた。この価格連動性は，かつて需要者が化石燃料一次エネルギーとして天然ガスと石油とを代替的に燃焼させていた時代に生まれた慣行であるが，現在，この理論的な前提は，設備投資を含めた長期的視点からも疑問視されている。というのは，日本・欧州ともに，地政学的リスクはもとより，環境負荷や発電効率の違いから，石油火力発電所が新設される可能性は低く，施設代替性仮説はもはや時代遅れとなっているからであり，理論的に天然ガスと石油との価格連動性に合理的根拠はない。

　欧州において，域内ガス市場自由化の進展およびシェールガス革命をはじめとする天然ガス国際市場を取り巻く外部環境の変化を受けて，天然ガス上流取引における石油製品連動価格の見直し交渉がにわかに活発化したのは，2009年以降のことである。こうした変化には様々な要因が寄与しているが，最大の要因は，米国におけるシェールガス革命の影響により，大量のスポット取引 LNG が欧州市場に流入したことにある。これにリーマンショックによる域内ガス需要が減少する等の要因が重なり，より一層天然ガスの需給が緩和した。このため，域内の天然ガス卸売市場価格が低下する一方で，調達価格の方は石油製品連動で高止まりしたため，逆ザヤが発生し，域内エネルギー事業者の収益を大きく圧迫し始めたからである。主な価格見直し交渉の成果は，価格決定

---

61) 大貫憲二「欧州における天然ガス購入価格見直しの動き」『JOGMOC レポート』（2012 年 10 月 18 日最終更新）。例えば，ポーランド NOC の PGNiG は，現行のガス取引契約にかかる価格がスポット価格と較べ不均衡に高額であるとの申立てを，2011 年，ストックホルム仲裁裁判所に提起していたが，2012 年 11 月，Gazprom とのガス取引契約改定（特別な附則の追加）に成功し，申立てを取り下げた。Natural Gas Europe, "Update: Russia and Poland Agrees on Gas Price Reduction", 7 Nov. 2012.

Ⅲ　グローバルLNG市場の形成過程における競争法の機能

方式の一部にスポット価格指標を織り込む場合であり，その他，条件は未公表ながら価格引き下げに合意する例などもあるが，価格再交渉決裂に伴って仲裁裁判手続へと進んだ例も少なくない[61]。

　こうした状況は，天然ガス取引契約にかかる当事者，とくに需要者であるEUエネルギー事業者にとって合理的に負担可能なリスクが，市場構造の変容とともに大きく変更されたことを意味する。少なくとも，対象となる価格決定方式が，売手に不当な超過利潤をもたらす一方で，買手に不合理な負担・不利益を課すことになる場合には，契約法の一般法理からも競争法の観点からも是正すべき余地があると考えられる。

　また，このような急速な環境変化の中で，欧州委員会は，2012年9月，Gazpromに対して画期的な競争法調査を開始した[62]。この調査は，Gazpromが市場支配的地位を濫用し，中東欧諸国における天然ガス上流取引市場における競争を阻害したという疑いによる。具体的な調査対象行為として，①仕向け地条項又は再販売制限を通じた加盟国間のガス自由流通の妨害ないし市場分割行為，②パイプライン網に対する第三者アクセスの拒絶に加えて，③ガス取引価格を石油価格に連動させることにより，顧客に不当な高価格を押し付けたことが含まれている点が重要である[63]。

　EU機能条約102条（a）に基づく不当な価格設定の一類型である超過価格設定は，「真の経済的価値と比較して合理的な理由なく超過した価格」の設定行為を市場支配的地位の濫用とするものである。超過価格であるか否かは，対象となる商品・役務を供給するコストとの乖離の程度や他の競争的な代替指標価格・利益率との比較において判断され，その違法性は並行輸入阻害や競争者

---

62) Press release, IP/12/937, 4 Sep. 2012, "Antitrust: Commission opens proceedings against Gazprom".

63) 委員会は，本調査開始に先立つ2011年9月に，上流取引市場における単独または共同の反競争行為の疑いで，中東欧10ヵ国の20ヵ所に抜き打ちの立ち入り調査を実施しており，その中にはドイツ及びチェコのGazprom事業所も含まれていた。Press release, MEMO/11/641, 27 Sep. 2011, "Antitrust: Commission confirms unannounced inspections in the natural gas sector". この立ち入り調査のきっかけとなったのは，同年1月のリトアニアによる委員会への正式な申立てであると伝えられる。リトアニアは天然ガス供給の全量をGazpromに依存し，近年，他の西欧諸国の顧客より相当な高額のガス価格を支払っていた。Financial Times, "Gazprom raided in EU antitrust investigation", 27 Sep. 2011.

排除のほか，当該超過価格設定による顧客の搾取に求められる[64]。

Gazprom の中東欧諸国向けガス供給シェアは，他の加盟国の場合よりも高く，チェコ，エストニア，リトアニア，ラトビア，スロヴァキアにおいては市場シェア 100% の独占的供給者である。Gazprom は，ドイツ，イタリア等の顧客に対しては価格決定方式の改定による価格引下げ等を譲歩する一方で，中東欧諸国の顧客に対してはより高額な石油連動価格を維持していた[65]。

ガス取引契約における石油価格連動による価格設定は，Gazprom の収益力の最も重要な源泉であるところ，ガス市場の自由化が進展した域内ガス市場において，市場支配的事業者が，何ら合理的な根拠なくガス取引価格を石油価格に連動させることは[66]，それ自体として，市場支配的地位の濫用行為となり得るか否かが，欧州競争法上はじめて問われることになる[67]。仮に石油連動価格が支配的地位の濫用にあたると判断される場合，その影響は中東欧市場にとどまらない。現在進行中の欧州エネルギー事業者と Gazprom との価格見直し交渉及び仲裁裁判所の判断にも大きく影響することになる。

また，石油価格連動によるガス価格設定が欧州競争法上，違法であると認定された場合，その正当性を疑問視する考え方が，世界中に波及する可能性もある[68]。翻って，日本の現状を鑑みると，日本の電力・ガス事業者が直面する市場状況は，欧州の場合とかなり異なっており，現時点において，直ちに独禁法適用の可能性を論ずる段階にはない。ただし，グローバル LNG 市場の形成過程において，石油連動価格がそれ自体として主要国の競争法上問題とされたという事実が，日本の事業者による今後の価格改定交渉や争訟時における仲裁廷や裁判所の LNG 上流取引契約の解釈において重要な意味をもち得る。また，

---

[64] 渡辺昭成「EC 条約 82 条における超過価格設定の概念の展開」『国士舘大学最先端関連法研究』8 号（2009 年）67 頁，同「超過価格設定に対する優越的地位の濫用規制の適用」『日本経済法学会年報』31 号（2010 年）123 頁。

[65] Sartori, *supra* note 60, pp.6-10.

[66] 発電用需要で比較すると，2010 年において，石油火力発電の比率はわずか 2.6% であり，ガス火力発電の 23.6% とは比較にならないほど小さい。European Commission, EU Energy in Figures, p. 82 (Gross Electricity Generation by Fuel in 2010).

[67] Alan Riley, "Commission v. Gazprom: The antitrust clash of the decade?" CEPS Policy Brief, No. 285, 31 Oct. 2012.

[68] *Id*, at 9.

下流の二次エネルギー市場における日本の事業法規制の動向及び市場条件の変化も価格改定交渉に一定の影響を及ぼすところ，2013年2月28日，経産省・電力料金審査専門委員会は，関西電力・九州電力の家庭用電気料金の値上げ申請を巡って，以下のような査定方針案を示した。すなわち，LNG調達を取り巻く環境の変化を踏まえ，① 2013・2014年度は他の電力事業者も含め現時点で最も安価な調達価格をベースに原価計算すべきこと，② 2015年度以降は，米国産シェールガスの非FTA締結国向け輸出開始が見込まれることから，天然ガス価格連動を一部反映した原価織り込み価格とすべきこと，を内容とするものである[69]。日本国政府による強制力ある許認可行政の方針変更は，短期的には各電気事業者の財政を圧迫させるものであるが，中長期的には，欧州の場合と同様に，価格見直し交渉における事情変更要因の一つとなりえ，市場構造の変化とともに価格決定方式の見直しに向けた有効な触媒となり得る[70]。

Ⅳ　おわりに

エネルギー安全保障という文脈において，グローバルLNG市場の形成過程を考える際には，国家の役割及び影響力という要因はもっとも重要な考慮要素の一つである。一次エネルギー資源は需要国・供給国の双方にとって最重要な戦略的産品であり，同分野において，国家が競争法以外の積極的な規制的介入を差し控える形で後景に退き，公正かつ自由な市場競争が関連事業者の主要な規律原理となることは想定しづらい[71]。そもそも，1980年代までの「独占」モデルにおいては，LNGチェーンに関わる事業主体は，国営企業及び法的独占を与えられた公益事業者であり，エネルギー安全保障は国家の問題であり，市場や私企業の問題とは認識されていなかった。「競争」モデルへの移行過程においても，LNGチェーンの各段階において，国家は，事業主体あるいは規

---

69) 第21回電気料金審査専門委員会配布資料「関西電力株式会社及び九州電力株式会社の供給約款変更認可申請に係る査定方針案（案）」（2013年3月6日）35～36頁。また，日経産業新聞・2013年3月1日も参照。

70) Kim Talus, "Long-term natural gas contracts and antitrust law in the European Union and the United States", 4-3 J of World Energy L & Bus 260, 286 (2011).

71) Jong et al., *supra* note 15), at 227.

制主体として，積極的に介入し，グローバル LNG 市場の形成過程に大きな影響を及ぼしている。

　本章が考察対象とした天然ガス・LNG 上流取引という場面においても，取引の相手方は，ガス供給国政府またはそれと一体の NOC 等であることが多く，エネルギー安全保障への配慮も含め，需要国の競争法を適用する際の大きな制約要因となることは，欧州の経験が示す通りである。

　産ガス国の領域内におけるガス田開発・LNG プロジェクトという場面では，より直接的に国家が利害関係主体として前面に現れ，需要国のエネルギー安全保障及びグローバル LNG 市場の形成に大きな影響を及ぼすことになる。ガス田開発・LNG プロジェクトに対する最大の投資リスクの一つは，国家リスクであり，ガス田開発・生産にかかるコンセッション契約等の国家契約及び開発免許の付与とその変更，生産物（天然ガス・LNG）に対するロイヤリティ徴収や課税強化，環境規制など様々な公的規制の新設・変更，さらには，開発事業の国有化・収用に至るまで，自国の天然資源に対して主権国家としての包括的な権限行使が行われる[72]。資源開発投資にかかるこのような国家リスクを実効的に管理し，投資リスクを低減するために，従来から様々な法的装置が考案されてきた[73]。近年最も注目される投資保護協定に基づく国際投資仲裁という手法を含め，どのような法的装置もその実効性に一定の限界があることは否めないが，国家リスク及び紛争リスクを緩和し管理可能な水準にとどめるために，多様な法的装置を組み合わせて活用するという着眼点に立つならば，資源エネルギー分野における法の役割は予想以上に重要である[74]。

　また，このような着眼点から考えると，LNG・天然ガス上流取引分野における欧州の競争法適用の試みに対する見方も修正を迫られる。すなわち，産ガ

---

72) Thomas C.C. Childs, "Update on Lex Petrolea: The continuing development of customary law relating to international oil and gas exploration and production" 4-3 J of World Energy L & Bus 214 (2011).

73) Id.; A. Timothy Martin, "Dispute resolution in the international energy sector: a overview", 4-4, J of World Energy L & Bus 332 (2011).

74) A. F. M. Maniruzzaman, "The Issue of Resource Nationalism: Risk Engineering and Dispute Management in the Oil and Gas Industry", 5 Tex J Oil Gas & Energy L 79 (2009)；Barry Barton et al., "Energy Security in the Twenty-First Century", in B. Barton et al. (eds.), *supra* note 30), 457, at 460-461.

Ⅳ　おわりに

ス国 NOG 等に天然ガス供給を大きく依存するという地政学的リスクを前提として，産ガス国の主権性及び安定的な天然ガス供給の確保という国家的課題に十分な配慮を払いつつ，時間をかけて慎重かつ着実に，産ガス国 NOC 等が関与する反競争行為を是正してきたものと積極的に評価できるのである。そして，欧州の経験は，日本市場に多大な影響を及ぼす日本向け LNG 供給契約にかかる反競争行為に対する独禁法適用の可能性を考察する際の重要な参照例を提供するものと言える。

電力改革と独占禁止法・競争政策
Electricity market reform and Competition policy

2014 年 2 月 15 日　初版第 1 刷発行

編　者	舟　田　正　之
発行者	江　草　貞　治
発行所	株式会社 有　斐　閣

郵便番号 101-0051
東京都千代田区神田神保町 2-17
電話(03) 3264-1314 〔編集〕
　　(03) 3265-6811 〔営業〕
http://www.yuhikaku.co.jp/

印刷・大日本法令印刷株式会社／製本・大口製本印刷株式会社
Ⓒ 2014, Masayuki Funada. Printed in Japan
落丁・乱丁本はお取替えいたします。
★定価はカバーに表示してあります。
ISBN 978-4-641-14456-9

[JCOPY] 本書の無断複写(コピー)は、著作権法上での例外を除き、禁じられています。複写される場合は、そのつど事前に、(社)出版者著作権管理機構(電話03-3513-6969, FAX03-3513-6979, e-mail:info@jcopy.or.jp)の許諾を得てください。